信号与系统

同步辅导与习题详解

主编　徐培源

北京理工大学出版社
BEIJING INSTITUTE OF TECHNOLOGY PRESS

图书在版编目（CIP）数据

信号与系统同步辅导与习题详解手写笔记 / 徐培源主编 . -- 北京：北京理工大学出版社，2024.9.
ISBN 978 – 7 – 5763 – 4456 – 1

Ⅰ . TN911.6

中国国家版本馆 CIP 数据核字第 2024ES7116 号

责任编辑：多海鹏　　**文案编辑**：多海鹏
责任校对：周瑞红　　**责任印制**：李志强

出版发行 / 北京理工大学出版社有限责任公司
社　　址 / 北京市丰台区四合庄路6号
邮　　编 / 100070
电　　话 /（010）68944451（大众售后服务热线）
（010）68912824（大众售后服务热线）
网　　址 / http：//www. bitpress. com. cn

版 印 次 / 2024年9月第1版第1次印刷
印　　刷 / 三河市良远印务有限公司
开　　本 / 787 mm × 1092 mm　1/16
印　　张 / 24
字　　数 / 599千字
定　　价 / 69.80 元

前言

哈喽！大家好，我是通信考研小马哥！在做信号与系统辅导的过程中，我发现很多信号与系统教材的知识点大同小异，只是部分章节顺序和一些符号不同，并且每本教材都有自己的优点，每本教材的课后习题也都有自己的特色，甚至考研试卷中也会直接出现课后习题！但是章节顺序不同导致考生很难"跨教材"学习。比如郑君里版教材是先连续再离散，吴大正版教材则是连续和离散一起分析。所以我将通过这本手写笔记打破这种禁锢。

单就郑君里版教材而言，上、下册一共12章，约有四百道题！但是部分章节的内容，无论是期末考试还是研究生入学考试基本是不考的。比如郑君里版第六章（信号的矢量空间分析）、第九章（离散傅里叶变换以及其他离散正交变换）、第十章（模拟与数字滤波器）、第十一章（反馈系统），这几部分内容在研究生入学考试中属于超纲内容，基本不考。郑君里版教材去掉第六、九、十和十一章，依然能涵盖国内其他教材的绝大多数内容！

本书以郑君里版教材的章节顺序为基础，对国内三本主流教材（郑君里版、吴大正版、奥本海姆版）的课后习题重新编排顺序，从而适用于国内其他绝大多数教材的期末考试，同时也适用于研究生入学考试的复习！每一章的课后习题也不需要全部掌握，很多都不是期末考试和研究生入学考试的重点。

学一章，刷三本书，融会贯通！最终使得考生在学习过程中，无论跟着哪本教材走，都可以无缝衔接其他两本教材的习题！期末复习结束，相当于直接打好了考研一轮复习的基础！当然如果期末考试要求不高，按照教材章节对照，只刷对应教材的重点习题也已经足够！

加果你使用的是国内其他版本的教材，你只需要做郑君里版和吴大正版教材的课后习题即可。其他版本教材包括但不限于：管致中版、何子述版、陈后金版、徐守时版、杨晓非版、马金龙版、吴京版、钱玲版、宗伟版、徐亚宁版、刘泉版、曾喆昭版、陈生潭版、张宇版、张延华版、梁凤梅版等。

最后，衷心希望这本书对大家有所帮助！祝愿大家逢考必过！

欢迎扫描下方二维码提交所发现的任何问题，我会对整本书进行持续勘误和更新迭代！

通信考研小马哥

郑君里版重点习题（94）

第一章　绪论（7）

1.3、1.14、1.17、1.18、1.20、1.21、1.24

第二章　连续时间系统的时域分析（14）

2.2、2.4、2.5、2.6、2.7、2.8、2.9、2.10、2.11、2.12、2.13、2.14、2.17、2.18

第三章　傅里叶变换（17）

3.1、3.4、3.5、3.6、3.8、3.12、3.15、3.16、3.19、3.20、3.21、3.22、3.25、3.29、3.30、3.39、3.41

第四章　拉普拉斯变换、连续时间系统的 s 域分析（17）

4.1、4.3、4.4、4.5、4.11、4.13、4.16、4.20、4.27、4.28、4.29、4.32、4.34、4.38、4.41、4. 44、4.45

第五章　傅里叶变换应用于通信系统——滤波、调制与抽样（9）

5.1、5.2、5.4、5.10、5.11、5.15、5.18、5.20、5.25

第七章　离散时间系统的时域分析（7）

7.4、7.9、7.21、7.23、7.28、7.29、7.33

第八章　z 变换、离散时间系统的 z 域分析（16）

8.1、8.5、8.8、8.10、8.12、8.13、8.16、8.23、8.24、8.25、8.26、8.27、8.28、8.34、8.36、8.37

第十二章　系统的状态变量分析（7）

12.1、12.2、12.4、12.5、12.13、12.14、12.16

吴大正版重点习题（98）

第一章　信号与系统（12）

1.5、1.10、1.11、1.14、1.15、1.23、1.24、1.25、1.26、1.27、1.28、1.29

第二章　连续系统的时域分析（10）

2.1、2.2、2.4、2.5、2.17、2.20、2.21、2.23、2.24、2.30

第三章　离散系统的时域分析（7）

3.5、3.7、3.18、3.20、3.21、3.22、3.26

第四章　傅里叶变换和系统的频域分析（24）

4.5、4.6、4.7、4.15、4.16、4.18、4.20、4.21、4.27、4.28、4.32、4.33、4.34、4.35、4.36、4.40、4.41、4.42、4.44、4.45、4.46、4.47、4.48、4.52

第五章　连续系统的 s 域分析（16）

5.1、5.3、5.6、5.8、5.10、5.12、5.16、5.21、5.22、5.23、5.28、5.38、5.41、5.42、5.45、5.50

第六章　离散系统的 z 域分析（12）

6.1、6.2、6.4、6.8、6.10、6.17、6.23、6.24、6.29、6.30、6.31、6.46

第七章　系统函数（13）

7.3、7.9、7.10、7.16、7.17、7.20、7.22、7.23、7.26、7.30、7.31、7.36、7.37

第八章　系统的状态变量分析（4）

8.2、8.7、8.8、8.11

奥本海姆版重点习题（93）

第一章　信号与系统（14）

1.3、1.6、1.9、1.10、1.11、1.17、1.18、1.19、1.25、1.26、1.27、1.28、1.31、1.42

第二章　线性时不变系统（8）

2.1、2.12、2.13、2.16、2.20、2.40、2.46、2.48

第三章　周期信号的傅里叶级数表示（12）

3.3、3.8、3.11、3.13、3.14、3.16、3.27、3.34、3.41、3.42、3.44、3.63

第四章　连续时间傅里叶变换（9）

4.10、4.11、4.17、4.18、4.21、4.25、4.36、4.41、4.44

第五章　离散时间傅里叶变换（9）

5.8、5.9、5.12、5.14、5.15、5.19、5.21、5.22、5.23

第六章　信号与系统的时域和频域特性（4）

6.5、6.21、6.22、6.44

第七章　采样（6）

7.3、7.4、7.8、7.21、7.27、7.28

第八章　通信系统（7）

8.4、8.8、8.18、8.22、8.26、8.30、8.34

第九章　拉普拉斯变换（16）

9.6、9.10、9.14、9.21、9.22、9.23、9.27、9.33、9.34、9.37、9.41、9.42、9.43、9.44、9.45、9.60

第十章　z 变换（8）

10.9、10.21、10.31、10.37、10.43、10.46、10.47、10.59

教材章节对照

如果是准备期末考试的同学，可以按照你们院校的教材刷对应章节的内容。

一、郑君里版章节对照

#	信号与系统手写笔记章节	郑君里版章节
1	第一章　绪论（信号的分类、系统六性判断）	第一章　绪论
2	第二章　连续时间系统的时域分析	第二章　连续时间系统的时域分析
3	第三章　傅里叶变换（CTFT）	第三章　傅里叶变换（CTFT）
4	第四章　拉普拉斯变换、连续时间系统的 s 域分析	第四章　拉普拉斯变换、连续时间系统的 s 域分析
5	第五章　傅里叶变换应用于通信系统——滤波、调制与抽样	第五章　傅里叶变换应用于通信系统——滤波、调制与抽样
6	第六章　离散时间系统的时域分析	第七章　离散时间系统的时域分析
7	第七章　z 变换、离散时间系统的 z 域分析	第八章　z 变换、离散时间系统的 z 域分析
8	第八章　系统的状态变量分析	第十二章　系统的状态变量分析

【使用说明】

若参考教材为郑君里版，则按顺序刷此书即可，郑君里版的第六、九、十、十一章不考，可以跳过。

郑君里版		手写笔记
第一章	→	第一章
第二章	→	第二章
第三章	→	第三章
第四章	→	第四章
第五章	→	第五章
第七章	→	第六章
第八章	→	第七章
第十二章	→	第八章

二、吴大正版章节对照

#	信号与系统手写笔记章节	吴大正版章节（第四版、第五版通用）
1	第一章　绪论（信号的分类、系统六性判断）	第一章　信号与系统（连续部分）
2	第二章　连续时间系统的时域分析	第二章　连续系统的时域分析
3	第三章　傅里叶变换（CTFT）	第四章　傅里叶变换和系统的频域分析（傅里叶变换部分）
4	第四章　拉普拉斯变换、连续时间系统的 s 域分析	第五章　连续系统的 s 域分析
		第七章　系统函数（s 域分析部分）
5	第五章　傅里叶变换应用于通信系统——滤波、调制与抽样	第四章　傅里叶变换和系统的频域分析（调制、滤波部分）
6	第六章　离散时间系统的时域分析	第一章　信号与系统（离散部分）
		第三章　离散系统的时域分析
7	第七章　z 变换、离散时间系统的 z 域分析	第六章　离散系统的 z 域分析
		第七章　系统函数（z 域分析部分）
8	第八章　系统的状态变量分析	第八章　系统的状态变量分析

【使用说明】

若参考教材为吴大正版，那么首先按照吴大正版的章节顺序做题，先做本书第一章以及第六章的“吴大正版第一章”，也就是对应吴大正版第一章的全部内容。再继续学习吴大正版第二章，也正是本书的第二章。以此类推，……

吴大正版	手写笔记
第一章 →	第一章 第六章
第二章 →	第二章
第三章 →	第六章
第四章 →	第三章 第五章
第五章 →	第四章
第六章 →	第七章
第七章 →	第四章 第七章
第八章 →	第八章

三、奥本海姆版章节对照

#	信号与系统手写笔记章节	奥本海姆版章节
1	第一章　绪论（信号的分类、系统六性判断）	第一章　信号与系统（连续部分）
2	第二章　连续时间系统的时域分析	第二章　线性时不变系统（连续部分）
3	第三章　傅里叶变换（CTFT）	第三章　周期信号的傅里叶级数表示（连续部分）
		第四章　连续时间傅里叶变换
		第七章　采样
4	第四章　拉普拉斯变换、连续时间系统的 s 域分析	第九章　拉普拉斯变换
5	第五章　傅里叶变换应用于通信系统——滤波、调制与抽样	第六章　信号与系统的时域和频域特性（连续部分）
		第八章　通信系统
6	第六章　离散时间系统的时域分析	第一章　信号与系统（离散部分）
		第二章　线性时不变系统（离散部分）
		第三章　周期信号的傅里叶级数表示（离散部分）
		第五章　离散时间傅里叶变换
		第六章　信号与系统的时域和频域特性（离散部分）
7	第七章　z 变换、离散时间系统的 z 域分析	第十章　z 变换
8	第八章　系统的状态变量分析	无

【使用说明】

若参考教材为奥本海姆版，第十一章不考。那么首先按照奥本海姆版的章节顺序做题，先做本书第一章以及第六章的“奥本海姆版第一章”，也就是对应奥本海姆版第一章的全部内容。再继续学习奥本海姆版第二章，也正是本书的第二章以及第六章的“奥本海姆版第二章”。以此类推，……

奥本海姆版	手写笔记
第一章	第一章 第六章
第二章	第二章 第六章
第三章	第三章 第六章
第四章	第三章
第五章	第六章
第六章	第五章 第六章
第七章	第三章
第八章	第五章
第九章	第四章
第十章	第七章

目录

第一章　绪论（信号的分类、系统六性判断）

本章作为信号与系统的第一章，会为大家补充一些知识点，书上已经有的，且十分简单的不再赘述。考试中主要考查冲激信号和阶跃信号的性质。

第1，2，4，5，6点是重要内容，第3点了解即可。考试出题主要考查第2点，信号的周期判断。

1.信号的分类

#	信号类型①	信号类型②	判断标准	考试考查
1	连续时间信号	离散时间信号	按照时间是否连续区分	重要
2	周期信号	非周期信号	$f(t)=f(t+mT)$ $f(k)=f(k+mN)$	重要
3	确知信号	随机信号	我们见到的信号都是确知信号	了解
4	能量有限信号	能量无限信号	$E=\lim\limits_{T\to\infty}\int_{-T}^{T}\lvert f(t)\rvert^2\,\mathrm{d}t$	重要
5	功率有限信号	功率无限信号	$P=\lim\limits_{T\to\infty}\frac{1}{2T}\int_{-T}^{T}\lvert f(t)\rvert^2\,\mathrm{d}t$	重要
6	实信号	复信号	复变函数	重要

（1）能量有限信号

能量就是信号模值的平方在区间$(-\infty,+\infty)$上的积分，即

$$E=\lim_{T\to\infty}\int_{-T}^{T}|f(t)|^2\,\mathrm{d}t=\frac{1}{2\pi}\int_{-\infty}^{\infty}|F(\omega)|^2\,\mathrm{d}\omega$$

不管能量信号是不是周期的，公式都是这个。

小马哥 Tips

重点掌握！求解能量的时候会用到$\int_{-\infty}^{\infty}|f(t)|^2\,\mathrm{d}t$，此时可以利用能量信号移位时能量不变的性质，将$f(t)$拆解分段，平移成过原点的直线，会大大简化计算。

（2）功率有限信号

功率就是能量与“无穷长的时间”的比值，即

$$P=\lim_{T\to\infty}\frac{1}{2T}\int_{-T}^{T}|f(t)|^2\,\mathrm{d}t$$

小马哥 Tips

若为周期信号，则去掉求极限，只在一个周期内处理即可。（因为一个周期内功率的均值和无数个周期功率的均值是相同的，但由于能量是叠加的，不能只在一个周期内处理。）

$$P=\frac{1}{2T}\int_{-T}^{T}|f(t)|^2\,\mathrm{d}t$$

2. 信号的分解

信号与系统中仅仅知道信号的分类是不够的，还需要将一个信号分解成两个信号相加的形式解题，$f(t)=f_1(t)+f_2(t)$，所以我们需要了解一些拆分的方式和信号的分解。

考试考查的一般都是实信号，若 $f(t)$ 为实信号，此时共轭对称分量 = 偶分量，共轭反对称分量 = 奇分量。

正交函数分量是第三章傅里叶变换的基础，后面学习即可。

#	$f_1(t)$	$f_2(t)$	定义	考查
1	直流信号	交流信号	直流信号为信号的均值 $\lim_{T\to\infty}\frac{1}{2T}\int_{-T}^{T}f(t)\mathrm{d}t$	重要
2	偶分量 $\mathrm{Ev}\{f(t)\}$	奇分量 $\mathrm{Od}\{f(t)\}$	偶分量：$f_e(t)=f_e(-t)$ 奇分量：$f_o(t)=-f_o(-t)$	重要 实数信号就是奇偶分量
3	共轭对称	共轭反对称	共轭对称分量：$f(t)=f^*(-t)$ 共轭反对称分量：$f(t)=-f^*(-t)$	重要 复数信号就是共轭分量
4	正交函数分量	/	/	了解

小马哥 Tips

任何一个信号均可以拆分成共轭对称和共轭反对称信号相加。

如有信号$f(t)$，则其共轭对称分量为$\frac{1}{2}[f(t)+f^*(-t)]$，共轭反对称分量为$\frac{1}{2}[f(t)-f^*(-t)]$。

3. 重点信号及其性质

有一些同学会纠结阶跃信号的符号，不同的教材采用不同的符号，郑君里版和奥本海姆版的教材使用$u(t)$，吴大正版的教材使用$\varepsilon(t)$，理论上两种都算对。

（1）单位阶跃信号

$\varepsilon(t)$[或$u(t)$]叫作阶跃信号，$u(t)=\varepsilon(t)=\begin{cases}1, t>0\\0, t<0\end{cases}$。

符号函数和阶跃信号的关系也需要掌握，因为这是求符号函数傅里叶变换的媒介。$\mathrm{sgn}(t)=2\varepsilon(t)-1$

（2）符号函数

符号函数用于给信号添加符号。$\mathrm{sgn}(t)=\begin{cases}1, & t>0\\-1, & t<0\end{cases}$，符号函数的傅里叶变换需要掌握。

（3）单位冲激信号

冲激信号有一些极为重要的性质，需要同学们牢记：

①归一性质：

$$\int_{-\infty}^{\infty}\delta(t)\mathrm{d}t=1, \int_{-\infty}^{\infty}\delta(t-t_0)\mathrm{d}t=1$$

②筛分性质：

$$f(t)\delta(t)=f(0)\delta(t), f(t)\delta(t-t_0)=f(t_0)\delta(t-t_0)$$

③抽样性质：

$$\int_{-\infty}^{\infty}f(t)\delta(t)\mathrm{d}t=f(0), \int_{-\infty}^{\infty}f(t)\delta(t-t_0)\mathrm{d}t=f(t_0)$$

④奇偶性质：$\delta(t)$为偶函数，即$\delta(t)=\delta(-t)$。

⑤复合函数化简性质：$\delta[f(t)]$，令$f(t)=0$，方程的根为t_0，t_1，…，t_n，则可以化简为$\delta[f(t)]=\sum_{i=0}^{n}\frac{1}{|f'(t_i)|}\delta(t-t_i)$。

⑥尺度变换性质：

$$\delta(at)=\frac{1}{|a|}\delta(t),\quad \delta^{(n)}(at)=\frac{1}{|a|}\frac{1}{a^n}\delta^{(n)}(t)$$

⑦卷积性质：$f(t)*\delta(t-t_0)=f(t-t_0)$。

⑧积分性质：

$$u(t)=\int_{-\infty}^{t}\delta(\tau)\mathrm{d}\tau,\quad f(t)*u(t)=\int_{-\infty}^{t}f(\tau)\mathrm{d}\tau$$

$$f(t)u(t)*u(t)=\int_{0}^{t}f(\tau)\mathrm{d}\tau,\quad f(t)*\delta'(t)=f'(t)$$

斩题型

有理数是整数（正整数、0、负整数）和分数的统称，是整数和分数的集合。无理数是指实数范围内不能表示成两个整数之比的数。

题型 1 信号的周期性判断

小马哥导引

#	连续周期信号	离散周期信号
复指数函数的周期性（根据欧拉公式即可转换成三角函数的周期）	$e^{j\omega_0 t}$ 的周期为 $\frac{2\pi}{\omega_0}$，若两个信号相加 $f_1(t)+f_2(t)$，则周期为两个周期的最小公倍数	若 $e^{j\omega_0 n}$ 的周期存在，则 $\frac{2\pi}{\omega_0}$ 为有理数。 若 $\frac{2\pi}{\omega_0}=\frac{N}{m}$，则周期为 N，可以理解为找 $\frac{N}{m}$ 和 1 的最小公倍数。若两个信号相加 $f_1(n)+f_2(n)$，则周期为两个周期的最小公倍数

【例 1】 $x(t)=\cos(2t)+\sin(1.5t)$ 的基波周期为________。（2023 年复旦大学 1.6）

和信号的基波周期是多个周期的最小公倍数！

【答案】 4π

【分析】 根据周期公式 $T=\frac{2\pi}{\omega}$ 可得 $\cos(2t)$ 的周期为 $\frac{2\pi}{2}=\pi$，$\sin(1.5t)$ 的周期为 $\frac{2\pi}{1.5}=\frac{4\pi}{3}$，取 π 和 $\frac{4\pi}{3}$ 的最小公倍数，则基波周期为 $T=4\pi$。

【小马哥点拨】 $\cos(2t)-\cos(\pi t)$ 不存在最小公倍数，因为最小公倍数是两个数的倍数，且这个倍数是整数，所以 2π 不是其最小公倍数，注意区分。

题型 2 冲激和阶跃的性质

小马哥导引

考研和期末小题必考，运用前面提到的各种性质解题即可。

【例 2】 求解积分 $\int_{-\infty}^{t}(2-3\tau)\left[\delta'(\tau)+\delta\left(1-\frac{\tau}{2}\right)\right]d\tau=$________。（2023 年西安邮电大学 1.1）

【答案】 $2\delta(t)+3u(t)-8u(t-2)$

【分析】根据冲激偶函数的性质，得$f(t)\delta'(t)=f(0)\delta'(t)-f'(0)\delta(t)$。

根据冲激的尺度变换性质 $\delta(at)=\frac{1}{|a|}\delta(t)$，得

$$\delta\left(1-\frac{\tau}{2}\right)=2\delta(\tau-2)$$

$$\int_{-\infty}^{t}(2-3\tau)\left[\delta'(\tau)+\delta\left(1-\frac{\tau}{2}\right)\right]d\tau=(2-3t)\left[\delta'(t)+\delta\left(1-\frac{t}{2}\right)\right]*u(t)$$

$$(2-3t)\left[\delta'(t)+\delta\left(1-\frac{t}{2}\right)\right]=2\delta'(t)+3\delta(t)+2(2-3t)\delta(t-2)=2\delta'(t)+3\delta(t)-8\delta(t-2)$$

利用冲激的卷积性质得$[2\delta'(t)+3\delta(t)-8\delta(t-2)]*u(t)=2\delta(t)+3u(t)-8u(t-2)$。

【小马哥点拨】这道题出得太好了，一道题几乎把冲激和冲激偶的所有性质都包括了。

题型 3 系统六性判断

小马哥导引

若$r(t)=T[e(t)]$，$e(t)$为输入，$r(t)$为输出。

这里考查系统的 6 种运算性质：

线性、非线性；时变、时不变；稳定、不稳定；

因果、非因果；可逆、不可逆；记忆、无记忆。

其中可逆性和记忆性在期末和考研中都不是高频考点。此类题型只要能用“大白话”写出系统的作用，问题自然迎刃而解！

【特殊题型】动态系统的线性、时不变性质的判断，解题时可分为两步：

第一步：满足分解特性，可以直观看出，哪一部分和初始状态有关，哪一部分和激励有关。

第二步：需要同时满足零输入线性和零状态线性。（判断零输入线性的时候，直接将初始状态等效成激励，按照之前的方法判断即可。）

【例 3】试判断系统$y(t)=f(t)\cos(2\pi t)$是否是线性、时不变、因果、稳定系统。（2023 年武汉工程大学 4.1）

【分析】系统是线性、时变、因果、稳定系统。

①判断信号的线性。

当输入为$f_1(t)$时，$y_1(t)=f_1(t)\cos(2\pi t)$；当输入为$f_2(t)$时，$y_2(t)=f_2(t)\cos(2\pi t)$；当输入为$Af_1(t)+Bf_2(t)$时，$y_3(t)=[Af_1(t)+Bf_2(t)]\cos(2\pi t)=Ay_1(t)+By_2(t)$，因此是线性的。

②判断信号的时变性。→判断信号的时变性质记住十二字：先时移后系统，先系统后时移。

先经过时移再经过系统：$y(t)=f(t-t_0)\cos(2\pi t)$；先经过系统再经过时移：$y(t)=f(t-t_0)\cdot\cos[2\pi(t-t_0)]$，因此是时变的。

③判断信号的因果性。输出没有超前于输入，因此是因果的。

④判断信号的稳定性。输入是有界的，由于 $\cos(2\pi t)$ 有界，输出也是有界的，因此是稳定的。

解习题

郑君里版第一章 | 绪论

郑君里 1.3 分别求下列各周期信号的周期 T。

（1）$\cos(10t)-\cos(30t)$；（2）e^{j10t}；

（3）$[5\sin(8t)]^2$；（4）$\sum_{n=0}^{\infty}(-1)^n[u(t-nT)-u(t-nT-T)]$（$n$ 为正整数）。

解析 （1）由题可知，信号 $\cos(10t)$ 的周期为 $\frac{2\pi}{10}=\frac{\pi}{5}$，信号 $\cos(30t)$ 的周期为 $\frac{2\pi}{30}=\frac{\pi}{15}$，则周期为两个信号周期的最小公倍数 $\frac{\pi}{5}$。

（2）由题可知，信号的周期为 $\frac{2\pi}{10}=\frac{\pi}{5}$。

→欧拉公式展开，复指数信号和展开后的正余弦周期相同。

（3）$[5\sin(8t)]^2=25\sin^2(8t)=\frac{25}{2}[1-\cos(16t)]$，则信号的周期为 $\frac{2\pi}{16}=\frac{\pi}{8}$。

→降幂公式必须掌握：$\sin^2\alpha=\frac{1}{2}[1-\cos(2\alpha)]$，$\cos^2(\alpha)=\frac{1}{2}[1+\cos(2\alpha)]$。

→直流分量理解为纵坐标的上下平移，因此不会影响周期性。

（4）法一：（画图法）当 $n=0$ 时，$f(t)=u(t)-u(t-T)$；当 $n=1$ 时，$f(t)=(-1)[u(t-T)-u(t-2T)]$。依次类推，可以将信号的波形图画出，如图所示。

→遇到复杂的表达式，可以选择画图法，通过图像直观的观察。

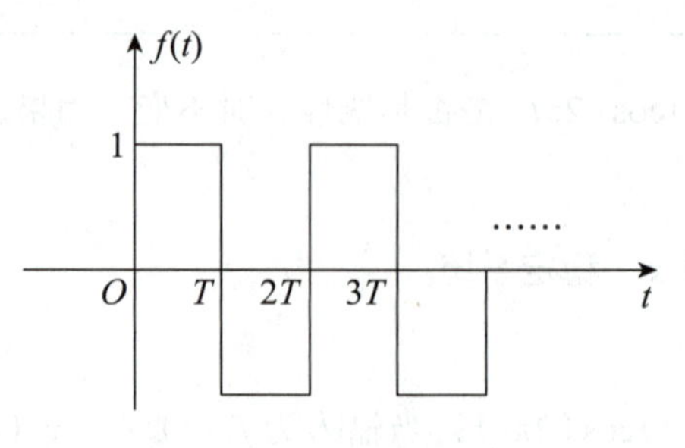

观察波形图可知，信号的周期为 $2T$。

法二：　　原式 $=(-1)^n[u(t-nT)-u(t-nT-T)]=\begin{cases}(-1)^n, & nT<t<(n+1)T \\ 0, & 其他\end{cases}$

当 $nT<t<(n+1)T$ 时，

$$原式=(-1)^n=\begin{cases}1, & 2nT<t<(2n+1)T \\ -1, & (2n+1)T<t<(2n+2)T\end{cases}$$

其中 n 为正整数。所以当 $t>0$ 时，信号的周期为 $2T$。

冲激的抽样性质：$\int_{-\infty}^{\infty} f(t)\delta(t)\mathrm{d}t=f(0)$

郑君里 1.14　应用冲激信号的抽样特性，求下列表示式的函数值。

（1）$\int_{-\infty}^{\infty} f(t-t_0)\delta(t)\mathrm{d}t$；　　（2）$\int_{-\infty}^{\infty} f(t_0-t)\delta(t)\mathrm{d}t$；

（3）$\int_{-\infty}^{\infty} \delta(t-t_0)u\left(t-\frac{t_0}{2}\right)\mathrm{d}t$；　　（4）$\int_{-\infty}^{\infty} \delta(t-t_0)u(t-2t_0)\mathrm{d}t$；

（5）$\int_{-\infty}^{\infty} (\mathrm{e}^{-t}+t)\delta(t+2)\mathrm{d}t$；　　（6）$\int_{-\infty}^{\infty} (t+\sin t)\delta\left(t-\frac{\pi}{6}\right)\mathrm{d}t$；

（7）$\int_{-\infty}^{\infty} \mathrm{e}^{-\mathrm{j}\omega t}[\delta(t)-\delta(t-t_0)]\mathrm{d}t$。

解析　（1）$\int_{-\infty}^{\infty} f(t-t_0)\delta(t)\mathrm{d}t=\int_{-\infty}^{\infty} f(-t_0)\delta(t)\mathrm{d}t=f(-t_0)$。

（2）$\int_{-\infty}^{\infty} f(t_0-t)\delta(t)\mathrm{d}t=\int_{-\infty}^{\infty} f(t_0)\delta(t)\mathrm{d}t=f(t_0)$。

（3）$\int_{-\infty}^{\infty} \delta(t-t_0)u\left(t-\frac{t_0}{2}\right)\mathrm{d}t=u\left(t_0-\frac{t_0}{2}\right)=u\left(\frac{t_0}{2}\right)$。

（4）$\int_{-\infty}^{\infty} \delta(t-t_0)u(t-2t_0)\mathrm{d}t=u(t_0-2t_0)=u(-t_0)$。

（5）$\int_{-\infty}^{\infty} (\mathrm{e}^{-t}+t)\delta(t+2)\mathrm{d}t=\mathrm{e}^{-(-2)}+(-2)=\mathrm{e}^2-2$。

（6）$\int_{-\infty}^{\infty} (t+\sin t)\delta\left(t-\frac{\pi}{6}\right)\mathrm{d}t=\frac{\pi}{6}+\sin\frac{\pi}{6}=\frac{\pi}{6}+\frac{1}{2}$。

冲激的抽样性质，注意积分范围必须包括冲激所在的"位置"，才有值。

（7）$\int_{-\infty}^{\infty} \mathrm{e}^{-\mathrm{j}\omega t}[\delta(t)-\delta(t-t_0)]\mathrm{d}t=\mathrm{e}^{-\mathrm{j}\omega 0}-\mathrm{e}^{-\mathrm{j}\omega t_0}=1-\mathrm{e}^{-\mathrm{j}\omega t_0}$。

郑君里 1.17　分别指出下列各波形的直流分量等于多少。

（1）全波整流 $f(t)=|\sin(\omega t)|$；　　（2）$f(t)=\sin^2(\omega t)$；

（3）$f(t)=\cos(\omega t)+\sin(\omega t)$；　　（4）升余弦 $f(t)=K[1+\cos(\omega t)]$。

解析　（1）由 $f(t)=|\sin(\omega t)|$，$\sin(\omega t)=-\sin(\omega t+\pi)$，得

加了绝对值的正余弦信号，周期会变成原来的一半。

$$|\sin(\omega t)|=|\sin(\omega t+\pi)|=\left|\sin\left[\omega\left(t+\frac{\pi}{\omega}\right)\right]\right|$$

周期信号的直流分量求解公式：

$$f_D=\frac{1}{T}\int_{-\frac{T}{2}}^{\frac{T}{2}}f(t)\mathrm{d}t$$

故$f(t)=|\sin(\omega t)|$的周期为$\frac{\pi}{\omega}$。根据直流分量的表达式可得

$$f_D=\frac{\omega}{\pi}\int_0^{\frac{\pi}{\omega}}|\sin(\omega t)|\mathrm{d}t=\frac{\omega}{\pi}\int_0^{\frac{\pi}{\omega}}\sin(\omega t)\mathrm{d}t=\frac{\omega}{\pi}\left(-\frac{1}{\omega}\right)\cos(\omega t)\Big|_0^{\frac{\pi}{\omega}}=\frac{2}{\pi}$$

（2）因为$f(t)=\sin^2(\omega t)$，整理得$\sin^2(\omega t)=\frac{1}{2}-\frac{1}{2}\cos(2\omega t)$，且$\cos(2\omega t)$没有直流分量，所以直流分量为$f_D=\frac{1}{2}$。

关于横轴对称的正余弦信号，直流分量为0。因为上下对称，面积相抵刚好为0。

（3）$f(t)=\cos(\omega t)+\sin(\omega t)$，因为正弦信号和余弦信号均没有直流分量，所以直流分量为$f_D=0$。

（4）$f(t)=K[1+\cos(\omega t)]$，因为$\cos(\omega t)$没有直流分量，所以直流分量为$f_D=K$。

常数的直流分量等于它本身。

郑君里 1.18 粗略绘出下图所示各波形的偶分量和奇分量。

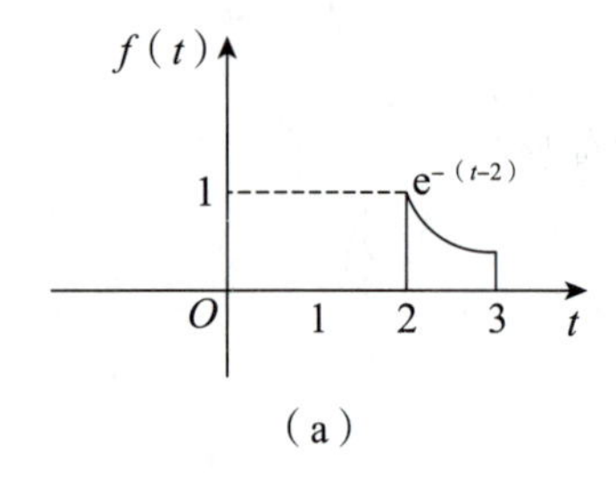

(a)

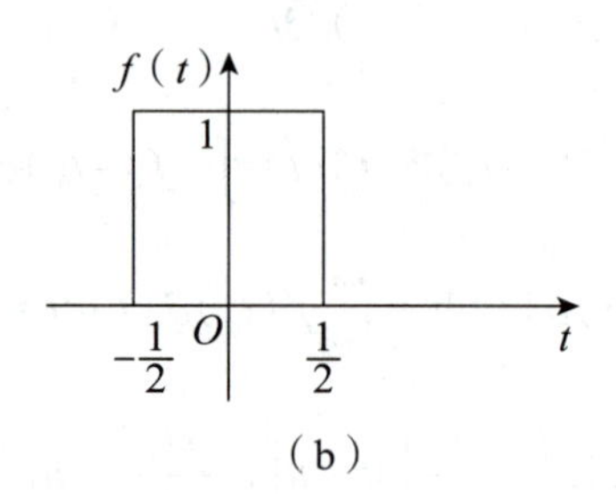

(b)

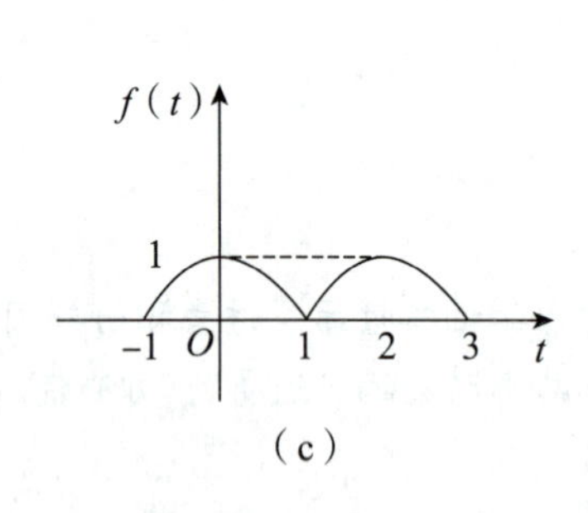

(c)

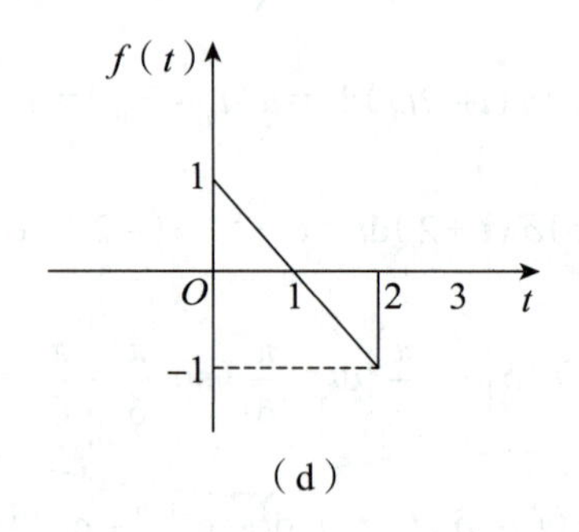

(d)

解析 将信号$f(t)$分解为偶分量$f_e(t)$和奇分量$f_o(t)$之和，则

$$f_e(t)=\frac{1}{2}[f(t)+f(-t)],\quad f_o(t)=\frac{1}{2}[f(t)-f(-t)]$$

如图所示。

记住这两个公式，翻折相加减，幅值乘$\frac{1}{2}$画图即可。

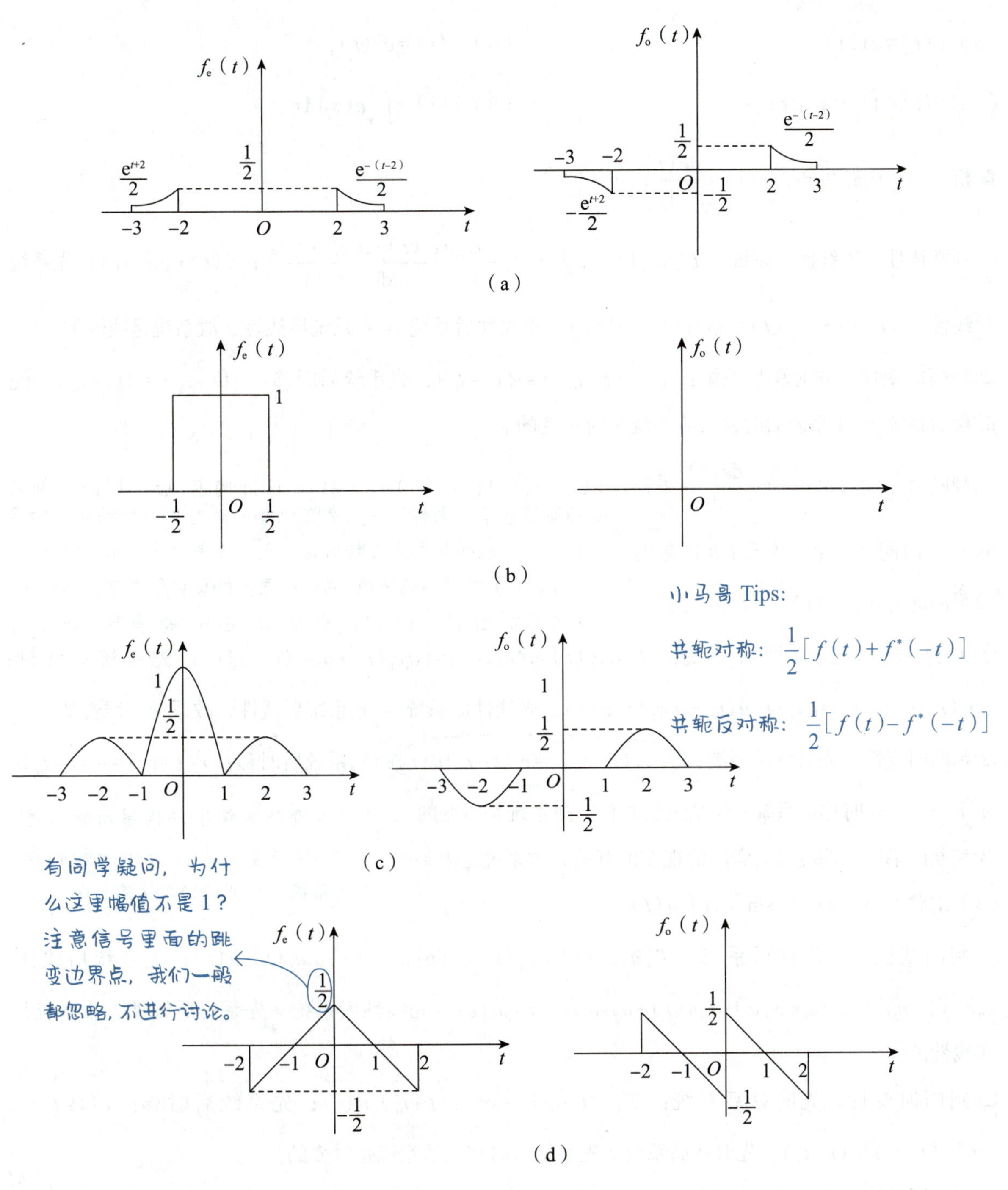

郑君里 1.20 判断下列系统是否为线性的、时不变的、因果的。

（1）$r(t)=\frac{\mathrm{d}e(t)}{\mathrm{d}t}$；　（2）$r(t)=e(t)u(t)$；

（3）$r(t)=\sin[e(t)]u(t)$；　（4）$r(t)=e(1-t)$；

（5）$r(t)=e(2t)$；（6）$r(t)=e^2(t)$；

（7）$r(t)=\int_{-\infty}^{t}e(\tau)\mathrm{d}\tau$；（8）$r(t)=\int_{-\infty}^{5t}e(\tau)\mathrm{d}\tau$。

解析（1）由题可知，$r(t)=\frac{\mathrm{d}e(t)}{\mathrm{d}t}$。

①判断线性。先线性后系统：$T[a_1e_1(t)+a_2e_2(t)]=\frac{\mathrm{d}[a_1e_1(t)+a_2e_2(t)]}{\mathrm{d}t}=a_1e_1'(t)+a_2e_2'(t)$；先系统后线性：$a_1r_1(t)+a_2r_2(t)=a_1e_1'(t)+a_2e_2'(t)$。先线性后系统 = 先系统后线性，故系统是线性的。

②判断时变性。先时移后系统：$T[e_1(t-t_0)]=e_1'(t-t_0)$；先系统后时移：$r(t-t_0)=e_1'(t-t_0)$。先时移后系统 = 先系统后时移，故系统是时不变的。

③判断因果性。由$r(t)=\frac{\mathrm{d}e(t)}{\mathrm{d}t}$可知，$r(1)=e_1'(1)$；$r(-1)=e_1'(-1)$。因此响应$r(t)$只与$t$时刻的输入$e(t)$同时变化，故系统是因果的。

微分器是否算作因果，一直是不同教材存在争议的地方。如果是郑君里版教材和吴大正版教材，则参考郑君里 1.20（1）和吴大正 1.25(1)，按照下面处理，当作因果。如果是奥本海姆版教材，则参考奥本海姆 1.27(7)，站在数学角度进行讨论，最后为非因果。

（2）由题可知，$r(t)=e(t)u(t)$。

①判断线性。先线性后系统：$T[a_1e_1(t)+a_2e_2(t)]=[a_1e_1(t)+a_2e_2(t)]u(t)$；先系统后线性：$a_1r_1(t)+a_2r_2(t)=a_1e_1(t)u(t)+a_2e_2(t)u(t)$。先线性后系统 = 先系统后线性，故系统是线性的。

②判断时变性。先时移后系统：$T[e_1(t-t_0)]=e_1(t-t_0)u(t)$；先系统后时移：$r(t-t_0)=e_1(t-t_0)\cdot u(t-t_0)$。先时移后系统 ≠ 先系统后时移，故系统是时变的。

注意此系统的作用是对输入信号乘阶跃，所以信号先时移再系统，这里阶跃的t不变化。

③判断因果性。响应只与激励的现在值有关，故系统是因果的。

（3）由题可知，$r(t)=\sin[e(t)]u(t)$。

①判断线性。先线性后系统：$T[a_1e_1(t)+a_2e_2(t)]=\sin[a_1e_1(t)+a_2e_2(t)]u(t)$；先系统后线性：$a_1r_1(t)+a_2r_2(t)=a_1\sin[e_1(t)]u(t)+a_2\sin[e_2(t)]u(t)$。先线性后系统 ≠ 先系统后线性，故系统是非线性的。

②判断时变性。先时移后系统：$T[e(t-t_0)]=\sin[e(t-t_0)]u(t)$；先系统后时移：$r(t-t_0)=\sin[e(t-t_0)]u(t-t_0)$。先时移后系统 ≠ 先系统后时移，故系统是时变的。

③判断因果性。响应只与激励的现在值有关，故系统是因果的。

（4）由题可知，$r(t)=e(1-t)$。

①判断线性。先线性后系统：$T[a_1e_1(t)+a_2e_2(t)]=a_1e_1(1-t)+a_2e_2(1-t)$；先系统后线性：$a_1r_1(t)+a_2r_2(t)=a_1e_1(1-t)+a_2e_2(1-t)$。先线性后系统 = 先系统后线性，故系统是线性的。

②判断时变性。先时移后系统：$T[e_1(t-t_0)]=e_1(1-t-t_0)$；先系统后时移：$r(t-t_0)=e_1[1-(t-t_0)]$。先时移后系统≠先系统后时移，故系统是时变的。

③判断因果性。$r(1)=e(0)$；$r(-1)=e(2)$，响应取决于将来值，故系统是非因果的。

有时用特值法更快，只需要找到一个时刻不满足因果，那么就可以说整个系统非因果。一般代入±1即可快速解题。

（5）由题可知，$r(t)=e(2t)$。

①判断线性。先线性后系统：$T[a_1e_1(t)+a_2e_2(t)]=a_1e_1(2t)+a_2e_2(2t)$；先系统后线性：$a_1r_1(t)+a_2r_2(t)=a_1e_1(2t)+a_2e_2(2t)$。先线性后系统 = 先系统后线性，故系统是线性的。

②判断时变性。先时移后系统：$T[e_1(t-t_0)]=e_1(2t-t_0)$；先系统后时移：$r(t-t_0)=e_1[2(t-t_0)]$。先时移后系统≠先系统后时移，故系统是时变的。

③判断因果性。$r(1)=e(2)$；$r(-1)=e(-2)$。输出不仅与现在的输入值有关，故系统是非因果的。

（6）由题可知，$r(t)=e^2(t)$。

①判断线性。先线性后系统：$T[a_1e_1(t)+a_2e_2(t)]=[a_1e_1(t)+a_2e_2(t)]^2$；先系统后线性：$a_1r_1(t)+a_2r_2(t)=a_1e_1^2(t)+a_2e_2^2(t)$。先线性后系统≠先系统后线性，故系统是非线性的。

②判断时变性。先时移后系统：$T[e_1(t-t_0)]=e^2(t-t_0)$；先系统后时移：$r(t-t_0)=e^2(t-t_0)$。先时移后系统 = 先系统后时移，故系统是时不变的。

③判断因果性。输出仅与现在的输入值有关，故系统是因果的。

（7）由题可知，$r(t)=\int_{-\infty}^{t}e(\tau)\mathrm{d}\tau$。

①判断线性。先线性后系统：$T[a_1e_1(t)+a_2e_2(t)]=\int_{-\infty}^{t}[a_1e_1(\tau)+a_2e_2(\tau)]\mathrm{d}\tau$；先系统后线性：$a_1r_1(t)+a_2r_2(t)=\int_{-\infty}^{t}[a_1e_1(\tau)+a_2e_2(\tau)]\mathrm{d}\tau$。先线性后系统 = 先系统后线性，故系统是线性的。

②判断时变性。先时移后系统：$T[e_1(t-t_0)]=\int_{-\infty}^{t}e(\tau-t_0)\mathrm{d}\tau=\int_{-\infty}^{t-t_0}e(\tau)\mathrm{d}\tau$；先系统后时移：$r(t-t_0)=\int_{-\infty}^{t-t_0}e(\tau)\mathrm{d}\tau$。先时移后系统 = 先系统后时移，故系统是时不变的。

③判断因果性。t时刻的输出仅与t时刻以及t时刻之前的输入有关，故系统是因果的。

（8）由题可知，$r(t)=\int_{-\infty}^{5t}e(\tau)\mathrm{d}\tau$。

系统作用：将输入信号的自变量t变成τ，从$-\infty$到$5t$，对τ积分。

①判断线性。先线性后系统：$T[a_1e_1(t)+a_2e_2(t)]=\int_{-\infty}^{5t}[a_1e_1(\tau)+a_2e_2(\tau)]\mathrm{d}\tau$；先系统后线性：$a_1r_1(t)+a_2r_2(t)=a_1\int_{-\infty}^{5t}e_1(\tau)\mathrm{d}\tau+a_2\int_{-\infty}^{5t}e_2(\tau)\mathrm{d}\tau$。先线性后系统 = 先系统后线性，故系统是线性的。

②判断时变性。先时移后系统：$T[e_1(t-t_0)]=\int_{-\infty}^{5t}e(\tau-t_0)\mathrm{d}\tau=\int_{-\infty}^{5t-t_0}e(\tau)\mathrm{d}\tau$；先系统后时移：$r(t-t_0)=\int_{-\infty}^{5(t-t_0)}e(\tau)\mathrm{d}\tau$。先时移后系统≠先系统后时移，故系统是时变的。

③判断因果性。用代值法，$t=1$ 时，$r(1)=\int_{-\infty}^{5}e(\tau)\mathrm{d}\tau=e(-\infty)+\cdots+e(4)+e(5)$，输出仅与未来时刻的输入有关，故系统是非因果的。

郑君里 1.21 判断下列系统是否是可逆的。若可逆，给出它的逆系统；若不可逆，指出使该系统产生相同输出的两个输入信号。

同一输入对应同一输出就是可逆系统，加果能够找到多个输入对应同一输出，则为不可逆。

（1）$r(t)=e(t-5)$；　　（2）$r(t)=\dfrac{\mathrm{d}}{\mathrm{d}t}e(t)$；

（3）$r(t)=\int_{-\infty}^{t}e(\tau)\mathrm{d}\tau$；　　（4）$r(t)=e(2t)$。

解析 （1）由题可知，$r(t)=e(t-5)$，则系统的作用是将输入延迟 5，对不同的输入产生不同的输出，故可逆。且逆系统的作用是将输入提前 5，即 $r(t)=e(t+5)$。

（2）由题可知，$r(t)=\dfrac{\mathrm{d}}{\mathrm{d}t}e(t)$，对输入信号 $e(t)$ 和输入信号 $e(t)+2$ 分别求导，都可得到 $\dfrac{\mathrm{d}}{\mathrm{d}t}e(t)$，即不同输入对应相同输出，故不可逆。

可逆不可逆直接看输出能不能恢复输入即可。

（3）由题可知，$r(t)=\int_{-\infty}^{t}e(\tau)\mathrm{d}\tau$，系统的作用是积分。系统可逆，逆系统为 $r(t)=\dfrac{\mathrm{d}}{\mathrm{d}t}e(t)$。

（4）由题可知，$r(t)=e(2t)$，系统的作用是尺度压缩，则其逆运算是尺度扩展 $r(t)=e\left(\dfrac{t}{2}\right)$，因此系统可逆。

证明基本不考，了解即可，考试的时候直接当作结论去用。

郑君里 1.24 【**证明题**】证明 δ 函数的尺度运算特性满足 $\delta(at)=\dfrac{1}{|a|}\delta(t)$。（提示：当以 t 为自变量时脉冲底宽为 τ，而改以 at 为自变量时底宽变成 $\dfrac{\tau}{a}$，借此关系以及偶函数特性即可求出以上结果。）

证明 法一：单位冲激函数可看作宽为 τ，高为 $\dfrac{1}{\tau}$ 的矩形脉冲在 $\tau\to0$ 的过程中形成的。此时，高 $\dfrac{1}{\tau}\to\infty$。当以 at 为自变量时，相当于对矩形进行扩展或压缩，矩形脉冲的高度仍为 $\dfrac{1}{\tau}$，而底宽变成 $\dfrac{\tau}{a}$，故矩形面积变成了 $\dfrac{1}{a}$，即 $\delta(at)=\dfrac{1}{a}\delta(t)$。而 $\delta(t)$ 为偶函数，当 $a<0$ 时，$\delta(at)=\delta(-at)=-\dfrac{1}{a}\delta(t)$，故 $\delta(at)=\dfrac{1}{|a|}\delta(t)$。

这种情况下，$a>0$。

法二：根据狄拉克定义$\begin{cases}\int_{-\infty}^{\infty}\delta(t)\mathrm{d}t=1\\ \delta(t)=0(t\neq 0)\end{cases}$，则

$$\begin{cases}\int_{-\infty}^{\infty}|a|\delta(at)\mathrm{d}t=\int_{-\infty}^{\infty}\delta(at)\mathrm{d}(at)=1\\ \delta(at)=0(t\neq 0)\end{cases}$$

得$|a|\delta(at)=\delta(t)$，故$\delta(at)=\frac{1}{|a|}\delta(t)$。

吴大正版第一章 | 信号与系统（连续部分）

吴大正 1.5 判别下列各序列是否为周期性的。如果是，确定其周期。

2π 不是它们的最小公倍数，因为 2π 不是 2 的整数倍。

（5）$f_5(t)=3\cos t+2\sin(\pi t)$；　　（6）$f_6(t)=\cos(\pi t)\varepsilon(t)$。

解析（5）由题可知，$f_5(t)=3\cos t+2\sin(\pi t)$，$3\cos t$的周期为$2\pi$；$2\sin(\pi t)$的周期为2。而$2\pi$与2不存在最小公倍数，故信号$f_5(t)$为非周期信号。

说明两个周期信号相加后的和信号可能为非周期信号。

（6）由题可知，$f_6(t)=\cos(\pi t)\varepsilon(t)$，整理可得$f_6(t)=\begin{cases}\cos(\pi t), & t>0\\ 0, & t<0\end{cases}$，故$f_6(t)$为非周期信号。

吴大正 1.10 计算下列各题。

（1）$\frac{\mathrm{d}^2}{\mathrm{d}t^2}\{[\cos t+\sin(2t)]\varepsilon(t)\}$；　（2）$(1-t)\frac{\mathrm{d}}{\mathrm{d}t}[\mathrm{e}^{-t}\delta(t)]$；

冲激的性质：$\begin{cases}\int_{-\infty}^{\infty}f(t)\delta(t)\mathrm{d}t=f(0)\\ f(t)\delta(t)=f(0)\delta(t)\end{cases}$；

（3）$\int_{-\infty}^{\infty}\frac{\sin(\pi t)}{t}\delta(t)\mathrm{d}t$；　（4）$\int_{-\infty}^{\infty}\mathrm{e}^{-2t}[\delta'(t)+\delta(t)]\mathrm{d}t$；

冲激偶的性质：$\begin{cases}\int_{-\infty}^{\infty}f(t)\delta'(t)\mathrm{d}t=-f'(0)\\ f(t)\delta'(t)=f(0)\delta'(t)-f'(0)\delta(t)\end{cases}$

（5）$\int_{-\infty}^{\infty}\left[t^2+\sin\left(\frac{\pi t}{4}\right)\right]\delta(t+2)\mathrm{d}t$；　（6）$\int_{-\infty}^{\infty}(t^2+2)\delta\left(\frac{t}{2}\right)\mathrm{d}t$；

（7）$\int_{-\infty}^{\infty}(t^3+2t^2-2t+1)\delta'(t-1)\mathrm{d}t$；（8）$\int_{-\infty}^{t}(1-x)\delta'(x)\mathrm{d}x$。

解析（1）由题可知，$\frac{\mathrm{d}^2}{\mathrm{d}t^2}\{[\cos t+\sin(2t)]\varepsilon(t)\}$，整理可得

$\varepsilon(t)$也要当成一个函数去处理，所以此处求导为高数中的复合函数求导。

$$\frac{\mathrm{d}}{\mathrm{d}t}\{[\cos t+\sin(2t)]\varepsilon(t)\}=[-\sin t+2\cos(2t)]\varepsilon(t)+[\cos t+\sin(2t)]\delta(t)$$

$$=[-\sin t+2\cos(2t)]\varepsilon(t)+\delta(t)$$

$$\frac{\mathrm{d}^2}{\mathrm{d}t^2}\{[\cos t+\sin(2t)]\varepsilon(t)\}=\frac{\mathrm{d}}{\mathrm{d}t}\{[-\sin t+2\cos(2t)]\varepsilon(t)+\delta(t)\}$$

$$=[-\cos t-4\sin(2t)]\varepsilon(t)+[-\sin t+2\cos(2t)]\delta(t)+\delta'(t)$$

$$=[-\cos t-4\sin(2t)]\varepsilon(t)+2\delta(t)+\delta'(t)$$

（2）由题可知，$(1-t)\dfrac{\mathrm{d}}{\mathrm{d}t}[\mathrm{e}^{-t}\delta(t)]$，而 $\dfrac{\mathrm{d}}{\mathrm{d}t}[\mathrm{e}^{-t}\delta(t)]=\delta'(t)$，根据冲激信号和冲激偶信号的乘积性质可得

$$(1-t)\delta'(t)=\delta'(t)+\delta(t)$$

不要拿到题目就直接进行复合函数求导！先用冲激的筛分性质再求导，会更简单。

（3）由题可知，$\int_{-\infty}^{\infty}\dfrac{\sin(\pi t)}{t}\delta(t)\mathrm{d}t$，根据冲激信号的抽样特性可得

$$\int_{-\infty}^{\infty}\frac{\sin(\pi t)}{t}\delta(t)\mathrm{d}t=\lim_{t\to0}\frac{\sin(\pi t)}{t}=\lim_{t\to0}\frac{\pi\sin(\pi t)}{\pi t}=\pi$$

$\dfrac{\sin(\pi t)}{\pi t}$ 在 $t\to0$ 时用高数中的洛必达法则求解。

（4）由题可知，$\int_{-\infty}^{\infty}\mathrm{e}^{-2t}[\delta'(t)+\delta(t)]\mathrm{d}t$，则

$$\int_{-\infty}^{\infty}\mathrm{e}^{-2t}[\delta'(t)+\delta(t)]\mathrm{d}t=\int_{-\infty}^{\infty}\mathrm{e}^{-2t}\delta'(t)\mathrm{d}t+\int_{-\infty}^{\infty}\mathrm{e}^{-2t}\delta(t)\mathrm{d}t$$

拆成两项做会更简单。

而根据冲激偶信号的性质可得 $\int_{-\infty}^{\infty}f(t)\delta'(t)\mathrm{d}t=-f'(0)$，则

$$\int_{-\infty}^{\infty}\mathrm{e}^{-2t}\delta'(t)\mathrm{d}t=-\left.\frac{\mathrm{d}\mathrm{e}^{-2t}}{\mathrm{d}t}\right|_{t=0}=-(-2)\mathrm{e}^{-2t}\Big|_{t=0}=2$$

根据冲激函数的抽样特性可得 $\int_{-\infty}^{\infty}\mathrm{e}^{-2t}\delta(t)\mathrm{d}t=\mathrm{e}^{-2t}\Big|_{t=0}=1$，故

$$\int_{-\infty}^{\infty}\mathrm{e}^{-2t}[\delta'(t)+\delta(t)]\mathrm{d}t=3$$

（5）由题可知，$\int_{-\infty}^{\infty}\left[t^2+\sin\left(\dfrac{\pi t}{4}\right)\right]\delta(t+2)\mathrm{d}t$，根据冲激函数的抽样特性可得

$$\int_{-\infty}^{\infty}\left[t^2+\sin\left(\frac{\pi t}{4}\right)\right]\delta(t+2)\mathrm{d}t=\left.\left[t^2+\sin\left(\frac{\pi t}{4}\right)\right]\right|_{t=-2}=3$$

（6）由题可知，$\int_{-\infty}^{\infty}(t^2+2)\delta\left(\dfrac{t}{2}\right)\mathrm{d}t$。

冲激的抽样性质的运用需要冲激函数的系数为1。如果不为1，则需要调用尺度变换性质。

根据冲激信号的尺度变换性质可得 $\delta\left(\dfrac{1}{2}t\right)=\dfrac{1}{\left|\dfrac{1}{2}\right|}\delta(t)=2\delta(t)$，故

$$\int_{-\infty}^{\infty}(t^2+2)\delta\left(\frac{t}{2}\right)\mathrm{d}t=2\int_{-\infty}^{\infty}(t^2+2)\delta(t)\mathrm{d}t=2(t^2+2)\Big|_{t=0}=4$$

（7）由题可知，$\int_{-\infty}^{\infty}(t^3+2t^2-2t+1)\delta'(t-1)\mathrm{d}t$。

冲激偶公式：$\int_{-\infty}^{\infty}f(t)\delta'(t-t_0)\mathrm{d}t=-f'(t_0)$

根据冲激偶信号的抽样特性可得

$$\int_{-\infty}^{\infty}(t^3+2t^2-2t+1)\delta'(t-1)\mathrm{d}t=-\left[\frac{\mathrm{d}}{\mathrm{d}t}(t^3+2t^2-2t+1)\right]\Bigg|_{t=1}=-(3t^2+4t-2)\Big|_{t=1}=-5$$

（8）由题可知，$\int_{-\infty}^{t}(1-x)\delta'(x)\mathrm{d}x$，根据冲激偶信号的性质可得

注意看这里的积分上限是 t

$$f(t)\delta'(t)=f(0)\delta'(t)-f'(0)\delta(t)$$

则 $(1-x)\delta'(x)=\delta'(x)+\delta(x)$，故

$$\int_{-\infty}^{t}(1-x)\delta'(x)\mathrm{d}x=\int_{-\infty}^{t}[\delta'(x)+\delta(x)]\mathrm{d}x=\delta(t)+\varepsilon(t)$$

吴大正 1.11 【证明题】 设 a、b 为常数（$a\neq 0$），试证 $\int_{-\infty}^{\infty}f(t)\delta(at-b)\mathrm{d}t=\frac{1}{|a|}f\left(\frac{b}{a}\right)$。（提示：先证 $a>0$，再证 $a<0$。）

要想着把式子化成冲激函数的抽样性质的表达式。

证明 法一：令 $x=t-\frac{b}{a}$，则 $\delta(at-b)=\delta(ax)=\frac{1}{|a|}\delta(x)$，$a\neq 0$，可得

$$\delta(at-b)=\frac{1}{|a|}\delta\left(t-\frac{b}{a}\right)$$

根据冲激函数的抽样特性可得

$$\int_{-\infty}^{\infty}f(t)\delta(at-b)\mathrm{d}t=\frac{1}{|a|}\int_{-\infty}^{\infty}f(t)\delta\left(t-\frac{b}{a}\right)\mathrm{d}t=\frac{1}{|a|}f\left(\frac{b}{a}\right)$$

法二：令 $x=at-b(a\neq 0)$，则 $t=\frac{x}{a}+\frac{b}{a}$，$\mathrm{d}t=\frac{1}{a}\mathrm{d}x$。

①当 $a>0$ 时，$a=|a|$，有

$$\int_{-\infty}^{\infty}f(t)\delta(at-b)\mathrm{d}t=\int_{-\infty}^{\infty}f\left(\frac{x}{a}+\frac{b}{a}\right)\delta(x)\frac{1}{a}\mathrm{d}x=\frac{1}{a}f\left(\frac{x}{a}+\frac{b}{a}\right)\Bigg|_{x=0}=\frac{1}{|a|}f\left(\frac{b}{a}\right)$$

②当 $a<0$ 时，$a=-|a|$，有

$$\int_{-\infty}^{\infty}f(t)\delta(at-b)\mathrm{d}t=\int_{-\infty}^{\infty}f\left(\frac{x}{a}+\frac{b}{a}\right)\delta(x)\frac{1}{a}\mathrm{d}x=\int_{-\infty}^{\infty}f\left(-\frac{x}{a}+\frac{b}{a}\right)\delta(x)\frac{1}{-a}\mathrm{d}x$$

$$=-\frac{1}{a}f\left(-\frac{x}{a}+\frac{b}{a}\right)\Bigg|_{x=0}=\frac{1}{|a|}f\left(\frac{b}{a}\right)$$

故 $\int_{-\infty}^{\infty}f(t)\delta(at-b)\mathrm{d}t=\frac{1}{|a|}f\left(\frac{b}{a}\right)$。

吴大正 1.14 【物理应用题】下图是机械减震系统，其中 M 为物体质量，K 为弹簧的弹性系数，D 为减震器的阻尼系数，$y(t)$ 为物体偏离平衡位置的位移，$f(t)$ 为加于物体 M 上的外力。列出以 $y(t)$ 为响应的微分方程。（提示：弹性力等于 $Ky(t)$，阻尼力等于 $Dy'(t)$。）

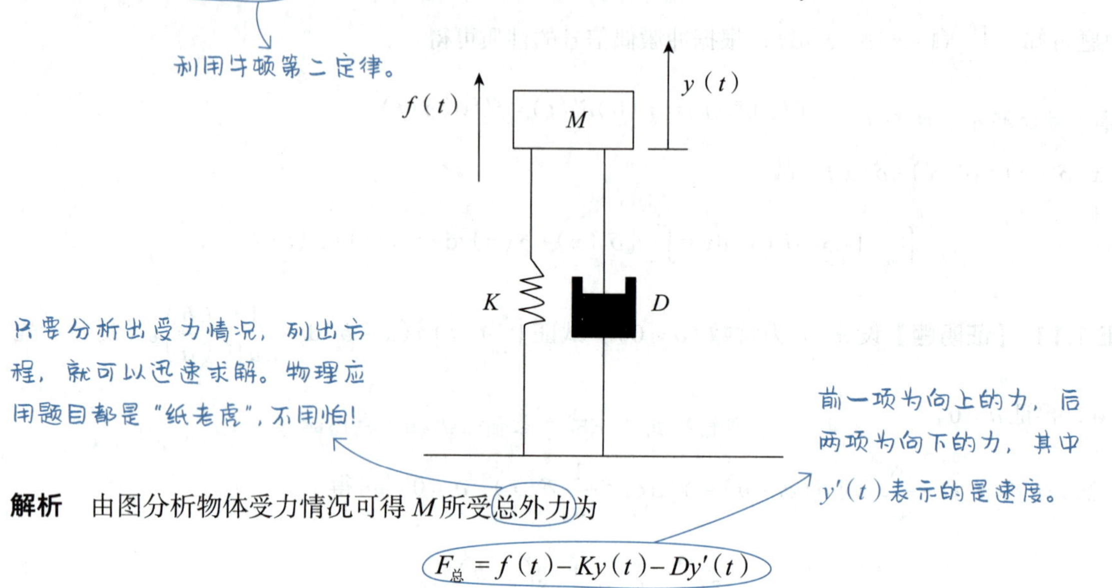

解析 由图分析物体受力情况可得 M 所受总外力为

$$F_{总}=f(t)-Ky(t)-Dy'(t)$$

根据牛顿第二定律可得 $F_{总}=Ma$，其中加速度为 $a=y''(t)$，将 $a=y''(t)$ 代入可得

$$f(t)-Ky(t)-Dy'(t)=Ma=My''(t)$$

整理可得 $y''(t)+\frac{D}{M}y'(t)+\frac{K}{M}y(t)=\frac{1}{M}f(t)$。

吴大正 1.15 【物理应用题】下图是一种加速度计，它由束缚在弹簧上的物体 M 构成，其整体固定在平台上。如果物体质量为 M，弹簧的弹性系数为 K，物体 M 与加速度计间的粘性摩擦系数为 B。设加速度计的位移为 $x_1(t)$，物体 M 的位移为 $x_2(t)$。实际上，只能测得物体相对于加速度计的位移 $y(t)=x_1(t)-x_2(t)$。列出以 $x_1(t)$ 为输入，以 $y(t)$ 为输出的微分方程。

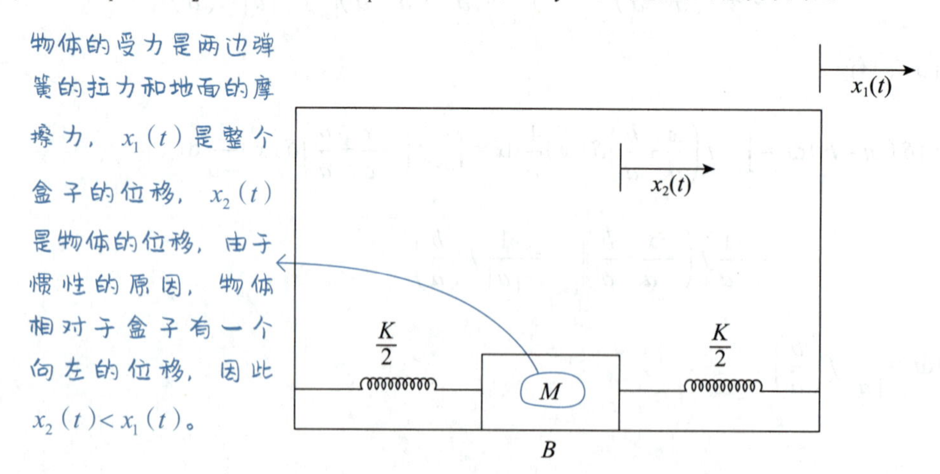

解析 由图可得弹簧对物体M的弹力为$\frac{K}{2}y(t)\times 2=Ky(t)$。

物体M与加速器间摩擦力为$By'(t)$，物体M所受总外力为$F_{总}=Ky(t)+By'(t)$。

摩擦力是向右的！

根据牛顿第二定律可得，$F_{总}=Ma$，其中加速度为$a=x_2''(t)$，将$a=x_2''(t)$代入可得，$Ky(t)+By'(t)=Mx_2''(t)$。

牛顿第二定律为高中知识，必须掌握！

由题可知，$x_2(t)=x_1(t)-y(t)$，则$x_2''(t)=x_1''(t)-y''(t)$，代入可得，$Ky(t)+By'(t)=Mx_1''(t)-My''(t)$，故

$$My''(t)+By'(t)+Ky(t)=Mx_1''(t)$$

最后规范写答案，结果要把输出放左边，输入放右边。

吴大正 1.23 设系统的初始状态为$x(0)$，激励为$f(\cdot)$，各系统的全响应$y(\cdot)$与激励和初始状态的关系如下，试分析各系统是否是线性的。

（1）$y(t)=e^{-t}x(0)+\int_0^t \sin xf(x)dx$；（2）$y(t)=f(t)x(0)+\int_0^t f(x)dx$；

（3）$y(t)=\sin[x(0)t]+\int_0^t f(x)dx$。

这一类题目目前只出现在吴大正版教材的课后题中。其他教材可以不看。

解析 （1）由题可知，$y(t)=e^{-t}x(0)+\int_0^t \sin xf(x)dx$。

①系统的零输入响应为$y_{zi}(t)=e^{-t}x(0)$，零状态响应为$y_{zs}(t)=\int_0^t \sin xf(x)dx$，系统满足分解特性。

满足分解特性，也就是一项只与初始状态有关，一项只与激励有关。

②对于零输入响应，设初始状态为$x_1(0)$时系统的零输入响应为$y_{zi1}(t)=e^{-t}x_1(0)$。

初始状态为$x_2(0)$时系统的零输入响应为$y_{zi2}(t)=e^{-t}x_2(0)$。

把初始状态$x(0)$看成一个特殊的激励。当作常规的系统六性判断即可。

则当系统初始状态为$x_3(0)=ax_1(0)+bx_2(0)$时，系统的零输入响应为

$$y_{zi3}(t)=e^{-t}x_3(0)=e^{-t}[ax_1(0)+bx_2(0)]=a[e^{-t}x_1(0)]+b[e^{-t}x_2(0)]=ay_{zi1}(t)+by_{zi2}(t)$$

故系统满足零输入线性。

③对于零状态响应，设输入为$f_1(t)$时系统的零状态响应为$y_{zs1}(t)=\int_0^t \sin xf_1(x)dx$，输入为$f_2(t)$时系统的零状态响应为$y_{zs2}(t)=\int_0^t \sin xf_2(x)dx$。

当系统输入为$f_3(t)=af_1(t)+bf_2(t)$时，系统零状态响应为

$$y_{zs3}(t)=\int_0^t \sin xf_3(x)dx=\int_0^t \sin x[af_1(x)+bf_2(x)]dx$$

$$=a\int_0^t \sin xf_1(x)dx+b\int_0^t \sin xf_2(x)dx=ay_{zs1}(t)+by_{zs2}(t)$$

故系统满足零状态线性。

综上，系统满足：①分解特性；②零输入线性；③零状态线性，故系统为线性系统。

（2）由题可知，$y(t)=f(t)x(0)+\int_0^t f(x)\mathrm{d}x$。

$f(t)x(0)$两项都有，不满足分解特性，故系统为非线性。

三条性质，不满足任意一条都为非线性。

（3）由题可知，$y(t)=\sin[x(0)t]+\int_0^t f(x)\mathrm{d}x$。

系统的零输入响应为$y_{zi}(t)=\sin[x(0)t]$。

系统的零状态响应为$y_{zs}(t)=\int_0^t f(x)\mathrm{d}x$，系统满足分解特性。

判别零输入线性：

设初始状态为$x_1(0)$时系统的零输入响应为$y_{zi1}(t)=\sin[x_1(0)t]$。

设初始状态为$x_2(0)$时系统的零输入响应为$y_{zi2}(t)=\sin[x_2(0)t]$。

当系统初始状态为$x_3(0)=ax_1(0)+bx_2(0)$时，系统的零输入响应为

$$y_{zi3}(t)=\sin[x_3(0)t]=\sin\{[ax_1(0)+bx_2(0)]t\}$$

$$\neq a\sin[x_1(0)t]+b\sin[x_2(0)t]=ay_{zi1}(t)+by_{zi2}(t)$$

系统不满足零输入线性，故系统为非线性系统。

吴大正 1.24 下列微分或差分方程所描述的系统，是线性的还是非线性的？是时变还是时不变的？

（1）$y'(t)+2y(t)=f'(t)-2f(t)$；（2）$y'(t)+\sin t y(t)=f(t)$；

（3）$y'(t)+[y(t)]^2=f(t)$。

判断是否为线性：

$T[a_1f_1(t)+a_2f_2(t)]\overset{?}{=}a_1T[f_1(t)]+a_2T[f_2(t)]$

判断是否为时变：$T[f(t-t_0)]\overset{?}{=}r(t-t_0)$

解析 （1）由题可知，$y'(t)+2y(t)=f'(t)-2f(t)$。

①判断线性。

假设线性：$a_1f_1(t)+a_2f_2(t)\to a_1y_1(t)+a_2y_2(t)$。

$$a_1y_1'(t)+a_2y_2'(t)+2a_1y_1(t)+2a_2y_2(t)\overset{?}{\to}a_1f_1'(t)+a_2f_2'(t)-2a_1f_1(t)-2a_2f_2(t)$$

而$\begin{cases}y_1'(t)+2y_1(t)=f_1'(t)-2f_1(t)\\y_2'(t)+2y_2(t)=f_2'(t)-2f_2(t)\end{cases}$恒成立，因此

利用恒成立的等式去替换。

$$a_1f_1'(t)+a_2f_1'(t)-2a_1f_1(t)-2a_2f_2(t)=a_1[y_1'(t)+2y_1(t)]+a_2[y_2'(t)+2y_2(t)]$$

故$a_1y_1'(t)+a_2y_2'(t)+2a_1y_1(t)+2a_2y_2(t)=a_1f_1'(t)+a_2f_2'(t)-2a_1f_1(t)-2a_2f_2(t)$。

系统是线性的。

②判断时变性。

假设时不变：$f_1(t-t_0)\to y(t-t_0)$。

$$f'(t-t_0)-2f(t-t_0)=y'(t-t_0)+2y(t-t_0)$$

$$y'(t-t_0)+2y(t-t_0)=f'(t-t_0)-2f(t-t_0)$$

系统是时不变的。

（2）法一：由题可知，$y'(t)+\sin ty(t)=f(t)$，系统是线性，时变的，$y(t)$的系数为$\sin t$，$\sin t$是变系数。→小技巧：带变系数$\sin t$或t，可以直接判断出时变。

法二：①判断线性。

假设线性：$a_1f_1(t)+a_2f_2(t)\to a_1y_1(t)+a_2y_2(t)$。

$$a_1y_1'(t)+a_2y_2'(t)+\sin t[a_1y_1(t)+a_2y_2(t)]\overset{?}{\to}a_1f_1(t)+a_2f_2(t)$$

而$\begin{cases}y_1'(t)+\sin ty_1(t)=f_1(t)\\y_2'(t)+\sin ty_2(t)=f_2(t)\end{cases}$恒成立，代入后可得

$$a_1y_1'(t)+a_2y_2'(t)+\sin t[a_1y_1(t)+a_2y_2(t)]=a_1f_1(t)+a_2f_2(t)$$

因此系统是线性的。

②判断时变性。

假设时不变：$f_1(t-t_0)\to y(t-t_0)$，因此判断$y'(t-t_0)+\sin ty(t-t_0)\overset{?}{\to}f(t-t_0)$，发现$y'(t-t_0)+\sin(t-t_0)y(t-t_0)=f(t-t_0)$恒成立。

判断出$y'(t-t_0)+\sin ty(t-t_0)\neq f(t-t_0)$，因此系统是时变的。

（3）法一：由题可知，$y'(t)+[y(t)]^2=f(t)$，方程中含$y(t)$的二次方项，因此系统是非线性，时不变的。→小技巧：带二次方项，可以直接判断出非线性。

法二：①判断线性。

假设线性：$a_1f_1(t)+a_2f_2(t)\to a_1y_1(t)+a_2y_2(t)$。

$$a_1y_1'(t)+a_2y_2'(t)+[a_1y_1'(t)+a_2y_2'(t)]^2\overset{?}{\to}a_1f_1(t)+a_2f_2(t)$$

而$\begin{cases}y_1'(t)+[y_1(t)]^2=f_1(t)\\y_2'(t)+[y_2(t)]^2=f_2(t)\end{cases}$恒成立，可得

$$a_1y_1'(t)+a_2y_1'(t)+a_1[y_1(t)]^2+a_2[y_2(t)]^2=a_1f_1(t)+a_2f_2(t)$$

因此$a_1y_1'(t)+a_2y_2'(t)+[a_1y_1'(t)+a_2y_2'(t)]^2\neq a_1f_1(t)+a_2f_2(t)$，所以系统是非线性的。

②判断时变性，假设时不变：$f_1(t-t_0)\to y(t-t_0)$，因此判断$y'(t-t_0)-[y(t-t_0)]^2\overset{?}{\to}f(t-t_0)$，发

现$y'(t-t_0)-[y(t-t_0)]^2=f(t-t_0)$恒成立，因此系统是时不变的。

吴大正 1.25 设激励为$f(\cdot)$，下列是各系统的零状态响应$y_{zs}(\cdot)$。判断各系统是否是线性的、时不变的、因果的、稳定的？

（1）$y_{zs}(t)=\dfrac{df(t)}{dt}$；（2）$y_{zs}(t)=|f(t)|$；

（3）$y_{zs}(t)=f(t)\cos(2\pi t)$；（4）$y_{zs}(t)=f(-t)$。

解析 （1）由题可知，$y_{zs}(t)=\dfrac{df(t)}{dt}$。

①判断线性。设输入为$f_1(t)$时系统的零状态响应为$y_{zs1}(t)=f_1'(t)$，输入为$f_2(t)$时系统的零状态响应为$y_{zs2}(t)=f_2'(t)$。

当系统输入为$f_3(t)=af_1(t)+bf_2(t)$时，系统的零状态响应为

$$y_{zs3}(t)=f_3'(t)=af_1'(t)+bf_2'(t)=ay_{zs1}(t)+by_{zs2}(t)$$

故系统是线性的。

看先时移后系统，先系统后时移是否相等。

②判断时不变性。设系统输入为$f_1(t)=f(t-t_0)$时的零状态响应为$y_{zs1}(t)$，则

$$y_{zs1}(t)=f_1'(t)=f'(t-t_0)=\frac{df(t-t_0)}{d(t-t_0)}=y_{zs}(t-t_0)$$

故系统是时不变的。

③判断因果性。

在郑君里版教材和吴大正版教材，参考郑君里 1.20（1）和吴大正 1.25（1），当作因果。如果是奥本海姆版，则参考奥本海姆 1.27（7），站在数学角度进行讨论，最后为非因果。

由$y_{zs}(t)=\dfrac{df(t)}{dt}$可知，响应$y_{zs}(t)$只与$t$时刻的输入$f(t)$同时变化，故系统是因果的。

④判断稳定性。假设$f(t)=u(t)\Rightarrow y_{zs}(t)=\delta(t)$无界，系统输入为有界，输出为无界，故系统是不稳定的。

（2）由题可知，$y_{zs}(t)=|f(t)|$。

①判断线性。

$$T[a_1f_1(t)+a_2f_2(t)]=|a_1f_1(t)+a_2f_2(t)|\neq a_1y_1(t)+a_2y_2(t)=a_1|f_1(t)|+a_2|f_2(t)|$$

故系统是非线性的。

②判断时不变性。$T[f(t-t_0)]=|f(t-t_0)|=y_{zs}(t-t_0)=|f(t-t_0)|$，故系统是时不变的。

③判断因果性。当$t<t_0$时，$f(t)=0$，则$y_{zs}(t)=|f(t)|=0$，故系统是因果系统。

输入和输出同时变化，因果。

④判断稳定性。若系统的激励$f(t)$满足$|f(t)|<\infty$，则其零状态响应$y_{zs}(t)$一定满足$|y_{zs}(t)|=|f(t)|<\infty$，故系统是稳定的。

（3）由题可知，$y_{zs}(t)=f(t)\cos(2\pi t)$。

①判断线性。

$$T[a_1f_1(t)+a_2f_2(t)]=[a_1f_1(t)+a_2f_2(t)]\cos(2\pi t)$$

$$a_1y_{zs1}(t)+a_2y_{zs2}(t)=a_1f_1(t)\cos(2\pi t)+a_2f_2(t)\cos(2\pi t)$$

故系统是线性的。

②判断时不变性。

$$T[f(t-t_0)]=f(t-t_0)\cos(2\pi t),\quad y_{zs}(t-t_0)=f(t-t_0)\cos[2\pi(t-t_0)]$$

系统乘上了与时间因子有关的项，为时变系统。

故系统是时变的。

判断因果性，只需要看输出和输入就行，不用看 $\cos(2\pi t)$。

③判断因果性。当 $t<t_0$ 时，$f(t)=0$，则 $y_{zs}(t)=f(t)\cos(2\pi t)=0$，所以系统是因果的。

④判断稳定性。若 $f(t)$ 满足 $|f(t)|<\infty$，则 $|y_{zs}(t)|=|f(t)||\cos(2\pi t)|<\infty$，故系统是稳定的。

（4）由题可知，$y_{zs}(t)=f(-t)$。

①判断线性。

$$T[a_1f_1(t)+a_2f_2(t)]=a_1f_1(-t)+a_2f_2(-t)=a_1y_{zs1}(t)+a_2y_{zs2}(t)=a_1f_1(-t)+a_2f_2(-t)$$

故系统是线性的。

②判断时不变性。$T[f(t-t_0)]=f(-t-t_0)$；$y_{zs}(t-t_0)=f[-(t-t_0)]$，故系统是时变的。

③判断因果性。当 $t=-1$ 时，$y_{zs}(-1)=f(1)$，输出超前于输入，所以系统是非因果的。

④判断稳定性。若 $|f(t)|<\infty$，则 $|y_{zs}(t)|=|f(-t)|<\infty$，故系统是稳定的。

翻折不影响信号的幅度。BIBO 准则，判断稳定。

吴大正 1.26 某 LTI 连续系统，已知当激励 $f(t)=\varepsilon(t)$ 时，其零状态响应 $y_{zs}(t)=e^{-2t}\varepsilon(t)$。求：

（1）当输入为冲激函数 $\delta(t)$ 时的零状态响应；

（2）当输入为斜升函数 $t\varepsilon(t)$ 时的零状态响应。

解析 法一：变换域解法。

加果没学到拉氏变换，就用法二，学到拉氏变换后再回来做一次，考试一般用变换域的方法。

（1）根据拉氏变换

$$y_{zs}(t)=e^{-2t}\varepsilon(t)\leftrightarrow Y_{zs}(s)=\frac{1}{s+2},\ s>-2；\ f(t)=\varepsilon(t)\leftrightarrow F(s)=\frac{1}{s},\ s>0$$

根据零状态响应的表达式：$Y_{zs}(s)=H(s)F(s)\to H(s)=\dfrac{s}{s+2}=1-\dfrac{2}{s+2}$。

输入为冲激函数 $\delta(t)$ 时的零状态响应就是系统的单位冲激响应。

经过逆变换得 $y_{zs1}(t)=-2e^{-2t}\varepsilon(t)+\delta(t)$。

（2）根据常用拉氏变换：$t\varepsilon(t)\leftrightarrow\dfrac{1}{s^2}$，$s>0$；$Y_{zs2}(s)=\dfrac{1}{s(s+2)}=\dfrac{1}{2}\left(\dfrac{1}{s}-\dfrac{1}{s+2}\right)$，$s>0$。

经过逆变换得 $y_{zs2}(t)=\frac{1}{2}(1-e^{-2t})\varepsilon(t)$。

法二：时域方法。

（1）根据冲激信号与阶跃信号的性质可得 $\delta(t)=\frac{d}{dt}\varepsilon(t)$，而系统是 LTI 系统，则系统的零状态响应为

$$y_{zs1}(t)=\frac{d}{dt}y_{zs}(t)=\frac{d}{dt}[e^{-2t}\varepsilon(t)]=-2e^{-2t}\varepsilon(t)+e^{-2t}\delta(t)=-2e^{-2t}\varepsilon(t)+\delta(t)$$

注意 $\varepsilon(t)$ 也要当成一个“函数”，这是高数中的复合函数求导。

（2）根据冲激信号与阶跃信号的性质可得 $t\varepsilon(t)=\int_{-\infty}^{t}\varepsilon(\tau)d\tau$。

而系统是 LTI 系统，则系统的零状态响应为

$$y_{zs2}(t)=\int_{-\infty}^{t}y_{zs}(\tau)d\tau=\int_{-\infty}^{t}e^{-2\tau}\varepsilon(\tau)d\tau=\frac{1}{2}(1-e^{-2t})\varepsilon(t)$$

吴大正 1.27 某 LTI 连续系统，其初始状态一定，已知当激励为 $f(t)$ 时，其全响应为 $y_1(t)=e^{-t}+\cos(\pi t)$，$t\geqslant 0$；当初始状态不变，激励为 $2f(t)$ 时，其全响应为 $y_2(t)=2\cos(\pi t)$，$t\geqslant 0$。求初始状态不变而激励为 $3f(t)$ 时系统的全响应。

初始状态不变说明系统的零输入响应不变。

解析 由题可知，令 $y_{zi}(t)$ 为题目初始状态下的零输入响应，当激励为 $f(t)$ 时，系统的零状态响应为 $y_{zs}(t)$，而系统是 LTI 系统；当激励为 $2f(t)$ 时，系统的零状态响应为 $2y_{zs}(t)$，可得

$$y_1(t)=y_{zi}(t)+y_{zs}(t)=e^{-t}+\cos(\pi t),\ t\geqslant 0$$

$$y_2(t)=y_{zi}(t)+2y_{zs}(t)=2\cos(\pi t),\ t\geqslant 0$$

利用零状态线性的性质求解。保持初始状态，激励成比例增加，输出的零状态也成比例增加。

联立两式解得 $y_{zi}(t)=2e^{-t}$，$t\geqslant 0$；$y_{zs}(t)=-e^{-t}+\cos(\pi t)$，$t\geqslant 0$。

则初始状态不变而激励为 $3f(t)$ 时系统的全响应为

$$y_3(t)=y_{zi}(t)+3y_{zs}(t)=-e^{-t}+3\cos(\pi t),\ t\geqslant 0$$

吴大正 1.29 某二阶 LTI 连续系统的初始状态为 $x_1(0)$ 和 $x_2(0)$，已知：

当 $x_1(0)=1$，$x_2(0)=0$ 时，其零输入响应为 $y_{zi1}(t)=e^{-t}+e^{-2t}$，$t\geqslant 0$；

当 $x_1(0)=0$，$x_2(0)=1$ 时，其零输入响应为 $y_{zi2}(t)=e^{-t}-e^{-2t}$，$t\geqslant 0$；

当 $x_1(0)=1$，$x_2(0)=-1$，而输入为 $f(t)$ 时，其全响应为 $y(t)=2+e^{-t}$，$t\geqslant 0$；

求当 $x_1(0)=3$，$x_2(0)=2$，输入为 $2f(t)$ 时的全响应。

解析 由题可知，系统是 LTI 系统。

围绕线性系统的性质求解，关键在于找到输入以及初始状态的关系。

当 $x_1(0)=1$，$x_2(0)=0$ 时，其零输入响应为 $y_{zi1}(t)=e^{-t}+e^{-2t}$，$t\geqslant 0$；

当$x_1(0)=0$，$x_2(0)=1$时，其零输入响应为$y_{zi2}(t)=e^{-t}-e^{-2t}$，$t\geqslant 0$。

则根据 LTI 系统的线性特性可得，当$x_1(0)=1$，$x_2(0)=-1$时，系统的零输入响应为

$$y_{zi}(t)=y_{zi1}(t)-y_{zi2}(t)=2e^{-2t}, \quad t\geqslant 0$$

根据系统的分解特性可得$y(t)=y_{zi}(t)+y_{zs}(t)$，则

$$y_{zs}(t)=y(t)-y_{zi}(t)=2+e^{-t}-2e^{-2t}, \quad t\geqslant 0$$

故当$x_1(0)=3$，$x_2(0)=2$，输入为$2f(t)$时，系统的全响应为

$$y(t)=3y_{zi1}(t)+2y_{zi2}(t)+2y_{zs}(t)=4+7e^{-t}-3e^{-2t}, \quad t\geqslant 0$$

奥本海姆版第一章 | 信号与系统（连续部分）

奥本海姆 1.3 对下列每一个信号求P_∞和E_∞。

（1）$x_1(t)=e^{-2t}u(t)$；　　（2）$x_2(t)=e^{j\left(2t+\frac{\pi}{4}\right)}$；　　（3）$x_3(t)=\cos t$。

解析 （1）由题可知，$x_1(t)=e^{-2t}u(t)$。根据能量功率公式可得

$$E_\infty=\lim_{T\to\infty}\int_{-T}^{T}|x_1(t)|^2 dt=\lim_{T\to\infty}\int_{0}^{T}e^{-4t}u(t)dt=\lim_{T\to\infty}\frac{1}{4}(1-e^{-4T})=\frac{1}{4}$$

→注意是模值不是绝对值。

$$P_\infty=\lim_{T\to\infty}\frac{1}{2T}\int_{-T}^{T}|x_1(t)|^2 dt=\lim_{T\to\infty}\frac{1}{2T}\int_{0}^{T}e^{-4t}dt=\lim_{T\to\infty}\frac{\frac{1}{4}(1-e^{-4T})}{2T}=0$$

→加果是周期信号可以写成：$P=\frac{1}{2T}\int_{-T}^{T}|x_1(t)|^2dt$。

（2）由题可知，$x_2(t)=e^{j\left(2t+\frac{\pi}{4}\right)}$。根据能量功率公式可得

$$E_\infty=\lim_{T\to\infty}\int_{-T}^{T}|x_2(t)|^2 dt=\lim_{T\to\infty}\int_{-T}^{T}e^{j\left(2t+\frac{\pi}{4}\right)}e^{-j\left(2t+\frac{\pi}{4}\right)}dt=\lim_{T\to\infty}\int_{-T}^{T}1dt=\lim_{T\to\infty}2T=\infty$$

$$P_\infty=\lim_{T\to\infty}\frac{1}{2T}\int_{-T}^{T}|x_2(t)|^2 dt=\lim_{T\to\infty}\frac{1}{2T}\int_{-T}^{T}1dt=1$$

（3）由题可知，$x_3(t)=\cos t$。根据能量功率公式可得

$$E_\infty=\lim_{T\to\infty}\int_{-T}^{T}(\cos t)^2dt=\lim_{T\to\infty}\left(T+\frac{1}{2}\sin(2T)\right)=\infty$$

$$P_\infty=\lim_{T\to\infty}\frac{1}{2T}\int_{-T}^{T}(\cos t)^2dt=\lim_{T\to\infty}\frac{1}{2T}\int_{-T}^{T}\frac{1+\cos(2t)}{2}dt$$

利用三角函数的降幂公式。

$$=\lim_{T\to\infty}\frac{1}{4T}\int_{-T}^{T}[1+\cos(2t)]\mathrm{d}t=\lim_{T\to\infty}\frac{2T+\sin(2T)}{4T}=\frac{1}{2}$$

奥本海姆 1.6 判断信号 $x_1(t)=2\mathrm{e}^{\mathrm{j}\left(t+\frac{\pi}{4}\right)}u(t)$ 的周期性。

观察到信号有 $u(t)$ 的限制，因此该信号不是周期信号。

解析 由题可知，$x_1(t)=2\mathrm{e}^{\mathrm{j}\left(t+\frac{\pi}{4}\right)}u(t)$，整理可得

$$x_1(t)=\begin{cases}2\cos\left(t+\dfrac{\pi}{4}\right)+2\mathrm{j}\sin\left(t+\dfrac{\pi}{4}\right), & t>0\\ 0, & t<0\end{cases}$$

故 $x_1(t)$ 不是周期信号。

奥本海姆 1.9 判断下列信号的周期性。若是周期的，给出它的基波周期。

加果是单个信号，基波周期为信号的最小正周期；加果是多个信号相加减，基波周期为其整体的最小正周期（最小公倍数）。

（1）$x_1(t)=\mathrm{j}\mathrm{e}^{\mathrm{j}10t}$；（2）$x_2(t)=\mathrm{e}^{(-1+\mathrm{j})t}$。

解析 （1）由题可知，$x_1(t)=\mathrm{j}\mathrm{e}^{\mathrm{j}10t}$，整理可得

$$x_1(t)=\mathrm{e}^{\mathrm{j}\left(10t+\frac{\pi}{2}\right)}=\cos\left(10t+\frac{\pi}{2}\right)+\mathrm{j}\sin\left(10t+\frac{\pi}{2}\right)$$

故 $x_1(t)$ 为周期信号，其基波周期 $T=\dfrac{2\pi}{10}=\dfrac{\pi}{5}$。

指数信号为非周期信号。

（2）由题可知，$x_2(t)=\mathrm{e}^{(-1+\mathrm{j})t}$，整理可得 $x_2(t)=\mathrm{e}^{-t}\cdot\mathrm{e}^{\mathrm{j}t}=\mathrm{e}^{-t}\cos t+\mathrm{j}\mathrm{e}^{-t}\sin t$，故 $x_2(t)$ 为非周期信号。

奥本海姆 1.10 求信号 $x(t)=2\cos(10t+1)-\sin(4t-1)$ 的基波周期。

解析 根据三角函数的周期公式 $T=\dfrac{2\pi}{\omega}$，有

$$2\cos(10t+1)\Rightarrow T=\frac{2\pi}{10}=\frac{\pi}{5}；\ \sin(4t-1)\Rightarrow T=\frac{2\pi}{4}=\frac{\pi}{2}$$

基波周期为两者的最小公倍数：$T=\pi$。

奥本海姆 1.17 考虑一个连续时间系统，其输入 $x(t)$ 和输出 $y(t)$ 的关系为

$$y(t)=x(\sin t)$$

（1）该系统是因果的吗？

（2）该系统是线性的吗？

系统因果，要求输入时刻 < 输出时刻，也就是 $\sin t<t$，当 $t>0$ 时，$\sin t<t$；当 $t<0$ 时，$\sin t>t$，因此为非因果。

解析 （1）由题可知，$t=-\pi$ 时刻的响应要由未来 $t=0$ 时刻的激励决定，故该系统是非因果的。

（2）
$$T[a_1x_1(t)+a_2x_2(t)]=a_1x_1(\sin t)+a_2x_2(\sin t)$$

$$a_1y_1(t)+a_2y_2(t)=a_1x_1(\sin t)+a_2x_2(\sin t)$$

故系统是线性的。

奥本海姆 1.19 判定下列输入输出关系的系统是否具有线性性质、时不变性质，或两者俱有。

（1）$y(t)=t^2x(t-1)$；（4）$y[t]=\mathrm{Od}[x(t)]$。

解析 （1）由题可知，$y(t)=t^2x(t-1)$。

①判断线性。设$x_1(t)\to y_1(t)=t^2x_1(t-1)$；$x_2(t)\to y_2(t)=t^2x_2(t-1)$，令$ax_1(t)+bx_2(t)=x_3(t)$，则

$$y_3(t)=t^2x_3(t-1)=t^2[ax_1(t-1)+bx_2(t-1)]=at^2x_1(t-1)+bt^2x_2(t-1)=ay_1(t)+by_2(t)$$

故该系统是线性的。

②判断时变性。令$x_4(t)=x(t-t_0)$，则

$$y_4(t)=t^2x_4(t-1)=t^2x(t-1-t_0)\neq(t-t_0)^2x(t-t_0-1)=y(t-t_0)$$

→系统乘上时间因子有关的项为时变，直接秒杀！

故该系统是时变的。

（4）由题可知，$y[t]=\mathrm{Od}[x(t)]$。

→奇分量展开。

①判断线性。由题可知：$y[t]=\mathrm{Od}[x(t)]=\frac{1}{2}[x(t)-x(-t)]$。

设 $$x_1[t]\to y_1[t]=\frac{1}{2}x_1[t]-\frac{1}{2}x_1[-t],\quad x_2[t]\to y_2[t]=\frac{1}{2}x_2[t]-\frac{1}{2}x_2[-t]$$

令 $ax_1[t]+bx_2[t]=x_3[t]$，则

$$y_3[t]=\frac{1}{2}x_3[t]-\frac{1}{2}x_3[-t]=\frac{1}{2}ax_1[t]+\frac{1}{2}bx_2[t]-\frac{1}{2}ax_1[-t]-\frac{1}{2}bx_2[-t]$$

$$=a\left\{\frac{1}{2}x_1[t]-\frac{1}{2}x_1[-t]\right\}+b\left\{\frac{1}{2}x_2[t]-\frac{1}{2}x_2[-t]\right\}=ay_1[t]+by_2[t]$$

故该系统是线性的。

②判断时变性。令$x_4[t]=x[t-t_0]$，则

$$y_4[t]=\frac{1}{2}x_4[t]-\frac{1}{2}x_4[-t]=\frac{1}{2}x[t-t_0]-\frac{1}{2}x[-t-t_0]$$

$$y[t-t_0]=\frac{1}{2}x[t-t_0]-\frac{1}{2}x[-t+t_0],\quad y_4[t]\neq y[t-t_0]$$

故该系统是时变的。

奥本海姆 1.25 判定下列连续时间信号的周期性；若是周期的，确定它的基波周期。

（1）$x(t)=3\cos\left(4t+\frac{\pi}{3}\right)$；（2）$x(t)=\mathrm{e}^{\mathrm{j}(\pi t-1)}$；

(3) $x(t)=\left[\cos\left(2t-\frac{\pi}{3}\right)\right]^2$；　　(4) $x(t)=\mathrm{Ev}[\cos(4\pi t)u(t)]$；

(5) $x(t)=\mathrm{Ev}[\sin(4\pi t)u(t)]$；　　(6) $x(t)=\sum_{n=-\infty}^{\infty}\mathrm{e}^{-(2t-n)}u(2t-n)$。

解析 (1) 由题可知，$x(t)=3\cos\left(4t+\frac{\pi}{3}\right)$，$\omega=4$，故信号的基波周期为 $T=\frac{2\pi}{4}=\frac{\pi}{2}$。

(2) 由题可知，$x(t)=\mathrm{e}^{\mathrm{j}(\pi t-1)}$，$\omega=\pi$，故信号的基波周期为 $T=2\pi/\pi=2$。

复指数的周期和正余弦信号的周期求解方法一样。

(3) 由题可知，$x(t)=\left[\cos\left(2t-\frac{\pi}{3}\right)\right]^2$，整理可得 $x(t)=\frac{1}{2}\left[1+\cos\left(4t-\frac{2\pi}{3}\right)\right]$，$\omega=4$，故信号的基波周期为 $T=\frac{\pi}{2}$。

含有平方需要利用倍角公式或者降幂公式。

(4) 由题可知，$x(t)=\mathrm{Ev}[\cos(4\pi t)u(t)]$，整理可得

偶分量求解：$\mathrm{Ev}[x(t)]=\frac{x(t)+x(-t)}{2}$

$$x(t)=\frac{1}{2}\cos(4\pi t)u(t)+\frac{1}{2}\cos(-4\pi t)u(-t)$$

$$=\frac{1}{2}\cos(4\pi t)u(t)+\frac{1}{2}\cos(4\pi t)u(-t)=\frac{1}{2}\cos(4\pi t)$$

故 $x(t)$ 是周期信号，其基波周期为 $T=\frac{2\pi}{4\pi}=\frac{1}{2}$。

(5) 由题可知，$x(t)=\mathrm{Ev}[\sin(4\pi t)u(t)]$，整理可得

$$x(t)=\frac{1}{2}\sin(4\pi t)u(t)+\frac{1}{2}\sin(-4\pi t)u(-t)=\frac{1}{2}\sin(4\pi t)u(t)-\frac{1}{2}\sin(4\pi t)u(-t)$$

这是由于正弦信号为奇函数。

故 $x(t)$ 是非周期信号。

(6) 由题可知，$x(t)=\sum_{n=-\infty}^{\infty}\mathrm{e}^{-(2t-n)}u(2t-n)$，整理可得

$$x(t)=\mathrm{e}^{-2t}u(2t)*\sum_{n=-\infty}^{\infty}\delta\left(t-\frac{1}{2}n\right)$$

故 $x(t)$ 是周期信号，其基波周期为 $T=\frac{1}{2}$。

奥本海姆 1.27 这一章介绍了系统的几个一般性质，这就是一个系统可能是或不是：①无记忆的；②时不变的；③线性的；④因果的；⑤稳定的。

对以下连续时间系统确定哪些性质成立，哪些性质不成立，并陈述你的理由。下例中 $y(t)$ 和 $x(t)$ 分别为系统的输出和输入。

（1）$y(t)=x(t-2)+x(2-t)$；

（2）$y(t)=[\cos(3t)]x(t)$；

（3）$y(t)=\int_{-\infty}^{2t}x(\tau)\mathrm{d}\tau$；

（4）$y(t)=\begin{cases}0, & t<0\\ x(t)+x(t-2), & t\geqslant 0\end{cases}$；

（5）$y(t)=\begin{cases}0, & x(t)<0\\ x(t)+x(t-2), & x(t)\geqslant 0\end{cases}$；

（6）$y(t)=x\left(\dfrac{t}{3}\right)$；

（7）$y(t)=\dfrac{\mathrm{d}x(t)}{\mathrm{d}t}$。

只要激励里面不是 t，系统都是记忆的。

解析 （1）由题可知，$y(t)=x(t-2)+x(2-t)$。

①判断记忆性。令 $t=0$，则 $y(0)=x(-2)+x(2)$，故输出信号 $y(t)$ 取决于输入信号 $x(t)$ 的将来值与输入信号 $x(t)$ 的过去值，故系统是记忆的。

②判断时变性。令 $x_1(t)=x(t-t_0)$，则

$$y_1(t)=x_1(t-2)+x_1(2-t)=x_1(t-2-t_0)+x_1(2-t-t_0)$$
$$\neq x(t-t_0-2)+x(2-t+t_0)=y(t-t_0)$$

因此有先时移后系统 ≠ 先系统后时移，故系统是时变的。

③判断线性。

设 $y_1(t)=x_1(t-2)+x_1(2-t)$；$y_2(t)=x_2(t-2)+x_2(2-t)$，令 $x_3(t)=ax_1(t)+bx_2(t)$，则

$$\begin{aligned}y_3(t)&=x_3(t-2)+x_3(2-t)\\&=ax_1(t-2)+bx_2(t-2)+ax_1(2-t)+bx_2(2-t)\\&=ay_1(t)+by_2(t)\end{aligned}$$

因此有先线性后系统 = 先系统后线性，故系统是线性的。

④判断因果性。

由于方程 $\begin{cases}t-2>t\\2-t>t\end{cases}$，第二个式子是有解的，因此系统是非因果的。

⑤判断稳定性。设 $|x(t)|<M$，则 $|x(t-2)|<M$，$|x(2-t)|<M$，$|y(t)|<2M$，满足 BIBO 准则，故系统是稳定的。

（2）由题可知 $y(t)=[\cos(3t)]x(t)$。 乘了 $\cos(3t)$，系统是时变的。

①判断记忆性。输出信号 $y(t)$ 只与当前的输入信号 $x(t)$ 有关，故系统是无记忆的。

②判断时变性。令 $x_1(t)=x(t-t_0)$，则

$$y_1(t)=[\cos(3t)]x_1(t)=[\cos(3t)]x(t-t_0)\neq[\cos(3t-3t_0)]x(t-t_0)=y(t-t_0)$$

因此有先时移后系统 ≠ 先系统后时移，故系统是时变的。

③判断线性。令 $x_3(t)=ax_1(t)+bx_2(t)$，则

$$y_3(t)=[\cos(3t)]x_3(t)=[\cos(3t)][ax_1(t)+bx_2(t)]$$
$$=a[\cos(3t)]x_1(t)+b[\cos(3t)]x_2(t)=ay_1(t)+by_2(t)$$

因此有先线性后系统 = 先系统后线性，故系统是线性的。

④判断因果性。输入、输出同时变化，输出没有超前输入，故系统是因果的。

⑤判断稳定性。

设 $|x(t)|<M$，则 $\left|[\cos(3t)]x(t)\right|<M$，满足 BIBO 准则，故系统是稳定的。

(3) 由题可知，$y(t)=\int_{-\infty}^{2t}x(\tau)\mathrm{d}\tau$。

①判断记忆性。$y(t)$ 取决于 $x(t)$ 由过去到未来 $2t$ 时刻的值，故系统是记忆的。

②判断时变性。令 $x_1(t)=x(t-t_0)$，则

$$y_1(t)=\int_{-\infty}^{2t}x_1(\tau)\mathrm{d}\tau=\int_{-\infty}^{2t}x(\tau-t_0)\mathrm{d}\tau=\int_{-\infty}^{2t-t_0}x(\tau')\mathrm{d}\tau'\neq\int_{-\infty}^{2(t-t_0)}x(\tau)\mathrm{d}\tau=y(t-t_0)$$

故系统是时变的。

③判断线性。令 $x_3(t)=ax_1(t)+bx_2(t)$，则

$$y_3(t)=\int_{-\infty}^{2t}x_3(\tau)\mathrm{d}\tau=\int_{-\infty}^{2t}[ax_1(\tau)+bx_2(\tau)]\mathrm{d}\tau$$
$$=a\int_{-\infty}^{2t}x_1(\tau)\mathrm{d}\tau+b\int_{-\infty}^{2t}x_2(\tau)\mathrm{d}\tau=ay_1(t)+by_2(t)$$

故系统是线性的。

④判断因果性。由于 $2t>t\Rightarrow t>0$ 有解，输出信号 $y(t)$ 与输入信号 $x(t)$ 的将来值有关，故系统是非因果的。

输入有界，输出无界，不满足 BIBO 系统准则，系统不稳定。

⑤判断稳定性。设 $|x(t)|<M$（M 为有限大小的正数），对所有 $x(t)$ 是有界的。如 $x(t)=u(t)$ 是有界的，但 $y(t)=\int_{-\infty}^{2t}u(\tau)\mathrm{d}\tau=2tu(t)$，$y(\infty)=\infty$ 不是有界的，故系统是不稳定的。

(4) 由题可知，$y(t)=\begin{cases}0, & t<0\\ x(t)+x(t-2), & t\geqslant 0\end{cases}=[x(t)+x(t-2)]u(t)$。

遇到分段函数，利用阶跃信号表示出来可以简化计算。

①判断记忆性。$y(0)=x(0)+x(-2)$，输出信号 $y(t)$ 与输入信号 $x(t)$ 的当前值及过去值有关，故系统是记忆的。

②判断时变性。令 $x_1(t)=x(t-t_0)$，则 $y_1(t)=[x_1(t-t_0)+x_1(t-t_0-2)]u(t)$，而 $y(t-t_0)=[x(t-t_0)+x(t-t_0-2)]u(t-t_0)\neq y_1(t)$，故系统是时变的。

③判断线性。

设 $x_1(t)\to y_1(t)=[x_1(t)+x_1(t-2)]u(t)$；$x_2(t)\to y_2(t)=[x_2(t)+x_2(t-2)]u(t)$，则

$$x_3(t)=ax_1(t)+bx_2(t)$$

$$y_3(t)=[x_3(t)+x_3(t-2)]u(t)=ay_1(t)+by_2(t)$$

故系统是线性的。

④判断因果性。$y(t)$只与$x(t)$的过去值及当前值有关，与未来值无关，故系统是因果的。

⑤判断稳定性。当$x(t)$有界时，$y(t)$也是有界的，故系统是稳定的。

（5）由题可知，$y(t)=\begin{cases}0, & x(t)<0\\ x(t)+x(t-2), & x(t)\geqslant 0\end{cases}=[x(t)+x(t-2)]u[x(t)]$。

注意这里的分界点为 $x(t)<0$，因此需要把激励放进阶跃函数中。

①判断记忆性。$y(t)$与$x(t)$的过去值有关，故系统是记忆的。

②判断时变性。设 $x_1(t)=x(t-t_0)$，则

$$y_1(t)=[x_1(t)+x_1(t-2)]u[x_1(t)]=[x(t-t_0)+x_1(t-t_0-2)]u[x_1(t-t_0)]=y(t-t_0)$$

因此有先时移后系统 = 先系统后时移，故系统是时不变的。

③判断线性。

$$x_1(t)\to y_1(t)=[x_1(t)+x_1(t-2)]u[x_1(t)],\quad x_2(t)\to y_2(t)=[x_2(t)+x_2(t-2)]u[x_2(t)]$$

得到

$$a_1x_2(t)+a_2x_2(t)\Rightarrow y_3(t)=[a_1x_2(t)+a_2x_2(t)+a_1x_2(t-2)+a_2x_2(t-2)]u[a_1x_2(t)+a_2x_2(t)]$$

但 $y_3(t)\neq a_1y_1(t)+a_2y_2(t)$，故系统是非线性的。

④判断因果性。当$x(t)<0$时，$y(t)<0$，故系统是因果的。

⑤判断稳定性。当$|x(t)|<M$（M为有限大小的正数）时，对所有$y(t)$都有$|y(t)|<M$，满足 BIBO 准则，故系统是稳定的。

（6）由题可知，$y(t)=x\left(\dfrac{t}{3}\right)$。

①判断记忆性。$y(3)=x(1)$，$y(t)$取决于过去时刻的$x(t)$，故系统是记忆的。

②判断时变性。设 $x_1(t)=x(t-t_0)$，则 $y_1(t)=x_1\left(\dfrac{t}{3}\right)=x\left(\dfrac{t}{3}-t_0\right)\neq x\left(\dfrac{t}{3}-\dfrac{t_0}{3}\right)=y(t-t_0)$，因此有先时移后系统 ≠ 先系统后时移，故系统是时变的。

③判断线性。设 $x_1(t)\to y_1(t)=x_1\left(\dfrac{t}{3}\right)$；$x_2(t)\to y_2(t)=x_2\left(\dfrac{t}{3}\right)$，令 $x_3(t)=ax_1(t)+bx_2(t)$，则

$$y_3(t)=x_3\left(\frac{t}{3}\right)=ax_1\left(\frac{t}{3}\right)+bx_2\left(\frac{t}{3}\right)=ay_1(t)+by_2(t)$$

因此有先线性后系统 = 先系统后线性，故系统是线性的。

④判断因果性。$y(-1)=x\left(-\frac{1}{3}\right)$，即 $t=-1$ 时刻的输出取决于未来 $t=-\frac{1}{3}$ 时刻的输入，故系统是非因果的。——也可以判断 $\frac{t}{3}>t \Rightarrow t<0$，方程有解，因此系统是非因果的。

⑤判断稳定性。设 $|x(t)|<M$（M 为有限大小的正数），则 $|y(t)|=\left|x\left(\frac{t}{3}\right)\right|<M$，满足 BIBO 准则，故系统是稳定的。

（7）由题可知 $y(t)=\frac{\mathrm{d}x(t)}{\mathrm{d}t}$。

①判断记忆性。$y(t)=\lim\limits_{\Delta t\to 0}\frac{x(t)-x(t-\Delta t)}{\Delta t}$，即 $y(t)$ 与过去的输入 $x(t-\Delta t)$ 有关，故系统是记忆的。

②判断时变性。令 $x_1(t)=x(t-t_0)$，则 $y_1(t)=\frac{\mathrm{d}x_1(t)}{\mathrm{d}t}=\frac{\mathrm{d}x(t-t_0)}{\mathrm{d}t}=\frac{\mathrm{d}x(t-t_0)}{\mathrm{d}(t-t_0)}=y(t-t_0)$，故系统是时不变的。

③判断线性。设 $x_1(t)\to y_1(t)=\frac{\mathrm{d}x_1(t)}{\mathrm{d}t}$；$x_2(t)\to y_2(t)=\frac{\mathrm{d}x_2(t)}{\mathrm{d}t}$。

令 $x_3(t)=ax_1(t)+bx_2(t)$，则 $y_3(t)=\frac{\mathrm{d}x_3(t)}{\mathrm{d}t}=a\frac{\mathrm{d}x_1(t)}{\mathrm{d}t}+b\frac{\mathrm{d}x_2(t)}{\mathrm{d}t}=ay_1(t)+by_2(t)$，故系统是线性的。

④判断因果性。$y(t)=\frac{\mathrm{d}x(t)}{\mathrm{d}t}=\lim\limits_{\Delta t\to 0}\frac{x(t)-x(t-\Delta t)}{\Delta t}$，$\Delta t$ 可以大于 0，也可以小于 0，可能输入发生在输出之后，故系统是非因果的。

⑤判断稳定性。若 $x(t)=u(t)$ 有界，则 $y(t)=\delta(t)$ 无界，故系统是不稳定的。

奥本海姆 1.31 在本题中将要说明线性时不变性质的最重要结果之一，即一旦知道了一个线性系统或线性时不变系统对某单一输入的响应，或者对若干个输入的响应，就能直接计算出对许多其他输入信号的响应。本书后续绝大部分内容都是利用这一点来建立分析与综合线性时不变系统的一些结果和方法的。

（1）考虑一个线性时不变系统，它对如图（a）所示的信号 $x_1(t)$ 的响应 $y_1(t)$ 如图（b）所示，确定并画出该系统对如图（c）所示的信号 $x_2(t)$ 的响应；

（2）确定并画出上述（1）中的系统对如图（d）所示的信号 $x_3(t)$ 的响应。

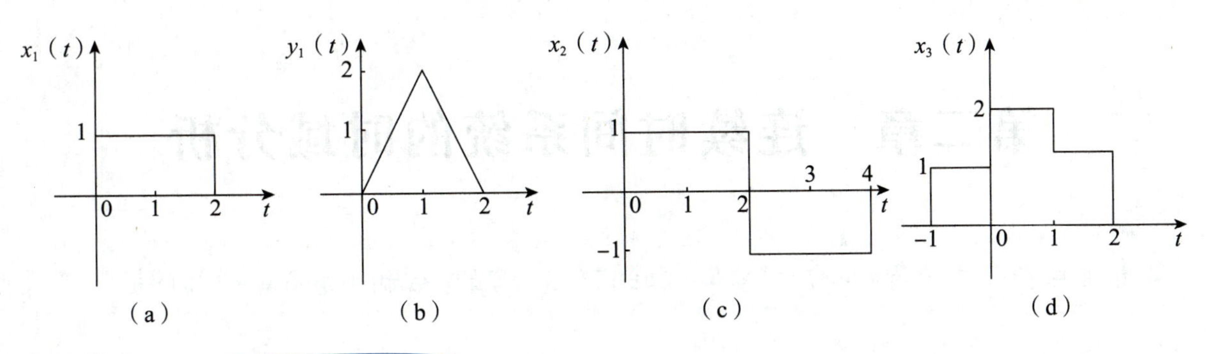

解析 （1）令$x_2(t)=x_1(t)-x_1(t-2)$，故$y_2(t)=y_1(t)-y_1(t-2)$，则$y_2(t)$的波形如图（a）所示。

（2）令$x_3(t)=x_1(t)+x_1(t+1)$，故$y_3(t)=y_1(t)+y_1(t+1)$，则$y_3(t)$的波形如图（b）所示。

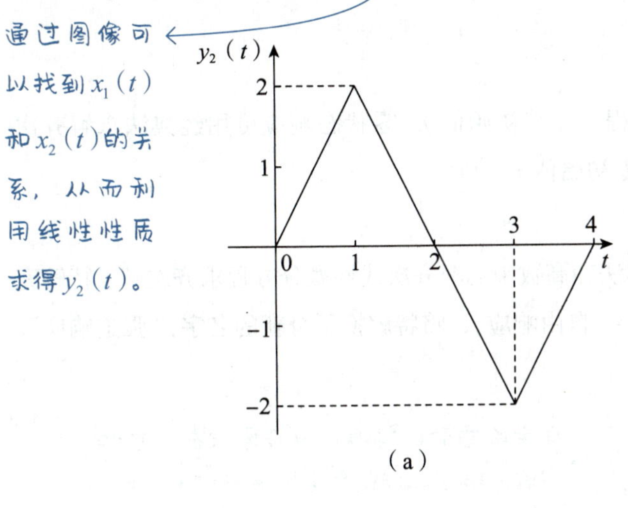

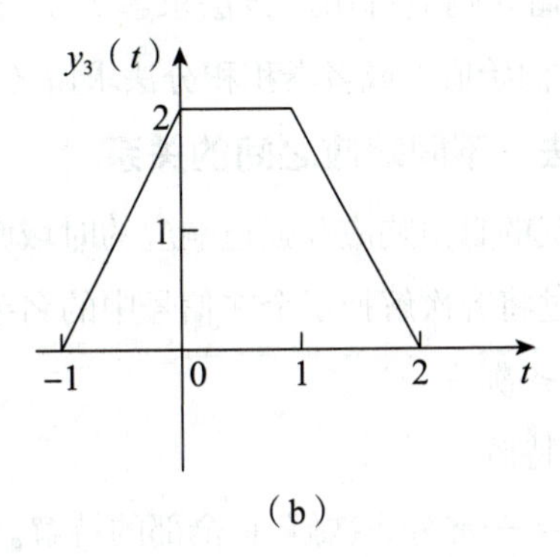

（a） （b）

第二章　连续时间系统的时域分析

本章重点在于求解各种响应，求解初始状态，以及学会利用卷积的性质解题。

1. 时域求解系统响应方法

①经典法：齐次解 + 特解（非零初始值）。

②双零法：零输入响应可用经典法求解齐次方程（非零初始值），零状态响应可用经典法求解齐次解 + 特解（零初始值）或者卷积积分法求解（零初始值）。

2. 时域经典法、不同响应之间的关系

此处信号与系统的自由响应和强迫响应的时域解法和高数中的非齐次线性微分方程求齐次解、特解完全一致。只不过将齐次解换了个在信号中的名字："自由响应"，将特解换了个新的名字："强迫响应"。

①自由响应 = 齐次解。

②强迫响应 = 特解。

③零状态响应 = 一部分齐次解 + 全部的特解。

④零输入响应 = 另外一部分齐次解。

自由响应和强迫响应以及零状态响应和零输入响应之间的关系需要仔细判断。

⑤稳态响应：t 趋于无穷时，保留下来的分量（可以不收敛）。

⑥暂态响应：t 趋于无穷时，响应趋于 0 的分量。

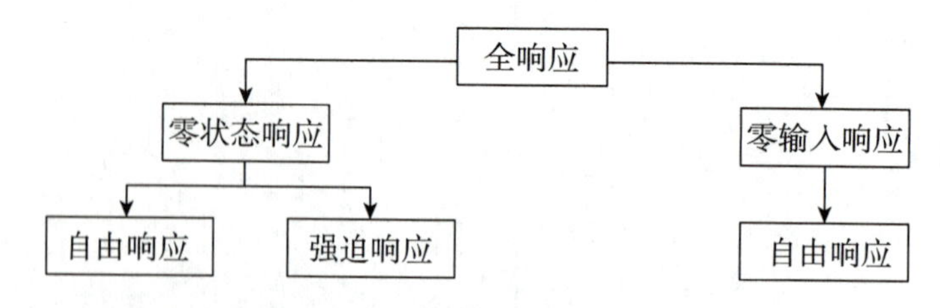

3. 初始（起始）状态和响应的关系

三者的关系也是考查的重点：$r(0_+)=r_{zs}(0_+)+r(0_-)$。

初始（起始）状态	对应响应	设法（解的形式）
$r(0_-)$	零输入响应	齐次解的形式（一部分齐次解）
$r_{zs}(0_+)$	零状态响应	齐次解（另一部分齐次解）+ 全部的特解
$r(0_+)$	全响应 = 零状态响应 + 零输入响应	全响应 = 齐次解 + 特解

4. 卷积运算

（1）卷积的引入

相信初学者在学习卷积的时候一定很痛苦，但是其实卷积没有大家想象得那么高深！在信号与系统中引入卷积，可以理解为描述一个信号 $e(t)$ 输入一个系统 $h(t)$ 产生输出 $r(t)$ 的过程，即

$$r(t)=e(t)*h(t)=\int_{-\infty}^{\infty}e(\tau)\cdot h(t-\tau)\mathrm{d}\tau$$

（2）卷积的性质

交换律	$e(t)*h(t)=h(t)*e(t)$
分配律	$e(t)*[h_1(t)+h_2(t)]=e(t)*h_1(t)+e(t)*h_2(t)$
结合律	$[e(t)*h_1(t)]*h_2(t)=e(t)*[h_1(t)*h_2(t)]$
卷积的微分与积分性质	$f^{(i)}(t)=f_1^{(j)}(t)*f_2^{(i-j)}(t)$
尺度变换性质	$\lvert a\rvert\cdot f\left(\frac{t}{a}\right)=f_1\left(\frac{t}{a}\right)*f_2\left(\frac{t}{a}\right)$ $f(at)=\lvert a\rvert f_1(at)*f_2(at)$
时移性质	$f(t-t_0)=f_1(t-t_0)*f_2(t)=f_1(t)*f_2(t-t_0)$

尺度变换性质是考试的一大热门，很多学校的真题都有涉及。

5. 常见信号的卷积

①与单位冲激信号的卷积：$f(t)*\delta(t)=f(t)$，$f(t)*\delta(t-t_0)=f(t-t_0)$。

②与单位阶跃信号的卷积：$f(t)*u(t)=\int_{-\infty}^{t}f(\lambda)\mathrm{d}\lambda$。

③与冲激偶的卷积：$f(t)*\delta'(t)=f'(t)$。

斩题型

题型 1 冲激函数待定系数匹配法求解跳变量

小马哥导引

此题型是由时域求响应衍生出来的题型。我们在求由激励引起的跳变量 $r_{zs}(0_+)$ 时，需要用到此方法。在零状态响应中，跳变是由阶跃引起的，所以如果想知道 $r_{zs}(0_+)$、$r_{zs}'(0_+)$、$r_{zs}''(0_+)$ 是否存在跳变量？跳变量等于多少？我们只需要求出里面是否包含阶跃函数 $u(t)$，包含几个 $u(t)$，跳变量就是几。例如，$r_{zs}'(t)=2\delta(t)+3u(t)$，则 $r_{zs}'(0_+)=3$。

$r'_{zs}(t)=2\delta(t)+3u(t)$是怎么来的？我们可以理解成激励$e(t)$产生的特解。若右侧$e(t)=2\delta(t)+3u(t)$，则需要将左侧的微分最高阶设成$A\delta(t)+Bu(t)$，依次代入各阶，求出待定系数$A$、$B$的值，即可知道跳变值。

【例 1】因果连续系统的输入、输出方程如下：

$$y''(t)+7y'(t)+10y(t)=2f'(t)-f(t)$$

若输入$f(t)=e^{-t}u(t)$，则$y'(0_+)-y'(0_-)=$______，$y(0_+)-y(0_-)=$______。（2023 年西安电子科技大学 1.3）

【答案】2；0

只有含有冲激项的方程才会产生跳变。

【分析】对$y'(0_+)-y'(0_-)=y'_{zs}(0_+)$，$y(0_+)-y(0_-)=y_{zs}(0_+)=0$利用冲激函数匹配法求跳变。

设$y''(t)=a\delta(t)$，则$y'(t)=au(t)$，$y(t)=atu(t)$，代入微分方程可得$a=2$，则

$$y'(0_+)-y'(0_-)=y'_{zs}(0_+)=2,\ y(0_+)-y(0_-)=y_{zs}(0_+)=0$$

题型 2 连续时间系统响应的时域求解

小马哥导引

在时域下，零状态响应、零输入响应、全响应的求解步骤：

①首先需要知道零状态响应、零输入响应、全响应的设法，然后通过代入对应的初始状态即可求出对应的响应。

②零输入响应的设法：与齐次解的形式完全相同。（因为零输入响应是由自由响应的一部分构成的。）

③零状态响应的设法：首先需要设出特解，再加上齐次解的形式，即可设出零状态响应。

④全响应的设法：全响应的形式和零状态响应的形式设法相同，因为全响应 = 齐次解 + 特解。

根据上面步骤设出响应的形式之后，代入初始状态即可。注意初始状态之间的关系：$r(0_+)=r(0_-)+r_{zs}(0_+)$。

【例 2】已知某连续 LTI 系统，微分方程为$y''(t)+a_0y'(t)+a_1y(t)=b_0x'(t)+b_1x(t)$，当输入激励为$x_1(t)=e^{-2t}u(t)$时，全响应为$y_1(t)=(-e^{-t}+e^{-2t}-e^{-3t})u(t)$；当输入激励为$x_2(t)=\delta(t)-2e^{-2t}u(t)$时，全响应为$y_2(t)=(3e^{-t}-2e^{-2t}-5e^{-3t})u(t)$。求$a_0$、$a_1$、$y_{zi}(t)$、$h(t)$、$b_0$、$b_1$。（从时域的角度）（2023 年宁波大学 2）

考试时没有特定用时域的话就采用变换域做，用时域做完后，也可以用变换域进行检验。

【分析】①先求 $h(t)$。

由题意可知

$$y_1(t)=y_{zi}(t)+e^{-2t}u(t)*h(t)=(-e^{-t}+e^{-2t}-e^{-3t})u(t)$$

$$y_2(t)=y_{zi}(t)+[\delta(t)-2e^{-2t}u(t)]*h(t)=(3e^{-t}-2e^{-2t}-5e^{-3t})u(t)$$

两式相减可得 $y_2(t)-y_1(t)=h(t)-3e^{-2t}u(t)*h(t)=(4e^{-t}-3e^{-2t}-4e^{-3t})u(t)$

上式左侧有 e^{-2t}，右侧有 e^{-t} 、 e^{-2t} 、 e^{-3t}，且由微分方程可知，系统为二阶系统，所以 $h(t)$ 中必含有 e^{-t} 、 e^{-3t}，则 $h(t)=Ae^{-t}u(t)+Be^{-3t}u(t)$，引入公式有

$$e^{-at}u(t)*e^{-bt}u(t)=\frac{e^{-at}-e^{-bt}}{b-a}u(t)\ (a\neq b)$$

所以

$$e^{-2t}u(t)*e^{-t}u(t)=\frac{e^{-2t}-e^{-t}}{1-2}u(t)=-(e^{-2t}-e^{-t})u(t)$$

$$e^{-2t}u(t)*e^{-3t}u(t)=\frac{e^{-2t}-e^{-3t}}{3-2}u(t)=(e^{-2t}-e^{-3t})u(t)$$

所以

$$3e^{-2t}u(t)*h(t)=-3A(e^{-2t}-e^{-t})u(t)+3B(e^{-2t}-e^{-3t})u(t)$$

代入 $h(t)-3e^{-2t}u(t)*h(t)=(4e^{-t}-3e^{-2t}-4e^{-3t})u(t)$ 可得

$$Ae^{-t}u(t)+Be^{-3t}u(t)+3A(e^{-2t}-e^{-t})u(t)-3B(e^{-2t}-e^{-3t})u(t)=(4e^{-t}-3e^{-2t}-4e^{-3t})u(t)$$

即 $$(A-3A)e^{-t}+(-3B+3A)e^{-2t}+(B+3B)e^{-3t}=4e^{-t}-3e^{-2t}-4e^{-3t}$$

由对应系数相等可得 $A-3A=4$， $3A-3B=-3$， $B+3B=-4$，解得 $A=-2$，$B=-1$，故

$$h(t)=-2e^{-t}u(t)-e^{-3t}u(t)$$

②再求 $y_{zi}(t)$。

根据题目条件配凑有

$$2y_1(t)=2y_{zi}(t)+2e^{-2t}u(t)*h(t)=2(-e^{-t}+e^{-2t}-e^{-3t})u(t)$$

$$y_2(t)=y_{zi}(t)+[\delta(t)-2e^{-2t}u(t)]*h(t)=(3e^{-t}-2e^{-2t}-5e^{-3t})u(t)$$

两式相加得 $$2y_1(t)+y_2(t)=3y_{zi}(t)+h(t)=(e^{-t}-7e^{-3t})u(t)$$

将 $h(t)=-2e^{-t}u(t)-e^{-3t}u(t)$ 代入可得

$$3y_{zi}(t)=(3e^{-t}-6e^{-3t})u(t)\Rightarrow y_{zi}(t)=(e^{-t}-2e^{-3t})u(t)$$

③再求 a_0、a_1。

已求出 $y_{zi}(t)$，可以知道系统函数的两个特征根为

特征根只与系统的微分方程有关，因此利用特征根可以得到微分方程的形式。

$$r_1=-1\text{，}\ r_2=-3\Rightarrow(r+1)(r+3)=r^2+4r+3$$

因为微分方程为 $y''(t)+a_0y'(t)+a_1y(t)=b_0x'(t)+b_1x(t)$，所以 $a_0=4$，$a_1=3$。

④最后求 b_0、b_1。

法一（便于理解）：微分方程为

$$y''(t)+4y'(t)+3y(t)=b_0x'(t)+b_1x(t)$$

目前已求出单位冲激响应 $h(t)$，此为输入是冲激信号时产生的响应，所以可以令 $x(t)=\delta(t)$，$y(t)=h(t)$，并代入微分方程两侧，即可求出 b_0、b_1。

由于

$$h(t)=-2e^{-t}u(t)-e^{-3t}u(t)\Rightarrow3h(t)=-6e^{-t}u(t)-3e^{-3t}u(t)$$

$$4h'(t)=8e^{-t}u(t)+12e^{-3t}u(t)-12\delta(t)\text{，}\quad h''(t)=-2e^{-t}u(t)-9e^{-3t}u(t)+5\delta(t)-3\delta'(t)$$

代入可得 $b_1=5-12=-7$，$b_0=-3$。

法二（冲激函数匹配法）：已知 $h(t)=-2e^{-t}u(t)-e^{-3t}u(t)$，所以将 0_+ 代入即可得到跳变值，再利用冲激函数匹配法，求出 b_0、b_1，又因为 $h(0_+)=-3$，$h'(0_+)=5$，则

$$h''(t)+4h'(t)+3h(t)=b_0\delta'(t)+b_1\delta(t)$$

$$\begin{cases}h''(t)=A\delta'(t)+B\delta(t)+C\Delta u(t)\\h'(t)=A\delta(t)+B\Delta u(t)\\h(t)=A\Delta u(t)\end{cases}\Rightarrow\begin{cases}A=b_0\\B+4A=b_1\end{cases}\Rightarrow\begin{cases}A=b_0\\B=b_1-4b_0\end{cases}\Rightarrow\begin{cases}h(0_+)=b_0\\h'(0_+)=b_1-4b_0\end{cases}$$

解得 $b_0=-3$，$b_1=5-12=-7$。

【小马哥点拨】法二本质上和法一是同种方法，擅长哪个用哪个。

郑君里版第二章 | 连续时间系统的时域分析

郑君里 2.2 【物理应用题】图示为理想火箭推动器模型。火箭质量为 m_1，荷载舱质量为 m_2，两者中间用刚度系数为 k 的弹簧连接。火箭和荷载舱均受到摩擦力的作用，摩擦系数分别为 f_1 和 f_2。求火

箭推进力 $e(t)$ 与荷载舱运动速度 $v_2(t)$ 之间的微分方程表达式。

只要分析出受力情况，列出方程，就可以迅速求解。物理应用题目都是"纸老虎"，不用怕！

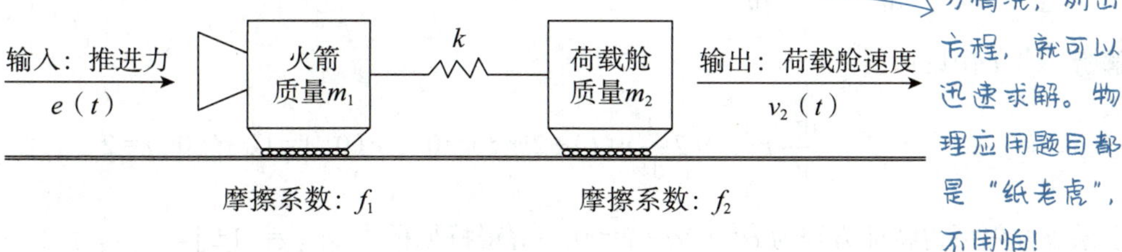

解析 由题图可分析出火箭和荷载舱的受力分析如图（a）和图（b）所示。

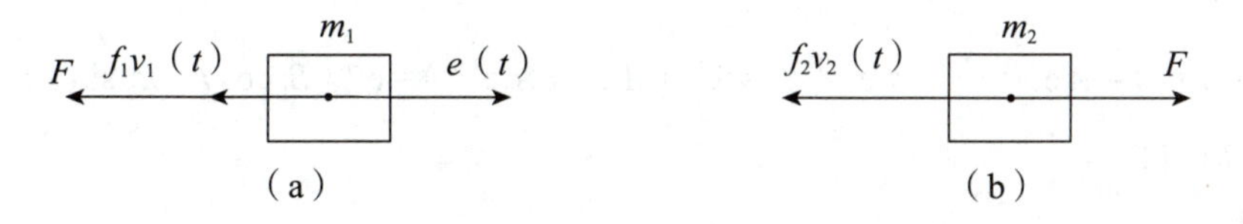

由受力分析图可知，火箭受到推进力 $e(t)$、摩擦力 $f_1v_1(t)$ 和弹簧作用力 F 的作用，产生加速度 $\frac{\mathrm{d}}{\mathrm{d}t}v_1(t)$，根据牛顿第二定律可得

$$e(t)-f_1v_1(t)-F=m_1\frac{\mathrm{d}}{\mathrm{d}t}v_1(t) \quad ①$$

F 正方向为火箭运动的反方向，则

$$F=k\int_{-\infty}^{t}[v_1(\tau)-v_2(\tau)]\mathrm{d}\tau$$

荷载舱受到摩擦力 $f_2v_2(t)$ 和弹簧反作用力，产生 $\frac{\mathrm{d}}{\mathrm{d}t}v_2(t)$ 的加速度，根据牛顿第二定律可得

$$F-f_2v_2(t)=m_2\frac{\mathrm{d}}{\mathrm{d}t}v_2(t) \quad ②$$

将 F 代入可得

$$v_1(t)=\frac{m_2}{k}\frac{\mathrm{d}^2}{\mathrm{d}t^2}v_2(t)+\frac{f_2}{k}\frac{\mathrm{d}}{\mathrm{d}t}v_2(t)+v_2(t) \quad ③$$

将②和③代入①可得

$$\frac{\mathrm{d}^3}{\mathrm{d}t^3}v_2(t)+\left(\frac{f_1}{m_1}+\frac{f_2}{m_2}\right)\frac{\mathrm{d}^2}{\mathrm{d}t^2}v_2(t)+\left(\frac{k}{m_1}+\frac{k}{m_2}+\frac{f_1f_2}{m_1m_2}\right)\frac{\mathrm{d}}{\mathrm{d}t}v_2(t)+k\frac{f_1+f_2}{m_1m_2}v_2(t)=\frac{k}{m_1m_2}e(t)$$

郑君里 2.4 已知系统的齐次方程及其对应的 0_+ 状态条件，求系统的零输入响应。

求解零输入响应，题目没有给出激励，那么激励为零，可知 $r(0_+)=r(0_-)$。

（1）$\frac{\mathrm{d}^2}{\mathrm{d}t^2}r(t)+2\frac{\mathrm{d}}{\mathrm{d}t}r(t)+2r(t)=0$，给定：$r(0_+)=1$，$r'(0_+)=2$；

（2）$\frac{\mathrm{d}^2}{\mathrm{d}t^2}r(t)+2\frac{\mathrm{d}}{\mathrm{d}t}r(t)+r(t)=0$，给定：$r(0_+)=1$，$r'(0_+)=2$；

（3）$\frac{d^3}{dt^3}r(t)+2\frac{d^2}{dt^2}r(t)+\frac{d}{dt}r(t)=0$，给定：$r(0_+)=r'(0_+)=0$，$r''(0_+)=1$。

解析 （1）由题可得

$$\frac{d^2}{dt^2}r(t)+2\frac{d}{dt}r(t)+2r(t)=0,\quad r(0_+)=1,\ r'(0_+)=2$$

由系统方程可得特征方程为 $\alpha^2+2\alpha+2=0$，解得特征根为 $\alpha_{1,2}=-1\pm j$。

则 $r(t)$ 可表示为

$$r(t)=A_1e^{(-1+j)t}+A_2e^{(-1-j)t}=e^{-t}(A_1e^{jt}+A_2e^{-jt})=e^{-t}(B_1\cos t+B_2\sin t)$$

对上式两侧求导可得

$$\frac{d}{dt}r(t)=-e^{-t}(B_1\cos t+B_2\sin t)+e^{-t}(-B_1\sin t+B_2\cos t)=e^{-t}[-B_1(\cos t+\sin t)+B_2(\cos t-\sin t)]$$

将 $r(0_+)=1$，$r'(0_+)=2$ 分别代入可得

$$\begin{cases}B_1=1\\-B_1+B_2=2\end{cases}\Rightarrow\begin{cases}B_1=1\\B_2=3\end{cases}$$

将 B_1、B_2 代入 $r(t)$ 可得零输入响应 $r(t)=e^{-t}(\cos t+3\sin t)u(t)$。

（2）由题可得 $\frac{d^2}{dt^2}r(t)+2\frac{d}{dt}r(t)+r(t)=0$，$r(0_+)=1$，$r'(0_+)=2$，由系统方程可得特征方程为 $\alpha^2+2\alpha+1=0$，解得特征根为 $\alpha_1=\alpha_2=-1$，则 $r(t)$ 可表示为 $r(t)=A_1e^{-t}+A_2te^{-t}$。对上式两侧求导可得

出现重根时的设解方法，需要记住！

$$\frac{d}{dt}r(t)=-A_1e^{-t}+A_2e^{-t}-A_2te^{-t}$$

将 $r(0_+)=1$，$r'(0_+)=2$ 分别代入可得

$$\begin{cases}A_1=1\\-A_1+A_2=2\end{cases}\Rightarrow\begin{cases}A_1=1\\A_2=3\end{cases}$$

将 A_1、A_2 代入 $r(t)$ 可得零输入响应 $r(t)=(1+3t)e^{-t}$。

（3）由题可知 $\frac{d^3}{dt^3}r(t)+2\frac{d^2}{dt^2}r(t)+\frac{d}{dt}r(t)=0$，$r(0_+)=r'(0_+)=0$，$r''(0_+)=1$，由系统方程可得特征方程为 $\alpha^3+2\alpha^2+\alpha=0$，解得特征根为 $\alpha_1=0$，$\alpha_2=\alpha_3=-1$，则 $r(t)$ 可表示为 $r(t)=A_1+A_2e^{-t}+A_3te^{-t}$。

对上式两侧求导可得 $\frac{\mathrm{d}}{\mathrm{d}t}r(t)=-A_2\mathrm{e}^{-t}+A_3\mathrm{e}^{-t}-A_3t\mathrm{e}^{-t}$。

再对上式两侧求导可得 $\frac{\mathrm{d}^2}{\mathrm{d}t^2}r(t)=A_2\mathrm{e}^{-t}-2A_3\mathrm{e}^{-t}+A_3t\mathrm{e}^{-t}$。

将 $r(0_+)=r'(0_+)=0$，$r''(0_+)=1$ 分别代入可得

$$\begin{cases}A_1+A_2=0\\-A_2+A_3=0\\A_2-2A_3=1\end{cases}\Rightarrow\begin{cases}A_1=1\\A_2=A_3=-1\end{cases}$$

将 A_1、A_2 和 A_3 代入 $r(t)$ 可得零输入响应 $r(t)=1-(1+t)\mathrm{e}^{-t}$。

郑君里 2.5　给定系统微分方程、起始状态以及激励信号分别为以下两种情况：

（1）$\frac{\mathrm{d}}{\mathrm{d}t}r(t)+2r(t)=e(t)$，$r(0_-)=0$，$e(t)=u(t)$；

（2）$\frac{\mathrm{d}}{\mathrm{d}t}r(t)+2r(t)=3\frac{\mathrm{d}}{\mathrm{d}t}e(t)$，$r(0_-)=0$，$e(t)=u(t)$。　需要记住 $r(0_+)=r(0_-)+r_{zs}(0_+)$！

试判断在起始点是否发生跳变，据此分别写出（1）、（2）的 $r(0_+)$ 值。

解析　（1）由题可知系统微分方程为 $\frac{\mathrm{d}}{\mathrm{d}t}r(t)+2r(t)=e(t)$。

将激励信号 $e(t)=u(t)$ 代入上式可得 $\frac{\mathrm{d}}{\mathrm{d}t}r(t)+2r(t)=u(t)$。

右侧无冲激项，故起始点不发生跳变，即 $r(0_+)=r(0_-)=0$。

（2）由题可知系统微分方程为 $\frac{\mathrm{d}}{\mathrm{d}t}r(t)+2r(t)=3\frac{\mathrm{d}}{\mathrm{d}t}e(t)$。

将激励信号 $e(t)=u(t)$ 代入上式可得 $\frac{\mathrm{d}}{\mathrm{d}t}r(t)+2r(t)=3\delta(t)$。

利用冲激函数匹配法，根据式子可设出

需要观察式子中的最高微分项。

$$\frac{\mathrm{d}}{\mathrm{d}t}r(t)=A\delta(t)+Bu(t),\quad r(t)=Au(t)$$

代入式子中得 $A\delta(t)+(2A+B)u(t)=3\delta(t)$，解得 $A=3$，$B=-6$，因为 $A=3$，所以

$$r_{zs}(0_+)=3,\quad r(0_+)=r(0_-)+r_{zs}(0_+)=0+3=3$$

郑君里 2.6　给定系统微分方程 $\frac{\mathrm{d}^2}{\mathrm{d}t^2}r(t)+3\frac{\mathrm{d}}{\mathrm{d}t}r(t)+2r(t)=\frac{\mathrm{d}}{\mathrm{d}t}e(t)+3e(t)$，若激励信号和起始状

态为 $e(t)=u(t)$，$r(0_-)=1$，$r'(0_-)=2$，试求它的完全响应，并指出其零输入响应、零状态响应、自由响应、强迫响应各分量。提示：将 $e(t)$ 代入方程后可见右端最高阶次奇异函数为 $\delta(t)$，故左端最高阶次也为 $\delta(t)$，因而 $r(t)$ 项无跳变，而 $r'(t)$ 项跳变值应为 1，由此导出 $r(0_+)$ 和 $r'(0_+)$。

解析　由题可知系统微分方程为 $\frac{d^2}{dt^2}r(t)+3\frac{d}{dt}r(t)+2r(t)=\frac{d}{dt}e(t)+3e(t)$，则特征方程为 $\alpha^2+3\alpha+2=0$，解得 $\alpha_1=-1$，$\alpha_2=-2$，则零输入响应为

$$r_{zi}(t)=A_1e^{-t}+A_2e^{-2t}$$

由于 $r(0_-)=1$，$r'(0_-)=2$，则

注意这里的下标，都是零负时刻的，因此都是由零输入响应引起的。

$$\begin{cases}A_1+A_2=1\\-A_1-2A_2=2\end{cases}\Rightarrow\begin{cases}A_1=4\\A_2=-3\end{cases}$$

如果没学到变换域，则可以用法二做，等学到变换域再回来做，考试的时候一般采用变换域求解。

代入零输入响应可得 $r_{zi}(t)=(4e^{-t}-3e^{-2t})u(t)$。

法一：变换域求解零状态响应。同时对微分方程两边作拉氏变换可得

$$s^2R(s)+3sR(s)+2R(s)=sE(s)+3E(s)$$

则系统函数 $H(s)=\frac{R(s)}{E(s)}=\frac{s+3}{s^2+3s+2}$，$s>-1$；$e(t)=u(t)\leftrightarrow E(s)=\frac{1}{s}$，$s>0$。

得到零状态响应 $R_{zs}(s)=H(s)E(s)=\frac{s+3}{s(s+2)(s+1)}=\frac{\frac{3}{2}}{s}+\frac{-2}{s+1}+\frac{\frac{1}{2}}{s+2}$，$s>0$。

经过逆变换得

$$r_{zs}(t)=\left(-2e^{-t}+\frac{1}{2}e^{-2t}+\frac{3}{2}\right)u(t)$$

$$r(t)=r_{zi}(t)+r_{zs}(t)=\underbrace{2e^{-t}-\frac{5}{2}e^{-2t}}_{\text{自由响应}}+\underbrace{\frac{3}{2}}_{\text{强迫响应}}=\underbrace{4e^{-t}-3e^{-2t}}_{\text{零输入响应}}+\underbrace{(-2)e^{-t}+\frac{1}{2}e^{-2t}+\frac{3}{2}}_{\text{零状态响应}}(t>0)$$

法二：时域求解零状态响应。激励信号为 $e(t)=u(t)$，则其特解形式为

$$r_p(t)=B$$

代入原式可得 $2B=3\Rightarrow B=\frac{3}{2}$，则零状态响应为 $r_{zs}(t)=A_1e^{-t}+A_2e^{-2t}+\frac{3}{2}$。

对上式两侧求导可得 $\frac{d}{dt}r_{zs}(t)=-A_1e^{-t}-2A_2e^{-2t}$。

将激励信号 $e(t)=u(t)$ 代入系统微分方程可得

$$\frac{d^2}{dt^2}r(t)+3\frac{d}{dt}r(t)+2r(t)=\delta(t)+3u(t)$$

为保证平衡，则 $r'(0_+)=r'(0_-)+\int_{0_-}^{0_+}\delta(t)dt=2+1=3$，而 $r(0)$ 不发生跳变，故 $r(0_+)=r(0_-)=1$。

将 $r(0_+)=r(0_-)=1$，$r'(0_+)=3$ 分别代入 $r_{zs}(t)$、$\frac{d}{dt}r_{zs}(t)$ 可得

$$\begin{cases}A_1+A_2+\frac{3}{2}=1\\-A_1-2A_2=3\end{cases}\Rightarrow\begin{cases}A_1=2\\A_2=-\frac{5}{2}\end{cases}$$

将 A_1、A_2 代入 $r_{zs}(t)$ 可得完全响应为 $r(t)=\left(2e^{-t}-\frac{5}{2}e^{-2t}+\frac{3}{2}\right)u(t)$。

将 $r(0_+)=0$，$r'(0_+)=1$ 代入 $r_{zs}(t)$ 和 $\frac{d}{dt}r_{zs}(t)$ 可得

$$\begin{cases}A_1+A_2+\frac{3}{2}=0\\-A_1-2A_2=1\end{cases}\Rightarrow\begin{cases}A_1=-2\\A_2=\frac{1}{2}\end{cases}$$

故零状态响应 $r_{zs}(t)=\left(-2e^{-t}+\frac{1}{2}e^{-2t}+\frac{3}{2}\right)u(t)$，故可得

$$r(t)=r_{zi}(t)+r_{zs}(t)=\underbrace{2e^{-t}-\frac{5}{2}e^{-2t}}_{\text{自由响应}}+\underbrace{\frac{3}{2}}_{\text{强迫响应}}=\underbrace{4e^{-t}-3e^{-2t}}_{\text{零输入响应}}+\underbrace{(-2)e^{-t}+\frac{1}{2}e^{-2t}+\frac{3}{2}}_{\text{零状态响应}}\ (t>0)$$

郑君里 2.7 如图所示电路，$t=0$ 以前开关位于"1"，已进入稳态，$t=0$ 时刻，S_1 与 S_2 同时自"1"转至"2"，求输出电压 $v_o(t)$ 的完全响应，并指出其零输入、零状态、自由、强迫各响应分量（E 和 I_S 均为常量）。

稳态电路下，电容相当于开路，电感相当于短路。

考试中电路题一般用 s 域来做，要是没有学到，可以跳过或者用法二，学了变换域后再做一次。

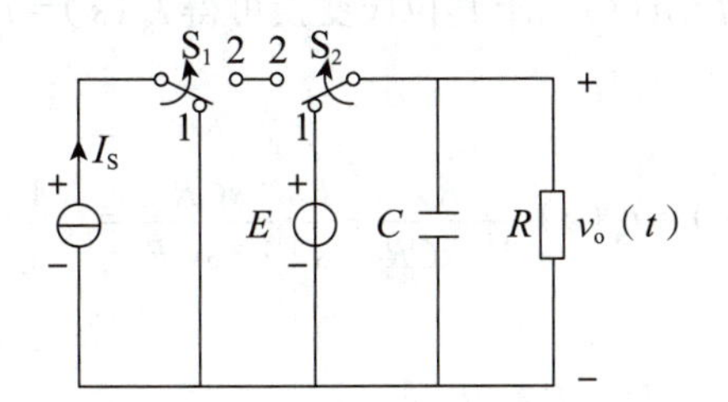

解析 法一：由题中电路图可得，当 $t<0$ 时，电路进入稳态，电容开路，等效电路图如图（a）所示。

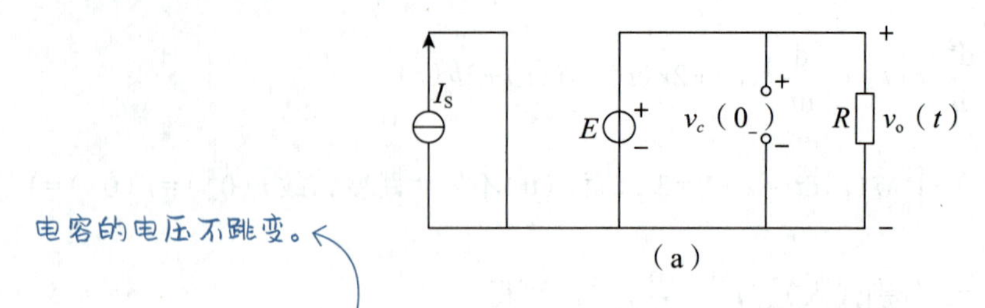

(a)

由等效电路图可得，$v_c(0_-)=E$，当 $t\geqslant 0$ 时，电路 s 域模型如图（b）所示。

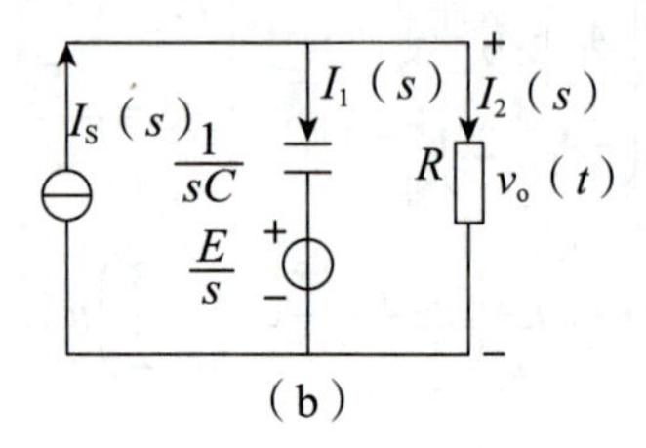

(b)

由 s 域模型与电流源和电压源性质可得 $I_2(s)=I_S(s)\cdot\dfrac{\frac{1}{sC}}{\frac{1}{sC}+R}$。

电流源与电压源作用时，电阻两端电压为

（手写笔记：如果出现多个电压源，则利用叠加定理分开分析，在分析这个电压源时，其他的电压源相当于短路，其他电流源相当于断路。）

$$V_{o1}(s)=I_2(s)\cdot R=I_S(s)\cdot\frac{\frac{R}{sC}}{\frac{1}{sC}+R},\quad V_{o2}(s)=\frac{E}{s}\cdot\frac{R}{\frac{1}{sC}+R}$$

则

$$V_o(s)=V_{o1}(s)+V_{o2}(s)=I_S(s)\cdot\frac{\frac{R}{sC}}{\frac{1}{sC}+R}+\frac{E}{s}\cdot\frac{R}{\frac{1}{sC}+R}$$

由题可知，当 $t>0$ 时，电流源为 $I_S u(t)$，求其拉氏变换可得 $I_S(s)=I_S\dfrac{1}{s}$。

代入 $V_o(s)$，整理化简可得 $V_o(s)=I_S(s)\cdot\dfrac{R}{1+sCR}+\dfrac{E}{s}\cdot\dfrac{sCR}{1+sCR}=I_S\dfrac{1}{s}\cdot\dfrac{\frac{1}{C}}{s+\frac{1}{CR}}+\dfrac{E}{s+\frac{1}{CR}}$。

将上式部分分式展开可得 $V_o(s)=\dfrac{RI_S}{s}+\dfrac{E-RI_S}{s+\frac{1}{CR}}$。

求其逆变换可得

$$v_o(t)=\underbrace{(E-RI_S)e^{-\frac{1}{RC}t}u(t)}_{\text{自由响应}}+\underbrace{RI_Su(t)}_{\text{强迫响应}},\quad v_o(t)=\left[\underbrace{Ee^{-\frac{1}{RC}t}}_{\text{零输入响应}}+\underbrace{RI_S\left(1-e^{-\frac{1}{RC}t}\right)}_{\text{零状态响应}}\right]u(t)$$

法二：根据 KCL 定理可得
$$C\frac{d}{dt}v_o(t)+\frac{1}{R}v_o(t)=I_Su(t)$$

可得特征方程为 $C\alpha+\frac{1}{R}=0$，解得特征根为 $\alpha=-\frac{1}{RC}$，则齐次解为 $v_{oh}(t)=Ae^{-\frac{1}{RC}t}u(t)$，设其特解为 $v_{op}(t)=B$。

将特解代入 KCL 方程可得 $\frac{B}{R}=I_Su(t)\Rightarrow B=RI_Su(t)$，则完全解为 $v_o(t)=Ae^{-\frac{1}{RC}t}u(t)+RI_Su(t)$。

由题可知，当 $t<0$ 时，$v_o(0_-)=E$；当 $t\geqslant 0$ 时，$v_o(0_+)=v_o(0_-)=E$。

代入完全解可得 $A+RI_S=E\Rightarrow A=E-RI_S$。

再代入完全解方程整理可得

$$v_o(t)=\underbrace{(E-RI_S)e^{-\frac{1}{RC}t}}_{\text{自由响应}}u(t)+\underbrace{RI_S}_{\text{强迫响应}}u(t)$$

（自由响应的项是含有特征根的项）

将 $v_o(0_-)=E$ 代入齐次解可得 $A=E$，则零输入响应为 $v_{ozi}(t)=Ee^{-\frac{1}{RC}t}u(t)$，零状态响应为 $v_{ozs}(t)=RI_S\left(1-e^{-\frac{1}{RC}t}\right)u(t)$，故

$$v_o(t)=\left[\underbrace{Ee^{-\frac{1}{RC}t}}_{\text{零输入响应}}+\underbrace{RI_S\left(1-e^{-\frac{1}{RC}t}\right)}_{\text{零状态响应}}\right]u(t)$$

郑君里 2.8 如图所示电路，$t<0$ 时，开关位于“1”且已达到稳态，$t=0$ 时刻，开关自“1”转至“2”。

（1）试从物理概念判断 $i(0_-)$，$i'(0_-)$ 和 $i(0_+)$，$i'(0_+)$；

（2）写出 $t\geqslant 0_+$ 时间内描述系统的微分方程表示，求 $i(t)$ 的完全响应。

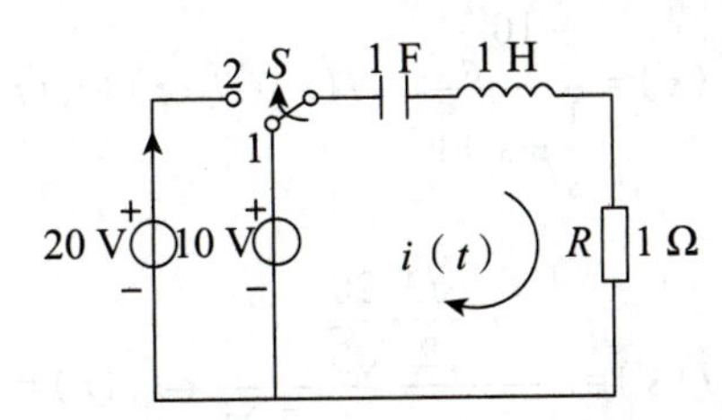

解析 （1）由题可知，当 $t\leqslant 0$ 时，电路达到稳态，电容开路，电感短路。判断是否有跳变可知，电

容电压不跳变，电感电流不跳变。等效电路图如图（a）所示。

（a）

由图（a）可知，回路电流为零，则 $i(0_-)=0$，$i'(0_-)=\frac{1}{L}v_L(0_-)=0$。

当 $t=0$ 时，判断是否有跳变可知，电感电流不跳变，可得 $i(0_+)=i(0_-)=0$。

电容两端电压不跳变，可得 $v_C(0_-)=v_C(0_+)=10\text{ V}$。

根据 KVL 定理可知，电感两端电压跳变，可得 $(20-10)\text{V}=10\text{ V}$，则 $i'(0_+)=\frac{1}{L}v_L(0_+)=10\text{ A}$，故

可得 $i(0_-)=0$，$i'(0_-)=0$，$i(0_+)=0$，$i'(0_+)=10\text{ A}$。

（2）法一：画出电路的 s 域等效模型，如图（b）所示。

考试中电路题一般用 s 域来做，要是没有学到可以跳过或者用法二，学了变换域后再做一次。

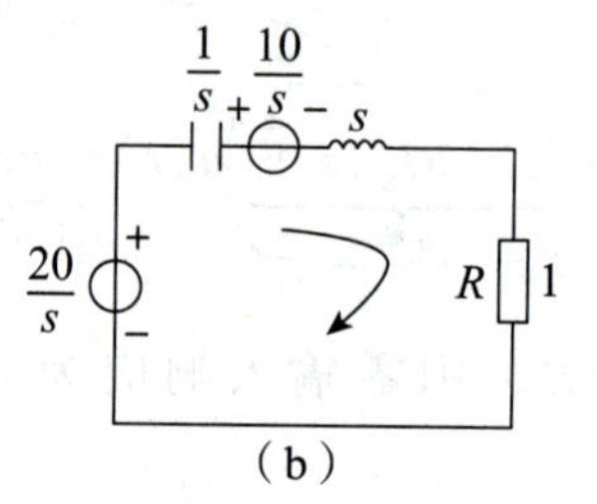

（b）

当电压源作用时，$I(s)=\dfrac{E(s)}{\frac{1}{s}+s+1}\Rightarrow\dfrac{I(s)}{E(s)}=\dfrac{s}{s^2+s+1}$。

交叉相乘得 $I(s)(s^2+s+1)=sE(s)\leftrightarrow i''(t)+i'(t)+i(t)=e'(t)$。

考虑电压源时，$I_1(s)=\dfrac{20\frac{1}{s}}{\frac{1}{s}+s+1}$。

考虑电容产生的电压源时，有

$$I_2(s)=\frac{-10\frac{1}{s}}{\frac{1}{s}+s+1},\quad i(t)=i_1(t)+i_2(t)$$

$$I(s)=\frac{10\frac{1}{s}}{\frac{1}{s}+s+1}\Rightarrow I(s)=\frac{\frac{\sqrt{3}}{2}\frac{20}{\sqrt{3}}}{\left(s+\frac{1}{2}\right)^2+\left(\frac{\sqrt{3}}{2}\right)^2}\leftrightarrow i(t)=\frac{20}{\sqrt{3}}e^{-\frac{1}{2}t}\sin\left(\frac{\sqrt{3}}{2}t\right)$$

法二：开关位于“2”时，根据 KVL 定理可得$\int_{-\infty}^{t} i(\tau)\mathrm{d}\tau+\frac{\mathrm{d}}{\mathrm{d}t}i(t)+i(t)=20u(t)$。

化简整理可得$\frac{\mathrm{d}^2}{\mathrm{d}t^2}i(t)+\frac{\mathrm{d}}{\mathrm{d}t}i(t)+i(t)=20\delta(t)$，则特征方程为$\alpha^2+\alpha+1=0$。

解得$\alpha_{1,2}=-\frac{1}{2}\pm\mathrm{j}\frac{\sqrt{3}}{2}$，则齐次解为

$$i_{\mathrm{h}}(t)=A_1\mathrm{e}^{\left(-\frac{1}{2}+\mathrm{j}\frac{\sqrt{3}}{2}\right)t}+A_2\mathrm{e}^{\left(-\frac{1}{2}-\mathrm{j}\frac{\sqrt{3}}{2}\right)t}=\mathrm{e}^{-\frac{1}{2}t}\left(A_1\mathrm{e}^{\mathrm{j}\frac{\sqrt{3}}{2}t}+A_2\mathrm{e}^{-\mathrm{j}\frac{\sqrt{3}}{2}t}\right)=\mathrm{e}^{-\frac{1}{2}t}\left[B_1\cos\left(\frac{\sqrt{3}}{2}t\right)+B_2\sin\left(\frac{\sqrt{3}}{2}t\right)\right]$$

而特解为 0，则完全解为$i(t)=\mathrm{e}^{-\frac{1}{2}t}\left[B_1\cos\left(\frac{\sqrt{3}}{2}t\right)+B_2\sin\left(\frac{\sqrt{3}}{2}t\right)\right]$。

由（1）可知，$i(0_+)=0$，$i'(0_+)=10\ \mathrm{A}$，代入到完全解可得

$$\begin{cases}B_1=0\\ -\frac{1}{2}B_1+\frac{\sqrt{3}}{2}B_2=10\end{cases}$$

这里给出了时域解法和变换域解法，可以发现时域的方法比变换域复杂很多，所以考试一般都用变换域求解。

解得$B_1=0$，$B_2=\frac{20}{\sqrt{3}}$，代入到完全解可得$i(t)=\frac{20}{\sqrt{3}}\mathrm{e}^{-\frac{1}{2}t}\sin\left(\frac{\sqrt{3}}{2}t\right)$。

郑君里 2.9 求下列微分方程描述的系统冲激响应$h(t)$和阶跃响应$g(t)$。

（1）$\frac{\mathrm{d}}{\mathrm{d}t}r(t)+3r(t)=2\frac{\mathrm{d}}{\mathrm{d}t}e(t)$；

（2）$\frac{\mathrm{d}^2}{\mathrm{d}t^2}r(t)+\frac{\mathrm{d}}{\mathrm{d}t}r(t)+r(t)=\frac{\mathrm{d}}{\mathrm{d}t}e(t)+e(t)$；

（3）$\frac{\mathrm{d}}{\mathrm{d}t}r(t)+2r(t)=\frac{\mathrm{d}^2}{\mathrm{d}t^2}e(t)+3\frac{\mathrm{d}}{\mathrm{d}t}e(t)+3e(t)$。

解析 法一:（1）同时对方程两边作拉普拉斯变换得

$$sR(s)+3R(s)=2sE(s)$$

解得

此题默认为因果系统。

$$H(s)=\frac{R(s)}{E(s)}=\frac{2s}{s+3}=2-\frac{6}{s+3}\leftrightarrow h(t)=2\delta(t)-6\mathrm{e}^{-3t}u(t)$$

根据零状态响应$G(s)=\frac{H(s)}{s}=\frac{2}{s+3}\leftrightarrow g(t)=2\mathrm{e}^{-3t}u(t)$。

（2）同时对方程两边作拉普拉斯变换得

$$s^2R(s)+sR(s)+R(s)=(s+1)E(s)$$

解得

$$H(s)=\frac{R(s)}{E(s)}=\frac{s+1}{s^2+s+1}=\frac{s+\frac{1}{2}+\frac{1}{2}}{\left(s+\frac{1}{2}\right)^2+\left(\frac{\sqrt{3}}{2}\right)^2}\leftrightarrow h(t)=\left[\cos\left(\frac{\sqrt{3}}{2}t\right)+\frac{\sqrt{3}}{3}\sin\left(\frac{\sqrt{3}}{2}t\right)\right]e^{-\frac{t}{2}}u(t)$$

根据零状态响应

$$G(s)=\frac{H(s)}{s}=\frac{s+1}{s(s^2+s+1)}=\frac{1}{s}-\frac{s+\frac{1}{2}-\frac{1}{2}}{\left(s+\frac{1}{2}\right)^2+\left(\frac{\sqrt{3}}{2}\right)^2}$$

常用变换对：

$\sin(\omega t)u(t)\leftrightarrow\frac{\omega}{s^2+\omega^2}$

$\cos(\omega t)u(t)\leftrightarrow\frac{s}{s^2+\omega^2}$

$$g(t)=\left[1-\cos\left(\frac{\sqrt{3}}{2}t\right)e^{-\frac{t}{2}}+\frac{\sqrt{3}}{3}\sin\left(\frac{\sqrt{3}}{2}t\right)e^{-\frac{t}{2}}\right]u(t)$$

（3）同时对方程两边作拉普拉斯变换得

$$sR(s)+2R(s)=(s^2+3s+3)E(s)$$

解得

$$H(s)=\frac{R(s)}{E(s)}=\frac{s^2+3s+3}{s+2}=\frac{(s+2)(s+1)+1}{s+2}=s+1+\frac{1}{s+2}$$

$$h(t)=\delta'(t)+\delta(t)+e^{-2t}u(t)$$

根据零状态响应得 $G(s)=\frac{H(s)}{s}=1+\frac{\frac{3}{2}}{s}-\frac{\frac{1}{2}}{s+2}\leftrightarrow g(t)=\delta(t)+\left(\frac{3}{2}-\frac{1}{2}e^{-2t}\right)u(t)$。

法二：（1）由题可知 $\frac{d}{dt}r(t)+3r(t)=2\frac{d}{dt}e(t)$。

将 $e(t)=\delta(t)$，$r(t)=h(t)$ 代入微分方程可得 $\frac{d}{dt}h(t)+3h(t)=2\frac{d}{dt}\delta(t)$。

为保证平衡，则 $h(t)=a\delta(t)+bu(t)\ (0_-<t<0_+)$，代入微分方程可得

$$a\delta'(t)+b\delta(t)+3a\delta(t)+3bu(t)=2\delta'(t)$$

求解得

$$\begin{cases}a=2\\b+3a=0\end{cases}\Rightarrow\begin{cases}a=2\\b=-6\end{cases}$$

故 $h(0_+)=h(0_-)+h(t)\big|_{0_-}^{0_+}=0-6=-6$，由微分方程可得特征方程为 $\alpha+3=0$，则齐次解为 $h(t)=Ae^{-3t}$。

代入 $h(0_+)=-6$ 可得 $A=-6$，故 $h(t)=2\delta(t)-6e^{-3t}u(t)$，则阶跃响应应为

$$g(t)=\int_{-\infty}^{t}h(\tau)d\tau=\int_{-\infty}^{t}[2\delta(\tau)-6e^{-3\tau}u(\tau)]d\tau=2u(t)+\int_{0_+}^{t}-6e^{-3\tau}d\tau=2u(t)+2e^{-3\tau}\Big|_{0_+}^{t}=2e^{-3t}u(t)$$

（2）由题可知

$$\frac{d^2}{dt^2}r(t)+\frac{d}{dt}r(t)+r(t)=\frac{d}{dt}e(t)+e(t)$$

将 $e(t)=\delta(t)$，$r(t)=h(t)$ 代入微分方程可得

$$\frac{d^2}{dt^2}h(t)+\frac{d}{dt}h(t)+h(t)=\frac{d}{dt}\delta(t)+\delta(t)$$

为保证平衡，则 $h(0_+)=h(0_-)+\int_{0_-}^{0_+}\delta(t)dt=0+1=1$，$h'(0_+)=h'(0_-)=0$。

由微分方程可得特征方程为 $\alpha^2+\alpha+1=0$，则特征根为 $\alpha_{1,2}=-\frac{1}{2}\pm j\frac{\sqrt{3}}{2}$，故齐次解为

$$h(t)=A_1e^{\left(-\frac{1}{2}+j\frac{\sqrt{3}}{2}\right)t}+A_2e^{\left(-\frac{1}{2}-j\frac{\sqrt{3}}{2}\right)t}=e^{-\frac{1}{2}t}\left(A_1e^{j\frac{\sqrt{3}}{2}t}+A_2e^{-j\frac{\sqrt{3}}{2}t}\right)=e^{-\frac{1}{2}t}\left[B_1\cos\left(\frac{\sqrt{3}}{2}t\right)+B_2\sin\left(\frac{\sqrt{3}}{2}t\right)\right]$$

对上式求导可得

$$\frac{d}{dt}h(t)=-\frac{1}{2}e^{-\frac{1}{2}t}\left[B_1\cos\left(\frac{\sqrt{3}}{2}t\right)+B_2\sin\left(\frac{\sqrt{3}}{2}t\right)\right]+e^{-\frac{1}{2}t}\left[-\frac{\sqrt{3}}{2}B_1\sin\left(\frac{\sqrt{3}}{2}t\right)+\frac{\sqrt{3}}{2}B_2\cos\left(\frac{\sqrt{3}}{2}t\right)\right]$$

$$=e^{-\frac{1}{2}t}\left(-\frac{1}{2}B_1+\frac{\sqrt{3}}{2}B_2\right)\cos\left(\frac{\sqrt{3}}{2}t\right)+e^{-\frac{1}{2}t}\left(-\frac{\sqrt{3}}{2}B_1-\frac{1}{2}B_2\right)\sin\left(\frac{\sqrt{3}}{2}t\right)$$

将 $h(0_+)=1$，$h'(0_+)=0$ 分别代入 $h(t)$、$\frac{d}{dt}h(t)$ 可得

$$\begin{cases}B_1=1\\-\frac{1}{2}B_1+\frac{\sqrt{3}}{2}B_2=0\end{cases}\Rightarrow\begin{cases}B_1=1\\B_2=\frac{1}{\sqrt{3}}\end{cases}$$

将 $B_1=1$，$B_2=\frac{1}{\sqrt{3}}$ 代入 $h(t)$ 可得

$$h(t)=e^{-\frac{1}{2}t}\left[\cos\left(\frac{\sqrt{3}}{2}t\right)+\frac{1}{\sqrt{3}}\sin\left(\frac{\sqrt{3}}{2}t\right)\right]u(t)=\frac{2}{\sqrt{3}}e^{-\frac{1}{2}t}\cos\left(\frac{\sqrt{3}}{2}t-\frac{\pi}{6}\right)u(t)$$

则阶跃响应应为

$$g(t)=\int_{-\infty}^{t}\frac{2}{\sqrt{3}}\mathrm{e}^{-\frac{1}{2}\tau}\cos\left(\frac{\sqrt{3}}{2}\tau-\frac{\pi}{6}\right)u(\tau)\mathrm{d}\tau=\frac{2}{\sqrt{3}}\int_{0}^{t}\mathrm{e}^{-\frac{1}{2}\tau}\cos\left(\frac{\sqrt{3}}{2}\tau-\frac{\pi}{6}\right)\mathrm{d}\tau=\frac{4}{3}\int_{0}^{t}\mathrm{e}^{-\frac{1}{2}\tau}\mathrm{d}\left[\sin\left(\frac{\sqrt{3}}{2}\tau-\frac{\pi}{6}\right)\right]$$

$$=\frac{4}{3}\mathrm{e}^{-\frac{1}{2}\tau}\sin\left(\frac{\sqrt{3}}{2}\tau-\frac{\pi}{6}\right)\Bigg|_{0}^{t}+\frac{2}{3}\int_{0}^{t}\mathrm{e}^{-\frac{1}{2}\tau}\sin\left(\frac{\sqrt{3}}{2}\tau-\frac{\pi}{6}\right)\mathrm{d}\tau$$

$$=\frac{4}{3}\mathrm{e}^{-\frac{1}{2}t}\sin\left(\frac{\sqrt{3}}{2}t-\frac{\pi}{6}\right)+\frac{2}{3}-\frac{4}{3\sqrt{3}}\int_{0}^{t}\mathrm{e}^{-\frac{1}{2}\tau}\mathrm{d}\left[\cos\left(\frac{\sqrt{3}}{2}\tau-\frac{\pi}{6}\right)\right]$$

$$=\frac{4}{3}\mathrm{e}^{-\frac{1}{2}t}\sin\left(\frac{\sqrt{3}}{2}t-\frac{\pi}{6}\right)+\frac{2}{3}-\frac{4}{3\sqrt{3}}\mathrm{e}^{-\frac{1}{2}\tau}\cos\left(\frac{\sqrt{3}}{2}\tau-\frac{\pi}{6}\right)\Bigg|_{0}^{t}-\frac{2}{3\sqrt{3}}\int_{0}^{t}\mathrm{e}^{-\frac{1}{2}\tau}\cos\left(\frac{\sqrt{3}}{2}\tau-\frac{\pi}{6}\right)\mathrm{d}\tau$$

$$=\frac{4}{3}+\frac{4}{3}\mathrm{e}^{-\frac{1}{2}t}\sin\left(\frac{\sqrt{3}}{2}t-\frac{\pi}{6}\right)-\frac{4}{3\sqrt{3}}\mathrm{e}^{-\frac{1}{2}t}\cos\left(\frac{\sqrt{3}}{2}t-\frac{\pi}{6}\right)-\frac{1}{3}g(t)$$

解得

$$g(t)=\left\{1+\mathrm{e}^{-\frac{1}{2}t}\left[\sin\left(\frac{\sqrt{3}}{2}t-\frac{\pi}{6}\right)-\frac{1}{\sqrt{3}}\cos\left(\frac{\sqrt{3}}{2}t-\frac{\pi}{6}\right)\right]\right\}u(t)=\left[1+\frac{2}{\sqrt{3}}\mathrm{e}^{-\frac{1}{2}t}\sin\left(\frac{\sqrt{3}}{2}t-\frac{\pi}{3}\right)\right]u(t)$$

（3）由题可知$\frac{\mathrm{d}}{\mathrm{d}t}r(t)+2r(t)=\frac{\mathrm{d}^2}{\mathrm{d}t^2}e(t)+3\frac{\mathrm{d}}{\mathrm{d}t}e(t)+3e(t)$。

将$e(t)=u(t)$，$r(t)=g(t)$代入微分方程可得

$$\frac{\mathrm{d}}{\mathrm{d}t}g(t)+2g(t)=\frac{\mathrm{d}}{\mathrm{d}t}\delta(t)+3\delta(t)+3u(t)$$

为保证平衡，则$g(t)=\delta(t)+u(t)\ (0_-<t<0_+)$，则初始状态为$g(0_+)=g(0_-)+g(t)\big|_{0_-}^{0_+}=0+1=1$。

由微分方程可得特征方程为$\alpha+2=0$，则解得齐次解为$g_{\mathrm{h}}(t)=A\mathrm{e}^{-2t}$。

将特解B代入微分方程得到$2B=3\Rightarrow B=\frac{3}{2}$，则$g(t)=A\mathrm{e}^{-2t}+\frac{3}{2}$。

将$g(0_+)=1$代入上式可得$A=-\frac{1}{2}$，将$A=-\frac{1}{2}$代入$g(t)$可得

$$g(t)=\left(-\frac{1}{2}\mathrm{e}^{-2t}+\frac{3}{2}\right)u(t)+\delta(t)$$

则可得$h(t)=\mathrm{e}^{-2t}u(t)+\left(-\frac{1}{2}\mathrm{e}^{-2t}+\frac{3}{2}\right)\delta(t)+\delta'(t)=\delta'(t)+\delta(t)+\mathrm{e}^{-2t}u(t)$。

郑君里 2.10 一因果性的 LTI 系统，其输入、输出用下列微分—积分方程表示：

$$\frac{\mathrm{d}}{\mathrm{d}t}r(t)+5r(t)=\int_{-\infty}^{\infty}e(\tau)f(t-\tau)\mathrm{d}\tau-e(t)$$

卷积公式。

其中$f(t)=\mathrm{e}^{-t}u(t)+3\delta(t)$，求该系统的单位冲激响应$h(t)$。

解析 法一：对系统方程整理可得

$$\frac{\mathrm{d}}{\mathrm{d}t}r(t)+5r(t)=e(t)*f(t)-e(t)$$

对方程两边同时作拉普拉斯变换得$sR(s)+5R(s)=E(s)F(s)-E(s)$。

由系统函数$H(s)=\dfrac{R(s)}{E(s)}$，$f(t)=\mathrm{e}^{-t}u(t)+3\delta(t)\leftrightarrow F(s)=\dfrac{1}{s+1}+3$，解得

$$H(s)=\frac{R(s)}{E(s)}=\frac{F(s)-1}{s+5}=\frac{2s+3}{(s+5)(s+1)}=\frac{\frac{7}{4}}{s+5}+\frac{\frac{1}{4}}{s+1}$$

经过逆变换得$h(t)=\left(\dfrac{7}{4}\mathrm{e}^{-5t}+\dfrac{1}{4}\mathrm{e}^{-t}\right)u(t)$。

法二：由题可知

$$\frac{\mathrm{d}}{\mathrm{d}t}r(t)+5r(t)=\int_{-\infty}^{\infty}e(\tau)f(t-\tau)\mathrm{d}\tau-e(t)$$

将$f(t)=\mathrm{e}^{-t}u(t)+3\delta(t)$，$e(t)=\delta(t)$和$r(t)=h(t)$代入微分—积分方程可得

$$\frac{\mathrm{d}}{\mathrm{d}t}h(t)+5h(t)=f(t)-\delta(t)=\mathrm{e}^{-t}u(t)+2\delta(t)$$

为保证平衡，则$h(0_+)=h(0_-)+\int_{0_-}^{0_+}2\delta(t)\mathrm{d}t=0+2=2$。

由微分—积分方程可得特征方程为$\alpha+5=0$，则解得齐次解为$h_{\mathrm{h}}(t)=A\mathrm{e}^{-5t}u(t)$，方程特解形式为$h_{\mathrm{p}}(t)=B\mathrm{e}^{-t}u(t)$。

将特解代入微分—积分方程可得$-B\mathrm{e}^{-t}+5B\mathrm{e}^{-t}=\mathrm{e}^{-t}$，解得$B=\dfrac{1}{4}$，故方程的完全解为$h(t)=A\mathrm{e}^{-5t}+\dfrac{1}{4}\mathrm{e}^{-t}$，将$h(0_+)=2$代入可得$A+\dfrac{1}{4}=2$，解得$A=\dfrac{7}{4}$，则该系统的单位冲激响应为

$$h(t)=\left(\frac{7}{4}\mathrm{e}^{-5t}+\frac{1}{4}\mathrm{e}^{-t}\right)u(t)$$

郑君里 2.11 设系统的微分方程表示为$\dfrac{\mathrm{d}^2}{\mathrm{d}t^2}r(t)+5\dfrac{\mathrm{d}}{\mathrm{d}t}r(t)+6r(t)=\mathrm{e}^{-t}u(t)$，求使完全响应为

$r(t)=Ce^{-t}u(t)$时的系统起始状态$r(0_-)$和$r'(0_-)$，并确定常数C值。零输入响应的初始值。

解析 法一：根据系统的微分方程可知

$$H(s)=\frac{1}{s^2+5s+6},\quad E(s)=\frac{1}{s+1}$$

由零状态响应可知 默认为因果系统。

$$Y_{zs}(s)=\frac{1}{(s+1)(s+2)(s+3)}=\frac{\frac{1}{2}}{s+1}-\frac{1}{s+2}+\frac{\frac{1}{2}}{s+3}\leftrightarrow y_{zs}(t)=\left(\frac{1}{2}e^{-t}-e^{-2t}+\frac{1}{2}e^{-3t}\right)u(t)$$

由题可知系统的微分方程为$\frac{d^2}{dt^2}r(t)+5\frac{d}{dt}r(t)+6r(t)=e^{-t}u(t)$，可得特征方程为$\alpha^2+5\alpha+6=0$，解得特征根为$\alpha_1=-2$，$\alpha_2=-3$，则系统的零输入响应为$y_{zi}(t)=A_1e^{-2t}+A_2e^{-3t}$。

$$r(t)=y_{zi}(t)+y_{zs}(t)=Ce^{-t}u(t)=\left[\frac{1}{2}e^{-t}+(A_1-1)e^{-2t}+\left(A_2+\frac{1}{2}\right)e^{-3t}\right]u(t)$$

解得$A_1=1$，$A_2=-\frac{1}{2}$，$C=\frac{1}{2}$，因此$y_{zi}(t)=\left(e^{-2t}-\frac{1}{2}e^{-3t}\right)u(t)\to r(0_-)=1-\frac{1}{2}=\frac{1}{2}$，$r'(0_-)=-2+\frac{3}{2}=-\frac{1}{2}$。

法二：由题可知系统的微分方程为

$$\frac{d^2}{dt^2}r(t)+5\frac{d}{dt}r(t)+6r(t)=e^{-t}u(t)$$

可得特征方程为$\alpha^2+5\alpha+6=0$，解得特征根为$\alpha_1=-2$，$\alpha_2=-3$，则方程齐次解为$r_h(t)=A_1e^{-2t}+A_2e^{-3t}$，由系统的微分方程可设方程特解为$r_p(t)=Be^{-t}$，将特解代入微分方程可得$Be^{-t}-5Be^{-t}+6Be^{-t}=e^{-t}$，解得$B=\frac{1}{2}$，故方程完全解为$r(t)=\left(A_1e^{-2t}+A_2e^{-3t}+\frac{1}{2}e^{-t}\right)u(t)$，则$A_1=A_2=0$，$C=\frac{1}{2}$。

为保证平衡，则$r(0_+)=r(0_-)$，$r'(0_+)=r'(0_-)$，代入微分方程可得

$$\begin{cases}r(0_-)=A_1+A_2+\frac{1}{2}\\ r'(0_-)=-2A_1-3A_2-\frac{1}{2}\end{cases}\Rightarrow\begin{cases}r(0_-)=\frac{1}{2}\\ r'(0_-)=-\frac{1}{2}\end{cases}$$

郑君里 2.12 有一系统对激励为$e_1(t)=u(t)$时的完全响应为$r_1(t)=2e^{-t}u(t)$，对激励为$e_2(t)=\delta(t)$时的完全响应为$r_2(t)=\delta(t)$。

（1）求该系统的零输入响应 $r_{zi}(t)$； → 系统的零输入响应不变。

（2）系统的起始状态保持不变，求其对于激励为 $e_3(t)=e^{-t}u(t)$ 的完全响应 $r_3(t)$。

解析 （1）由题可知，激励为 $e_1(t)=u(t)$ 时的完全响应为 $r_1(t)=2e^{-t}u(t)$；激励为 $e_2(t)=\delta(t)$ 时的完全响应为 $r_2(t)=\delta(t)$。令冲激响应为 $h(t)$，阶跃响应为 $g(t)$，得 $r_1(t)=r_{zi}(t)+g(t)$，$r_2(t)=r_{zi}(t)+h(t)$。

由拉氏变换可得 $R_1(s)=R_{zi}(s)+H(s)\frac{1}{s}$，$R_2(s)=R_{zi}(s)+H(s)$，则 $H(s)=\frac{s}{s+1}$，$\mathrm{Re}[s]>-1$，

整理可得 $H(s)=1-\frac{1}{s+1}$，$\mathrm{Re}[s]>-1$。

求其逆变换可得 $h(t)=-e^{-t}u(t)+\delta(t)$，故

$$r_{zi}(t)=r_2(t)-h(t)=e^{-t}u(t)$$

（2）法一：

$$e_3(t)=e^{-t}u(t)\leftrightarrow E_3(s)=\frac{1}{s+1},\ s>-1$$

$$H(s)=1-\frac{1}{s+1},\ \mathrm{Re}[s]>-1$$

由零状态响应的公式可知

$$Y_{zs3}(s)=\frac{s}{(s+1)^2}=\frac{1}{s+1}-\frac{1}{(s+1)^2},\ \mathrm{Re}[s]>-1\leftrightarrow r_{zs3}(t)=e^{-t}u(t)-te^{-t}u(t)$$

$$r_3(t)=r_{zi}(t)+r_{zs3}(t)=2e^{-t}u(t)-te^{-t}u(t)$$

法二：由题可知 $e_3(t)=e^{-t}u(t)$，则完全响应为 $r_3(t)=r_{zi}(t)+e_3(t)*h(t)$。

$$\begin{aligned}r_3(t)&=e^{-t}u(t)+e^{-t}u(t)*[-e^{-t}u(t)+\delta(t)]\\&=2e^{-t}u(t)-e^{-t}u(t)*e^{-t}u(t)\\&=2e^{-t}u(t)-te^{-t}u(t)=(2-t)e^{-t}u(t)\end{aligned}$$

郑君里 2.13 求下列各函数 $f_1(t)$ 与 $f_2(t)$ 的卷积 $f_1(t)*f_2(t)$。 → 当两者的 s 变换都存在时，利用变换域求解。

（1）$f_1(t)=u(t)$，$f_2(t)=e^{-\alpha t}u(t)$；　（2）$f_1(t)=\delta(t)$，$f_2(t)=\cos(\omega t+45°)$；

（3）$f_1(t)=(1+t)[u(t)-u(t-1)]$，$f_2(t)=u(t-1)-u(t-2)$；

（4）$f_1(t)=\cos(\omega t)$，$f_2(t)=\delta(t+1)-\delta(t-1)$；

（5）$f_1(t)=e^{-\alpha t}u(t)$，$f_2(t)=(\sin t)u(t)$。

解析 （1）法一：由变换域，得

$$f_1(t)=u(t)\leftrightarrow F_1(s)=\frac{1}{s},\ s>0;\ f_2(t)=\mathrm{e}^{-\alpha t}u(t)\leftrightarrow F_2(s)=\frac{1}{s+\alpha},\ s>-\alpha$$

时域卷积，频域乘积：$f_1(t)*f_2(t)\leftrightarrow F(s)=\dfrac{1}{s(s+\alpha)}=\dfrac{1}{\alpha}\left(\dfrac{1}{s}-\dfrac{1}{s+\alpha}\right)$，$s>0$。

经过逆变换得 $f_1(t)*f_2(t)=\dfrac{1}{\alpha}(1-\mathrm{e}^{-\alpha t})u(t)$。

这里利用部分分式展开法，一定要掌握！

法二：由题可知$f_1(t)=u(t)$，$f_2(t)=\mathrm{e}^{-\alpha t}u(t)$，则根据卷积定义有

$$f_1(t)*f_2(t)=\int_{-\infty}^{\infty}u(\tau)\mathrm{e}^{-\alpha(t-\tau)}u(t-\tau)\mathrm{d}\tau=\begin{cases}\int_0^t \mathrm{e}^{-\alpha t}\mathrm{e}^{\alpha\tau}\mathrm{d}\tau, & t>0\\ 0, & \text{其他}\end{cases}$$

$$=\mathrm{e}^{-\alpha t}\left(\frac{1}{\alpha}\mathrm{e}^{\alpha\tau}\Big|_0^t\right)u(t)=\frac{1}{\alpha}(1-\mathrm{e}^{-\alpha t})u(t)$$

（2）由题可知$f_1(t)=\delta(t)$，$f_2(t)=\cos(\omega t+45^\circ)$，根据冲激函数的卷积特性可得

$$f_1(t)*f_2(t)=\delta(t)*\cos(\omega t+45^\circ)=\cos(\omega t+45^\circ)$$

（3）法一：由题可知

$$f_1(t)=(1+t)[u(t)-u(t-1)]=u(t)+tu(t)-(t-1)u(t-1)-2u(t-1)$$

$$F_1(s)=\frac{1}{s}+\frac{1}{s^2}-\frac{\mathrm{e}^{-s}}{s^2}-\frac{2\mathrm{e}^{-s}}{s},\ s>0$$

$$f_2(t)=u(t-1)-u(t-2)\leftrightarrow F_2(s)=\frac{\mathrm{e}^{-s}-\mathrm{e}^{-2s}}{s},\ s>0$$

时域卷积，频域乘积：

$$f_1(t)*f_2(t)\leftrightarrow F(s)=\frac{\left(\mathrm{e}^{-s}-3\mathrm{e}^{-2s}+\dfrac{\mathrm{e}^{-s}}{s}+\dfrac{\mathrm{e}^{-3s}}{s}-\dfrac{2\mathrm{e}^{-2s}}{s}+2\mathrm{e}^{-3s}\right)}{s^2},\ s>0$$

经过逆变换可得

这里需要记住一个公式：$\dfrac{2}{s^3}\leftrightarrow t^2u(t)$。

$$f_1(t)*f_2(t)=\left(\frac{1}{2}t^2-\frac{1}{2}\right)[u(t-1)-u(t-2)]+\left(-\frac{1}{2}t^2+t+\frac{3}{2}\right)[u(t-2)-u(t-3)]$$

法二：
$$f_1(t)*f_2(t)=\int_{-\infty}^{\infty}(1+\tau)[u(\tau)-u(\tau-1)][u(t-\tau-1)-u(t-\tau-2)]\mathrm{d}\tau$$

当$t-1<0$或$1<t-2$（即$t<1$或$t>3$）时：

$$f_1(t)*f_2(t)=0$$

当$0<t-1<1$（即$1<t<2$）时：

$$f_1(t)*f_2(t)=\int_0^{t-1}(1+\tau)\mathrm{d}\tau=\left(\tau+\frac{1}{2}\tau^2\right)\bigg|_0^{t-1}=(t-1)+\frac{1}{2}(t-1)^2=\frac{1}{2}t^2-\frac{1}{2}$$

当$0<t-2<1$（即$2<t<3$）时：

$$f_1(t)*f_2(t)=\int_{t-2}^{1}(1+\tau)\mathrm{d}\tau=\left(\tau+\frac{1}{2}\tau^2\right)\bigg|_{t-2}^{1}=1+\frac{1}{2}-(t-2)-\frac{1}{2}(t-2)^2=-\frac{1}{2}t^2+t+\frac{3}{2}$$

（4）由题知$f_1(t)=\cos(\omega t)$，$f_2(t)=\delta(t+1)-\delta(t-1)$，根据冲激函数的筛选特性得

$$f_1(t)*f_2(t)=\cos(\omega t)*[\delta(t+1)-\delta(t-1)]=\cos[\omega(t+1)]-\cos[\omega(t-1)]=-2(\sin\omega)\sin(\omega t)$$

（5）法一：由题可知$f_1(t)=\mathrm{e}^{-\alpha t}u(t)$，$f_2(t)=(\sin t)u(t)$，变换域求解得

$$f_1(t)=\mathrm{e}^{-\alpha t}u(t)\leftrightarrow\frac{1}{s+\alpha}，\ s>-\alpha；\ f_2(t)=(\sin t)u(t)\leftrightarrow\frac{1}{s^2+1}，\ s>0$$

时域卷积，频域乘积：

$$F(s)=\frac{1}{(s^2+1)(s+\alpha)}=\frac{\frac{1}{\alpha^2+1}}{s+\alpha}+\frac{-\frac{s}{\alpha^2+1}+\frac{\alpha}{\alpha^2+1}}{s^2+1}$$

部分分式法大家一定要掌握！

经过逆变换得$f_1(t)*f_2(t)=\dfrac{1}{\alpha^2+1}(\mathrm{e}^{-\alpha t}+\alpha\sin t-\cos t)u(t)$。

法二：根据卷积定义得

$$f_1(t)*f_2(t)=\int_{-\infty}^{\infty}\mathrm{e}^{-\alpha(t-\tau)}u(t-\tau)(\sin\tau)u(\tau)\mathrm{d}\tau=\mathrm{e}^{-\alpha t}\int_0^t\mathrm{e}^{\alpha\tau}\sin\tau\mathrm{d}\tau=\frac{\mathrm{e}^{-\alpha t}}{2\mathrm{j}}\int_0^t[\mathrm{e}^{(\alpha+\mathrm{j})\tau}-\mathrm{e}^{(\alpha-\mathrm{j})\tau}]\mathrm{d}\tau$$

$$=\frac{\mathrm{e}^{-\alpha t}}{2\mathrm{j}}\left[\frac{1}{\alpha+\mathrm{j}}\mathrm{e}^{(\alpha+\mathrm{j})\tau}\bigg|_0^t-\frac{1}{\alpha-\mathrm{j}}\mathrm{e}^{(\alpha-\mathrm{j})\tau}\bigg|_0^t\right]=\frac{1}{\alpha^2+1}(\mathrm{e}^{-\alpha t}+\alpha\sin t-\cos t)u(t)$$

郑君里 2.14 求下列两组卷积，并注意相互间的区别。

（1）$f(t)=u(t)-u(t-1)$，求$s_1(t)=f(t)*f(t)$；

（2）$f(t)=u(t-1)-u(t-2)$，求$s_2(t)=f(t)*f(t)$。

解析 法一：（1）利用变换域求解得

$$f(t)=u(t)-u(t-1)\leftrightarrow F(s)=\frac{1-\mathrm{e}^{-s}}{s}，\ s>0$$

时间频反！

$$s_1(t)=f(t)*f(t)\leftrightarrow\left(\frac{1-\mathrm{e}^{-s}}{s}\right)^2=\frac{1+\mathrm{e}^{-2s}-2\mathrm{e}^{-s}}{s^2},\ s>0$$

经过逆变换得 $s_1(t)=f(t)*f(t)=tu(t)+(t-2)u(t-2)-2(t-1)u(t-1)$。

（2）利用变换域求解得

$$f(t)=u(t-1)-u(t-2)\leftrightarrow F(s)=\frac{\mathrm{e}^{-s}-\mathrm{e}^{-2s}}{s},\ s>0$$

$$s_2(t)=f(t)*f(t)\leftrightarrow\left(\frac{\mathrm{e}^{-s}-\mathrm{e}^{-2s}}{s}\right)^2=\frac{\mathrm{e}^{-2s}-2\mathrm{e}^{-3s}+\mathrm{e}^{-4s}}{s^2},\ s>0$$

指数部分都看作是对信号的时移！

经过逆变换得 $s_2(t)=(t-2)u(t-2)+(t-4)u(t-4)-2(t-3)u(t-3)$。

法二：（1）（2）由图示法可得

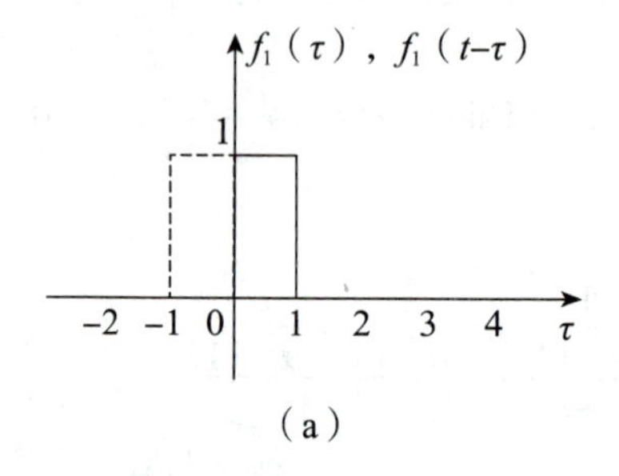

（a）

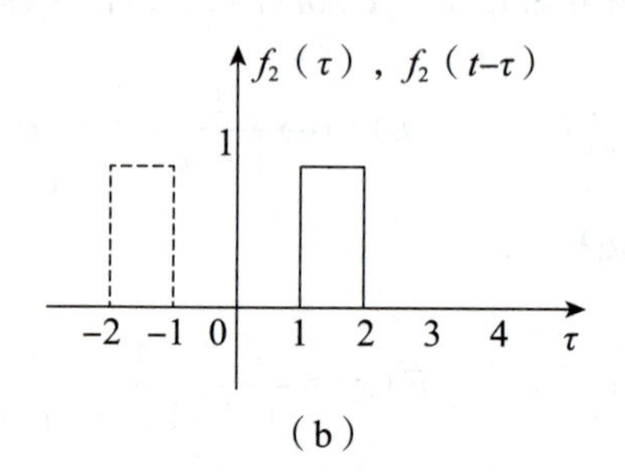

（b）

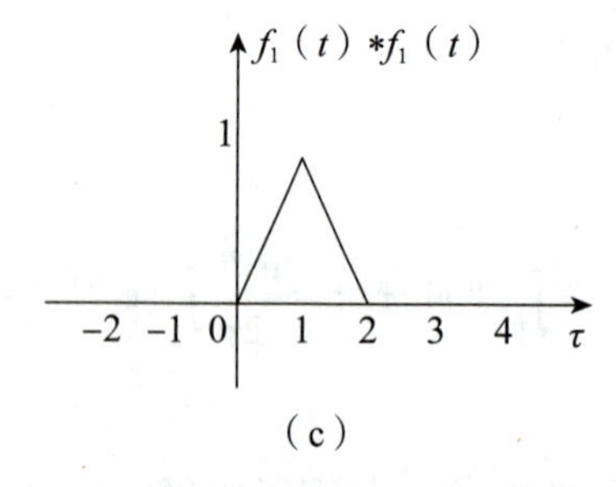

（c）

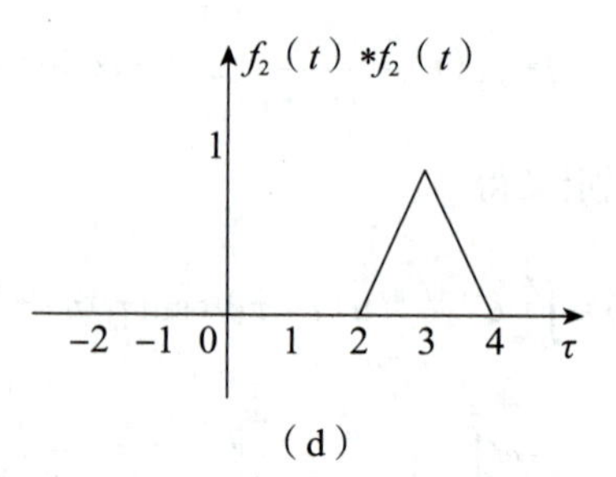

（d）

令 $f_1(t)=u(t)-u(t-1)$，$f_2(t)=u(t-1)-u(t-2)$，有

$$s_1(t)=f_1(t)*f_2(t),\ s_2(t)=f_2(t)*f_2(t)$$

而 $f_2(t)=f_1(t)*\delta(t-1)$，则

$$s_2(t)=f_1(t)*\delta(t-1)*f_1(t)*\delta(t-1)=f_1(t)*f_1(t)*\delta(t-1)*\delta(t-1)=s_1(t)*\delta(t-2)=s_1(t-2)$$

$$s_2(t)=(t-2)u(t-2)+(t-4)u(t-4)-2(t-3)u(t-3)$$

郑君里 2.17 已知某一 LTI 系统对输入激励 $e(t)$ 的零状态响应

$$r_{zs}(t)=\int_{t-2}^{\infty}\mathrm{e}^{t-\tau}e(\tau-1)\mathrm{d}\tau$$

零状态响应的定义：$r_{zs}(t)=e(t)*h(t)=\int_{-\infty}^{\infty}\mathrm{e}^{\tau}h(t-\tau)\mathrm{d}\tau$。

求该系统的单位冲激响应。

变量代换后，积分的上下限记得变！

解析 由 $r_{zs}(t)=\int_{t-2}^{\infty}\mathrm{e}^{t-\tau}e(\tau-1)\mathrm{d}\tau$，令 $\tau-1=\tau'$， $\tau=\tau'+1$ 可得

$$r_{zs}(t)=\int_{t-3}^{\infty}\mathrm{e}^{t-\tau'-1}e(\tau')\mathrm{d}\tau'=\int_{-\infty}^{\infty}\mathrm{e}^{t-\tau'-1}u[\tau'-(t-3)]e(\tau')\mathrm{d}\tau'$$

根据卷积公式得 $h(t-\tau')=\mathrm{e}^{t-\tau'-1}u[\tau'-(t-3)]=\mathrm{e}^{t-\tau'-1}u[-(t-\tau')+3]$，则该系统的单位冲激响应为 $h(t)=\mathrm{e}^{t-1}u(3-t)$。

郑君里 2.18 某 LTI 系统，输入信号 $e(t)=2\mathrm{e}^{-3t}u(t-1)$，在该输入下的响应为 $r(t)$，即 $r(t)=H[e(t)]$，又已知 $H\left[\frac{\mathrm{d}}{\mathrm{d}t}e(t)\right]=-3r(t)+\mathrm{e}^{-2t}u(t)$，求该系统的单位冲激响应 $h(t)$。

解析 法一：

$$e(t)=2\mathrm{e}^{-3t}u(t-1)\rightarrow e'(t)=-6\mathrm{e}^{-3t}u(t-1)+2\mathrm{e}^{-3t}\delta(t-1)$$

这里求导需要看成是复合函数的形式，阶跃函数的导数是冲激函数！

根据线性系统的性质得

$$H\left[\frac{\mathrm{d}}{\mathrm{d}t}e(t)\right]=-3r(t)+\mathrm{e}^{-2t}u(t)=-3r(t)+2\mathrm{e}^{-3t}h(t-1)$$

因此

$$\mathrm{e}^{-2t}u(t)=2\mathrm{e}^{-3t}h(t-1)\rightarrow h(t)=\frac{1}{2}\mathrm{e}^{-2\left(t-\frac{1}{2}\right)}u(t+1)$$

法二：由题可知

$$H\left[\frac{\mathrm{d}}{\mathrm{d}t}e(t)\right]=-3r(t)+\mathrm{e}^{-2t}u(t),\quad r(t)=H[e(t)]$$

则 $r'(t)=-3r(t)+\mathrm{e}^{-2t}u(t)$，对式子进行拉氏变换可得 $sR(s)=-3R(s)+\frac{1}{s+2}$。

整理可得 $R(s)=\frac{1}{(s+2)(s+3)}=H(s)\cdot E(s)$，而 $e(t)=2\mathrm{e}^{-3t}u(t-1)$，求拉氏变换可得 $E(s)=\frac{2\mathrm{e}^{-3}}{s+3}\mathrm{e}^{-s}$，则

$$H(s)=\frac{\frac{1}{(s+2)(s+3)}}{\frac{2\mathrm{e}^{-3}}{s+3}\mathrm{e}^{-s}}=\frac{\mathrm{e}^{3}\mathrm{e}^{s}}{2(s+2)}\leftrightarrow h(t)=\frac{1}{2}\mathrm{e}^{-2t+1}u(t+1)$$

吴大正版第二章 | 连续系统的时域分析

该类型的题目就是根据微分方程求出特征根，将零输入响应设出来，再根据初始状态，利用待定系数法求出未知数。注意看初始状态是全响应还是零输入响应的！

吴大正 2.1 已知描述系统的微分方程和初始状态如下，试求其零输入响应。

（1）$y''(t)+5y'(t)+6y(t)=f(t)$，$y(0_-)=1$，$y'(0_-)=-1$；

（2）$y''(t)+2y'(t)+5y(t)=f(t)$，$y(0_-)=2$，$y'(0_-)=-2$；

（3）$y''(t)+2y'(t)+y(t)=f(t)$，$y(0_-)=1$，$y'(0_-)=1$；

（4）$y''(t)+y(t)=f(t)$，$y(0_-)=2$，$y'(0_-)=0$；

（5）$y'''(t)+4y''(t)+5y'(t)+2y(t)=f(t)$，$y(0_-)=0$，$y'(0_-)=1$，$y''(0_-)=-1$。

解析 （1）由题可知系统微分方程为$y''(t)+5y'(t)+6y(t)=f(t)$，则特征方程为$\lambda^2+5\lambda+6=0$，解得特征根为$\lambda_1=-2$，$\lambda_2=-3$，故可得零输入响应为$y_{zi}(t)=C_1e^{-2t}+C_2e^{-3t}$。

又由题可知

$$y_{zi}(0_-)=y(0_-)=1,\quad y'_{zi}(0_-)=y'(0_-)=-1$$

代入可得$1=C_1+C_2$，$-1=-2C_1-3C_2$，解得$C_1=2$，$C_2=-1$，则零输入响应为

$$y_{zi}(t)=2e^{-2t}-e^{-3t},\quad t\geqslant 0$$

（2）由题可知系统微分方程为$y''(t)+2y'(t)+5y(t)=f(t)$，则特征方程为$\lambda^2+2\lambda+5=0$，解得特征根为$\lambda_{1,2}=-1\pm 2j$，故可得零输入响应为$y_{zi}(t)=C_1e^{-t}\cos(2t)+C_2e^{-t}\sin(2t)$。

出现复根的解的形式，很重要也很容易忘！

又由题可知$y_{zi}(0_-)=y(0_-)=2$，$y'_{zi}(0_-)=y'(0_-)=-2$，可得

$$y_{zi}(0_-)=C_1=2,\quad y'_{zi}(0_-)=-C_1+2C_2=-2$$

解得$C_1=2$，$C_2=0$，则零输入响应为$y_{zi}(t)=2e^{-t}\cos(2t)$，$t\geqslant 0$。

（3）由题可知系统微分方程为$y''(t)+2y'(t)+y(t)=f(t)$，则特征方程为$\lambda^2+2\lambda+1=0$，解得特征根为$\lambda_{1,2}=-1$，故可得零输入响应为$y_{zi}(t)=(C_1+C_2t)e^{-t}$。

又由题可知$y_{zi}(0_-)=y(0_-)=1$，$y'_{zi}(0_-)=y'(0_-)=1$，可得$y_{zi}(0_-)=C_1=1$，$y'_{zi}(0_-)=-C_1+C_2=1$，解得$C_1=1$，$C_2=2$，则零输入响应为$y_{zi}(t)=(1+2t)e^{-t}$，$t\geqslant 0$。

（4）由题可知系统微分方程为$y''(t)+y(t)=f(t)$，则特征方程为$\lambda^2+1=0$，解得特征根为$\lambda_{1,2}=\pm j$，则可得零输入响应为$y_{zi}(t)=C_1\cos t+C_2\sin t$。

又由题可知$y_{zi}(0_-)=y(0_-)=2$，$y'_{zi}(0_-)=y'(0_-)=0$，解得$y_{zi}(0_-)=C_1=2$，$y'_{zi}(0_-)=C_2=0$，则零输入响应为$y_{zi}(t)=2\cos t$，$t\geqslant 0$。

（5）由题可知系统微分方程为$y'''(t)+4y''(t)+5y'(t)+2y(t)=f(t)$。

则特征方程为$\lambda^3+4\lambda^2+5\lambda+2=0$，解得特征根为$\lambda_{1,2}=-1$，$\lambda_3=-2$。

则可得零输入响应为$y_{zi}(t)=(C_1t+C_2)e^{-t}+C_3e^{-2t}$，又由题可知

$$y_{zi}(0_-)=y(0_-)=0,\ y'_{zi}(0_-)=y'(0_-)=1,\ y''_{zi}(0_-)=y''(0_-)=-1$$

可得$y_{zi}(0_-)=C_2+C_3=0$，$y'_{zi}(0_-)=C_1-C_2-2C_3=1$，$y''_{zi}(0_-)=-2C_1+C_2+4C_3=-1$，解得$C_1=2$，$C_2=-1$，$C_3=1$，则零输入响应为$y_{zi}(t)=(2t-1)e^{-t}+e^{-2t}$，$t\geqslant 0$。

吴大正 2.2 已知描述系统的微分方程和初始状态如下，试求$y(0_+)$和$y'(0_+)$。

考查冲激函数匹配法，需要考虑跳变，$y(0_+)=y(0_-)+y_{zs}(0_+)$

（1）$y''(t)+3y'(t)+2y(t)=f(t)$，$y(0_-)=1$，$y'(0_-)=1$，$f(t)=\varepsilon(t)$；

（2）$y''(t)+6y'(t)+8y(t)=f''(t)$，$y(0_-)=1$，$y'(0_-)=1$，$f(t)=\delta(t)$；

（3）$y''(t)+4y'(t)+3y(t)=f''(t)+f(t)$，$y(0_-)=2$，$y'(0_-)=-2$，$f(t)=\delta(t)$；

（4）$y''(t)+4y'(t)+5y(t)=f'(t)$，$y(0_-)=1$，$y'(0_-)=2$，$f(t)=e^{-2t}\varepsilon(t)$。

由于冲激函数会产生跳变，需要看的是将激励代入微分方程后，是否出现冲激项。

解析 （1）由题可知$y''(t)+3y'(t)+2y(t)=f(t)$，$y(0_-)=1$，$y'(0_-)=1$，$f(t)=\varepsilon(t)$。

系统微分方程右端不含冲激函数，则无跳变，可得

$$y(0_+)=y(0_-)=1,\ y'(0_+)=y'(0_-)=1$$

（2）由题可知$y''(t)+6y'(t)+8y(t)=f''(t)$，$y(0_-)=1$，$y'(0_-)=1$，$f(t)=\delta(t)$。

将$f(t)=\delta(t)$代入系统微分方程可得$y''(t)+6y'(t)+8y(t)=\delta''(t)$。

系统微分方程右端含$\delta''(t)$，可令$y''(t)=a\delta''(t)+b\delta'(t)+c\delta(t)+r_1(t)$，则

$$y'(t)=a\delta'(t)+b\delta(t)+r_2(t),\ y(t)=a\delta(t)+r_3(t)$$

整理可得

$$a\delta''(t)+(6a+b)\delta'(t)+(8a+6b+c)\delta(t)+r_1(t)+6r_2(t)+8r_3(t)=\delta''(t)$$

比较系数可得

$$a=1,\ 6a+b=0,\ 8a+6b+c=0\Rightarrow a=1,\ b=-6,\ c=28$$

对$y''(t)$、$y'(t)$积分可得$y'(0_+)-y'(0_-)=c=28$，$y(0_+)-y(0_-)=b=-6$，则

$$y'(0_+)=y'(0_-)+28=29,\ y(0_+)=y(0_-)-6=-5$$

（3）由题可知

$$y''(t)+4y'(t)+3y(t)=f''(t)+f(t)$$

$$y(0_-)=2, \ y'(0_-)=-2, \ f(t)=\delta(t)$$

将 $f(t)=\delta(t)$ 代入系统微分方程可得 $y''(t)+4y'(t)+3y(t)=\delta''(t)+\delta(t)$。

系统微分方程右端含 $\delta''(t)$，可令 $y''(t)=a\delta''(t)+b\delta'(t)+c\delta(t)+r_1(t)$，则

$$y'(t)=a\delta'(t)+b\delta(t)+r_2(t), \ y(t)=a\delta(t)+r_3(t)$$

整理可得

$$a\delta''(t)+(4a+b)\delta'(t)+(3a+4b+c)\delta(t)+r_1(t)+4r_2(t)+3r_3(t)=\delta''(t)+\delta(t)$$

比较系数可得 $a=1$，$4a+b=0$，$3a+4b+c=1$，解得 $a=1$，$b=-4$，$c=14$。

对 $y''(t)$、$y'(t)$ 积分可得 $y'(0_+)-y'(0_-)=c=14$，$y(0_+)-y(0_-)=b=-4$，则

$$y'(0_+)=y'(0_-)+14=12, \ y(0_+)=y(0_-)-4=-2$$

（4）由题可知 $y''(t)+4y'(t)+5y(t)=f'(t)$，$y(0_-)=1$，$y'(0_-)=2$，$f(t)=e^{-2t}\varepsilon(t)$。

对 $f(t)$ 两边同时求导可得 $f'(t)=-2e^{-2t}\varepsilon(t)+e^{-2t}\delta(t)=-2e^{-2t}+\delta(t)$。（利用冲激的筛分性质。）

将 $f'(t)$ 代入系统微分方程可得 $y''(t)+4y'(t)+5y(t)=-2e^{-2t}+\delta(t)$。

系统微分方程右端含 $\delta(t)$，可令 $y''(t)=a\delta(t)+r_1(t)$，则

$$y'(t)=r_2(t), \ y(t)=r_3(t)=r_2^{(-1)}(t)$$

整理可得 $a\delta(t)+r_1(t)+4r_2(t)+5r_3(t)=-2e^{-2t}+\delta(t)$。

比较系数可得 $a=1$，对 $y''(t)$、$y'(t)$ 积分可得

$$y'(0_+)-y'(0_-)=a=1, \ y(0_+)-y(0_-)=0$$

则 $y'(0_+)=y'(0_-)+1=3$，$y(0_+)=y(0_-)=1$。

建议大家学完 s 域变换后回来做，零状态响应求解用时域做比较慢，且易错。

吴大正 2.4 已知描述系统的微分方程和初始状态如下，试求其零输入响应，零状态响应和全响应。

（1）$y''(t)+4y'(t)+3y(t)=f(t)$，$y(0_-)=y'(0_-)=1$，$f(t)=\varepsilon(t)$；

（2）$y''(t)+4y'(t)+4y(t)=f'(t)+3f(t)$，$y(0_-)=1$，$y'(0_-)=2$，$f(t)=e^{-t}\varepsilon(t)$；

（3）$y''(t)+2y'(t)+2y(t)=f'(t)$，$y(0_-)=0$，$y'(0_-)=1$，$f(t)=\varepsilon(t)$。

解析 （1）由题可知 $y''(t)+4y'(t)+3y(t)=f(t)$，$y(0_-)=y'(0_-)=1$，$f(t)=\varepsilon(t)$。

根据系统的零输入响应定义可得 $y''_{zi}(t)+4y'_{zi}(t)+3y_{zi}(t)=0$。

由题可得 $y'_{zi}(0_+)=y'_{zi}(0_-)=y'(0_-)=1$，$y_{zi}(0_+)=y_{zi}(0_-)=y(0_-)=1$。

由系统微分方程可得特征方程为 $\lambda^2+4\lambda+3=0$，解得特征根为 $\lambda_1=-3$，$\lambda_2=-1$，则零输入响应为

$y_{zi}(t)=C_1e^{-3t}+C_2e^{-t}$，$t\geqslant 0$。（根据特征根设出零输入响应的形式。）

将$y'_{zi}(0_+)$、$y_{zi}(0_+)$代入可得$y_{zi}(0_+)=C_1+C_2=1$，$y'_{zi}(0_+)=-3C_1-C_2=1$，解得$C_1=-1$，$C_2=2$，代入零输入响应可得$y_{zi}(t)=-e^{-3t}+2e^{-t}$，$t\geqslant 0$。

法一：系统的微分方程作拉普拉斯变换

$$s^2Y(s)+4sY(s)+3Y(s)=F(s)\to H(s)=\frac{1}{s^2+4s+3}，f(t)=\varepsilon(t)\leftrightarrow F(s)=\frac{1}{s}$$

时域卷积，频域乘积：$Y_{zs}(s)=H(s)F(s)=\dfrac{1}{s(s^2+4s+3)}=\dfrac{\frac{1}{6}}{s+3}-\dfrac{\frac{1}{2}}{s+1}+\dfrac{\frac{1}{3}}{s}$，$\mathrm{Re}[s]>0$。

经过逆变换得

$$y_{zs}(t)=\frac{1}{6}e^{-3t}-\frac{1}{2}e^{-t}+\frac{1}{3}，t\geqslant 0$$

$$y(t)=y_{zi}(t)+y_{zs}(t)=-\frac{5}{6}e^{-3t}+\frac{3}{2}e^{-t}+\frac{1}{3}，t\geqslant 0$$

法二：根据系统的零状态响应定义可得

$$y''_{zs}(t)+4y'_{zs}(t)+3y_{zs}(t)=\varepsilon(t)$$

由题可得$y'_{zs}(0_+)=y_{zs}(0_-)=0$，系统微分方程右端无冲激项，故可得

$$y'_{zs}(0_+)=y'_{zs}(0_-)=0，y_{zs}(0_+)=y_{zs}(0_-)=0$$

系统方程的齐次解为$y_{zsh}(t)=C_3e^{-3t}+C_4e^{-t}$，$t\geqslant 0$。

系统方程的特解为$y_{zsp}(t)=\dfrac{1}{3}$，$t\geqslant 0$。

故系统的零状态响应为$y_{zs}(t)=y_{zsh}(t)+y_{zsp}(t)=C_3e^{-3t}+C_4e^{-t}+\dfrac{1}{3}$，$t\geqslant 0$。

将$y_{zs}(0_+)$、$y'_{zs}(0_+)$代入可得$y_{zs}(0_+)=C_3+C_4+\dfrac{1}{3}=0$，$y'_{zs}(0_+)=-3C_3-C_4=0$，解得$C_3=\dfrac{1}{6}$，$C_4=-\dfrac{1}{2}$，故系统的零状态响应为

$$y_{zs}(t)=\frac{1}{6}e^{-3t}-\frac{1}{2}e^{-t}+\frac{1}{3}，t\geqslant 0$$

系统的全响应为$y(t)=y_{zi}(t)+y_{zs}(t)=-\dfrac{5}{6}e^{-3t}+\dfrac{3}{2}e^{-t}+\dfrac{1}{3}$，$t\geqslant 0$。

（2）由题可知

$$y''(t)+4y'(t)+4y(t)=f'(t)+3f(t)，y(0_-)=1，y'(0_-)=2，f(t)=e^{-t}\varepsilon(t)$$

根据系统的零输入响应定义可得$y''_{zi}(t)+4y'_{zi}(t)+4y_{zi}(t)=0$。

由题可得$y'_{zi}(0_+)=y'_{zi}(0_-)=y'(0_-)=2$，$y_{zi}(0_+)=y_{zi}(0_-)=y(0_-)=1$。

由系统微分方程可得特征方程为$\lambda^2+4\lambda+4=0$，解得特征根为$\lambda_{1,2}=-2$，则零输入响应为$y_{zi}(t)=(C_1t+C_2)\mathrm{e}^{-2t}$，$t\geqslant 0$。

将$y'_{zi}(0_+)$、$y_{zi}(0_+)$代入可得

$$y_{zi}(0_+)=C_2=1,\quad y'_{zi}(0_+)=C_1-2C_2=2$$

解得$C_1=4$，$C_2=1$，代入零输入响应可得$y_{zi}(t)=(4t+1)\mathrm{e}^{-2t}$，$t\geqslant 0$。

法一：系统的微分方程作拉普拉斯变换

$$s^2Y(s)+4sY(s)+4Y(s)=(s+3)F(s)\rightarrow H(s)=\frac{s+3}{s^2+4s+4}$$

$$f(t)=\mathrm{e}^{-t}\varepsilon(t)\leftrightarrow F(s)=\frac{1}{s+1},\ \mathrm{Re}[s]>-1$$

时域卷积，频域乘积：

$$Y_{zs}(s)=H(s)F(s)=\frac{s+3}{(s+1)(s+2)^2}=\frac{-2}{s+2}+\frac{2}{s+1}-\frac{1}{(s+2)^2},\ \mathrm{Re}[s]>-1$$

经过逆变换得

$$y_{zs}(t)=-(t+2)\mathrm{e}^{-2t}+2\mathrm{e}^{-t},\ t\geqslant 0$$

$$y(t)=y_{zi}(t)+y_{zs}(t)=(3t-1)\mathrm{e}^{-2t}+2\mathrm{e}^{-t},\ t\geqslant 0$$

法二：根据系统的零状态响应定义可得

$$y''_{zs}(t)+4y'_{zs}(t)+4y_{zs}(t)=2\mathrm{e}^{-t}\varepsilon(t)+\delta(t)$$

由题可得 $y'_{zs}(0_-)=0$，$y_{zs}(0_-)=0$，系统微分方程右端有冲激项，故可得

$$y'_{zs}(0_+)=y'_{zs}(0_-)+1=1,\quad y_{zs}(0_+)=y_{zs}(0_-)=0$$

系统方程的齐次解为$y_{zsh}(t)=(C_3t+C_4)\mathrm{e}^{-2t}$，$t>0$。

系统方程的特解为$y_{zsp}(t)=2\mathrm{e}^{-t}$，$t>0$。

故系统的零状态响应为$y_{zs}(t)=(C_3t+C_4)\mathrm{e}^{-2t}+2\mathrm{e}^{-t}$，$t\geqslant 0$。

将$y_{zs}(0_+)$、$y'_{zs}(0_+)$代入可得$y_{zs}(0_+)=C_4+2=0$，$y'_{zs}(0_+)=C_3-2C_4-2=1$，解得$C_3=-1$，$C_4=-2$，故系统的零状态响应为$y_{zs}(t)=-(t+2)\mathrm{e}^{-2t}+2\mathrm{e}^{-t}$，$t\geqslant 0$。

系统的全响应为$y(t)=y_{zi}(t)+y_{zs}(t)=(3t-1)\mathrm{e}^{-2t}+2\mathrm{e}^{-t}$，$t\geqslant 0$。

（3）由题可知$y''(t)+2y'(t)+2y(t)=f'(t)$，$y(0_-)=0$，$y'(0_-)=1$，$f(t)=\varepsilon(t)$。

根据系统的零输入响应定义可得$y''_{zi}(t)+2y'_{zi}(t)+2y_{zi}(t)=0$。

由题可得$y_{zi}(0_+)=y_{zi}(0_-)=0$，$y'_{zi}(0_+)=y'_{zi}(0_-)=1$。

由系统微分方程可得特征方程为$\lambda^2+2\lambda+2=0$，解得特征根为$\lambda_{1,2}=-1\pm\mathrm{j}$，则零输入响应为

$$y_{zi}(t)=C_1\mathrm{e}^{-t}\cos t+C_2\mathrm{e}^{-t}\sin t$$

将$y'_{zi}(0_+)$、$y_{zi}(0_+)$代入可得$y_{zi}(0_+)=C_1=0$，$y'_{zi}(0_+)=-C_1+C_2=1$，解得$C_1=0$，$C_2=1$，代入零输入响应可得$y_{zi}(t)=\mathrm{e}^{-t}\sin t$，$t\geqslant 0$。

法一：系统的微分方程作拉普拉斯变换

$$s^2Y(s)+2sY(s)+2Y(s)=sF(s)\to H(s)=\frac{s}{s^2+2s+2}$$

$$f(t)=\varepsilon(t)\leftrightarrow F(s)=\frac{1}{s}，\mathrm{Re}[s]>0$$

时域卷积，频域乘积：$Y_{zs}(s)=H(s)F(s)=\dfrac{1}{s^2+2s+2}=\dfrac{1}{(s+1)^2+1}$，$\mathrm{Re}[s]>-1$。

经过逆变换得

$$y_{zs}(t)=\mathrm{e}^{-t}\sin t，t\geqslant 0$$

$$y(t)=y_{zi}(t)+y_{zs}(t)=2\mathrm{e}^{-t}\sin t，t\geqslant 0$$

法二：根据系统的零状态响应定义可得$y''_{zs}(t)+2y'_{zs}(t)+2y_{zs}(t)=\delta(t)$。

由题可得$y'_{zs}(0_-)=y_{zs}(0_-)=0$，系统微分方程右端有冲激项，故可得

$$y'_{zs}(0_+)=y'_{zs}(0_-)+1=1，y_{zs}(0_+)=y_{zs}(0_-)=0$$

当$t>0$时，可得$y''_{zs}(t)+2y'_{zs}(t)+2y_{zs}(t)=0$。

故系统的零状态响应为$y_{zs}(t)=C_3\mathrm{e}^{-t}\cos t+C_4\mathrm{e}^{-t}\sin t$，$t>0$。

将$y_{zs}(0_+)$、$y'_{zs}(0_+)$代入可得$y_{zs}(0_+)=C_3=0$，$y'_{zs}(0_+)=-C_3+C_4=1$，解得$C_3=0$，$C_4=1$，故系统的零状态响应为$y_{zs}(t)=\mathrm{e}^{-t}\sin t$，$t\geqslant 0$。

系统的全响应为$y(t)=y_{zi}(t)+y_{zs}(t)=2\mathrm{e}^{-t}\sin t$，$t\geqslant 0$。

吴大正 2.5 如图所示的电路，已知

$$R_1=2\,\Omega，R_2=4\,\Omega，L=1\,\mathrm{H}，C=0.5\,\mathrm{F}，u_S(t)=2\mathrm{e}^{-t}\varepsilon(t)\mathrm{V}$$

列出 $i(t)$ 的微分方程，求其零状态响应。

没有开关的电路比较简单，没有初始储能，只有零状态响应。

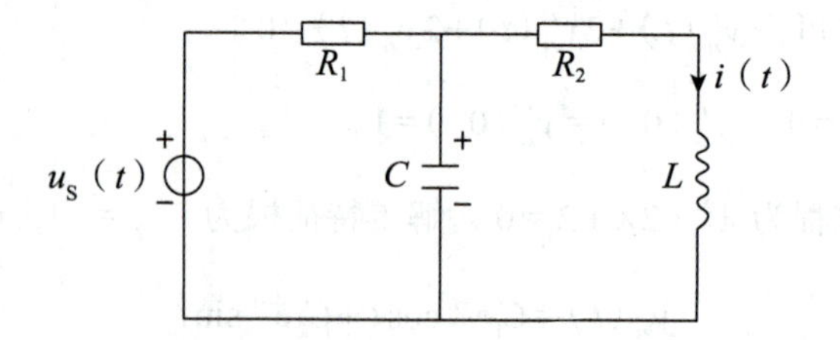

解析 法一：画出电路的 s 域模型，如图所示。

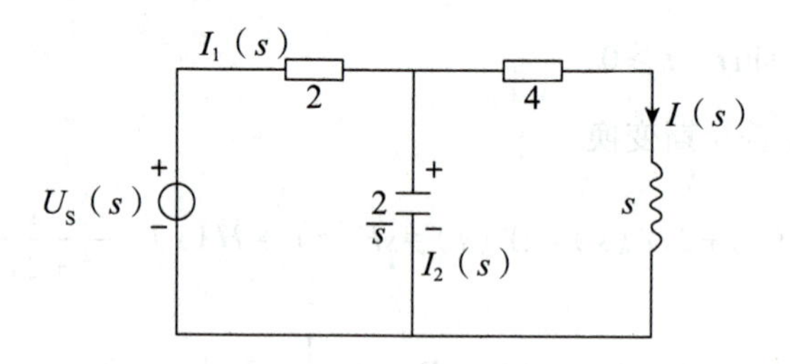

算出并联电路的等效阻抗为

$$R_{//}=\frac{\frac{2}{s}(4+s)}{\frac{2}{s}+(4+s)}=\frac{8+2s}{s^2+4s+2}$$

$$I_1(s)=\frac{U_S(s)}{R_1+R_{//}}=I_2(s)+I(s)=U_S(s)\frac{s^2+4s+2}{2s^2+10s+12}$$

根据电路模型 $\frac{I(s)}{I_2(s)}=\frac{\frac{2}{s}}{s+4}$，解得 $I(s)=I_1(s)\frac{\frac{2}{s}}{\frac{2}{s}+s+4}=U_S(s)\frac{1}{s^2+5s+6}$。

得到微分方程和系统函数

$$i''(t)+5i'(t)+6i(t)=u_S(t)\to H(s)=\frac{1}{s^2+5s+6}$$

$$u_S(t)=2e^{-t}\varepsilon(t)\leftrightarrow U_S(s)=\frac{2}{s+1},\ \mathrm{Re}[s]>-1$$

时域卷积，频域乘积得 $I_{zs}(s)=\frac{2}{(s+1)(s+2)(s+3)}=\frac{1}{s+1}+\frac{-2}{s+2}+\frac{1}{s+3}$，$\mathrm{Re}[s]>-1$。

经过逆变换 $i_{zs}(t)=e^{-t}-2e^{-2t}+e^{-3t}$，$t\geqslant0$。

这道题看起来 s 域变换求解要复杂一些，但是如何用 s 域求解电路问题是必须掌握的。

法二：根据 KCL 定理可得

$$\frac{u_S(t)-u_C(t)}{R_1}=i_C(t)+i(t)$$

$$i_C(t)=C\frac{\mathrm{d}u_C}{\mathrm{d}t},\quad u_C(t)=R_2i(t)+L\frac{\mathrm{d}[i(t)]}{\mathrm{d}t}$$

整理可得 $R_1LCi''(t)+(R_1R_2C+L)i'(t)+(R_1+R_2)i(t)=u_S(t)$。

由题可知 $R_1=2\,\Omega$，$R_2=4\,\Omega$，$L=1\,\mathrm{H}$，$C=0.5\,\mathrm{F}$，代入可得

$$i''(t)+5i'(t)+6i(t)=2\mathrm{e}^{-t}\varepsilon(t)$$

根据零状态响应的定义可得 $i''_{zs}(t)+5i'_{zs}(t)+6i_{zs}(t)=2\mathrm{e}^{-t}\varepsilon(t)$，其中 $i_{zs}(0_-)=i'_{zs}(0_-)=0$，可得特征方程为 $\lambda^2+5\lambda+6=0$，解得特征根为 $\lambda_1=-2$，$\lambda_2=-3$，则其齐次解为 $i_{zsh}(t)=C_1\mathrm{e}^{-2t}+C_2\mathrm{e}^{-3t}$，其特解为 $i_{zsp}(t)=\mathrm{e}^{-t}$，$t\geqslant0$。

故完全解为 $i_{zs}(t)=i_{zsh}(t)+i_{zsp}(t)=C_1\mathrm{e}^{-2t}+C_2\mathrm{e}^{-3t}+\mathrm{e}^{-t}$，$t\geqslant0$。

由无跳变可得 $i_{zs}(0_+)=i_{zs}(0_-)=0$，$i'_{zs}(0_+)=i'_{zs}(0_-)=0$。

代入完全解可得 $i_{zs}(0_+)=C_1+C_2+1=0$，$i'_{zs}(0_+)=-2C_1-3C_2-1=0$。

解得 $C_1=-2$，$C_2=1$，则零状态响应为 $i_{zs}(t)=\mathrm{e}^{-t}-2\mathrm{e}^{-2t}+\mathrm{e}^{-3t}$，$t\geqslant0$。

吴大正 2.17 求下列函数的卷积积分 $f_1(t)*f_2(t)$。

建议都用变换域的方法求解，记住常用变换对，既简单又快速，还能保证正确性！

（1）$f_1(t)=t\varepsilon(t)$，$f_2(t)=\varepsilon(t)$；

（2）$f_1(t)=\mathrm{e}^{-2t}\varepsilon(t)$，$f_2(t)=\varepsilon(t)$；

（3）$f_1(t)=f_2(t)=\mathrm{e}^{-2t}\varepsilon(t)$；

（4）$f_1(t)=\mathrm{e}^{-2t}\varepsilon(t)$，$f_2(t)=\mathrm{e}^{-3t}\varepsilon(t)$；

（5）$f_1(t)=t\varepsilon(t)$，$f_2(t)=\mathrm{e}^{-2t}\varepsilon(t)$；

（6）$f_1(t)=\varepsilon(t+2)$，$f_2(t)=\varepsilon(t-3)$；

（7）$f_1(t)=\varepsilon(t)-\varepsilon(t-4)$，$f_2(t)=\sin(\pi t)\varepsilon(t)$；

（8）$f_1(t)=t\varepsilon(t)$，$f_2(t)=\varepsilon(t)-\varepsilon(t-2)$；

（9）$f_1(t)=t\varepsilon(t-1)$，$f_2(t)=\varepsilon(t+3)$；

（10）$f_1(t)=\mathrm{e}^{-2t}\varepsilon(t+1)$，$f_2(t)=\varepsilon(t-3)$。

解析　法一：（1）由常见变换对可得

$$f_1(t)=t\varepsilon(t)\leftrightarrow\frac{1}{s^2},\quad f_2(t)=\varepsilon(t)\leftrightarrow\frac{1}{s}$$

时域卷积，频域乘积可得 $f_1(t)*f_2(t)\leftrightarrow F_1(s)F_2(s)=\frac{1}{s^3}$。

经过逆变换可得 $f_1(t)*f_2(t)=\frac{1}{2}t^2\varepsilon(t)$。

（2）由常见变换对可得 $f_1(t)=\mathrm{e}^{-2t}\varepsilon(t)\leftrightarrow\frac{1}{s+2}$，$f_2(t)=\varepsilon(t)\leftrightarrow\frac{1}{s}$。

时域卷积，频域乘积可得 $f_1(t)*f_2(t)\leftrightarrow F_1(s)F_2(s)=\frac{1}{s(s+2)}=\frac{1}{2}\left(\frac{1}{s}-\frac{1}{s+2}\right)$。

经过逆变换可得$f_1(t)*f_2(t)=\frac{1}{2}(1-\mathrm{e}^{-2t})\varepsilon(t)$。

（3）由常见变换对可得$f_1(t)=f_2(t)=\mathrm{e}^{-2t}\varepsilon(t)\leftrightarrow\frac{1}{s+2}$。

时域卷积，频域乘积可得$f_1(t)*f_2(t)\leftrightarrow F_1(s)F_2(s)=\frac{1}{(s+2)^2}$。

经过逆变换可得$f_1(t)*f_2(t)=t\mathrm{e}^{-2t}\varepsilon(t)$。

（4）由常见变换对可得$f_1(t)=\mathrm{e}^{-2t}\varepsilon(t)\leftrightarrow\frac{1}{s+2}$，$f_2(t)=\mathrm{e}^{-3t}\varepsilon(t)\leftrightarrow\frac{1}{s+3}$。

时域卷积，频域乘积可得$f_1(t)*f_2(t)\leftrightarrow F_1(s)F_2(s)=\frac{1}{(s+2)(s+3)}=\frac{1}{s+2}-\frac{1}{s+3}$。

经过逆变换可得$f_1(t)*f_2(t)=(\mathrm{e}^{-2t}-\mathrm{e}^{-3t})\varepsilon(t)$。

（5）由常见变换对可得$f_1(t)=t\varepsilon(t)\leftrightarrow\frac{1}{s^2}$，$f_2(t)=\mathrm{e}^{-2t}\varepsilon(t)\leftrightarrow\frac{1}{s+2}$。

时域卷积，频域乘积可得$f_1(t)*f_2(t)\leftrightarrow F_1(s)F_2(s)=\frac{1}{s^2(s+2)}=\frac{\frac{1}{2}}{s^2}+\frac{\frac{1}{4}}{s+2}-\frac{\frac{1}{4}}{s}$。

经过逆变换可得$f_1(t)*f_2(t)=\frac{1}{4}(2t-1+\mathrm{e}^{-2t})\varepsilon(t)$。

（6）由常见变换对可得$f_1(t)=\varepsilon(t+2)\leftrightarrow\frac{\mathrm{e}^{2s}}{s}$，$f_2(t)=\varepsilon(t-3)\leftrightarrow\frac{\mathrm{e}^{-3s}}{s}$。

时域卷积，频域乘积可得$f_1(t)*f_2(t)\leftrightarrow F_1(s)F_2(s)=\frac{\mathrm{e}^{-s}}{s^2}$。

经过逆变换可得$f_1(t)*f_2(t)=(t-1)\varepsilon(t-1)$。

（7）由常见变换对可得$f_1(t)=\varepsilon(t)-\varepsilon(t-4)\leftrightarrow\frac{1-\mathrm{e}^{-4s}}{s}$，$f_2(t)=\sin(\pi t)\varepsilon(t)\leftrightarrow\frac{\pi}{s^2+\pi^2}$。

时域卷积，频域乘积可得

$$f_1(t)*f_2(t)\leftrightarrow F_1(s)F_2(s)=\frac{\pi(1-\mathrm{e}^{-4s})}{(s^2+\pi^2)s}=\left(\frac{\frac{1}{\pi}}{s}-\frac{\frac{1}{\pi}s}{s^2+\pi^2}\right)(1-\mathrm{e}^{-4s})$$

经过逆变换可得$f_1(t)*f_2(t)=\frac{1}{\pi}[1-\cos(\pi t)][\varepsilon(t)-\varepsilon(t-4)]$。

(8) 由常见变换对可得$f_1(t)=t\varepsilon(t)\leftrightarrow\frac{1}{s^2}$，$f_2(t)=\varepsilon(t)-\varepsilon(t-2)\leftrightarrow\frac{1-e^{-2s}}{s}$。

时域卷积，频域乘积可得$f_1(t)*f_2(t)\leftrightarrow F_1(s)F_2(s)=\frac{1-e^{-2s}}{s^3}$。

经过逆变换可得$f_1(t)*f_2(t)=\frac{1}{2}t^2\varepsilon(t)-\frac{1}{2}(t-2)^2\varepsilon(t-2)$。

(9) 由常见变换对可得

$$f_1(t)=t\varepsilon(t-1)=(t-1)\varepsilon(t-1)+\varepsilon(t-1)\leftrightarrow\frac{e^{-s}+se^{-s}}{s^2}，f_2(t)=\varepsilon(t+3)\leftrightarrow\frac{e^{3s}}{s}$$

时域卷积，频域乘积可得$f_1(t)*f_2(t)\leftrightarrow F_1(s)F_2(s)=\frac{(e^{-s}+se^{-s})e^{3s}}{s^3}=\frac{e^{2s}}{s^2}+\frac{e^{2s}}{s^3}$。

经过逆变换可得$f_1(t)*f_2(t)=\left(\frac{1}{2}t^2+3t+4\right)\varepsilon(t+2)$。

(10) 由常见变换对可得

$$f_1(t)=e^{-2t}\varepsilon(t+1)=e^2e^{-2(t+1)}\varepsilon(t+1)\leftrightarrow\frac{e^{s+2}}{s+2}，f_2(t)=\varepsilon(t-3)\leftrightarrow\frac{e^{-3s}}{s}$$

时域卷积，频域乘积可得$f_1(t)*f_2(t)\leftrightarrow F_1(s)F_2(s)=\frac{e^{-2s+2}}{s(s+2)}=e^2\left(\frac{\frac{1}{2}}{s}-\frac{\frac{1}{2}}{s+2}\right)e^{-2s}$。

经过逆变换可得$f_1(t)*f_2(t)=\frac{1}{2}e^2[1-e^{-2(t-2)}]\varepsilon(t-2)$。

法二:(1) 由题可知$f_1(t)=t\varepsilon(t)$，$f_2(t)=\varepsilon(t)$。

根据卷积性质可得$f_1(t)*f_2(t)=\int_{-\infty}^{t}\tau\varepsilon(\tau)d\tau=\left(\int_0^t\tau d\tau\right)\varepsilon(t)=\frac{1}{2}t^2\varepsilon(t)$。

(2) 由题可知$f_1(t)=e^{-2t}\varepsilon(t)$，$f_2(t)=\varepsilon(t)$。

根据卷积性质可得

$$f_1(t)*f_2(t)=[e^{-2t}\varepsilon(t)]*\varepsilon(t)=\int_{-\infty}^{t}e^{-2\tau}\varepsilon(\tau)d\tau=\left(\int_0^t e^{-2\tau}d\tau\right)\varepsilon(t)=-\frac{1}{2}e^{-2\tau}\Big|_0^t\varepsilon(t)=\frac{1}{2}(1-e^{-2t})\varepsilon(t)$$

(3) 由题可知$f_1(t)=f_2(t)=e^{-2t}\varepsilon(t)$。

根据卷积性质可得

$$f_1(t)*f_2(t)=[e^{-2t}\varepsilon(t)]*[e^{-2t}\varepsilon(t)]=\int_{-\infty}^{\infty}e^{-2\tau}\varepsilon(\tau)e^{-2(t-\tau)}\varepsilon(t-\tau)d\tau$$

$$=\mathrm{e}^{-2t}\int_{-\infty}^{\infty}\varepsilon(\tau)\varepsilon(t-\tau)\mathrm{d}\tau=\mathrm{e}^{-2t}[\varepsilon(t)*\varepsilon(t)]=\mathrm{e}^{-2t}\left[\int_{-\infty}^{t}\varepsilon(\tau)\mathrm{d}\tau\right]$$

$$=\mathrm{e}^{-2t}\left(\int_{0}^{t}1\mathrm{d}\tau\right)\varepsilon(t)=t\mathrm{e}^{-2t}\varepsilon(t)$$

（4）由题可知$f_1(t)=\mathrm{e}^{-2t}\varepsilon(t)$，$f_2(t)=\mathrm{e}^{-3t}\varepsilon(t)$。

根据卷积性质可得

$$f_1(t)*f_2(t)=[\mathrm{e}^{-2t}\varepsilon(t)]*[\mathrm{e}^{-3t}\varepsilon(t)]=\int_{-\infty}^{\infty}\mathrm{e}^{-2\tau}\varepsilon(\tau)\mathrm{e}^{-3(t-\tau)}\varepsilon(t-\tau)\mathrm{d}\tau$$

$$=\mathrm{e}^{-3t}\int_{-\infty}^{\infty}\mathrm{e}^{\tau}\varepsilon(\tau)\varepsilon(t-\tau)\mathrm{d}\tau=\mathrm{e}^{-3t}[\mathrm{e}^{t}\varepsilon(t)*\varepsilon(t)]$$

$$=\mathrm{e}^{-3t}\int_{-\infty}^{t}\mathrm{e}^{\tau}\varepsilon(\tau)\mathrm{d}\tau=\left(\mathrm{e}^{-3t}\int_{0}^{t}\mathrm{e}^{\tau}\mathrm{d}\tau\right)\varepsilon(t)=(\mathrm{e}^{-2t}-\mathrm{e}^{-3t})\varepsilon(t)$$

（5）由题可知$f_1(t)=t\varepsilon(t)$，$f_2(t)=\mathrm{e}^{-2t}\varepsilon(t)$。

根据卷积性质可得

$$f_1(t)*f_2(t)=[t\varepsilon(t)]*[\mathrm{e}^{-2t}\varepsilon(t)]=\int_{-\infty}^{\infty}\tau\varepsilon(\tau)\mathrm{e}^{-2(t-\tau)}\varepsilon(t-\tau)\mathrm{d}\tau$$

$$=\mathrm{e}^{-2t}\int_{-\infty}^{\infty}\tau\mathrm{e}^{2\tau}\varepsilon(\tau)\varepsilon(t-\tau)\mathrm{d}\tau=\mathrm{e}^{-2t}[t\mathrm{e}^{2t}\varepsilon(t)*\varepsilon(t)]=\mathrm{e}^{-2t}\int_{-\infty}^{t}\tau\mathrm{e}^{2\tau}\varepsilon(\tau)\mathrm{d}\tau$$

$$=\left(\mathrm{e}^{-2t}\int_{0}^{t}\tau\mathrm{e}^{2\tau}\mathrm{d}\tau\right)\varepsilon(t)=\frac{1}{4}(2t-1+\mathrm{e}^{-2t})\varepsilon(t)$$

（6）由题可知$f_1(t)=\varepsilon(t+2)$，$f_2(t)=\varepsilon(t-3)$，则$f_1(t)*f_2(t)=\varepsilon(t+2)*\varepsilon(t-3)$。

根据卷积的性质，令$f(t)=\varepsilon(t)*\varepsilon(t)$可得

$$f_1(t)*f_2(t)=f(t+2-3)=f(t-1)$$

而根据两阶跃信号的卷积可得$\varepsilon(t)*\varepsilon(t)=t\varepsilon(t)$，则$f_1(t)*f_2(t)=(t-1)\varepsilon(t-1)$。

（7）由题可知$f_1(t)=\varepsilon(t)-\varepsilon(t-4)$，$f_2(t)=\sin(\pi t)\varepsilon(t)$。

根据卷积的性质可得

$$f_1(t)*f_2(t)=[\varepsilon(t)-\varepsilon(t-4)]*[\sin(\pi t)\varepsilon(t)]$$

$$=\varepsilon(t)*[\sin(\pi t)\varepsilon(t)]-\varepsilon(t-4)*[\sin(\pi t)\varepsilon(t)]=f(t)-f(t-4)$$

令$f(t)=\varepsilon(t)*[\sin(\pi t)\varepsilon(t)]$，则

$$f(t)=\varepsilon(t)*[\sin(\pi t)\varepsilon(t)]=\int_{-\infty}^{t}\sin(\pi\tau)\varepsilon(\tau)\mathrm{d}\tau=\left[\int_{0}^{t}\sin(\pi\tau)\mathrm{d}\tau\right]\varepsilon(t)$$

$$=\frac{1}{\pi}[1-\cos(\pi t)]\varepsilon(t)$$

故

$$f_1(t)*f_2(t)=f(t)-f(t-4)=\frac{1}{\pi}[1-\cos(\pi t)]\varepsilon(t)-\frac{1}{\pi}[1-\cos\pi(t-4)]\varepsilon(t-4)$$

$$=\frac{1}{\pi}[1-\cos(\pi t)][\varepsilon(t)-\varepsilon(t-4)]$$

（8）由题可知$f_1(t)=t\varepsilon(t)$，$f_2(t)=\varepsilon(t)-\varepsilon(t-2)$。

根据卷积的性质可得

$$f_1(t)*f_2(t)=[t\varepsilon(t)]*[\varepsilon(t)-\varepsilon(t-2)]=[t\varepsilon(t)]*\varepsilon(t)-[t\varepsilon(t)]*\varepsilon(t-2)=f(t)-f(t-2)$$

令$f(t)=[t\varepsilon(t)]*\varepsilon(t)$，则$f(t)=[t\varepsilon(t)]*\varepsilon(t)=\int_{-\infty}^{t}\tau\varepsilon(\tau)\mathrm{d}\tau=\left(\int_{0}^{t}\tau\mathrm{d}\tau\right)\varepsilon(t)=\frac{1}{2}t^2\varepsilon(t)$。

故$f_1(t)*f_2(t)=f(t)-f(t-2)=\frac{1}{2}t^2\varepsilon(t)-\frac{1}{2}(t-2)^2\varepsilon(t-2)$。

（9）由题可知$f_1(t)=t\varepsilon(t-1)$，$f_2(t)=\varepsilon(t+3)$。

根据卷积的性质可得$f_1(t)*f_2(t)=[t\varepsilon(t-1)]*\varepsilon(t+3)=f(t+3)$。

令$f(t)=[t\varepsilon(t-1)]*\varepsilon(t)$，则

$$f(t)=[t\varepsilon(t-1)]*\varepsilon(t)=\int_{-\infty}^{t}\tau\varepsilon(\tau-1)\mathrm{d}\tau=\left(\int_{1}^{t}\tau\mathrm{d}\tau\right)\varepsilon(t-1)=\frac{1}{2}(t^2-1)\varepsilon(t-1)$$

故$f_1(t)*f_2(t)=f(t+3)=\frac{1}{2}[(t+3)^2-1]\varepsilon(t+3-1)=\left(\frac{1}{2}t^2+3t+4\right)\varepsilon(t+2)$。

（10）由题可知$f_1(t)=\mathrm{e}^{-2t}\varepsilon(t+1)$，$f_2(t)=\varepsilon(t-3)$。

根据卷积的性质可得$f_1(t)*f_2(t)=[\mathrm{e}^{-2t}\varepsilon(t+1)]*\varepsilon(t-3)=f(t-3)$。

令$f(t)=[\mathrm{e}^{-2t}\varepsilon(t+1)]*\varepsilon(t)$，则

$$f(t)=[\mathrm{e}^{-2t}\varepsilon(t+1)]*\varepsilon(t)=\int_{-\infty}^{t}\mathrm{e}^{-2\tau}\varepsilon(\tau+1)\mathrm{d}\tau=\left(\int_{-1}^{t}\mathrm{e}^{-2\tau}\mathrm{d}\tau\right)\varepsilon(t+1)=\frac{1}{2}(\mathrm{e}^2-\mathrm{e}^{-2t})\varepsilon(t+1)$$

故$f_1(t)*f_2(t)=f(t-3)=\frac{1}{2}\mathrm{e}^2[1-\mathrm{e}^{-2(t-2)}]\varepsilon(t-2)$。

冲激偶函数的卷积性质。

吴大正 2.20 已知$f_1(t)=t\varepsilon(t)$，$f_2(t)=\varepsilon(t)-\varepsilon(t-2)$，求$y(t)=f_1(t)*f_2(t-1)*\delta'(t-2)$。

解析 法一：时域卷积，频域乘积可得

$$Y(s)=F_1(s)F_2(s)\mathrm{e}^{-s}s\mathrm{e}^{-2s}=sF_1(s)F_2(s)\mathrm{e}^{-3s}$$

根据常用变换对可得

$$f_1(t)=t\varepsilon(t)\leftrightarrow\frac{1}{s^2},\quad f_2(t)=\varepsilon(t)-\varepsilon(t-2)\leftrightarrow\frac{1-\mathrm{e}^{-2s}}{s}$$

$$Y(s)=\frac{\mathrm{e}^{-3s}-\mathrm{e}^{-5s}}{s^2}\leftrightarrow y(t)=(t-3)\varepsilon(t-3)-(t-5)\varepsilon(t-5)$$

法二：由题可知

$$f_1(t)=t\varepsilon(t),\ f_2(t)=\varepsilon(t)-\varepsilon(t-2),\ y(t)=f_1(t)*f_2(t-1)*\delta'(t-2)$$

代入可得

$$y(t)=f_1(t)*f_2(t-1)*\delta'(t-2)=f_1(t)*f_2'(t-3)=t\varepsilon(t)*[\delta(t-3)-\delta(t-5)]$$

$$=(t-3)\varepsilon(t-3)-(t-5)\varepsilon(t-5)$$

吴大正 2.21　已知$f(t)$的波形如图所示，求$y(t)=f(t)*\delta'(2-t)$。

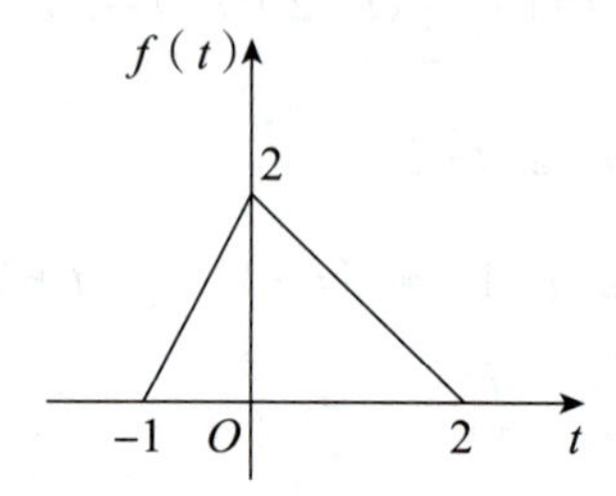

解析　由题可知$y(t)=f(t)*\delta'(2-t)=f(t)*[-\delta'(t-2)]=-f'(t-2)$。

由$f(t)$的波形可知$f'(t)=2\varepsilon(t+1)-3\varepsilon(t)+\varepsilon(t-2)$。

如图所示，$y(t)=-f'(t-2)=-2\varepsilon(t-1)+3\varepsilon(t-2)-\varepsilon(t-4)$。

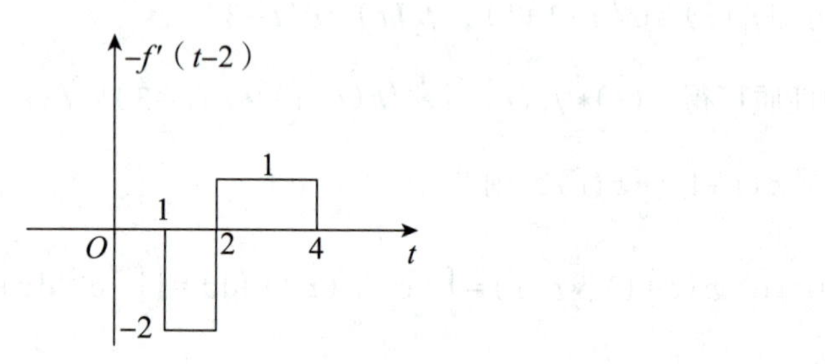

吴大正 2.23　某 LTI 系统，其输入$f(t)$与输出$y(t)$由下列方程表示

$$y'(t)+3y(t)=f(t)*s(t)+2f(t)$$

这类题在考试题中会把卷积展开给出，大家记得辨认。

式中，$s(t)=\mathrm{e}^{-2t}\varepsilon(t)+\delta(t)$，求该系统的冲激响应。

解析　法一：同时对微分方程两边作拉氏变换可得

$$sY(s)+3Y(s)=F(s)S(s)+2F(s)\rightarrow H(s)=\frac{S(s)+2}{s+3}$$

根据常用拉氏变换对可得 $s(t)=\mathrm{e}^{-2t}\varepsilon(t)+\delta(t)\leftrightarrow\dfrac{1}{s+2}+1$，$\mathrm{Re}[s]>-2$。

得到系统的系统函数：

单位冲激响应就是输入为冲激响应时的零状态响应，也就是系统函数。

$$H(s)=\frac{\dfrac{s+3}{s+2}+2}{s+3}=\frac{1}{s+2}+\frac{2}{s+3},\ \mathrm{Re}[s]>-2,\ \ h(t)=(2\mathrm{e}^{-3t}+\mathrm{e}^{-2t})\varepsilon(t)$$

法二：由题可知

$$y'(t)+3y(t)=f(t)*s(t)+2f(t),\ \ s(t)=\mathrm{e}^{-2t}\varepsilon(t)+\delta(t)$$

可得 $h'(t)+3h(t)=\delta(t)*s(t)+2\delta(t)=\mathrm{e}^{-2t}\varepsilon(t)+3\delta(t)$，$h(0_-)=0$。

由上式可知，系统有跳变，跳变值为 3，可得 $h(0_+)=h(0_-)+3=3$。

当 $t>0$ 时，$h'(t)+3h(t)=\mathrm{e}^{-2t}$，可得特征方程为 $\lambda+3=0$，解得特征根为 $\lambda=-3$。

故方程的齐次解为 $C\mathrm{e}^{-3t}$，特解为 e^{-2t}，则 $h(t)=C\mathrm{e}^{-3t}+\mathrm{e}^{-2t}$。

将 $h(0_+)$ 代入可得 $h(0_+)=C+1=3$，解得 $C=2$；当 $t<0$ 时，$h(t)=0$，则系统的冲激响应为 $h(t)=(2\mathrm{e}^{-3t}+\mathrm{e}^{-2t})\varepsilon(t)$。

吴大正 2.24 某 LTI 系统的冲激响应 $h(t)=\delta'(t)+2\delta(t)$，当输入为 $f(t)$ 时，其零状态响应 $y_{zs}(t)=\mathrm{e}^{-t}\varepsilon(t)$，求输入信号 $f(t)$。

解析 法一：根据定义可知

$$y_{zs}(t)=h(t)*f(t)\leftrightarrow Y_{zs}(s)=H(s)F(s)$$

根据常用拉普拉斯变换可得

$$h(t)=\delta'(t)+2\delta(t)\leftrightarrow H(s)=s+2,\ \ y_{zs}(t)=\mathrm{e}^{-t}\varepsilon(t)\leftrightarrow\frac{1}{s+1},\ \mathrm{Re}[s]>-1$$

解得 $F(s)=\dfrac{1}{(s+1)(s+2)}=\dfrac{1}{s+1}-\dfrac{1}{s+2}$，$\mathrm{Re}[s]>-1$，$f(t)=(-\mathrm{e}^{-2t}+\mathrm{e}^{-t})\varepsilon(t)$。

用拉氏变换来做会比用时域简单很多。

法二：由题可知，当输入为 $f(t)$ 时，其零状态响应为 $y_{zs}(t)=\mathrm{e}^{-t}\varepsilon(t)$，则零状态响应为 $y_{zs}(t)=h(t)*f(t)$。

而 $h(t)=\delta'(t)+2\delta(t)$，代入可得 $\mathrm{e}^{-t}\varepsilon(t)=[\delta'(t)+2\delta(t)]*f(t)=f'(t)+2f(t)$，则

$$f'(t)+2f(t)=\mathrm{e}^{-t}\varepsilon(t)$$

可知 $y_{zs}(t)$ 为因果信号，故 $f(t)$ 为因果信号 $f(0_-)=0$。

系统方程右端不含冲激项，可得 $f(0_+)=f(0_-)=0$。

解微分方程可得$f(t)=(Ce^{-2t}+e^{-t})\varepsilon(t)$。

将$f(0_+)$代入可得$f(0_+)=C+1=0$，解得$C=-1$，故输入信号$f(t)$为$f(t)=(-e^{-2t}+e^{-t})\varepsilon(t)$。

吴大正 2.30 如图所示系统由几个子系统组成，各子系统的冲激响应分别为$h_1(t)=u(t)$（积分器），$h_2(t)=\delta(t-1)$（单位延时），$h_3(t)=-\delta(t)$（倒相器），试求总系统的冲激响应$h(t)$。

系统的冲激响应就是系统的激励为冲激函数时产生的零状态响应。

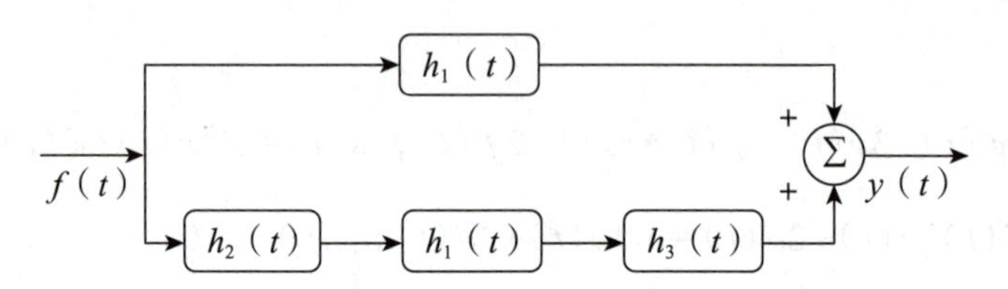

解析 法一：由题可知

$$h_1(t)=u(t),\quad h_2(t)=\delta(t-1),\quad h_3(t)=-\delta(t)$$

由系统框图可得

$$h(t)=h_1(t)+h_2(t)*h_1(t)*h_3(t)=u(t)+\delta(t-1)*u(t)*[-\delta(t)]=u(t)-u(t-1)$$

找到该表达式，是解题的关键。

法二：由题可知

$$h_1(t)=u(t),\quad h_2(t)=\delta(t-1),\quad h_3(t)=-\delta(t)$$

则其拉氏变换为$H_1(s)=\dfrac{1}{s}$，$H_2(s)=e^{-s}$，$H_3(s)=-1$。

根据梅森公式可得

$$H(s)=H_1(s)+H_2(s)\cdot H_1(s)\cdot H_3(s)=H_1(s)[1+H_2(s)H_3(s)]=\frac{1}{s}(1-e^{-s})$$

求其逆变换可得$h(t)=u(t)-u(t-1)$。

奥本海姆版第二章 | 线性时不变系统（连续部分）

奥本海姆 2.12 **【证明题】** 设$y(t)=e^{-t}u(t)*\sum\limits_{k=-\infty}^{\infty}\delta(t-3k)$，证明$y(t)=Ae^{-t}$，$0\leqslant t\leqslant 3$，并求出$A$值。

也就是对信号进行周期延拓，利用冲激函数的性质。

证明 法一：令$f(t)=e^{-t}u(t)\to y(t)=\sum\limits_{k=-\infty}^{\infty}f(t-3k)$，大概画出图像，如图所示。

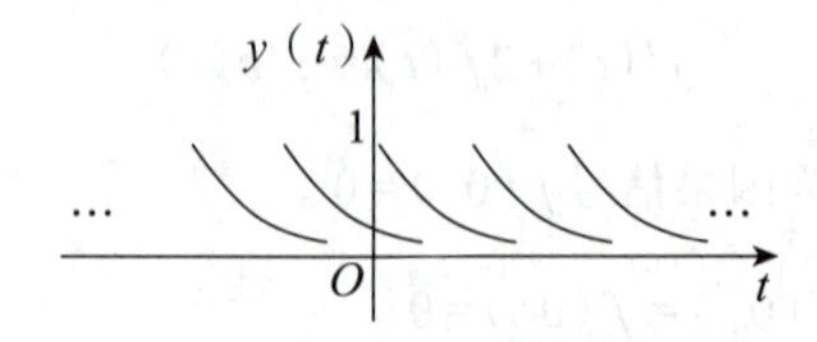

由于只考虑 $0\leqslant t\leqslant 3$，则

能够影响到这个区间取值的是负无穷的区间，当右边平移大于3时，不会产生影响。

$$y(t)=y(t)[u(t)-u(t-3)]=\sum_{k=-\infty}^{0}f(t-3k)=\sum_{k=-\infty}^{0}e^{t-3k}=e^{-t}(1+e^{-3}+e^{-6}+\cdots)=\frac{e^{-t}}{1-e^{-3}}$$

$$y(t)=Ae^{-t},\ 0\leqslant t\leqslant 3$$

等比数列求和。

因此 $A=\dfrac{1}{1-e^{-3}}$。

法二：由题可知

$$y(t)=e^{-t}u(t)*\sum_{k=-\infty}^{\infty}\delta(t-3k)=\sum_{k=-\infty}^{\infty}[e^{-t}u(t)*\delta(t-3k)]=\sum_{k=-\infty}^{\infty}e^{-(t-3k)}u(t-3k)$$

$$=\cdots+e^{-(t+3)}u(t+3)+e^{-t}u(t)+e^{-(t-3)}u(t-3)+\cdots$$

$$=e^{-t}[\cdots+e^{-3}u(t+3)+u(t)+e^{3}u(t-3)+\cdots]$$

当 $0\leqslant t\leqslant 3$ 时，级数收敛。

$$y(t)=e^{-t}[\cdots+e^{-3}u(t+3)+u(t)]=e^{-t}(1+e^{-3}+e^{-6}+\cdots)=\frac{e^{-t}}{1-e^{-3}}$$

可得 $y(t)=Ae^{-t}$，其中 $A=\dfrac{1}{1-e^{-3}}$。

建议大家学了傅里叶变换后回来做。

奥本海姆 2.16 **【判断题】**对下列各说法，判断是对还是错。

（3）若 $y(t)=x(t)*h(t)$，则 $y(-t)=x(-t)*h(-t)$；

（4）若 $t>T_1$ 时，$x(t)=0$ 且 $t>T_2$ 时，$h(t)=0$，则 $t>T_1+T_2$ 时，$x(t)*h(t)=0$。

解析 （3）对，法一：根据傅里叶变换

$$y(t)=x(t)*h(t)\leftrightarrow Y(\omega)=X(\omega)H(\omega),\quad y(-t)\leftrightarrow Y(-\omega),\quad x(-t)\leftrightarrow X(-\omega)$$

令 $\omega=-\omega$ 可得 $Y(-\omega)=X(-\omega)H(-\omega)$。

法二：$y(t)=x(t)*h(t)=\int_{-\infty}^{\infty}x(\tau)h(t-\tau)d\tau$，则

$$y(-t)=\int_{-\infty}^{\infty}x(\tau)h(-t-\tau)d\tau\xlongequal{令\tau'=-\tau}\int_{-\infty}^{\infty}x(-\tau')h(\tau'-t)d\tau'=x(-t)*h(-t)$$

（4）对，法一：令 $x_1(t)$ 在 $t>0$ 时取值为零，$h_1(t)$ 在 $t>0$ 时取值为零，那么

$$x(t)=x_1(t)*\delta(t-T_1),\quad h(t)=h_1(t)*\delta(t-T_2)$$

故 $x(t)*h(t)=x_1(t)*\delta(t-T_1)*h_1(t)*\delta(t-T_2)=x_1(t)*\delta(t-T_1-T_2)*h_1(t)$。

因此，当 $t>T_1+T_2$ 时，$x(t)*h(t)=0$。

法二：$y(t)=x(t)*h(t)=\int_{-\infty}^{\infty}x(\tau)h(t-\tau)\mathrm{d}\tau$，$x(\tau)=\begin{cases}x(\tau), & \tau\leqslant T_1\\ 0, & \tau>T_1\end{cases}$

$$h(t-\tau)=\begin{cases}h(t-\tau), & t-\tau\leqslant T_2\\ 0, & t-\tau>T_2\end{cases}=\begin{cases}h(t-\tau), & \tau\geqslant t-T_2\\ 0, & \tau<t-T_2\end{cases}$$

$$y(t)=\int_{t-T_2}^{T_1}x(\tau)h(t-\tau)\mathrm{d}\tau$$

由上式可得积分区间为$[t-T_2, T_1]$，故$t-T_2\leqslant T_1$，解得$t\leqslant T_1+T_2$。故当$t>T_1+T_2$时，$x(t)*h(t)=0$。

奥本海姆 2.20 求下列积分。 → 这里有个新概念，是奥本海姆书里提出的$u_k(t)=\delta^{(k)}(t)$

（1）$\int_{-\infty}^{\infty}u_0(t)\cos t\,\mathrm{d}t$；（2）$\int_0^5\sin(2\pi t)\delta(t+3)\mathrm{d}t$；（3）$\int_{-5}^{5}u_1(1-\tau)\cos(2\pi\tau)\mathrm{d}\tau$。

解析 （1）由$u_0(t)=\delta(t)$，则$\int_{-\infty}^{\infty}u_0(t)\cos t\,\mathrm{d}t=\int_{-\infty}^{\infty}\delta(t)\cos t\,\mathrm{d}t=\int_{-\infty}^{\infty}\delta(t)\mathrm{d}t=1$。

（2）根据冲激信号的性质可得$\int_0^5\sin(2\pi t)\delta(t+3)\mathrm{d}t=0$。 → 能够使其有值的点是$t=-3$，但是积分区间不包含$-3$，因此为零。

（3）根据阶跃信号的性质可得 → 考查冲激偶的性质，冲激偶为奇函数。

$$\int_{-5}^{5}u_1(1-\tau)\cos(2\pi\tau)\mathrm{d}\tau=\int_{-5}^{5}\delta'(1-\tau)\cos(2\pi\tau)\mathrm{d}\tau=-\int_{-5}^{5}\delta'(\tau-1)\cos(2\pi\tau)\mathrm{d}\tau=0$$

奥本海姆 2.40 （1）考虑一个线性时不变系统，其输入和输出关系通过如下方程联系：

$y(t)=\int_{-\infty}^{t}\mathrm{e}^{-(t-\tau)}x(\tau-2)\mathrm{d}\tau$，求该系统的单位冲激响应$h(t)$； → 联想卷积公式。$y(t)=e(t)*h(t)=\int_{-\infty}^{\infty}e(\tau)h(t-\tau)\mathrm{d}\tau$

（2）当输入$x(t)$如图所示时，求系统的响应。

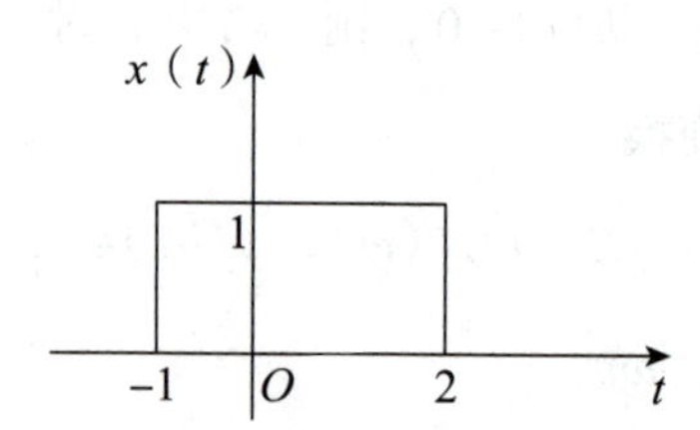

解析 （1）由题可知$y(t)=\int_{-\infty}^{t}\mathrm{e}^{-(t-\tau)}x(\tau-2)\mathrm{d}\tau$，整理可得

$$y(t)=\int_{-\infty}^{t-2}\mathrm{e}^{-(t-2-\tau')}x(\tau')\mathrm{d}\tau'$$

故$h(t)=\mathrm{e}^{-(t-2)}\varepsilon(t-2)$。

（2）由变换域，得

$$Y_{zs}(s)=H(s)X(s),\quad h(t)=\mathrm{e}^{-(t-2)}\varepsilon(t-2)\leftrightarrow\frac{\mathrm{e}^{-2s}}{s+1}$$

由图可知
$$x(t)=\varepsilon(t+1)-\varepsilon(t-2)\leftrightarrow\frac{(\mathrm{e}^{s}-\mathrm{e}^{-2s})}{s}$$

$$Y_{zs}(s)=H(s)X(s)=\frac{\mathrm{e}^{-s}-\mathrm{e}^{-4s}}{s(s+1)}=\left(\frac{1}{s}-\frac{1}{s+1}\right)(\mathrm{e}^{-s}-\mathrm{e}^{-4s})$$

经过逆变换得 $y(t)=\varepsilon(t-1)-\mathrm{e}^{-(t-1)}\varepsilon(t-1)-\varepsilon(t-4)+\mathrm{e}^{-(t-4)}\varepsilon(t-4)$。

奥本海姆 2.46 考虑一个线性时不变系统 S 和一个信号 $x(t)=2\mathrm{e}^{-3t}u(t-1)$，若 $x(t)\rightarrow y(t)$ 且 $\frac{\mathrm{d}x(t)}{\mathrm{d}t}\rightarrow -3y(t)+\mathrm{e}^{-2t}u(t)$，求系统 S 的单位冲激响应 $h(t)$。 利用线性性质，输入求导，输出也求导。

解析 由题可知 $x(t)=2\mathrm{e}^{-3t}u(t-1)$，对 $x(t)$ 求导可得
$$\frac{\mathrm{d}x(t)}{\mathrm{d}t}=-6\mathrm{e}^{-3t}u(t-1)+2\mathrm{e}^{-3}\delta(t-1)=-3x(t)+2\mathrm{e}^{-3}\delta(t-1)$$

将上式输入系统
$$-3x(t)+2\mathrm{e}^{-3}\delta(t-1)\rightarrow -3y(t)+2\mathrm{e}^{-3}h(t-1)$$

因为
$$\frac{\mathrm{d}x(t)}{\mathrm{d}t}\rightarrow -3y(t)+\mathrm{e}^{-2t}u(t)$$

故根据题意可得 $2\mathrm{e}^{-3}h(t-1)=\mathrm{e}^{-2t}u(t)$，则 $h(t)=\frac{1}{2}\mathrm{e}^{3}\mathrm{e}^{-2(t+1)}u(t+1)$。

奥本海姆 2.48 **【判断题】**判断下面有关线性时不变系统的说法是对还是错，并陈述理由。

（1）若 $h(t)$ 是一个线性时不变系统的单位冲激响应，并且 $h(t)$ 是周期的且非零，则系统是不稳定的；

（2）一个因果线性时不变系统的逆系统总是因果的。 这里是模值积分，因此都是大于等于零的。

解析 （1）对，由题可知，$h(t)$ 是周期且非零的，则 $\int_{-\infty}^{\infty}|h(t)|\mathrm{d}t=\infty$，故系统是不稳定的。

（2）错，可假设 $h[n]=\delta[n-k]$，其逆系统 $g[n]=\delta[n+k]$ 不是因果的。

第三章　傅里叶变换（CTFT）

本章“又臭又长”，但是考试考查的内容还可以接受，希望大家好好学习！
学习这一章之前，首先可以联想一下我们使用了多年的坐标轴，为什么平面直角坐标系能表示二维空间的任何图形？空间直角坐标系能表示三维空间的任何图形？那是因为各个坐标轴刚好互为正交矢量，且为完备的正交函数集。有了这一基础概念的支撑我们再来理解这一章的傅里叶变换和傅里叶级数。

1. 周期信号的傅里叶级数表示

#	形式	表达式	公式
1	三角函数形式（郑君里版）	$f(t)=a_0+\sum_{n=1}^{\infty}[a_n\cos(n\omega_1 t)+b_n\sin(n\omega_1 t)]$	$a_0=\frac{1}{T_1}\int_{T_1}f(t)\mathrm{d}t$
2	指数函数形式	$f(t)=\sum_{n=-\infty}^{\infty}F_n\mathrm{e}^{\mathrm{j}n\omega_1 t}$	$F_0=a_0$ $F_n=\frac{1}{T_1}\int_{T_1}f(t)\mathrm{e}^{-\mathrm{j}n\omega_1 t}\mathrm{d}t=\frac{1}{2}(a_n-\mathrm{j}b_n)$
3	纯余弦形式	$f(t)=c_0+\sum_{n=1}^{\infty}c_n\cos(n\omega_1 t+\varphi_n)$	$\begin{cases}c_0=a_0\\c_n=\sqrt{a_n^2+b_n^2}\\\varphi_n=-\arctan\left(\frac{b_n}{a_n}\right)\end{cases}$

小马哥 Tips

注意此处不同教材，三角函数形式有所不同。比如郑君里版和奥本海姆版与吴大正版就不同。
郑君里版和奥本海姆版：→ 目标院校用的哪本作为参考书籍，就记哪种表达方式！

$$f(t)=a_0+\sum_{n=1}^{\infty}[a_n\cos(n\omega_1 t)+b_n\sin(n\omega_1 t)],\quad a_0=\frac{1}{T_1}\int_{-\frac{T_1}{2}}^{\frac{T_1}{2}}f(t)\mathrm{d}t$$

吴大正版：

$$f(t)=\frac{a_0}{2}+\sum_{n=1}^{\infty}[a_n\cos(n\omega_1 t)+b_n\sin(n\omega_1 t)],\quad a_0=\frac{2}{T_1}\int_{-\frac{T_1}{2}}^{\frac{T_1}{2}}f(t)\mathrm{d}t$$

2. 傅里叶变换

（1）傅里叶变换对

$$F(\omega)=\int_{-\infty}^{\infty}f(t)\mathrm{e}^{-\mathrm{j}\omega t}\mathrm{d}t,\quad f(t)=\frac{1}{2\pi}\int_{-\infty}^{\infty}F(\omega)\mathrm{e}^{\mathrm{j}\omega t}\mathrm{d}\omega$$

小马哥 Tips

若信号满足在区间内绝对可积$\int_{-\infty}^{\infty}|f(t)|\mathrm{d}t<\infty$，则存在傅里叶变换；若在区间内不满足绝对可积，傅里叶变换也可能存在，比如奇异信号。

（2）傅里叶变换的性质 → 重点！

#	性质名称	时域 $f(t)$	频域 $F(\omega)$
1	唯一性	$f(t)$	$F(\omega)$
2	线性	$\sum_{i=1}^{n}A_i f_i(t)$ A_i 为常数，n 为正整数	$\sum_{i=1}^{n}A_i F_i(\omega)$
3	对偶性	$F(t)$	$2\pi f(-\omega)$
4	尺度变换特性	$f(at)$ （a 为非零实常数）	$\frac{1}{\lvert a\rvert}F\left(\frac{\omega}{a}\right)$
		$f(-t)$	$F(-\omega)$
5	时移特性	$f(t-t_0)$（t_0 为实常数）	$F(\omega)\mathrm{e}^{-\mathrm{j}\omega t_0}$
		$f(at-t_0)$ （a、t_0 为实常数）	$\frac{1}{\lvert a\rvert}F\left(\frac{\omega}{a}\right)\mathrm{e}^{-\mathrm{j}\frac{\omega}{a}t_0}$
6	频移	$f(t)\mathrm{e}^{\pm\mathrm{j}\omega_0 t}$（$\omega_0$ 为实常数）	$F(\omega\mp\omega_0)$
		$f(t)\cos(\omega_0 t)$（调制定理，非常重要）	$\frac{1}{2}F(\omega+\omega_0)+\frac{1}{2}F(\omega-\omega_0)$

续表

#	性质名称	时域$f(t)$	频域$F(\omega)$
6	频移	$f(t)\sin(\omega_0 t)$ （调制定理）	$\frac{j}{2}[F(\omega+\omega_0)-F(\omega-\omega_0)]$
7	时域微分 （要求：$\int_{-\infty}^{\infty}f(t)dt<\infty$）	$\frac{df(t)}{dt}$	$j\omega F(\omega)$
		$\frac{d^k f(t)}{dt^k}$	$(j\omega)^k F(\omega)$
8	时域积分	$\int_{-\infty}^{t}f(\tau)d\tau$	$\pi F(0)\delta(\omega)+\frac{1}{j\omega}F(\omega)$
9	频域微分 （时域乘 t）	$(-jt)f(t)$	$\frac{dF(\omega)}{d\omega}$
		$(-jt)^k f(t)$	$\frac{d^k F(\omega)}{d\omega^k}$
10	频域积分	$\pi f(0)\delta(t)-\frac{1}{jt}f(t)$	$\int_{-\infty}^{\omega}F(jt)dt$
11	共轭	$f^*(t)$	$F^*(-\omega)$
12	时域卷积	$f_1(t)*f_2(t)$	$F_1(\omega)F_2(\omega)$
13	频域卷积	$f_1(t)\cdot f_2(t)$	$\frac{1}{2\pi}F_1(\omega)*F_2(\omega)$
14	时域抽样	$\sum_{n=-\infty}^{\infty}f(t)\delta(t-nT_s)$	$\frac{1}{T_s}\sum_{n=-\infty}^{\infty}F\left(\omega-\frac{2\pi}{T_s}n\right)$
15	交替周期冲激的抽样 （难题必备）	$f(t)\cdot\sum_{n=-\infty}^{\infty}(-1)^n\delta(t-nT_s)$	$\frac{1}{T_s}\sum_{n=-\infty}^{\infty}F\left(\omega-\frac{n\pi}{T_s}\right)$，$n$ 为奇数
16	频域抽样	$\frac{1}{\omega_s}\sum_{n=-\infty}^{\infty}f\left(t-\frac{2n\pi}{\omega_s}\right)$	$F(\omega)\sum_{n=-\infty}^{\infty}\delta(\omega-n\omega_s)$
17	自相关	$R(\tau)$	$\lvert F(\omega)\rvert^2$
18	互相关	$R_{21}(\tau)$	$F_2(\omega)\cdot F_1^*(\omega)$
		$R_{12}(\tau)$	$F_1(\omega)\cdot F_2^*(\omega)$

续表

#	性质名称	时域 $f(t)$	频域 $F(\omega)$
19	帕塞瓦尔定理（能量定理）	$E=\int_{-\infty}^{\infty}\lvert f(t)\rvert^2\mathrm{d}t=\frac{1}{2\pi}\int_{-\infty}^{\infty}\lvert F(\omega)\rvert^2\mathrm{d}\omega$	
20	零积性	$F(0)=\int_{-\infty}^{\infty}f(t)\mathrm{d}t$，条件：$\lim\limits_{t\to\pm\infty}f(t)=0$ $f(0)=\frac{1}{2\pi}\int_{-\infty}^{\infty}F(\omega)\mathrm{d}\omega$，条件：$\lim\limits_{\omega\to\pm\infty}F(\omega)=0$	

（3）典型信号的傅里叶变换对——重点！需要背！

#	$f(t)$	$F(\omega)$
1	单位冲激信号 $\delta(t)$	1
2	常数信号 1	$2\pi\delta(\omega)$
3	单位阶跃信号 $u(t)$	$\pi\delta(\omega)+\frac{1}{\mathrm{j}\omega}$
4	$\mathrm{sgn}(t)$	$\frac{2}{\mathrm{j}\omega}$
5	$\frac{1}{\pi t}$（非常常见）	$-\mathrm{j}\,\mathrm{sgn}(\omega)$
6	单边指数信号 $\mathrm{e}^{-at}u(t)$ （a 为大于零的实数）	$\frac{1}{\mathrm{j}\omega+a}$
7	门函数 $EG_\tau(t)$ G 为 Gate 的缩写，代表门函数	$E\tau\,\mathrm{Sa}\left(\frac{\tau}{2}\omega\right)$
8	$E\,\mathrm{tri}_\tau(t)$ tri 为 triangle 的缩写，代表三角形	$\frac{E\tau}{2}\mathrm{Sa}^2\left(\frac{\omega\tau}{4}\right)$
9	$E\tau\mathrm{Sa}\left(\frac{t\tau}{2}\right)$	$2\pi EG_\tau(\omega)$
10	$\frac{E\tau}{2}\mathrm{Sa}^2\left(\frac{t\tau}{4}\right)$	$2\pi E\,\mathrm{tri}_\tau(\omega)$
11	抽样函数信号 $\mathrm{Sa}(\omega_0 t)=\frac{\sin(\omega_0 t)}{\omega_0 t}$	$\frac{\pi}{\omega_0}G_{2\omega_0}(\omega)$

续表

#	$f(t)$	$F(\omega)$
12	$e^{j\omega_0 t}$	$2\pi\delta(\omega-\omega_0)$
13	周期冲激序列 $\sum_{n=-\infty}^{\infty}\delta(t-nT)$ $\sum_{n=-\infty}^{\infty}(-1)^n\delta(t-nT_s)$	$\frac{2\pi}{T}\sum_{n=-\infty}^{\infty}\delta\left(\omega-n\frac{2\pi}{T}\right)$ $\frac{2\pi}{T}\sum_{n=-\infty}^{\infty}\delta\left(\omega-n\frac{\pi}{T}\right)$，$n$ 为奇数
14	余弦信号 $\cos(\omega_0 t)$	$\pi[\delta(\omega+\omega_0)+\delta(\omega-\omega_0)]$
15	正弦信号 $\sin(\omega_0 t)$	$j\pi[\delta(\omega+\omega_0)-\delta(\omega-\omega_0)]$
16	斜变信号 $tu(t)$	$j\pi\delta'(\omega)-\frac{1}{\omega^2}$
17	单边正弦信号 $\sin(\omega_0 t)u(t)$	$\frac{j\pi}{2}[\delta(\omega+\omega_0)-\delta(\omega-\omega_0)]-\frac{\omega_0}{\omega^2-\omega_0^2}$
18	单边余弦信号 $\cos(\omega_0 t)u(t)$	$\frac{\pi}{2}[\delta(\omega+\omega_0)+\delta(\omega-\omega_0)]-j\frac{\omega}{\omega^2-\omega_0^2}$
19	周期信号 $\sum_{n=-\infty}^{\infty}x_1(t-nT_0)$	$\omega_0\sum_{n=-\infty}^{\infty}X_1(jn\omega_0)\delta(\omega-n\omega_0)$
20	抽样信号 $\sum_{n=-\infty}^{\infty}x(t)\delta(t-nT_s)$	$\frac{1}{T_s}\sum_{n=-\infty}^{\infty}X[j(\omega-n\omega_s)]$
21	$Ee^{-\left(\frac{t}{\tau}\right)^2}$	$\sqrt{\pi}E\tau e^{-\left(\frac{\omega\tau}{2}\right)^2}$
22	$\frac{1}{2}[\delta(t-1)+\delta(t+1)]$	$\cos\omega$
23	t	$j2\pi\delta'(\omega)$
24	$\|t\|$	$-\frac{2}{\omega^2}$

（4）周期信号的傅里叶变换

#	$f(t)$	$F(\omega)$
1	$\delta_{T_1}(t)=\sum_{n=-\infty}^{\infty}\delta(t-nT_1)$	$\omega_1\sum_{n=-\infty}^{\infty}\delta(\omega-n\omega_1)$，$\omega_1=\frac{2\pi}{T_1}$
2	一般周期信号 $f(t)=\sum_{n=-\infty}^{\infty}F_n e^{jn\omega_1 t}$ 其中 $F_n=\frac{1}{T_1}\int_{T_1}f(t)e^{-jn\omega_1 t}dt$ 或 $F_n=\frac{1}{T_1}F_0(\omega)\Big\vert_{\omega=n\omega_1}$	$2\pi\sum_{n=-\infty}^{\infty}F_n\delta(\omega-n\omega_1)$，$\omega_1=\frac{2\pi}{T_1}$

3. 时域采样（抽样）定理

抽样定理：一个频谱受限的信号 $f(t)$，如果频谱只占据 $(-\omega_m,\omega_m)$ 的范围，则信号 $f(t)$ 可以用等间隔的抽样值 $f(nT_s)$ 唯一地表示，其中抽样间隔 T_s 不大于 $\frac{1}{2f_m}$，f_m 为信号的最高频率，或者说，抽样频率 f_s 满足条件 $f_s\geqslant 2f_m$。

总结：通常把满足抽样定理要求的最低抽样频率 $f_s=2f_m$ 称为奈奎斯特频率，把最大允许的抽样间隔 $T_s=\frac{1}{f_s}=\frac{1}{2f_m}$ 称为奈奎斯特间隔。 重点！需要记住！

小马哥 Tips

奥本海姆版定义的奈奎斯特频率为信号不发生混叠时的最高频率，定义奈奎斯特率为信号最高频率的二倍。国内教材一般没有区分这两个概念，统一为信号最高频率的二倍。所以大家按照自己院校教材定义处理即可。

斩题型

题型 1 傅里叶级数求解

小马哥导引

周期信号的傅里叶级数，主要利用主周期的傅里叶变换求解。

$$F_n = \frac{1}{T_1} F_0(\omega)\bigg|_{\omega=n\omega_1}$$

【例 1】 周期信号 $f(t)$ 的波形如图所示，求该信号的傅里叶变换。（2022 年重庆邮电大学 1.10）

看到这种周期信号，就应该想到一个简单的信号卷积上冲激串！

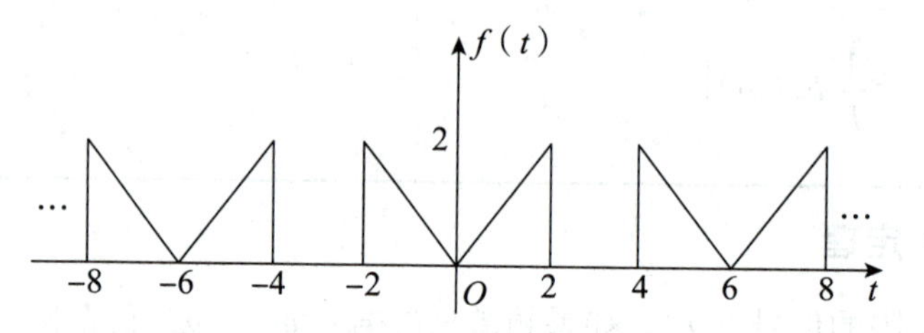

【分析】 法一：利用微分性质求解。

$f'(t)$ 的图像如图（a）所示。

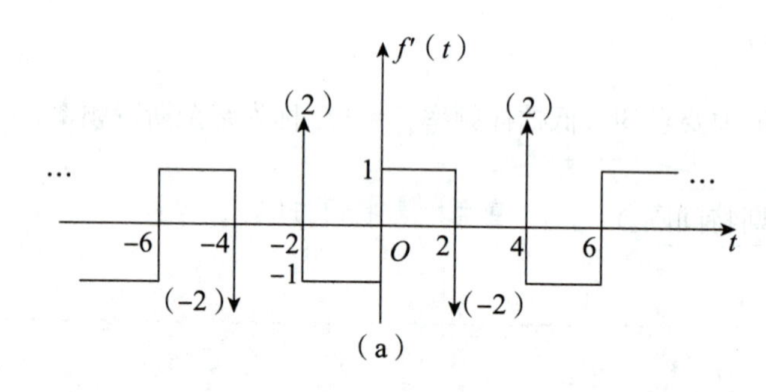

（a）

$$f'(t) = [2\delta(t+2) - 2\delta(t-2) - g_2(t+1) + g_2(t-1)] * \sum_{n=-\infty}^{\infty}\delta(t-6n)$$

$$F[f'(t)] = \mathrm{j}\omega F(\omega) = [2\mathrm{e}^{2\mathrm{j}\omega} - 2\mathrm{e}^{-2\mathrm{j}\omega} - 2\mathrm{Sa}(\omega)\mathrm{e}^{\mathrm{j}\omega} + 2\mathrm{Sa}(\omega)\mathrm{e}^{-\mathrm{j}\omega}] \times \frac{\pi}{3}\sum_{n=-\infty}^{\infty}\delta\left(\omega - \frac{\pi}{3}n\right)$$

$$= [4\mathrm{j}\sin(2\omega) - 4\mathrm{j}\mathrm{Sa}(\omega)\sin\omega] \times \frac{\pi}{3}\sum_{n=-\infty}^{\infty}\delta\left(\omega - \frac{\pi}{3}n\right)$$

$$F(\omega) = [8\mathrm{Sa}(2\omega) - 4\mathrm{Sa}^2(\omega)] \times \frac{\pi}{3}\sum_{n=-\infty}^{\infty}\delta\left(\omega - \frac{\pi}{3}n\right) = \sum_{n=-\infty}^{\infty}\left[\frac{8\pi}{3}\mathrm{Sa}\left(\frac{2\pi}{3}n\right) - \frac{4\pi}{3}\mathrm{Sa}^2\left(\frac{\pi}{3}n\right)\right]\delta\left(\omega - \frac{\pi}{3}n\right)$$

法二：构造求解。

$$f(t)=f_1(t)*\delta_T(t)=f_1(t)*\sum_{n=-\infty}^{\infty}\delta(t-6n)\text{，}\ f_1(t)=2g_4(t)-f_2(t)$$

其中$f_2(t)$为三角信号，图像［见图（b）］为　两个相同的门函数卷积，为一个三角波！

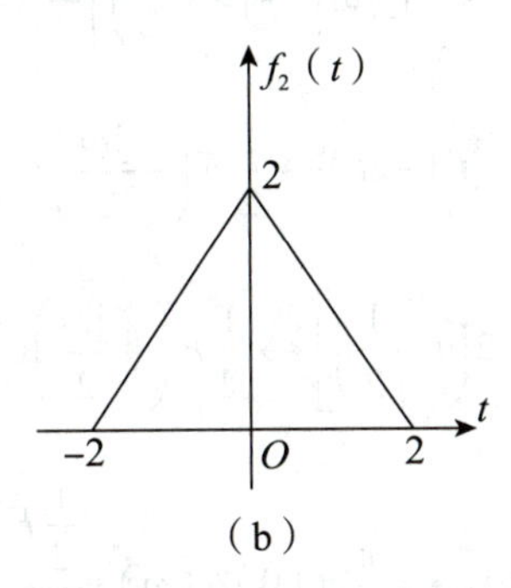

（b）

由常用傅里叶变换对可得$F_1(\mathrm{j}\omega)=8\mathrm{Sa}(2\omega)-4\mathrm{Sa}^2(\omega)$。

$$F(\omega)=F_1(\mathrm{j}\omega)\times\frac{\pi}{3}\sum_{n=-\infty}^{\infty}\delta\left(\omega-\frac{\pi}{3}n\right)=\sum_{n=-\infty}^{\infty}\left[\frac{8\pi}{3}\mathrm{Sa}\left(\frac{2\pi}{3}n\right)-\frac{4\pi}{3}\mathrm{Sa}^2\left(\frac{\pi}{3}n\right)\right]\delta\left(\omega-\frac{\pi}{3}n\right)$$

法三：先利用$F_n=\frac{1}{T}F_1(\omega)\Big|_{\omega=n\omega_0}$求傅里叶级数系数，再利用$F(\mathrm{j}\omega)=2\pi\sum\limits_{n=-\infty}^{\infty}F_n\delta(\omega-n\omega_0)$求解。

【小马哥点拨】推荐用法三求解。利用傅里叶级数系数和傅里叶变换的关系是最快最准的求解方法。

小马哥导引

大多数情况下都是利用背诵的常见傅里叶变换对结合傅里叶变换性质求解，极少情况下会用定义求解。

【例 2】求$f(t)=2tu(t)+3\mathrm{e}^{-t}u(t-2)$的傅里叶变换。（2023 年广州大学 3.1）

【分析】对信号进行整理可得$f(t)=2tu(t)+3\mathrm{e}^{-2}\mathrm{e}^{-(t-2)}u(t-2)$。　这里将其拆开是为了更好地运用时移性质。

根据常用傅里叶变换对：

$$u(t)\leftrightarrow\pi\delta(\omega)+\frac{1}{\mathrm{j}\omega}\text{，}\quad \mathrm{e}^{-t}u(t)\leftrightarrow\frac{1}{\mathrm{j}\omega+1}$$

根据乘t性质$tu(t)\leftrightarrow\pi\mathrm{j}\delta'(\omega)-\frac{1}{\omega^2}$，时移性质$\mathrm{e}^{-(t-2)}u(t-2)\leftrightarrow\frac{\mathrm{e}^{-2\mathrm{j}\omega}}{\mathrm{j}\omega+1}$，则

$$F(\omega)=2\pi\mathrm{j}\delta'(\omega)-\frac{2}{\omega^2}+\frac{3\mathrm{e}^{-2(\mathrm{j}\omega+1)}}{\mathrm{j}\omega+1}$$

【例 3】 已知$f(t)$的傅里叶变换为$F(j\omega)$，则$e^{j2t}\int_{-\infty}^{t}f(1-2\tau)d\tau$的傅里叶变换为多少？（2023 年武汉理工大学 1.3）

【分析】 首先对信号进行整理得

$$e^{j2t}\int_{-\infty}^{t}f\left[-2\left(\tau-\frac{1}{2}\right)\right]d\tau$$

根据尺度变换性质可得

$$f(-2t)\leftrightarrow\frac{1}{2}F\left(-\frac{j\omega}{2}\right)$$

根据时移性质可得

$$f\left[-2\left(t-\frac{1}{2}\right)\right]\leftrightarrow\frac{1}{2}F\left(-\frac{j\omega}{2}\right)e^{-\frac{j\omega}{2}}$$

根据积分性质可得

$$\int_{-\infty}^{t}f(1-2\tau)d\tau\leftrightarrow\frac{\pi}{2}F(0)\delta(\omega)+\frac{\frac{1}{2}F\left(-\frac{j\omega}{2}\right)e^{-\frac{j\omega}{2}}}{j\omega}$$

根据频移性质（时同频反）可得

$$e^{j2t}\int_{-\infty}^{t}f(1-2\tau)d\tau\leftrightarrow\frac{\pi}{2}F(0)\delta(\omega-2)+\frac{\frac{1}{2}F\left[-\frac{j(\omega-2)}{2}\right]e^{-\frac{j(\omega-2)}{2}}}{j(\omega-2)}$$

题型 3 采样定理

小马哥导引

考试必考题型，此类题型只需要找到新的截止频率，截止频率的二倍就是不发生混叠的抽样频率。

奈奎斯特采样频率判断口诀：（卷小和大积相加）→ 重要，很多院校都会考查！

① $h_1(t)*h_2(t)$的奈奎斯特频率为$2\cdot\{\omega_1,\ \omega_2\}_{\min}$。

② $h_1(t)+h_2(t)$的奈奎斯特频率为$2\cdot\{\omega_1,\ \omega_2\}_{\max}$。

③ $h_1(t)\cdot h_2(t)$的奈奎斯特频率为$2(\omega_1+\omega_2)$。

④ $h_1(at)$的奈奎斯特频率为$2a\omega_1$。

⑤ $h_1\left(\frac{t}{a}\right)$的奈奎斯特频率为$2\cdot\frac{\omega_1}{a}$。

【例 4】 已知连续时间信号$x_1(t)$的频谱$X_1(j\omega)$、信号$x_2(t)$的频谱$X_2(j\omega)$分别满足

$$X_1(j\omega)=X_1(j\omega)[u(\omega+\omega_1)-u(\omega-\omega_1)],\quad X_2(j\omega)=X_2(j\omega)[u(\omega+\omega_2)-u(\omega-\omega_2)]$$

→ 分别算出两个信号的截止频率再运用“积相加”！

其中$\omega_1>\omega_2$，若对信号$x(t)=x_1(2t-1)x_2\left(\frac{t}{2}\right)$进行采样，则其奈奎斯特采样角频率应不小于（　　）。

（2023 年电子科技大学 1.5）

A. $2\omega_1$　　B. $2\omega_1+2\omega_2$　　C. $\omega_1+4\omega_2$　　D. $4\omega_1+\omega_2$

【答案】 D

【分析】 根据题目可知 $X_1(\mathrm{j}\omega)\to\omega_{\mathrm{m}}=\omega_1$，$X_2(\mathrm{j}\omega)\to\omega_{\mathrm{m}}=\omega_2$。

时域扩展，频域压缩；时域压缩，频域扩展。时移不影响信号的角频率。

$$x_1(2t-1)\to\omega_{\mathrm{m}}=2\omega_1,\quad x_2\left(\frac{t}{2}\right)\to\omega_{\mathrm{m}}=\frac{\omega_2}{2}$$

时域乘积，频域卷积，角频率相加，得 $x_1(2t-1)x_2\left(\frac{t}{2}\right)=2\omega_1+\frac{\omega_2}{2}$。

根据奈奎斯特定理，采样角频率为 $4\omega_1+\omega_2$。

解习题

郑君里版第三章 | 傅里叶变换（CTFT）

郑君里 3.1 求如图所示对称周期矩形信号的傅里叶级数（三角形式与指数形式）。

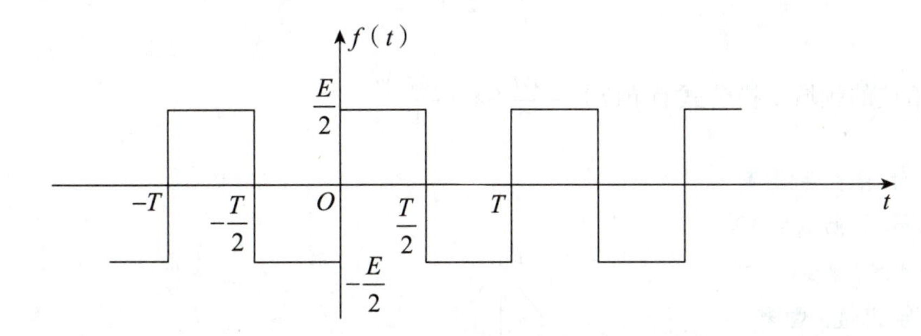

解析 由题图可知，$f(t)$ 为周期信号，则其三角函数形式的傅里叶级数展开式为

$$f(t)=a_0+\sum_{n=1}^{\infty}\left[a_n\cos(n\omega_1 t)+b_n\sin(n\omega_1 t)\right]$$

系数表达式为

$$a_0=\frac{1}{T_1}\int_{t_0}^{t_0+T_1}f(t)\mathrm{d}t,\quad a_n=\frac{2}{T_1}\int_{t_0}^{t_0+T_1}f(t)\cos(n\omega_1 t)\mathrm{d}t,\quad b_n=\frac{2}{T_1}\int_{t_0}^{t_0+T_1}f(t)\sin(n\omega_1 t)\mathrm{d}t$$

由题图可知，无直流分量，$a_0=0$；又 $f(t)$ 为奇函数，无偶分量，$a_n=0$。→ 发现利用奇偶特性能够简化计算。

由定义可得 $b_n=\frac{2}{T}\int_{-\frac{T}{2}}^{\frac{T}{2}}f(t)\sin(n\omega_1 t)\mathrm{d}t$。→ 一般选取对称的区间进行积分，最简单！

已知$f(t)$是奇函数，$f(t)\sin(n\omega_1 t)$是偶函数，则

$$b_n=\frac{4}{T}\int_0^{\frac{T}{2}}\frac{E}{2}\sin(n\omega_1 t)\mathrm{d}t=-\frac{2E}{T}\frac{1}{n\omega_1}\cos(n\omega_1 t)\bigg|_0^{\frac{T}{2}}=\frac{E}{n\pi}[1-\cos(n\pi)]=\begin{cases}\dfrac{2E}{n\pi}, & n\text{为奇数}\\ 0, & n\text{为偶数}\end{cases}$$

故$f(t)$的三角函数形式的傅里叶级数为$f(t)=\sum\limits_{n=1,3,\cdots}\frac{2E}{n\pi}\sin(n\omega_1 t)$。

$f(t)$的指数形式的傅里叶级数展开式，利用欧拉公式化简得

三角函数形式和指数形式之间是有关联的！

$$f(t)=\sum_{n=1,3,\cdots}\frac{2E}{n\pi}\sin(n\omega_1 t)=\sum_{n=1}^{\infty}\frac{E}{n\pi}[1-\cos(n\omega_1 t)]\sin(n\omega_1 t),\quad \sin(n\omega_1 t)=\frac{\mathrm{e}^{\mathrm{j}n\omega_1 t}-\mathrm{e}^{-\mathrm{j}n\omega_1 t}}{2\mathrm{j}}$$

代入可得$f(t)=\sum\limits_{n=1,3,\cdots}\frac{2E}{n\pi}\sin(n\omega_1 t)=\sum\limits_{n=1,3,\cdots}\frac{2E}{n\pi}\frac{\mathrm{e}^{\mathrm{j}n\omega_1 t}-\mathrm{e}^{-\mathrm{j}n\omega_1 t}}{2\mathrm{j}}=\sum\limits_{n=\pm1,\pm3,\cdots}\frac{-\mathrm{j}E}{n\pi}\mathrm{e}^{\mathrm{j}n\omega_1 t}$。

郑君里 3.4 求如图所示周期三角信号的傅里叶级数并画出频谱图。

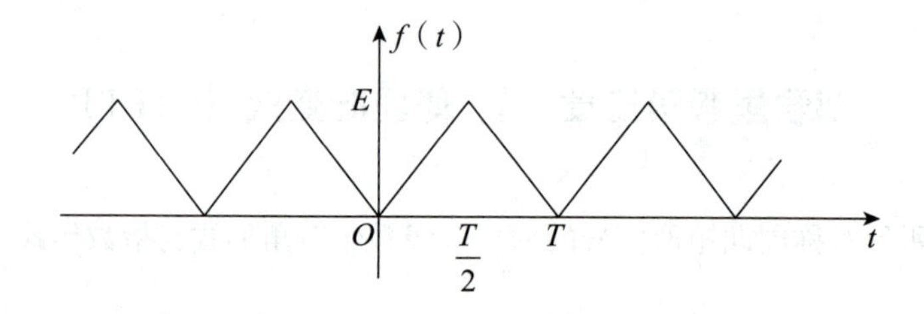

解析 根据三角波的频域变换公式有$y(t)\to\frac{E\tau}{2}\mathrm{Sa}^2\left(\frac{\omega\tau}{4}\right)$。

看到三角波就要想起它是由两个相同的门函数卷积得来的，这个公式要记住，常考！

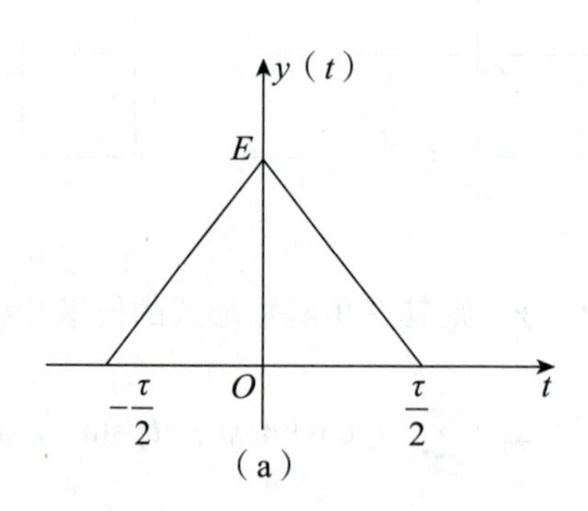

（a）

从图（a）可知，周期信号的主信号［见图（b）］为

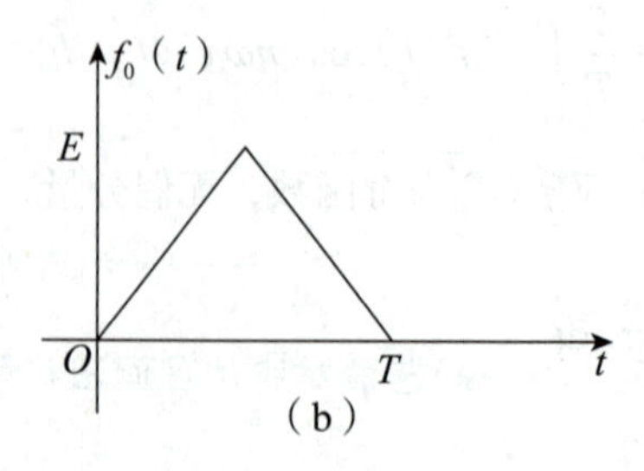

（b）

根据时移性质$f_0(t)\to F_0(\omega)=\frac{ET}{2}\mathrm{Sa}^2\left(\frac{\omega T}{4}\right)\mathrm{e}^{-\mathrm{j}\omega\frac{T}{2}}$。

根据周期信号的傅里叶级数的表达形式可得$F_n=\frac{1}{T}F_0(\omega)\Big|_{\omega=n\omega_1}=\frac{E}{2}\mathrm{Sa}^2\left(\frac{n\pi}{2}\right)\mathrm{e}^{-\mathrm{j}n\pi}$。

因此$|F_n|=\frac{E}{2}\mathrm{Sa}^2\left(\frac{n\pi}{2}\right)$，$\varphi_n=-\pi n$，其频谱图如图（c）和图（d）所示。

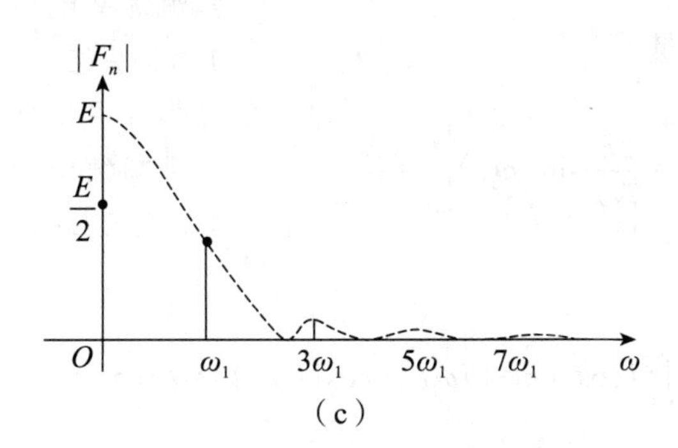

（c）

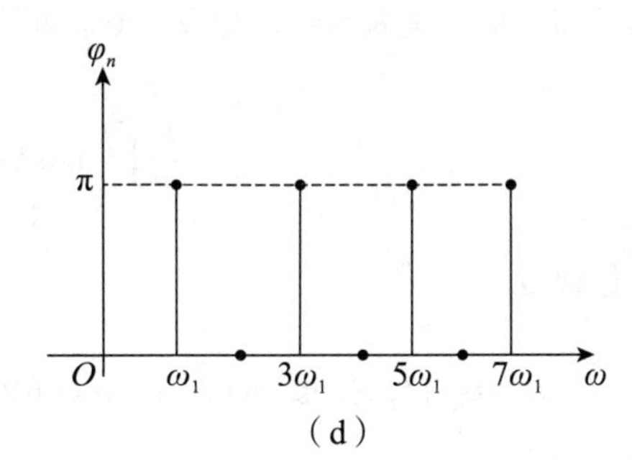

（d）

郑君里 3.5 求如图所示半波余弦信号的傅里叶级数。若$E=10\ \mathrm{V}$，$f=10\ \mathrm{kHz}$，大致画出幅度谱。

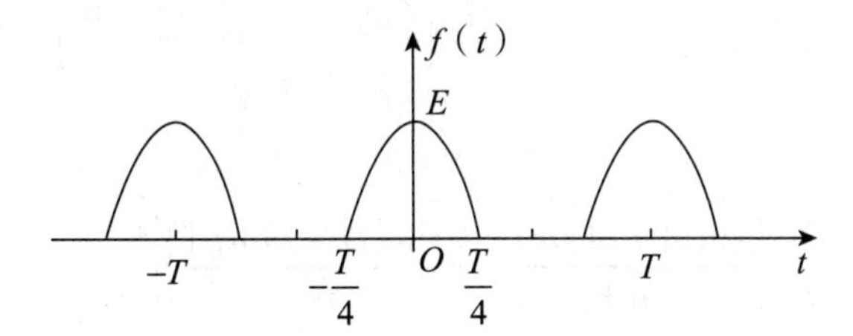

解析 法一：由图可知，取信号的一个周期可得

$$f_0(t)=\cos\left(\frac{2\pi}{T}t\right)\cdot 10\,g_{\frac{T}{2}}(t),\ f=10\ \mathrm{kHz},\ T=\frac{1}{f}=10^{-4}(\mathrm{s}),\ \omega_1=\frac{2\pi}{T}$$

由常见傅里叶变换可得

$$\cos\left(\frac{2\pi}{T}t\right)\leftrightarrow\pi\left[\delta\left(\omega+\frac{2\pi}{T}\right)+\delta\left(\omega-\frac{2\pi}{T}\right)\right],\quad 10\,g_{\frac{T}{2}}(t)\leftrightarrow 5T\mathrm{Sa}\left(\frac{T\omega}{4}\right)$$

根据时域乘积、频域卷积性质，再乘$\frac{1}{2\pi}$可得

$$F_0(\mathrm{j}\omega)=\frac{1}{2\pi}\pi\left[\delta\left(\omega+\frac{2\pi}{T}\right)+\delta\left(\omega-\frac{2\pi}{T}\right)\right]*5T\mathrm{Sa}\left(\frac{T\omega}{4}\right)$$

$$=\frac{5T}{2}\left\{\mathrm{Sa}\left[\frac{T\left(\omega+\frac{2\pi}{T}\right)}{4}\right]+\mathrm{Sa}\left[\frac{T\left(\omega-\frac{2\pi}{T}\right)}{4}\right]\right\}$$

再由傅里叶变换与傅里叶级数的关系可得

$$F_n=\frac{1}{T}F_0(\mathrm{j}\omega)\bigg|_{\omega=n\omega_1}=10^4\times\frac{5\times10^{-4}}{2}\left\{\mathrm{Sa}\left[\frac{2\pi(n+1)}{4}\right]+\mathrm{Sa}\left[\frac{2\pi(n-1)}{4}\right]\right\}$$

$$=\frac{5}{2}\left\{\mathrm{Sa}\left[\frac{2\pi(n+1)}{4}\right]+\mathrm{Sa}\left[\frac{2\pi(n-1)}{4}\right]\right\}=\frac{5}{2}\left\{\mathrm{Sa}\left[\frac{\pi(n+1)}{2}\right]+\mathrm{Sa}\left[\frac{\pi(n-1)}{2}\right]\right\}$$

周期信号的傅里叶级数的表达式，利用这个方法只用求出主周期的傅里叶变换，能够简化计算！

法二：根据傅里叶级数的定义求解。

由题图可知，信号是偶函数，故 $b_n=0$。而直流分量

$$a_0=\frac{E}{T}\int_{-\frac{T}{4}}^{\frac{T}{4}}\cos(\omega_1 t)\mathrm{d}t=\frac{2E}{T\omega_1}\sin(\omega_1 t)\bigg|_0^{\frac{T}{4}}=\frac{E}{\pi}$$

余弦分量幅度为

$$a_n=\frac{2}{T}\int_{-\frac{T}{4}}^{\frac{T}{4}}E\cos(\omega_1 t)\cos(n\omega_1 t)\mathrm{d}t=\frac{2E}{T}\int_0^{\frac{T}{4}}\{\cos[(n+1)\omega_1 t]+\cos[(n-1)\omega_1 t]\}\,\mathrm{d}t$$

当 $n=1$ 时，可得 $a_1=\frac{2E}{T}\int_0^{\frac{T}{4}}[\cos(2\omega_1 t)+1]\mathrm{d}t=\frac{2E}{T}\left[\frac{1}{2\omega_1}\sin(2\omega_1 t)\bigg|_0^{\frac{T}{4}}+\frac{T}{4}\right]=\frac{E}{2}$。

当 $n\neq1$ 时，有

$$a_n=\frac{2E}{T\omega_1}\left\{\frac{\sin[(n+1)\omega_1 t]}{n+1}+\frac{\sin[(n-1)\omega_1 t]}{n-1}\right\}\bigg|_0^{\frac{T}{4}}$$

$$=\frac{2E}{(1-n^2)\pi}\cos\frac{n\pi}{2}=\begin{cases}0, & n\text{为奇数且非}1\\(-1)^{\frac{n}{2}}\dfrac{2E}{(1-n^2)\pi}, & n\text{为偶数}\end{cases}$$

故 $f(t)=\frac{E}{\pi}+\frac{E}{2}\cos(\omega_1 t)+\sum_{n=2,4,\cdots}(-1)^{\frac{n}{2}}\frac{2E}{(1-n^2)\pi}\cos(n\omega_1 t)$。

幅度谱为

$$c_n=\sqrt{a_n^2+b_n^2}=|a_n|=\begin{cases}\dfrac{E}{\pi}, & n=0\\\dfrac{E}{2}, & n=1\\0, & n\text{为奇数且非}1\\\dfrac{2E}{(n^2-1)\pi}, & n\text{为偶数}\end{cases}$$

图像如图所示。

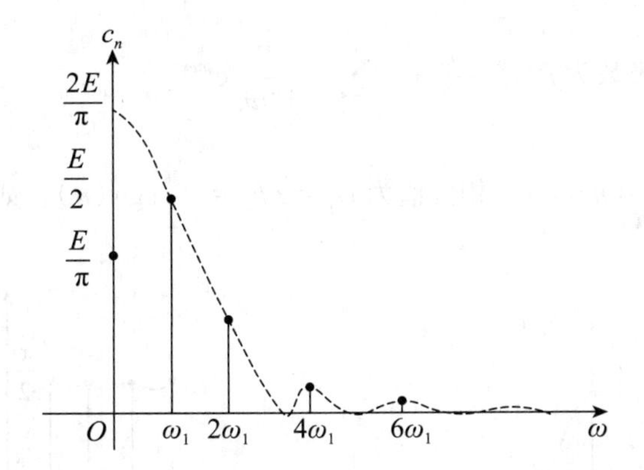

郑君里 3.6 求如图所示周期锯齿信号的指数形式傅里叶级数，并大致画出频谱图。

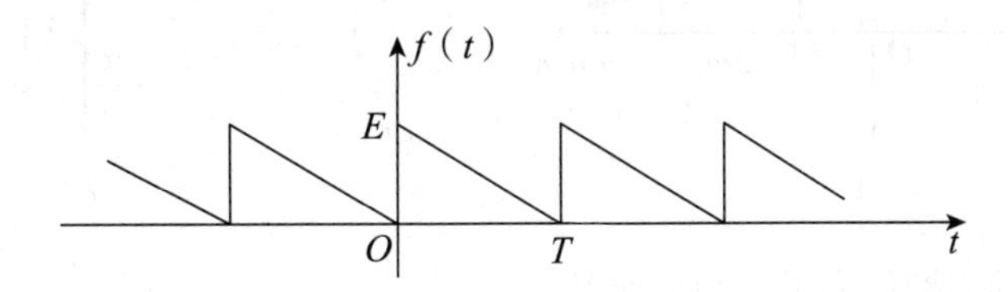

解析 对主周期信号进行求导可得

$$f_0'(t)=E\delta(t)-\frac{E}{T}G_T\left(t-\frac{T}{2}\right)\leftrightarrow E-E\mathrm{Sa}\left(\frac{\omega T}{2}\right)\mathrm{e}^{\frac{-\mathrm{j}\omega T}{2}}$$

图像如图（a）所示。

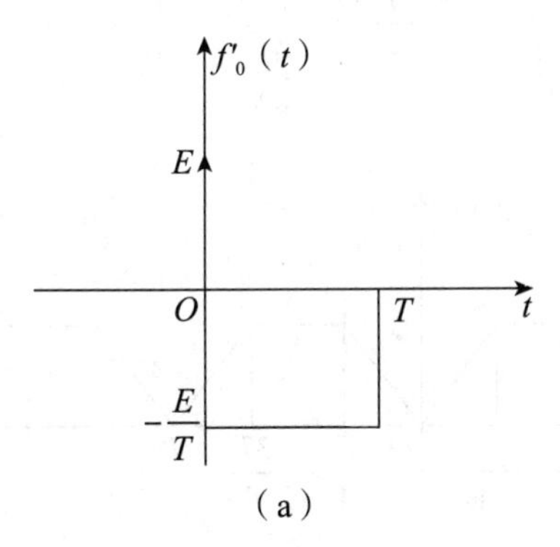

（a）

根据傅里叶变换的微分性质有 $F_0(\omega)=\dfrac{E-E\mathrm{Sa}\left(\frac{\omega T}{2}\right)\mathrm{e}^{\frac{-\mathrm{j}\omega T}{2}}}{\mathrm{j}\omega}$。

再由傅里叶变换与傅里叶级数的关系可得

$$F_n=\frac{1}{T}F_0(\mathrm{j}\omega)\Big|_{\omega=n\omega_1}=\frac{1}{\mathrm{j}2n\pi}\left[E-E\mathrm{Sa}(n\pi)\mathrm{e}^{-\mathrm{j}n\pi}\right],\ n\neq0;\quad F_0=\frac{E}{T}\left(T-\frac{1}{T}\cdot\frac{T^2}{2}\right)=\frac{E}{2}$$

由于 n 为整数时，$\mathrm{Sa}(n\pi)=0$，$F_n=\dfrac{E}{\mathrm{j}2n\pi}$。

故$f(t)$的指数形式傅里叶级数为$f(t)=\frac{E}{2}+\sum_{n=-\infty,\ n\neq 0}^{\infty}\frac{E}{\mathrm{j}2n\pi}\mathrm{e}^{\mathrm{j}n\omega_1 t}$。

$f(t)$幅度谱为$|F_n|=\frac{E}{2|n|\pi}(n\neq 0)$，相位谱为$\varphi_n=\angle F_n=-\frac{\pi}{2}\mathrm{sgn}(n)$，如图（b）和图（c）所示。

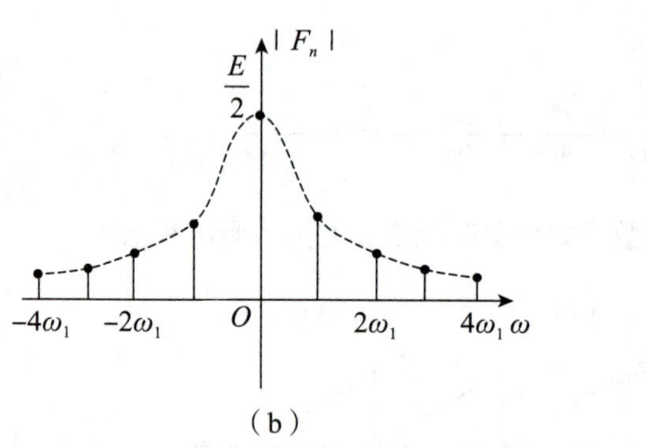

（b）

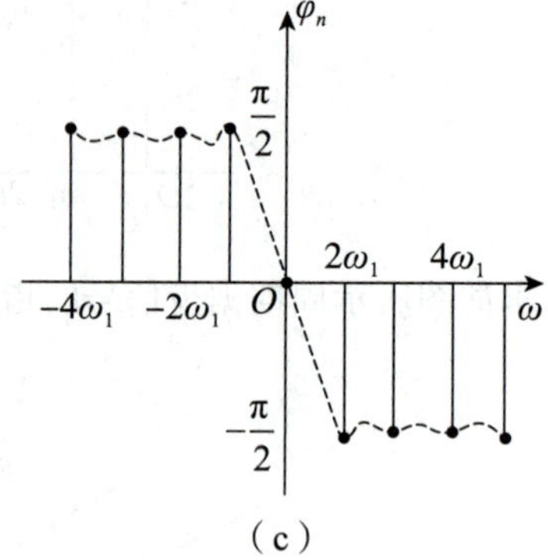

（c）

郑君里 3.8 求图中两种周期信号的傅里叶级数。

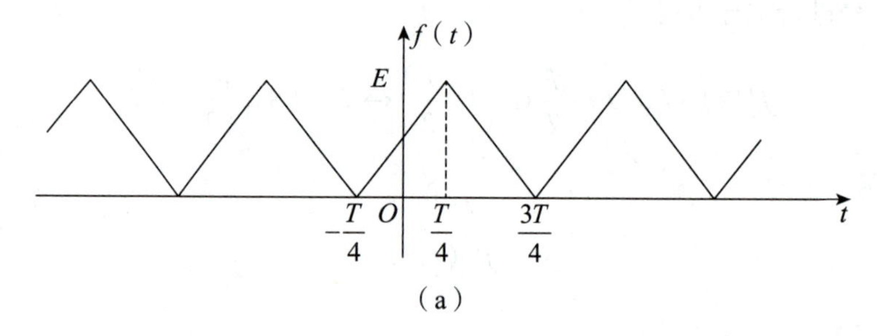

（a）

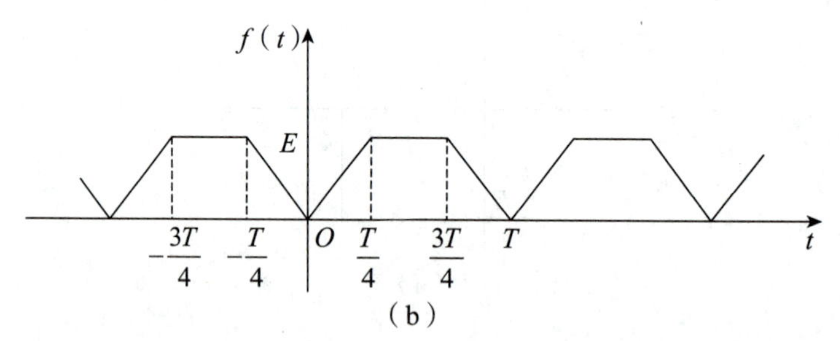

（b）

解析 ①对于题图（a），根据周期信号的傅里叶变换$f(t)=\sum_{n=-\infty}^{\infty}F_n\mathrm{e}^{\mathrm{j}n\omega_1 t}$，$F_n=\frac{1}{T}F_0(\mathrm{j}\omega)\Big|_{\omega=n\omega_1}$。

三角波的傅里叶变换为$y(t)\leftrightarrow\frac{E\tau}{2}\mathrm{Sa}^2\left(\frac{\omega\tau}{4}\right)$，$y(t)$对应的图像如图（a）所示。

加果忘记了，就用两个相同的门函数卷积得到三角波进行推导。

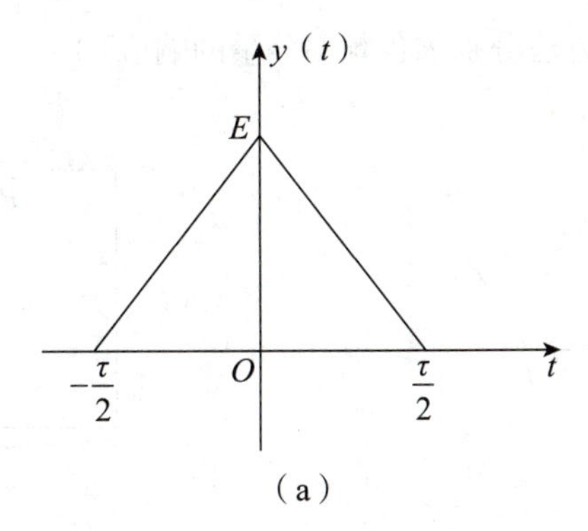

（a）

因此根据时移性质有$f_0(t) \to F_0(\omega)=\dfrac{ET}{2}\mathrm{Sa}^2\left(\dfrac{\omega T}{4}\right)\mathrm{e}^{-\mathrm{j}\omega\frac{T}{4}}$，$\omega_1=\dfrac{2\pi}{T}$。

根据周期信号的傅里叶级数的表达有

$$F_n=\frac{1}{T}F_0(\omega)\bigg|_{\omega=n\omega_1}=\frac{E}{2}\mathrm{Sa}^2\left(\frac{n\pi}{2}\right)\mathrm{e}^{-\mathrm{j}\frac{n\pi}{2}} \to f(t)=\sum_{n=-\infty}^{\infty}\frac{E}{2}\mathrm{Sa}^2\left(\frac{n\pi}{2}\right)\mathrm{e}^{-\mathrm{j}\frac{n\pi}{2}}\mathrm{e}^{\mathrm{j}n\frac{2\pi}{T}t}$$

②对于题图（b），梯形波的表达式是两个不同的门函数卷积，$y(t)$的图像如图（b）所示。

梯形的下底等于两个门函数长度相加，梯形的上底等于两个门函数长度相减，梯形的高等于两个门函数的高以及最小门函数宽度三者的乘积。

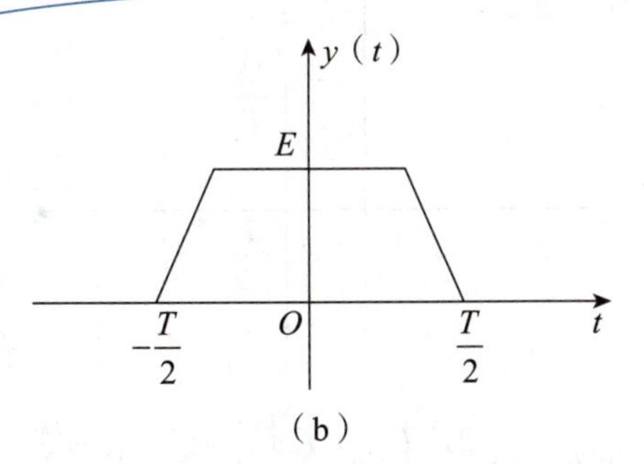

（b）

$$y(t) \leftrightarrow \frac{3TE}{4}\mathrm{Sa}\left(\frac{3\omega T}{8}\right)\mathrm{Sa}\left(\frac{\omega T}{8}\right)$$

因此根据时移性质有$f_0(t) \leftrightarrow F_0(\omega)=\dfrac{3TE}{4}\mathrm{Sa}\left(\dfrac{3\omega T}{8}\right)\mathrm{Sa}\left(\dfrac{\omega T}{8}\right)\mathrm{e}^{-\mathrm{j}\omega\frac{T}{2}}$，$\omega_1=\dfrac{2\pi}{T}$。

根据周期信号的傅里叶级数的表达形式可得

$$F_n=\frac{1}{T}F_0(\omega)\bigg|_{\omega=n\omega_1}=\frac{3E}{4}\mathrm{Sa}\left(\frac{3\pi n}{4}\right)\mathrm{Sa}\left(\frac{n\pi}{4}\right)\mathrm{e}^{-\mathrm{j}n\pi}，\ f(t)=\sum_{n=-\infty}^{\infty}F_n\mathrm{e}^{\mathrm{j}n\omega_1 t}$$

郑君里 3.12 如图所示周期信号$v_i(t)$加到RC低通滤波电路。已知$v_i(t)$的重复频率$f_1=\dfrac{1}{T}=1\,\mathrm{kHz}$，电压幅度$E=1\,\mathrm{V}$，$R=1\,\mathrm{k\Omega}$，$C=0.1\,\mu\mathrm{F}$。分别求：

（1）稳态时电容两端电压的直流分量、基波和五次谐波的幅度；

（2）上述各分量与$v_i(t)$相应分量的比值，讨论此电路对各频率分量响应的特点。（提示：利用电路课所学正弦稳态交流电路的计算方法分别求各频率分量的响应。）

电路为 RC 低通滤波器，输入激励为周期锯齿波。

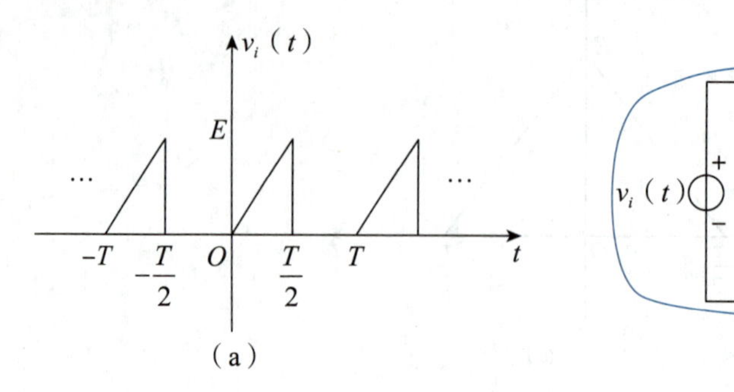

（a）

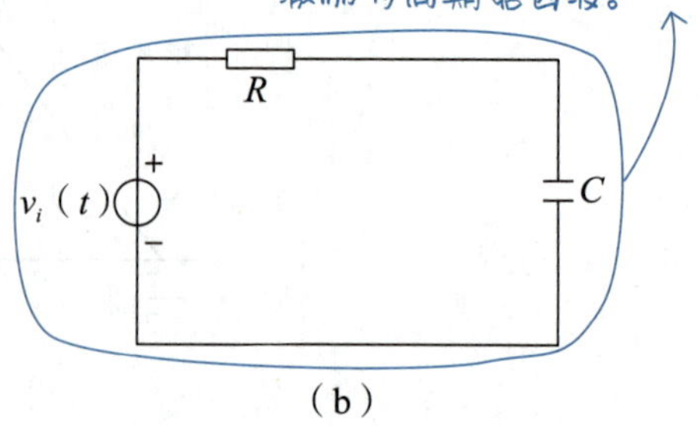

（b）

解析 （1）由题中电路图可得，系统频率响应函数 $H(\mathrm{j}\omega)=\dfrac{\dfrac{1}{\mathrm{j}\omega C}}{R+\dfrac{1}{\mathrm{j}\omega C}}=\dfrac{1}{1+\mathrm{j}\omega RC}$。

利用特征输入法 $F_n=\dfrac{1}{T}F_0(\omega)\Big|_{\omega=n\omega_1}$，$\omega_1=\dfrac{2\pi}{T}$，对主周期求一次微分可得

主周期的直流分量为零，因此可以直接微分。

$$v_i'(t)\leftrightarrow\frac{2E}{T}\frac{T}{2}\mathrm{Sa}\left(\frac{T\omega}{4}\right)\mathrm{e}^{-\mathrm{j}\frac{T\omega}{4}}-E\mathrm{e}^{-\mathrm{j}\frac{T\omega}{2}}$$

根据傅里叶变换的时移性质 $F_0(\omega)=\dfrac{E\mathrm{Sa}\left(\dfrac{T\omega}{4}\right)\mathrm{e}^{-\mathrm{j}\frac{T\omega}{4}}-E\mathrm{e}^{-\mathrm{j}\frac{T\omega}{2}}}{\mathrm{j}\omega}$。

$$F_n=\frac{1}{T}F_0(\omega)\Big|_{\omega=n\omega_1}=\frac{E\mathrm{Sa}\left(\frac{\pi n}{2}\right)\mathrm{e}^{-\mathrm{j}\frac{n\pi}{2}}-E\mathrm{e}^{-\mathrm{j}n\pi}}{\mathrm{j}2n\pi},\ n\neq 0;\ F_0=\frac{1}{T}\int_0^T f(t)\mathrm{d}t=\frac{E}{4}$$

基波 $F_1=\dfrac{-E(\pi\mathrm{j}+2)}{2\pi^2}=\dfrac{E\sqrt{4+\pi^2}}{2\pi^2}\mathrm{e}^{\mathrm{j}\left(\arctan\frac{\pi}{2}-\pi\right)}$。

五次谐波 $F_5=\dfrac{-E(5\pi\mathrm{j}+2)}{50\pi^2}=\dfrac{E\sqrt{4+25\pi^2}}{50\pi^2}\mathrm{e}^{\mathrm{j}\left(\arctan\frac{5\pi}{2}-\pi\right)}$。

进行幅值和相位的加权

$$H(\mathrm{j}\omega)=\frac{1}{1+\mathrm{j}\omega RC}，\ H(0)=1，\ H(1)=\frac{1}{\sqrt{1+\left(\frac{\pi}{5}\right)^2}}\mathrm{e}^{-\mathrm{j}\arctan\frac{\pi}{5}}，\ H(5)=\frac{1}{\sqrt{1+\pi^2}}\mathrm{e}^{-\mathrm{j}\arctan\pi}$$

可得输出

这个 2 是因为五次谐波分量包含 ±5 两项。

$$|y_0(t)|=\frac{E}{4}，\ |y_1(t)|=\frac{2}{\sqrt{1+\left(\frac{\pi}{5}\right)^2}}\frac{E\sqrt{4+\pi^2}}{2\pi^2}，\ |y_5(t)|=\frac{2}{\sqrt{1+\pi^2}}\frac{E\sqrt{4+25\pi^2}}{50\pi^2}$$

（2）上述各分量与 $v_{\mathrm{i}}(t)$ 相应分量的比值

$$\frac{|y_0(t)|}{|F_0|}=1，\ \frac{|y_1(t)|}{|F_1|}=\frac{2}{\sqrt{1+\left(\frac{\pi}{5}\right)^2}}\approx 0.847，\ \frac{|y_5(t)|}{|F_5|}=\frac{2}{\sqrt{1+\pi^2}}\approx 0.303$$

可知电路对直流分量无衰减，通低频阻高频，则电路为低通滤波器。

郑君里 3.15 求如图所示半波余弦脉冲的傅里叶变换，并画出频谱图。

考试热点，需要联想自己背过的常用傅里叶变换。

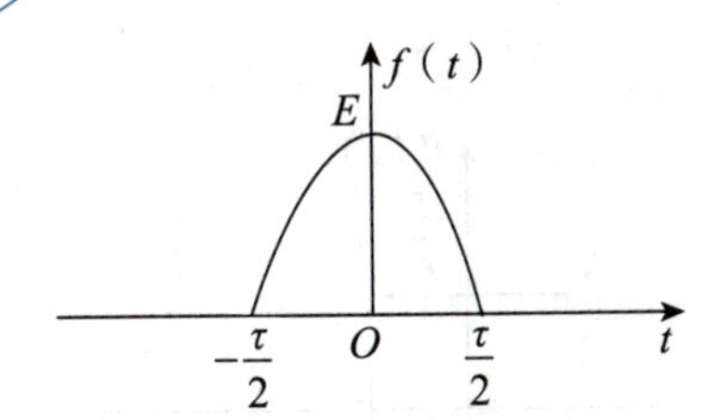

解析 题图的表达式为 $f(t)=E\cos\left(\frac{\pi}{\tau}t\right)G_\tau(t)$，时域乘积，频域卷积：

$$F(\omega)=\frac{E}{2\pi}\left\{\pi\left[\delta\left(\omega+\frac{\pi}{\tau}\right)+\delta\left(\omega-\frac{\pi}{\tau}\right)\right]\right\}*\tau\mathrm{Sa}\left(\frac{\omega\tau}{2}\right)=\frac{2E\tau\cos\left(\frac{\omega\tau}{2}\right)}{\pi\left[1-\left(\frac{\omega\tau}{\pi}\right)^2\right]}$$

而 $\lim\limits_{\omega\to\frac{\pi}{\tau}}\frac{\cos\left(\frac{\omega\tau}{2}\right)}{1-\left(\frac{\omega\tau}{\pi}\right)^2}=\lim\limits_{x\to 0}\frac{\cos\left(\frac{x\tau}{2}+\frac{\pi}{2}\right)}{1-\left(\frac{x\tau}{\pi}+1\right)^2}=\lim\limits_{x\to 0}\frac{-\sin\left(\frac{x\tau}{2}\right)}{-\left(\frac{x\tau}{\pi}\right)^2-2\frac{x\tau}{\pi}}=\lim\limits_{x\to 0}\frac{\sin\left(\frac{x\tau}{2}\right)}{\frac{4}{\pi}\cdot\frac{x\tau}{2}}=\frac{\pi}{4}$。

频谱图如图所示。

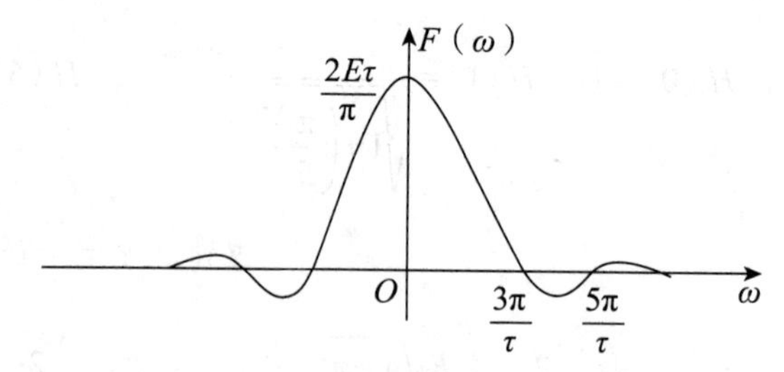

郑君里 3.16 求如图所示锯齿脉冲与单周正弦脉冲的傅里叶变换。

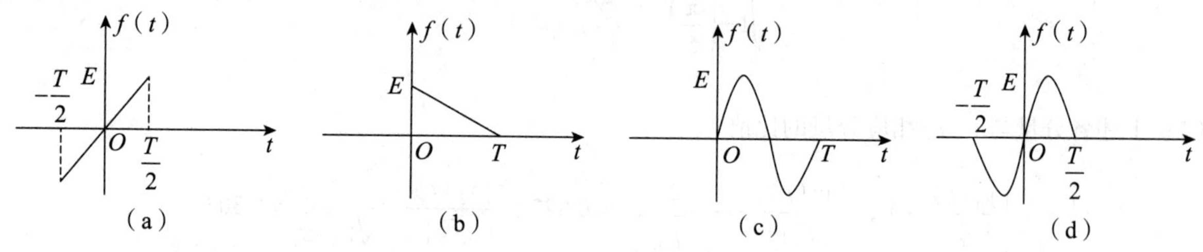

解析 ①对于题图（a），对信号进行求导

$$f'(t)=-E\left[\delta\left(t+\frac{T}{2}\right)+\delta\left(t-\frac{T}{2}\right)\right]+\frac{2E}{T}G_T(t)\rightarrow -E\left(e^{j\frac{\omega T}{2}}+e^{-j\frac{\omega T}{2}}\right)+2E\mathrm{Sa}\left(\frac{\omega T}{2}\right)$$

$f'(t)$图像如图（a）所示。

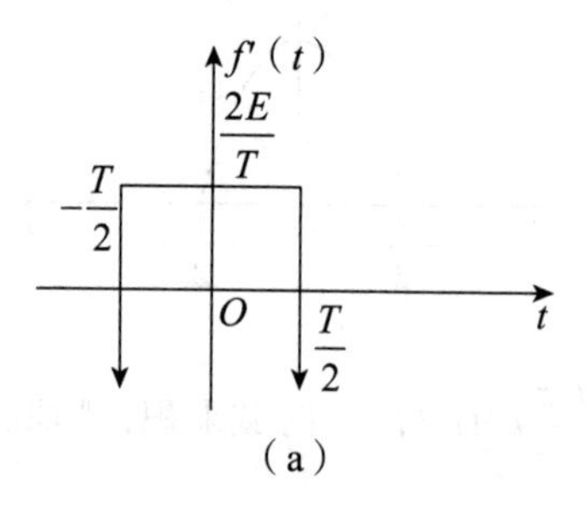

（a）

根据傅里叶变换的微积分性质可得

$$F(\omega)=\frac{-2E\cos\left(\frac{T\omega}{2}\right)+2E\mathrm{Sa}\left(\frac{\omega T}{2}\right)}{j\omega},\ \omega\neq 0$$

由波形图可知，$f(t)$无直流分量，故$F(\omega)|_{\omega=0}=F(0)=0$。

②对于题图（b），对信号进行求导$f'(t)\leftrightarrow E-E\mathrm{Sa}\left(\frac{\omega T}{2}\right)e^{-j\omega\frac{T}{2}}$，$f'(t)$图像如图（b）所示。

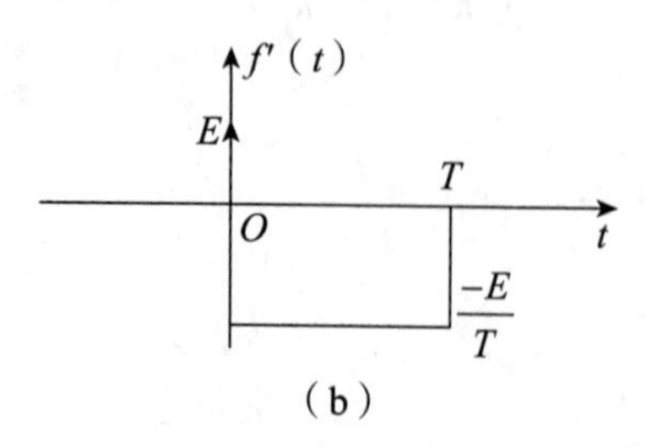

（b）

根据傅里叶变换的微积分性质可得 $F(\omega)=\dfrac{E-E\mathrm{Sa}\left(\dfrac{\omega T}{2}\right)\mathrm{e}^{-\mathrm{j}\omega\frac{T}{2}}}{\mathrm{j}\omega}$，$\omega\neq0$。

当 $\omega=0$ 时，$F(0)=\int_0^T\left(E-\dfrac{E}{T}t\right)\mathrm{d}t=\dfrac{ET}{2}$。

③对于题图（c），根据信号的波形图列出表达式 $f(t)=E\sin\left(\dfrac{2\pi t}{T}\right)G_T\left(t-\dfrac{T}{2}\right)$。

时域乘积，频域卷积：

$$F(\omega)=\frac{1}{2\pi}E\left\{\pi\mathrm{j}\left[\delta\left(\omega+\frac{2\pi}{T}\right)-\delta\left(\omega-\frac{2\pi}{T}\right)\right]\right\}*T\mathrm{Sa}\left(\frac{T\omega}{2}\right)\mathrm{e}^{-\mathrm{j}\omega\frac{T}{2}}$$

$$=\frac{E\mathrm{j}T}{2}\left\{\mathrm{Sa}\left[\frac{T}{2}\left(\omega+\frac{2\pi}{T}\right)\right]\mathrm{e}^{-\mathrm{j}\left(\omega+\frac{2\pi}{T}\right)\frac{T}{2}}-\mathrm{Sa}\left[\frac{T}{2}\left(\omega-\frac{2\pi}{T}\right)\right]\mathrm{e}^{-\mathrm{j}\left(\omega-\frac{2\pi}{T}\right)\frac{T}{2}}\right\}$$

④对于题图（d），根据信号的波形图列出表达式 $f(t)=E\sin\left(\dfrac{2\pi t}{T}\right)G_T(t)$。

时域乘积，频域卷积：

$$F(\omega)=\frac{1}{2\pi}E\left\{\pi\mathrm{j}\left[\delta\left(\omega+\frac{2\pi}{T}\right)-\delta\left(\omega-\frac{2\pi}{T}\right)\right]\right\}*T\mathrm{Sa}\left(\frac{T\omega}{2}\right)$$

$$=\frac{E\mathrm{j}T}{2}\left\{\mathrm{Sa}\left[\frac{T}{2}\left(\omega+\frac{2\pi}{T}\right)\right]-\mathrm{Sa}\left[\frac{T}{2}\left(\omega-\frac{2\pi}{T}\right)\right]\right\}$$

郑君里 3.19 求如图所示 $F(\omega)$ 的傅里叶逆变换 $f(t)$。

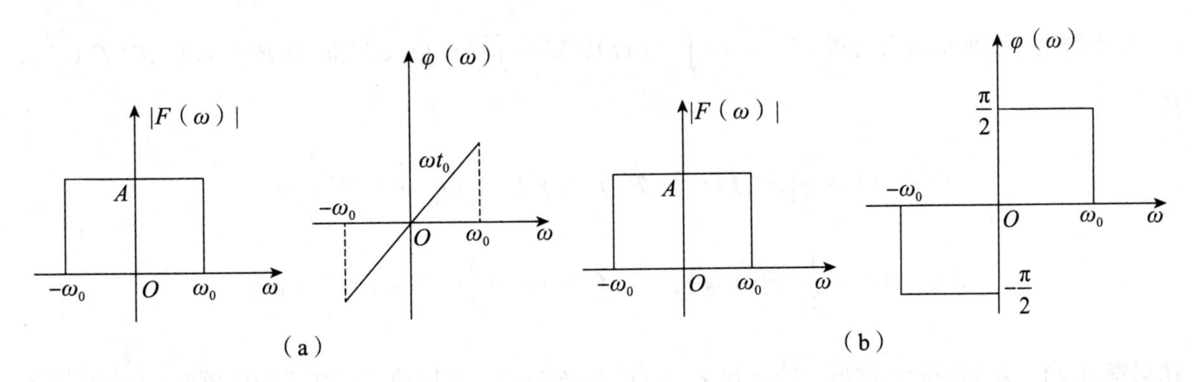

（a）　（b）

解析　①对于题图（a），根据常用傅里叶变换 $A\dfrac{\sin(\omega_0t)}{\pi t}\leftrightarrow AG_{2\omega_0}(\omega)$，再根据时移性质可得

$$f(t)=A\frac{\sin[\omega_0(t+t_0)]}{\pi(t+t_0)}$$

②对于题图（b），由图可知，可以看作宽为 ω_0 的矩形谱分别向左右平移 $\frac{\omega_0}{2}$ 同时加权 $\mp\mathrm{j}$ 的和，故

$$-\mathrm{j}\cdot\frac{A\frac{\omega_0}{2}}{\pi}\mathrm{Sa}\left(\frac{\omega_0}{2}t\right)\mathrm{e}^{-\mathrm{j}\frac{\omega_0}{2}t}+\mathrm{j}\cdot\frac{A\frac{\omega_0}{2}}{\pi}\mathrm{Sa}\left(\frac{\omega_0}{2}t\right)\mathrm{e}^{\mathrm{j}\frac{\omega_0}{2}t}=-\frac{A\omega_0}{\pi}\sin\left(\frac{\omega_0}{2}t\right)\cdot\mathrm{Sa}\left(\frac{\omega_0}{2}t\right)=-\frac{2A}{\pi t}\sin^2\left(\frac{\omega_0 t}{2}\right)$$

郑君里 3.20 【证明题】 函数 $f(t)$ 可以表示成偶函数 $f_e(t)$ 与奇函数 $f_o(t)$ 之和，试证明：

（1）若 $f(t)$ 是实函数，且 $\mathcal{F}[f(t)]=F(\omega)$，则

$$\mathcal{F}[f_e(t)]=\mathrm{Re}[F(\omega)],\quad \mathcal{F}[f_o(t)]=\mathrm{jIm}[F(\omega)]$$

（2）若 $f(t)$ 是复函数，可表示为 $f(t)=f_r(t)+\mathrm{j}f_i(t)$ 且 $\mathcal{F}[f(t)]=F(\omega)$，则 $\mathcal{F}[f_r(t)]=\frac{1}{2}[F(\omega)+F^*(-\omega)]$，$\mathcal{F}[f_i(t)]=\frac{1}{2\mathrm{j}}[F(\omega)-F^*(-\omega)]$，其中 $F^*(-\omega)=\mathcal{F}[f^*(t)]$。

证明 根据奇偶函数的性质可得 $f_e(t)=\frac{1}{2}[f(t)+f(-t)]$，$f_o(t)=\frac{1}{2}[f(t)-f(-t)]$。

根据傅里叶变换的尺度变换性质可得 $\mathcal{F}[f(-t)]=F(-\omega)$。

（1）$f(t)$ 为实函数可得 $F(-\omega)=F^*(\omega)$，故 $\mathcal{F}[f(-t)]=F^*(\omega)$，则

$$\mathcal{F}[f_e(t)]=\frac{1}{2}\{\mathcal{F}[f(t)]+\mathcal{F}[f(-t)]\}=\frac{1}{2}[F(\omega)+F^*(\omega)]=\mathrm{Re}[F(\omega)]$$

$$\mathcal{F}[f_o(t)]=\frac{1}{2}\{\mathcal{F}[f(t)]-\mathcal{F}[f(-t)]\}=\frac{1}{2}[F(\omega)-F^*(\omega)]=\mathrm{jIm}[F(\omega)]$$

（2）根据傅里叶变换的定义可得 $F^*(-\omega)=\int_{-\infty}^{\infty}f(t)\mathrm{e}^{\mathrm{j}\omega t}\mathrm{d}t=\int_{-\infty}^{\infty}f^*(t)\mathrm{e}^{-\mathrm{j}\omega t}\mathrm{d}t$，则 $F^*(-\omega)=\mathcal{F}[f^*(t)]$，故

$$\mathcal{F}[f_r(t)]=\frac{1}{2}\{\mathcal{F}[f(t)]+\mathcal{F}[f^*(t)]\}=\frac{1}{2}[F(\omega)+F^*(-\omega)]$$

$$\mathcal{F}[f_i(t)]=\frac{1}{2\mathrm{j}}\{\mathcal{F}[f(t)]-\mathcal{F}[f^*(t)]\}=\frac{1}{2\mathrm{j}}[F(\omega)-F^*(-\omega)]$$

郑君里 3.21 对如图所示波形，若已知 $\mathcal{F}[f_1(t)]=F_1(\omega)$，利用傅里叶变换的性质求 $f_1(t)$ 以 $\frac{t_0}{2}$ 为轴反褶后所得 $f_2(t)$ 的傅里叶变换。

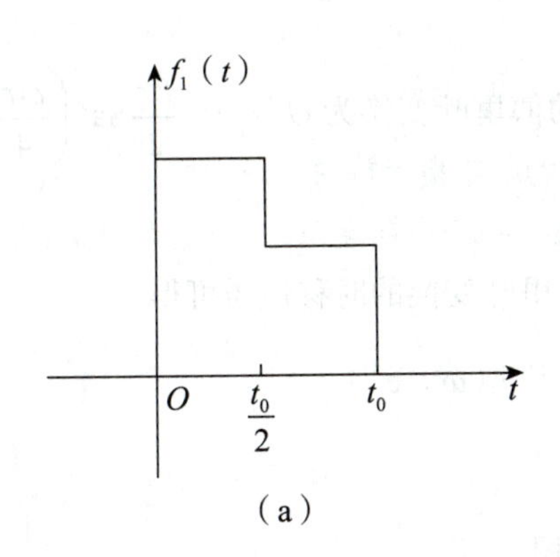

（a）

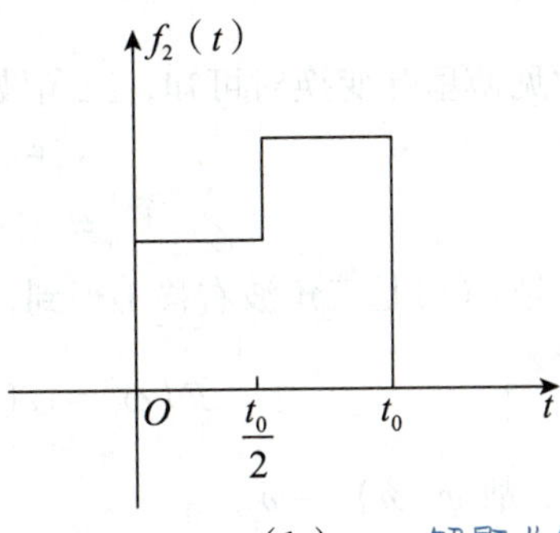

（b）

解题关键，通过图像找到两个信号的关系式。

解析　由题图可知，$f_2(t)$由$f_1(t)$先反褶再右移t_0得到$f_2(t)=f_1(-(t-t_0))$。

由题可知$\mathcal{F}[f_1(t)]=F_1(\omega)$，根据傅里叶变换的性质$\mathcal{F}[f_2(t)]=F_1(-\omega)\mathrm{e}^{-\mathrm{j}\omega t_0}$。

郑君里 3.22　利用时域与频域的对称性，求下列傅里叶变换的时间函数。

（1）$F(\omega)=\delta(\omega-\omega_0)$；　　（2）$F(\omega)=u(\omega+\omega_0)-u(\omega-\omega_0)$；

（3）$F(\omega)=\begin{cases}\dfrac{\omega_0}{\pi}, & (|\omega|\leqslant\omega_0)\\ 0, & (\text{其他})\end{cases}$。

利用傅里叶变换的对称性质$f(t)\leftrightarrow F(\omega)$，$F(t)\leftrightarrow 2\pi f(-\omega)$。

解析　（1）由常见傅里叶变换可得$\mathcal{F}[\delta(t-t_0)]=\mathrm{e}^{-\mathrm{j}\omega t_0}$。

根据傅里叶变换的对称性可得$\mathcal{F}^{-1}[\delta(\omega-\omega_0)]=\dfrac{1}{2\pi}\mathrm{e}^{\mathrm{j}\omega_0 t}$。

（2）由常见傅里叶变换可得$\mathcal{F}[u(t+T)-u(t-T)]=2T\mathrm{Sa}(\omega T)$。　很重要，一定要记住！

根据傅里叶变换的对称性可得$\mathcal{F}^{-1}[u(\omega+\omega_0)-u(\omega-\omega_0)]=\dfrac{\omega_0}{\pi}\mathrm{Sa}(\omega_0 t)$。

（3）由常见傅里叶变换可得$\mathcal{F}[F(t)]=\dfrac{\omega_0}{\pi}\cdot 2\omega_0\mathrm{Sa}(\omega_0\omega)$。

根据傅里叶变换的对称性可得$\mathcal{F}^{-1}[F(\omega)]=\dfrac{\omega_0^2}{\pi^2}\mathrm{Sa}(\omega_0 t)$。

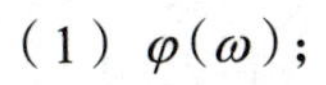

郑君里 3.25　如图所示信号$f(t)$，已知其傅里叶变换式$\mathcal{F}[f(t)]=F(\omega)=|F(\omega)|\mathrm{e}^{\mathrm{j}\varphi(\omega)}$，利用傅里叶变换的性质（不作积分运算），求：　很重要，至少有五六所高校当作考试真题！

（1）$\varphi(\omega)$；

（2）$F(0)$；

（3）$\int_{-\infty}^{\infty}F(\omega)\mathrm{d}\omega$；

（4）$\mathcal{F}^{-1}\{\mathrm{Re}[F(\omega)]\}$的图形。

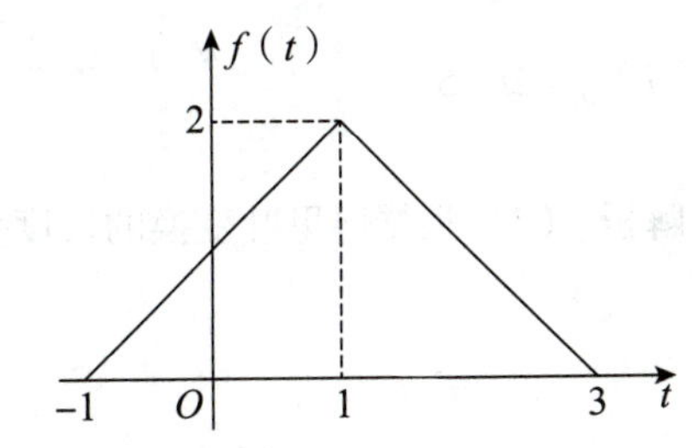

解析 （1）由常见傅里叶变换对可知，三角波$g(t)$的傅里叶变换为$G(\omega)=\frac{E\tau}{2}\mathrm{Sa}^2\left(\frac{\omega\tau}{4}\right)=|G(\omega)|$，其相位谱为零。

利用已知傅里叶变换求解未知的傅里叶变换，找两者的关系！

由题图可知，信号$f(t)$是三角波右移1得到，根据傅里叶变换的时移性质可得

$$F(\omega)=G(\omega)\mathrm{e}^{-\mathrm{j}\omega}=|F(\omega)|\mathrm{e}^{-\mathrm{j}\omega}$$

其相位谱为$\mathrm{e}^{-\mathrm{j}\omega}$，故$\varphi(\omega)=-\omega$。

（2）$F(0)$为信号$f(t)$的直流分量，即为三角形的面积

$$F(0)=\int_{-\infty}^{\infty}f(t)\mathrm{d}t=\frac{1}{2}\times[3-(-1)]\times 2=4$$

故$F(0)=4$。

（3）根据傅里叶逆变换定义式可得$f(0)=\frac{1}{2\pi}\int_{-\infty}^{\infty}F(\omega)\mathrm{d}\omega$。

故$\int_{-\infty}^{\infty}F(\omega)\mathrm{d}\omega=2\pi f(0)=2\pi$。

（4）根据偶信号的傅里叶变换可得$\mathcal{F}[f_{\mathrm{e}}(t)]=\mathrm{Re}[F(\omega)]$。

一个域的实部对应另一个域的共轭对称部分，此题为实数，所以共轭对称部分就是偶部！

故$\mathcal{F}^{-1}\{\mathrm{Re}[F(\omega)]\}=f_{\mathrm{e}}(t)=\frac{1}{2}[f(t)+f(-t)]$，如图所示。

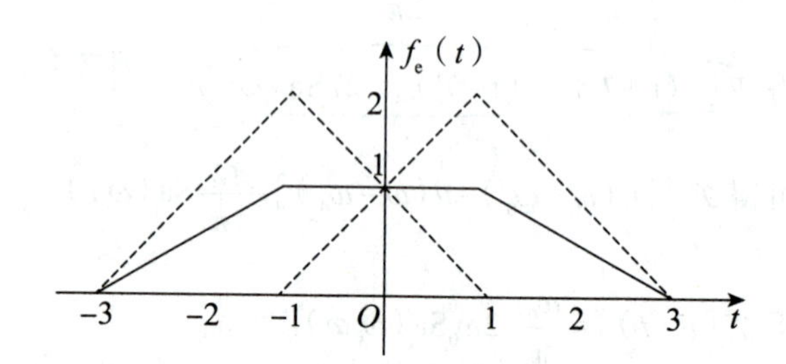

郑君里 3.29 若已知$\mathcal{F}[f(t)]=F(\omega)$，利用傅里叶变换的性质确定下列信号的傅里叶变换。

（1）$tf(2t)$；　　（2）$(t-2)f(t)$；　　（3）$(t-2)f(-2t)$；

（4）$t\frac{\mathrm{d}f(t)}{\mathrm{d}t}$；　　（5）$f(1-t)$；　　（6）$(1-t)f(1-t)$；

（7）$f(2t-5)$。

复习：$tf(t)\to \mathrm{j}\frac{\mathrm{d}F(\omega)}{\mathrm{d}\omega}$。

解析 （1）根据傅里叶变换的尺度变换特性可得$f(2t)\leftrightarrow\frac{1}{2}F\left(\frac{\omega}{2}\right)$。

这一步很重要，需要将里面的系数化成1。

根据频域微分特性可得 $\mathcal{F}^{-1}\left[\dfrac{\mathrm{d}}{\mathrm{d}\omega}F(\omega)\right]=-\mathrm{j}tf(t)$，故 $\mathcal{F}[tf(2t)]=\dfrac{\mathrm{j}}{2}\dfrac{\mathrm{d}}{\mathrm{d}\omega}F\left(\dfrac{\omega}{2}\right)$。

（2）由题可知 $(t-2)f(t)$，化简整理可得 $(t-2)f(t)=tf(t)-2f(t)$。

根据傅里叶变换性质可得 $tf(t)\leftrightarrow \mathrm{j}\dfrac{\mathrm{d}}{\mathrm{d}\omega}F(\omega)$，故

$$(t-2)f(t)\leftrightarrow \mathrm{j}\frac{\mathrm{d}}{\mathrm{d}\omega}F(\omega)-2F(\omega)$$

（3）令 $g(t)=f(-2t)$，根据傅里叶变换的尺度变换性质可得 $G(\omega)=\dfrac{1}{2}F\left(-\dfrac{\omega}{2}\right)$。

根据频域微分性质可得

$$\mathcal{F}[(t-2)g(t)]=\mathrm{j}\frac{\mathrm{d}}{\mathrm{d}\omega}G(\omega)-2G(\omega)=\frac{\mathrm{j}}{2}\frac{\mathrm{d}}{\mathrm{d}\omega}F\left(-\frac{\omega}{2}\right)-F\left(-\frac{\omega}{2}\right)$$

（4）令 $g(t)=\dfrac{\mathrm{d}}{\mathrm{d}t}f(t)$，则 $G(\omega)=\mathcal{F}\left[\dfrac{\mathrm{d}}{\mathrm{d}t}f(t)\right]=\mathrm{j}\omega F(\omega)$。

再根据傅里叶变换的频域微分性质可得

$$\mathcal{F}[tg(t)]=\mathrm{j}\frac{\mathrm{d}}{\mathrm{d}\omega}G(\omega)=-F(\omega)-\omega\frac{\mathrm{d}}{\mathrm{d}\omega}F(\omega)$$

（5）由傅里叶变换可得 $\mathcal{F}[f(-t)]=F(-\omega)$。

根据时移性质可得 $\mathcal{F}\{f[-(t-1)]\}=F(-\omega)\mathrm{e}^{-\mathrm{j}\omega}$，即 $\mathcal{F}[f(1-t)]=F(-\omega)\mathrm{e}^{-\mathrm{j}\omega}$。

（6）由题可知 $(1-t)f(1-t)$，化简整理可得 $(1-t)f(1-t)=-(t-1)f[-(t-1)]$。

根据傅里叶变换性质可得 $(1-t)f(1-t)\leftrightarrow -\mathrm{j}\mathrm{e}^{-\mathrm{j}\omega}\dfrac{\mathrm{d}}{\mathrm{d}\omega}F(-\omega)$。

（7）根据傅里叶变换的尺度变换性质可得 $\mathcal{F}[f(2t)]=\dfrac{1}{2}F\left(\dfrac{\omega}{2}\right)$。

注意：尺度变换和时域变换都是需要对 t 进行操作。

再由傅里叶变换的时移性质可得 $\mathcal{F}\left\{f\left[2\left(t-\dfrac{5}{2}\right)\right]\right\}=\dfrac{1}{2}F\left(\dfrac{\omega}{2}\right)\mathrm{e}^{-\mathrm{j}\frac{5}{2}\omega}$。

郑君里 3.30 **【证明题】**试分别利用下列几种方法证明 $\mathcal{F}[u(t)]=\pi\delta(\omega)+\dfrac{1}{\mathrm{j}\omega}$。

（1）利用符号函数 $\left[u(t)=\dfrac{1}{2}+\dfrac{1}{2}\mathrm{sgn}(t)\right]$；

（2）利用矩形脉冲取极限 $(\tau\to\infty)$；

（3）利用积分定理$\left[u(t)=\int_{-\infty}^{t}\delta(\tau)\mathrm{d}\tau\right]$；

（4）利用单边指数函数取极限$\left[u(t)=\lim\limits_{a\to 0}\mathrm{e}^{-at},\ t\geqslant 0\right]$。

证明　（1）由常见傅里叶变换对可得$\mathcal{F}[1]=2\pi\delta(\omega)$，$\mathcal{F}[\mathrm{sgn}(t)]=\dfrac{2}{\mathrm{j}\omega}$，则

$$\mathcal{F}[u(t)]=\mathcal{F}\left[\frac{1}{2}+\frac{1}{2}\mathrm{sgn}(t)\right]=\pi\delta(\omega)+\frac{1}{\mathrm{j}\omega}$$

（2）根据傅里叶变换的定义可得

$$\mathcal{F}[u(t)-u(t-T)]=\int_{0}^{T}\mathrm{e}^{-\mathrm{j}\omega t}\,\mathrm{d}t=-\frac{1}{\mathrm{j}\omega}\mathrm{e}^{-\mathrm{j}\omega t}\Big|_{0}^{T}=\frac{1}{\mathrm{j}\omega}(1-\mathrm{e}^{-\mathrm{j}\omega T})$$

当脉冲宽度T趋于无穷大时可得

$$\begin{aligned}\mathcal{F}[u(t)]&=\mathcal{F}\lim_{T\to\infty}[u(t)-u(t-T)]=\lim_{T\to\infty}\mathcal{F}[u(t)-u(t-T)]\\&=\lim_{T\to\infty}\frac{1-\mathrm{e}^{-\mathrm{j}\omega T}}{\mathrm{j}\omega}=\frac{1}{\mathrm{j}\omega}-\lim_{T\to\infty}\frac{\cos(\omega T)}{\mathrm{j}\omega}+\lim_{T\to\infty}\frac{\sin(\omega T)}{\omega}\end{aligned}$$

而$\lim\limits_{\tau\to\infty}\cos(\omega\tau)=0$，$\lim\limits_{k\to\infty}\dfrac{\sin(kt)}{\pi t}=\delta(t)$，故$\mathcal{F}[u(t)]=\dfrac{1}{\mathrm{j}\omega}+\pi\delta(\omega)$。

（3）根据傅里叶变换的积分特性可得$\mathcal{F}\left[\int_{-\infty}^{t}f(\tau)\mathrm{d}\tau\right]=\dfrac{F(\omega)}{\mathrm{j}\omega}+\pi F(0)\delta(\omega)$。（手写批注：根据冲激函数的性质。）

将$f(t)=\delta(t)$，$F(\omega)=1$代入可得$\mathcal{F}[u(t)]=\mathcal{F}\left[\int_{-\infty}^{t}\delta(\tau)\mathrm{d}\tau\right]=\dfrac{1}{\mathrm{j}\omega}+\pi\delta(\omega)$。

（4）由常见傅里叶变换对可得$\mathcal{F}[\mathrm{e}^{-at}u(t)]=\dfrac{1}{a+\mathrm{j}\omega}$，则

$$\mathcal{F}[u(t)]=\mathcal{F}\left[\lim_{a\to 0}\mathrm{e}^{-at}u(t)\right]=\lim_{a\to 0}\frac{1}{a+\mathrm{j}\omega}=\lim_{a\to 0}\frac{a-\mathrm{j}\omega}{a^2+\omega^2}=\frac{1}{\mathrm{j}\omega}+\lim_{a\to 0}\frac{a}{a^2+\omega^2}$$

而$\lim\limits_{\tau\to 0}\dfrac{\tau}{\pi(t^2+\tau^2)}=\delta(t)$，故$\mathcal{F}[u(t)]=\dfrac{1}{\mathrm{j}\omega}+\pi\delta(\omega)$。（手写批注：冲激的定义，重庆邮电大学真题中出现过。）

郑君里 3.39　确定下列信号的最低抽样率与奈奎斯特间隔。（手写批注：记住口诀：卷小和大积相加！）

（1）$\mathrm{Sa}(100t)$；　　（2）$\mathrm{Sa}^2(100t)$；

（3）$\mathrm{Sa}(100t)+\mathrm{Sa}(50t)$；　　（4）$\mathrm{Sa}(100t)+\mathrm{Sa}^2(60t)$。

解析 （1）Sa(100t)的最低抽样率是$f_s=\frac{100}{\pi}$ Hz，奈奎斯特间隔是$T_s=\frac{1}{f_s}=\frac{\pi}{100}$(s)。

（2）$Sa^2(100t)$的最低抽样率为$f_s=\frac{\omega_m}{\pi}=\frac{200}{\pi}$(Hz)，奈奎斯特间隔为

$$T_s=\frac{\pi}{\omega_m}=\frac{\pi}{200}(s)$$

加果不记得Sa(t)函数的最低抽样率，可以画出频域图。

（3）Sa(100t)+Sa(50t)的最低抽样率是$\frac{100}{\pi}$ Hz，奈奎斯特间隔是$\frac{\pi}{100}$ s。

（4）$Sa(100t)+Sa^2(60t)$的最低抽样率是$\frac{120}{\pi}$ Hz，奈奎斯特间隔是$\frac{\pi}{120}$ s。

郑君里 3.41 如图所示系统，

$$f_1(t)=Sa(1\,000\pi t),\ f_2(t)=Sa(2\,000\pi t)$$

$$p(t)=\sum_{n=-\infty}^{\infty}\delta(t-nT),\ f(t)=f_1(t)f_2(t),\ f_s(t)=f(t)p(t)$$

（1）为从$f_s(t)$无失真恢复$f(t)$，求最大抽样间隔T_{max}；

（2）当$T=T_{max}$时，画出$f_s(t)$的幅度谱$|F_s(\omega)|$。

$f_1(t)$ → [时域相乘] → $f(t)$ → [时域抽样] → $f_s(t)$；$f_2(t)$ 输入时域相乘，$p(t)$ 输入时域抽样

解析 （1）由题可知，

$$f(t)=f_1(t)f_2(t),\ f_1(t)=Sa(1\,000\pi t),\ f_2(t)=Sa(2\,000\pi t),\ p(t)=\sum_{n=-\infty}^{\infty}\delta(t-nT)$$

则$F_1(\omega)=\frac{1}{1\,000}G_{2\,000\pi}(\omega)$，$F_2(\omega)=\frac{1}{2\,000}G_{4\,000\pi}(\omega)$，$P(\omega)=\frac{2\pi}{T}\sum_{n=-\infty}^{\infty}\delta\left(\omega-\frac{2\pi}{T}n\right)$。

根据时域乘积、频域卷积性质，再乘$\frac{1}{2\pi}$可得

$$F(\omega)=\frac{1}{2\pi}F_1(\omega)*F_2(\omega)$$

$$=\frac{1}{2\pi}\cdot\frac{1}{1\,000}G_{2\,000\pi}(\omega)*\frac{1}{2\,000}G_{4\,000\pi}(\omega)$$

两个不同宽度的矩形卷积得到的是一个梯形，梯形的上底是两个矩形宽度之差，梯形的下底是两个矩形宽度之和，高是两者高的乘积再乘上最小矩形的宽度。

$F(\omega)$图像如图（a）所示。

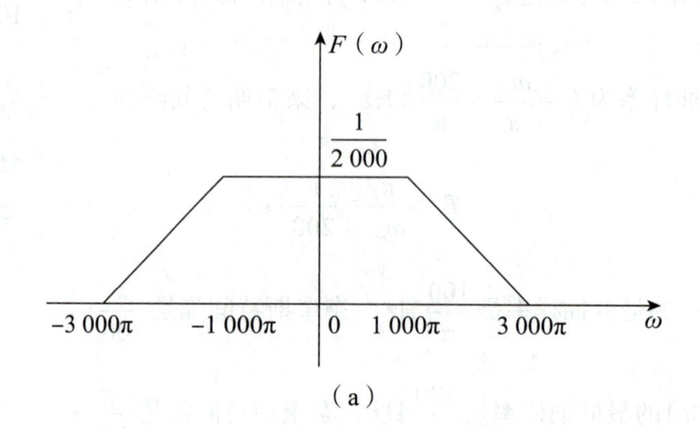

（a）

$$F_s(\omega)=\frac{1}{2\pi}F(\omega)*\frac{2\pi}{T}\sum_{n=-\infty}^{\infty}\delta\left(\omega-\frac{2\pi}{T}n\right)=\frac{1}{T}\sum_{n=-\infty}^{\infty}F\left(\omega-\frac{2\pi}{T}n\right)$$

为从$f_s(t)$无失真恢复$f(t)$，$T_{max}=\frac{\pi}{3\,000\pi}=\frac{1}{3\,000}(\text{s})$。

（2）根据卷积定理可得$|F_s(\omega)|=\frac{1}{T_{max}}\sum_{n=-\infty}^{\infty}F\left(\omega-n\frac{2\pi}{T_{max}}\right)=3\,000\sum_{n=-\infty}^{\infty}F(\omega-6\,000n\pi)$。

时域采样，频域作周期延拓。

$F(\omega)$和$|F_s(\omega)|$图像分别如图（b）和图（c）所示。

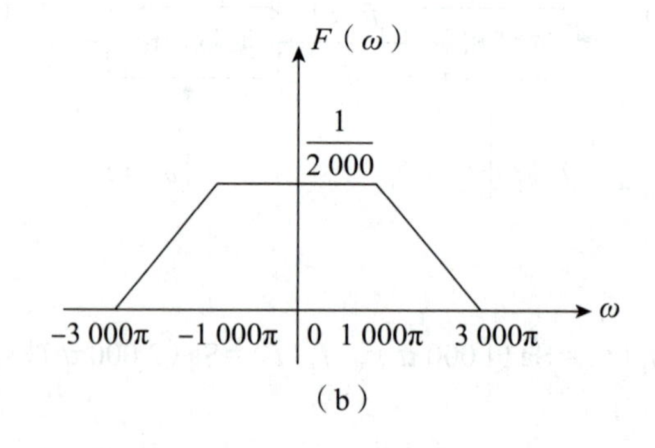

（b）

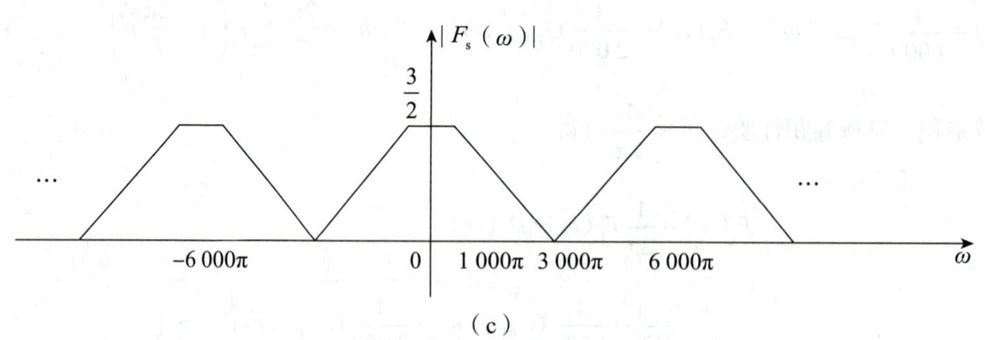

（c）

吴大正版第四章 | 傅里叶变换和系统的频域分析（傅里叶变换部分）

吴大正 4.5 实周期信号 $f(t)$ 在区间 $\left(-\frac{T}{2}, \frac{T}{2}\right)$ 内的能量定义为 $E=\int_{-\frac{T}{2}}^{\frac{T}{2}} f^2(t)\mathrm{d}t$，如有和信号 $f(t)=f_1(t)+f_2(t)$。

（1）**【证明题】** 若 $f_1(t)$ 与 $f_2(t)$ 在区间 $\left(-\frac{T}{2}, \frac{T}{2}\right)$ 内相互正交[例如 $f_1(t)=\cos(\omega t)$，$f_2(t)=\sin(\omega t)$]，证明和信号 $f(t)$ 的总能量等于各信号的能量之和；

（2）若 $f_1(t)$ 与 $f_2(t)$ 不是互相正交的[例如 $f_1(t)=\cos(\omega t)$，$f_2(t)=\sin(\omega t+60°)$]，求和信号的总能量。

（1）**证明** $f_1(t)$ 的能量为 $E_1=\int_{-\frac{T}{2}}^{\frac{T}{2}} f_1^2(t)\mathrm{d}t$；$f_2(t)$ 的能量为 $E_2=\int_{-\frac{T}{2}}^{\frac{T}{2}} f_2{}^2(t)\mathrm{d}t$。

$f(t)$ 的能量为 $E=\int_{-\frac{T}{2}}^{\frac{T}{2}} f^2(t)\mathrm{d}t=\int_{-\frac{T}{2}}^{\frac{T}{2}} [f_1(t)+f_2(t)]^2\mathrm{d}t$

因为是实信号，模值平方就是直接平方，否则为 $f(t)f^*(t)$。

$$=\int_{-\frac{T}{2}}^{\frac{T}{2}} f_1^2(t)\mathrm{d}t+\int_{-\frac{T}{2}}^{\frac{T}{2}} f_2^2(t)\mathrm{d}t+\int_{-\frac{T}{2}}^{\frac{T}{2}} 2f_1(t)f_2(t)\mathrm{d}t=E_1+E_2+\int_{-\frac{T}{2}}^{\frac{T}{2}} 2f_1(t)f_2(t)\mathrm{d}t$$

由题可知，$f_1(t)$ 与 $f_2(t)$ 在区间 $\left(-\frac{T}{2}, \frac{T}{2}\right)$ 内相互正交，故 $\int_{-\frac{T}{2}}^{\frac{T}{2}} f_1(t)f_2(t)\mathrm{d}t=0$。

故 $E=E_1+E_2$，因此和信号 $f(t)$ 的总能量等于各信号的能量之和。

（2）**解析** 由题可知，$f_1(t)$ 与 $f_2(t)$ 不是相互正交的，故 $\int_{-\frac{T}{2}}^{\frac{T}{2}} f_1(t)f_2(t)\mathrm{d}t\neq 0$。

因此和信号 $f(t)$ 的总能量为

$$E=\int_{-\frac{T}{2}}^{\frac{T}{2}} f^2(t)\mathrm{d}t=\int_{-\frac{T}{2}}^{\frac{T}{2}} f_1^2(t)\mathrm{d}t+\int_{-\frac{T}{2}}^{\frac{T}{2}} f_2^2(t)\mathrm{d}t+\int_{-\frac{T}{2}}^{\frac{T}{2}} 2f_1(t)f_2(t)\mathrm{d}t$$

和信号 $f(t)$ 的总能量不等于各信号的能量之和，故 $E\neq E_1+E_2$。

通过这道题可以得出结论，只有在两个信号正交的情况下，才有和信号 $f(t)$ 的总能量等于各信号的能量之和。

吴大正 4.6 求下列周期信号的基波角频率 Ω 和周期 T。

（1）$\mathrm{e}^{\mathrm{j}100t}$；（2）$\cos\left[\frac{\pi}{2}(t-3)\right]$；

（3）$\cos(2t)+\sin(4t)$；（4）$\cos(2\pi t)+\cos(3\pi t)+\cos(5\pi t)$；

（5）$\cos\left(\frac{\pi}{2}t\right)+\sin\left(\frac{\pi}{4}t\right)$；（6）$\cos\left(\frac{\pi}{2}t\right)+\cos\left(\frac{\pi}{3}t\right)+\cos\left(\frac{\pi}{5}t\right)$。

解析 （1）由题可知，e^{j100t}的角频率为$\Omega=100\ \text{rad/s}$，周期为$T=\frac{2\pi}{\Omega}=\frac{2\pi}{100}=\frac{\pi}{50}(\text{s})$。

复指数信号的周期求解同三角函数一致。

（2）由题可知，$\cos\left[\frac{\pi}{2}(t-3)\right]$的角频率为$\Omega=\frac{\pi}{2}\ \text{rad/s}$，周期为$T=\frac{2\pi}{\Omega}=\frac{2\pi}{\frac{\pi}{2}}=4(\text{s})$。

（3）由题可知，$\cos(2t)$的角频率为$\Omega_1=2\ \text{rad/s}$，$\sin(4t)$的角频率为$\Omega_2=4\ \text{rad/s}$，取最大公约数可得基波角频率为$\Omega=2\ \text{rad/s}$，则其周期为$T=\frac{2\pi}{\Omega}=\frac{2\pi}{2}=\pi(\text{s})$。

基波角频率是指和信号中角频率的最大公约数，或者先求出周期的最小公倍数，再利用角频率和周期的关系求解。

（4）由题可知，$\cos(2\pi t)$的周期为$T_1=\frac{2\pi}{2\pi}=1(\text{s})$，$\cos(3\pi t)$的周期为$T_2=\frac{2\pi}{3\pi}=\frac{2}{3}(\text{s})$，$\cos(5\pi t)$的周期为$T_3=\frac{2\pi}{5\pi}=\frac{2}{5}(\text{s})$，取最小公倍数为2，则信号的周期$T=2\text{s}$，基波角频率为$\Omega=\frac{2\pi}{T}=\pi(\text{rad/s})$。

（5）由题可知，$\cos\left(\frac{\pi}{2}t\right)$的角频率为$\Omega_1=\frac{\pi}{2}\ \text{rad/s}$，$\sin\left(\frac{\pi}{4}t\right)$的角频率为$\Omega_2=\frac{\pi}{4}\ \text{rad/s}$，两者的最大公约数为$\frac{\pi}{4}$，即信号的基波角频率为$\Omega=\frac{\pi}{4}\ \text{rad/s}$，周期$T=\frac{2\pi}{\frac{\pi}{4}}=8(\text{s})$。

先求角频率或者周期都可以，记住角频率对应求最大公约数，周期对应求最小公倍数，按照自己拿手的来。

（6）由题可知，$\cos\left(\frac{\pi}{2}t\right)$的角频率为$\Omega_1=\frac{\pi}{2}\ \text{rad/s}$，$\cos\left(\frac{\pi}{3}t\right)$的角频率为$\Omega_2=\frac{\pi}{3}\ \text{rad/s}$，$\cos\left(\frac{\pi}{5}t\right)$的角频率为$\Omega_3=\frac{\pi}{5}\ \text{rad/s}$，三者的最大公约数为$\frac{\pi}{30}$，即信号的基波角频率为$\Omega=\frac{\pi}{30}\ \text{rad/s}$，周期$T=\frac{2\pi}{\frac{\pi}{30}}=60(\text{s})$。

吴大正 4.7 用直接计算傅里叶系数的方法，求如图所示周期函数的傅里叶系数（三角形式或指数形式）。

也就是利用定义法计算：$F_n=\frac{1}{T}\int_{-\frac{T}{2}}^{\frac{T}{2}}f(t)e^{-jn\Omega t}dt$

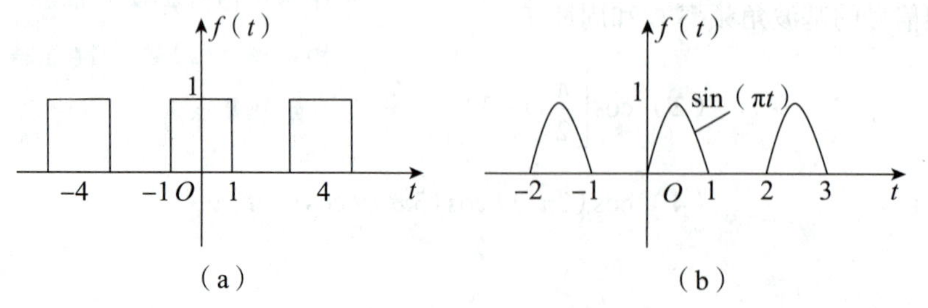

加如果没有这个要求，一般是利用傅里叶级数和傅里叶变换的关系$F_n=\frac{1}{T}F_0(\omega)\Big|_{\omega=n\omega_1}$。

解析 ①对于题图（a），信号周期为$T=4\,\mathrm{s}$，角频率$\Omega=\frac{2\pi}{T}=\frac{\pi}{2}(\mathrm{rad/s})$。

根据指数傅里叶系数定义式，可得

周期是4，但是[−2,2]中只有[−1,1]有值。

$$F_n=\frac{1}{T}\int_{-\infty}^{\infty}f(t)\mathrm{e}^{-\mathrm{j}n\Omega t}\mathrm{d}t=\frac{1}{4}\int_{-1}^{1}f(t)\mathrm{e}^{-\mathrm{j}n\frac{\pi}{2}t}\mathrm{d}t=\frac{1}{4}\int_{-1}^{1}\mathrm{e}^{-\mathrm{j}n\frac{\pi}{2}t}\mathrm{d}t=\frac{1}{4}\cdot\frac{2}{-\mathrm{j}n\pi}\mathrm{e}^{-\mathrm{j}n\frac{\pi}{2}t}\Big|_{-1}^{1}$$

$$=\frac{1}{-\mathrm{j}2n\pi}\left(\mathrm{e}^{-\mathrm{j}n\frac{\pi}{2}}-\mathrm{e}^{\mathrm{j}n\frac{\pi}{2}}\right)=\frac{1}{n\pi}\sin\left(\frac{n\pi}{2}\right),\ n=0,\ \pm1,\ \pm2,\ \cdots$$

②对于题图（b），信号周期为$T=2\,\mathrm{s}$，角频率$\Omega=\frac{2\pi}{T}=\pi(\mathrm{rad/s})$。

根据指数傅里叶系数定义式，可得

$$F_n=\frac{1}{T}\int_{-\infty}^{\infty}f(t)\mathrm{e}^{-\mathrm{j}n\pi t}\mathrm{d}t=\frac{1}{2}\int_{-1}^{1}f(t)\mathrm{e}^{-\mathrm{j}n\pi t}\mathrm{d}t=\frac{1}{2}\int_{0}^{1}\sin(\pi t)\mathrm{e}^{-\mathrm{j}n\pi t}\mathrm{d}t$$

欧拉公式展开。

$$=\frac{1}{2}\int_{0}^{1}\frac{\mathrm{e}^{\mathrm{j}\pi t}-\mathrm{e}^{-\mathrm{j}\pi t}}{\mathrm{j}2}\mathrm{e}^{-\mathrm{j}n\pi t}\mathrm{d}t=\frac{1}{\mathrm{j}4}\int_{0}^{1}[\mathrm{e}^{-\mathrm{j}(n-1)\pi t}-\mathrm{e}^{-\mathrm{j}(n+1)\pi t}]\mathrm{d}t$$

$$=\frac{1}{\mathrm{j}4}\cdot\left[\frac{1}{-\mathrm{j}(n-1)\pi}\mathrm{e}^{-\mathrm{j}(n-1)\pi t}\Big|_{0}^{1}-\frac{1}{-\mathrm{j}(n+1)\pi}\mathrm{e}^{-\mathrm{j}(n+1)\pi t}\Big|_{0}^{1}\right]$$

$$=\frac{1+\mathrm{e}^{-\mathrm{j}n\pi}}{2\pi(1-n^2)},\ n=0,\ \pm1,\ \pm2,\ \cdots$$

吴大正 4.15 【证明题】 若$f(t)$为虚函数，且$\mathcal{F}[f(t)]=F(\mathrm{j}\omega)=R(\omega)+\mathrm{j}X(\omega)$，试证：

（1）$R(\omega)=-R(-\omega)$，$X(\omega)=X(-\omega)$；

（2）$F(-\mathrm{j}\omega)=-F^*(\mathrm{j}\omega)$。

证明 （1）由题可知，$f(t)$为虚函数，即$f(t)=-f^*(t)$。

复习傅里叶变换的性质，需要记住：

$f(t)\to F(\omega)$，$f^*(t)\to F^*(-\omega)$，

$f^*(-t)\to F^*(\omega)$。

根据常用傅里叶变换：

$$F(\omega)=-F^*(-\omega)\to R(\omega)+\mathrm{j}X(\omega)=-R(-\omega)+\mathrm{j}X(-\omega)$$

得到$R(\omega)=-R(-\omega)$，$X(\omega)=X(-\omega)$。

（2）由（1）可知$F(\mathrm{j}\omega)=R(\omega)+\mathrm{j}X(\omega)$，则

$$F(-\mathrm{j}\omega)=R(-\omega)+\mathrm{j}X(-\omega)=-R(\omega)+\mathrm{j}X(-\omega)=-R(\omega)+\mathrm{j}X(\omega)$$

$$=-[R(\omega)-\mathrm{j}X(-\omega)]=-F^*(\mathrm{j}\omega)$$

吴大正 4.16 【证明题】 若$f(t)$为复函数，可表示为$f(t)=f_{\mathrm{r}}(t)+\mathrm{j}f_{\mathrm{i}}(t)$且$\mathcal{F}[f(t)]=F(\mathrm{j}\omega)$。式

中$f_r(t)$、$f_i(t)$均为实函数，证明：

（1）$\mathcal{F}[f^*(t)]=F^*(-j\omega)$； 这个结论记住。

（2）$\mathcal{F}[f_r(t)]=\frac{1}{2}[F(j\omega)+F^*(-j\omega)]$，$\mathcal{F}[f_i(t)]=\frac{1}{2j}[F(j\omega)-F^*(-j\omega)]$。

证明 （1）根据傅里叶变换定义式可得

$$F(j\omega)=\int_{-\infty}^{\infty}f(t)e^{-j\omega t}dt=\int_{-\infty}^{\infty}[f_r(t)+jf_i(t)][\cos(\omega t)-j\sin(\omega t)]dt$$

$$=\int_{-\infty}^{\infty}[f_r(t)\cos(\omega t)+f_i(t)\sin(\omega t)]dt+j\int_{-\infty}^{\infty}[f_i(t)\cos(\omega t)-f_r(t)\sin(\omega t)]dt$$

由题可知$f(t)=f_r(t)+jf_i(t)$，则$f^*(t)=f_r(t)-jf_i(t)$。

根据傅里叶变换定义式可得

$$\mathcal{F}[f^*(t)]=\int_{-\infty}^{\infty}f^*(t)e^{-j\omega t}dt=\int_{-\infty}^{\infty}[f_r(t)-jf_i(t)][\cos(\omega t)-j\sin(\omega t)]dt$$

$$=\int_{-\infty}^{\infty}[f_r(t)\cos(\omega t)-f_i(t)\sin(\omega t)]dt-j\int_{-\infty}^{\infty}[f_i(t)\cos(\omega t)+f_r(t)\sin(\omega t)]dt$$

$$=\int_{-\infty}^{\infty}[f_r(t)\cos(-\omega t)+f_i(t)\sin(-\omega t)]dt-j\int_{-\infty}^{\infty}[f_i(t)\cos(-\omega t)-f_r(t)\sin(-\omega t)]dt$$

$$=F^*(-j\omega)$$

（2）由题可知$f(t)=f_r(t)+jf_i(t)$，则$f^*(t)=f_r(t)-jf_i(t)$。

整理可得$f_r(t)=\frac{1}{2}[f(t)+f^*(t)]$，$f_i(t)=\frac{1}{2j}[f(t)-f^*(t)]$，而

$$\mathcal{F}[f(t)]=F(j\omega),\ \mathcal{F}[f^*(t)]=F^*(-j\omega)$$

代入可得$\mathcal{F}[f_r(t)]=\frac{1}{2}[F(j\omega)+F^*(-j\omega)]$，$\mathcal{F}[f_i(t)]=\frac{1}{2j}[F(j\omega)-F^*(-j\omega)]$。

一个域的共轭对称部分对应另一个域的实部；一个域的共轭反对称部分对应另一个域的j乘虚部。

吴大正 4.18 求下列信号的傅里叶变换。

（1）$f(t)=e^{-jt}\delta(t-2)$；

（2）$f(t)=e^{-3(t-1)}\delta'(t-1)$；

（3）$f(t)=\mathrm{sgn}(t^2-9)$；

（4）$f(t)=e^{-2t}\varepsilon(t+1)$；

（5）$f(t)=\varepsilon\left(\frac{1}{2}t-1\right)$。

这种题一般是由已知傅里叶变换求未知傅里叶变换，或者是利用傅里叶变换的性质求解。

解析 （1）由题可知$f(t)=e^{-jt}\delta(t-2)$，由常见傅里叶变换可得$\delta(t)\leftrightarrow 1$。

根据时移特性可得$\delta(t-2)\leftrightarrow e^{-j2\omega}$。 时域乘上复指数信号，频域相当于频移。

再根据频移特性可得$f(t)=\mathrm{e}^{-\mathrm{j}t}\delta(t-2)\leftrightarrow \mathrm{e}^{-\mathrm{j}2(\omega+1)}$。

（2）由题可知$f(t)=\mathrm{e}^{-3(t-1)}\delta'(t-1)$。

根据冲激偶的性质$f(t)\delta'(t)=f(0)\delta'(t)-f'(t)\delta(t)$，得

$$\mathrm{e}^{-3t}\delta'(t)=\delta'(t-1)+3\delta(t)\leftrightarrow \mathrm{j}\omega+3$$

再根据傅里叶变换的时移特性，可得$\mathrm{e}^{-3(t-1)}\delta'(t-1)\leftrightarrow(3+\mathrm{j}\omega)\mathrm{e}^{-\mathrm{j}\omega}$。

（3）由题可知$f(t)=\mathrm{sgn}(t^2-9)$。

对信号整理可得

$$f(t)=\begin{cases}1, & t^2-9>0\\ -1, & t^2-9<0\end{cases}\Rightarrow f(t)=\begin{cases}1, & t>3\text{或}t<-3\\ -1, & -3<t<3\end{cases}$$

故$f(t)=1-2g_6(t)$，由常用傅里叶变换可得$1\leftrightarrow 2\pi\delta(\omega)$，$g_6(t)\leftrightarrow 6\mathrm{Sa}(3\omega)$。

故$f(t)$的傅里叶变换为$f(t)=\mathrm{sgn}(t^2-9)=1-2g_6(t)\leftrightarrow 2\pi\delta(\omega)-12\mathrm{Sa}(3\omega)$。

（4）由题可知$f(t)=\mathrm{e}^{-2t}\varepsilon(t+1)$。

$$f(t)=\mathrm{e}^{-2t}\varepsilon(t+1)=\mathrm{e}^{2}\mathrm{e}^{-2(t+1)}\varepsilon(t+1)$$

根据常用傅里叶变换可得$\mathrm{e}^{-2t}\varepsilon(t)\leftrightarrow\dfrac{1}{\mathrm{j}\omega+2}$，根据时移性质可得$F(\omega)=\dfrac{\mathrm{e}^{(2+\mathrm{j}\omega)}}{2+\mathrm{j}\omega}$。

可以发现利用性质求解，会比利用定义求解更简便、更准确。

（5）由题可知$f(t)=\varepsilon\left(\dfrac{1}{2}t-1\right)$。

根据阶跃函数的定义得

$$f(t)=\begin{cases}1, & \dfrac{t}{2}-1>0\\ 0, & \dfrac{t}{2}-1<0\end{cases}\Rightarrow f(t)=\begin{cases}1, & t>2\\ 0, & t<2\end{cases}$$

通过将信号的表达式化简从而简化计算，面对复杂的信号表达式时可以选择此方法。

故$f(t)=\varepsilon(t-2)$，由常用信号的傅里叶变换可得$\varepsilon(t)\leftrightarrow\pi\delta(\omega)+\dfrac{1}{\mathrm{j}\omega}$。

根据时移性质可得$\varepsilon(t-2)\leftrightarrow\left[\pi\delta(\omega)+\dfrac{1}{\mathrm{j}\omega}\right]\mathrm{e}^{-\mathrm{j}2\omega}=\pi\delta(\omega)+\dfrac{\mathrm{e}^{-\mathrm{j}2\omega}}{\mathrm{j}\omega}$。

吴大正 4.20 若已知$f(t)\leftrightarrow F(\mathrm{j}\omega)$，试求下列函数的频谱。

（1）$tf(2t)$；（2）$(t-2)f(t)$；（3）$t\dfrac{\mathrm{d}f(t)}{\mathrm{d}t}$；

（4）$f(1-t)$；（5）$(1-t)f(1-t)$；（6）$f(2t-5)$；

（7）$\int_{-\infty}^{1-\frac{1}{2}t} f(\tau)\mathrm{d}\tau$；（8）$\mathrm{e}^{\mathrm{j}t}f(3-2t)$；（9）$\frac{\mathrm{d}f(t)}{\mathrm{d}t} * \frac{1}{\pi t}$。

解析 （1）根据傅里叶变换的尺度变换特性可得 $f(2t) \leftrightarrow \frac{1}{2}F\left(\mathrm{j}\frac{\omega}{2}\right)$。

再根据傅里叶变换的频域微分特性可得 $(-\mathrm{j}t)f(2t) \leftrightarrow \frac{1}{2}\frac{\mathrm{d}}{\mathrm{d}\omega}F\left(\mathrm{j}\frac{\omega}{2}\right)$。

故 $tf(2t) \leftrightarrow \mathrm{j}\frac{1}{2}\frac{\mathrm{d}}{\mathrm{d}\omega}F\left(\mathrm{j}\frac{\omega}{2}\right)$。

如果你的答案和正确答案差了一倍，建议看看这里。

（2）根据傅里叶变换的频域微分特性可得

$$(-\mathrm{j}t)f(t) \leftrightarrow \frac{\mathrm{d}}{\mathrm{d}\omega}F(\mathrm{j}\omega),\quad f(t) \leftrightarrow \mathrm{j}\frac{\mathrm{d}}{\mathrm{d}\omega}F(\mathrm{j}\omega)$$

故 $(t-2)f(t) \leftrightarrow \mathrm{j}\frac{\mathrm{d}}{\mathrm{d}\omega}F(\mathrm{j}\omega) - 2F(\mathrm{j}\omega)$。

（3）根据傅里叶变换的时域微分特性可得 $\frac{\mathrm{d}}{\mathrm{d}t}f(t) \leftrightarrow \mathrm{j}\omega F(\mathrm{j}\omega)$。

再根据傅里叶变换的频域微分特性可得 $(-\mathrm{j}t)\frac{\mathrm{d}}{\mathrm{d}t}f(t) \leftrightarrow \frac{\mathrm{d}}{\mathrm{d}\omega}[\mathrm{j}\omega F(\mathrm{j}\omega)]$。

故 $t\frac{\mathrm{d}}{\mathrm{d}t}f(t) \leftrightarrow \mathrm{j}\frac{\mathrm{d}}{\mathrm{d}\omega}[\mathrm{j}\omega F(\mathrm{j}\omega)] = -\left[F(\mathrm{j}\omega) + \omega\frac{\mathrm{d}}{\mathrm{d}\omega}F(\mathrm{j}\omega)\right]$。

（4）根据傅里叶变换的时移特性可得 $f(1+t) \leftrightarrow F(\mathrm{j}\omega)\mathrm{e}^{\mathrm{j}\omega}$。

再根据傅里叶变换的尺度变换特性可得 $f(1-t) \leftrightarrow F(-\mathrm{j}\omega)\mathrm{e}^{-\mathrm{j}\omega}$。

（5）根据傅里叶变换的频域微分特性可得 $tf(t) \leftrightarrow \mathrm{j}\frac{\mathrm{d}}{\mathrm{d}\omega}F(\mathrm{j}\omega)$。

再根据傅里叶变换的时移特性可得 $(t+1)f(t+1) \leftrightarrow \mathrm{j}\mathrm{e}^{\mathrm{j}\omega}\frac{\mathrm{d}}{\mathrm{d}\omega}F(\mathrm{j}\omega)$。

最后根据反转特性，可得

每一步对应的性质别弄混了。

$$(1-t)f(1-t) \leftrightarrow \mathrm{j}\mathrm{e}^{-\mathrm{j}\omega}\frac{\mathrm{d}}{\mathrm{d}(-\omega)}F(-\mathrm{j}\omega) = -\mathrm{j}\mathrm{e}^{-\mathrm{j}\omega}\frac{\mathrm{d}}{\mathrm{d}\omega}F(-\mathrm{j}\omega)$$

（6）根据傅里叶变换的时移特性可得 $f(t-5) \leftrightarrow F(\mathrm{j}\omega)\mathrm{e}^{-\mathrm{j}5\omega}$。

再根据尺度变换特性可得 $f(2t-5) \leftrightarrow \frac{1}{2}F\left(\mathrm{j}\frac{\omega}{2}\right)\mathrm{e}^{-\mathrm{j}\frac{5}{2}\omega}$。

（7）由题可知：$\int_{-\infty}^{1-\frac{1}{2}t} f(\tau)\mathrm{d}\tau$，令$f_1(t)=\int_{-\infty}^{t} f(\tau)\mathrm{d}\tau$，则$\int_{-\infty}^{1-\frac{1}{2}t} f(\tau)\mathrm{d}\tau=f_1\left(1-\frac{1}{2}t\right)$。

根据傅里叶变换的积分特性可得$f_1(t)=\int_{-\infty}^{t} f(\tau)\mathrm{d}\tau\leftrightarrow\pi F(0)\delta(\omega)+\dfrac{F(\mathrm{j}\omega)}{\mathrm{j}\omega}$。

联想到$\int_{-\infty}^{t} f(\tau)\mathrm{d}\tau=f(t)*\varepsilon(t)$。

先尺度变换后时移变换：$f_1(t)\rightarrow f_1\left(-\dfrac{t}{2}\right)\rightarrow f_1\left(-\dfrac{t-2}{2}\right)$。

根据傅里叶变换的尺度变换特性可得

$$f_1\left(-\frac{t}{2}\right)\rightarrow 2F(-2\mathrm{j}\omega)\left[\pi\frac{1}{2}\delta(\omega)+\frac{1}{-2\mathrm{j}\omega}\right]=\pi F(0)\delta(\omega)-\frac{F(-\mathrm{j}2\omega)}{\mathrm{j}\omega}$$

再由傅里叶变换的时移特性可得$f_1\left(-\dfrac{t-2}{2}\right)\rightarrow\pi F(0)\delta(\omega)-\dfrac{F(-\mathrm{j}2\omega)}{\mathrm{j}\omega}\mathrm{e}^{-\mathrm{j}2\omega}$。

（8）根据傅里叶变换的时移特性可得$f(3+t)\leftrightarrow F(\mathrm{j}\omega)\mathrm{e}^{\mathrm{j}3\omega}$。

再根据傅里叶变换的尺度变换特性可得$f(3-2t)\leftrightarrow\dfrac{1}{2}F\left(-\mathrm{j}\dfrac{\omega}{2}\right)\mathrm{e}^{-\mathrm{j}\frac{3}{2}\omega}$。

最后根据傅里叶变换的频移特性可得

$$\mathrm{e}^{\mathrm{j}t}f(3-2t)\leftrightarrow\frac{1}{2}F\left[-\frac{1}{2}\mathrm{j}(\omega-1)\right]\mathrm{e}^{-\frac{3}{2}\mathrm{j}(\omega-1)}=\frac{1}{2}\mathrm{e}^{-\mathrm{j}\frac{3(\omega-1)}{2}}F\left(\mathrm{j}\frac{1-\omega}{2}\right)$$

（9）根据傅里叶变换的时域微分特性可得$\dfrac{\mathrm{d}f(t)}{\mathrm{d}t}\leftrightarrow\mathrm{j}\omega F(\mathrm{j}\omega)$。

根据常见傅里叶变换可得$\dfrac{1}{\pi t}\leftrightarrow-\mathrm{j}\operatorname{sgn}(\omega)$。这里还运用了傅里叶变换的对称性质。

再根据时域卷积定理，时域卷积，频域相乘可得

$$\frac{\mathrm{d}f(t)}{\mathrm{d}t}*\frac{1}{\pi t}\leftrightarrow\mathrm{j}\omega F(\mathrm{j}\omega)[-\mathrm{j}\operatorname{sgn}(\omega)]=\omega\operatorname{sgn}(\omega)F(\mathrm{j}\omega)=|\omega|F(\mathrm{j}\omega)$$

吴大正 4.21 求下列函数的傅里叶逆变换。

（1）$F(\mathrm{j}\omega)=\begin{cases}1, & |\omega|<\omega_0\\ 0, & |\omega|>\omega_0\end{cases}$；

（2）$F(\mathrm{j}\omega)=\delta(\omega+\omega_0)-\delta(\omega-\omega_0)$；

（3）$F(\mathrm{j}\omega)=2\cos(3\omega)$；

（4）$F(\mathrm{j}\omega)=[\varepsilon(\omega)-\varepsilon(\omega-2)]\mathrm{e}^{-\mathrm{j}\omega}$；

（5）$F(\mathrm{j}\omega)=\sum\limits_{n=0}^{2}\dfrac{2\sin\omega}{\omega}\mathrm{e}^{-\mathrm{j}(2n+1)\omega}$。

解析 （1）由题可知$F(\mathrm{j}\omega)=\begin{cases}1, & |\omega|<\omega_0\\ 0, & |\omega|>\omega_0\end{cases}$。门函数的傅里叶逆变换是考试的一大热门。

整理可得 $F(\mathrm{j}\omega)=g_{2\omega_0}(\omega)$。

根据常见傅里叶变换可得 $g_{2\omega_0}(t)\leftrightarrow 2\omega_0\mathrm{Sa}(\omega_0\omega)$。

再根据对称性可得 $2\omega_0\mathrm{Sa}(\omega_0 t)\leftrightarrow 2\pi g_{2\omega_0}(\omega)$，则 $\dfrac{\omega_0}{\pi}\mathrm{Sa}(\omega_0 t)\leftrightarrow g_{2\omega_0}(\omega)$。

故 $F(\mathrm{j}\omega)$ 的傅里叶逆变换为

$$\mathcal{F}^{-1}[F(\mathrm{j}\omega)]=\frac{\omega_0}{\pi}\mathrm{Sa}(\omega_0 t)=\frac{\omega_0}{\pi}\cdot\frac{\sin(\omega_0 t)}{\omega_0 t}=\frac{\sin(\omega_0 t)}{\pi t}$$

（2）由题可知 $F(\mathrm{j}\omega)=\delta(\omega+\omega_0)-\delta(\omega-\omega_0)$。

根据常见傅里叶变换可得 $1\leftrightarrow 2\pi\delta(\omega)$，则 $\dfrac{1}{2\pi}\leftrightarrow\delta(\omega)$。

根据傅里叶变换的频移特性可得 $\dfrac{1}{2\pi}\mathrm{e}^{-\mathrm{j}\omega_0 t}\leftrightarrow\delta(\omega+\omega_0)$，$\dfrac{1}{2\pi}\mathrm{e}^{\mathrm{j}\omega_0 t}\leftrightarrow\delta(\omega-\omega_0)$。

故 $F(\mathrm{j}\omega)$ 的傅里叶逆变换为 $\mathcal{F}^{-1}[F(\mathrm{j}\omega)]=\dfrac{1}{2\pi}\mathrm{e}^{-\mathrm{j}\omega_0 t}-\dfrac{1}{2\pi}\mathrm{e}^{\mathrm{j}\omega_0 t}=\dfrac{\sin(\omega_0 t)}{\mathrm{j}\pi}$。用欧拉公式。

（3）由题可知 $F(\mathrm{j}\omega)=2\cos(3\omega)$，根据常见傅里叶变换可得 $\delta(t)\leftrightarrow 1$。

根据傅里叶变换的时移特性可得 $\delta(t+3)\leftrightarrow\mathrm{e}^{\mathrm{j}3\omega}$，$\delta(t-3)\leftrightarrow\mathrm{e}^{-\mathrm{j}3\omega}$，则

$$2\cos(3\omega)=\mathrm{e}^{\mathrm{j}3\omega}+\mathrm{e}^{-\mathrm{j}3\omega}\leftrightarrow\delta(t+3)+\delta(t-3)$$

故 $F(\mathrm{j}\omega)$ 的傅里叶逆变换为 $\mathcal{F}^{-1}[F(\mathrm{j}\omega)]=\mathcal{F}^{-1}[2\cos(3\omega)]=\delta(t+3)+\delta(t-3)$。

（4）由题可知 $F(\mathrm{j}\omega)=[\varepsilon(\omega)-\varepsilon(\omega-2)]\mathrm{e}^{-\mathrm{j}\omega}$，整理可得 $F(\mathrm{j}\omega)=g_2(\omega-1)\mathrm{e}^{-\mathrm{j}\omega}$。

乘e的指数相当于时移放到最后来看。

根据常见傅里叶变换可得 $g_2(t)\leftrightarrow 2\mathrm{Sa}(\omega)$。

再根据傅里叶变换的对称性可得 $2\mathrm{Sa}(t)\leftrightarrow 2\pi g_2(\omega)$。

根据傅里叶变换的频移特性可得 $\dfrac{1}{\pi}\mathrm{Sa}(t)\mathrm{e}^{\mathrm{j}t}\leftrightarrow g_2(\omega-1)$。

再根据傅里叶变换的时移特性可得 $\dfrac{1}{\pi}\mathrm{Sa}(t-1)\mathrm{e}^{\mathrm{j}(t-1)}\leftrightarrow g_2(\omega-1)\mathrm{e}^{-\mathrm{j}\omega}$。

故 $F(\mathrm{j}\omega)$ 的傅里叶逆变换为 $\mathcal{F}^{-1}[F(\mathrm{j}\omega)]=\dfrac{1}{\pi}\mathrm{Sa}(t-1)\mathrm{e}^{\mathrm{j}(t-1)}=\dfrac{\sin(t-1)}{\pi(t-1)}\mathrm{e}^{\mathrm{j}(t-1)}$。

（5）由题可知 $F(\mathrm{j}\omega)=\displaystyle\sum_{n=0}^{2}\frac{2\sin\omega}{\omega}\mathrm{e}^{-\mathrm{j}(2n+1)\omega}$，整理可得

只有三项，可以拆开来看。

$$F(\mathrm{j}\omega)=\frac{2\sin\omega}{\omega}(\mathrm{e}^{-\mathrm{j}\omega}+\mathrm{e}^{-\mathrm{j}3\omega}+\mathrm{e}^{-\mathrm{j}5\omega})$$

根据常见傅里叶变换可得 $g_2(t)\leftrightarrow 2\mathrm{Sa}(\omega)$。

根据傅里叶变换的时移特性，可得 $g_2(t-1)\leftrightarrow 2\mathrm{Sa}(\omega)\mathrm{e}^{-\mathrm{j}\omega}$，$g_2(t-3)\leftrightarrow 2\mathrm{Sa}(\omega)\mathrm{e}^{-\mathrm{j}3\omega}$，$g_2(t-5)\leftrightarrow$ $2\mathrm{Sa}(\omega)\mathrm{e}^{-\mathrm{j}5\omega}$。

故 $F(\mathrm{j}\omega)$ 的傅里叶逆变换为 $\mathcal{F}^{-1}[F(\mathrm{j}\omega)]=g_2(t-1)+g_2(t-3)+g_2(t-5)$。

吴大正 4.27 如图所示信号 $f(t)$ 的频谱函数为 $F(\mathrm{j}\omega)$，求下列各值［不必求出 $F(\mathrm{j}\omega)$］。

（1）$F(0)=F(\mathrm{j}\omega)|_{\omega=0}$；（2）$\int_{-\infty}^{\infty}F(\mathrm{j}\omega)\mathrm{d}\omega$；（3）$\int_{-\infty}^{\infty}|F(\mathrm{j}\omega)|^2\,\mathrm{d}\omega$。

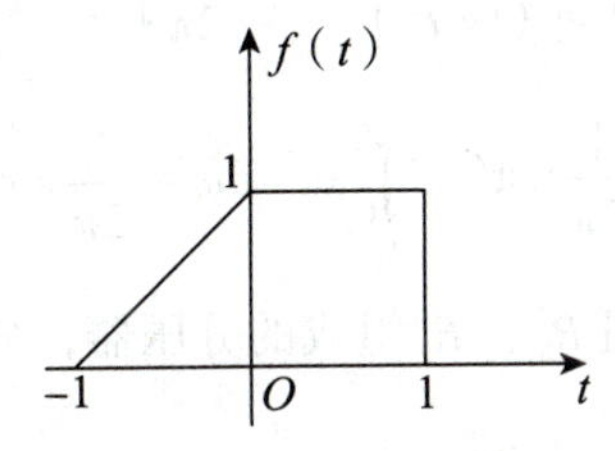

解析 （1）根据傅里叶变换的定义 $F(\mathrm{j}\omega)=\int_{-\infty}^{\infty}f(t)\mathrm{e}^{-\mathrm{j}\omega t}\mathrm{d}t$，将 $\omega=0$ 代入可得

$$F(0)=\int_{-\infty}^{\infty}f(t)\mathrm{e}^{-\mathrm{j}\cdot 0\cdot t}\mathrm{d}t=\int_{-\infty}^{\infty}f(t)\mathrm{d}t=\frac{3}{2}$$

→表示信号与坐标轴围成的面积。

（2）根据傅里叶逆变换的定义 $f(t)=\frac{1}{2\pi}\int_{-\infty}^{\infty}F(\mathrm{j}\omega)\mathrm{e}^{\mathrm{j}\omega t}\mathrm{d}\omega$，将 $t=0$ 代入上式可得

$$f(0)=\frac{1}{2\pi}\int_{-\infty}^{\infty}F(\mathrm{j}\omega)\mathrm{e}^{\mathrm{j}\omega\cdot 0}\mathrm{d}\omega=\frac{1}{2\pi}\int_{-\infty}^{\infty}F(\mathrm{j}\omega)\mathrm{d}\omega$$

则 $\int_{-\infty}^{\infty}F(\mathrm{j}\omega)\mathrm{d}\omega=2\pi f(0)=2\pi$。

（3）根据信号的能量等式，可得

→注意是模值而不是绝对值。

$$\int_{-\infty}^{\infty}|F(\mathrm{j}\omega)|^2\mathrm{d}\omega=2\pi\int_{-\infty}^{\infty}f^2(t)\mathrm{d}t=2\pi\left[\int_{-1}^{0}(t+1)^2\mathrm{d}t+\int_{0}^{1}1\mathrm{d}t\right]=\frac{8}{3}\pi$$

吴大正 4.28 利用能量等式 $\int_{-\infty}^{\infty}f^2(t)\mathrm{d}t=\frac{1}{2\pi}\int_{-\infty}^{\infty}|F(\mathrm{j}\omega)|^2\mathrm{d}\omega$，计算下列积分的值。

→能量等式在考试中一般是不会直接给出的，需要大家记住，南京大学 2022 年就考过。

（1）$\int_{-\infty}^{\infty}\left(\frac{\sin t}{t}\right)^2\mathrm{d}t$；（2）$\int_{-\infty}^{\infty}\frac{\mathrm{d}x}{(1+x^2)^2}$。

→这个 t 和 x 都只是变量名，别想成高数里面的知识了。

解析 （1）根据常见傅里叶变换可得 $g_2(t)\leftrightarrow 2\mathrm{Sa}(\omega)$。

根据对称性，可得 $2\mathrm{Sa}(t) \leftrightarrow 2\pi g_2(\omega)$，即 $\mathrm{Sa}(t)=\dfrac{\sin t}{t} \leftrightarrow \pi g_2(\omega)$。

根据信号的能量等式，可得 $\int_{-\infty}^{\infty}\left(\dfrac{\sin t}{t}\right)^2 \mathrm{d}t=\dfrac{1}{2\pi}\int_{-\infty}^{\infty}|\pi g_2(\omega)|^2\mathrm{d}\omega=\dfrac{1}{2\pi}\times\pi^2\times 2=\pi$。

（2）根据常见傅里叶变换可得 $\mathrm{e}^{-|t|} \leftrightarrow \dfrac{2}{1+\omega^2}$。

根据对称性可得 $\dfrac{2}{1+t^2} \leftrightarrow 2\pi\mathrm{e}^{-|\omega|}$，即 $\dfrac{1}{1+t^2} \leftrightarrow \pi\mathrm{e}^{-|\omega|}$。

根据信号的能量等式可得

$$\int_{-\infty}^{\infty}\frac{1}{(1+x^2)^2}\mathrm{d}x=\int_{-\infty}^{\infty}\frac{1}{(1+t^2)^2}\mathrm{d}t=\frac{1}{2\pi}\int_{-\infty}^{\infty}|\pi\mathrm{e}^{-|\omega|}|^2\mathrm{d}\omega$$

$$=\frac{1}{2\pi}\times\pi^2\times 2\int_0^{\infty}\mathrm{e}^{-2\omega}\mathrm{d}\omega=\frac{1}{2\pi}\times\pi^2\times(-1)\mathrm{e}^{-2\omega}\Big|_0^{\infty}=\frac{\pi}{2}$$

吴大正 4.32 如图所示电路为由电阻 R_1、R_2 组成的分压器，分布电容并接于 R_1 和 R_2 两端，求频率响应 $H(\mathrm{j}\omega)=\dfrac{U_2(\mathrm{j}\omega)}{U_1(\mathrm{j}\omega)}$。为了能无失真传输，$R$ 和 C 应满足何种关系？

无失真传输的条件是幅频曲线为一个常数，相频曲线为过原点的直线。

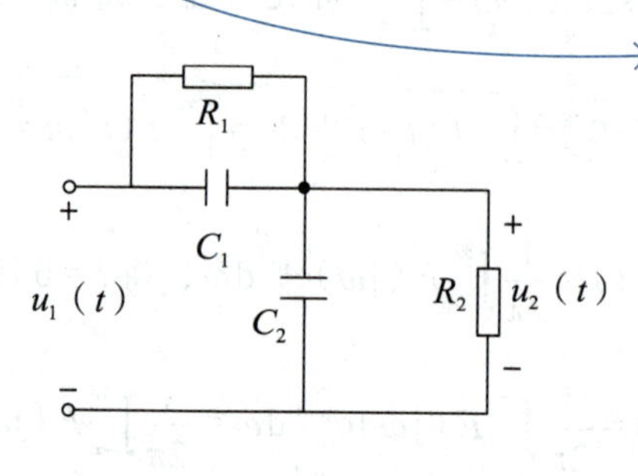

解析 由电路图可知，R_1 和 C_1 并联的等效电阻为 $\dfrac{\frac{R_1}{sC_1}}{R_1+\frac{1}{sC_1}}$；$R_2$ 和 C_2 并联的等效电阻为 $\dfrac{\frac{R_2}{sC_2}}{R_2+\frac{1}{sC_2}}$。

可得

$$U_2(s)=\frac{\dfrac{\frac{R_2}{sC_2}}{R_2+\frac{1}{sC_2}}}{\dfrac{\frac{R_1}{sC_1}}{R_1+\frac{1}{sC_1}}+\dfrac{\frac{R_2}{sC_2}}{R_2+\frac{1}{sC_2}}}U_1(s)$$

表示为零、极点形式，方便后续判断。

则 $H(s)=\dfrac{U_2(s)}{U_1(s)}=\dfrac{C_1}{C_1+C_2}\dfrac{s+\dfrac{1}{R_1C_1}}{s+\dfrac{R_1+R_2}{R_1R_2(C_1+C_2)}}$，其中 $\dfrac{1}{R_1C_1}>0$，$\dfrac{R_1+R_2}{R_1R_2(C_1+C_2)}>0$。

因为极点都位于虚轴左半平面，故系统是稳定的，存在频率响应。令 $s=\mathrm{j}\omega$ 可得

$$H(\mathrm{j}\omega)=\frac{C_1}{C_1+C_2}\frac{\mathrm{j}\omega+\dfrac{1}{R_1C_1}}{\mathrm{j}\omega+\dfrac{R_1+R_2}{R_1R_2(C_1+C_2)}}$$

由题可知，为了能无失真的传输，可得 $H(\mathrm{j}\omega)=K\mathrm{e}^{-\mathrm{j}\omega t_0}$，则

$$|H(\mathrm{j}\omega)|=\frac{C_1}{C_1+C_2}\frac{\sqrt{\omega^2+\left(\dfrac{1}{R_1C_1}\right)^2}}{\sqrt{\omega^2+\left[\dfrac{R_1+R_2}{R_1R_2(C_1+C_2)}\right]^2}}$$

$$\varphi(\omega)=\arctan\left(\omega/\frac{1}{R_1C_1}\right)-\arctan\left[\omega/\frac{R_1+R_2}{R_1R_2(C_1+C_2)}\right]$$

arctan x 是非线性的形式。

令 $|H(\mathrm{j}\omega)|=K$ 可得 $\dfrac{1}{R_1C_1}=\pm\dfrac{R_1+R_2}{R_1R_2(C_1+C_2)}$。

令 $\varphi(\omega)=-\omega t_0$，则 $\arctan(\omega R_1C_1)=\arctan\left[\dfrac{\omega R_1R_2(C_1+C_2)}{R_1+R_2}\right]$，解得 $\dfrac{1}{R_1C_1}=\dfrac{R_1+R_2}{R_1R_2(C_1+C_2)}$。

为了能无失真的传输，R 和 C 应满足以下关系

$$\frac{1}{R_1C_1}=\frac{R_1+R_2}{R_1R_2(C_1+C_2)}\Rightarrow R_1C_1(R_1+R_2)=R_1R_2(C_1+C_2)\Rightarrow R_1C_1=R_2C_2$$

吴大正 4.33 某 LTI 系统，其输入为 $f(t)$，输出为 $y(t)=\dfrac{1}{a}\int_{-\infty}^{\infty}s\left(\dfrac{x-t}{a}\right)f(x-2)\mathrm{d}x$，式中 a 为常数，且已知 $s(t)\leftrightarrow S(\mathrm{j}\omega)$，求该系统的频率响应 $H(\mathrm{j}\omega)$。

联想卷积公式：
$y(t)=x(t)*h(t)=\int_{-\infty}^{\infty}x(\tau)h(t-\tau)\mathrm{d}\tau$

解析 由题可知，输入为 $f(t)$ 时，输出为

$$y(t)=\frac{1}{a}\int_{-\infty}^{\infty}s\left(\frac{x-t}{a}\right)f(x-2)\mathrm{d}x$$

$$=\frac{1}{a}\int_{-\infty}^{\infty}s\left(\frac{x'+2-t}{a}\right)f(x')\mathrm{d}x，其中 x'=x-2$$

故
$$h(t)=\frac{1}{a}\int_{-\infty}^{\infty}s\left(\frac{x-t}{a}\right)\delta(x-2)\mathrm{d}x=\frac{1}{a}s\left(\frac{2-t}{a}\right)$$

由题可知$s(t)\leftrightarrow S(\mathrm{j}\omega)$，根据傅里叶变换的尺度变换性质可得

$$s\left(-\frac{t}{a}\right)\leftrightarrow|a|S(-\mathrm{j}a\omega)$$

再根据傅里叶变换的时移特性可得$s\left(\frac{t-2}{-a}\right)=s\left(\frac{2-t}{a}\right)\leftrightarrow|a|S(-\mathrm{j}a\omega)\mathrm{e}^{-\mathrm{j}2\omega}$。

可得系统的频率响应$H(\mathrm{j}\omega)=\frac{|a|}{a}S(-\mathrm{j}a\omega)\mathrm{e}^{-\mathrm{j}2\omega}$。

吴大正 4.48 有限频带信号$f(t)$的最高频率为100 Hz，若对下列信号进行时域取样，求最小取样频率f_s。

（1）$f(3t)$；（2）$f^2(t)$；

（3）$f(t)*f(2t)$；（4）$f(t)+f^2(t)$。

奈奎斯特采样定理，经常用到，大家一定要熟悉。

解析 （1）根据傅里叶变换的尺度变换性质可得$f(3t)\leftrightarrow\frac{1}{3}F\left(\mathrm{j}\frac{\omega}{3}\right)$。

由题可知，$F(\mathrm{j}\omega)$的最高频率为100 Hz，则$f(3t)$的最高频率为$f_{1\mathrm{m}}=3f_{\mathrm{m}}=300(\mathrm{Hz})$。

故其最小取样频率为$f_s=2f_{1\mathrm{m}}=600(\mathrm{Hz})$。

（2）根据傅里叶变换的频域卷积性质可得

$$f^2(t)=f(t)f(t)\leftrightarrow\frac{1}{2\pi}F(\mathrm{j}\omega)*F(\mathrm{j}\omega)$$

由题可知，$F(\mathrm{j}\omega)$的最高频率为100 Hz，则$\frac{1}{2\pi}F(\mathrm{j}\omega)*F(\mathrm{j}\omega)$的最高频率为$f_{2\mathrm{m}}=200$ Hz，故其最小取样频率为$f_s=2f_{2\mathrm{m}}=400(\mathrm{Hz})$。

（3）根据傅里叶变换的尺度变换性质可得$f(2t)\leftrightarrow\frac{1}{2}F\left(\mathrm{j}\frac{\omega}{2}\right)$。

再根据傅里叶变换的时域卷积性质可得$f(t)*f(2t)\leftrightarrow F(\mathrm{j}\omega)\cdot\frac{1}{2}F\left(\mathrm{j}\frac{\omega}{2}\right)$。

由题可知，$F(\mathrm{j}\omega)$的最高频率为100 Hz，则$F\left(\mathrm{j}\frac{\omega}{2}\right)$的最高频率为200 Hz，故$F(\mathrm{j}\omega)\cdot\frac{1}{2}F\left(\mathrm{j}\frac{\omega}{2}\right)$的最高频率为$f_{3\mathrm{m}}=100$ Hz，所以其最小取样频率为$f_s=2f_{3\mathrm{m}}=200(\mathrm{Hz})$。

（4）根据傅里叶变换的频域卷积性质可得

$$f(t)+f^2(t)\leftrightarrow F(\mathrm{j}\omega)+\frac{1}{2\pi}F(\mathrm{j}\omega)*F(\mathrm{j}\omega)$$

由题可知，$F(\mathrm{j}\omega)$的最高频率为100 Hz，则$\frac{1}{2\pi}F(\mathrm{j}\omega)*F(\mathrm{j}\omega)$的最高频率为200 Hz，故$F(\mathrm{j}\omega)+\frac{1}{2\pi}F(\mathrm{j}\omega)*F(\mathrm{j}\omega)$的最高频率为$f_{4\mathrm{m}}=200$ Hz，所以其最小取样频率为$f_s=2f_{4\mathrm{m}}=400(\mathrm{Hz})$。

奥本海姆版第三章 | 周期信号的傅里叶级数表示（连续部分）

奥本海姆 3.3 对下面的连续时间周期信号$x(t)=2+\cos\left(\frac{2\pi}{3}t\right)+4\sin\left(\frac{5\pi}{3}t\right)$，求基波频率$\omega_0$和傅里叶级数系数$a_k$，以表示成$x(t)=\sum_{k=-\infty}^{\infty}a_k\mathrm{e}^{\mathrm{j}k\omega_0 t}$。

解析 根据信号可得$\cos\left(\frac{2\pi}{3}t\right)\to T_1=3$，$4\sin\left(\frac{5\pi}{3}t\right)\to T_2=\frac{6}{5}$。

所以周期和基波频率分别为$T=6$，$\omega_0=\frac{2\pi}{6}=\frac{\pi}{3}$。

由题可知$x(t)=2+\cos\left(\frac{2\pi}{3}t\right)+4\sin\left(\frac{5\pi}{3}t\right)$，整理可得

利用欧拉公式展开。

$$x(t)=2+\frac{1}{2}\mathrm{e}^{\mathrm{j}\frac{2\pi}{3}t}+\frac{1}{2}\mathrm{e}^{-\mathrm{j}\frac{2\pi}{3}t}-2\mathrm{j}\mathrm{e}^{\mathrm{j}\frac{5\pi}{3}t}+2\mathrm{j}\mathrm{e}^{-\mathrm{j}\frac{5\pi}{3}t}$$

$$=2+\frac{1}{2}\mathrm{e}^{\mathrm{j}2\left(\frac{2\pi}{6}\right)t}+\frac{1}{2}\mathrm{e}^{-\mathrm{j}2\left(\frac{2\pi}{6}\right)t}-2\mathrm{j}\mathrm{e}^{\mathrm{j}5\left(\frac{2\pi}{6}\right)t}+2\mathrm{j}\mathrm{e}^{-\mathrm{j}5\left(\frac{2\pi}{6}\right)t}$$

利用基波频率表示出来。

$$=a_0+a_2\mathrm{e}^{\mathrm{j}2\omega_0 t}+a_{-2}\mathrm{e}^{-\mathrm{j}2\omega_0 t}+a_5\mathrm{e}^{\mathrm{j}5\omega_0 t}+a_{-5}\mathrm{e}^{-\mathrm{j}5\omega_0 t}$$

故傅里叶级数系数为$a_0=2$，$a_2=a_{-2}=\frac{1}{2}$，$a_5=-2\mathrm{j}$，$a_{-5}=2\mathrm{j}$，其余傅里叶级数系数为0。

奥本海姆 3.8 现对一个信号$x(t)$给出如下信息：

这种类型的题目一般在奥本海姆版教材出现，四川大学会考这种类型的题目。

①$x(t)$是实奇函数。 实奇对虚奇；实偶对实偶。

②$x(t)$是周期的，周期$T=2$，傅里叶系数为a_k。

③对$|k|>1$，$a_k=0$。

④$\frac{1}{2}\int_0^2 |x(t)|^2 \mathrm{d}t = 1$。

试确定两个不同的信号都满足这些条件。

解析 由条件①可知，$x(t)$是实奇函数，故傅里叶系数a_k是纯虚数，且$a_k = -a_{-k}$，$a_0 = 0$。由条件③可知，对$|k|>1$，$a_k = 0$，故a_k中非零的只有a_1和a_{-1}。

根据帕斯瓦尔定理可知$\frac{1}{T}\int_T |x(t)|^2 \mathrm{d}t = \sum_{t=-\infty}^{\infty} |a_k|^2$。

将周期$T=2$代入可得$\frac{1}{2}\int_0^2 |x(t)|^2 \mathrm{d}t = \sum_{k=-1}^{1} |a_k|^2$，故 只要取完整的周期就可以。

$$|a_1|^2 + |a_{-1}|^2 = 1 \Rightarrow 2|a_1|^2 = 1 \Rightarrow a_1 = -a_{-1} = \mathrm{j}\frac{\sqrt{2}}{2} \text{或} a_1 = -a_{-1} = -\mathrm{j}\frac{\sqrt{2}}{2}$$

则

$$x(t) = a_1 \mathrm{e}^{\mathrm{j}\omega_0 t} + a_{-1}\mathrm{e}^{-\mathrm{j}\omega_0 t} = \mathrm{j}\frac{\sqrt{2}}{2}\mathrm{e}^{\mathrm{j}(2\pi/2)t} - \mathrm{j}\frac{\sqrt{2}}{2}\mathrm{e}^{-\mathrm{j}(2\pi/2)t} = -\sqrt{2}\cdot\frac{1}{2\mathrm{j}}(\mathrm{e}^{\mathrm{j}\pi t} - \mathrm{e}^{-\mathrm{j}\pi t}) = -\sqrt{2}\sin(\pi t)$$

或

$$x(t) = -\mathrm{j}\frac{\sqrt{2}}{2}\mathrm{e}^{\mathrm{j}\pi t} + \mathrm{j}\frac{\sqrt{2}}{2}\mathrm{e}^{-\mathrm{j}\pi t} = \sqrt{2}\sin(\pi t)$$

由频域的 Sa 函数，联想到门函数。

奥本海姆 3.13 考虑一个连续时间线性时不变系统，其频率响应是$H(\mathrm{j}\omega) = \int_{-\infty}^{\infty} h(t)\mathrm{e}^{-\mathrm{j}\omega t}\mathrm{d}t = \frac{\sin(4\omega)}{\omega}$，若输入至该系统的信号是一个周期信号$x(t)$，即$x(t) = \begin{cases} 1, & 0 \leqslant t < 4 \\ -1, & 4 \leqslant t < 8 \end{cases}$，周期$T=8$，求系统的输出$y(t)$。

解析 由题可知$x(t) = \begin{cases} 1, & 0 \leqslant t < 4 \\ -1, & 4 \leqslant t < 8 \end{cases}$，则$x(t)$的基波频率为$\omega_0 = \frac{2\pi}{T} = \frac{\pi}{4}$。

先求傅里叶级数系数。 写成傅里叶级数形式能够看到对应谐波的幅度和相位的值。

法一：性质法求解傅里叶级数系数。

$$x_0(t) = g_4(t-2) - g_4(t-6)$$

根据常用傅里叶变换可得

$$X_0(\mathrm{j}\omega) = 4\mathrm{Sa}(2\omega)(\mathrm{e}^{-\mathrm{j}2\omega} - \mathrm{e}^{-\mathrm{j}6\omega}) = 4\mathrm{e}^{-\mathrm{j}4\omega}\mathrm{Sa}(2\omega)(\mathrm{e}^{\mathrm{j}2\omega} - \mathrm{e}^{-\mathrm{j}2\omega}) = 8\mathrm{j}\mathrm{Sa}(2\omega)\sin(2\omega)\mathrm{e}^{-\mathrm{j}4\omega}$$

解得$F_n = \mathrm{j}\mathrm{Sa}\left(\frac{\pi n}{2}\right)\sin\left(\frac{\pi n}{2}\right)\mathrm{e}^{-\mathrm{j}\pi n}$，因此$x(t) = \sum_{n=-\infty}^{\infty} \mathrm{j}\mathrm{Sa}\left(\frac{\pi n}{2}\right)\sin\left(\frac{\pi n}{2}\right)\mathrm{e}^{-\mathrm{j}\pi n}\mathrm{e}^{\mathrm{j}t\frac{n\pi}{4}}$。

再利用特征输入法求解输出。

法二：定义法求解傅里叶级数系数。

$$a_k=\frac{1}{T}\int_T x(t)\mathrm{e}^{-\mathrm{j}k\omega_0 t}\mathrm{d}t=\frac{1}{8}\int_0^8 x(t)\mathrm{e}^{-\mathrm{j}k\left(\frac{\pi}{4}\right)t}\mathrm{d}t=\frac{1}{8}\int_0^4 \mathrm{e}^{-\mathrm{j}k\left(\frac{\pi}{4}\right)t}\mathrm{d}t-\frac{1}{8}\int_4^8 \mathrm{e}^{-\mathrm{j}k\left(\frac{\pi}{4}\right)t}\mathrm{d}t$$

$$=\frac{1}{\mathrm{j}k2\pi}(1-\mathrm{e}^{-\mathrm{j}k\pi})+\frac{1}{\mathrm{j}k2\pi}(\mathrm{e}^{-\mathrm{j}k2\pi}-\mathrm{e}^{-\mathrm{j}k\pi})$$

$$=\frac{1}{\mathrm{j}k\pi}(1-\mathrm{e}^{-\mathrm{j}k\pi})=\begin{cases}0, & k=0,\ \pm2,\ \pm4,\ \cdots\\ \dfrac{2}{\mathrm{j}k\pi}, & k=\pm1,\ \pm3,\ \cdots\end{cases}$$

再利用特征输入法求解输出。

$$y(t)=\sum_{k=-\infty}^{\infty}a_k H(\mathrm{j}k\omega_0)\mathrm{e}^{\mathrm{j}\omega_0 t}$$

对应幅值和相位加权。

由题可知，频率响应为 $H(\mathrm{j}\omega)=\int_{-\infty}^{\infty}h(t)\mathrm{e}^{-\mathrm{j}\omega t}\mathrm{d}t=\dfrac{\sin(4\omega)}{\omega}$。

则 $H(\mathrm{j}k\omega_0)=\dfrac{\sin(4k\omega_0)}{k\omega_0}=\dfrac{\sin(k\pi)}{k\left(\dfrac{\pi}{4}\right)}=\begin{cases}4, & k=0\\ 0, & k\neq0\end{cases}$，故 $y(t)=0$。

奥本海姆 3.34 考虑一个连续时间线性时不变系统，其单位冲激响应为 $h(t)=\mathrm{e}^{-4|t|}$，在下列各输入情况下，求输出 $y(t)$ 的傅里叶级数表示：

常用傅里叶变换：$h(t)=\mathrm{e}^{-\alpha|t|}\to\dfrac{2\alpha}{\omega^2+\alpha^2}$。

（1）$x(t)=\sum_{n=-\infty}^{\infty}\delta(t-n)$；（2）$x(t)=\sum_{n=-\infty}^{\infty}(-1)^n\delta(t-n)$；

（3）$x(t)$ 为如图所示的周期性方波。

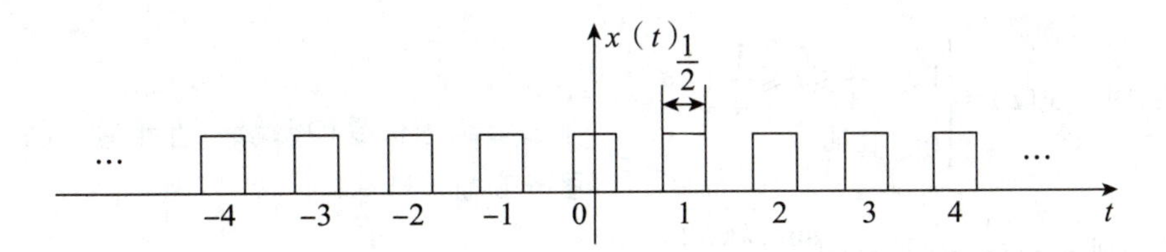

解析 （1）由题可知 $x(t)=\sum_{n=-\infty}^{\infty}\delta(t-n)$，则其周期为 $T=1$，基波频率为 $\omega_0=2\pi$。

设 $x(t)\overset{FS}{\leftrightarrow}a_k$，则 $a_k=\dfrac{1}{T}\int_T x(t)\mathrm{e}^{-\mathrm{j}k\omega_0 t}\mathrm{d}t=\int_{-\frac{1}{2}}^{\frac{1}{2}}\delta(t)\mathrm{e}^{-\mathrm{j}k2\pi t}\mathrm{d}t=1$。

由题可知 $h(t)=\mathrm{e}^{-4|t|}$，则其傅里叶变换为

$$H(\mathrm{j}\omega)=\int_{-\infty}^{\infty}h(t)\mathrm{e}^{-\mathrm{j}\omega t}\mathrm{d}t=\int_{-\infty}^{0}\mathrm{e}^{4t}\mathrm{e}^{-\mathrm{j}\omega t}\mathrm{d}t+\int_0^{\infty}\mathrm{e}^{-4t}\mathrm{e}^{-\mathrm{j}\omega t}\mathrm{d}t=\frac{1}{4-\mathrm{j}\omega}+\frac{1}{4+\mathrm{j}\omega}=\frac{8}{16+\omega^2}$$

$$y(t)=\sum_{k=-\infty}^{\infty}a_kH(\mathrm{j}k\omega_0)\mathrm{e}^{\mathrm{j}k\omega_0 t}=\sum_{k=-\infty}^{\infty}b_k\mathrm{e}^{\mathrm{j}k\omega_0 t}$$

幅值相位加权。

$$b_k=a_kH(\mathrm{j}k\omega_0)=H(\mathrm{j}k2\pi)=\frac{8}{16+4\pi^2k^2}$$

（2）由题可知$x(t)=\sum_{n=-\infty}^{\infty}(-1)^n\delta(t-n)$，则其周期为$T=2$，基波频率为$\omega_0=\pi$。

设$x(t)\overset{\mathrm{FS}}{\leftrightarrow}a_k$，则

$$a_k=\frac{1}{2}\int_0^2[\delta(t)-\delta(t-1)]\mathrm{e}^{-\mathrm{j}k\pi t}\mathrm{d}t=\frac{1}{2}\int_0^2\delta(t)\mathrm{e}^{-\mathrm{j}k\pi t}\mathrm{d}t-\frac{1}{2}\int_0^2\delta(t-1)\mathrm{e}^{-\mathrm{j}k\pi t}\mathrm{d}t$$

$$=\frac{1}{2}(1-\mathrm{e}^{-\mathrm{j}k\pi})=\frac{1}{2}[1-(-1)^k]=\begin{cases}0，k为偶数\\1，k为奇数\end{cases}$$

由题可知$h(t)=\mathrm{e}^{-4|t|}$，则其傅里叶变换为

$$H(\mathrm{j}\omega)=\int_{-\infty}^{\infty}h(t)\mathrm{e}^{-\mathrm{j}\omega t}\mathrm{d}t=\int_{-\infty}^{0}\mathrm{e}^{4t}\mathrm{e}^{-\mathrm{j}\omega t}\mathrm{d}t+\int_0^{\infty}\mathrm{e}^{-4t}\mathrm{e}^{-\mathrm{j}\omega t}\mathrm{d}t=\frac{1}{4-\mathrm{j}\omega}+\frac{1}{4+\mathrm{j}\omega}=\frac{8}{16+\omega^2}$$

$$y(t)=\sum_{k=-\infty}^{\infty}a_kH(\mathrm{j}k\omega_0)\mathrm{e}^{\mathrm{j}k\omega_0 t}=\sum_{k=-\infty}^{\infty}b_k\mathrm{e}^{\mathrm{j}k\omega_0 t}$$

$$b_k=a_kH(\mathrm{j}k\pi)=\begin{cases}0， & k为偶数\\ \dfrac{8}{16+\pi^2k^2}， & k为奇数\end{cases}$$

（3）由题可知，其周期为$T=1$，基波频率为$\omega_0=2\pi$。

当$-\frac{1}{2}\leqslant t\leqslant\frac{1}{2}$时，$x(t)=\begin{cases}1，-\frac{1}{4}\leqslant t\leqslant\frac{1}{4}\\0，其他\end{cases}$。

原函数的图像是门函数，直接背门函数的傅里叶变换，秒杀！

设$x(t)\overset{\mathrm{FS}}{\leftrightarrow}a_k$，则$a_k=\int_{-\frac{1}{4}}^{\frac{1}{4}}\mathrm{e}^{-\mathrm{j}k2\pi t}\mathrm{d}t=\frac{\sin(k\pi/2)}{k\pi}$。

由题可知$h(t)=\mathrm{e}^{-4|t|}$，则其傅里叶变换为

$$H(\mathrm{j}\omega)=\int_{-\infty}^{\infty}h(t)\mathrm{e}^{-\mathrm{j}\omega t}\mathrm{d}t=\int_{-\infty}^{0}\mathrm{e}^{4t}\mathrm{e}^{-\mathrm{j}\omega t}\mathrm{d}t+\int_0^{\infty}\mathrm{e}^{-4t}\mathrm{e}^{-\mathrm{j}\omega t}\mathrm{d}t=\frac{1}{4-\mathrm{j}\omega}+\frac{1}{4+\mathrm{j}\omega}=\frac{8}{16+\omega^2}$$

$$y(t)=\sum_{k=-\infty}^{\infty}a_kH(\mathrm{j}k\omega_0)\mathrm{e}^{\mathrm{j}k\omega_0 t}=\sum_{k=-\infty}^{\infty}b_k\mathrm{e}^{\mathrm{j}k\omega_0 t}$$

$$b_k=a_kH(\mathrm{j}k\omega_0)=a_kH(\mathrm{j}k2\pi)=\frac{8}{16+4\pi^2k^2}\cdot\frac{\sin(k\pi/2)}{k\pi}$$

奥本海姆 3.41 关于一个周期为 3 和傅里叶系数为 a_k 的连续时间周期信号，给出下列信息：

① $a_k = a_{k+2}$。

② $a_k = a_{-k}$。 复习傅里叶级数系数的公式：$a_k = \frac{1}{T}\int x(t)e^{-jk\omega_1 t}dt$。

③ $\int_{-0.5}^{0.5} x(t)dt = 1$。

④ $\int_{1}^{2} x(t)dt = 2$。

试确定 $x(t)$。

解析 由题可知 $a_k = a_{k+2}$，即 $\frac{1}{T}\int x(t)e^{-jk\omega_1 t}dt = \frac{1}{T}\int x(t)e^{-j(k+2)\omega_1 t}dt$。

可得 $x(t) = x(t)e^{-j2\omega_1 t}$。由于周期为 3，则 $x(t) = x(t)e^{-j2\frac{2\pi}{3}t}$，即 $x(t)\left(1 - e^{-j\frac{4\pi}{3}t}\right) = 0$。

因此，只有当 $t = 0$、±1.5、±3、±4.5 时，$x(t) \neq 0$。

由题条件③可知，$\int_{-0.5}^{0.5} x(t)dt = 1$，则 $x(t) = \delta(t)\ (-0.5 \leqslant t \leqslant 0.5)$。

由题条件④可知，$\int_{1}^{2} x(t)dt = 2$，则 $x(t) = 2\delta\left(t - \frac{3}{2}\right)(-0.5 \leqslant t \leqslant 0.5)$。

故 $x(t) = \sum_{k=-\infty}^{\infty}\delta(t-3k) + 2\sum_{k=-\infty}^{\infty}\delta\left(t - 3k - \frac{3}{2}\right)$。

奥本海姆 3.42 **【证明题】** 令 $x(t)$ 是一个基波周期为 T，傅里叶级数系数为 a_k 的实值信号。

（1）证明：$a_k = a_{-k}^*$，并且 a_0 一定为实数；

参考书为奥本海姆版的学校考研要考证明题，比如四川大学。

（2）证明：若 $x(t)$ 为偶函数，则它的傅里叶级数系数一定为实偶函数；

（3）证明：若 $x(t)$ 为奇函数，则它的傅里叶级数系数是虚数且为奇函数，$a_0 = 0$；

（4）证明：$x(t)$ 偶部的傅里叶系数等于 $\mathrm{Re}[a_k]$；

（5）证明：$x(t)$ 奇部的傅里叶系数等于 $\mathrm{jIm}[a_k]$。

补充：$x^*(t) \to a_{-k}^*$，$x^*(-t) \to a_k^*$。

证明 （1）写出傅里叶级数系数 $a_k = \frac{1}{T}\int x(t)e^{-jk\omega_1 t}dt$，以及共轭形式 $a_{-k}^* = \frac{1}{T}\int x^*(t)e^{-jk\omega_1 t}dt$。

由于 $x(t)$ 为实信号，$x(t) = x^*(t)$，因此 $a_k = a_{-k}^*$。令 $k = 0$，即 $a_0 = a_{-0}^*$，则 a_0 一定为实数。

（2）$x(-t)$ 的傅里叶级数系数为 a_{-k}，$x(t)$ 为偶函数，可得 $x(t) = x(-t)$，则 $a_k = a_{-k}$。

由题可知 $x(t)$ 为实函数，$x(t) = x^*(t)$，因此 $a_k = a_{-k}^*$，而 $a_k = a_{-k}$，故 $a_k = a_{-k}^* = a_k^*$。所以若 $x(t)$ 为偶函数，则它的傅里叶级数系数一定为实偶函数。得到结论，实偶对实偶。

（3）$x(-t)$的傅里叶级数系数为a_{-k}，$x(t)$为奇函数，可得$x(t)=-x(-t)$，则$a_k=-a_{-k}$。

由题可知$x(t)$为实函数，则$a_k=a_{-k}^*$，故$a_k=-a_k^*$。所以若$x(t)$为奇函数，则它的傅里叶级数系数是虚数且为奇函数，又$a_0=-a_0$，故$a_0=0$。得到结论，实奇对虚奇。

（4）$\mathrm{Ev}[x(t)]=\dfrac{x(t)+x(-t)}{2}$，其傅里叶级数系数为$c_k=\dfrac{a_k+a_{-k}}{2}$。由题可知$x(t)$为实函数，则$a_k=a_{-k}^*$，故$c_k=\dfrac{a_k+a_k^*}{2}=\mathrm{Re}[a_k]$，所以$x(t)$偶部的傅里叶系数等于$\mathrm{Re}[a_k]$。

（5）$\mathrm{Od}[x(t)]=\dfrac{x(t)-x(-t)}{2}\rightarrow c_k=\dfrac{a_k-a_{-k}}{2}$。

由题可知$x(t)$为实函数，则$a_{-k}=a_k^*$，故$c_k=\dfrac{a_k-a_k^*}{2}=\mathrm{j}\,\mathrm{Im}[a_k]$，所以$x(t)$奇部的傅里叶级数系数等于$\mathrm{j}\,\mathrm{Im}[a_k]$。

奥本海姆 3.44 【证明题】假设关于信号$x(t)$给出如下信息：

①$x(t)$是实信号。教材课后习题题目少了绝对值，此处补上。

②$x(t)$是周期的，周期T为6，傅里叶系数为a_k。

③对于$k=0$和$|k|>2$，有$a_k=0$。这里可以知道，只有在$k=\pm1,\pm2$时，$a_k\neq0$。

④$x(t)=-x(t-3)$。

⑤$\dfrac{1}{6}\int_{-3}^{3}|x(t)|^2\mathrm{d}t=\dfrac{1}{2}$。

⑥a_1是正实数。

证明：$x(t)=A\cos(Bt+C)$，并求常数A、B和C。

证明 由题条件③可知，当$k=0$和$|k|>2$时，$a_k=0$。由题条件④可知，$x(t)=-x(t-3)$。

写成傅里叶级数形式为$x(t)=\sum\limits_{k=-\infty}^{\infty}a_k\mathrm{e}^{\mathrm{j}n\omega_1 t}$，$x(t-3)=\sum\limits_{k=-\infty}^{\infty}a_k\mathrm{e}^{\mathrm{j}n\omega_1(t-3)}$。傅里叶级数公式。

因此$a_k=-a_k\mathrm{e}^{-\mathrm{j}3n\omega_1}$。由题条件②可知，$x(t)$是周期$T$为6的周期信号，则$\omega_1=\dfrac{\pi}{3}$。

$$a_k=-a_k\mathrm{e}^{-\mathrm{j}n\pi}\Rightarrow a_k[1+(-1)^n]=0$$

因此，当k取偶数时，上式为零，且$a_2=a_{-2}=0$，由题条件⑤可知，根据帕斯瓦尔定理可得

$$\frac{1}{6}\int_{-3}^{3}|x(t)|^2\mathrm{d}t=\frac{1}{2}=\sum_{k=-\infty}^{\infty}|a_k|^2=|a_1|^2+|a_{-1}|^2$$

解得$|a_1|=\dfrac{1}{2}$。由题条件①可知，$x(t)$是实信号，则$a_k=a_{-k}^*$。

由题条件⑥可知，a_1是正实数，则$a_1=a_1^*=a_{-1}=\dfrac{1}{2}$，因此

$$x(t)=\sum_{k=\pm1}a_k e^{jn\frac{\pi}{3}t}=\frac{1}{2}\left(e^{j\frac{\pi}{3}t}+e^{-j\frac{\pi}{3}t}\right)=\cos\left(\frac{\pi}{3}t\right)$$

故 $A=1$，$B=\frac{\pi}{3}$，$C=0$。

周期信号的频域就是一个个谱线的谐波。

奥本海姆 3.63 周期信号 $x(t)$ 的傅里叶级数为 $x(t)=\sum_{n=-\infty}^{\infty}\alpha^{|n|}e^{j\frac{n\pi t}{4}}$（$\alpha$ 为实数，$0<\alpha<1$），$x(t)$ 通过 $H(\omega)=\begin{cases}0, & |\omega|>\omega_c\\ 1, & |\omega|\leqslant\omega_c\end{cases}$ 的低通滤波器后，若要求 $x(t)$ 至少保留 90% 平均功率，试求滤波器截止频率 ω_c 应满足的条件。

部分谐波分量被过滤。

解析 由题可知 $x(t)=\sum_{n=-\infty}^{\infty}\alpha^{|n|}e^{j\frac{n\pi t}{4}}$。周期信号 $x(t)$ 一个周期内的平均功率为

$$P=\overline{x^2(t)}=\frac{1}{T_1}\int_{t_0}^{t_0+T}x^2(t)\mathrm{d}t=a_0^2+\frac{1}{2}\sum_{n=1}^{\infty}(a_n^2+b_n^2)=c_0^2+\frac{1}{2}\sum_{n=1}^{\infty}c_n^2=\sum_{n=-\infty}^{\infty}|F_n|^2$$

傅里叶级数的系数相加。

$$\frac{1}{T_1}\int_{t_0}^{t_0+T}x^2(t)\mathrm{d}t=\sum_{n=-\infty}^{\infty}|F_n|^2=\sum_{n=-\infty}^{\infty}\alpha^{2|n|}$$

根据等比数列求和可得

把绝对值展开，需要注意零值点。

$$\sum_{n=0}^{\infty}\alpha^{2n}+\sum_{n=-\infty}^{-1}\alpha^{-2n}=\sum_{n=0}^{\infty}\alpha^{2n}+\sum_{n=1}^{\infty}\alpha^{2n}=\frac{1}{1-\alpha^2}+\frac{\alpha^2}{1-\alpha^2}=\frac{1+\alpha^2}{1-\alpha^2}$$

假如令 N 次谐波以内的频率都通过，$\frac{(N-1)\pi}{4}$ 以内的频率都通过，刚好可以保证 90% 的能量。

$$P=\sum_{n=-N-1}^{N-1}|F_n|^2=\sum_{n=-N-1}^{N-1}\alpha^{2|n|}=\sum_{n=0}^{N-1}\alpha^{2n}+\sum_{n=1}^{N-1}\alpha^{2n}=\frac{1-\alpha^{2N}}{1-\alpha^2}+\frac{\alpha^2-\alpha^{2N}}{1-\alpha^2}=\frac{1-2\alpha^{2N}+\alpha^2}{1-\alpha^2}$$

故 $\frac{1-2\alpha^{2N}+\alpha^2}{1-\alpha^2}=\frac{0.9(1+\alpha^2)}{1-\alpha^2}$，则 $\lg(1+\alpha^2)=\lg20+2N\lg\alpha$，解得

$$N=\frac{\lg(1+\alpha^2)-\lg20}{2\lg\alpha}=\frac{\lg\left(\frac{1+\alpha^2}{20}\right)}{2\lg\alpha}$$

则滤波器截止频率 ω_c 应满足的条件为 $\omega_c>\frac{(N-1)\pi}{4}$。

奥本海姆 3.63 【改编题】 已知一个理想高通滤波器，其系统函数为 $H(j\omega)=\begin{cases}e^{-j\omega t_0}, & |\omega|>\omega_c\\ 0, & |\omega|<\omega_c\end{cases}$，其中 ω_c 为截止角频率，t_0 为延迟时间。

（1）求系统的冲激响应 $h(t)$；

（2）当输入激励为 $e(t)=2e^{-t}\varepsilon(t)$ 时，若要求输出信号 $r(t)$ 的能量为输入信号 $e(t)$ 的能量的 50%，试确定 ω_c 的值。

解析 （1）由题可知，系统函数为 $H(j\omega)=\begin{cases} e^{-j\omega t_0}, & |\omega|>\omega_c \\ 0, & |\omega|<\omega_c \end{cases}$。

整理可得 $H(j\omega)=e^{-j\omega t_0}[1-G_{2\omega_c}(\omega)]$，则求其逆变换可得

高通滤波器可以写成一个全通滤波器减去低通滤波器。

$$h(t)=\delta(t-t_0)-\frac{\sin[\omega_c(t-t_0)]}{\pi(t-t_0)}$$

（2）由题可知 $e(t)=2e^{-t}\varepsilon(t)$。根据能量公式可得 $\int_{-\infty}^{\infty}|e(t)|^2 dt=\int_0^{\infty}4\cdot e^{-2t}dt=2$。

$e(t)$ 的输出能量 $=50\%Pe(t)=1$，$R(j\omega)=E(j\omega)\cdot H(j\omega)$。

根据帕斯瓦尔定理可得

$$\frac{1}{2\pi}\left[\int_{\omega_c}^{\infty}|R(j\omega)|^2 d\omega+\int_{-\infty}^{-\omega_c}|R(j\omega)|^2 d\omega\right]=1$$

$$\frac{1}{2\pi}\left[\int_{-\infty}^{-\omega_c}\left(\frac{2e^{-j\omega t_0}}{1+j\omega}\right)\left(\frac{2e^{j\omega t_0}}{1-j\omega}\right)d\omega+\int_{\omega_c}^{\infty}\left(\frac{2e^{-j\omega t_0}}{1+j\omega}\right)\left(\frac{2e^{j\omega t_0}}{1-j\omega}\right)d\omega\right]=1$$

$$\frac{1}{2\pi}\left(\int_{-\infty}^{-\omega_c}\frac{4}{1+\omega^2}d\omega+\int_{\omega_c}^{\infty}\frac{4}{1+\omega^2}d\omega\right)=1$$

化简整理可得 $\frac{2}{\pi}(\pi-2\arctan\omega_c)=1$，$\arctan\omega_c=\frac{\pi}{4}$，$\omega_c=1$。

奥本海姆版第四章 | 连续时间傅里叶变换

奥本海姆 4.10 （1）求信号 $x(t)=t\left(\frac{\sin t}{\pi t}\right)^2$ 的傅里叶变换；

（2）利用帕斯瓦尔定理和（1）的结果，求 $A=\int_{-\infty}^{\infty}t^2\left(\frac{\sin t}{\pi t}\right)^4 dt$ 的值。

解析 （1）由题可知 $x(t)=t\left(\frac{\sin t}{\pi t}\right)^2$。

令 $g(t)=\frac{\sin t}{\pi t}$，则 $G(j\omega)=\mathcal{F}[g(t)]=u(\omega+1)-u(\omega-1)$，代入可得

$$g_1(t)=[g(t)]^2=\left(\frac{\sin t}{\pi t}\right)^2$$

时域乘积，频域卷积再乘 $\frac{1}{2\pi}$，两个相同的门函数卷积为一个三角波。

其傅里叶变换为

$$G_1(\mathrm{j}\omega)=\frac{1}{2\pi}[u(\omega+1)-u(\omega-1)]*[u(\omega+1)-u(\omega-1)]$$

$$=\begin{cases}\frac{1}{2\pi}(\omega+2), & -2\leqslant\omega<0\\ \frac{1}{2\pi}(-\omega+2), & 0\leqslant\omega\leqslant 2\\ 0, & \text{其他}\end{cases}$$

$$x(t)=tg_1(t)\Rightarrow X(\mathrm{j}\omega)=\mathrm{j}\frac{\mathrm{d}G_1(\omega)}{\mathrm{d}\omega}\begin{cases}\mathrm{j}\frac{1}{2\pi}, & -2<\omega<0\\ -\mathrm{j}\frac{1}{2\pi}, & 0<\omega<2\\ 0, & \text{其他}\end{cases}$$

时域微分性质。

（2）根据帕斯瓦尔定理可得

$$A=\int_{-\infty}^{\infty}x^2(t)\mathrm{d}t=\frac{1}{2\pi}\int_{-\infty}^{\infty}|X(\mathrm{j}\omega)|^2\mathrm{d}\omega=\frac{1}{2\pi}\int_{-2}^{0}\frac{1}{4\pi^2}\mathrm{d}\omega+\frac{1}{2\pi}\int_{0}^{2}\frac{1}{4\pi^2}\mathrm{d}\omega=\frac{1}{2\pi^3}$$

奥本海姆 4.11 【证明题】已知 $y(t)=x(t)*h(t)$，$g(t)=x(3t)*h(3t)$，并已知 $x(t)$ 的傅里叶变换是 $X(\mathrm{j}\omega)$，$h(t)$ 的傅里叶变换是 $H(\mathrm{j}\omega)$，利用傅里叶变换性质证明 $g(t)=Ay(Bt)$，并求出 A 和 B 的值。

考试一般常考选择题，建议记住结论，用频域做。

证明 由题可知 $y(t)=x(t)*h(t)$，$g(t)=x(3t)*h(3t)$。

根据傅里叶变换的尺度变换性质可得 $x(3t)\overset{\mathrm{FT}}{\leftrightarrow}\frac{1}{3}X\left(\mathrm{j}\frac{\omega}{3}\right)$，$h(3t)\overset{\mathrm{FT}}{\leftrightarrow}\frac{1}{3}H\left(\mathrm{j}\frac{\omega}{3}\right)$。

则

$$y(t)\overset{\mathrm{FT}}{\leftrightarrow}Y(\mathrm{j}\omega)=X(\mathrm{j}\omega)H(\mathrm{j}\omega)$$

$$g(t)\overset{\mathrm{FT}}{\leftrightarrow}G(\mathrm{j}\omega)=\frac{1}{9}X\left(\mathrm{j}\frac{\omega}{3}\right)H\left(\mathrm{j}\frac{\omega}{3}\right)=\frac{1}{9}Y\left(\mathrm{j}\frac{\omega}{3}\right)$$

根据傅里叶变换的尺度变换性质可得 $y(3t)\overset{\mathrm{FT}}{\leftrightarrow}\frac{1}{3}Y\left(\mathrm{j}\frac{\omega}{3}\right)$，代入可得 $g(t)=\frac{1}{3}y(3t)=Ay(Bt)$，

故 $A=\frac{1}{3}$，$B=3$。

奥本海姆 4.17 【判断题】试判断下面说法是对还是错，并给出理由。

（1）一个纯虚奇函数的信号总是有一个纯虚奇函数的傅里叶变换；

（2）一个奇的傅里叶变换与一个偶的傅里叶变换的卷积总是奇的。

解析 （1）错。由于信号为虚奇函数，故$f(t)=-f(-t)$，$f(t)=-f^*(t)$。

根据傅里叶变换的性质

$$f(t)\leftrightarrow F(\omega),\ f(-t)\leftrightarrow F(-\omega),\ f^*(t)\leftrightarrow F^*(-\omega)$$

常用的傅里叶变换的性质，一定要记住！

$$F(\omega)=-F(-\omega),\ F(\omega)=-F^*(-\omega)$$

因此

$$R(\omega)+\mathrm{j}X(\omega)=-R(-\omega)+\mathrm{j}X(-\omega),\ R(\omega)+\mathrm{j}X(\omega)=-R(-\omega)-\mathrm{j}X(-\omega)$$

$$X(-\omega)=-X(-\omega)\Rightarrow X(-\omega)=0$$

得$F(\omega)=R(\omega)$，则$f(t)$为实奇函数。

（2）对。设$f(t)$为奇信号，则$f(t)=-f(-t)\leftrightarrow F(\omega)=-F(-\omega)$。

设$g(t)$为偶信号，则$g(t)=g(-t)\leftrightarrow G(\omega)=G(-\omega)$。

频域卷积，时域乘积的2π倍：$G(\omega)*F(\omega)\leftrightarrow 2\pi f(t)g(t)$。

奇信号乘偶信号，其结果为奇信号，因此频域也为奇函数。

奥本海姆 4.18 有一个系统的频率响应为$H(\mathrm{j}\omega)=\dfrac{[\sin^2(3\omega)]\cos\omega}{\omega^2}$，求它的单位冲激响应。

解析 由题可知$H(\mathrm{j}\omega)=\dfrac{[\sin^2(3\omega)]\cos\omega}{\omega^2}=9\mathrm{Sa}^2(3\omega)\cos\omega$。

由时域三角窗的变换可知

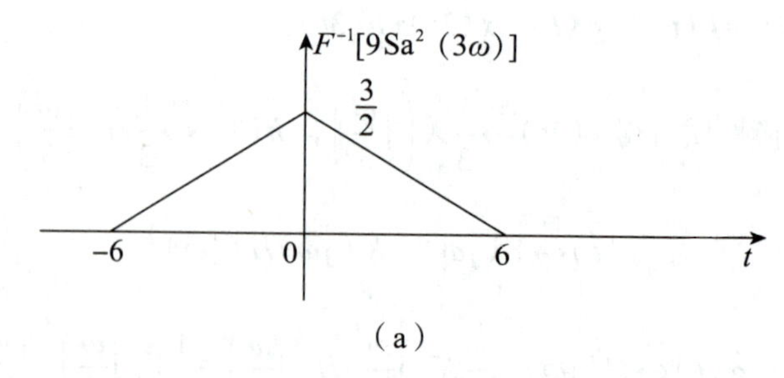

（a）

频域乘$\cos\omega$，相当于时移。

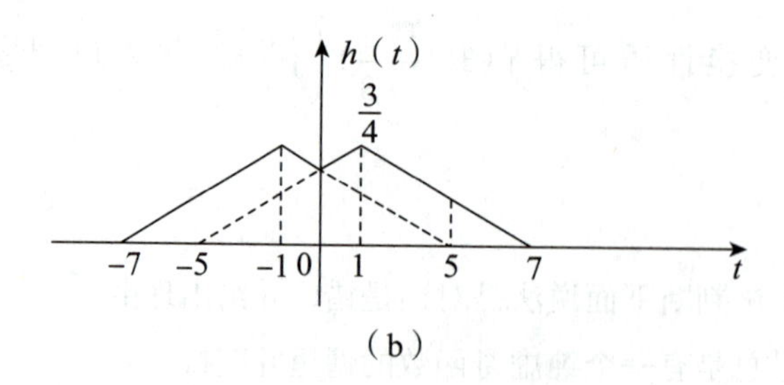

（b）

根据波形图写出表达式。

$$h(t)=\begin{cases}\frac{1}{8}(t+7), & -7\leqslant t\leqslant -5\\ \frac{1}{4}(t+6), & -5<t\leqslant -1\\ \frac{5}{4}, & -1<t<1\\ -\frac{1}{4}(t-6), & 1\leqslant t<5\\ -\frac{1}{8}(t-7), & 5\leqslant t\leqslant 7\\ 0, & \text{其他}\end{cases}=\begin{cases}\frac{5}{4}, & |t|\leqslant 1\\ -\frac{|t|}{4}+\frac{3}{2}, & 1<|t|\leqslant 5\\ -\frac{|t|}{8}+\frac{7}{8}, & 5<|t|\leqslant 7\\ 0, & \text{其他}\end{cases}$$

奥本海姆 4.21 求下列每一信号的傅里叶变换：很重要的一道题！

（1）$[e^{-\alpha t}\cos(\omega_0 t)]u(t)$，$\alpha>0$；（2）$e^{-3|t|}\sin(2t)$；（3）$x(t)=\begin{cases}1+\cos(\pi t), & |t|\leqslant 1\\ 0, & |t|>1\end{cases}$；

（4）$\sum_{k=0}^{\infty}\alpha^k\delta(t-kT)$，$|\alpha|<1$；（5）$[te^{-2t}\sin(4t)]u(t)$；（6）$\frac{\sin(\pi t)}{\pi t}\left\{\frac{\sin[2\pi(t-1)]}{\pi(t-1)}\right\}$；

（7）$x(t)$如图（a）所示；（8）$x(t)$如图（b）所示；

（9）$x(t)=\begin{cases}1-t^2, & 0<t<1\\ 0, & \text{其他}\end{cases}$；（10）$\sum_{n=-\infty}^{\infty}e^{-|t-2n|}$。

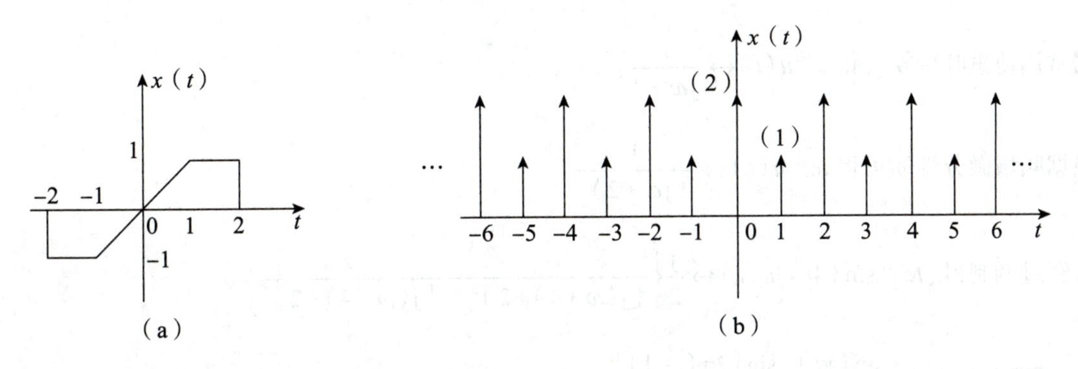

（a）　　　　　　（b）

解析 （1）根据常用傅里叶变换可得

$$e^{-\alpha t}u(t)\leftrightarrow\frac{1}{j\omega+\alpha},\quad \cos(\omega_0 t)\leftrightarrow\pi[\delta(\omega+\omega_0)+\delta(\omega-\omega_0)]$$

时域卷积，频域乘积：时域乘 $\cos(\omega_0 t)$，频域相当于左右频移并乘以 0.5！

$$[e^{-\alpha t}\cos(\omega_0 t)]u(t)\leftrightarrow\frac{1}{2}\cdot\frac{1}{j\omega+\alpha-j\omega_0}+\frac{1}{2}\cdot\frac{1}{j\omega+\alpha+j\omega_0}=\frac{j\omega+\alpha}{(j\omega+\alpha)^2+\omega_0^2}$$

（2）根据常用傅里叶变换可得 $e^{-3|t|}\leftrightarrow\frac{6}{\omega^2+9}$，$\sin(2t)\leftrightarrow\pi j[\delta(\omega+2)-\delta(\omega-2)]$。

时域卷积，频域乘积：

$$e^{-3|t|}\sin(2t)\leftrightarrow\frac{1}{2\pi}\frac{6}{\omega^2+9}*\{\pi j[\delta(\omega+2)-\delta(\omega-2)]\}=\frac{-24j\omega}{(\omega^2+5)^2+12^2}$$

（3）由题可知 $x(t)=\begin{cases}1+\cos(\pi t), & |t|\leqslant 1\\ 0, & |t|>1\end{cases}$，对其整理可得

$$x(t)=[1+\cos(\pi t)][u(t+1)-u(t-1)]=[1+\cos(\pi t)]g_2(t)=g_2(t)+g_2(t)\cos(\pi t)$$

根据常用傅里叶变换可得

$$g_2(t)\leftrightarrow 2\mathrm{Sa}(\omega),\quad g_2(t)\cos(\pi t)\leftrightarrow \mathrm{Sa}(\omega+\pi)+\mathrm{Sa}(\omega-\pi)$$

$$X(\omega)=2\mathrm{Sa}(\omega)+\mathrm{Sa}(\omega+\pi)+\mathrm{Sa}(\omega-\pi)$$

（4）由题可知，根据傅里叶变换性质可得

$$x(t)=\sum_{k=0}^{\infty}\alpha^k\delta(t-kT)\leftrightarrow 1+\alpha e^{-j\omega T}+\alpha^2e^{-j2\omega T}+\cdots$$

利用等比序列的求和公式：$X(\omega)=\dfrac{1}{1-\alpha e^{-j\omega T}}$。

（5）由题可知 $x(t)=[te^{-2t}\sin(4t)]u(t)$。将其展开，按照性质求解：

$$e^{-2t}u(t)\to te^{-2t}u(t)\to[te^{-2t}\sin(4t)]u(t)$$

根据常用傅里叶变换可得 $e^{-2t}u(t)\leftrightarrow\dfrac{1}{j\omega+2}$。

再根据频域微分性质可得 $te^{-2t}u(t)\leftrightarrow\dfrac{1}{(j\omega+2)^2}$。

最后经过调制得 $[te^{-2t}\sin(4t)]u(t)\leftrightarrow\dfrac{j}{2}\left\{\dfrac{1}{[j(\omega+4)+2]^2}-\dfrac{1}{[j(\omega-4)+2]^2}\right\}$。

（6）由题可知 $x(t)=\dfrac{\sin(\pi t)}{\pi t}\cdot\dfrac{\sin[2\pi(t-1)]}{\pi(t-1)}$。

根据常用傅里叶变换可得 $\dfrac{\sin(\pi t)}{\pi t}\leftrightarrow G_{2\pi}(\omega)$，$\dfrac{\sin[2\pi(t-1)]}{\pi(t-1)}\leftrightarrow G_{4\pi}(\omega)e^{-j\omega}$。

时域乘积，频域卷积再乘 $\dfrac{1}{2\pi}$：$X(\omega)=\dfrac{1}{2\pi}G_{2\pi}(\omega)*[G_{4\pi}(\omega)e^{-j\omega}]$。

利用阶跃函数的卷积公式：

$$X(\omega)=\frac{1}{2\pi}[\varepsilon(\omega+\pi)-\varepsilon(\omega-\pi)]*e^{-j\omega}[\varepsilon(\omega+2\pi)-\varepsilon(\omega-2\pi)]$$

$$=\frac{1}{2\pi}\left[-\mathrm{j}(1+\mathrm{e}^{-\mathrm{j}\omega})u(\omega+3\pi)+\mathrm{j}(1+\mathrm{e}^{-\mathrm{j}\omega})u(\omega-\pi)+\right.$$

$$\left.\mathrm{j}(1+\mathrm{e}^{-\mathrm{j}\omega})u(\omega+\pi)-\mathrm{j}(1+\mathrm{e}^{-\mathrm{j}\omega})u(\omega-3\pi)\right]$$

（7）对信号求导：$x'(t)=-[\delta(t+2)+\delta(t-2)]+g_2(t)$。

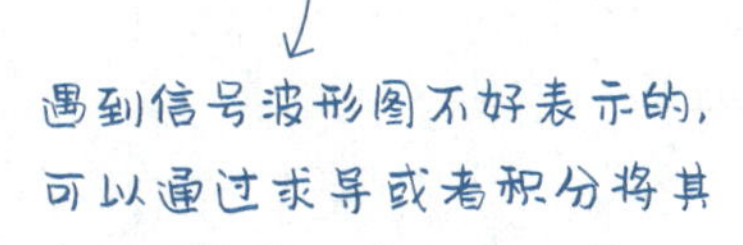

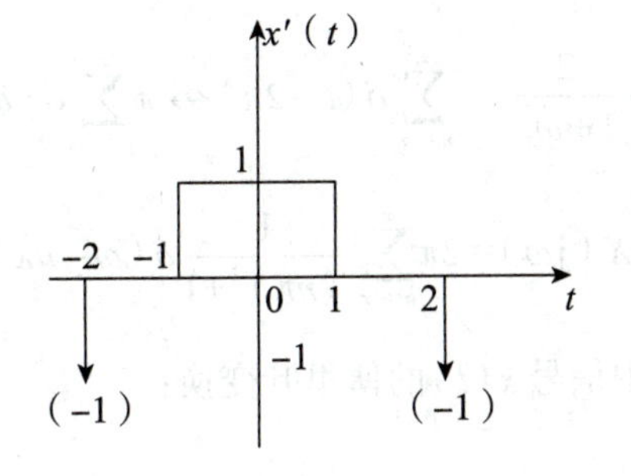

根据常用傅里叶变换可得

$$x'(t)=-[\delta(t+2)+\delta(t-2)]+g_2(t)\leftrightarrow-(\mathrm{e}^{\mathrm{j}2\omega}+\mathrm{e}^{-\mathrm{j}2\omega})+2\mathrm{Sa}(\omega)$$

再根据时域微分性质可得 $X(\mathrm{j}\omega)=\dfrac{-2\cos(2\omega)+2\mathrm{Sa}(\omega)}{\mathrm{j}\omega}$。

（8）由题可知，信号是一个周期信号，写出主周期信号 $x_0(t)=2\delta(t)+\delta(t-1)$。

周期冲激串的傅里叶变换需要大家记住：$\sum\limits_{n=-\infty}^{\infty}\delta(t-nT)\leftrightarrow\dfrac{2\pi}{T}\sum\limits_{n=-\infty}^{\infty}\delta\left(\omega-\dfrac{2n\pi}{T}\right)$。

那么 $x(t)=x_0(t)*\sum\limits_{n=-\infty}^{\infty}\delta(t-2n)$。时域卷积，频域乘积：

$$x_0(t)=2\delta(t)+\delta(t-1)\leftrightarrow2+\mathrm{e}^{-\mathrm{j}\omega},\quad\sum_{n=-\infty}^{\infty}\delta(t-2n)\leftrightarrow\pi\sum_{n=-\infty}^{\infty}\delta(\omega-n\pi)$$

$$X(\omega)=\pi\sum_{k=-\infty}^{\infty}\delta(\omega-k\pi)[2+(-1)^k]$$

（9）由题可知 $x(t)=\begin{cases}1-t^2, & 0<t<1\\0, & \text{其他}\end{cases}$。

根据傅里叶变换的定义可得

注意观察图像波形！

$$X(\mathrm{j}\omega)=\int_{-\infty}^{\infty}x(t)\mathrm{e}^{-\mathrm{j}\omega t}\mathrm{d}t=\int_0^1(1-t^2)\mathrm{e}^{-\mathrm{j}\omega t}\mathrm{d}t=\int_0^1\mathrm{e}^{-\mathrm{j}\omega t}\mathrm{d}t-\int_0^1t^2\mathrm{e}^{-\mathrm{j}\omega t}\mathrm{d}t$$

$$=\frac{1}{\mathrm{j}\omega}(1-\mathrm{e}^{-\mathrm{j}\omega})-\left[-\frac{1}{\mathrm{j}\omega}\mathrm{e}^{-\mathrm{j}\omega}+\frac{2}{\omega^2}\mathrm{e}^{-\mathrm{j}\omega}-\frac{2}{\mathrm{j}\omega^3}(1-\mathrm{e}^{-\mathrm{j}\omega})\right]$$

$$=\frac{1}{\mathrm{j}\omega}-\frac{2\mathrm{e}^{-\mathrm{j}\omega}}{\omega^2}+\frac{2}{\mathrm{j}\omega^3}(1-\mathrm{e}^{-\mathrm{j}\omega})$$

（10）由题可知 $x(t)=\sum\limits_{n=-\infty}^{\infty}\mathrm{e}^{-|t-2n|}$。→ 这道题经常出在考试的压轴大题中，非常重要！

写成冲激串卷积的形式：$x(t)=\sum\limits_{n=-\infty}^{\infty}\mathrm{e}^{-|t-2n|}=\mathrm{e}^{-|t|}*\sum\limits_{n=-\infty}^{\infty}\delta(t-2n)$。

时域卷积，频域乘积：

$$\mathrm{e}^{-|t|}\leftrightarrow\frac{2}{1+\omega^2},\quad \sum_{n=-\infty}^{\infty}\delta(t-2n)\leftrightarrow\pi\sum_{n=-\infty}^{\infty}\delta(\omega-n\pi)$$

$$X(\mathrm{j}\omega)=2\pi\sum_{n=-\infty}^{\infty}\frac{1}{(n\pi)^2+1}\delta(\omega-n\pi)$$

奥本海姆 4.25 设 $X(\mathrm{j}\omega)$ 为图中信号 $x(t)$ 的傅里叶变换：

（1）求 $\arg X(\mathrm{j}\omega)$；

（2）求 $X(\mathrm{j}0)$；

（3）求 $\int_{-\infty}^{\infty}X(\mathrm{j}\omega)\mathrm{d}\omega$；

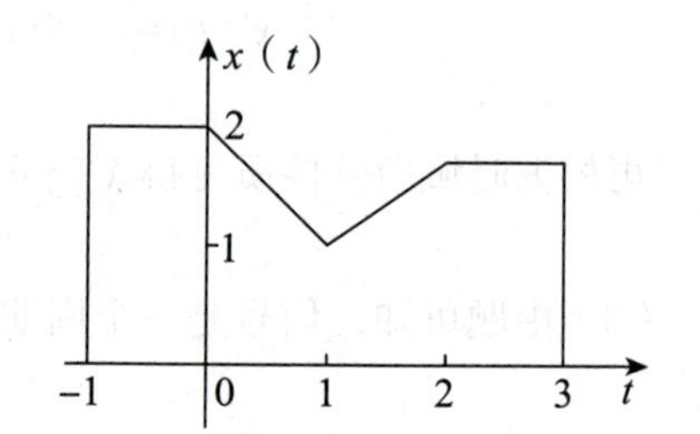

（4）计算 $\int_{-\infty}^{\infty}X(\mathrm{j}\omega)\frac{2\sin\omega}{\omega}\mathrm{e}^{\mathrm{j}2\omega}\mathrm{d}\omega$；

（5）计算 $\int_{-\infty}^{\infty}|X(\mathrm{j}\omega)|^2\mathrm{d}\omega$；

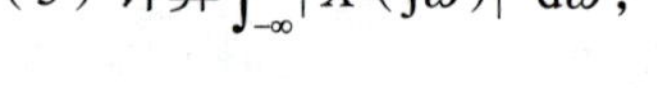

（6）画出 $\mathrm{Re}[X(\mathrm{j}\omega)]$ 的逆变换。

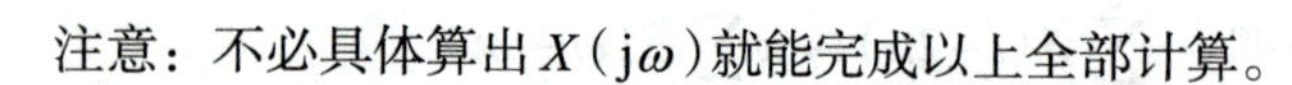

注意：不必具体算出 $X(\mathrm{j}\omega)$ 就能完成以上全部计算。

解析 （1）令 $y(t)=x(t+1)$。

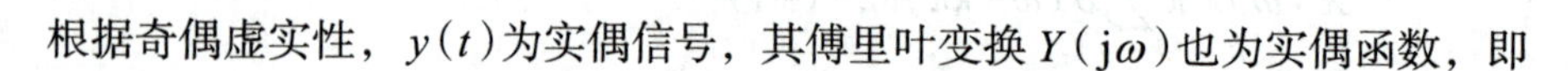

根据奇偶虚实性，$y(t)$ 为实偶信号，其傅里叶变换 $Y(\mathrm{j}\omega)$ 也为实偶函数，即

$$Y(\mathrm{j}\omega)=|Y(\mathrm{j}\omega)|\mathrm{e}^{\mathrm{j}\arg Y(\mathrm{j}\omega)}=|Y(\mathrm{j}\omega)|$$

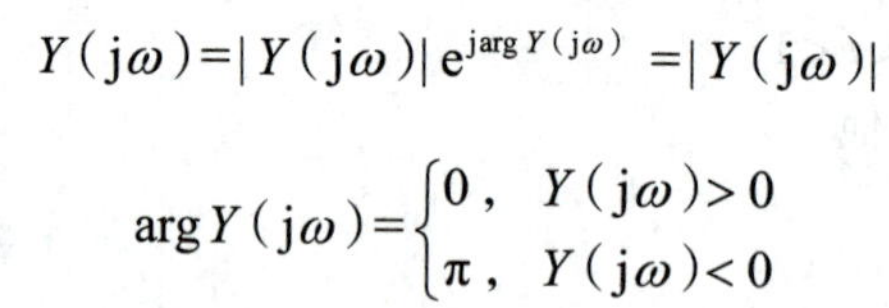

$$\arg Y(\mathrm{j}\omega)=\begin{cases}0, & Y(\mathrm{j}\omega)>0\\ \pi, & Y(\mathrm{j}\omega)<0\end{cases}$$

由于

$$Y(\mathrm{j}\omega)=X(\mathrm{j}\omega)\mathrm{e}^{\mathrm{j}\omega}$$

$$X(\mathrm{j}\omega)=Y(\mathrm{j}\omega)\mathrm{e}^{-\mathrm{j}\omega}$$

因此

$$\arg X(\mathrm{j}\omega)=\begin{cases}-\omega, & Y(\mathrm{j}\omega)>0\\ -\omega+\pi, & Y(\mathrm{j}\omega)<0\end{cases}$$

（2）

$$X(\mathrm{j}0)=\left[\int_{-\infty}^{\infty}x(t)\mathrm{e}^{-\mathrm{j}\omega t}\mathrm{d}t\right]_{\omega=0}=\int_{-\infty}^{\infty}x(t)\mathrm{d}t=7$$

（3）

$$\int_{-\infty}^{\infty}X(\mathrm{j}\omega)\mathrm{d}\omega=\left[\int_{-\infty}^{\infty}X(\mathrm{j}\omega)\mathrm{e}^{\mathrm{j}\omega t}\mathrm{d}\omega\right]_{t=0}=2\pi x(0)=4\pi$$

（4）设 $Y(\mathrm{j}\omega)=\dfrac{2\sin\omega}{\omega}\mathrm{e}^{\mathrm{j}2\omega}$，则求逆变换：

$$y(t)=\begin{cases}1, & -3<t<-1\\ 0, & \text{其他}\end{cases}$$

$$\int_{-\infty}^{\infty}X(\mathrm{j}\omega)\frac{2\sin\omega}{\omega}\mathrm{e}^{\mathrm{j}2\omega}\mathrm{d}\omega=\int_{-\infty}^{\infty}X(\mathrm{j}\omega)Y(\mathrm{j}\omega)\mathrm{d}\omega=2\pi[x(t)*y(t)]_{t=0}=7\pi$$

（5）

$$\int_{-\infty}^{\infty}|X(\mathrm{j}\omega)|^2\,\mathrm{d}\omega=2\pi\int_{-\infty}^{\infty}|x(t)|^2\,\mathrm{d}t$$

$$=2\pi\int_{-\infty}^{\infty}|x(t+1)|^2\,\mathrm{d}t$$

$$=2\pi\times2\left[\int_0^1(t+1)^2\mathrm{d}t+\int_1^2 2^2\mathrm{d}t\right]=\frac{76\pi}{3}$$

（6）

$$\mathcal{F}^{-1}\{\mathrm{Re}[X(\mathrm{j}\omega)]\}=\mathrm{Ev}[x(t)]=\frac{1}{2}[x(t)+x(-t)]$$

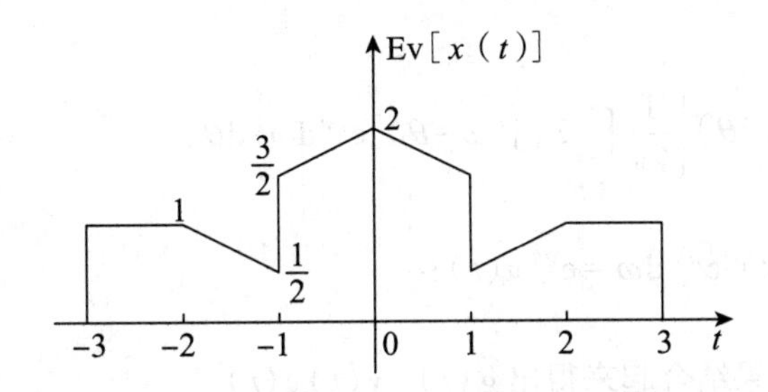

奥本海姆 4.36 考虑一个线性时不变系统，输入为 $x(t)=(\mathrm{e}^{-t}+\mathrm{e}^{-3t})u(t)$，响应是 $y(t)=(2\mathrm{e}^{-t}-2\mathrm{e}^{-4t})u(t)$。

（1）求系统的频率响应；

（2）确定该系统的单位冲激响应；

（3）求关联该系统输入和输出的微分方程。

解析 （1）由题可知 $x(t)=(\mathrm{e}^{-t}+\mathrm{e}^{-3t})u(t)$，$y(t)=(2\mathrm{e}^{-t}-2\mathrm{e}^{-4t})u(t)$。

求其傅里叶变换可得

$$X(\mathrm{j}\omega)=\mathcal{F}^{-1}[x(t)]=\frac{1}{\mathrm{j}\omega+1}+\frac{1}{\mathrm{j}\omega+3}=\frac{2(\mathrm{j}\omega+2)}{(\mathrm{j}\omega+1)(\mathrm{j}\omega+3)}$$

$$Y(\mathrm{j}\omega)=\mathcal{F}^{-1}[y(t)]=\frac{2}{\mathrm{j}\omega+1}-\frac{2}{\mathrm{j}\omega+4}=\frac{6}{(\mathrm{j}\omega+1)(\mathrm{j}\omega+4)}$$

则系统频率响应为$H(\mathrm{j}\omega)=\dfrac{Y(\mathrm{j}\omega)}{X(\mathrm{j}\omega)}=\dfrac{3(\mathrm{j}\omega+3)}{(\mathrm{j}\omega+2)(\mathrm{j}\omega+4)}$。

（2）由（1）可知$H(\mathrm{j}\omega)=\dfrac{3(\mathrm{j}\omega+3)}{(\mathrm{j}\omega+2)(\mathrm{j}\omega+4)}$，则

将jω看成一个整体，部分分式展开法一定要掌握！

$$h(t)=\mathcal{F}^{-1}[H(\mathrm{j}\omega)]=\mathcal{F}^{-1}\left[\frac{\frac{3}{2}}{\mathrm{j}\omega+2}+\frac{\frac{3}{2}}{\mathrm{j}\omega+4}\right]=\frac{3}{2}(\mathrm{e}^{-2t}+\mathrm{e}^{-4t})u(t)$$

（3）由（1）可知$H(\mathrm{j}\omega)=\dfrac{3\mathrm{j}\omega+9}{(\mathrm{j}\omega)^2+6\mathrm{j}\omega+8}=\dfrac{Y(\mathrm{j}\omega)}{X(\mathrm{j}\omega)}$，则系统输入和输出的微分方程为

$$\frac{\mathrm{d}^2y(t)}{\mathrm{d}t^2}+6\frac{\mathrm{d}y(t)}{\mathrm{d}t}+8y(t)=3\frac{\mathrm{d}x(t)}{\mathrm{d}t}+9x(t)$$

奥本海姆 4.41 **【证明题】**本题要导出连续时间傅里叶变换的相乘性质。令$x(t)$和$y(t)$是两个连续时间信号，其傅里叶变换分别为$X(\mathrm{j}\omega)$和$Y(\mathrm{j}\omega)$。同时，令$g(t)$是$\dfrac{1}{2\pi}[X(\mathrm{j}\omega)*Y(\mathrm{j}\omega)]$的傅里叶逆变换。

（1）证明：$g(t)=\dfrac{1}{2\pi}\int_{-\infty}^{\infty}X(\mathrm{j}\theta)\left\{\dfrac{1}{2\pi}\int_{-\infty}^{\infty}Y[\mathrm{j}(\omega-\theta)]\mathrm{e}^{\mathrm{j}\omega t}\mathrm{d}\omega\right\}\mathrm{d}\theta$；

（2）证明：$\dfrac{1}{2\pi}\int_{-\infty}^{\infty}Y[\mathrm{j}(\omega-\theta)]\mathrm{e}^{\mathrm{j}\omega t}\mathrm{d}\omega=\mathrm{e}^{\mathrm{j}\theta t}y(t)$；

（3）将（1）和（2）中的结果结合起来得出$g(t)=x(t)y(t)$。

公式熟练使用！

证明 （1）由题可知，$g(t)$是$\dfrac{1}{2\pi}[X(\mathrm{j}\omega)*Y(\mathrm{j}\omega)]$的傅里叶逆变换，则根据傅里叶逆变换公式可得

$$\begin{aligned}g(t)&=\frac{1}{2\pi}\int_{-\infty}^{\infty}\frac{1}{2\pi}[X(\mathrm{j}\omega)*Y(\mathrm{j}\omega)]\mathrm{e}^{\mathrm{j}\omega t}\mathrm{d}\omega\\&=\frac{1}{2\pi}\int_{-\infty}^{\infty}\frac{1}{2\pi}\left\{\int_{-\infty}^{\infty}X(\mathrm{j}\theta)Y[\mathrm{j}(\omega-\theta)]\mathrm{d}\theta\right\}\mathrm{e}^{\mathrm{j}\omega t}\mathrm{d}\omega\\&=\frac{1}{2\pi}\int_{-\infty}^{\infty}X(\mathrm{j}\theta)\left\{\frac{1}{2\pi}\int_{-\infty}^{\infty}Y[\mathrm{j}(\omega-\theta)]\mathrm{e}^{\mathrm{j}\omega t}\mathrm{d}\omega\right\}\mathrm{d}\theta\end{aligned}$$

得证。

（2）根据傅里叶逆变换公式可得$y(t)=\frac{1}{2\pi}\int_{-\infty}^{\infty}Y(j\omega)e^{j\omega t}d\omega$，因此

$$e^{j\theta t}y(t)\leftrightarrow Y(\omega-\theta)$$

根据傅里叶变换的频移性质可得$\frac{1}{2\pi}\int_{-\infty}^{\infty}Y[j(\omega-\theta)]e^{j\omega t}d\omega=e^{j\theta t}y(t)$。

（3）由（1）、（2）可得

考试中可能不会给你前面的（1）、（2）的提示，直接证明（3）也要按照这个思路！

$$g(t)=\frac{1}{2\pi}\int_{-\infty}^{\infty}x(j\theta)e^{j\theta t}y(t)d\theta=y(t)\frac{1}{2\pi}\int_{-\infty}^{\infty}X(j\theta)e^{j\theta t}d\theta=y(t)x(t)$$

奥本海姆 4.44 一个因果线性时不变系统的输入$x(t)$和输出$y(t)$的关系由下列方程给出：

$\frac{dy(t)}{dt}+10y(t)=\int_{-\infty}^{\infty}x(\tau)z(t-\tau)d\tau-x(t)$，其中$z(t)=e^{-t}u(t)+3\delta(t)$。

（1）求该系统的频率响应$H(j\omega)=Y(j\omega)/X(j\omega)$；

（2）求该系统的单位冲激响应。

解析 （1）由题可知，$\frac{dy(t)}{dt}+10y(t)=\int_{-\infty}^{\infty}x(\tau)z(t-\tau)d\tau-x(t)=x(t)*z(t)-x(t)$。

两边进行傅里叶变换可得，$Y(j\omega)(10+j\omega)=X(j\omega)[Z(j\omega)-1]$。

而由题可知$z(t)=e^{-t}u(t)+3\delta(t)$，则$Z(j\omega)=\frac{1}{1+j\omega}+3$，故

$$H(j\omega)=\frac{Y(j\omega)}{X(j\omega)}=\frac{3+2j\omega}{(1+j\omega)(10+j\omega)}$$

（2）由（1）可知$H(j\omega)=\frac{3+2j\omega}{(1+j\omega)(10+j\omega)}$。

对上式部分分式展开，求其逆变换可得$h(t)=\frac{1}{9}e^{-t}u(t)+\frac{17}{9}e^{-10t}u(t)$。

需要知道，奥本海姆版教材中的奈奎斯特频率指的是截止频率，而奈奎斯特率指的是两倍截止频率。其他版本教材中没有区分奈奎斯特频率和奈奎斯特率，都是截止频率的二倍。

奥本海姆版第七章 | 采样

奥本海姆 7.3 在采样定理中，采样频率必须要超过的那个频率称为奈奎斯特率（Nyquist rate）。试确定下列各信号的奈奎斯特率：

回顾采样定理：卷小和大积相加。

（1）$x(t)=1+\cos(2\,000\pi t)+\sin(4\,000\pi t)$；

（2）$x(t)=\frac{\sin(4\,000\pi t)}{\pi t}$；

（3）$x(t)=\left[\frac{\sin(4\,000\pi t)}{\pi t}\right]^2$。

解析 （1）由题可知 $x(t)=1+\cos(2\,000\pi t)+\sin(4\,000\pi t)$，则根据傅里叶变换可得

$$X(\mathrm{j}\omega)=2\pi\delta(\omega)+\pi[\delta(\omega+2\,000\pi)+\delta(\omega-2\,000\pi)]+\mathrm{j}\pi[\delta(\omega+4\,000\pi)-\delta(\omega-4\,000\pi)]$$

故奈奎斯特率为 $\omega_s=2\omega_m=8\,000\pi(\mathrm{rad/s})$。

（2）由题可知 $x(t)=\frac{\sin(4\,000\pi t)}{\pi t}$，则根据傅里叶变换可得

$$X(\mathrm{j}\omega)=u(\omega+4\,000\pi)-u(\omega-4\,000\pi)$$

故奈奎斯特率为 $\omega_s=2\omega_m=8\,000\pi(\mathrm{rad/s})$。

（3）由题可知 $x(t)=\left[\frac{\sin(4\,000\pi t)}{\pi t}\right]^2$，则根据傅里叶变换可得

$$X(\mathrm{j}\omega)=\frac{1}{2\pi}[u(\omega+4\,000\pi)-u(\omega-4\,000\pi)]*[u(\omega+4\,000\pi)-u(\omega-4\,000\pi)]$$

$$=\begin{cases}-\frac{1}{2\pi}|\omega|+4\,000, & 0\leqslant|\omega|\leqslant 8\,000\pi\\ 0, & \text{其他}\end{cases}$$

故奈奎斯特率为 $\omega_s=2\omega_m=16\,000\pi(\mathrm{rad/s})$。

奥本海姆 7.4 设 $x(t)$ 是一个奈奎斯特率为 ω_0 的信号，试确定下列各信号的奈奎斯特率：

（1）$x(t)+x(t-1)$；（2）$\frac{\mathrm{d}x(t)}{\mathrm{d}t}$；

（3）$x^2(t)$；（4）$x(t)\cos(\omega_0 t)$。

解析 由题可知，$x(t)$ 是一个奈奎斯特率为 ω_0 的信号，则其最大频率为 $\omega_0/2$。

（1）由题可知 $x(t)+x(t-1)$，则其傅里叶变换为 $X(\mathrm{j}\omega)(1+\mathrm{e}^{-\mathrm{j}\omega})$。

$x(t)$ 的最大频率也是 $x(t)+x(t-1)$ 的最大频率，故 $x(t)+x(t-1)$ 的奈奎斯特率为 ω_0。

说明时移并不影响信号的奈奎斯特率。

（2）由题可知 $\frac{\mathrm{d}x(t)}{\mathrm{d}t}$，则其傅里叶变换为 $\mathrm{j}\omega X(\mathrm{j}\omega)$。

说明时域微分也不影响信号的奈奎斯特率。

$x(t)$ 的最大频率也是 $\frac{\mathrm{d}x(t)}{\mathrm{d}t}$ 的最大频率，故 $\frac{\mathrm{d}x(t)}{\mathrm{d}t}$ 的奈奎斯特率为 ω_0。

（3）由题可知 $x^2(t)$，则其傅里叶变换为 $\frac{1}{2\pi}X(\mathrm{j}\omega)*X(\mathrm{j}\omega)$。

$x^2(t)$的最大频率是$x(t)$的2倍，故$x^2(t)$的奈奎斯特率为$2\omega_0$。

频域调制，这个结论经常在大题中用到。

（4）由题可知$x(t)\cos(\omega_0 t)$，则其傅里叶变换为$\frac{[X(j\omega+j\omega_0)+X(j\omega-j\omega_0)]}{2}$。

$x(t)$的最大频率为$\frac{\omega_0}{2}$，则$x(t)\cos(\omega_0 t)$的最大频率为$\frac{3\omega_0}{2}$，故其奈奎斯特率为$3\omega_0$。

奥本海姆 7.8 有一实值且为奇函数的周期信号$x(t)$，它的傅里叶级数表示为$x(t)=\sum_{k=0}^{5}\left(\frac{1}{2}\right)^k\sin(k\pi t)$，令$\hat{x}(t)$代表用采样周期$T=0.2$的周期冲激串对$x(t)$进行采样的结果。

频域上对信号以$\frac{2\pi}{T}$进行周期延拓，幅值乘$\frac{1}{T}$。

（1）会发生混叠吗？

（2）若$\hat{x}(t)$通过一个截止频率为$\frac{\pi}{T}$和通带增益为T的理想低通滤波器，求输出信号$g(t)$的傅里叶级数表示。

解析 （1）由题可知$x(t)=\sum_{k=0}^{5}\left(\frac{1}{2}\right)^k\sin(k\pi t)$，则$X(j\omega)=\sum_{k=0}^{5}\left(\frac{1}{2}\right)^k j\pi[\delta(\omega+k\pi)-\delta(\omega-k\pi)]$，图像如图（a）所示，可得$x(t)$的最大角频率$\omega_m=5\pi$。

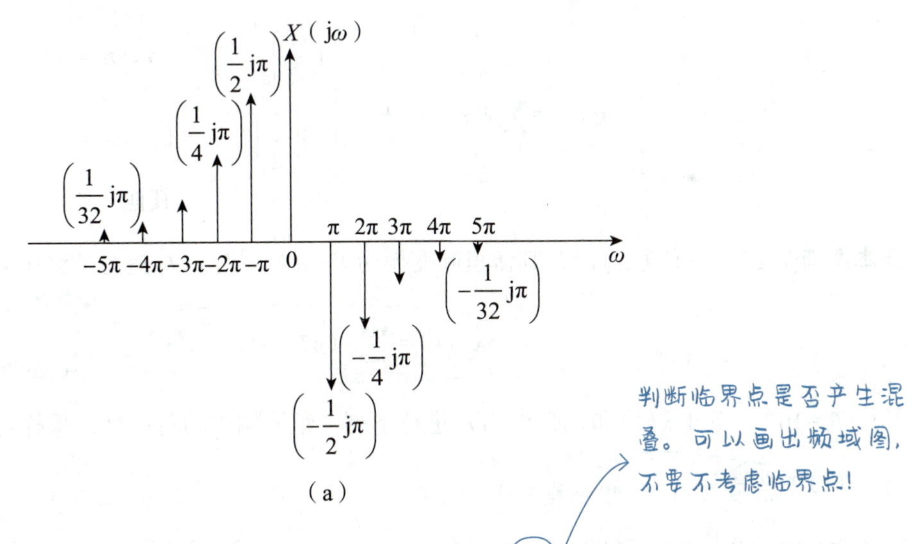

（a）

判断临界点是否产生混叠。可以画出频域图，不要不考虑临界点！

当用采样周期$T=0.2$的周期冲激串采样时，采样角频率$\omega_s=10\pi=2\omega_m$，生成$x(t)$的频谱函数$\hat{X}(j\omega)$的函数图像，如图（b）所示。由于$\hat{X}(j\omega)$在$|\omega|=5k\pi$处出现混叠，相互抵消，故$\hat{X}(j\omega)=0$，$|\omega|=5k\pi$，$k=0,1,2,\cdots$。

由图（b）可知，当用采样周期$T=0.2$的周期冲激串采样时，会造成频谱出现混叠。

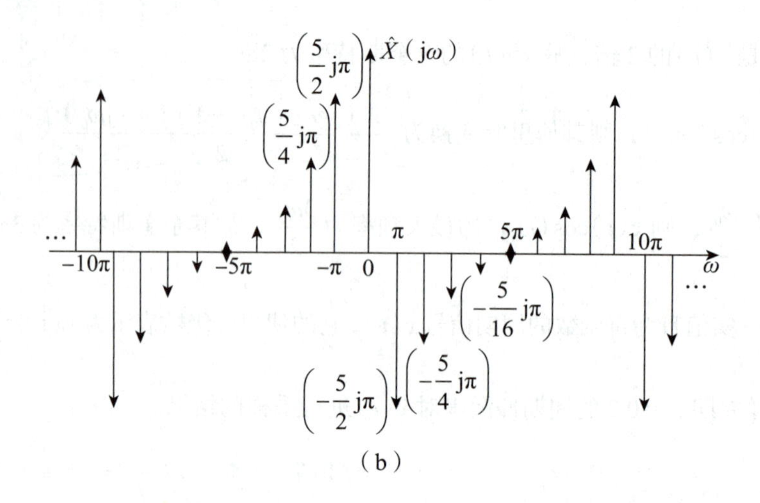

(b)

(2)若$x(t)$通过一截止频率为$\omega_c=\frac{\pi}{T}=5\pi$，通带增益为$T=0.2$的理想低通滤波器，可得

低通滤波器将$n=5$的谐波分量滤掉了！

$$G(j\omega)=\sum_{k=0}^{4}\left(\frac{1}{2}\right)^k j\pi[\delta(\omega+k\pi)-\delta(\omega-k\pi)]$$

可得输出信号$g(t)$的傅里叶级数表示为$g(t)=\sum_{k=0}^{4}\left(\frac{1}{2}\right)^k\sin(k\pi t)$。

$$g(t)=\sum F_n e^{jn\pi t}\text{；}\quad F_n=\begin{cases}j\left(\frac{1}{2}\right)^{-n+1}, & -4\leqslant n\leqslant -1\\ -j\left(\frac{1}{2}\right)^{n+1}, & 1\leqslant n\leqslant 4\\ 0, & \text{其他}\end{cases}$$

奥本海姆 7.21 一信号$x(t)$，其傅里叶变换为$X(j\omega)$，对$x(t)$进行冲激串采样，产生$x_p(t)$为

$$x_p(t)=\sum_{n=-\infty}^{\infty}x(nT)\delta(t-nT)$$

冲激串采样公式：

$$x_p(j\omega)=\frac{1}{T}\sum_{n=-\infty}^{\infty}x[j(\omega-n\omega_1)]$$

其中$T=10^{-4}$。关于$x(t)$和/或$X(j\omega)$进行下列一组限制中的每一种，采样定理能保证$x(t)$可完全从$x_p(t)$中恢复吗？

也就是不产生混叠。

(1) $X(j\omega)=0$，$|\omega|>5\,000\pi$；

(2) $X(j\omega)=0$，$|\omega|>15\,000\pi$；

(3) $\mathrm{Re}[X(j\omega)]=0$，$|\omega|>5\,000\pi$；

(4) $x(t)$为实数，$X(j\omega)=0$，$\omega>5\,000\pi$；

(5) $x(t)$为实数，$X(j\omega)=0$，$\omega<-15\,000\pi$；

(6) $X(j\omega)*X(j\omega)=0$，$|\omega|>15\,000\pi$；

(7) $|X(j\omega)|=0$，$\omega>5\,000\pi$。

解析 由题可知，采样时间为$T=10^{-4}$ s，则采样频率为$\omega_s=2\pi\times10^4$ rad/s。

（1）由题可得，$x(t)$的奈奎斯特频率为$\omega_{\mathrm{N}}=2\times 5\,000\pi=\pi\times 10^4$（rad/s）。

而采样频率$\omega_{\mathrm{s}}=2\pi\times 10^4$ rad/s $>\omega_{\mathrm{N}}$，根据采样定理可知，$x(t)$能够由$x_p(t)$恢复得到。

（2）由题可得，$x(t)$的奈奎斯特频率为$\omega_{\mathrm{N}}=2\times 15\,000\pi=3\pi\times 10^4$（rad/s）。

而采样频率$\omega_{\mathrm{s}}=2\pi\times 10^4$ rad/s $<\omega_{\mathrm{N}}$，根据采样定理可知，$x(t)$无法由$x_p(t)$恢复得到。

（3）当$|\omega|>5\,000\pi$ rad/s时，$\mathrm{Im}[X(\mathrm{j}\omega)]$无法判断，则信号$x(t)$的奈奎斯特频率无法确定，所以$x(t)$无法保证由$x_p(t)$恢复得到。

（4）由题可得，$x(t)$的奈奎斯特频率为$\omega_{\mathrm{N}}=2\times 5\,000\pi=\pi\times 10^4$（rad/s）。

即当$\omega>5\,000\pi$ rad/s时，$X(\mathrm{j}\omega)=0$，则当$\omega<-5\,000\pi$ rad/s时，$X(\mathrm{j}\omega)=0$。

而采样频率$\omega_{\mathrm{s}}=2\pi\times 10^4$rad/s $>\omega_{\mathrm{N}}$，根据采样定理知，$x(t)$可由$x_p(t)$恢复得到。

（5）由题可得，$x(t)$的奈奎斯特频率为$\omega_{\mathrm{N}}=2\times 15\,000\pi=3\pi\times 10^4$（rad/s）。

而采样频率$\omega_{\mathrm{s}}=2\pi\times 10^4$rad/s $<\omega_{\mathrm{N}}$，根据采样定理知，$x(t)$无法由$x_p(t)$恢复得到。

（6）由题可得，$x(t)$的奈奎斯特频率为$\omega_{\mathrm{N}}=2\times 7\,500\pi=1.5\pi\times 10^4$（rad/s）。

而采样频率$\omega_{\mathrm{s}}=2\pi\times 10^4$rad/s $>\omega_{\mathrm{N}}$，根据采样定理知，$x(t)$可由$x_p(t)$恢复得到。

（7）当$\omega<-5\,000\pi$ rad/s时，无法判断$|X(\mathrm{j}\omega)|$是否也等于0，则信号$x(t)$的奈奎斯特频率无法确定，所以$x(t)$无法保证可由$x_p(t)$恢复得到。

奥本海姆 7.27　在信号学习中曾讨论了带通采样和恢复的一种方法。当$x(t)$为实信号时可用另一种方法，这种方法先将$x(t)$乘以一个复指数，然后再对乘积采样。采样系统如图（a）所示。由于$x(t)$为实函数，且$X(\mathrm{j}\omega)$仅在$\omega_1<|\omega|<\omega_2$时为非零，频率$\omega_0$选为$\omega_0=\frac{1}{2}(\omega_1+\omega_2)$，低通滤波器$H_1(\mathrm{j}\omega)$的截止频率为$\frac{1}{2}(\omega_2-\omega_1)$。

（1）若$X(\mathrm{j}\omega)$如图（b）所示，画出$X_p(\mathrm{j}\omega)$；

（2）确定最大的采样周期T，以使可以从$x_p(t)$中恢复$x(t)$；

（3）确定一个从$x_p(t)$中恢复$x(t)$的系统。

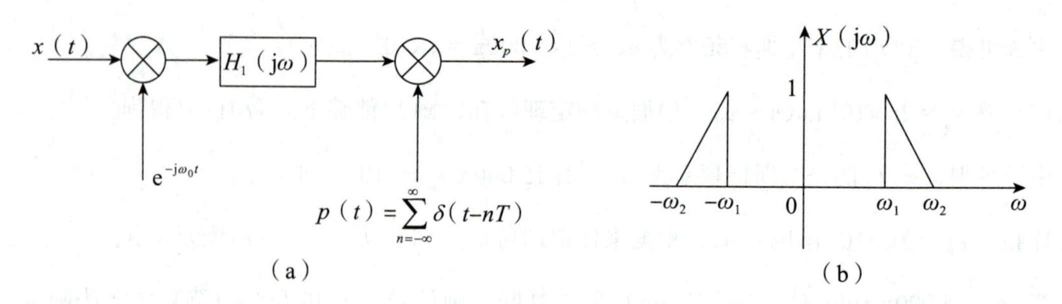

解析 (1)由$X(j\omega)$图[见图(a)]可设$x_1(t)=x(t)e^{-j\omega_0 t}$，则$X_1(j\omega)$，$X_2(j\omega)$和$X_p(j\omega)$图像如图(b)~图(d)所示。

时域乘上复指数相当于频域频移。

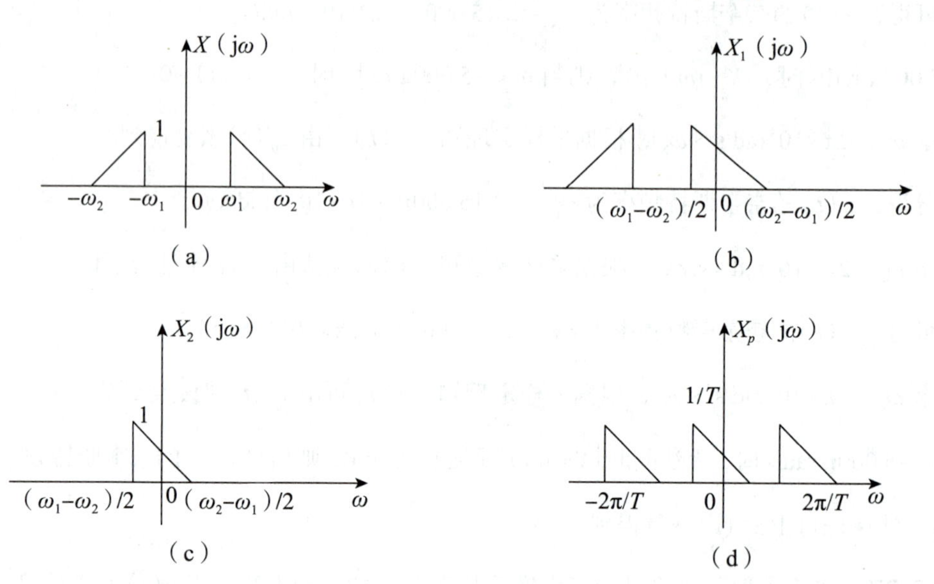

(2)由题可得$x_2(t)$的频率为$\frac{\omega_2-\omega_1}{2}$，则$x_2(t)$的奈奎斯特率为

$$\frac{2\times(\omega_2-\omega_1)}{2}=\omega_2-\omega_1$$

根据采样定理可知，采样周期T最大为$\frac{2\pi}{\omega_2-\omega_1}$才能从$x_p(t)$中恢复$x(t)$。

(3)从$x_p(t)$中恢复$x(t)$的系统如图(e)所示。

先把原始信号滤出来，别忘了还原幅值，再经过频移后取实部。

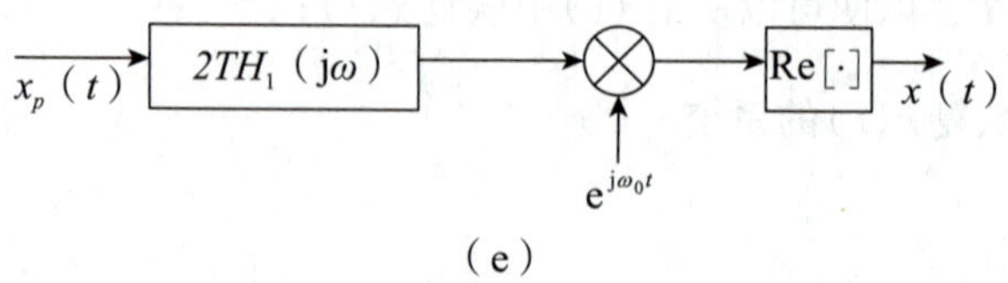

(e)

奥本海姆 7.28 如图（a）所示的系统将一个连续时间信号转换为一个离散时间信号。输入 $x(t)$ 是周期的，周期为 0.1 s，$x(t)$ 的傅里叶级数系数是

涉及 DFS，看看自己的报考院校是否要求。不要求可以不掌握。

$$a_k=\left(\frac{1}{2}\right)^{|k|},\ -\infty<k<+\infty$$

低通滤波器 $H(\mathrm{j}\omega)$ 的频率响应如图（b）所示，采样周期 $T=5\times10^{-3}$ s。

（1）**【证明题】** 证明 $x[n]$ 是一个周期序列，并确定它的周期；

（2）确定 $x[n]$ 的傅里叶级数系数。

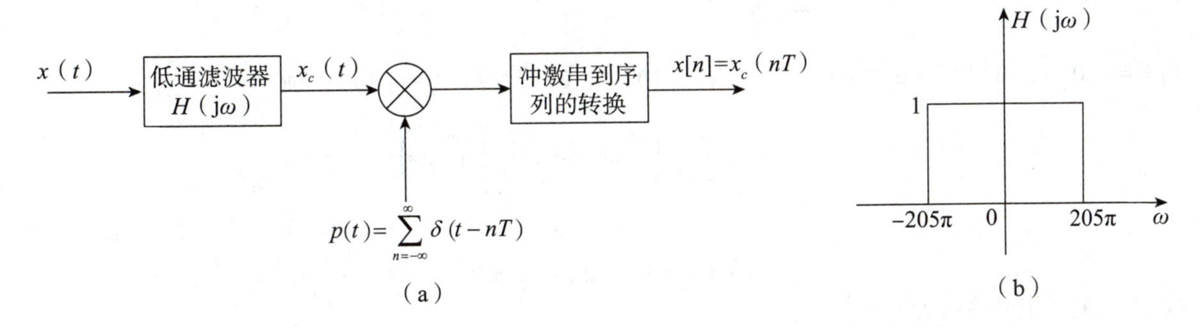

（a） （b）

（1）**证明** 由题可得 $x(t)$ 的周期为 $T_0=0.1$ s，故其基波频率为 $\omega_0=20\pi$ rad/s，则 $x(t)$ 的傅里叶级数为 $x(t)=\sum\limits_{k=-\infty}^{\infty}\left(\frac{1}{2}\right)^{k}\mathrm{e}^{\mathrm{j}k20\pi t}$，$x(t)$ 的傅里叶变换为

$$X(\mathrm{j}\omega)=\sum_{k=-\infty}^{\infty}2\pi a_k\delta(\omega-20\pi k)$$

其中 $a_k=\left(\frac{1}{2}\right)^{|k|}$，低通滤波器的采样周期 $T=5\times10^{-3}$ s，则截止频率 $\omega_c=205\pi$ rad/s，$x_c(t)$ 的傅里叶变换为

$$X_c(\mathrm{j}\omega)=\sum_{k=-10}^{10}2\pi\left(\frac{1}{2}\right)^{|k|}\delta(\omega-20\pi k)$$

低通滤波器滤波：$|20\pi k|<205\pi\Rightarrow-10\leqslant k\leqslant10$。

由图可得 $p(t)=\sum\limits_{n=-\infty}^{\infty}\delta(t-nT)$，求其傅里叶变换可得

$$P(\mathrm{j}\omega)=\frac{2\pi}{T}\sum_{k=-\infty}^{\infty}\delta\left(\omega-\frac{2\pi}{T}k\right),T=5\times10^{-3}\text{ s}$$

则 $X_p(\mathrm{j}\omega)=\frac{1}{2\pi}X_c(\mathrm{j}\omega)*P(\mathrm{j}\omega)=\frac{1}{T}\sum\limits_{k=-\infty}^{\infty}X_c\left[\mathrm{j}\left(\omega-k\frac{2\pi}{T}\right)\right]$。

其中 $T=5\times10^{-3}$s，$x_c(t)$的傅里叶级数为 $x_c(t)=\sum_{k=-10}^{10}\left(\frac{1}{2}\right)^k e^{jk\omega_0 t}$，$\omega_0=20\pi$ rad/s。

由题可知 $x[n]=x_c(nT)$，$T=5\times10^{-3}$ s，则

$$x[n]=x_c(nT)=\sum_{k=-10}^{10}\left(\frac{1}{2}\right)^k e^{jk\omega_0 nT}=\sum_{k=-10}^{10}\left(\frac{1}{2}\right)^k e^{jk(\omega_0 T)n}$$

可得 $\omega_0 T=20\pi\times5\times10^{-3}=0.1\pi$，$\frac{2\pi}{N}=0.1\pi$，故 $x[n]$的周期 $N=\frac{2\pi}{0.1\pi}=20$ s。

（2）**解析**　由（1）可知 $x[n]=\sum_{k=-10}^{10}\left(\frac{1}{2}\right)^k e^{jk\cdot0.1\pi\cdot n}$。

当 $k=-10$ 时，$e^{jk\cdot0.1\pi\cdot n}=e^{-j\pi n}=(-1)^n$；当 $k=10$ 时，$e^{jk\cdot0.1\pi\cdot n}=e^{j\pi n}=(-1)^n$，则

$$x[n]=\sum_{k=-9}^{9}\left(\frac{1}{2}\right)^k e^{jk\cdot0.1\pi\cdot n}+2\left(\frac{1}{2}\right)^{10}e^{j\pi n}$$

$k=10$ 时，会产生混叠。

故 $x[n]$的傅里叶系数为 $b_k=\begin{cases}\left(\frac{1}{2}\right)^k, & k=0,\pm1,\pm2,\cdots,\pm9\\ \left(\frac{1}{2}\right)^9, & k=10\end{cases}$。

第四章　拉普拉斯变换、连续时间系统的 s 域分析

因为傅里叶变换的条件，通常是绝对可积（不考虑奇异信号），但是有一些函数是发散的、不收敛的，所以就需要引入收敛因子使其收敛。

1. 单边拉氏变换和双边拉氏变换

拉氏变换是单边还是双边主要通过 $F(s)$ 的积分下限进行区分。

双边拉氏变换的积分下限是 $-\infty$，其公式为

$$\mathcal{L}_b[f(t)]=F(s)=\int_{-\infty}^{\infty}f(t)e^{-st}dt,\quad \mathcal{L}_b^{-1}[F(s)]=f(t)=\frac{1}{2\pi j}\int_{\sigma+j\omega(\omega=-\infty)}^{\sigma+j\omega(\omega=\infty)}F(s)e^{st}ds$$

单边拉氏变换是起始时刻为坐标原点的信号，所以积分下限为 0 或 0_-，其公式为

$$F(s)=\int_{0_-}^{\infty}f(t)e^{-st}dt,\quad f(t)=\frac{1}{2\pi j}\int_{\sigma+j\omega(\omega=-\infty)}^{\sigma+j\omega(\omega=\infty)}F(s)e^{st}ds$$

只在 $t>0$ 时有值。但是在实际情况中，我们不必考虑上下限的特殊性，因为 $f(t)$ 一般默认为因果信号，都会跟着一个阶跃信号来表示。需要记住：对信号 $f(t)$ 作单边拉氏变换，就是对 $f(t)u(t)$ 作双边拉氏变换。重要，记住！

2. 关于收敛域

收敛域是根据 $f(t)e^{-st}$ 是否收敛决定的，但是在实际做题过程中是通过 s 变换的极点来确定的。第一步，找到极点；第二步，判断是否为因果；第三步，给出收敛域；第四步，求逆变换。需要记住收敛域的几条规律：

①有理拉普拉斯变换，收敛域内无极点。

②时间有限信号（绝对可积的），收敛域是整个 s 平面。（0 和 ∞ 单独讨论）。

③$t<0$，$x(t)=0$ 为因果信号，$t>0$，$x(t)=0$ 为反因果信号，除了因果信号，都是非因果信号。

④若信号为因果信号，则收敛域一定在最右侧极点的右侧，收敛域必须包括无穷。

因果信号的收敛域是右边区域，双边信号的收敛域是一个带状区域，反因果信号的收敛域是左边区域！

⑤若信号为左边信号，则收敛域一定在最左侧极点的左侧。

⑥零点和极点个数相同。

⑦若收敛域为空，则不存在 s 变换，如常数 $1=u(t)+u(-t)$，不存在 s 变换。 → 有时候题目会设坑，大家要注意看收敛域！

3. 常见的 s 变换 重点：当系统稳定时，只需将 $j\omega\to s$，就可以得到 s 变换。

#	信号	傅里叶变换	s 变换
1	阶跃信号 $u(t)$	$\frac{1}{j\omega}+\pi\delta(\omega)$	$\frac{1}{s}$，$\mathrm{Re}[s]>0$
2	单位冲激 $\delta(t)$	1	1，全部 s
3	直流信号	$2\pi\delta(\omega)$	不存在
4	冲激偶函数	$j\omega$	s，全部 s
5	单边指数信号 $e^{-at}\cdot u(t)$	$\frac{1}{j\omega+a}$	$\frac{1}{s+a}$，$\mathrm{Re}[s]>0$
6	双边指数信号 $e^{-a\|t\|}$，$a>0$	$\frac{2a}{\omega^2+a^2}$	$\frac{-2a}{s^2-a^2}$，$a>\mathrm{Re}[s]>-a$
7	符号函数 $\mathrm{sgn}(t)$	$\frac{2}{j\omega}$	不存在
8	时域矩形窗 $f(t)=E\left[u\left(t+\frac{\tau}{2}\right)-u\left(t-\frac{\tau}{2}\right)\right]$	$E\tau\mathrm{Sa}\left(\omega\frac{\tau}{2}\right)$	利用两个阶跃相减的形式求解 $E\frac{1}{s}\left(e^{s\frac{\tau}{2}}-e^{-s\frac{\tau}{2}}\right)$
9	$tu(t)$ $t^2u(t)$ …	$\left[\frac{1}{j\omega}+\pi\delta(\omega)\right]'\cdot j$ $\left[\frac{1}{j\omega}+\pi\delta(\omega)\right]''\cdot j\cdot j$ …	$\frac{1}{s^2}$，$\mathrm{Re}[s]>0$ $\frac{2}{s^3}$，$\mathrm{Re}[s]>0$ …
10	余弦函数 $\cos(\omega_1 t)$	$\pi[\delta(\omega+\omega_1)+\delta(\omega-\omega_1)]$	不存在
11	因果余弦函数 $\cos(\omega_1 t)u(t)$	$\frac{\pi}{2}[\delta(\omega+\omega_1)+\delta(\omega-\omega_1)]-j\frac{\omega}{\omega^2-\omega_1^2}$ 可以用 s 和 $j\omega$ 变换关系公式，或者余弦信号和阶跃信号的时域乘积、频域卷积	$\frac{s}{s^2+\omega_1^2}$，$\mathrm{Re}[s]>0$

续表

#	信号	傅里叶变换	s 变换
12	正弦函数 $\sin(\omega_1 t)$	$\pi j[\delta(\omega+\omega_1)-\delta(\omega-\omega_1)]$ $\frac{\pi}{j}[\delta(\omega-\omega_1)-\delta(\omega+\omega_1)]$	不存在
13	因果正弦函数 $\sin(\omega_1 t)u(t)$	$\frac{j\pi}{2}[\delta(\omega+\omega_1)-\delta(\omega-\omega_1)]-\frac{\omega_1}{\omega^2-\omega_1^2}$	$\frac{\omega_1}{s^2+\omega_1^2}$，$\mathrm{Re}[s]>0$
14	周期冲激串 $\delta_T(t)=\sum_{n=-\infty}^{\infty}\delta(t-nT_1)$	$\omega_1\sum_{n=-\infty}^{\infty}\delta(\omega-n\omega_1)$	不存在
15	因果周期冲激串 $\delta_T(t)=\sum_{n=-\infty}^{\infty}\delta(t-nT_1)\cdot u(t)$	$\omega_1\sum_{n=0}^{\infty}\delta(\omega-n\omega_1)$	$\frac{1}{1-e^{-sT}}$，$\mathrm{Re}[s]>0$
16	双曲正弦 $\mathrm{sh}(at)u(t)=\frac{e^{at}-e^{-at}}{2}u(t)$	不存在	$\frac{a}{s^2-a^2}$，$\mathrm{Re}[s]>a$
17	双曲余弦 $\mathrm{ch}(at)u(t)=\frac{e^{at}+e^{-at}}{2}u(t)$	不存在	$\frac{s}{s^2-a^2}$，$\mathrm{Re}[s]>a$

4. s 变换性质

重点，结合傅里叶变换背 s 域的变换会事半功倍哟!

#	性质	傅里叶变换	s 变换
1	线性	$\mathcal{F}[a_1f_1(t)+a_2f_2(t)]=a_1F_1(\omega)+a_2F_2(\omega)$	$\mathcal{L}[a_1f_1(t)+a_2f_2(t)]=a_1F_1(s)+a_2F_2(s)$
2	尺度变换	$\mathcal{F}[f(at)]=\frac{1}{\lvert a\rvert}F\left(\frac{\omega_1}{a}\right)$	双边 $\mathcal{L}[f(at)]=\frac{1}{\lvert a\rvert}F\left(\frac{s}{a}\right)$
3	时移	$\mathcal{F}[f(t-t_0)]=F(\omega)e^{-j\omega t_0}$	双边 $\mathcal{L}[f(t-t_0)]=F(s)e^{-st_0}$ 单边 $\mathcal{L}[f(t-t_0)u(t-t_0)]=F(s)e^{-st_0}$
4	频移	$\mathcal{F}[f(t)e^{j\omega_0 t}]=F(\omega-\omega_0)$	$\mathcal{L}[f(t)e^{s_0 t}]=F(s-s_0)$

续表

#	性质	傅里叶变换	s 变换
5	时域微分	要求无直流分量： $\mathcal{F}[f'(t)]=\mathrm{j}\omega F(\omega)$	$\mathcal{L}[f'(t)]=sF(s)-f(0_-)$
6	频域微分	$\mathcal{F}^{-1}\left[\frac{\mathrm{d}F(\omega)}{\mathrm{d}\omega}\right]=-\mathrm{j}tf(t)$	$\mathcal{L}^{-1}\left[\frac{\mathrm{d}F(s)}{\mathrm{d}s}\right]=-tf(t)$
7	时域积分	$\mathcal{F}[f^{-1}(t)]=F(\omega)\cdot\left[\frac{1}{\mathrm{j}\omega}+\pi\delta(\omega)\right]$	$\mathcal{L}[f^{-1}(t)]=F(s)\cdot\frac{1}{s}+f^{-1}(0_-)\frac{1}{s}$
8	频域积分	$\mathcal{F}^{-1}[F^{-1}(\omega)]=\frac{f(t)}{-\mathrm{j}t}+f(0)\cdot\pi\delta(t)$	s 域积分 $\mathcal{F}^{-1}[F^{-1}(\omega)]=\frac{f(t)}{t}$ $\mathcal{L}[t^{-1}f(t)]=\int_s^{\infty}F(\eta)\mathrm{d}\eta$，$\mathrm{Re}[s]>\sigma_0$ 收敛域和 $F(s)$ 收敛域相同
9	终值定理	/	$\lim\limits_{t\to\infty}f(t)=\lim\limits_{s\to 0}sF(s)$ 使用条件：$f(t)$终值存在，即极点都在左半平面，或在原点处有且仅有一阶极点
10	初值定理	/	$\lim\limits_{t\to 0^+}f(t)=\lim\limits_{s\to\infty}sF(s)$ 使用条件：$F(s)$为真分式，若为假分式，则需要先化成真分式，再进行处理
11	时域卷积	$\mathcal{F}[f_1(t)*f_2(t)]=F_1(\omega)\cdot F_2(\omega)$	$\mathcal{L}[f_1(t)*f_2(t)]=F_1(s)\cdot F_2(s)$
12	时域相乘	$\mathcal{F}[f_1(t)\cdot f_2(t)]=\frac{1}{2\pi}F_1(\omega)*F_2(\omega)$	$\mathcal{L}[f_1(t)\cdot f_2(t)]=\frac{1}{2\pi\mathrm{j}}F_1(s)*F_2(s)$

5. 结合高数的部分分式展开法

这个方法一定要掌握！

单根按照单根走，几重根展几项。

部分分式展开注意条件：

①必须为真分式：分子的次数低于分母的次数，则这个分式叫作真分式。

②多重极点特殊处理：部分分式展开的万能步骤如图所示。

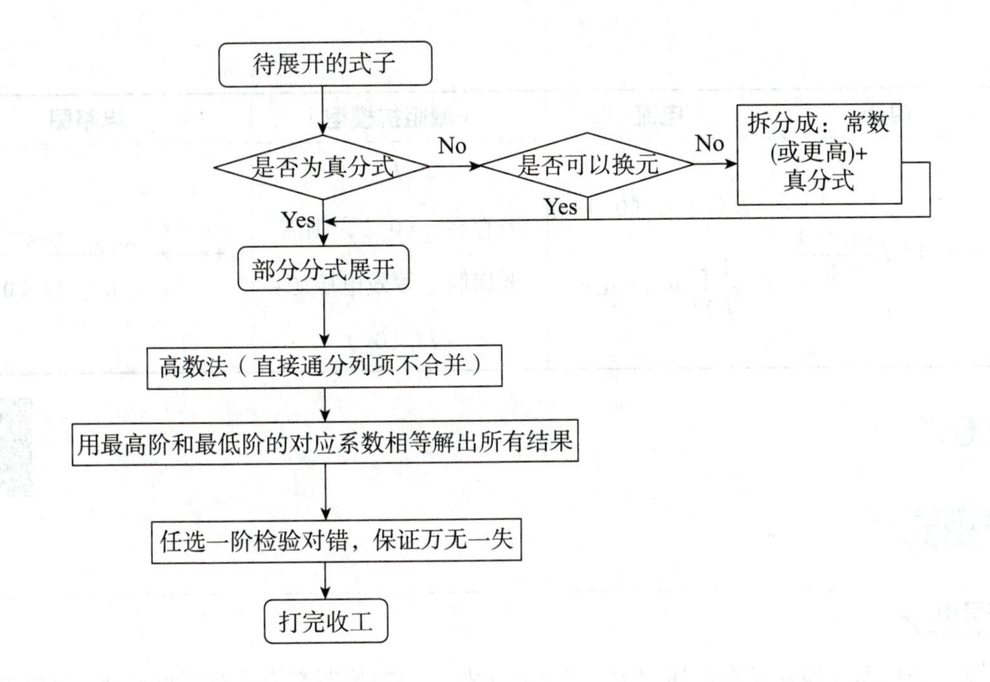

小马哥 Tips

第一点：若出现假分式，可以不用拆出真分式，可以左右两侧同时除以 s 或者 z，等到算出展开结果再乘回来。

第二点：关于最后的结果验证，无须选择一阶验证，可以直接代入展开前后的一个比较容易算的值，验证左右两侧是否相同，一般可以代入 0、±1（此值不能为极点），若出现共轭复数根，则可用原式减已求出结果的项，可直接得到共轭复数根的展开因式。

6. 电路元件的 s 域模型

不仅公式需要掌握，如何画电路元件的 s 域模型也需要掌握！

元件	电压	电流	s 域阻抗模型	电路图
电阻	$u_R(t)=Ri_R(t)$	$i_R(t)=\dfrac{u_R(t)}{R}$	R	$I_R(s)$　$U_R(s)$　+ −　R
电容	$u_C(t)=u_C(0_-)+\dfrac{1}{C}\int_{0_-}^{t}i_C(\tau)\mathrm{d}\tau$	$i_C(t)=C\dfrac{\mathrm{d}u_C(t)}{\mathrm{d}t}$	$\dfrac{1}{sC}$ 若存在 $u_C(0_-)$，则需要串联上等效电压源：$\dfrac{1}{s}u_C(0_-)$	$I_R(s)$　+ −　$\dfrac{1}{sC}$　$\dfrac{1}{s}u_C(0_-)$

续表

元件	电压	电流	s 域阻抗模型	电路图
电感	$u_L(t)=L\dfrac{\mathrm{d}i_L(t)}{\mathrm{d}t}$	$i_L(t)=i_L(0_-)+\dfrac{1}{L}\int_{0_-}^{t}u_L(\tau)\mathrm{d}\tau$	sL 若存在 $i_L(0_-)$，则需要串联上等效电压源：$-Li_L(0_-)$	$I_R(s)$ sL $Li_L(0_-)$

斩题型

题型 1 拉氏变换求解

小马哥导引

利用常见拉普拉斯变换对结合性质求解。考试的时候，拉普拉斯变换需要写收敛域。有的书课后习题不写，是因为默认讨论因果信号。

【例 1】 $x(t)=\mathrm{e}^{-2|t|}$ 的拉普拉斯变换为__________，其收敛域为__________。（2023 年广州大学 1.6）

【答案】 $\dfrac{-4}{s^2-4}$；$-2<\sigma<2$

【分析】 整理信号表达式：

$$x(t)=\mathrm{e}^{2t}u(-t)+\mathrm{e}^{-2t}u(t)$$

根据拉普拉斯变换，得

左边序列的收敛域在极点的左边！

$$\mathrm{e}^{2t}u(-t)\leftrightarrow\frac{-1}{s-2},\ \sigma<2$$

$$\mathrm{e}^{-2t}u(t)\leftrightarrow\frac{1}{s+2},\ \sigma>-2$$

右边序列的收敛域在极点的右边！

综上所述，

$$\mathrm{e}^{-2|t|}\leftrightarrow\frac{-4}{(s-2)(s+2)}=\frac{-4}{s^2-4},\ -2<\sigma<2$$

收敛域取交集！

题型 2 根据电路图利用 s 变换求解响应

【例 2】 已知 RLC 电路如图所示，$x(t)$ 是系统激励，$y(t)$ 为系统响应，$R=1.5\,\Omega$，$C=1\,\mathrm{F}$，$L=0.5\,\mathrm{H}$。

（1）求该电路的系统函数 $H(s)$；

（2）若电路的初始状态 $u_C(0_-)=1\text{V}$，$i_L(0)=2\text{A}$，激励 $x(t)=\varepsilon(t)$，求系统全响应 $y(t)$；

（3）若激励 $x(t)=\sin t$，求系统的零状态响应。（2023 年重庆邮电大学 18）

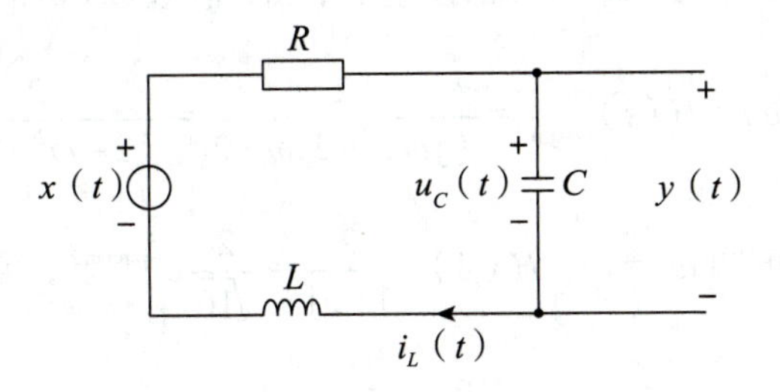

【分析】（1）画出电路的 s 域模型，如图（a）所示。

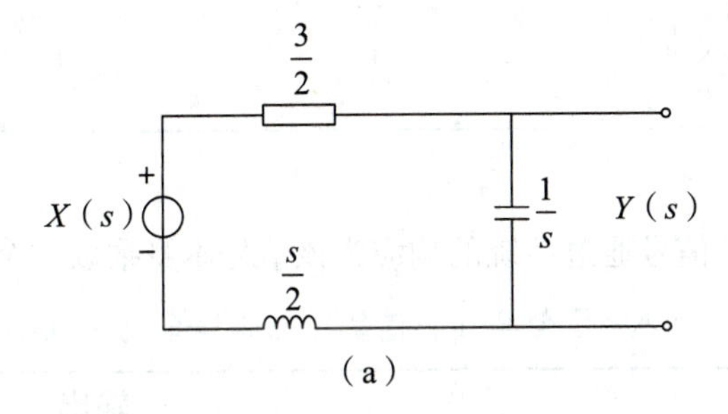

（a）

阻抗模型，串联分压：$H(s)=\dfrac{Y(s)}{X(s)}=\dfrac{\frac{1}{s}}{\frac{1}{s}+\frac{3}{2}+\frac{s}{2}}=\dfrac{2}{s^2+3s+2}$。

（2）输入 $x(t)=\varepsilon(t)$ 时，电路 s 域模型（带有初始储能）如图（b）所示。

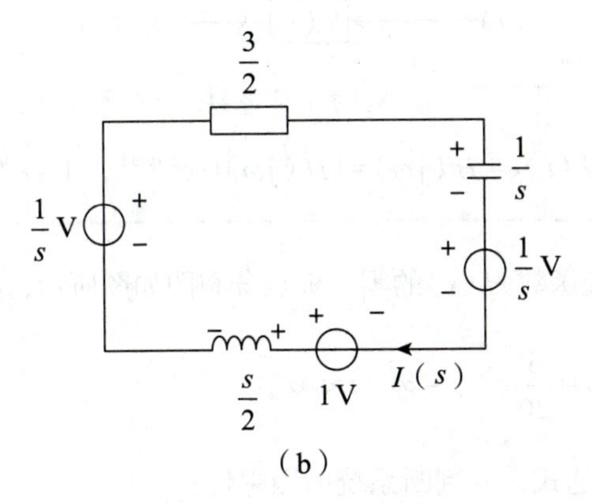

（b）

列 KVL 方程：

$$-\frac{1}{s}+\frac{3}{2}I(s)+\frac{1}{s}I(s)+\frac{1}{s}-1+\frac{s}{2}I(s)=0 \Rightarrow I(s)=\frac{1}{\frac{s}{2}+\frac{1}{s}+\frac{3}{2}}=\frac{2s}{s^2+3s+2}$$

$$Y(s)=\frac{1}{s}I(s)+\frac{1}{s}=\frac{2}{s^2+3s+2}+\frac{1}{s}=\frac{1}{s}+\frac{2}{s+1}+\frac{-2}{s+2}\leftrightarrow y(t)=(1+2e^{-t}-2e^{-2t})\varepsilon(t)$$

（3）该因果系统的两个极点$s_1=-1$，$s_2=-2$都在左半平面，收敛域$\mathrm{Re}[s]>-2$，则

$$H(j\omega)=H(s)\big|_{s=j\omega}=\frac{2}{(j\omega)^2+3j\omega+2}=\frac{2}{(2-\omega^2)+3j\omega}$$

$x(t)=\sin t$，由特征输入法可知$\omega_0=1$，$H(j1)=\frac{2}{1+3j}=\frac{2}{\sqrt{10}}e^{-j\arctan 3}$，零状态响应为

$$y(t)=\frac{2}{\sqrt{10}}\sin(t-\arctan 3)$$

题型 3 s 域的特征输入

小马哥导引

特征函数：一般地，如果某信号通过系统的响应为该信号本身乘以一个常数，则称该信号为系统的特征函数。特征函数：→ 输入 t 是全平面有值的，而不是含有阶跃函数的！

输入	要求	输出
$Ae^{s_0 t}$	$t\in(-\infty,+\infty)$ $h(t)$为 LTI 系统	$s=s_0$位于收敛域内 $y_{zs}(t)=H(s)\big\|_{s=s_0}e^{s_0 t}=A\|H(s_0)\|e^{s_0 t}$ 若在收敛域外，则无输出

$$e(t)\rightarrow\boxed{h(t)}\rightarrow y(t)$$

线性时不变系统（LTI系统）

$$h(t)\leftrightarrow H(j\omega)=|H(j\omega)|\cdot e^{j\varphi(\omega)},\quad 1=e^{0t}$$

【例 3】某连续稳定系统的系统函数$H(s)$的零、极点分布图如图所示，在输入$f(t)=e^{2t}$，$-\infty<t<\infty$的作用下，系统产生输出$y(t)=\frac{3}{20}e^{2t}$，$-\infty<t<\infty$。

（1）写出系统函数$H(s)$的表达式，并判断系统的因果性；

（2）求出单位冲激响应$h(t)$；

（3）当输入为$f(t)=u(t)$时，求输出$y(t)$；

（4）画出该系统直接型信号流图。（2023 年海南大学 4.1）

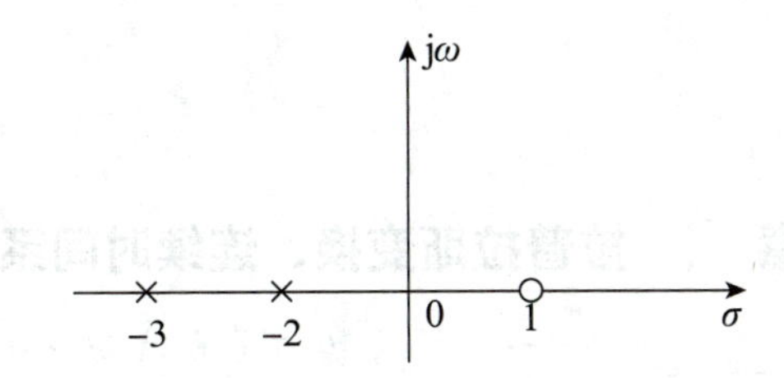

【分析】（1）根据零、极点图，可以设系统函数为 $H(s)=\dfrac{K(s-1)}{(s+3)(s+2)}$。

在输入 $f(t)=\mathrm{e}^{2t}$，$-\infty<t<\infty$ 的作用下，系统产生输出 $y(t)=\dfrac{3}{20}\mathrm{e}^{2t}$，$-\infty<t<\infty$，因此，根据特征输入法，有

幅值加权。

$$H(2)=\frac{K}{5\cdot(2+2)}=\frac{3}{20}\Rightarrow K=3$$

由于系统稳定，收敛域包含虚轴，则 $H(s)=\dfrac{3(s-1)}{(s+3)(s+2)}$，$\sigma>-2$。因此，系统因果。

（2）利用部分分式展开法，有

$$H(s)=\frac{3(s-1)}{(s+3)(s+2)}=\frac{12}{s+3}+\frac{-9}{s+2},\ \sigma>-2\leftrightarrow h(t)=(12\mathrm{e}^{-3t}-9\mathrm{e}^{-2t})u(t)$$

（3）时域卷积，频域乘积：$Y(s)=H(s)\cdot F(s)=\dfrac{3(s-1)}{s(s+3)(s+2)}$，$\sigma>0$，利用部分分式展开法，有

$$Y(s)=\frac{-\frac{1}{2}}{s}+\frac{-4}{s+3}+\frac{\frac{9}{2}}{s+2}\leftrightarrow y(t)=\left(-\frac{1}{2}-4\mathrm{e}^{-3t}+\frac{9}{2}\mathrm{e}^{-2t}\right)u(t)$$

（4）整理系统函数得 $H(s)=\dfrac{3(s-1)}{(s+3)(s+2)}=\dfrac{3s^{-1}-3s^{-2}}{1-(-5s^{-1}-6s^{-2})}$。根据简易的梅森公式逆推得系统直接型信号流图如图所示。

利用梅森公式求解系统函数或者画系统框图都是很简便的方法，需要大家掌握。

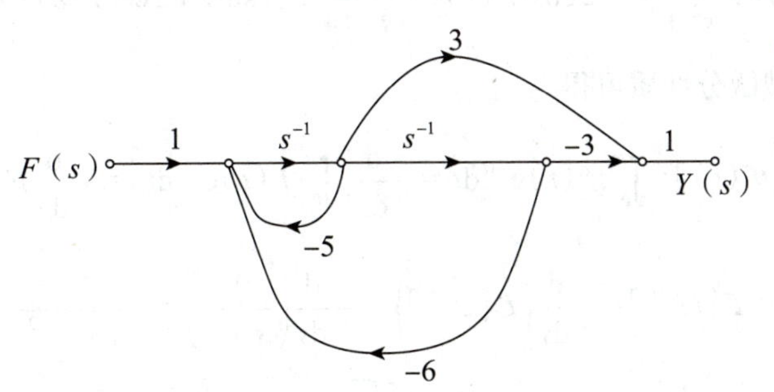

解习题

郑君里版第四章 | 拉普拉斯变换、连续时间系统的 s 域分析

郑君里 4.1 求下列函数的拉氏变换。

教材里面没有说求单边拉氏变换还是双边拉氏变换，此题默认求的是单边拉氏变换。

（1）$1-e^{-\alpha t}$；（2）$\sin t+2\cos t$；（3）te^{-2t}；

（4）$e^{-t}\sin(2t)$；（5）$(1+2t)e^{-t}$；（6）$[1-\cos(\alpha t)]e^{-\beta t}$；

（7）t^2+2t；（8）$2\delta(t)-3e^{-7t}$；（9）$e^{-\alpha t}\sinh(\beta t)$；

（10）$\cos^2(\Omega t)$；（11）$\dfrac{1}{\beta-\alpha}(e^{-\alpha t}-e^{-\beta t})$；（12）$e^{-(t+a)}\cos(\omega t)$；

（13）$te^{-(t-2)}u(t-1)$；（14）$e^{-\frac{t}{a}}f\left(\dfrac{t}{a}\right)$，设已知 $\mathcal{L}[f(t)]=F(s)$；

（15）$e^{-at}f\left(\dfrac{t}{a}\right)$，设已知 $\mathcal{L}[f(t)]=F(s)$；（16）$t\cos^3(3t)$；

（17）$t^2\cos(2t)$；（18）$\dfrac{1}{t}(1-e^{-\alpha t})$；

（19）$\dfrac{e^{-3t}-e^{-5t}}{t}$；（20）$\dfrac{\sin(at)}{t}$。

解析 （1）求单边拉氏变换：$1-e^{-\alpha t}\to(1-e^{-\alpha t})\varepsilon(t)$，根据常用拉氏变换可知

求单边拉氏变换的时候，直接用阶跃函数将其截断即可。

$$\varepsilon(t)\leftrightarrow\frac{1}{s},\quad e^{-\alpha t}\varepsilon(t)\leftrightarrow\frac{1}{s+\alpha},\quad (1-e^{-\alpha t})\varepsilon(t)\leftrightarrow\frac{1}{s}-\frac{1}{s+\alpha}=\frac{\alpha}{s(s+\alpha)}$$

（2）求单边拉氏变换：$\sin t+2\cos t\to(\sin t+2\cos t)\varepsilon(t)$，根据常用拉氏变换可知

$$\sin t\varepsilon(t)\leftrightarrow\frac{1}{s^2+1},\quad 2\cos t\varepsilon(t)\leftrightarrow\frac{2s}{s^2+1},\quad (\sin t+2\cos t)\varepsilon(t)\leftrightarrow\frac{2s+1}{s^2+1}$$

（3）根据拉氏变换的 s 域微分性质可得

$$\mathcal{L}[tf(t)]=\int_0^{\infty}tf(t)e^{-st}dt=-\frac{d}{ds}\left[\int_0^{\infty}f(t)e^{-st}dt\right]=-\frac{d}{ds}F(s)$$

故
$$\mathcal{L}[te^{-2t}]=-\frac{d}{ds}\{\mathcal{L}[e^{-2t}]\}=-\frac{d}{ds}\left(\frac{1}{s+2}\right)=\frac{1}{(s+2)^2}$$

（4）根据拉氏变换的 s 域平移性质可得 $\mathcal{L}[f(t)e^{-\alpha t}]=F(s+\alpha)$，由常见拉氏变换对可得

口令：时间柄反。

$\mathcal{L}[\sin(2t)]=\dfrac{2}{s^2+4}$，故

$$\mathcal{L}[\mathrm{e}^{-t}\sin(2t)]=\frac{2}{(s+1)^2+4}$$

（5）根据拉氏变换的 s 域平移性质可得 $\mathcal{L}[\mathrm{e}^{-t}]=\dfrac{1}{s+1}$，再根据拉氏变换的 s 域微分性质可得

$$\mathcal{L}[t\mathrm{e}^{-t}]=-\frac{\mathrm{d}}{\mathrm{d}s}\left(\frac{1}{s+1}\right)=\frac{1}{(s+1)^2}$$

故
$$\mathcal{L}[(1+2t)\mathrm{e}^{-t}]=\mathcal{L}[\mathrm{e}^{-t}]+2\mathcal{L}[t\mathrm{e}^{-t}]=\frac{1}{s+1}+\frac{2}{(s+1)^2}=\frac{s+3}{(s+1)^2}$$

（6）根据常见拉氏变换对可得 $\mathcal{L}[\cos(\alpha t)]=\dfrac{s}{s^2+\alpha^2}$，$\mathcal{L}[1]=\dfrac{1}{s}$，则

$$\mathcal{L}[1-\cos(\alpha t)]=\mathcal{L}[1]-\mathcal{L}[\cos(\alpha t)]=\frac{1}{s}-\frac{s}{s^2+\alpha^2}=\frac{\alpha^2}{s^3+\alpha^2 s}$$

再根据拉氏变换的 s 域平移性质可得 $\mathcal{L}\{[1-\cos(\alpha t)]\mathrm{e}^{-\beta t}\}=\dfrac{\alpha^2}{(s+\beta)^3+\alpha^2(s+\beta)}$。

（7）根据拉氏变换的 s 域微分性质可得 $\mathcal{L}[t^n]=\dfrac{n!}{s^{n+1}}$，故

这个公式容易记错，上面的系数别搞错了！

$$\mathcal{L}[t^2+2t]=\mathcal{L}[t^2]+2\mathcal{L}[t]=\frac{2!}{s^3}+2\cdot\frac{1}{s^2}=\frac{2s+2}{s^3}$$

（8）根据单边拉氏变换的定义式可得 $\mathcal{L}[\delta(t)]=\int_{0_-}^{\infty}\delta(t)\mathrm{e}^{-st}\mathrm{d}t=1$，再根据常见拉氏变换对可得

$\mathcal{L}[\mathrm{e}^{-7t}]=\dfrac{1}{s+7}$，故

$$\mathcal{L}[2\delta(t)-3\mathrm{e}^{-7t}]=2\mathcal{L}[\delta(t)]-3\mathcal{L}[\mathrm{e}^{-7t}]=2-\frac{3}{s+7}=\frac{2s+11}{s+7}$$

这个考试一般不会考，背诵一下，以防万一：

双曲正弦：$\sinh(\beta t)=\dfrac{1}{2}(\mathrm{e}^{\beta t}-\mathrm{e}^{-\beta t})$；

双曲余弦：$\cosh(\beta t)=\dfrac{1}{2}(\mathrm{e}^{\beta t}+\mathrm{e}^{-\beta t})$。

（9）根据常见拉氏变换对可得

$$\mathcal{L}[\sinh(\beta t)]=\mathcal{L}\left[\frac{1}{2}(\mathrm{e}^{\beta t}-\mathrm{e}^{-\beta t})\right]=\frac{1}{2}\{\mathcal{L}[\mathrm{e}^{\beta t}]-\mathcal{L}[\mathrm{e}^{-\beta t}]\}=\frac{1}{2}\left(\frac{1}{s-\beta}-\frac{1}{s+\beta}\right)=\frac{\beta}{s^2-\beta^2}$$

根据拉氏变换的 s 域平移性质可得 $\mathcal{L}[\mathrm{e}^{-\alpha t}\sinh(\beta t)]=\dfrac{\beta}{(s+\alpha)^2-\beta^2}$。

（10）根据常见拉氏变换对可得 $\mathcal{L}[1]=\dfrac{1}{s}$，$\mathcal{L}[\cos(2\Omega t)]=\dfrac{s}{s^2+4\Omega^2}$，故

$$\mathcal{L}[\cos^2(\Omega t)]=\mathcal{L}\left[\frac{1+\cos(2\Omega t)}{2}\right]=\frac{1}{2}\{\mathcal{L}[1]+\mathcal{L}[\cos(2\Omega t)]\}$$

三角函数降幂公式！

$$=\frac{1}{2}\left(\frac{1}{s}+\frac{s}{s^2+4\Omega^2}\right)=\frac{s^2+2\Omega^2}{s(s^2+4\Omega^2)}$$

（11）根据常见拉氏变换对可得 $\mathcal{L}[e^{-\alpha t}]=\dfrac{1}{s+\alpha}$，$\mathcal{L}[e^{-\beta t}]=\dfrac{1}{s+\beta}$，则

$$\mathcal{L}\left[\frac{1}{\beta-\alpha}(e^{-\alpha t}-e^{-\beta t})\right]=\frac{1}{\beta-\alpha}\{\mathcal{L}[e^{-\alpha t}]-\mathcal{L}[e^{-\beta t}]\}=\frac{1}{\beta-\alpha}\left(\frac{1}{s+\alpha}-\frac{1}{s+\beta}\right)=\frac{1}{(s+\alpha)(s+\beta)}$$

（12）根据常见拉氏变换对可得 $\mathcal{L}[\cos(\omega t)]=\dfrac{s}{s^2+\omega^2}$，再根据拉氏变换的 s 域平移性质可得

$\mathcal{L}[e^{-t}\cos(\omega t)]=\dfrac{s+1}{(s+1)^2+\omega^2}$，再根据拉氏变换的时域平移性质可得

相当于一个常数系数，直接提出来。

$$\mathcal{L}[e^{-(t+a)}\cos(\omega t)]=\mathcal{L}[e^{-a}e^{-t}\cos(\omega t)]=e^{-a}\mathcal{L}[e^{-t}\cos(\omega t)]=\frac{(s+1)e^{-a}}{(s+1)^2+\omega^2}$$

（13）根据常见拉氏变换对可得 $\mathcal{L}[e^{-t}u(t)]=\dfrac{1}{s+1}$，再根据拉氏变换的时域平移性质可得

$\mathcal{L}[e^{-(t-1)}u(t-1)]=\dfrac{e^{-s}}{s+1}$，进而根据拉氏变换的 s 域微分性质可得

$$\mathcal{L}[te^{-(t-1)}u(t-1)]=-\frac{d}{ds}\left(\frac{e^{-s}}{s+1}\right)=\frac{(s+2)e^{-s}}{(s+1)^2}$$

配凑成时移，前后保持一致。

故 $$\mathcal{L}[te^{-(t-2)}u(t-1)]=\mathcal{L}[tee^{-(t-1)}u(t-1)]=e\cdot\frac{(s+2)e^{-s}}{(s+1)^2}=\frac{(s+2)e^{-(s-1)}}{(s+1)^2}$$

（14）根据拉氏变换的 s 域平移性质可得 $\mathcal{L}[e^{-t}f(t)]=F(s+1)$，再根据拉氏变换的尺度变换性质可得

$$\mathcal{L}\left[e^{-\frac{t}{a}}f\left(\frac{t}{a}\right)\right]=|a|F(as+1)=aF(as+1)\ (a>0)$$

（15）根据拉氏变换的尺度变换性质可得 $\mathcal{L}\left[f\left(\dfrac{t}{a}\right)\right]=aF(as)$，故

$$\mathcal{L}\left[e^{-at}f\left(\frac{t}{a}\right)\right]=|a|F[a(s+a)]=aF(as+a^2)\ (a>0)$$

（16）对 $\cos^3(3t)$ 化简整理可得

$$\cos^3(3t)=\cos(3t)\left[\frac{1+\cos(6t)}{2}\right]=\frac{3}{4}\cos(3t)+\frac{1}{4}\cos(9t)$$

先利用降幂公式，再利用积化和差。

故

$$\mathcal{L}[t\cos^3(3t)]=\frac{3}{4}\mathcal{L}[t\cos(3t)]+\frac{1}{4}\mathcal{L}[t\cos(9t)]=-\frac{3}{4}\cdot\frac{\mathrm{d}}{\mathrm{d}s}\left(\frac{s}{s^2+9}\right)-\frac{1}{4}\cdot\frac{\mathrm{d}}{\mathrm{d}s}\left(\frac{s}{s^2+81}\right)$$

$$=\frac{3}{4}\cdot\frac{s^2-9}{(s^2+9)^2}+\frac{1}{4}\cdot\frac{s^2-81}{(s^2+81)^2}=\frac{1}{4}\cdot\left[\frac{3s^2-27}{(s^2+9)^2}+\frac{s^2-81}{(s^2+81)^2}\right]$$

（17）根据常见拉氏变换对可得 $\mathcal{L}[\cos(2t)]=\frac{s}{s^2+4}$，再根据拉氏变换的 s 域微分性质可得

$$\mathcal{L}[t^2\cos(2t)]=-\frac{\mathrm{d}}{\mathrm{d}s}\left[-\frac{\mathrm{d}}{\mathrm{d}s}\left(\frac{s}{s^2+4}\right)\right]=-\frac{\mathrm{d}}{\mathrm{d}s}\left[\frac{s^2-4}{(s^2+4)^2}\right]=\frac{2s^3-24s}{(s^2+4)^3}$$

求二阶导。

（18）根据拉氏变换的 s 域积分性质可得 $\mathcal{L}\left[\frac{f(t)}{t}\right]=\int_s^{\infty}F(\eta)\mathrm{d}\eta$，而 $\mathcal{L}[1-\mathrm{e}^{-\alpha t}]=\frac{1}{s}-\frac{1}{s+\alpha}$，故

这个性质考频不高，了解即可。

$$\mathcal{L}\left[\frac{1}{t}(1-\mathrm{e}^{-\alpha t})\right]=\int_s^{\infty}\frac{1}{\eta}\mathrm{d}\eta-\int_s^{\infty}\frac{1}{\eta+\alpha}\mathrm{d}\eta=\int_s^{\infty}\frac{1}{\eta}\mathrm{d}\eta-\int_{s+\alpha}^{\infty}\frac{1}{\eta}\mathrm{d}\eta$$

$$=\int_s^{s+\alpha}\frac{1}{\eta}\mathrm{d}\eta=\ln(s+\alpha)-\ln s=\ln\frac{s+\alpha}{s}$$

（19）根据常见拉氏变换对可得 $\mathcal{L}[\mathrm{e}^{-3t}]=\frac{1}{s+3}$，$\mathcal{L}[\mathrm{e}^{-5t}]=\frac{1}{s+5}$，故 $\mathcal{L}[\mathrm{e}^{-3t}-\mathrm{e}^{-5t}]=\frac{1}{s+3}-\frac{1}{s+5}$，再根据拉氏变换的 s 域积分性质可得

$$\mathcal{L}\left[\frac{1}{t}(\mathrm{e}^{-3t}-\mathrm{e}^{-5t})\right]=\int_s^{\infty}\frac{1}{s_1+3}\mathrm{d}s_1-\int_s^{\infty}\frac{1}{s_1+5}\mathrm{d}s_1=\int_{s+3}^{s+5}\frac{1}{s_1}\mathrm{d}s_1=\ln\frac{s+5}{s+3}$$

（20）根据常见拉氏变换对可得 $\mathcal{L}[\sin(at)]=\frac{a}{s^2+a^2}$，再根据拉氏变换的 s 域积分性质可得

$$\mathcal{L}\left[\frac{1}{t}\sin(at)\right]=\int_s^{\infty}\frac{a}{s_1^2+a^2}\mathrm{d}s_1=\int_s^{\infty}\frac{1}{1+\left(\frac{s_1}{a}\right)^2}\mathrm{d}\left(\frac{s_1}{a}\right)=\arctan\left(\frac{s_1}{a}\right)\Bigg|_s^{\infty}=\frac{\pi}{2}-\arctan\left(\frac{s}{a}\right)$$

郑君里 4.3 求下列函数的拉氏变换，注意阶跃函数的跳变时间。

（1）$f(t)=\mathrm{e}^{-t}u(t-2)$；

（2）$f(t)=\mathrm{e}^{-(t-2)}u(t-2)$；

（3）$f(t)=\mathrm{e}^{-(t-2)}u(t)$；

（4）$f(t)=\sin(2t)\cdot u(t-1)$；

（5）$f(t)=(t-1)[u(t-1)-u(t-2)]$。

解析 （1）由题可知，$f(t)=\mathrm{e}^{-t}u(t-2)$，整理可得$f(t)=\mathrm{e}^{-2}\cdot\mathrm{e}^{-(t-2)}u(t-2)$，而由常见拉氏变换对可得，$\mathcal{L}[\mathrm{e}^{-t}u(t)]=\dfrac{1}{s+1}$，则$\mathcal{L}[\mathrm{e}^{-(t-2)}u(t-2)]=\dfrac{\mathrm{e}^{-2s}}{s+1}$，故

凑成时移的形式，前后一致，利用时移性质。

$$\mathcal{L}[f(t)]=\mathrm{e}^{-2}\cdot\frac{\mathrm{e}^{-2s}}{s+1}=\frac{\mathrm{e}^{-2(s+1)}}{s+1}$$

（2）由题可知，$f(t)=\mathrm{e}^{-(t-2)}u(t-2)$，由常见拉氏变换对可得，$\mathcal{L}[\mathrm{e}^{-t}u(t)]=\dfrac{1}{s+1}$，故

$$\mathcal{L}[\mathrm{e}^{-(t-2)}u(t-2)]=\frac{\mathrm{e}^{-2s}}{s+1}$$

（3）由题可知，$f(t)=\mathrm{e}^{-(t-2)}u(t)$，则$f(t)=\mathrm{e}^{2}\cdot\mathrm{e}^{-t}u(t)$，由常见拉氏变换对可得$\mathcal{L}[\mathrm{e}^{-t}u(t)]=\dfrac{1}{s+1}$，故

保证t的一致性，以阶跃函数中的t为准。

$$\mathcal{L}[f(t)]=\mathrm{e}^{2}\cdot\mathcal{L}[\mathrm{e}^{-t}u(t)]=\frac{\mathrm{e}^{2}}{s+1}$$

（4）由题可知，$f(t)=\sin(2t)\cdot u(t-1)$，则

高中知识，利用三角函数公式将其展开。

$$f(t)=\sin[2(t-1)+2]u(t-1)=\cos 2\cdot\sin[2(t-1)]u(t-1)+\sin 2\cdot\cos[2(t-1)]u(t-1)$$

由常见拉氏变换对可得

$$\mathcal{L}\{\sin[2(t-1)]u(t-1)\}=\frac{2\mathrm{e}^{-s}}{s^{2}+4},\quad \mathcal{L}\{\cos[2(t-1)]u(t-1)\}=\frac{s\mathrm{e}^{-s}}{s^{2}+4}$$

故

$$\mathcal{L}[\sin(2t)\cdot u(t-1)]=\frac{2\mathrm{e}^{-s}\cos 2}{s^{2}+4}+\frac{s\mathrm{e}^{-s}\sin 2}{s^{2}+4}=\frac{2\cos 2+s\sin 2}{s^{2}+4}\mathrm{e}^{-s}$$

（5）由题可知，$f(t)=(t-1)[u(t-1)-u(t-2)]$，则

$$f(t)=(t-1)u(t-1)-(t-2)u(t-2)-u(t-2)$$

由常见拉氏变换对可得$\mathcal{L}[u(t)]=\dfrac{1}{s}$，$\mathcal{L}[tu(t)]=\dfrac{1}{s^{2}}$，则

$$\mathcal{L}[(t-1)u(t-1)]=\frac{\mathrm{e}^{-s}}{s^{2}},\quad \mathcal{L}[(t-2)u(t-2)]=\frac{\mathrm{e}^{-2s}}{s^{2}},\quad \mathcal{L}[u(t-2)]=\frac{\mathrm{e}^{-2s}}{s}$$

故

$$\mathcal{L}\{(t-1)[u(t-1)-u(t-2)]\}=\frac{\mathrm{e}^{-s}}{s^{2}}-\frac{\mathrm{e}^{-2s}}{s^{2}}-\frac{\mathrm{e}^{-2s}}{s}=\frac{1}{s^{2}}[1-(1+s)\mathrm{e}^{-s}]\mathrm{e}^{-s}$$

郑君里 4.4 求下列函数的拉普拉斯逆变换。

题目没给收敛域，可默认为是因果信号。

（1）$\dfrac{1}{s+1}$；　（2）$\dfrac{4}{2s+3}$；　（3）$\dfrac{4}{s(2s+3)}$；

(4) $\dfrac{1}{s(s^2+5)}$；　(5) $\dfrac{3}{(s+4)(s+2)}$；　(6) $\dfrac{3s}{(s+4)(s+2)}$；

(7) $\dfrac{1}{s^2+1}+1$；　(8) $\dfrac{1}{s^2-3s+2}$；　(9) $\dfrac{1}{s(RCs+1)}$；

(10) $\dfrac{1-RCs}{s(1+RCs)}$；　(11) $\dfrac{\omega}{(s^2+\omega^2)}\cdot\dfrac{1}{(RCs+1)}$；　(12) $\dfrac{4s+5}{s^2+5s+6}$；

(13) $\dfrac{100(s+50)}{s^2+201s+200}$；　(14) $\dfrac{s+3}{(s+1)^3(s+2)}$；　(15) $\dfrac{A}{s^2+K^2}$；

(16) $\dfrac{1}{(s^2+3)^2}$；　(17) $\dfrac{s}{(s+a)[(s+\alpha)^2+\beta^2]}$；

(18) $\dfrac{s}{(s^2+\omega^2)[(s+\alpha)^2+\beta^2]}$；　(19) $\dfrac{e^{-s}}{4s(s^2+1)}$；　(20) $\ln\left(\dfrac{s}{s+9}\right)$。

解析 (1) $\mathcal{L}^{-1}\left[\dfrac{1}{s+1}\right]=e^{-t}u(t)$。

(2) $\mathcal{L}^{-1}\left[\dfrac{4}{2s+3}\right]=2\mathcal{L}^{-1}\left[\dfrac{1}{s+\dfrac{3}{2}}\right]=2e^{-\frac{3}{2}t}u(t)$。

(3) $\mathcal{L}^{-1}\left[\dfrac{4}{s(2s+3)}\right]=\mathcal{L}^{-1}\left[\dfrac{4}{3}\left(\dfrac{1}{s}-\dfrac{1}{s+\dfrac{3}{2}}\right)\right]=\dfrac{4}{3}\left(1-e^{-\frac{3}{2}t}\right)u(t)$。

利用部分分式展开法。

(4) $\mathcal{L}^{-1}\left[\dfrac{1}{s(s^2+5)}\right]=\dfrac{1}{5}\mathcal{L}^{-1}\left[\dfrac{1}{s}-\dfrac{s}{s^2+5}\right]=\dfrac{1}{5}[1-\cos(\sqrt{5}t)]u(t)$。

分母是二阶，那么分子就是一阶或者零阶。

(5) $\mathcal{L}^{-1}\left[\dfrac{3}{(s+4)(s+2)}\right]=\mathcal{L}^{-1}\left[\dfrac{3}{2}\left(\dfrac{1}{s+2}-\dfrac{1}{s+4}\right)\right]=\dfrac{3}{2}(e^{-2t}-e^{-4t})u(t)$。

(6) $\mathcal{L}^{-1}\left[\dfrac{3s}{(s+4)(s+2)}\right]=\mathcal{L}^{-1}\left[\dfrac{6}{s+4}-\dfrac{3}{s+2}\right]=(6e^{-4t}-3e^{-2t})u(t)$。

(7) $\mathcal{L}^{-1}\left[\dfrac{1}{s^2+1}+1\right]=\mathcal{L}^{-1}\left[\dfrac{1}{s^2+1}\right]+\mathcal{L}^{-1}[1]=(\sin t)u(t)+\delta(t)$。

(8) $\mathcal{L}^{-1}\left[\dfrac{1}{s^2-3s+2}\right]=\mathcal{L}^{-1}\left[\dfrac{1}{s-2}-\dfrac{1}{s-1}\right]=(e^{2t}-e^{t})u(t)$。

（9）$\mathcal{L}^{-1}\left[\frac{1}{s(RCs+1)}\right]=\mathcal{L}^{-1}\left[\frac{1}{s}-\frac{1}{s+\frac{1}{RC}}\right]=\left(1-e^{-\frac{t}{RC}}\right)u(t)$。

和 s 无关的都可以看作常数。

（10）$\mathcal{L}^{-1}\left[\frac{1-RCs}{s(1+RCs)}\right]=\mathcal{L}^{-1}\left[\frac{1}{s}+\frac{-2RC}{1+RCs}\right]=\mathcal{L}^{-1}\left[\frac{1}{s}+\frac{-2}{s+\frac{1}{RC}}\right]=\left(1-2e^{-\frac{t}{RC}}\right)u(t)$。

（11）$\mathcal{L}^{-1}\left[\frac{\omega}{(s^2+\omega^2)}\cdot\frac{1}{(RCs+1)}\right]=\mathcal{L}^{-1}\left[\frac{\omega RC}{1+(\omega RC)^2}\left(\frac{1}{s+\frac{1}{RC}}-\frac{s}{s^2+\omega^2}+\frac{1}{\omega RC}\cdot\frac{\omega}{s^2+\omega^2}\right)\right]$

$$=\frac{\omega RC}{1+(\omega RC)^2}\left[e^{-\frac{t}{RC}}-\cos(\omega t)+\frac{\sin(\omega t)}{\omega RC}\right]u(t)。$$

（12）$\mathcal{L}^{-1}\left[\frac{4s+5}{s^2+5s+6}\right]=\mathcal{L}^{-1}\left[\frac{4s+5}{(s+2)(s+3)}\right]=\mathcal{L}^{-1}\left[\frac{7}{s+3}-\frac{3}{s+2}\right]=(7e^{-3t}-3e^{-2t})u(t)$。

（13）$\mathcal{L}^{-1}\left[\frac{100(s+50)}{s^2+201s+200}\right]=\mathcal{L}^{-1}\left[\frac{4\,900}{199}\cdot\frac{1}{s+1}+\frac{15\,000}{199}\cdot\frac{1}{s+200}\right]=\frac{100}{199}(49e^{-t}+150e^{-200t})u(t)$。

（14）由题可知，$\frac{s+3}{(s+1)^3(s+2)}$，根据部分分式展开可得

$$F_b(s)=\frac{s+3}{(s+1)^3(s+2)}=\frac{A}{(s+1)^3}+\frac{B}{(s+1)^2}+\frac{C}{s+1}+\frac{D}{s+2}$$

可得

$$A=(s+1)^3F_b(s)\big|_{s=-1}=2$$

$$D=(s+2)F_b(s)\big|_{s=-2}=-1$$

将 $A=2$，$D=-1$ 代入展开式，通分可得

$$\begin{cases}C+D=0\\2A+2B+2C+D=3\end{cases}\Rightarrow B=-1,\ C=1$$

则

$$\frac{s+3}{(s+1)^3(s+2)}=\frac{2}{(s+1)^3}+\frac{-1}{(s+1)^2}+\frac{1}{s+1}+\frac{-1}{s+2}$$

所以在默认因果的情况下，

$$\mathcal{L}^{-1}\left[\frac{s+3}{(s+1)^3(s+2)}\right]=\mathcal{L}^{-1}\left[\frac{2}{(s+1)^3}+\frac{-1}{(s+1)^2}+\frac{1}{s+1}+\frac{-1}{s+2}\right]=(t^2-t+1)\mathrm{e}^{-t}u(t)-\mathrm{e}^{-2t}u(t)$$

(15) $\mathcal{L}^{-1}\left[\frac{A}{s^2+K^2}\right]=\frac{A}{K}\mathcal{L}^{-1}\left[\frac{K}{s^2+K^2}\right]=\frac{A}{K}\sin(Kt)u(t)$。

(16) 由题可知，$\frac{1}{(s^2+3)^2}$，由常见拉氏变换对可得

$$\mathcal{L}^{-1}\left[\frac{\omega}{s^2+\omega^2}\right]=\sin(\omega t)u(t)\text{，}\mathcal{L}^{-1}\left[\frac{s}{s^2+\omega^2}\right]=\cos(\omega t)u(t)$$

再根据 s 域微分性质可得

$$\mathcal{L}^{-1}\left[-\frac{2\omega s}{(s^2+\omega^2)^2}\right]=-t\sin(\omega t)u(t)\text{，}\mathcal{L}^{-1}\left[\frac{\omega^2-s^2}{(s^2+\omega^2)^2}\right]=-t\cos(\omega t)u(t)$$

则可设 $\frac{1}{(s^2+3)^2}=\frac{k_1(s^2-3)}{(s^2+3)^2}+\frac{k_2}{(s^2+3)}$，通分可得 $\begin{cases}k_1=-\frac{1}{6}\\ k_2=\frac{1}{6}\end{cases}$，则

$$\mathcal{L}^{-1}\left[\frac{1}{(s^2+3)^2}\right]=\mathcal{L}^{-1}\left[\frac{-\frac{1}{6}(s^2-3)}{(s^2+3)^2}+\frac{\frac{1}{6}}{(s^2+3)}\right]=\frac{1}{6}\left[-t\cos(\sqrt{3}t)+\frac{\sqrt{3}}{3}\sin(\sqrt{3}t)\right]u(t)$$

(17) 由题可知，$\frac{s}{(s+a)[(s+\alpha)^2+\beta^2]}$，根据部分分式展开可得

$$\frac{s}{(s+a)[(s+\alpha)^2+\beta^2]}=\frac{A}{(s+a)}+\frac{Bs+C}{[(s+\alpha)^2+\beta^2]}$$

解得 $\begin{cases}A=\frac{-\alpha}{(a-\alpha)^2+\beta^2}\\ B=\frac{\alpha}{(a-\alpha)^2+\beta^2}\\ C=\frac{\alpha}{(a-\alpha)^2+\beta^2}\cdot\frac{\alpha^2+\beta^2}{a}\end{cases}$，则

$$\mathcal{L}^{-1}\left\{\frac{s}{(s+a)[(s+\alpha)^2+\beta^2]}\right\}$$

$$=\frac{-a}{(\alpha-a)^2+\beta^2}\mathrm{e}^{-at}u(t)+\frac{a}{(\alpha-a)^2+\beta^2}\cos(\beta t)\mathrm{e}^{-\alpha t}u(t)+\frac{\alpha^2+\beta^2-a\alpha}{\beta[(\alpha-a)^2+\beta^2]}\sin(\beta t)\mathrm{e}^{-\alpha t}u(t)$$

$$=\frac{-a}{(\alpha-a)^2+\beta^2}\left\{e^{-at}-\left[\cos(\beta t)+\frac{\alpha^2+\beta^2-a\alpha}{a\beta}\sin(\beta t)\right]e^{-\alpha t}\right\}u(t)$$

（18）由题可知，$\dfrac{s}{(s^2+\omega^2)[(s+\alpha)^2+\beta^2]}$，展开可得

$$\frac{s}{(s^2+\omega^2)[(s+\alpha)^2+\beta^2]}=\frac{A}{s-j\omega}+\frac{A^*}{s+j\omega}+\frac{B}{(s+\alpha)-j\beta}+\frac{B^*}{(s+\alpha)+j\beta}$$

解得$\begin{cases}A=\dfrac{(\alpha^2-\omega^2+\beta^2)-2j\alpha\omega}{2(\alpha^2-\omega^2+\beta^2)^2+8\alpha^2\omega^2}\\ B=\dfrac{\frac{1}{2}j\frac{\alpha}{\beta}(\alpha^2+\beta^2+\omega^2)-\frac{1}{2}(\alpha^2+\beta^2-\omega^2)}{4\alpha^2\omega^2+(\alpha^2-\beta^2+\omega^2)^2}\end{cases}$，则

$$\mathcal{L}^{-1}\left\{\frac{s}{(s^2+\omega^2)[(s+\alpha)^2+\beta^2]}\right\}=\frac{1}{(\alpha^2+\beta^2-\omega^2)^2+(2\alpha\omega)^2}\left\{(\alpha^2+\beta^2-\omega^2)\cos(\omega t)+2\alpha\omega\sin(\omega t)-\right.$$

$$\left.e^{-\alpha t}\left[(\alpha^2+\beta^2-\omega^2)\cos(\beta t)+\frac{\alpha}{\beta}(\alpha^2+\beta^2+\omega^2)\sin(\beta t)\right]\right\}$$

（19）由题可知，$\dfrac{e^{-s}}{4s(s^2+1)}$，根据部分分式展开可得

$$\frac{e^{-s}}{4s(s^2+1)}=\frac{e^{-s}}{4}\left(\frac{A}{s}+\frac{Bs+C}{s^2+1}\right)$$

解得$\begin{cases}A=1\\B=-1\\C=0\end{cases}$，则 $\dfrac{e^{-s}}{4s(s^2+1)}=\dfrac{e^{-s}}{4}\left(\dfrac{1}{s}-\dfrac{s}{s^2+1}\right)$，故

$$\mathcal{L}^{-1}\left[\frac{e^{-s}}{4}\left(\frac{1}{s}-\frac{s}{s^2+1}\right)\right]=\frac{1}{4}[1-\cos(t-1)]u(t-1)$$

遇到对数函数，就想它的微分，再利用微积分性质即可。

（20）由题可知，$\ln\left(\dfrac{s}{s+9}\right)$，整理可得 $\ln\left(\dfrac{s}{s+9}\right)=\int_s^{\infty}\left(\dfrac{1}{x}-\dfrac{1}{x+9}\right)dx$，根据拉氏变换的 s 域积分性质可得

$$\mathcal{L}^{-1}\left[\ln\left(\frac{s}{s+9}\right)\right]=\mathcal{L}^{-1}\left[\int_s^{+\infty}\left(\frac{1}{x}-\frac{1}{x+9}\right)dx\right]=-\frac{1}{t}(1-e^{-9t})u(t)$$

郑君里 4.5 分别求下列函数的逆变换的初值与终值。

初值定理使用条件：一定是真分式；终值定理使用条件：信号的终值必须存在。

（1）$\dfrac{s+6}{(s+2)(s+5)}$；　　（2）$\dfrac{s+3}{(s+1)^2(s+2)}$。

解析 （1）由题可知，$\dfrac{s+6}{(s+2)(s+5)}$，根据初值定理可得 $f(0_+)=\lim\limits_{s\to\infty}\dfrac{s(s+6)}{(s+2)(s+5)}=1$，根据终值定理可得 $f(\infty)=\lim\limits_{s\to 0}\dfrac{s(s+6)}{(s+2)(s+5)}=0$。

（2）由题可知，$\dfrac{s+3}{(s+1)^2(s+2)}$，根据初值定理可得 $f(0_+)=\lim\limits_{s\to\infty}\dfrac{s(s+3)}{(s+1)^2(s+2)}=0$，根据终值定理可得 $f(\infty)=\lim\limits_{s\to 0}\dfrac{s(s+3)}{(s+1)^2(s+2)}=0$。

郑君里 4.11 电路如图所示，$t=0$ 以前开关位于“1”，电路已进入稳定状态，$t=0$ 时开关从“1”倒向“2”，求电流 $i(t)$ 的表示式。

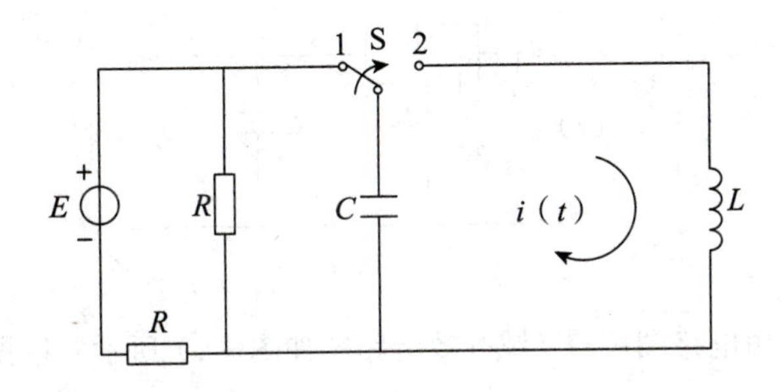

解析 当 $t>0$ 时，等效 s 域模型如图所示。

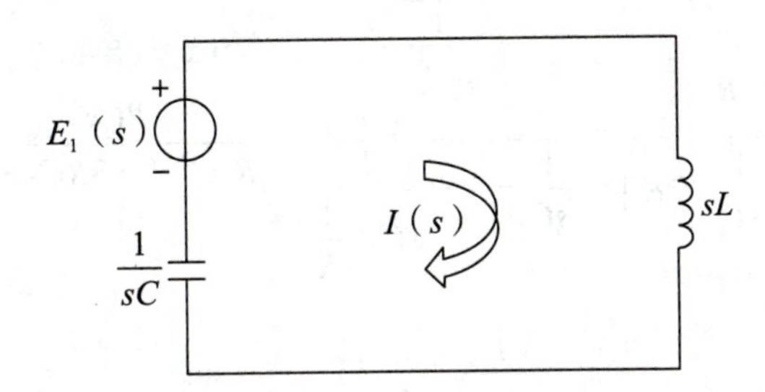

当 $t<0$ 时，电路进入稳定状态，可得 $i_L(0_-)=0$，$u_C(0_-)=\dfrac{RE}{R+R}=\dfrac{E}{2}$，求其拉氏变换可得 $E_1(s)=\mathcal{L}[u_C(0_-)]=\dfrac{E}{2s}$，根据等效 s 域模型可得

配凑成熟悉的变换公式。

$$I(s)=\frac{E_1(s)}{\frac{1}{sC}+sL}=\frac{\frac{E}{2s}}{\frac{1}{sC}+sL}=\frac{E}{2L}\cdot\frac{1}{s^2+\frac{1}{LC}}=\frac{E}{2L}\sqrt{LC}\cdot\frac{\sqrt{\frac{1}{LC}}}{s^2+\frac{1}{LC}}$$

而 $\omega_0=\dfrac{1}{\sqrt{LC}}$，代入方程可得 $I(s)=\dfrac{E}{2L\omega_0}\cdot\dfrac{\omega_0}{s^2+\omega_0^2}$，求其逆变换可得

$$i(t)=\mathcal{L}^{-1}[I(s)]=\frac{E}{2L\omega_0}\sin(\omega_0 t)u(t)$$

郑君里 4.13 分别写出图（a）~图（c）所示电路的系统函数 $H(s)=\dfrac{V_2(s)}{V_1(s)}$。

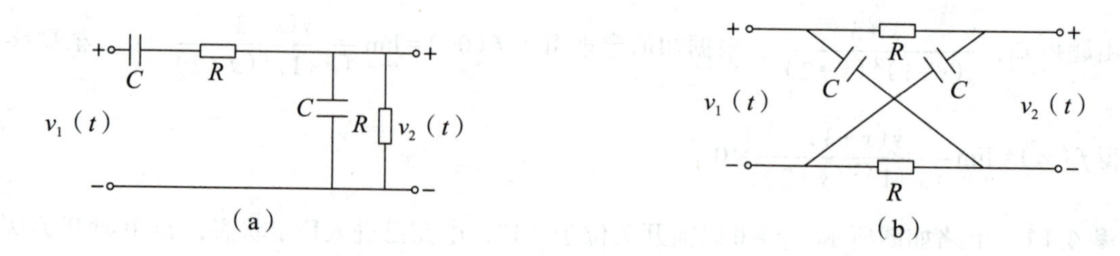

这个题目是有点偏的，需要利用三角电路和星形电路的转换。

C
3C
3C
3C
C
$v_1(t)$
$v_2(t)$

（c）

解析 ①对于题图（a），由电路图可得 s 域等效电路图如图（a）所示，根据电路分压可得系统函数为

$$H(s)=\frac{V_2(s)}{V_1(s)}=\frac{\frac{1}{sC}/\!/R}{R+\frac{1}{sC}+\left(\frac{1}{sC}/\!/R\right)}=\frac{\frac{1}{sC+\frac{1}{R}}}{\frac{1}{sC}+R+\frac{1}{sC+\frac{1}{R}}}=\frac{RCs}{R^2C^2s^2+3RCs+1}=\frac{s}{RC\left(s^2+\frac{3}{RC}s+\frac{1}{R^2C^2}\right)}$$

初中物理知识，并联电阻的求解。

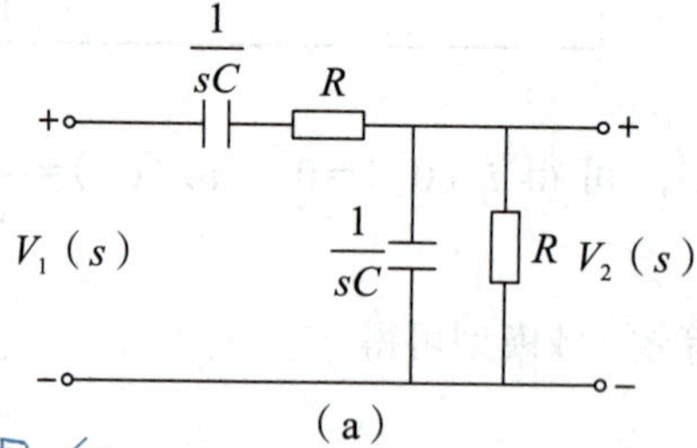

很经典的一道题目。

②对于题图（b），由电路图可得 s 域等效电路图如图（b）所示，根据电路分压可得

$$V_2(s)=V_A(s)-V_B(s)=\frac{\frac{1}{sC}}{R+\frac{1}{sC}}V_1(s)-\frac{R}{R+\frac{1}{sC}}V_1(s)=\frac{\frac{1}{sC}-R}{R+\frac{1}{sC}}V_1(s)=\frac{1-sRC}{1+sRC}V_1(s)$$

则系统函数为 $H(s)=\dfrac{V_2(s)}{V_1(s)}=\dfrac{1-sRC}{1+sRC}=-\dfrac{s-\dfrac{1}{RC}}{s+\dfrac{1}{RC}}$。

（b）

③对于题图（c），由电路图可得 s 域等效电路图如图（c）所示。

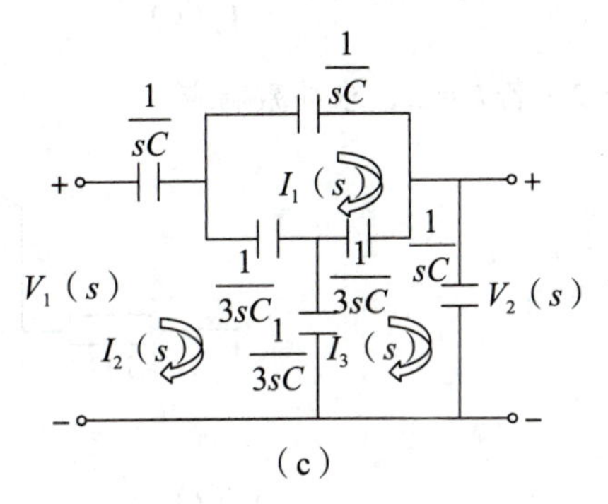

（c）

Tips：三角电路和星形电路的转换记忆口诀。

1. 猩猩穿上三角裤，三积之和比对边；

2. 猩猩脱掉三角裤，两边之积比三和。

如图所示，若已知 $R_1=R_2=R_3$，则 $R_{12}=\dfrac{\text{电阻两两乘积}}{R_{12}\text{ 正对电阻}}=\dfrac{R_1R_3+R_1R_2+R_2R_3}{R_3}$；

若已知 R_{12}，R_{13}，R_{23}，则 $R_1=\dfrac{\text{与 } R_1 \text{ 相邻电阻乘积}}{\text{所有电阻相加}}=\dfrac{R_{12}R_{13}}{R_{12}+R_{13}+R_{23}}$。

特殊情况，$R_1=R_2=R_3=R\Rightarrow R_{12}=R_{23}=R_{13}=3R$；$R_{12}=R_{23}=R_{13}=R\Rightarrow R_1=R_2=R_3=\dfrac{R}{3}$。

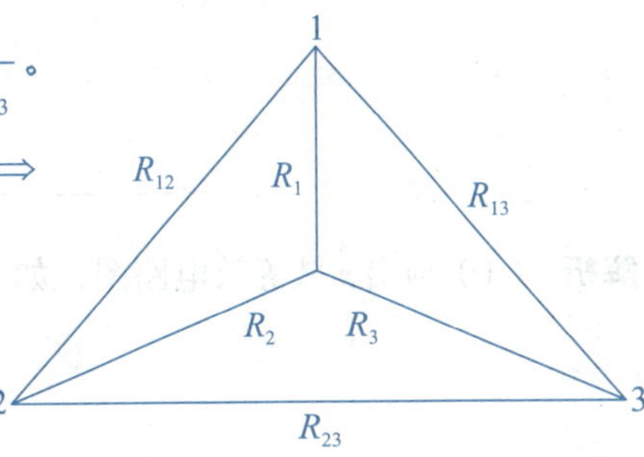

可知 s 域等效电路图有三个回路电流 $I_1(s)$、$I_2(s)$、$I_3(s)$，根据 KCL 定理可得

$$\begin{cases}\left(\dfrac{1}{3sC}+\dfrac{1}{3sC}+\dfrac{1}{sC}\right)I_1(s)-\dfrac{1}{3sC}I_2(s)-\dfrac{1}{3sC}I_3(s)=0\\ -\dfrac{1}{3sC}I_1(s)-\dfrac{1}{3sC}I_2(s)+\left(\dfrac{1}{3sC}+\dfrac{1}{3sC}+\dfrac{1}{sC}\right)I_3(s)=0\\ -\dfrac{1}{3sC}I_1(s)+\left(\dfrac{1}{3sC}+\dfrac{1}{3sC}+\dfrac{1}{sC}\right)I_2(s)-\dfrac{1}{3sC}I_3(s)=V_1(s)\end{cases}$$

化简整理可得
$$\begin{cases}5I_1(s)-I_2(s)-I_3(s)=0\\ -I_1(s)-I_2(s)+5I_3(s)=0\\ -I_1(s)+5I_2(s)-I_3(s)=3sCV_1(s)\end{cases}$$

则
$$\begin{bmatrix} I_1(s) \\ I_2(s) \\ I_3(s) \end{bmatrix} = \begin{bmatrix} 5 & -1 & -1 \\ -1 & -1 & 5 \\ -1 & 5 & -1 \end{bmatrix}^{-1} \begin{bmatrix} 0 \\ 0 \\ 3 \end{bmatrix} sCV_1(s) = \begin{bmatrix} \frac{1}{6} \\ \frac{2}{3} \\ \frac{1}{6} \end{bmatrix} sCV_1(s)$$

由矩阵可得 $V_2(s)=\frac{1}{sC}\cdot I_3(s)=\frac{1}{6}V_1(s)$，则系统函数为 $H(s)=\frac{V_2(s)}{V_1(s)}=\frac{1}{6}$。

郑君里 4.16 电路如图所示，注意图中 $kv_2(t)$ 是受控源，试求：

（1）系统函数 $H(s)=\frac{V_3(s)}{V_1(s)}$；

（2）若 $k=2$，求冲激响应。

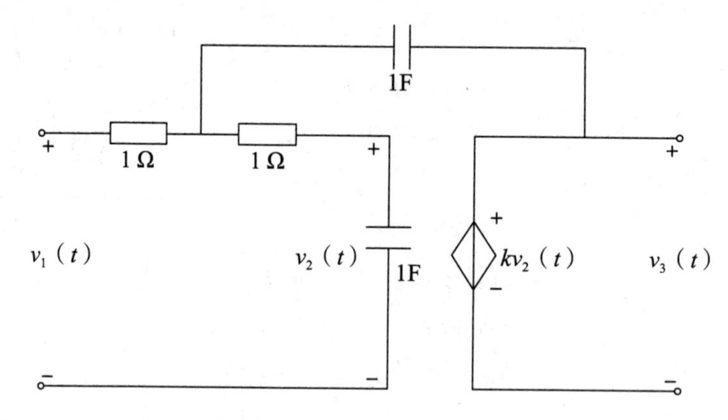

解析 （1）画出 s 域等效电路图，如下图所示。

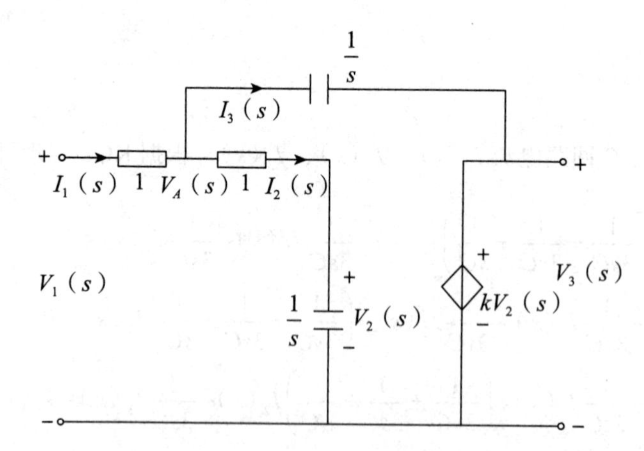

可知 s 域等效电路图有三个回路电流 $I_1(s)$、$I_2(s)$、$I_3(s)$，根据 KCL 定理可得

$I_1(s)=I_2(s)+I_3(s)$，$I_1(s)=\dfrac{V_1(s)-V_A(s)}{1}=\dfrac{V_R}{R}$，$I_2(s)=\dfrac{V_A(s)}{\dfrac{1}{s}+1}$，$I_3(s)=\dfrac{V_A(s)-V_3(s)}{\dfrac{1}{s}}$

→ 节点电压法本质就是 KCL。

代入可得 $V_1(s)-V_A(s)=V_A(s)\dfrac{s}{s+1}+[V_A(s)-V_3(s)]s$。

根据受控源 $V_3(s)=kV_2(s)$，$V_2(s)=V_A(s)\dfrac{\dfrac{1}{s}}{\dfrac{1}{s}+1}$，解得

$$V_A(s)=\frac{s+1}{k}V_3(s),\quad V_3(s)=\frac{kV_1(s)}{s^2+(3-k)s+1}$$

→ 这因为求的是 $V_3(s)$ 和 $V_1(s)$ 的关系，所以要将 $V_A(s)$ 替换掉。

故系统函数为 $H(s)=\dfrac{V_3(s)}{V_1(s)}=\dfrac{k}{s^2+(3-k)s+1}$。

（2）当 $k=2$ 时，代入系统函数可得

$$H(s)=\frac{2}{s^2+s+1}=\frac{2}{\left(s+\frac{1}{2}\right)^2+\frac{3}{4}}=\frac{4}{\sqrt{3}}\cdot\frac{\frac{\sqrt{3}}{2}}{\left(s+\frac{1}{2}\right)^2+\left(\frac{\sqrt{3}}{2}\right)^2}$$

求系统函数逆变换可得 $h(t)=\mathcal{L}^{-1}[H(s)]=\dfrac{4}{\sqrt{3}}e^{-\frac{1}{2}t}\sin\left(\dfrac{\sqrt{3}}{2}t\right)u(t)$。

郑君里 4.20 求如图所示周期矩形脉冲和正弦全波整流脉冲的拉氏变换。

→ 从图像来看，并不是严格意义上的周期函数，因为负半轴为零，但是这章几乎都是默认求单边，相当于对周期信号作截断。

（a）

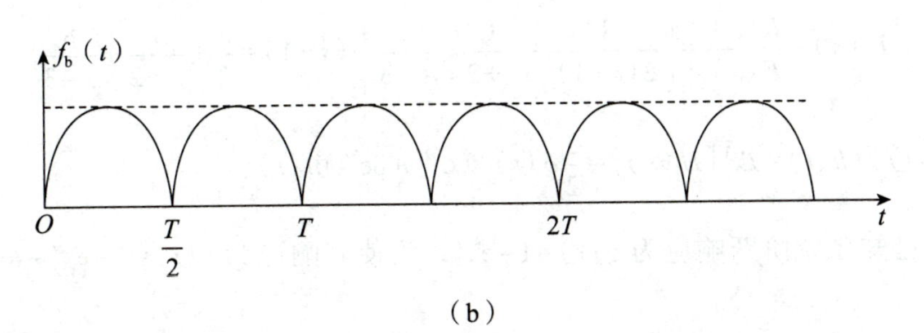

（b）

解析 ①由题图（a）可知，在周期 $0\sim T$ 内，$f_1(t)=u(t)-u\left(t-\frac{T}{2}\right)$，则 $f_a(t)=f_1(t)*\sum_{n=0}^{\infty}\delta(t-nT)$，

将信号表示成主周期信号卷积上一个有始周期冲激串。

求拉氏变换可得 $F_1(s)=\mathcal{L}[f_1(t)]=\frac{1}{s}\left(1-e^{-\frac{sT}{2}}\right)$，则

$$F_a(s)=\frac{F_1(s)}{1-e^{-sT}}=\frac{1-e^{-\frac{sT}{2}}}{s(1-e^{-sT})}=\frac{1}{s\left(1+e^{-\frac{sT}{2}}\right)}$$

②由题图（b）可知，在周期 $0\sim\frac{T}{2}$ 内，$f_1(t)=\sin(\omega t)\cdot\left[u(t)-u\left(t-\frac{T}{2}\right)\right]$，求其拉氏变换可得

$$F_1(s)=\mathcal{L}[f_1(t)]=\mathcal{L}[\sin(\omega t)u(t)]-\mathcal{L}\left[\sin(\omega t)u\left(t-\frac{T}{2}\right)\right]$$

$$=\mathcal{L}[\sin(\omega t)u(t)]+\mathcal{L}\left\{\sin\left[\omega\left(t-\frac{T}{2}\right)\right]u\left(t-\frac{T}{2}\right)\right\}$$

用了三角函数公式，注意符号。

$$=\frac{\omega}{s^2+\omega^2}+\frac{\omega}{s^2+\omega^2}e^{-\frac{sT}{2}}=\frac{\omega}{s^2+\omega^2}\left(1+e^{-\frac{sT}{2}}\right)$$

则
$$F_b(s)=\frac{F_1(s)}{1-e^{-\frac{sT}{2}}}=\frac{\omega}{s^2+\omega^2}\frac{1+e^{-\frac{sT}{2}}}{1-e^{-\frac{sT}{2}}}$$

郑君里 4.27 已知激励信号为 $e(t)=e^{-t}$，零状态响应为 $r(t)=\frac{1}{2}e^{-t}-e^{-2t}+2e^{3t}$，求此系统的冲激响应 $h(t)$。

解析 由题可知 $e(t)=e^{-t}$，$r(t)=\frac{1}{2}e^{-t}-e^{-2t}+2e^{3t}$，求拉氏变换可得

$$E(s)=\mathcal{L}[e(t)]=\frac{1}{s+1},\quad R(s)=\mathcal{L}[r(t)]=\frac{1}{2(s+1)}-\frac{1}{s+2}+\frac{2}{s-3}$$

则
$$H(s)=\frac{R(s)}{E(s)}=\left[\frac{1}{2(s+1)}-\frac{1}{s+2}+\frac{2}{s-3}\right]\cdot(s+1)=\frac{3}{2}+\frac{1}{s+2}+\frac{8}{s-3}$$

故系统的冲激响应为 $h(t)=\mathcal{L}^{-1}[H(s)]=\frac{3}{2}\delta(t)+(e^{-2t}+8e^{3t})u(t)$。

郑君里 4.28 已知系统阶跃响应为 $g(t)=1-e^{-2t}$，为使其响应为 $r(t)=1-e^{-2t}-te^{-2t}$，求激励信号 $e(t)$。

解析 根据冲激响应和阶跃响应的关系得 $h(t)=g'(t)=2\mathrm{e}^{-2t}$，根据常用拉普拉斯变换得

利用性质求冲激响应会简化计算。

$$h(t)=g'(t)=2\mathrm{e}^{-2t}\leftrightarrow\frac{2}{s+2},\quad R(s)=\frac{1}{s}-\frac{1}{s+2}-\frac{1}{(s+2)^2}$$

根据时域卷积，频域乘积可得

$$E(s)=\frac{R(s)}{H(s)}=\left[\frac{1}{s}-\frac{1}{s+2}-\frac{1}{(s+2)^2}\right]\cdot\frac{s+2}{2}=\frac{s+2}{2s}-\frac{1}{2}-\frac{1}{2(s+2)}=\frac{1}{s}-\frac{\frac{1}{2}}{s+2}$$

求其逆变换可得 $e(t)=\mathcal{L}^{-1}[E(s)]=\left(1-\frac{1}{2}\mathrm{e}^{-2t}\right)u(t)$。

郑君里 4.29 如图所示网络中，$L=2\,\mathrm{H}$，$C=0.1\,\mathrm{F}$，$R=10\,\Omega$。

（1）写出电压转移函数 $H(s)=\frac{V_2(s)}{E(s)}$；

（2）画出 s 平面零、极点分布；

（3）求冲激响应、阶跃响应。

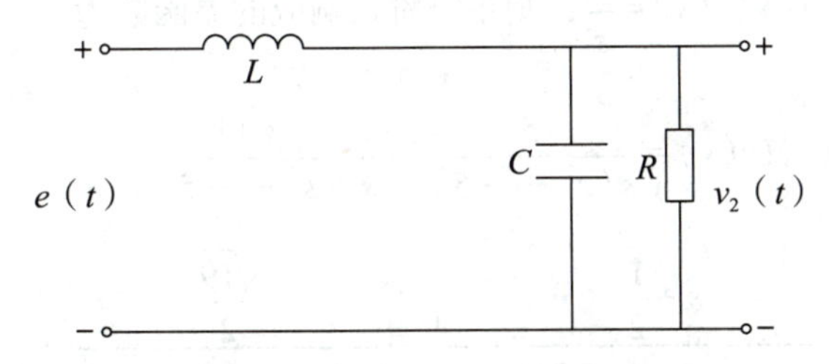

解析 （1）画出电路的 s 域模型，如图（a）所示。

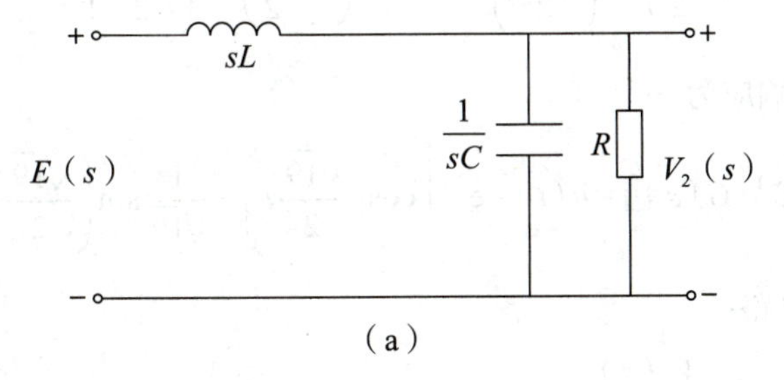

（a）

根据 s 域等效与电路分压可得电压转移函数为

$$H(s)=\frac{V_2(s)}{E(s)}=\frac{R\,/\!/\,\frac{1}{sC}}{Ls+R\,/\!/\,\frac{1}{sC}}=\frac{10\,/\!/\,\frac{10}{s}}{2s+10\,/\!/\,\frac{10}{s}}=\frac{5}{s^2+s+5}$$

严格来讲，在无穷远处有两个零点，但是一般教材不考虑这个。

（2）由（1）可知，$H(s)=\frac{5}{s^2+s+5}$，可知 $H(s)$ 无零点，$H(s)$ 极点为 $s=-\frac{1}{2}\pm\mathrm{j}\frac{\sqrt{19}}{2}$，零、极点图如图（b）所示。

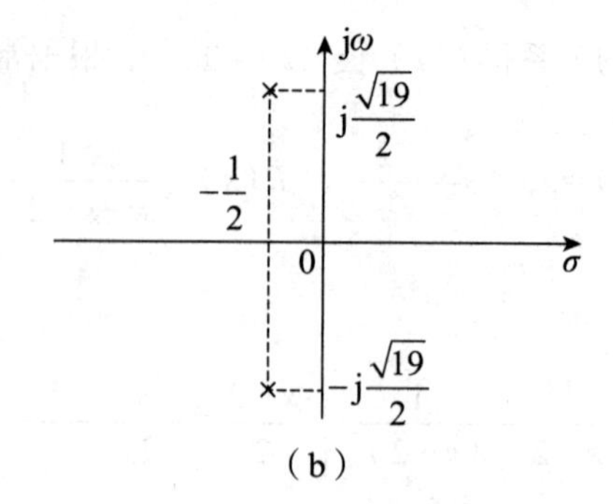

（b）

（3）由（1）可知，$H(s)=\frac{5}{s^2+s+5}$，求其逆变换可得系统冲激响应为

$$h(t)=\mathcal{L}^{-1}[H(s)]=\mathcal{L}^{-1}\left[\frac{10}{\sqrt{19}}\cdot\frac{\frac{\sqrt{19}}{2}}{\left(s+\frac{1}{2}\right)^2+\left(\frac{\sqrt{19}}{2}\right)^2}\right]=\frac{10}{\sqrt{19}}e^{-\frac{t}{2}}\sin\left(\frac{\sqrt{19}}{2}t\right)u(t)$$

由常见拉氏变换对可得 $u(t)\leftrightarrow U(s)=\frac{1}{s}$，则系统阶跃响应的象函数为

$$G(s)=H(s)U(s)=\frac{5}{s(s^2+s+5)}=\frac{1}{s}-\frac{s+1}{s^2+s+5}$$

$$=\frac{1}{s}-\frac{s+\frac{1}{2}}{\left(s+\frac{1}{2}\right)^2+\left(\frac{\sqrt{19}}{2}\right)^2}-\frac{1}{\sqrt{19}}\cdot\frac{\frac{\sqrt{19}}{2}}{\left(s+\frac{1}{2}\right)^2+\left(\frac{\sqrt{19}}{2}\right)^2}$$

求其逆变换可得系统阶跃响应为

$$g(t)=\mathcal{L}^{-1}[G(s)]=u(t)-e^{-\frac{t}{2}}\left[\cos\left(\frac{\sqrt{19}}{2}t\right)+\frac{1}{\sqrt{19}}\sin\left(\frac{\sqrt{19}}{2}t\right)\right]u(t)$$

郑君里 4.32 如图所示电路：

（1）写出电压转移函数 $H(s)=\frac{V_o(s)}{E(s)}$；

（2）若激励信号 $e(t)=\cos(2t)\cdot u(t)$，为使响应中不存在正弦稳态分量，求 LC 约束；

（3）若 $R=1\Omega$，$L=1\text{H}$，按第（2）问条件，求 $v_o(t)$。

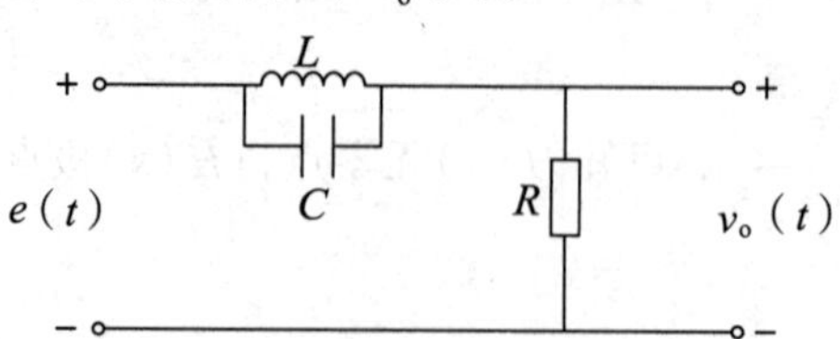

解析 （1）画出 s 域等效电路，如图所示。

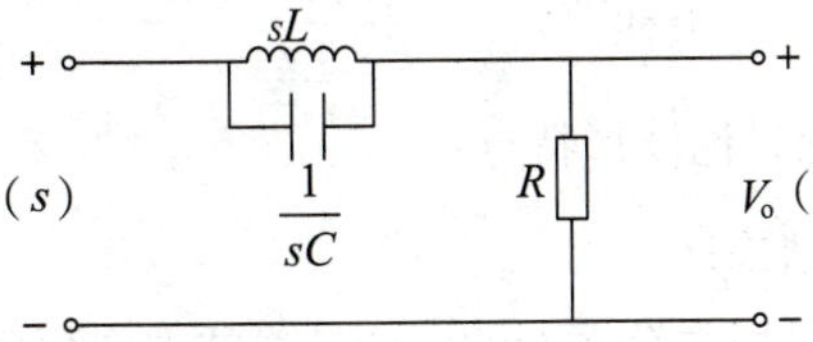

根据 s 域等效与电路分压可得电压转移函数为

$$H(s)=\frac{V_o(s)}{E(s)}=\frac{R}{R+\left(sL//\dfrac{1}{sC}\right)}=\frac{R}{R+\dfrac{sL\cdot\dfrac{1}{sC}}{sL+\dfrac{1}{sC}}}=\frac{s^2+\dfrac{1}{LC}}{s^2+\dfrac{s}{RC}+\dfrac{1}{LC}}$$

（2）由题可知，$e(t)=\cos(2t)\cdot u(t)$，求其拉氏变换可得 $E(s)=\mathcal{L}[e(t)]=\dfrac{s}{s^2+4}$。为使响应中不存在正弦稳态分量，则激励信号的极点与转移函数的零点相同，可得 $s^2+\dfrac{1}{LC}=s^2+4$，解得 $LC=\dfrac{1}{4}$。

零、极点相消，消掉引起正弦分量的二阶极点。

（3）由（2）可知，$LC=\dfrac{1}{4}$，而由题可知，$R=1\,\Omega$，$L=1\,\text{H}$，则 $C=\dfrac{1}{4}\,\text{F}$。

由（1）可知，$H(s)=\dfrac{s^2+\dfrac{1}{LC}}{s^2+\dfrac{s}{RC}+\dfrac{1}{LC}}$，将 $C=\dfrac{1}{4}\,\text{F}$，$R=1\,\Omega$，$L=1\,\text{H}$ 代入电压转移函数 $H(s)$ 可得

$H(s)=\dfrac{s^2+4}{s^2+4s+4}$，而 $E(s)=\dfrac{s}{s^2+4}$，则

$$V_o(s)=E(s)H(s)=\frac{s}{s^2+4s+4}=\frac{s}{(s+2)^2}=\frac{1}{s+2}-\frac{2}{(s+2)^2}$$

求其逆变换可得 $v_o(t)=(1-2t)e^{-2t}u(t)$。

郑君里 4.34 若激励信号 $e(t)$ 为图（a）所示的周期矩形脉冲，$e(t)$ 施加于图（b）所示电路，研究响应 $v_o(t)$ 之特点。已求得 $v_o(t)$ 由瞬态响应 $v_{ot}(t)$ 和稳态响应 $v_{os}(t)$ 两部分组成，其表达式分别为

$$v_{ot}(t)=-\frac{E(1-e^{\alpha\tau})}{1-e^{\alpha T}}\cdot e^{-\alpha t}$$

$$v_{os}(t)=\sum_{n=0}^{\infty}v_{os1}(t-nT)\{u(t-nT)-u[t-(n+1)T]\}$$

其中 $v_{os1}(t)$ 为 $v_{os}(t)$ 第一周期的信号，

$$V_{os1}(t)=E\left[1-\frac{1-e^{-\alpha(T-\tau)}}{1-e^{-\alpha T}}e^{-\alpha t}\right]u(t)-E\left[1-e^{-\alpha(t-\tau)}\right]u(t-\tau)$$

（1）画出 $v_o(t)$ 波形，从物理概念讨论波形特点；

（2）试用拉氏变换方法求出上述结果；

（3）系统函数极点分布和激励信号极点分布对响应的结果特点有何影响?

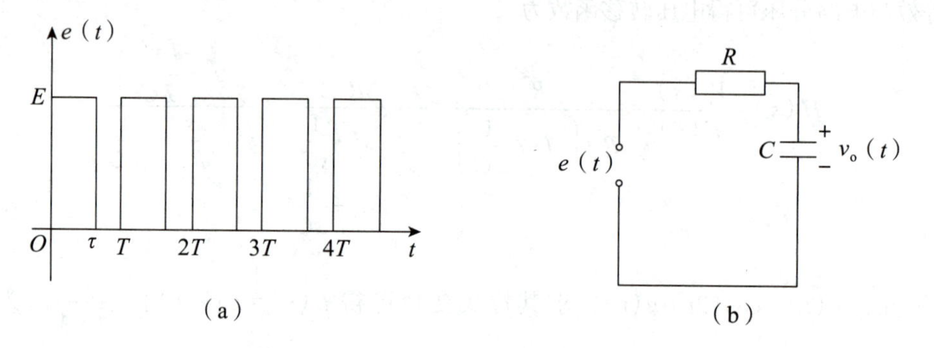

（a）　　　　　　　　　　（b）

解析　（1）由题图（b）可知，电路为一阶 RC 电路，时间常数为 RC。当 $RC\ll\tau$ 和 $RC\gg\tau$ 时，$v_o(t)$ 的波形分别如图（a）和图（b）所示。

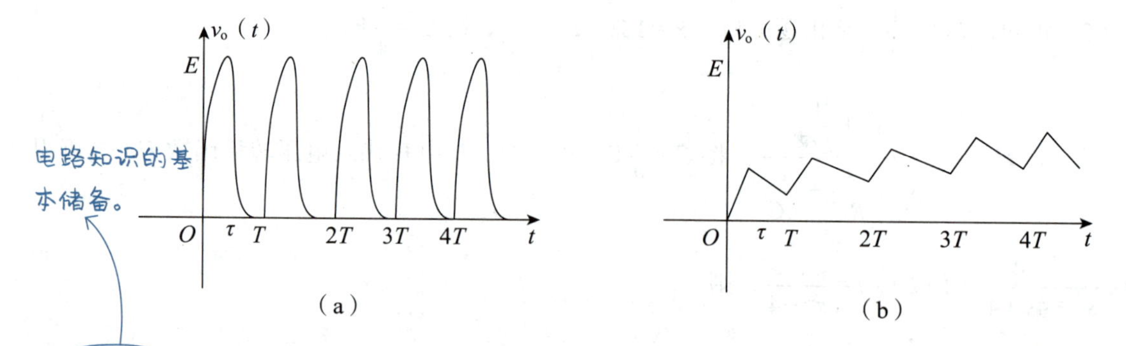

（a）　　　　　　　　　　（b）

从物理概念上看，当有输入电压时，电容充电，$v_o(t)$ 呈指数增长；当无输入电压时，电容放电，$v_o(t)$ 呈指数衰减。充放电的时间常数为 RC。RC 越大，充放电时间越慢，RC 越小，充放电时间越快。电容两端的电压 $v_o(t)$ 反映了电容的充放电过程。根据图（a）可知，当 $t\in(nT,\ nT+\tau)$ 时，电容器充电；当 $t\in(nT+\tau,\ nT+T)$ 时，电容器放电。因此，当 $RC\gg\tau$ 时，电容器充放电的速度很慢，电容尚未到达稳态时激励已消失，开始放电；反之，当 $RC\ll\tau$ 时，充电速度很快，可充至 $v_o(t)\approx E$，激励消失后开始放电，同样，放电也非常迅速，可放至 $v_o(t)\approx 0$。

（2）由题图（b），根据 s 域等效与电路分压可得 $H(s)=\dfrac{V_o(s)}{E(s)}=\dfrac{\frac{1}{sC}}{R+\frac{1}{sC}}$，令 $\alpha=\dfrac{1}{RC}$，则 $H(s)=$

$\frac{\alpha}{s+\alpha}$，可得 $H(s)$ 的极点为 $s=-\frac{1}{RC}$。

一阶极点位于 s 的左半平面，故自由响应为瞬态响应。

由题图（a）可知，$e(t)$ 是因果的周期矩形脉冲信号，周期为 T，脉宽为 τ，则可表示为

$e(t)=\sum_{n=0}^{\infty}E[u(t-nT)-u(t-nT-\tau)]$，求其拉氏变换可得

→有始冲激串的拉氏变换。

$$E(s)=\mathcal{L}[e(t)]=\frac{E}{s}\cdot(1-e^{-s\tau})\cdot\frac{1}{1-e^{-sT}}=\frac{E(1-e^{-s\tau})}{s(1-e^{-sT})}$$

$E(s)$ 的一阶极点位于虚轴上，故强迫响应为稳态响应。由 $H(s)=\frac{V_o(s)}{E(s)}$，可得

$$V_o(s)=H(s)E(s)=\frac{\alpha}{s+\alpha}\cdot\frac{E(1-e^{-s\tau})}{s(1-e^{-sT})}=\frac{E\alpha\cdot(1-e^{-s\tau})}{s(s+\alpha)}\cdot\frac{1}{1-e^{-sT}}$$

由于自由响应为瞬态响应，则瞬态响应 $v_{ot}(t)$ 的极点由 $H(s)$ 的极点决定，故

$$V_{ot}(s)=\frac{[(s+\alpha)V_o(s)]\big|_{s=-\alpha}}{s+\alpha}=-\frac{E(1-e^{\alpha\tau})}{1-e^{\alpha T}}\cdot\frac{1}{s+\alpha}$$

求其逆变换可得 $v_{ot}(t)=\mathcal{L}^{-1}[V_{ot}(s)]=-\frac{E(1-e^{\alpha\tau})}{1-e^{\alpha T}}e^{-\alpha t}u(t)$。

由 $V_{ot}(s)$ 可知 $v_o(t)$ 是因果周期信号，令第一周期信号为 $v_{o1}(t)$，则

$$V_{o1}(s)=\frac{E\alpha(1-e^{-s\tau})}{s(s+\alpha)}=E\left(\frac{1}{s}-\frac{1}{s+\alpha}\right)-Ee^{-s\tau}\left(\frac{1}{s}-\frac{1}{s+\alpha}\right)$$

求其逆变换可得

$$v_{o1}(t)=\mathcal{L}^{-1}[V_{o1}(s)]=E(1-e^{-\alpha t})u(t)-E[1-e^{-\alpha(t-\tau)}]u(t-\tau)$$

则第一周期信号的稳态响应为

$$\begin{aligned}v_{os1}(t)&=v_{o1}(t)-v_{ot}(t)\\&=E(1-e^{-\alpha t})u(t)-E[1-e^{-\alpha(t-\tau)}]u(t-\tau)+\frac{E(1-e^{\alpha\tau})}{1-e^{\alpha T}}e^{-\alpha t}u(t)\\&=E\left(1+\frac{e^{\alpha T}-e^{\alpha\tau}}{1-e^{\alpha T}}e^{-\alpha t}\right)u(t)-E[1-e^{-\alpha(t-\tau)}]u(t-\tau)\\&=E\left[1-\frac{1-e^{-\alpha(T-\tau)}}{1-e^{-\alpha T}}e^{-\alpha t}\right]u(t)-E[1-e^{-\alpha(t-\tau)}]u(t-\tau)\end{aligned}$$

故稳态响应为

$$v_{os}(t)=v_{os1}(t)[u(t)-u(t-T)]*\sum_{n=0}^{\infty}\delta(t-nT)=\sum_{n=0}^{\infty}v_{os1}(t-nT)[u(t-nT)-u(t-nT-T)]$$

（3）由（2）可知，系统函数极点位于 s 平面左半平面，系统函数极点决定响应中的瞬态响应分量；激励信号的所有极点均位于虚轴上，激励信号的所有极点决定响应中的稳态分量。

郑君里 4.38 给定 $H(s)$ 的零、极点分布，如图所示，令 s 沿 $j\omega$ 轴移动，由矢量因子的变化分析频响特性，粗略绘出幅频与相频曲线。

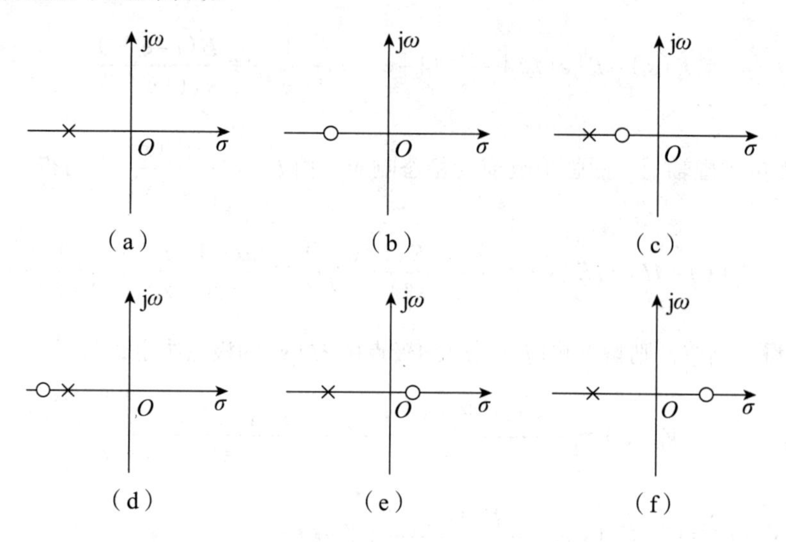

解析

$$H(s)=\frac{s-A}{(s-B)(s-C)}$$

$$H(j\omega)=\frac{j\omega-A}{(j\omega-B)(j\omega-C)}=\frac{Me^{j\theta_1}}{N_1e^{j\theta_2}\cdot N_2e^{j\theta_3}}$$

①对于题图（a），零、极点矢量作图法向量图如图（a）所示。

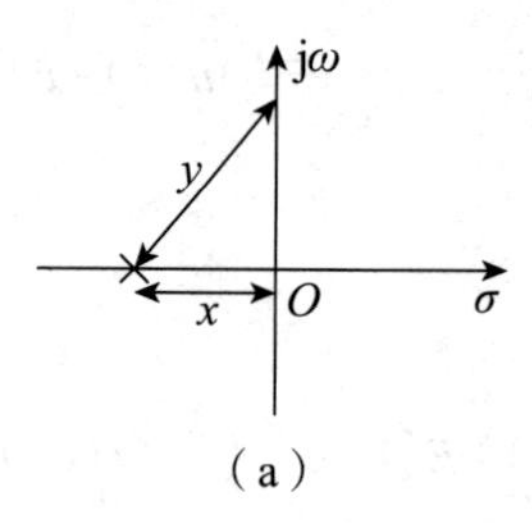

（a）

$$H(j\omega)=\frac{1e^{j0}}{Ne^{j\theta}}$$

当 $\omega=0$ 时，$H(j\omega)=\frac{1}{x}$，$\varphi(\omega)=0$；

当 $\omega=\infty$ 时，$H(j\omega)=\frac{1}{\infty}=0$，$\varphi(\omega)=0-\frac{\pi}{2}=-\frac{\pi}{2}$；

当 $\omega=1$ 时，$H(\mathrm{j}\omega)=\dfrac{1}{y}$，$y>x$。

幅频曲线和相频曲线如图（b）、图（c）所示。

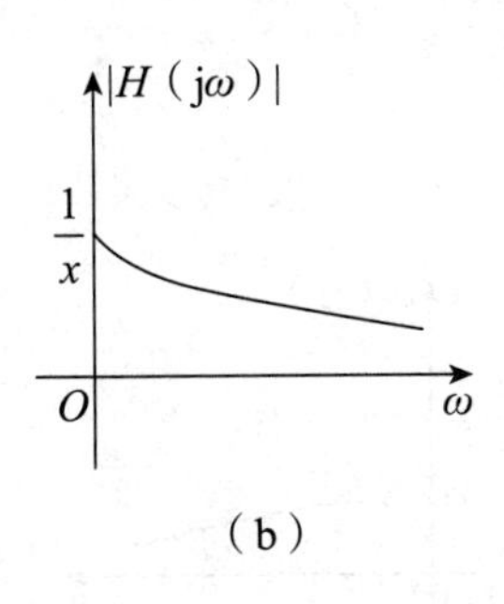

（b）

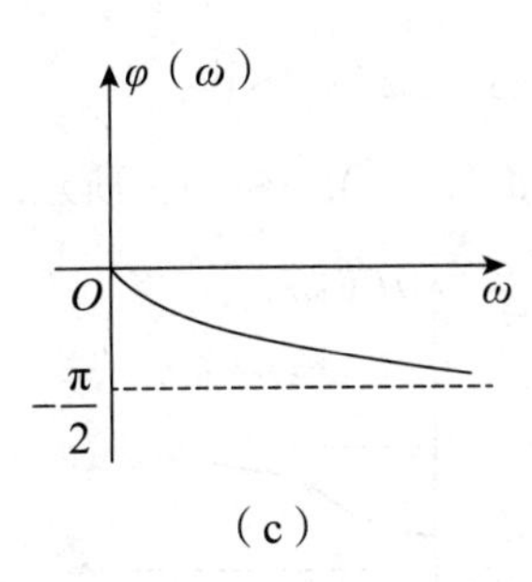

（c）

②对于题图（b），零、极点矢量作图法向量图如图（d）所示。

$$H(\mathrm{j}\omega)=\frac{M\mathrm{e}^{\mathrm{j}\theta}}{1\mathrm{e}^{\mathrm{j}0}}$$

当 $\omega=0$ 时，$H(\mathrm{j}\omega)=x$，$\varphi(\omega)=0$；

当 $\omega=\infty$ 时，$H(\mathrm{j}\omega)=\infty$，$\varphi(\omega)=\dfrac{\pi}{2}$。

幅频曲线和相频曲线如图（e）、图（f）所示。

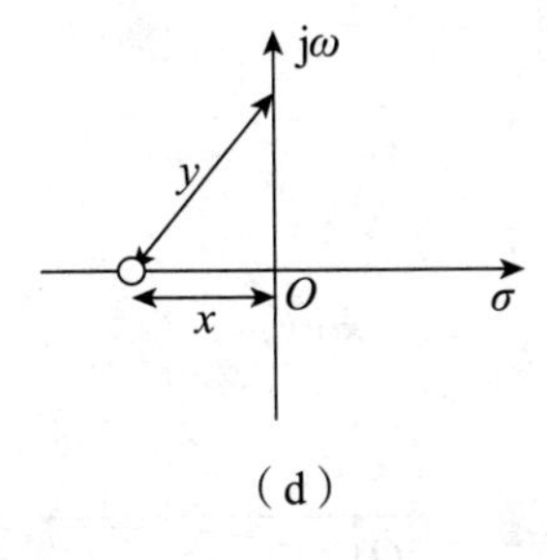

（d）

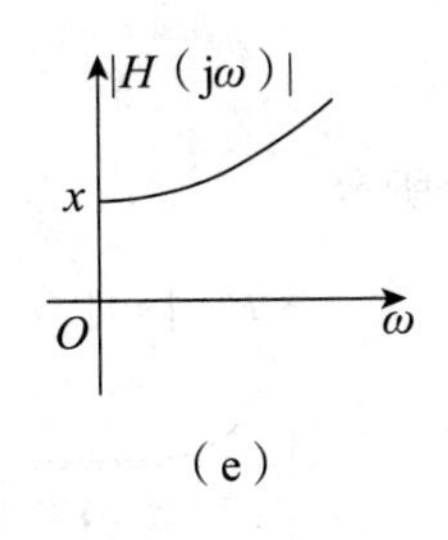

（e）

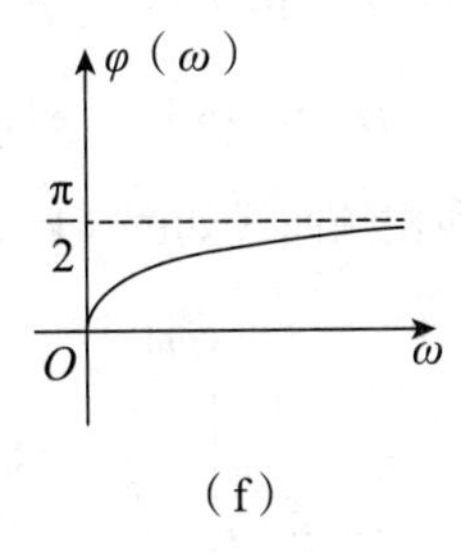

（f）

③对于题图（c），用零、极点矢量作图法作出向量图，如图（g）所示。

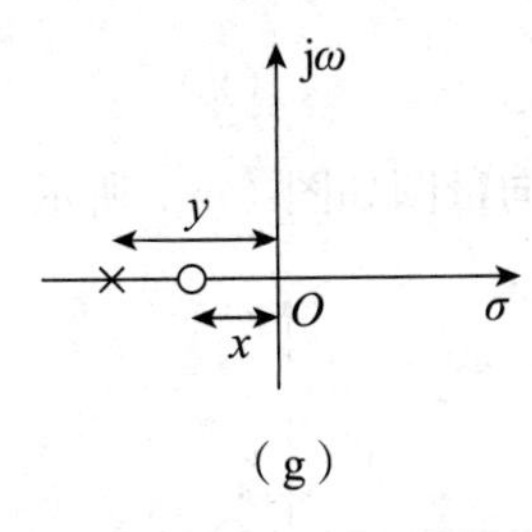

（g）

$$H(\mathrm{j}\omega)=\frac{M\mathrm{e}^{\mathrm{j}\theta_1}}{N\mathrm{e}^{\mathrm{j}\theta_2}}$$

当 $\omega=0$ 时，$H(\mathrm{j}\omega)=\dfrac{x}{y}<1$，$\varphi(\omega)=0$；

当 $\omega=\infty$ 时，$H(\mathrm{j}\omega)=1$，$\varphi(\omega)=0$；

当 $\omega=1$ 时，$H(\mathrm{j}\omega)<1$，$\varphi(\omega)>0$。

幅频曲线和相频曲线如图（h）、图（i）所示。

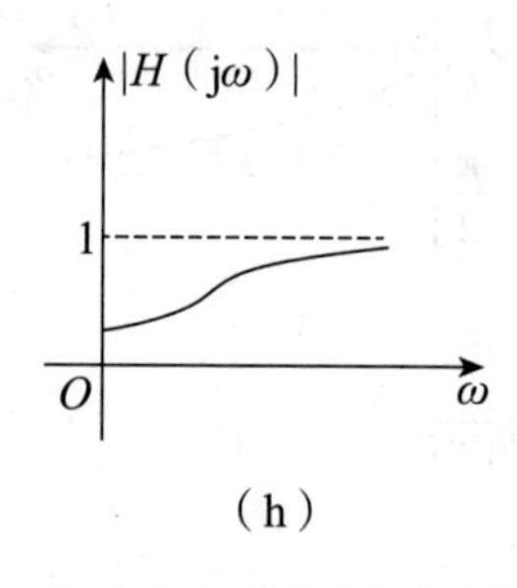

（h）

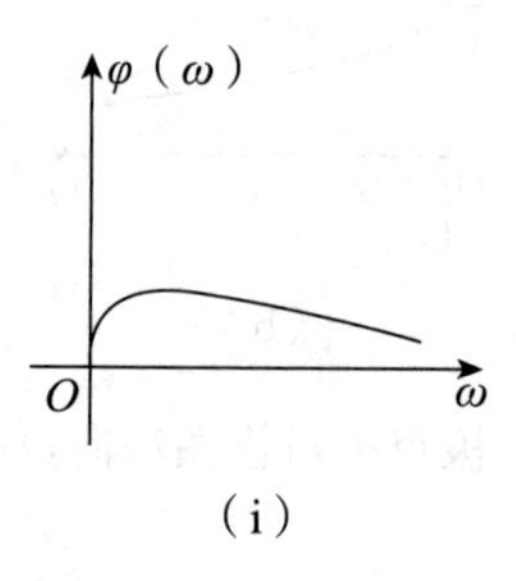

（i）

④对于题图（d），零、极点矢量作图法向量图如图（j）所示。

$$H(\mathrm{j}\omega)=\frac{M\mathrm{e}^{\mathrm{j}\theta_1}}{N\mathrm{e}^{\mathrm{j}\theta_2}}$$

当 $\omega=0$ 时，$H(\mathrm{j}\omega)=\dfrac{y}{x}>1$，$\varphi(\omega)=0$；

当 $\omega=\infty$ 时，$H(\mathrm{j}\omega)=1$，$\varphi(\omega)=0$；

当 $\omega=1$ 时，$H(\mathrm{j}\omega)>1$，$\varphi(\omega)<0$。

幅频曲线和相频曲线如图（k）、图（l）所示。

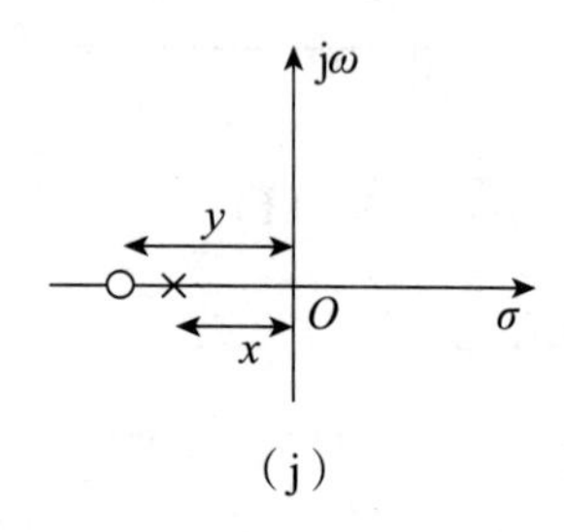

（j）

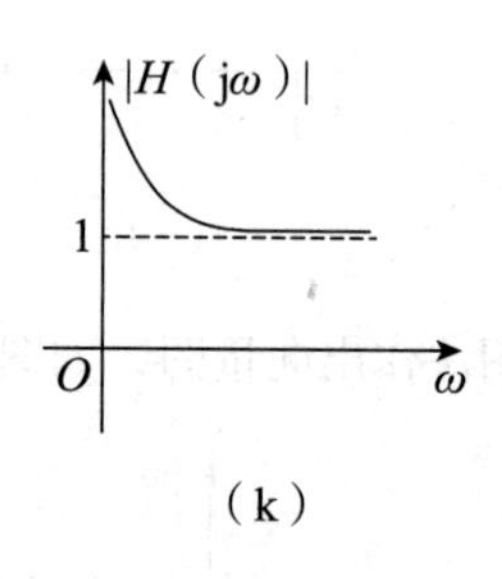

（k）

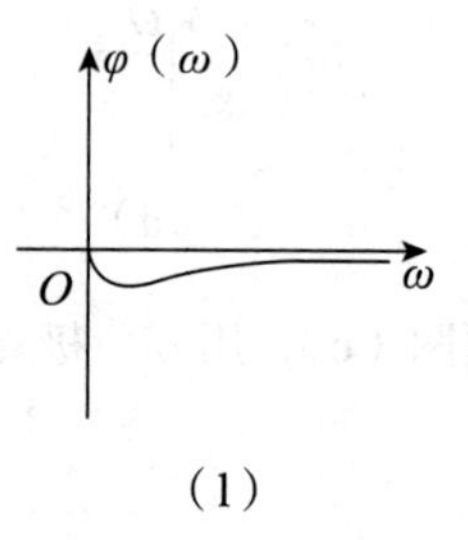

（l）

⑤对于题图（e），零、极点矢量作图法向量图如图（m）所示。

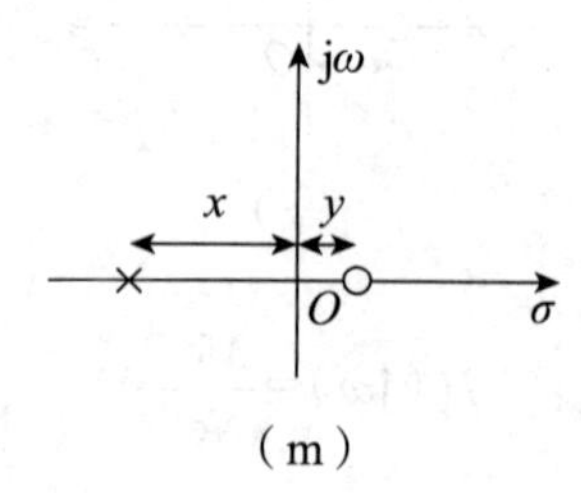

（m）

$$H(\mathrm{j}\omega)=\frac{M\mathrm{e}^{\mathrm{j}\theta_1}}{N\mathrm{e}^{\mathrm{j}\theta_2}}$$

当 $\omega=0$ 时，$H(\mathrm{j}\omega)=\dfrac{y}{x}<1$，$\varphi(\omega)=\pi$；当 $\omega=\infty$ 时，$H(\mathrm{j}\omega)=1$，$\varphi(\omega)=0$。

幅频曲线和相频曲线如图（n）、图（o）所示。

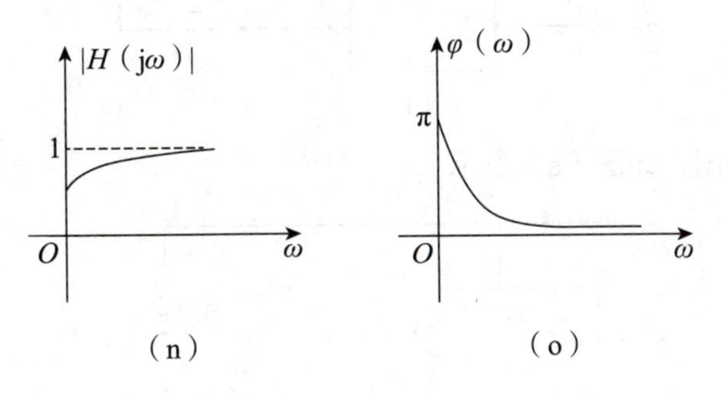

（n）　　（o）

⑥对于题图（f），零、极点矢量作图法向量图如图（p）所示。

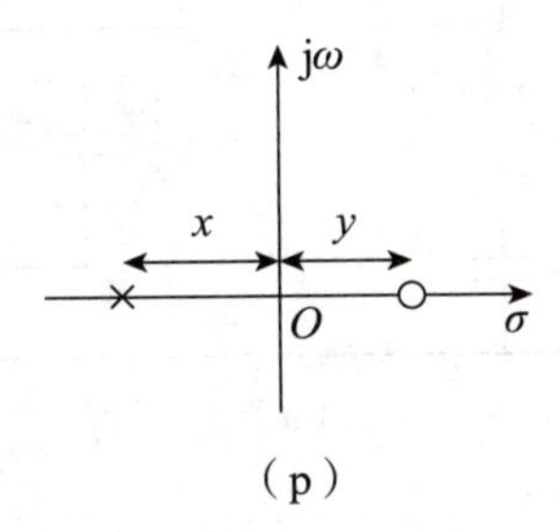

（p）

$$H(\mathrm{j}\omega)=\frac{M\mathrm{e}^{\mathrm{j}\theta_1}}{N\mathrm{e}^{\mathrm{j}\theta_2}}$$

当 $\omega=0$ 时，$H(\mathrm{j}\omega)=\dfrac{y}{x}<1$，$\varphi(\omega)=\pi$；当 $\omega=\infty$ 时，$H(\mathrm{j}\omega)=1$，$\varphi(\omega)=0$。

幅频曲线和相频曲线如图（q）、图（r）所示。

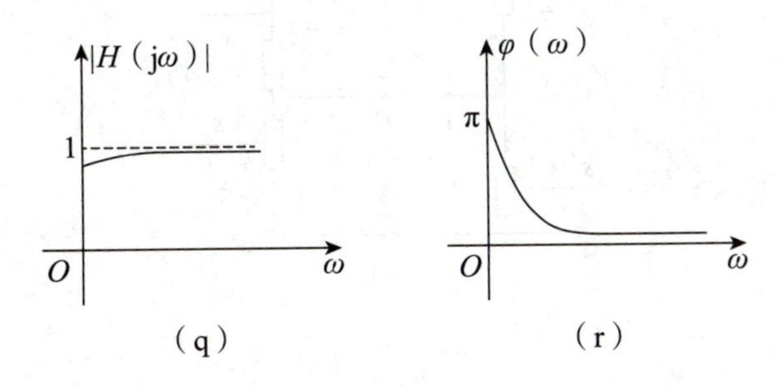

（q）　　（r）

郑君里 4.41　如图所示格形网络，写出它的电压转移函数 $H(s)=\dfrac{V_2(s)}{V_1(s)}$，画出 s 平面零、极点分布图，讨论它是否为全通网络。

需要利用戴维南等效定理，将复杂电路等效为简单电路。

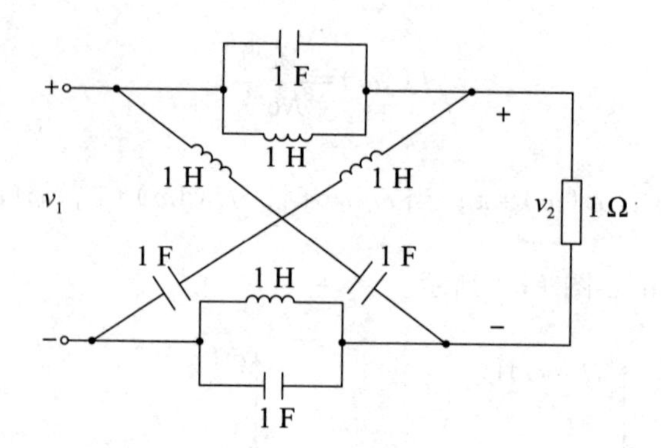

解析 画出 s 域等效电路图，如图（a）所示。

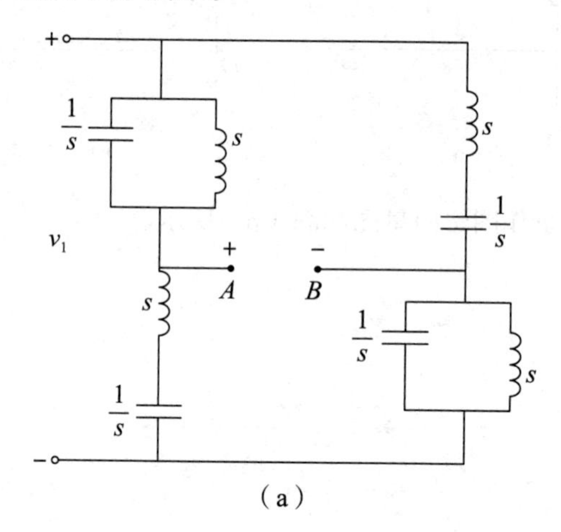

（a）

$$Z_1=\frac{\frac{1}{s}s}{\frac{1}{s}+s}=\frac{s}{s^2+1}, \quad Z_2=\frac{1}{s}+s=\frac{s^2+1}{s}$$

因此电路元件的 s 域等效模型如图（b）所示。

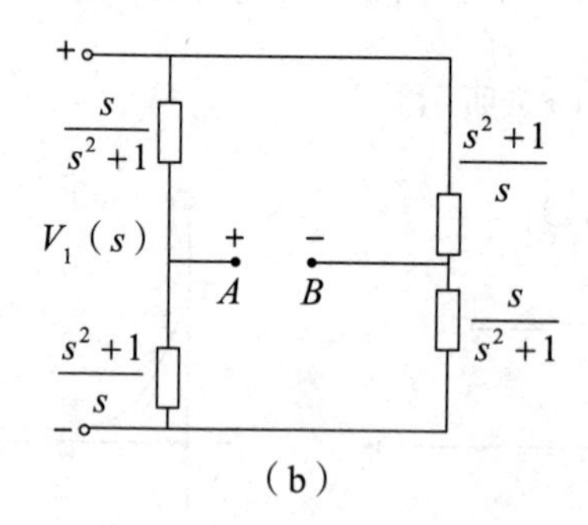

（b）

等效电压源为

$$V_A(s)-V_B(s)=V_3(s)=V_1(s)\left(\frac{\frac{s^2+1}{s}}{\frac{s^2+1}{s}+\frac{s}{s^2+1}}-\frac{\frac{s}{s^2+1}}{\frac{s^2+1}{s}+\frac{s}{s^2+1}}\right)$$

则 $V_3(s)=V_1(s)\dfrac{(s^2+1)^2-s^2}{s^2+(s^2+1)^2}$，等效电阻为 $R(s)=\dfrac{2}{\dfrac{s^2+1}{s}+\dfrac{s}{s^2+1}}=\dfrac{2s(s^2+1)}{s^4+3s^2+1}$，故

$$V_2(s)=V_1(s)\frac{(s^2+1)^2-s^2}{s^2+(s^2+1)^2}\frac{1}{\dfrac{2s(s^2+1)}{s^4+3s^2+1}+1},\quad H(s)=\frac{V_2(s)}{V_1(s)}=\frac{s^2-s+1}{s^2+s+1}$$

则电压转移函数 $H(s)$ 的零点为 $z_{1,2}=\dfrac{1}{2}\pm \mathrm{j}\dfrac{\sqrt{3}}{2}$，极点为 $p_{1,2}=-\dfrac{1}{2}\pm \mathrm{j}\dfrac{\sqrt{3}}{2}$，零、极点图如图（c）所示，沿虚轴互为镜像，故电路为全通网络。 全通系统的零、极点关于虚轴对称。

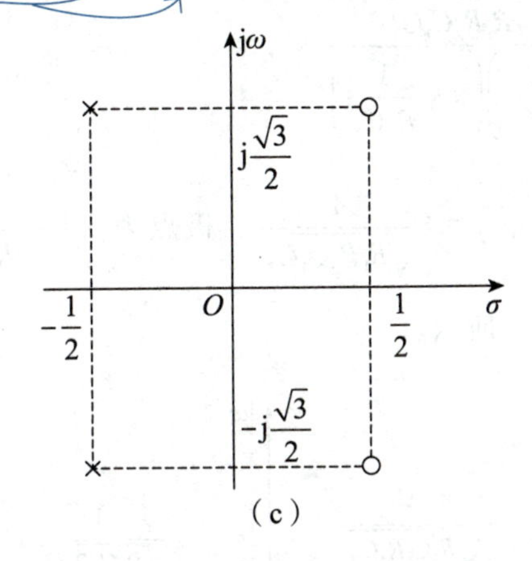

（c）

郑君里 4.44 如图所示格形网络，写出电压转移函数 $H(s)=\dfrac{V_2(s)}{V_1(s)}$。设 $C_1R_1<C_2R_2$，在 s 平面示出 $H(s)$ 零、极点分布，指出是否为全通网络。在网络参数满足什么条件下才能构成全通网络？

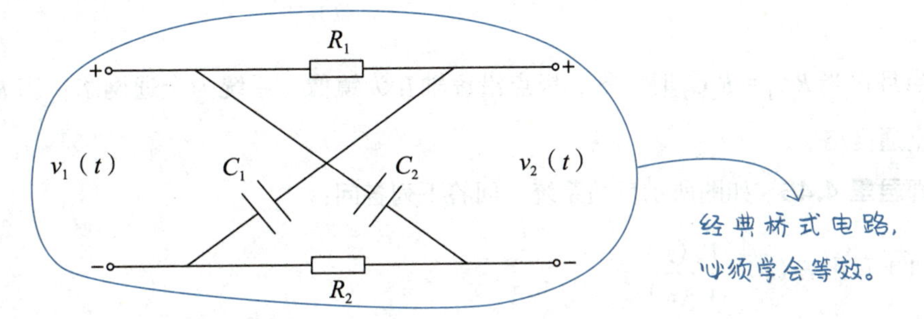

解析 画出电路图的 s 域模型，如图（a）所示。

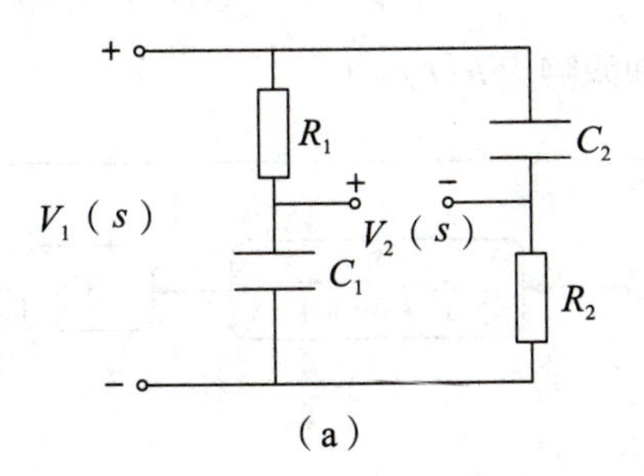

（a）

根据分压定理可得 $V_2(s)=V_1(s)\left(\dfrac{\dfrac{1}{sC_1}}{R_1+\dfrac{1}{sC_1}}-\dfrac{R_2}{R_2+\dfrac{1}{sC_2}}\right)$，根据电路图及 s 域等效可得电压转移函数为

$$H(s)=\frac{V_2(s)}{V_1(s)}=\frac{\dfrac{1}{sC_1}}{R_1+\dfrac{1}{sC_1}}-\frac{R_2}{R_2+\dfrac{1}{sC_2}}=\frac{1-R_1R_2C_1C_2s^2}{R_1R_2C_1C_2s^2+(R_1C_1+R_2C_2)s+1}$$

$$=-\frac{s^2-\dfrac{1}{R_1R_2C_1C_2}}{\left(s+\dfrac{1}{R_1C_1}\right)\left(s+\dfrac{1}{R_2C_2}\right)}$$

则电压转移函数 $H(s)$ 的零点为 $z_{1,2}=\pm\dfrac{1}{\sqrt{R_1R_2C_1C_2}}$，极点为 $p_1=-\dfrac{1}{R_1C_1}$，$p_2=-\dfrac{1}{R_2C_2}$，电压转移函数 $H(s)$ 的零、极点分布如图（b）所示。

通过零、极点图来分析零、极点是否对称更为直观。

（b）

当且仅当 $R_1C_1=R_2C_2$ 时，零、极点沿虚轴互为镜像，系统为全通网络；当 $R_1C_1\neq R_2C_2$ 时，系统不是全通网络。

郑君里 4.45 如图所示反馈系统，回答下列各问：

（1）写出 $H(s)=\dfrac{V_2(s)}{V_1(s)}$；

（2）K 满足什么条件时系统稳定？

（3）在临界稳定条件下，求系统冲激响应 $h(t)$。

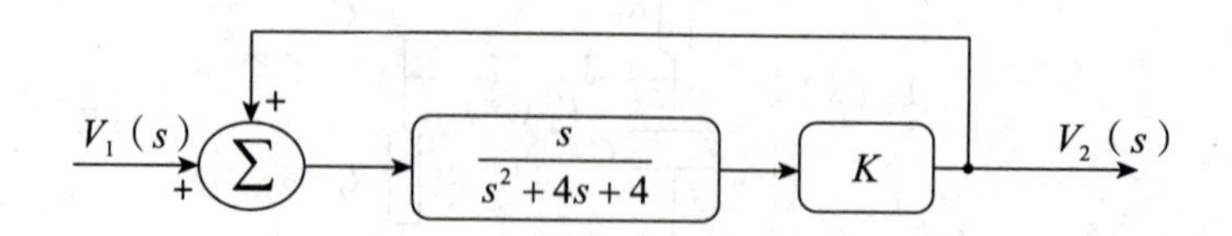

解析 （1）由简易的梅森公式可知 $H(s)=\dfrac{\sum g_i}{1-\sum L_i}$，由系统框图可知

简易的梅森公式在系统的大题中经常用到。

$$\sum g_i=\frac{Ks}{s^2+4s+4},\ \sum L_i=\frac{Ks}{s^2+4s+4}$$

可得

$$H(s)=\frac{V_2(s)}{V_1(s)}=\frac{Ks}{s^2+(4-K)s+4}$$

（2）利用二阶罗斯准则，可知系统稳定则分母每项系数大于零，有 $\begin{cases}1>0\\4-K>0\\4>0\end{cases}$，解得 $K<4$。

需要掌握二阶和三阶罗斯阵列。

（3）当 $K=4$ 时，系统函数的极点在虚轴上，则系统临界稳定。将 $K=4$ 代入系统函数可得 $H(s)=\dfrac{4s}{s^2+4}$，求其逆变换可得系统冲激响应为

$$h(t)=\mathcal{L}^{-1}[H(s)]=4\cos(2t)u(t)$$

吴大正版第五章 | 连续系统的 s 域分析

吴大正 5.1 求下列函数的单边拉普拉斯变换，并注明收敛域。

在不含有冲激函数的情况下，直接乘上阶跃函数将其截断。

（1）$1-e^{-t}$；（2）$1-2e^{-t}+e^{-2t}$；

（3）$3\sin t+2\cos t$；（4）$\cos(2t+45°)$；

（5）$e^{t}+e^{-t}$；（6）$e^{-t}\sin(2t)$；

（7）te^{-2t}；（8）$2\delta(t)-e^{-t}$。

解析 （1）为了求系统的单边拉普拉斯变换，将函数 $1-e^{-t}$ 变形为 $(1-e^{-t})\varepsilon(t)$，根据常见拉氏变换对可得 $\mathcal{L}[\varepsilon(t)]=\dfrac{1}{s}$，$\mathcal{L}[e^{-t}\varepsilon(t)]=\dfrac{1}{s+1}$，故

收敛域在最右边极点的右边。

$$\mathcal{L}[(1-e^{-t})\varepsilon(t)]=\mathcal{L}[\varepsilon(t)]-\mathcal{L}[e^{-t}\varepsilon(t)]=\frac{1}{s}-\frac{1}{s+1}=\frac{1}{s(s+1)},\ \mathrm{Re}[s]>0$$

（2）为了求系统的单边拉普拉斯变换，将函数 $1-2e^{-t}+e^{-2t}$ 变形为 $(1-2e^{-t}+e^{-2t})\varepsilon(t)$，根据常见拉氏变换对可得

$$\mathcal{L}[\varepsilon(t)]=\frac{1}{s},\ \mathrm{Re}[s]>0;\ \mathcal{L}[e^{-t}\varepsilon(t)]=\frac{1}{s+1},\ \mathrm{Re}[s]>-1;\ \mathcal{L}[e^{-2t}\varepsilon(t)]=\frac{1}{s+2},\ \mathrm{Re}[s]>-2$$

故

$$\mathcal{L}[(1-2e^{-t}+e^{-2t})\varepsilon(t)]=\frac{1}{s}-\frac{2}{s+1}+\frac{1}{s+2}=\frac{2}{s(s+1)(s+2)},\ \mathrm{Re}[s]>0$$

（3）为了求系统的单边拉普拉斯变换，将函数 $3\sin t+2\cos t$ 变形为 $(3\sin t+2\cos t)\varepsilon(t)$，根据常见拉氏变换对可得

$$\mathcal{L}[3\sin t\varepsilon(t)]=\frac{3}{s^2+1},\quad \mathcal{L}[2\cos t\varepsilon(t)]=\frac{2s}{s^2+1}$$

故 $$\mathcal{L}[(3\sin t+2\cos t)\varepsilon(t)]=\mathcal{L}[3\sin t\varepsilon(t)]+\mathcal{L}[2\cos t\varepsilon(t)]=\frac{3}{s^2+1}+\frac{2s}{s^2+1}=\frac{2s+3}{s^2+1},\ \mathrm{Re}[s]>0$$

（4）根据三角函数公式有 $\cos(2t+45°)=\cos(2t)\cdot\cos\frac{\pi}{4}-\sin(2t)\sin\frac{\pi}{4}$，为了求系统的单边拉普拉斯变换，将函数 $\cos(2t)\cdot\cos\frac{\pi}{4}-\sin(2t)\sin\frac{\pi}{4}$ 变形为 $\left[\cos(2t)\cdot\cos\frac{\pi}{4}-\sin(2t)\sin\frac{\pi}{4}\right]\varepsilon(t)$，根据常见拉氏变换对可得

$$\mathcal{L}[\cos(2t)\varepsilon(t)]=\frac{s}{s^2+4},\ \mathrm{Re}[s]>0;\quad \mathcal{L}[\sin(2t)\varepsilon(t)]=\frac{2}{s^2+4},\ \mathrm{Re}[s]>0$$

这个收敛域需要注意一下，实部为0，在虚轴上。

故 $$\mathcal{L}[\cos(2t+45°)\varepsilon(t)]=\mathcal{L}\left[\frac{\sqrt{2}}{2}\cos(2t)\varepsilon(t)\right]-\mathcal{L}\left[\frac{\sqrt{2}}{2}\sin(2t)\varepsilon(t)\right]$$

$$=\frac{\sqrt{2}}{2}\frac{s}{s^2+4}-\frac{\sqrt{2}}{2}\frac{2}{s^2+4}=\frac{s-2}{\sqrt{2}(s^2+4)},\ \mathrm{Re}[s]>0$$

（5）为了求系统的单边拉普拉斯变换，将函数 e^t+e^{-t} 变形为 $(e^t+e^{-t})\varepsilon(t)$，故

$$\mathcal{L}[(e^t+e^{-t})\varepsilon(t)]=\frac{1}{s-1}+\frac{1}{s+1}=\frac{2s}{s^2-1},\ \mathrm{Re}[s]>1$$

（6）为了求系统的单边拉普拉斯变换，将函数 $e^{-t}\sin(2t)$ 变形为 $[e^{-t}\sin(2t)]\varepsilon(t)$，根据常见拉氏变换对可得

$$\mathcal{L}[\sin(2t)\varepsilon(t)]=\frac{2}{s^2+4}$$

根据拉氏变换的频移特性可得 $\mathcal{L}[e^{-t}\sin(2t)\varepsilon(t)]=\frac{2}{(s+1)^2+4}$，$\mathrm{Re}[s]>-1$。

（7）为了求系统的单边拉普拉斯变换，将函数 te^{-2t} 变形为 $(te^{-2t})\varepsilon(t)$，根据常见拉氏变换对可得

$$\mathcal{L}[e^{-2t}\varepsilon(t)]=\frac{1}{s+2},\ \mathrm{Re}[s]>-2$$

根据拉氏变换的 s 域微分特性有 $\mathcal{L}[te^{-2t}\varepsilon(t)]=-\frac{d}{ds}\left(\frac{1}{s+2}\right)=\frac{1}{(s+2)^2}$，$\mathrm{Re}[s]>-2$。

（8）为了求系统的单边拉普拉斯变换，将函数 $2\delta(t)-e^{-t}$ 变形为 $2\delta(t)-e^{-t}\varepsilon(t)$，根据常见拉氏变换对可得

$$\mathcal{L}[\delta(t)]=1;\quad \mathcal{L}[e^{-t}\varepsilon(t)]=\frac{1}{s+1},\ \mathrm{Re}[s]>-1$$

故
$$\mathcal{L}[2\delta(t)-e^{-t}\varepsilon(t)]=2\mathcal{L}[\delta(t)]-\mathcal{L}[e^{-t}\varepsilon(t)]=2-\frac{1}{s+1}=\frac{2s+1}{s+1},\ \mathrm{Re}[s]>-1$$

吴大正 5.3 利用常用函数［例如 $\varepsilon(t)$，$e^{-\alpha t}\varepsilon(t)$，$\sin(\beta t)\varepsilon(t)$，$\cos(\beta t)\varepsilon(t)$等］的象函数及拉普拉斯变换的性质，求下列函数 $f(t)$ 的拉普拉斯变换 $F(s)$。

（1）$e^{-t}\varepsilon(t)-e^{-(t-2)}\varepsilon(t-2)$；

（2）$e^{-t}[\varepsilon(t)-\varepsilon(t-2)]$；

（3）$\sin(\pi t)[\varepsilon(t)-\varepsilon(t-1)]$；

（4）$\sin(\pi t)\varepsilon(t)-\sin[\pi(t-1)]\varepsilon(t-1)$；

（5）$\delta(4t-2)$；

（6）$\cos(3t-2)\varepsilon(3t-2)$；

（7）$\sin\left(2t-\frac{\pi}{4}\right)\varepsilon(t)$；

（8）$\sin\left(2t-\frac{\pi}{4}\right)\varepsilon\left(2t-\frac{\pi}{4}\right)$；

（9）$\int_0^t \sin(\pi x)\mathrm{d}x$；

（10）$\int_0^t\int_0^\tau \sin(\pi x)\mathrm{d}x\cdot\mathrm{d}\tau$；

（11）$\frac{\mathrm{d}^2}{\mathrm{d}t^2}[\sin(\pi t)\varepsilon(t)]$；

（12）$\frac{\mathrm{d}^2\sin(\pi t)}{\mathrm{d}t^2}\varepsilon(t)$；

（13）$t^2e^{-2t}\varepsilon(t)$；

（14）$t^2\cos t\,\varepsilon(t)$；

（15）$te^{-(t-3)}\varepsilon(t-1)$；

（16）$te^{-\alpha t}\cos(\beta t)\varepsilon(t)$。

解析 （1）根据常见拉氏变换对可得 $e^{-t}\varepsilon(t)\leftrightarrow\frac{1}{s+1}$，再根据拉氏变换的时移特性可得

$$e^{-t}\varepsilon(t)-e^{-(t-2)}\varepsilon(t-2)\leftrightarrow\frac{1}{s+1}(1-e^{-2s})$$

（2）对信号进行整理得 $e^{-t}[\varepsilon(t)-\varepsilon(t-2)]=e^{-t}\varepsilon(t)-e^{-2}e^{-(t-2)}\varepsilon(t-2)$，根据常用拉普拉斯变换对可得 $e^{-t}\varepsilon(t)\leftrightarrow\frac{1}{s+1}$，$e^{-(t-2)}\varepsilon(t-2)\leftrightarrow\frac{e^{-2s}}{s+1}$，则

利用 t 的前后一致性化简。

$$e^{-t}[\varepsilon(t)-\varepsilon(t-2)]\leftrightarrow\frac{1}{s+1}[1-e^{-2(s+1)}]$$

（3）对信号化简整理可得

$$f(t)=\sin(\pi t)[\varepsilon(t)-\varepsilon(t-1)]=\sin(\pi t)\varepsilon(t)-\sin[\pi(t-1)+\pi]\varepsilon(t-1)$$

则
$$f(t)=\sin(\pi t)\varepsilon(t)+\sin[\pi(t-1)]\varepsilon(t-1)$$

根据常用拉氏变换对可得 $\sin(\pi t)\varepsilon(t)\leftrightarrow\dfrac{\pi}{s^2+\pi^2}$，再根据拉氏变换的时移性质有

$$\sin[\pi(t-1)]\varepsilon(t-1)\leftrightarrow\frac{\pi e^{-s}}{s^2+\pi^2}$$

故
$$F(s)=\frac{\pi(e^{-s}+1)}{s^2+\pi^2}$$

（4）根据常用拉氏变换对可得 $\sin(\pi t)\varepsilon(t)\leftrightarrow\dfrac{\pi}{s^2+\pi^2}$，再根据拉氏变换的时移性质有

$$\sin[\pi(t-1)]\varepsilon(t-1)\leftrightarrow\frac{\pi e^{-s}}{s^2+\pi^2}$$

故
$$\sin(\pi t)\varepsilon(t)-\sin[\pi(t-1)]\varepsilon(t-1)\leftrightarrow\frac{\pi(1-e^{-s})}{s^2+\pi^2}$$

（5）根据常用拉氏变换对可得 $\delta(t)\leftrightarrow 1$，由

$$\delta(4t-2)=\delta\left[4\left(t-\frac{1}{2}\right)\right]$$

结合拉氏变换的时移性质与尺度变换可得

$$\delta(4t-2)\leftrightarrow\frac{1}{4}e^{-\frac{1}{2}s}$$

（6）根据常用拉氏变换对可得 $\cos(\omega_0 t)\varepsilon(t)\leftrightarrow\dfrac{s}{s^2+\omega_0^2}$，再根据拉氏变换的时移性质可得

利用三角函数公式将其展开。

$$\cos(3t-2)\varepsilon(3t-2)=\cos\left[3\left(t-\frac{2}{3}\right)\right]\varepsilon\left[3\left(t-\frac{2}{3}\right)\right]=\cos\left[3\left(t-\frac{2}{3}\right)\right]\varepsilon\left(t-\frac{2}{3}\right)\leftrightarrow\frac{s}{s^2+9}e^{-\frac{2}{3}s}$$

（7）
$$\sin\left(2t-\frac{\pi}{4}\right)\varepsilon(t)=\left[\sin(2t)\frac{\sqrt{2}}{2}-\cos(2t)\frac{\sqrt{2}}{2}\right]\varepsilon(t)=\frac{\sqrt{2}}{2}[\sin(2t)-\cos(2t)]\varepsilon(t)$$

根据常用拉氏变换对可得 $\sin(2t)\varepsilon(t)\leftrightarrow\dfrac{2}{s^2+4}$，$\cos(2t)\varepsilon(t)\leftrightarrow\dfrac{s}{s^2+4}$，故

$$\sin\left(2t-\frac{\pi}{4}\right)\varepsilon(t)\leftrightarrow\frac{\sqrt{2}}{2}\left(\frac{2}{s^2+4}-\frac{s}{s^2+4}\right)=\frac{2-s}{\sqrt{2}(s^2+4)}$$

（8）根据常用拉氏变换对可得 $\sin t\varepsilon(t)\leftrightarrow\dfrac{1}{s^2+1}$，再根据拉氏变换的尺度变换和时移特性可得

$$\sin\left(2t-\frac{\pi}{4}\right)\varepsilon\left(2t-\frac{\pi}{4}\right)=\sin\left[2\left(t-\frac{\pi}{8}\right)\right]\varepsilon\left[2\left(t-\frac{\pi}{8}\right)\right]\leftrightarrow\frac{2}{s^2+4}e^{-\frac{\pi}{8}s}$$

（9）根据常用拉氏变换对可得 $\sin(\pi t)\varepsilon(t)\leftrightarrow\frac{\pi}{s^2+\pi^2}$，再根据拉氏变换的时域积分特性可得

$$\int_0^t\sin(\pi x)\mathrm{d}x\leftrightarrow\frac{\pi}{s(s^2+\pi^2)}$$

（10）由常用拉氏变换对可得 $\sin(\pi t)\varepsilon(t)\leftrightarrow\frac{\pi}{s^2+\pi^2}$，根据拉氏变换的时域积分特性可得

$$\int_0^t\sin(\pi x)\mathrm{d}x\leftrightarrow\frac{\pi}{s(s^2+\pi^2)}$$

再根据时域积分特性可得 $\int_0^t\int_0^\tau\sin(\pi x)\mathrm{d}x\cdot\mathrm{d}\tau\leftrightarrow\frac{\pi}{s^2(s^2+\pi^2)}$。

（11）根据常用拉氏变换对可得 $\sin(\pi t)\varepsilon(t)\leftrightarrow\frac{\pi}{s^2+\pi^2}$，再根据时域微分特性可得

$$\frac{\mathrm{d}^2}{\mathrm{d}t^2}[\sin(\pi t)\varepsilon(t)]\leftrightarrow\frac{\pi s^2}{s^2+\pi^2}$$

（12）因为 $\frac{\mathrm{d}^2\sin(\pi t)}{\mathrm{d}t^2}=-\pi^2\sin(\pi t)$，又根据常用拉氏变换对可得

$$\sin(\pi t)\varepsilon(t)\leftrightarrow\frac{\pi}{s^2+\pi^2}$$

再根据时域微分特性可得

$$\frac{\mathrm{d}^2\sin(\pi t)}{\mathrm{d}t^2}\varepsilon(t)=-\pi^2\sin(\pi t)\varepsilon(t)\leftrightarrow-\frac{\pi^3}{s^2+\pi^2}$$

（13）由常用拉氏变换对可得 $\varepsilon(t)\leftrightarrow\frac{1}{s}$，根据拉氏变换的复频域微分特性可得

$$(-t)^2\varepsilon(t)\leftrightarrow\frac{\mathrm{d}^2}{\mathrm{d}s^2}\left(\frac{1}{s}\right)=\frac{2}{s^3}$$

故 $t^2\varepsilon(t)\leftrightarrow\frac{2}{s^3}$，再根据拉氏变换的复频移特性可得 $t^2e^{-2t}\varepsilon(t)\leftrightarrow\frac{2}{(s+2)^3}$。

（14）根据常用拉氏变换对可得 $\cos t\varepsilon(t)\leftrightarrow\frac{s}{s^2+1}$，再根据拉氏变换的复频域微分特性可得

$$(-t)^2\cos t\varepsilon(t)\leftrightarrow\frac{\mathrm{d}^2}{\mathrm{d}s^2}\left(\frac{s}{s^2+1}\right)$$

故

$$t^2\cos t\varepsilon(t)\leftrightarrow\frac{2s^3-6s}{(s^2+1)^3}$$

（15）由题整理可得 $te^{-(t-3)}\varepsilon(t-1)=e^2te^{-(t-1)}\varepsilon(t-1)$，根据常用拉氏变换对可得 $e^{-t}\varepsilon(t)\leftrightarrow\frac{1}{s+1}$，结合拉氏变换的时移特性可得

$$e^{-(t-1)}\varepsilon(t-1)\leftrightarrow\frac{1}{s+1}e^{-s}$$

再根据复频域微分特性可得

$$e^2te^{-(t-1)}\varepsilon(t-1)\leftrightarrow e^2\left[-\frac{d}{ds}\left(\frac{e^{-s}}{s+1}\right)\right]=\frac{s+2}{(s+1)^2}e^{-(s-2)}$$

（16）由常用拉氏变换对可得 $\cos(\beta t)\varepsilon(t)\leftrightarrow\frac{s}{s^2+\beta^2}$，根据复频域微分特性可得

$$(-t)\cos(\beta t)\varepsilon(t)\leftrightarrow\frac{d}{ds}\left(\frac{s}{s^2+\beta^2}\right)=-\frac{s^2-\beta^2}{(s^2+\beta^2)^2}$$

再根据复频移特性可得

$$te^{-\alpha t}\cos(\beta t)\varepsilon(t)\leftrightarrow\frac{(s+\alpha)^2-\beta^2}{[(s+\alpha)^2+\beta^2]^2}$$

对于复杂的信号，要拆分开一步一步代换。先算正余弦，再算 e 指数，再乘 t。

吴大正 5.6 求下列象函数 $F(s)$ 原函数的初值 $f(0_+)$ 和终值 $f(\infty)$。

初值定理的使用需要象函数为真分式，终值定理的使用需要信号的终值存在，也就是收敛域包含虚轴，系统稳定。

（1）$F(s)=\frac{2s+3}{(s+1)^2}$；（2）$F(s)=\frac{3s+1}{s(s+1)}$。

解析 （1）由题可知，$F(s)=\frac{2s+3}{(s+1)^2}$，根据初值定理公式可得

$$f(0_+)=\lim_{s\to\infty}sF(s)=\lim_{s\to\infty}s\frac{2s+3}{(s+1)^2}=\lim_{s\to\infty}\frac{2+3s^{-1}}{(1+s^{-1})^2}=2$$

而 $F(s)$ 的极点为 $s=-1$，位于左平面，故终值存在，根据终值定理公式可得

$$f(\infty)=\lim_{s\to0}sF(s)=\lim_{s\to0}s\frac{2s+3}{(s+1)^2}=0$$

（2）由题可知，$F(s)=\frac{3s+1}{s(s+1)}$，根据初值定理公式可得

$$f(0_+)=\lim_{s\to\infty}sF(s)=\lim_{s\to\infty}s\frac{3s+1}{s(s+1)}=\lim_{s\to\infty}\frac{3+s^{-1}}{1+s^{-1}}=3$$

而 $F(s)$ 的极点为 $s=-1$，位于左平面，故终值存在，根据终值定理公式可得

$$f(\infty)=\lim_{s\to0}sF(s)=\lim_{s\to0}s\frac{3s+1}{s(s+1)}=1$$

吴大正 5.8 求下列各象函数 $F(s)$ 的拉普拉斯逆变换 $f(t)$。

题目没有说明收敛域，这里默认是因果信号，一般考试中题目会有说明。

（1）$\dfrac{1}{(s+2)(s+4)}$；（2）$\dfrac{s}{(s+2)(s+4)}$；

（3）$\dfrac{s^2+4s+5}{s^2+3s+2}$；（4）$\dfrac{(s+1)(s+4)}{s(s+2)(s+3)}$；

（5）$\dfrac{2s+4}{s(s^2+4)}$；（6）$\dfrac{s^2+4s}{(s+1)(s^2-4)}$；

（7）$\dfrac{1}{s(s-1)^2}$；（8）$\dfrac{1}{s^2(s+1)}$；

（9）$\dfrac{s+5}{s(s^2+2s+5)}$；（10）$\dfrac{s^2-4}{(s^2+4)^2}$；

（11）$\dfrac{1}{s^3+2s^2+2s+1}$；（12）$\dfrac{5}{s^3+s^2+4s+4}$。

解析 （1）由题可知，$F(s)=\dfrac{1}{(s+2)(s+4)}=\dfrac{1}{2}\left(\dfrac{1}{s+2}-\dfrac{1}{s+4}\right)$，求其逆变换可得

利用部分分式法展开。

$$f(t)=\frac{1}{2}(e^{-2t}-e^{-4t})\varepsilon(t)$$

（2）由题可知，$F(s)=\dfrac{s}{(s+2)(s+4)}=\dfrac{2}{s+4}-\dfrac{1}{s+2}$，求其逆变换可得

$$f(t)=(2e^{-4t}-e^{-2t})\varepsilon(t)$$

假分式，需要拆出常数，展开成真分式。

（3）由题可知，$F(s)=\dfrac{s^2+4s+5}{s^2+3s+2}$，整理可得 $F(s)=1+\dfrac{s+3}{s^2+3s+2}=1+\dfrac{2}{s+1}-\dfrac{1}{s+2}$，求其逆变换可得

$$f(t)=\delta(t)+(2e^{-t}-e^{-2t})\varepsilon(t)$$

（4）由题可知，$F(s)=\dfrac{(s+1)(s+4)}{s(s+2)(s+3)}$，部分分式展开可得 $F(s)=\dfrac{k_1}{s}+\dfrac{k_2}{s+2}+\dfrac{k_3}{s+3}$，则

$$k_1=\frac{(s+1)(s+4)}{(s+2)(s+3)}\bigg|_{s=0}=\frac{2}{3},\quad k_2=\frac{(s+1)(s+4)}{s(s+3)}\bigg|_{s=-2}=1,\quad k_3=\frac{(s+1)(s+4)}{s(s+2)}\bigg|_{s=-3}=-\frac{2}{3}$$

代入可得$F(s)=\frac{\frac{2}{3}}{s}+\frac{1}{s+2}-\frac{\frac{2}{3}}{s+3}$，求其逆变换可得$f(t)=\left(\frac{2}{3}+e^{-2t}-\frac{2}{3}e^{-3t}\right)\varepsilon(t)$。

（5）由题可知，$F(s)=\frac{2s+4}{s(s^2+4)}$，部分分式展开可得

$$F(s)=\frac{A}{s}+\frac{Bs+C}{s^2+4}=\frac{A(s^2+4)+Bs^2+Cs}{s(s^2+4)}$$

因此$A+B=0$，$C=2$，$4A=4$，解得$A=1$，$C=2$，$B=-1$，则

$$F(s)=\frac{1}{s}+\frac{-s+2}{s^2+4}=\frac{1}{s}-\frac{s}{s^2+4}+\frac{2}{s^2+4}$$

经过逆变换有

$$f(t)=[1-\cos(2t)+\sin(2t)]\varepsilon(t)=\left[1-\sqrt{2}\cos\left(2t+\frac{\pi}{4}\right)\right]\varepsilon(t)$$

（6）由题可知，$F(s)=\frac{s^2+4s}{(s+1)(s^2-4)}$，部分分式展开有$F(s)=\frac{k_1}{s+1}+\frac{k_2}{s+2}+\frac{k_3}{s-2}$，则

$$k_1=\left.\frac{s^2+4s}{s^2-4}\right|_{s=-1}=1,\quad k_2=\left.\frac{s^2+4s}{(s+1)(s-2)}\right|_{s=-2}=-1,\quad k_3=\left.\frac{s^2+4s}{(s+1)(s+2)}\right|_{s=2}=1$$

代入可得$F(s)=\frac{1}{s+1}-\frac{1}{s+2}+\frac{1}{s-2}$，求其逆变换可得

$$f(t)=(e^{-t}-e^{-2t}+e^{2t})\varepsilon(t)=[e^{-t}+2\sinh(2t)]\varepsilon(t)$$

（7）由题可知，$F(s)=\frac{1}{s(s-1)^2}$，部分分式展开可得$F(s)=\frac{k_1}{s}+\frac{k_{21}}{(s-1)^2}+\frac{k_{22}}{s-1}$，则

$$k_1=\left.\frac{1}{(s-1)^2}\right|_{s=0}=1,\quad k_{21}=\left.\frac{1}{s}\right|_{s=1}=1,\quad k_{22}=\left.\frac{d}{ds}\left(\frac{1}{s}\right)\right|_{s=1}=-1$$

代入可得$F(s)=\frac{1}{s}+\frac{1}{(s-1)^2}-\frac{1}{s-1}$，求其逆变换可得$f(t)=[1+(t-1)e^{t}]\varepsilon(t)$。

（8）由题可知，$F(s)=\frac{1}{s^2(s+1)}=\frac{1}{s^2}-\frac{1}{s}+\frac{1}{s+1}$，求其逆变换可得

$$f(t)=(t-1+e^{-t})\varepsilon(t)$$

（9）由题可知，$F(s)=\frac{s+5}{s(s^2+2s+5)}$，部分分式展开可得$F(s)=\frac{k_1}{s}+\frac{k_2s+k_3}{s^2+2s+5}$，则

$$k_1 = \frac{s+5}{s^2+2s+5}\bigg|_{s=0} = 1,\quad k_2 = -1,\quad k_3 = -1$$

代入可得 $F(s) = \frac{1}{s} - \frac{s+1}{s^2+2s+5} = \frac{1}{s} - \frac{s+1}{(s+1)^2+2^2}$，求其逆变换可得

$$f(t) = [1 - e^{-t}\cos(2t)]\varepsilon(t)$$

（10）由题可知，$F(s) = \frac{s^2-4}{(s^2+4)^2}$，由常见拉氏变换对可得 $\cos(2t)\varepsilon(t) \leftrightarrow \frac{s}{s^2+4}$。

根据拉氏变换的复频域微分特性，由 $F(s) = -\frac{d}{ds}\left(\frac{s}{s^2+4}\right)$ 求逆变换可得 $f(t) = t\cos(2t)\varepsilon(t)$。

（11）由题可知，$F(s) = \frac{1}{s^3+2s^2+2s+1} = \frac{1}{(s+1)(s^2+s+1)}$，令

只能采取试根法，代值：0，±1，±2，找根，再利用长除法。

$$F(s) = \frac{A}{s+1} + \frac{Bs+C}{\left(s+\frac{1}{2}\right)^2+\frac{3}{4}} = \frac{A(s^2+s+1)+(Bs+C)(s+1)}{(s+1)(s^2+s+1)} = \frac{1}{(s+1)(s^2+s+1)}$$

整理得 $A+B=0$，$A+B+C=0$，$A+C=1$，解得 $A=1$，$B=-1$，$C=0$，因此

$$F(s) = \frac{1}{s+1} - \frac{s+\frac{1}{2}}{\left(s+\frac{1}{2}\right)^2+\frac{3}{4}} + \frac{\frac{1}{2}}{\left(s+\frac{1}{2}\right)^2+\frac{3}{4}}$$

经过逆变换得

$$f(t) = \left[e^{-t} - e^{-\frac{1}{2}t}\cos\left(\frac{\sqrt{3}}{2}t\right) + \frac{\sqrt{3}}{3}e^{-\frac{1}{2}t}\sin\left(\frac{\sqrt{3}}{2}t\right)\right]\varepsilon(t)$$

（12）由题可知，$F(s) = \frac{5}{s^3+s^2+4s+4}$，部分分式展开可得

$$F(s) = \frac{5}{(s+1)(s^2+4)} = \frac{1}{s+1} - \frac{s}{s^2+4} + \frac{1}{2}\frac{2}{s^2+4}$$

求其逆变换可得 $f(t) = \left[e^{-t} - \cos(2t) + \frac{1}{2}\sin(2t)\right]\varepsilon(t)$。

有始周期冲激串的拉氏变换：$\sum_{n=0}^{\infty}\delta(t-nT) \to \frac{1}{1-e^{-sT}}$

吴大正 5.10 下列象函数 $F(s)$ 的原函数 $f(t)$ 是 $t=0$ 接入的有始周期信号，求周期 T 并写出其第一个周期 $(0<t<T)$ 的时间函数表达式 $f_0(t)$。

（1）$\frac{1}{1+e^{-s}}$；（2）$\frac{1}{s(1+e^{-2s})}$；（3）$\frac{\pi(1+e^{-s})}{(s^2+\pi^2)(1-e^{-2s})}$；（4）$\frac{\pi(1+e^{-s})}{(s^2+\pi^2)(1-e^{-s})}$。

解析 （1）由题可知，$F(s)=\dfrac{1}{1+e^{-s}}$，整理可得$F(s)=\dfrac{1-e^{-s}}{1-e^{-2s}}$，则$F(s)$的周期为$T=2$。

主周期信号

在$0<t<T$内，$F_0(s)=1-e^{-s}$，求其逆变换可得$f_0(t)=\mathcal{L}^{-1}[F_0(s)]=\delta(t)-\delta(t-1)$。

（2）由题可知，$F(s)=\dfrac{1}{s(1+e^{-2s})}$，整理可得$F(s)=\dfrac{1-e^{-2s}}{s(1-e^{-4s})}$，则$F(s)$的周期为$T=4$。

在$0<t<T$内，$F_0(s)=\dfrac{1}{s}(1-e^{-2s})$，求其逆变换可得

$$f_0(t)=\mathcal{L}^{-1}[F_0(s)]=\varepsilon(t)-\varepsilon(t-2)$$

（3）由题可知，$F(s)=\dfrac{\pi(1+e^{-s})}{(s^2+\pi^2)(1-e^{-2s})}$，则$F(s)$的周期为$T=2$。

信号卷积上有始周期冲激的拉氏变换的标准形式。

在$0<t<T$内，$F_0(s)=\dfrac{\pi(1+e^{-s})}{s^2+\pi^2}$，求其逆变换可得

$$f_0(t)=\mathcal{L}^{-1}[F_0(s)]=\sin(\pi t)\varepsilon(t)+\sin[\pi(t-1)]\varepsilon(t-1)=\sin(\pi t)[\varepsilon(t)-\varepsilon(t-1)]$$

（4）由题可知，$F(s)=\dfrac{\pi(1+e^{-s})}{(s^2+\pi^2)(1-e^{-s})}$，则$F(s)$的周期为$T=1$。

在$0<t<T$内，$F_0(s)=\dfrac{\pi(1+e^{-s})}{s^2+\pi^2}$，求其逆变换可得

$$f_0(t)=\mathcal{L}^{-1}[F_0(s)]=\sin(\pi t)[\varepsilon(t)-\varepsilon(t-1)]$$

吴大正 5.12 用拉普拉斯变换法解微分方程$y''(t)+5y'(t)+6y(t)=3f(t)$的零输入响应和零状态响应。

加果没有指定方法，建议用时域求零输入响应，用变换域求零状态响应。

（1）已知$f(t)=\varepsilon(t)$，$y(0_-)=1$，$y'(0_-)=2$；

利用带初始状态的单边拉普拉斯变换的性质求解。

（2）已知$f(t)=e^{-t}\varepsilon(t)$，$y(0_-)=0$，$y'(0_-)=1$。

解析 由题可知系统微分方程为$y''(t)+5y'(t)+6y(t)=3f(t)$，两边作拉氏变换可得

$$s^2Y(s)-sy(0_-)-y'(0_-)+5sY(s)-5y(0_-)+6Y(s)=3F(s)$$

解得$Y(s)=\dfrac{sy(0_-)+y'(0_-)+5y(0_-)}{s^2+5s+6}+\dfrac{3F(s)}{s^2+5s+6}=Y_{zi}(s)+Y_{zs}(s)$，则

和初始状态相关的项就是零输入响应，和激励有关的项就是零状态响应。

$$Y_{zi}(s)=\frac{sy(0_-)+y'(0_-)+5y(0_-)}{s^2+5s+6},\quad Y_{zs}(s)=\frac{3F(s)}{s^2+5s+6}$$

（1）由题可知，$f(t)=\varepsilon(t)$，$y(0_-)=1$，$y'(0_-)=2$，则$F(s)=\mathcal{L}[f(t)]=\dfrac{1}{s}$，将$y(0_-)=1$，

$y'(0_-)=2$ 代入 $Y_{zi}(s)$、$Y_{zs}(s)$ 可得

$$Y_{zi}(s)=\frac{s+7}{s^2+5s+6}=\frac{5}{s+2}-\frac{4}{s+3},\quad Y_{zs}(s)=\frac{1}{s^2+5s+6}\cdot\frac{3}{s}=\frac{1}{2}\cdot\frac{1}{s}-\frac{3}{2}\cdot\frac{1}{s+2}+\frac{1}{s+3}$$

求其逆变换可得

$$y_{zi}(t)=(5e^{-2t}-4e^{-3t})\varepsilon(t),\quad y_{zs}(t)=\left(\frac{1}{2}-\frac{3}{2}e^{-2t}+e^{-3t}\right)\varepsilon(t)$$

（2）由题可知，$f(t)=e^{-t}\varepsilon(t)$，$y(0_-)=0$，$y'(0_-)=1$，则 $F(s)=\mathcal{L}[f(t)]=\frac{1}{s+1}$，将 $y(0_-)=0$，$y'(0_-)=1$ 代入 $Y_{zi}(s)$、$Y_{zs}(s)$ 可得

$$Y_{zi}(s)=\frac{1}{s^2+5s+6}=\frac{1}{s+2}-\frac{1}{s+3},\quad Y_{zs}(s)=\frac{1}{s^2+5s+6}\cdot\frac{3}{s+1}=\frac{3}{2}\cdot\frac{1}{s+1}-\frac{3}{s+2}+\frac{3}{2}\cdot\frac{1}{s+3}$$

求其逆变换可得

$$y_{zi}(t)=(e^{-2t}-e^{-3t})\varepsilon(t),\quad y_{zs}(t)=\left(\frac{3}{2}e^{-t}-3e^{-2t}+\frac{3}{2}e^{-3t}\right)\varepsilon(t)$$

吴大正 5.16 描述某 LTI 系统的微分方程为 $y''(t)+3y'(t)+2y(t)=f'(t)+4f(t)$，求在下列条件下的零输入响应和零状态响应。

（1）$f(t)=\varepsilon(t)$，$y(0_+)=1$，$y'(0_+)=3$；

（2）$f(t)=e^{-2t}\varepsilon(t)$，$y(0_+)=1$，$y'(0_+)=2$。

解析 （1）对系统的微分方程作拉氏变换可得

$$s^2Y(s)+3sY(s)+2Y(s)=sF(s)+4F(s)$$

解得 $H(s)=\frac{s+4}{s^2+3s+2}=\frac{s+4}{(s+2)(s+1)}$，根据时域卷积，频域乘积可得

$$Y_{zs}(s)=F(s)H(s)=\frac{s+4}{s(s+2)(s+1)}=\frac{2}{s}+\frac{1}{s+2}-\frac{3}{s+1}$$

经过逆变换有 $y_{zs}(t)=(2-3e^{-t}+e^{-2t})\varepsilon(t)$，$y_{zs}(0_+)=0$，$y'_{zs}(0_+)=1$，因为 $y(0_+)=1$，$y'(0_+)=3$，所以 $y(0_-)=1$，$y'(0_-)=2$。

根据特征根设出零输入响应：$y_{zi}(t)=Ae^{-t}+Be^{-2t}$，将 $y(0_-)=1$，$y'(0_-)=2$ 代入得 $A+B=1$，$-A-2B=2$，解得 $A=4$，$B=-3$，因此

$$y_{zi}(t)=(4e^{-t}-3e^{-2t})\varepsilon(t)$$

（2）由（1）可知，$H(s)=\dfrac{s+4}{s^2+3s+2}=\dfrac{s+4}{(s+2)(s+1)}$，根据时域卷积，频域乘积可得

$$Y_{zs}(s)=F(s)H(s)=\frac{s+4}{(s+2)^2(s+1)}=\frac{3}{s+1}-\frac{3}{s+2}-\frac{2}{(s+2)^2}$$

经过逆变换有 $y_{zs}(t)=(3e^{-t}-2te^{-2t}-3e^{-2t})\varepsilon(t)$，$y_{zs}(0_+)=0$，$y'_{zs}(0_+)=1$，因为

$$y(0_+)=1,\ y'(0_+)=2 \Rightarrow y(0_-)=1,\ y'(0_-)=1$$

根据特征根设出零输入响应：$y_{zi}(t)=Ae^{-t}+Be^{-2t}$，将 $y(0_-)=1$，$y'(0_-)=1$ 代入得 $A+B=1$，$-A-2B=1$，解得 $A=3$，$B=-2$，所以

系统函数没有变，零输入响应的形式不变。

$$y_{zi}(t)=(3e^{-t}-2e^{-2t})\varepsilon(t)$$

吴大正 5.21 写出如图所示各 s 域框图所描述系统的系统函数 $H(s)$ [图（d）中 e^{-Ts} 为延迟 T 的延迟器的 s 域模型]。

根据框图求系统函数最好用梅森公式求解。

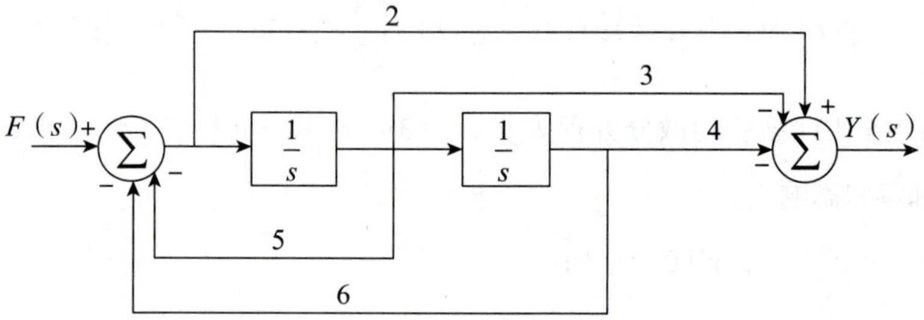

（a）

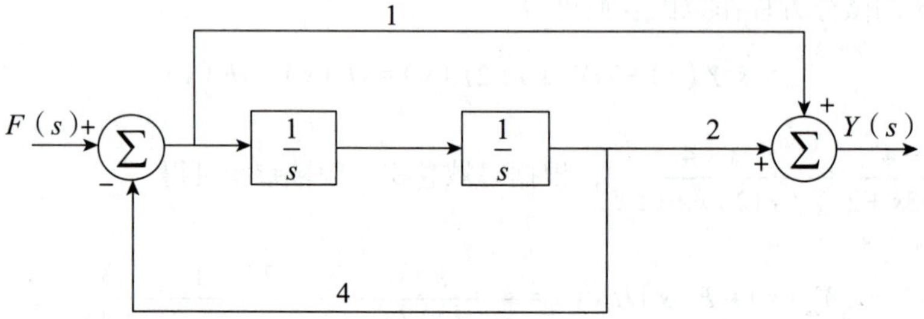

（b）

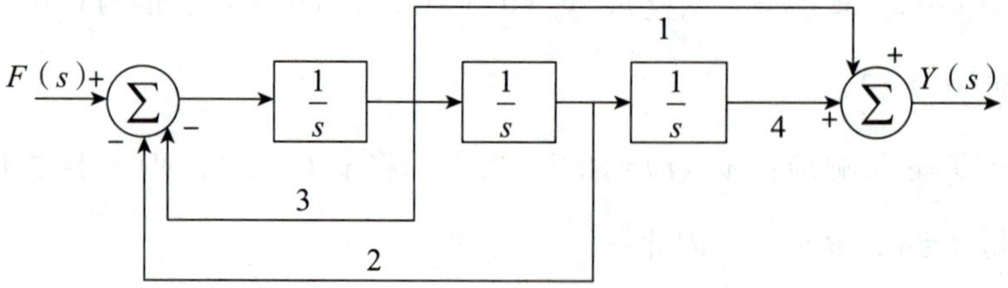

（c）

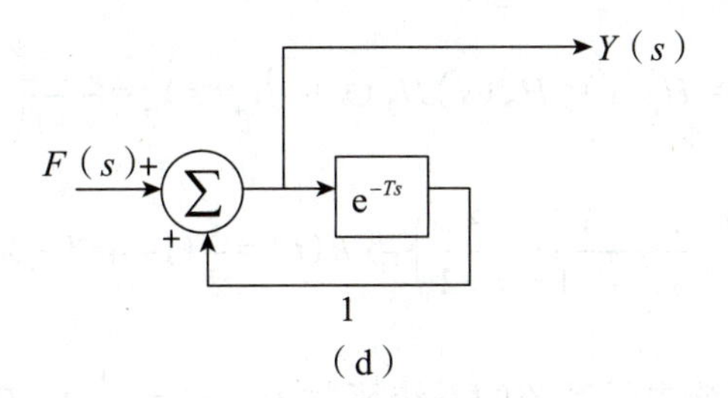

(d)

解析 ①对于题图（a），根据简易梅森公式 $H(s)=\dfrac{\sum g_i}{1-\sum L_i}$ 及系统框图得

（$\sum g_i$：所有通路增益之和。$\sum L_i$：所有环路增益之和。）

$$g_1=-4s^{-2}\text{，}\quad g_2=-3s^{-1}\text{，}\quad g_3=2\text{，}\quad L_1=-5s^{-1}\text{，}\quad L_2=-6s^{-2}$$

（$g_3=2$：注意加法器前面的符号。）

因此 $$H(s)=\frac{-4s^{-2}-3s^{-1}+2}{1-(-5s^{-1}-6s^{-2})}=\frac{2s^2-3s-4}{s^2+5s+6}$$

②对于题图（b），根据梅森公式可得 $g_1=1$，$g_2=2s^{-2}$，$L_1=-4s^{-2}$，则

$$H(s)=\frac{1+2s^{-2}}{1-(-4s^{-2})}=\frac{1+2s^{-2}}{1+4s^{-2}}=\frac{s^2+2}{s^2+4}$$

③对于题图（c），根据梅森公式可得 $g_1=s^{-1}$，$g_2=4s^{-3}$，$L_1=-3s^{-1}$，$L_2=-2s^{-2}$，则

$$H(s)=\frac{s^{-1}+4s^{-3}}{1-(-3s^{-1}-2s^{-2})}=\frac{s^2+4}{s^3+3s^2+2s}$$

④对于题图（d），根据梅森公式可得 $g_1=1$，$L_1=\mathrm{e}^{-Ts}$，则 $H(s)=\dfrac{1}{1-\mathrm{e}^{-Ts}}$。

吴大正 5.22 如图所示的复合系统，由 4 个子系统连接组成，若各子系统的系统函数或冲激响应分别为 $H_1(s)=\dfrac{1}{s+1}$，$H_2(s)=\dfrac{1}{s+2}$，$h_3(t)=\varepsilon(t)$，$h_4(t)=\mathrm{e}^{-2t}\varepsilon(t)$，求复合系统的冲激响应 $h(t)$。

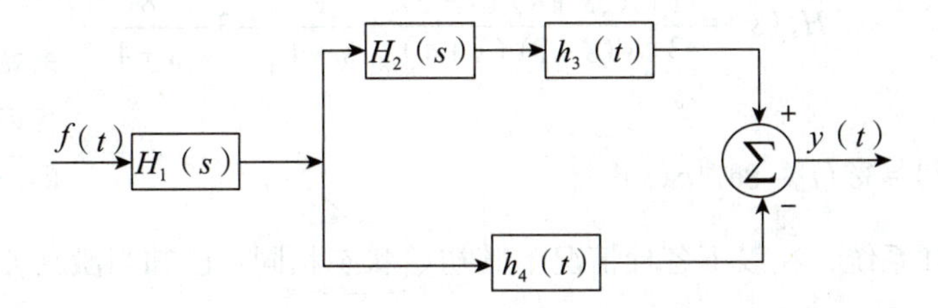

解析 根据框图可知 $Y(s)=F(s)H_1(s)[H_2(s)H_3(s)-H_4(s)]$，由题可知

$$H_1(s)=\frac{1}{s+1}\text{，}\quad H_2(s)=\frac{1}{s+2}\text{，}\quad h_3(t)=\varepsilon(t)\text{，}\quad h_4(t)=\mathrm{e}^{-2t}\varepsilon(t)$$

则 $H_3(s)=\dfrac{1}{s}$，$H_4(s)=\dfrac{1}{s+2}$，由系统框图可得复合系统的系统函数为

$$H(s)=\frac{Y(s)}{F(s)}=H_1(s)[H_2(s)H_3(s)-H_4(s)]=\frac{1}{s+1}\left(\frac{1}{s+2}\cdot\frac{1}{s}-\frac{1}{s+2}\right)$$

$$H(s)=\frac{1}{2}\left(\frac{1}{s}-\frac{4}{s+1}+\frac{3}{s+2}\right)\leftrightarrow h(t)=\frac{1}{2}(1-4e^{-t}+3e^{-2t})\varepsilon(t)$$

吴大正 5.23 若如图所示系统中子系统的系统函数 $H_1(s)=\frac{1}{s+1}$，$H_2(s)=\frac{2}{s}$，冲激响应 $h_4(t)=e^{-4t}\varepsilon(t)$，且已知复合系统的冲激响应 $h(t)=(2-e^{-t}-e^{-4t})\varepsilon(t)$，求子系统的冲激响应 $h_3(t)$。

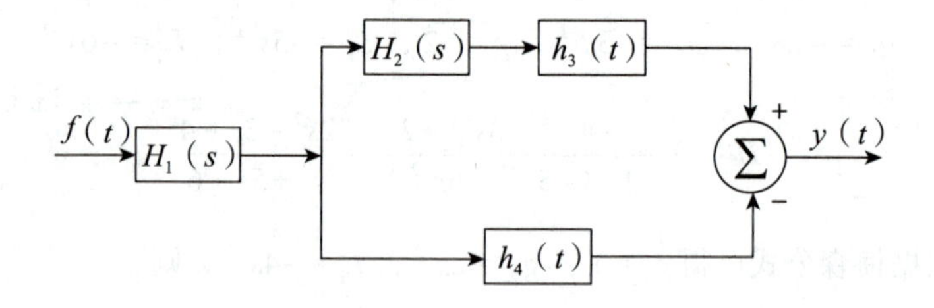

解析 根据框图可知 $Y(s)=F(s)H_1(s)[H_2(s)H_3(s)-H_4(s)]$，由题可知

$$H_1(s)=\frac{1}{s+1},\quad H_2(s)=\frac{2}{s},\quad h_4(t)=e^{-4t}\varepsilon(t),\quad h(t)=(2-e^{-t}-e^{-4t})\varepsilon(t)$$

则 $H_4(s)=\frac{1}{s+4}$，$H(s)=\frac{2}{s}-\frac{1}{s+1}-\frac{1}{s+4}=\frac{5s+8}{s(s+1)(s+4)}$，由系统框图可得复合系统的系统函数为

先求出系统函数后逆推。

$$H(s)=H_1(s)[H_2(s)H_3(s)-H_4(s)]$$

解得 $H_3(s)=\frac{1}{H_2(s)}\left[\frac{H(s)}{H_1(s)}+H_4(s)\right]$，将 $H(s)$、$H_1(s)$、$H_2(s)$、$H_4(s)$ 代入 $H_3(s)$ 可得

$$H_3(s)=\frac{1}{\frac{2}{s}}\left[\frac{(5s+8)(s+1)}{s(s+1)(s+4)}+\frac{1}{s+4}\right]=3-\frac{8}{s+4}$$

考试常见题，初始状态相同说明零输入响应相同，利用线性性质计算。

求其逆变换可得 $h_3(t)=3\delta(t)-8e^{-4t}\varepsilon(t)$。

吴大正 5.28 某 LTI 系统，在以下各种情况下其初始状态相同。已知当激励 $f_1(t)=\delta(t)$ 时，其全响应 $y_1(t)=\delta(t)+e^{-t}\varepsilon(t)$；当激励 $f_2(t)=\varepsilon(t)$ 时，其全响应 $y_2(t)=3e^{-t}\varepsilon(t)$。

（1）若 $f_3(t)=e^{-2t}\varepsilon(t)$，求系统的全响应；

（2）若 $f_4(t)=t[\varepsilon(t)-\varepsilon(t-1)]$，求系统的全响应。

解析 由题可知，当系统输入为 $x_1(t)=\delta(t)$ 时，$y_1(t)=y_{zi}(t)+h(t)=\delta(t)+e^{-t}\varepsilon(t)$；

当系统输入为 $x_2(t)=\varepsilon(t)$ 时，$y_2(t)=y_{zi}(t)+g(t)=3e^{-t}\varepsilon(t)$。

进行拉氏变换可得 $\begin{cases} Y_{zi}(s)+H(s)=1+\dfrac{1}{s+1} \\ Y_{zi}(s)+H(s)\cdot\dfrac{1}{s}=\dfrac{3}{s+1} \end{cases}$，解得

$$Y_{zi}(s)=\frac{2}{s+1}，\sigma>-1\leftrightarrow y_{zi}(t)=2e^{-t}\varepsilon(t)；\ H(s)=\frac{s}{s+1}，\sigma>-1$$

（1）由题可知，$f_3(t)=e^{-2t}\varepsilon(t)$，求其拉氏变换可得 $F_3(s)=\dfrac{1}{s+2}$，$\sigma>-2$。

根据时域卷积，频域相乘可得

$$Y_{zs3}(s)=F_3(s)H(s)=\frac{s}{(s+1)(s+2)}=\frac{-1}{s+1}+\frac{2}{s+2}，\sigma>-1$$

求其反变换可得 $y_{zs3}(t)=(2e^{-2t}-e^{-t})\varepsilon(t)$，故系统全响应为

$$y_3(t)=y_{zi}(t)+y_{zs3}(t)=(e^{-t}+2e^{-2t})\varepsilon(t)$$

（2）由题可知，$f_4(t)=t[\varepsilon(t)-\varepsilon(t-1)]$，求其拉氏变换可得

$$F_4(s)=\mathcal{L}[f_4(t)]=\frac{1-(s+1)e^{-s}}{s^2}$$

根据时域卷积，频域相乘可得系统的零状态响应为

$$Y_{zs4}(s)=H(s)F_4(s)=\frac{s}{s+1}\cdot\frac{1-(s+1)e^{-s}}{s^2}=\frac{1-(s+1)e^{-s}}{s(s+1)}$$

系统的全响应为 $Y_4(s)=Y_{zi}(s)+Y_{zs4}(s)=\dfrac{2}{s+1}+\dfrac{1}{s(s+1)}-\dfrac{e^{-s}}{s}=\dfrac{1}{s}+\dfrac{1}{s+1}-\dfrac{e^{-s}}{s}$，故求其反变换可得系统全响应为

$$y_4(t)=(1+e^{-t})\varepsilon(t)-\varepsilon(t-1)$$

吴大正 5.38 电路如图（a）所示，已知 $R=1\,\Omega$，$C=0.5\,F$。若以 $u_1(t)$ 为输入，$u_2(t)$ 为输出，求：

（1）系统函数 $H(s)=\dfrac{U_2(s)}{U_1(s)}$；

（2）冲激响应和阶跃响应；

（3）输入为图（b）所示的矩形脉冲时的零状态响应 $y_{zs}(t)$；

（4）输入为图（c）所示的锯齿波时的零状态响应 $y_{zs}(t)$。

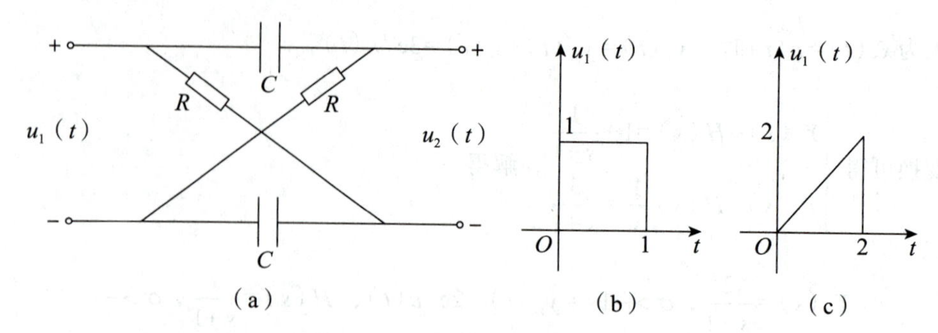

解析 由题图（a）可画出零状态 s 域等效电路模型，如图（a）所示。

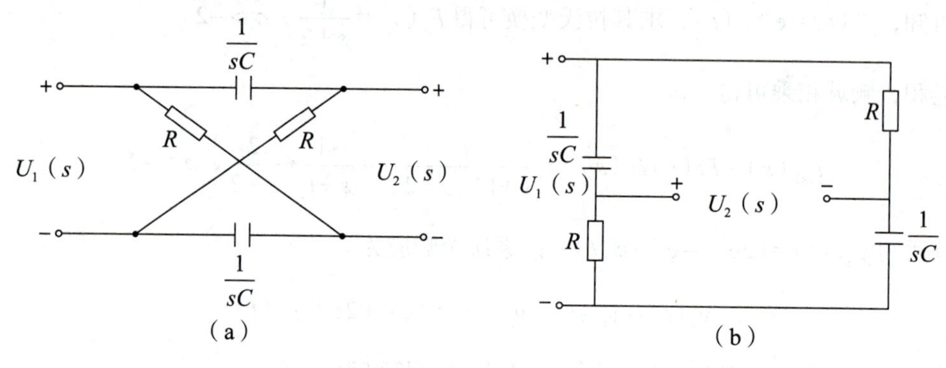

（1）根据 s 域等效电路模型及电路分压可得

$$U_2(s)=\frac{R}{\frac{1}{sC}+R}U_1(s)-\frac{\frac{1}{sC}}{\frac{1}{sC}+R}U_1(s)=\frac{R-\frac{1}{sC}}{\frac{1}{sC}+R}U_1(s)=\frac{s-\frac{1}{RC}}{s+\frac{1}{RC}}U_1(s)$$

根据系统函数的定义，可得 $H(s)=\frac{U_2(s)}{U_1(s)}=\frac{s-\frac{1}{RC}}{s+\frac{1}{RC}}$，由题可知 $R=1\,\Omega$，$C=0.5\,\text{F}$，代入系统函数可得 $H(s)=\frac{s-2}{s+2}$。

求得系统函数后，就与电路无关了，按照 s 域的求解方法正常做即可。

加果是变形电路题，也就是电阻和电容交换位置，系统函数多个负号。

（2）由（1）可知，$H(s)=\frac{s-2}{s+2}$，求其反变换可得系统的冲激响应为

$$h(t)=\mathcal{L}^{-1}[H(s)]=\mathcal{L}^{-1}\left[\frac{s-2}{s+2}\right]=\mathcal{L}^{-1}\left[1-\frac{4}{s+2}\right]=\delta(t)-4e^{-2t}\varepsilon(t)$$

由常见拉氏变换可得 $g(t)=\varepsilon(t)\leftrightarrow G(s)=\frac{1}{s}$，因此系统阶跃响应 $g(t)$ 的拉氏变换为

$$G(s)=\mathcal{L}[\varepsilon(t)]H(s)=\frac{1}{s}H(s)=\frac{s-2}{s(s+2)}=-\frac{1}{s}+\frac{2}{s+2}$$

求其反变换可得系统的阶跃响应为 $g(t)=(-1+2e^{-2t})\varepsilon(t)$。

（3）根据 $u_1(t)$ 波形图［见题图（b）］可得 $u_1(t)=\varepsilon(t)-\varepsilon(t-1)$，求其拉氏变换可得

$$U_1(s)=\mathcal{L}[u_1(t)]=\frac{1}{s}(1-e^{-s})$$

这里就是上一问求的阶跃响应，因此看成是阶跃响应的时移。

则

$$Y_{zs}(s)=U_1(s)H(s)=\frac{s-2}{s(s+2)}(1-e^{-s})=\left(-\frac{1}{s}+\frac{2}{s+2}\right)(1-e^{-s})$$

求其反变换可得系统的零状态响应为

$$y_{zs}(t)=(-1+2e^{-2t})\varepsilon(t)-[-1+2e^{-2(t-1)}]\varepsilon(t-1)$$

（4）根据 $u_1(t)$ 波形图［见题图（c）］可得

配凑自变量 t，使前后一致，方便利用时移性质。

$$u_1(t)=t[\varepsilon(t)-\varepsilon(t-2)]=t\varepsilon(t)-(t-2)\varepsilon(t-2)-2\varepsilon(t-2)$$

求其拉氏变换可得 $U_1(s)=\mathcal{L}[u_1(t)]=\frac{1}{s^2}(1-e^{-2s})-\frac{2}{s}e^{-2s}$，则

$$Y_{zs}(s)=U_1(s)H(s)=\frac{s-2}{s^2(s+2)}(1-e^{-2s}-2se^{-2s})$$

$$=\left(\frac{1}{s}-\frac{1}{s^2}-\frac{1}{s+2}\right)(1-e^{-2s})+2\left(\frac{1}{s}-\frac{2}{s+2}\right)e^{-2s}$$

$$=\frac{1}{s}-\frac{1}{s^2}-\frac{1}{s+2}+\left(\frac{1}{s^2}+\frac{1}{s}-\frac{3}{s+2}\right)e^{-2s}$$

求其反变换可得系统的零状态响应为

$$y_{zs}(t)=(1-t-e^{-2t})\varepsilon(t)+[(t-2)+1-3e^{-2(t-2)}]\varepsilon(t-2)$$

$$=(1-t-e^{-2t})\varepsilon(t)+[t-1-3e^{-2(t-2)}]\varepsilon(t-2)$$

$$=\begin{cases}1-t-e^{-2t}, & 0\leqslant t\leqslant 2\\ -(3+e^{-4})e^{-2(t-2)}, & t>2\end{cases}$$

吴大正 5.41 根据以下函数 $f(t)$ 的象函数 $F(s)$，求 $f(t)$ 的傅里叶变换。

考查拉氏变换和傅里叶变换之间的关系。若收敛域包含虚轴，则傅里叶变换存在。

（1）$f(t)=\varepsilon(t)-\varepsilon(t-2)$；

（2）$f(t)=t[\varepsilon(t)-\varepsilon(t-1)]$；

（3）$f(t)=\cos(\beta t)\varepsilon(t)$；

（4）$f(t)=\begin{cases}0, & t<0\\ t, & 0<t<1\\ 1, & t>1\end{cases}$。

解析　（1）由题可知 $f(t)=\varepsilon(t)-\varepsilon(t-2)$，求其拉氏变换可得

$$F(s)=\mathcal{L}[f(t)]=\frac{1}{s}(1-e^{-2s}),\ \mathrm{Re}[s]>-\infty$$

其收敛域 $\mathrm{Re}[s]>-\infty$ 包含虚轴，令 $s=\mathrm{j}\omega$ 可得

$$F(\mathrm{j}\omega)=F(s)\big|_{s=\mathrm{j}\omega}=\frac{1}{\mathrm{j}\omega}(1-\mathrm{e}^{-2\mathrm{j}\omega})$$

若虚轴有极点（不常用）：

$$F(\mathrm{j}\omega)=F(s)\big|_{s=\mathrm{j}\omega}=\frac{\pi k_{11}\mathrm{j}^{\tau-1}}{(\tau-1)!}\delta^{(\tau-1)}(\omega-\omega_1)+\frac{\pi k_{12}\mathrm{j}^{\tau-2}}{(\tau-2)!}\delta^{(\tau-2)}(\omega-\omega_1)+\cdots+\pi k_{1\tau}\delta(\omega-\omega_1)$$

$$F(s)=F_a(s)=\frac{k_{11}}{(s-\mathrm{j}\omega)^{\tau}}+\frac{k_{12}}{(s-\mathrm{j}\omega)^{\tau-1}}+\cdots+\frac{k_{1\tau}}{s-\mathrm{j}\omega}$$

（2）由题可知

$$f(t)=t[\varepsilon(t)-\varepsilon(t-1)]=t\varepsilon(t)-(t-1)\varepsilon(t-1)-\varepsilon(t-1)$$

求其拉氏变换可得

$$F(s)=\mathcal{L}[f(t)]=\frac{1}{s^2}(1-\mathrm{e}^{-s})-\frac{\mathrm{e}^{-s}}{s}$$

时限信号，其收敛域为 $\mathrm{Re}[s]>-\infty$，令 $s=\mathrm{j}\omega$ 可得

$$F(\mathrm{j}\omega)=F(s)\big|_{s=\mathrm{j}\omega}=\frac{1}{(\mathrm{j}\omega)^2}(1-\mathrm{e}^{-\mathrm{j}\omega})-\frac{\mathrm{e}^{-\mathrm{j}\omega}}{\mathrm{j}\omega}=\frac{1-\mathrm{e}^{-\mathrm{j}\omega}-\mathrm{j}\omega\mathrm{e}^{-\mathrm{j}\omega}}{-\omega^2}$$

（3）由题可知 $f(t)=\cos(\beta t)\varepsilon(t)$，求其拉氏变换可得

$$F(s)=\mathcal{L}[f(t)]=\frac{s}{s^2+\beta^2},\ \mathrm{Re}[s]>0$$

其收敛域为 $\mathrm{Re}[s]>0$，收敛域以虚轴为边界，将 $F(s)$ 部分分式展开可得

$$F(s)=\frac{s}{s^2+\beta^2}=\frac{\frac{1}{2}}{s-\mathrm{j}\beta}+\frac{\frac{1}{2}}{s+\mathrm{j}\beta}$$

令 $s=\mathrm{j}\omega$ 可得

$$F(\mathrm{j}\omega)=\frac{s}{s^2+\beta^2}\bigg|_{s=\mathrm{j}\omega}+\frac{1}{2}\pi\delta(\omega-\beta)+\frac{1}{2}\pi\delta(\omega+\beta)=\frac{\pi}{2}[\delta(\omega+\beta)+\delta(\omega-\beta)]-\frac{\mathrm{j}\omega}{\omega^2-\beta^2}$$

（4）由题可知

$$f(t)=\begin{cases}0, & t<0\\ t, & 0<t<1\\ 1, & t>1\end{cases}$$

分段函数写成表达式

整理得 $f(t)=t[\varepsilon(t)-\varepsilon(t-1)]+\varepsilon(t-1)=t\varepsilon(t)-(t-1)\varepsilon(t-1)$，求其拉氏变换可得

$$F(s)=\mathcal{L}[f(t)]=\frac{1}{s^2}(1-\mathrm{e}^{-s}),\ \mathrm{Re}[s]>0$$

其收敛域为 $\mathrm{Re}[s]>0$，收敛坐标 $\sigma_0=0$，极点为 $s_{1,2}=0$，$\pi\delta(\omega)$ 为极点处产生的冲激项，令

$s=\mathrm{j}\omega$ 可得 $F(\mathrm{j}\omega)=F(s)\big|_{s=\mathrm{j}\omega}+\pi\delta(\omega)=\pi\delta(\omega)-\dfrac{1-\mathrm{e}^{-\mathrm{j}\omega}}{\omega^2}$。这一项千万不要弄丢了。

吴大正 5.42 某系统的频率响应 $H(\mathrm{j}\omega)=\dfrac{1-\mathrm{j}\omega}{1+\mathrm{j}\omega}$，求当输入 $f(t)$ 为下列函数时的零状态响应 $y_{zs}(t)$。

（1）$f(t)=\varepsilon(t)$；　　（2）$f(t)=\sin t\varepsilon(t)$。

若求稳态响应，考虑用正弦稳态求解，将幅值和相位加权。若求零状态响应，则利用变换域老老实实去做。

解析 由题可知 $H(\mathrm{j}\omega)=\dfrac{1-\mathrm{j}\omega}{1+\mathrm{j}\omega}$，不含冲激，令 $s=\mathrm{j}\omega$ 可得

$$H(s)=H(\mathrm{j}\omega)\big|_{\mathrm{j}\omega=s}=\frac{1-s}{1+s}$$

（1）由题可知 $f(t)=\varepsilon(t)$，求其拉氏变换可得 $F(s)=\mathcal{L}[f(t)]=\dfrac{1}{s}$。

时域卷积，频域乘积，则零状态响应为 $Y_{zs}(s)=H(s)F(s)=\dfrac{1-s}{s(1+s)}=\dfrac{1}{s}-\dfrac{2}{s+1}$，求其逆变换可得

频率响应存在，因此系统稳定，收敛域包含虚轴。

$$y_{zs}(t)=(1-2\mathrm{e}^{-t})\varepsilon(t)$$

（2）由题可知 $f(t)=\sin t\varepsilon(t)$，求其拉氏变换可得

$$F(s)=\mathcal{L}[f(t)]=\frac{1}{s^2+1}$$

则零状态响应为 $Y_{zs}(s)=H(s)F(s)=\dfrac{1-s}{(s+1)(s^2+1)}=\dfrac{1}{s+1}-\dfrac{s}{s^2+1}$，求其逆变换可得

$$y_{zs}(t)=(\mathrm{e}^{-t}-\cos t)\varepsilon(t)$$

吴大正 5.45 某 LTI 连续系统，当输入 $f_1(t)$ 时零状态响应为 $y_{zs1}(t)$。$f_1(t)$ 与 $y_{zs1}(t)$ 的波形如图（a）、图（b）所示。若输入 $f_2(t)=\varepsilon(t)+0.5\varepsilon(t-1)$，求系统的零状态响应 $y_{zs2}(t)$。

由于系统不变，因此只要先求出激励一的零状态响应的拉氏变换，就能够求得系统函数，从而得到激励二的零状态响应。

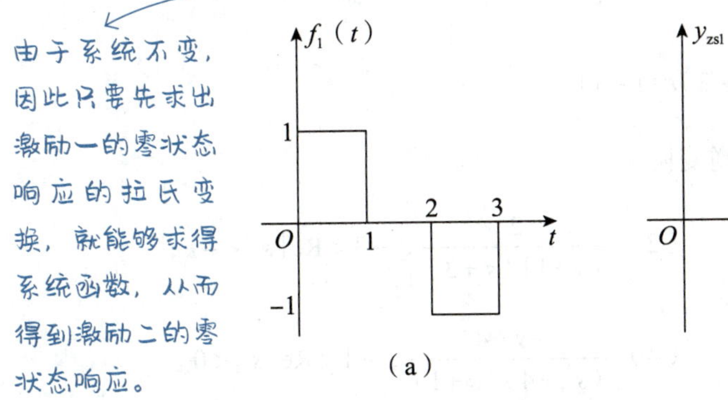

（a）

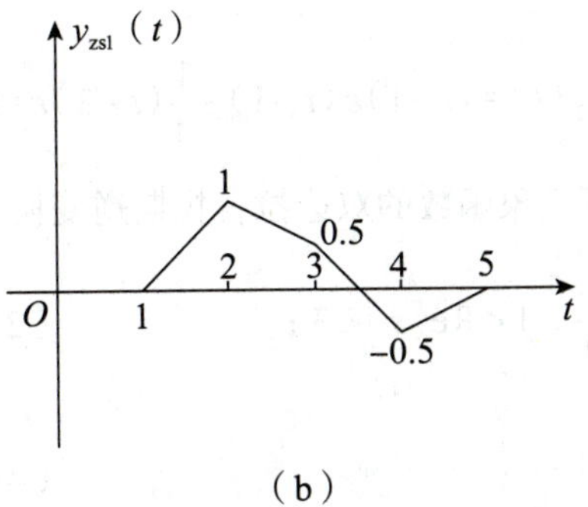

（b）

解析 由题图（b）中 $y_{zs1}(t)$ 的波形，画出其导数 $y'_{zs1}(t)$ 的波形，如图所示。面对复杂的信号，可以利用微积分性质化简。

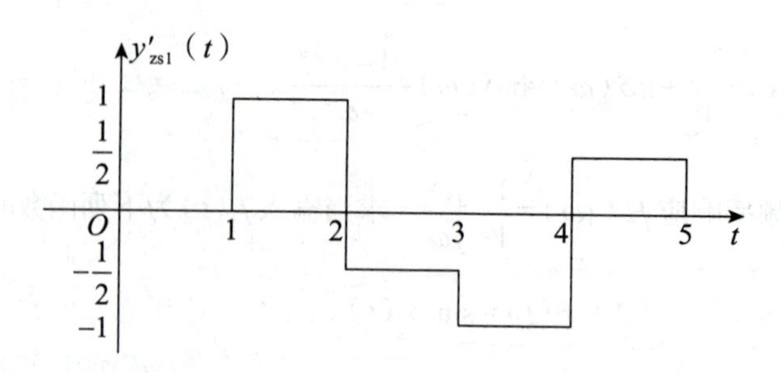

则
$$y'_{zs1}(t)=\varepsilon(t-1)-\frac{3}{2}\varepsilon(t-2)-\frac{1}{2}\varepsilon(t-3)+\frac{3}{2}\varepsilon(t-4)-\frac{1}{2}\varepsilon(t-5)$$

求其拉氏变换可得

$$\mathcal{L}[y'_{zs1}(t)]=\frac{1}{s}\left(e^{-s}-\frac{3}{2}e^{-2s}-\frac{1}{2}e^{-3s}+\frac{3}{2}e^{-4s}-\frac{1}{2}e^{-5s}\right)$$

$$Y_{zs1}(s)=\mathcal{L}[y_{zs1}(t)]=\frac{1}{s}\mathcal{L}[y'_{zs1}(t)]=\frac{1}{s^2}\left(e^{-s}-\frac{3}{2}e^{-2s}-\frac{1}{2}e^{-3s}+\frac{3}{2}e^{-4s}-\frac{1}{2}e^{-5s}\right)$$

由题图（a）可得
$$f_1(t)=\varepsilon(t)-\varepsilon(t-1)-\varepsilon(t-2)+\varepsilon(t-3)$$

求其拉氏变换可得 $F_1(s)=\mathcal{L}[f_1(t)]=\frac{1}{s}(1-e^{-s}-e^{-2s}+e^{-3s})$。

故系统的系统函数为

$$H(s)=\frac{Y_{zs1}(s)}{F_1(s)}=\frac{e^{-s}-\frac{3}{2}e^{-2s}-\frac{1}{2}e^{-3s}+\frac{3}{2}e^{-4s}-\frac{1}{2}e^{-5s}}{s(1-e^{-s}-e^{-2s}+e^{-3s})}=\frac{\left(e^{-s}-\frac{1}{2}e^{-2s}\right)(1-e^{-s}-e^{-2s}+e^{-3s})}{s(1-e^{-s}-e^{-2s}+e^{-3s})}=\frac{e^{-s}-\frac{1}{2}e^{-2s}}{s}$$

利用多项式的长除法。

由题可知 $f_2(t)=\varepsilon(t)+0.5\varepsilon(t-1)$，求其拉氏变换可得 $F_2(s)=\frac{1}{s}\left(1+\frac{1}{2}e^{-s}\right)$，故

$$Y_{zs2}(s)=H(s)F_2(s)=\frac{\left(e^{-s}-\frac{1}{2}e^{-2s}\right)\left(1+\frac{1}{2}e^{-s}\right)}{s^2}=\frac{e^{-s}-\frac{1}{4}e^{-3s}}{s^2}$$

求其反变换可得 $y_{zs2}(t)=(t-1)\varepsilon(t-1)-\frac{1}{4}(t-3)\varepsilon(t-3)$。

吴大正 5.50 求下列象函数的双边拉普拉斯逆变换。

（1）$\frac{-2}{(s-1)(s-3)}$，$1<\mathrm{Re}[s]<3$；（2）$\frac{2}{(s+1)(s+3)}$，$-3<\mathrm{Re}[s]<-1$；

（3）$\frac{4}{s^2+4}$，$\mathrm{Re}[s]<0$；（4）$\frac{-s+4}{(s^2+4)(s+1)}$，$-1<\mathrm{Re}[s]<0$。

解析 （1）由题可知 $F_b(s)=\frac{-2}{(s-1)(s-3)}$，$1<\mathrm{Re}[s]<3$，将此式部分分式展开可得

$$F_b(s)=\frac{1}{s-1}-\frac{1}{s-3}$$

带状收敛域需要注意：展开的拉氏变换，谁对应因果信号，谁对应非因果信号，因果信号的收敛域在极点的右边，非因果信号的收敛域在极点的左边。

收敛域为 $1<\text{Re}[s]<3$，则可写成 $F_b(s)=\frac{1}{s-1}+\frac{1}{-s+3}$。

求其逆变换可得 $f(t)=e^t\varepsilon(t)+e^{3t}\varepsilon(-t)$。

（2）由题可知 $F_b(s)=\frac{2}{(s+1)(s+3)}$，$-3<\text{Re}[s]<-1$，将此式部分分式展开可得 $F_b(s)=\frac{1}{s+1}-\frac{1}{s+3}$，收敛域为 $-3<\text{Re}[s]<-1$，则可写成 $F_b(s)=-\frac{1}{-s-1}-\frac{1}{s+3}$，求其逆变换可得 $f(t)=-e^{-t}\varepsilon(-t)-e^{-3t}\varepsilon(t)$。

相同拉氏变换，收敛域不同，反变换不同。

（3）由题可知 $F_b(s)=\frac{4}{s^2+4}$，$\text{Re}[s]<0$，收敛域为 $\text{Re}[s]<0$，则可写成

$$F_b(s)=\frac{2\times 2}{(-s)^2+2^2}$$

求其逆变换可得 $f(t)=-2\sin(2t)\varepsilon(-t)$。

（4）由题可知 $F_b(s)=\frac{-s+4}{(s^2+4)(s+1)}$，$-1<\text{Re}[s]<0$，将此式部分分式展开可得

$$F_b(s)=\frac{-s}{s^2+4}+\frac{1}{s+1}$$

收敛域为 $-1<\text{Re}[s]<0$，则可写 $F_b(s)=\frac{-s}{(-s)^2+2^2}+\frac{1}{s+1}$，求其逆变换可得

$$f(t)=\cos(2t)\varepsilon(-t)+e^{-t}\varepsilon(t)$$

吴大正版第七章 | 系统函数（s 域分析部分）

吴大正 7.3 如图所示的 RC 带通滤波电路，求其电压比函数 $H(s)=\frac{U_2(s)}{U_1(s)}$ 及其零、极点。

利用初中物理知识：分压原理，就可以求出系统函数。

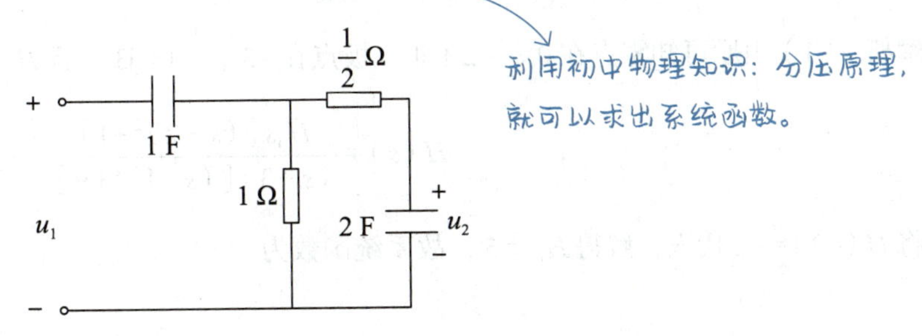

解析 由题图可画出零状态 s 域等效电路模型，如图所示。

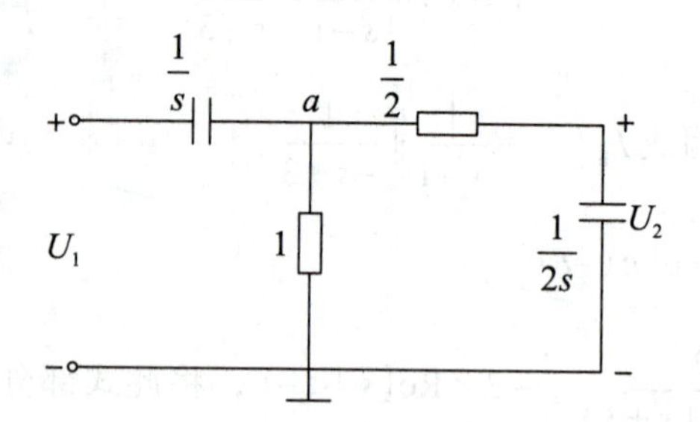

根据电路知识，电阻和电容串联的阻抗为 $Z_1=\frac{1}{2}+\frac{1}{2s}$，因此并联的阻抗为 $Z_2=\frac{\frac{1}{2}+\frac{1}{2s}}{\frac{1}{2}+\frac{1}{2s}+1}=\frac{s+1}{3s+1}$。

根据串联分压得

$$U_{并}=U_1\frac{\frac{s+1}{3s+1}}{\frac{s+1}{3s+1}+\frac{1}{s}}$$

$$U_2=U_{并}\frac{\frac{1}{2s}}{\frac{s+1}{2s}}=U_1\frac{\frac{s+1}{3s+1}}{\frac{s+1}{3s+1}+\frac{1}{s}}\frac{\frac{1}{2s}}{\frac{s+1}{2s}}=\frac{sU_1}{(s+2)^2-3}$$

根据系统函数的定义解得 $H(s)=\frac{U_2(s)}{U_1(s)}=\frac{s}{(s+2)^2-3}$。

故系统函数 $H(s)$ 的零点为 $s_1=0$；极点为 $p_{1,2}=-2\pm\sqrt{3}$。

吴大正 7.9 系统函数 $H(s)$ 的零、极点分布如下，写出其 $H(s)$ 的表示式。

根据零、极点设出系统函数，分母是极点，分子是零点，再利用初始条件解出未知数即可。

（1）零点在 0、$-2\pm j1$，极点在 -3、$-1\pm j3$，且 $H(-2)=-1$；

（2）零点在 0、$\pm j3$，极点在 $\pm j2$、$\pm j4$，且当 $s=j1$ 时，$H(j1)=j\frac{8}{15}$；

（3）零点在 $2\pm j1$，极点在 $-2\pm j1$，且 $H(0)=2$；

（4）极点在 -1、$e^{\pm j120°}$，且 $H(0)=1$。

解析 （1）由题可知零点在 0、$-2\pm j1$，极点在 -3、$-1\pm j3$，且 $H(-2)=-1$，则系统函数为

$$H(s)=\frac{H_0 s[(s+2)^2+1]}{(s+3)[(s+1)^2+9]}$$

将 $H(-2)=-1$ 代入，解得 $H_0=5$，故系统函数为

$$H(s)=\frac{5s[(s+2)^2+1]}{(s+3)[(s+1)^2+9]}=\frac{5s(s^2+4s+5)}{s^3+5s^2+16s+30}$$

（2）由题可知零点在 0 、$\pm$j3，极点在 $\pm$j2 、$\pm$j4，且当 $s=\mathrm{j}1$ 时，$H(\mathrm{j}1)=\mathrm{j}\frac{8}{15}$，则系统函数为

$H(s)=\frac{H_0 s(s^2+9)}{(s^2+16)(s^2+4)}$，将 $H(\mathrm{j}1)=\mathrm{j}\frac{8}{15}$ 代入，解得 $H_0=3$，故系统函数为

$$H(s)=\frac{3s(s^2+9)}{(s^2+16)(s^2+4)}=\frac{3s(s^2+9)}{s^4+20s^2+64}$$

（3）由题可知零点在 $2\pm\mathrm{j}1$，极点在 $-2\pm\mathrm{j}1$，且 $H(0)=2$，则系统函数为

$$H(s)=\frac{H_0[(s-2)^2+1]}{(s+2)^2+1}$$

将 $H(0)=2$ 代入，解得 $H_0=2$，故系统函数为

$$H(s)=\frac{2[(s-2)^2+1]}{(s+2)^2+1}=\frac{2(s^2-4s+5)}{s^2+4s+5}$$

（4）由题可知极点在 -1 、$\mathrm{e}^{\pm\mathrm{j}120^\circ}$，且 $H(0)=1$，则系统函数为

$$H(s)=\frac{H_0}{(s+1)(s-\mathrm{e}^{\mathrm{j}120^\circ})(s-\mathrm{e}^{-\mathrm{j}120^\circ})}=\frac{H_0}{(s+1)(s^2+s+1)}$$

将 $H(0)=1$ 代入，解得 $H_0=1$，故系统函数为　　利用欧拉公式展开求解。

$$H(s)=\frac{1}{(s+1)(s^2+s+1)}=\frac{1}{s^3+2s^2+2s+1}$$

吴大正 7.10　图示电路的输入阻抗函数 $Z(s)=\frac{U_1(s)}{I_1(s)}$ 的零点在 -2，极点在 $-1\pm\mathrm{j}\sqrt{3}$，且 $Z(0)=\frac{1}{2}$，求 R、L、C 的值。

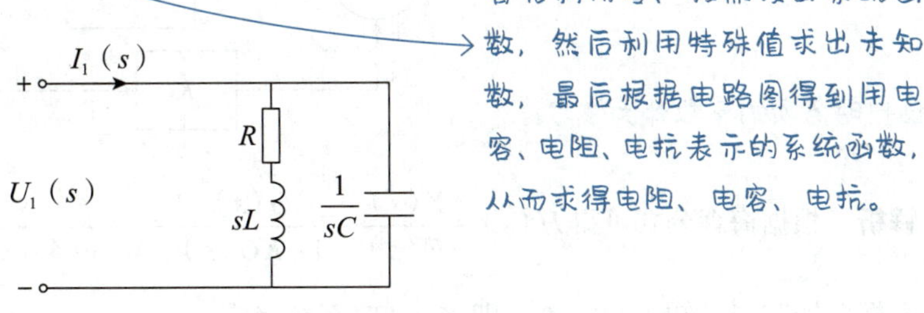

解析　由题图可知其输入阻抗函数为

$$Z(s)=\frac{U_1(s)}{I_1(s)}=\frac{(R+sL)\frac{1}{sC}}{R+sL+\frac{1}{sC}}=\frac{R+sL}{LCs^2+RCs+1}=\frac{\frac{1}{C}s+\frac{R}{LC}}{s^2+\frac{R}{L}s+\frac{1}{LC}}$$

输入阻抗函数的零点在 -2，极点在 $-1\pm j\sqrt{3}$，则可设

$$Z(s)=\frac{k(s+2)}{(s+1)^2+3}=\frac{ks+2k}{s^2+2s+4}$$

将 $Z(0)=\frac{1}{2}$ 代入 $Z(s)$，解得 $k=1$，故 $Z(s)=\frac{s+2}{s^2+2s+4}$。

比较系数可得 $R=0.5\ \Omega$，$L=0.25\ \mathrm{H}$，$C=1\ \mathrm{F}$。

吴大正 7.16 【证明题】 设连续系统函数 $H(s)$ 在虚轴上收敛，其幅频响应函数为 $|H(j\omega)|$，试证幅度平方函数：$|H(j\omega)|^2=H(s)H(-s)\big|_{s=j\omega}$。

证明 由题可知，连续系统函数 $H(s)$ 在虚轴上收敛，则系统的频率响应为

系统稳定时成立。

$$H(j\omega)=H(s)\big|_{s=j\omega}$$

则 $H^*(j\omega)=H(-j\omega)=H(-s)\big|_{s=j\omega}$。

根据傅里叶表达式

$$H(j\omega)=\int_{-\infty}^{\infty}h(t)e^{-j\omega t}dt,\quad H(-j\omega)=\int_{-\infty}^{\infty}h(t)e^{j\omega t}dt,\quad H^*(j\omega)=\int_{-\infty}^{\infty}h^*(t)e^{j\omega t}dt$$

故幅度平方函数为

$$|H(j\omega)|^2=H(j\omega)H^*(j\omega)=H(j\omega)H(-j\omega)=H(s)H(-s)\big|_{s=j\omega}$$

得证。

吴大正 7.20 如图所示为反馈因果系统，已知 $G(s)=\frac{s}{s^2+4s+4}$，K 为常数。为使系统稳定，试确定 K 值的范围。

根据系统框图写系统函数时，一定要注意加法器前面的符号。

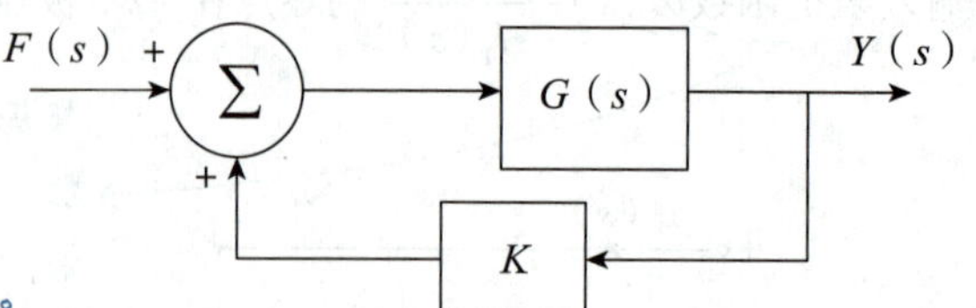

稳定时各项的系数都大于零。

解析 根据梅森公式可得 $H(s)=\frac{Y(s)}{F(s)}=\frac{G(s)}{1-KG(s)}=\frac{s}{s^2+(4-K)s+4}$。

根据罗斯阵列可知 $4-K>0$，即 $K<4$ 时系统稳定。

吴大正 7.30 画出如图所示系统的信号流图，求出其系统函数 $H(s)$。

框图和流图的不同：框图中的加法器，在流图中用一个圈表示，系数直接写在横线上。

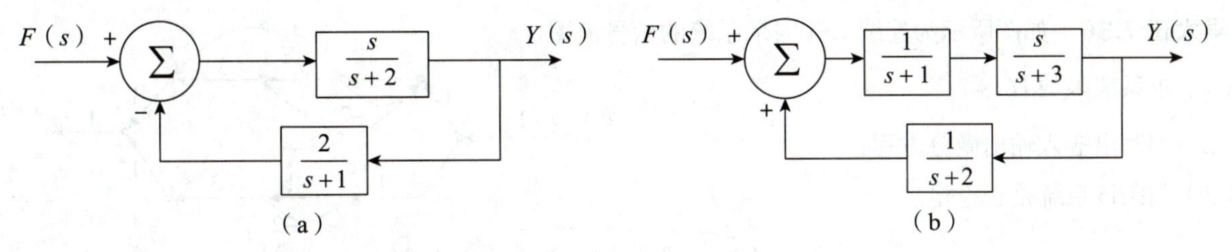

解析 ①题图（a）的信号流图如图（a）所示。有一个回路，其增益为

$$L=\frac{s}{s+2}\cdot\left(-\frac{2}{s+1}\right)=-\frac{2s}{s^2+3s+2}$$

其特征多项式可列为 $\Delta=1-L=1+\frac{2s}{s^2+3s+2}=\frac{s^2+5s+2}{s^2+3s+2}$。

流图中只有一条前向通路，且与回路相接触，故前向通路增益和其余子式分别为

$$P_1=\frac{s}{s+2},\quad \Delta_1=1$$

根据梅森公式可得 $H(s)=\frac{P_1\Delta_1}{\Delta}=\frac{\frac{s}{s+2}}{\frac{s^2+5s+2}{s^2+3s+2}}=\frac{s(s+1)}{s^2+5s+2}$。

②题图（b）的信号流图如图（b）所示。有一个回路，其增益为

$$L=\frac{1}{s+1}\cdot\frac{s}{s+3}\cdot\frac{1}{s+2}=\frac{s}{(s+1)(s+2)(s+3)}$$

其特征多项式可列为

$$\Delta=1-L=1-\frac{s}{(s+1)(s+2)(s+3)}=\frac{s^3+6s^2+10s+6}{(s+1)(s+2)(s+3)}$$

流图中只有一条前向通路，且与回路相接触，故前向通路增益和其余子式分别为

$$P_1=\frac{s}{(s+1)(s+3)},\quad \Delta_1=1$$

根据梅森公式可得 $H(s)=\frac{P_1\Delta_1}{\Delta}=\frac{\frac{s}{(s+1)(s+3)}}{\frac{s^3+6s^2+10s+6}{(s+1)(s+2)(s+3)}}=\frac{s(s+2)}{s^3+6s^2+10s+6}$。

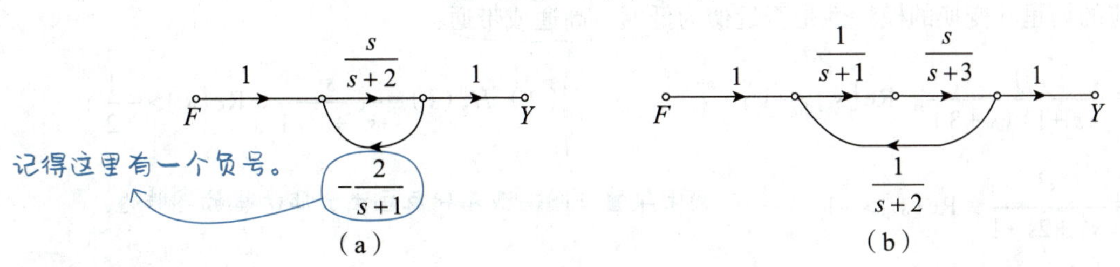

吴大正 7.36 如图所示为连续 LTI 因果系统的信号流图。

（1）求系统函数 $H(s)$；

（2）列写出输入输出微分方程；

（3）判断该系统是否稳定。

解析 （1）根据梅森公式可得 $H(s)=\frac{3s^{-2}+3s^{-1}}{1+2s^{-1}+2s^{-2}}+\frac{-3\times(-1)}{1-2}=\frac{-3(s^2+s+1)}{s^2+2s+2}$。

上面支路的系统函数和下面支路的系统函数，两者相加即可。

（2）由（1）可知系统函数为 $H(s)=\frac{-3(s^2+s+1)}{s^2+2s+2}$。

故系统的微分方程为 $y''(t)+2y'(t)+2y(t)=-3f''(t)-3f'(t)-3f(t)$。

（3）由（1）可知系统函数为 $H(s)=\frac{-3(s^2+s+1)}{s^2+2s+2}$，其极点为 $p_{1,2}=-1\pm\mathrm{j}$，极点均在 s 平面左侧，故该系统稳定。

收敛域包含虚轴，系统稳定。

奥本海姆版第九章 | 拉普拉斯变换

奥本海姆 9.6 已知一个绝对可积的信号 $x(t)$ 有一个极点在 $s=2$，试回答下列问题：

系统稳定，收敛域包含虚轴。

（1）$x(t)$ 可能是有限持续期的吗？

有限持续期就是时限信号。

（2）$x(t)$ 是左边的吗？

（3）$x(t)$ 是右边的吗？

（4）$x(t)$ 是双边的吗？

解析 （1）有限宽度信号拉氏变换的收敛域为全复平面，无有限极点，故 $x(t)$ 不可能是有限持续期的。

（2）信号 $x(t)$ 是绝对可积的，其拉氏变换的收敛域包含虚轴，由题可知其一极点在 $s=2$，故 $x(t)$ 可能是左边信号。

（3）信号 $x(t)$ 是绝对可积的，信号的收敛域不能同时满足既包含虚轴又在直线 $\mathrm{Re}[s]=2$ 右侧，故 $x(t)$ 不是一个右边信号。

（4）信号 $x(t)$ 是绝对可积的，信号的收敛域可以同时满足既包含虚轴又在直线 $\mathrm{Re}[s]=2$ 左侧，故 $x(t)$ 可能是双边信号。

奥本海姆 9.10 根据相应的零、极点图，利用傅里叶变换模的几何求值方法，确定下列每个拉普拉斯变换其相应的傅里叶变换的模特性是否近似为低通、高通或带通：

（1）$H_1(s)=\frac{1}{(s+1)(s+3)}$，$\mathrm{Re}[s]>-1$；

（2）$H_2(s)=\frac{s}{s^2+s+1}$，$\mathrm{Re}[s]>-\frac{1}{2}$；

（3）$H_3(s)=\frac{s^2}{s^2+2s+1}$，$\mathrm{Re}[s]>-1$。

利用矢量作图法或者代点画出大概的幅频图特性。

解析 （1）$H_1(s)=\dfrac{1}{(s+1)(s+3)}$，$\mathrm{Re}[s]>-1$，则零、极点图如图（a）所示。

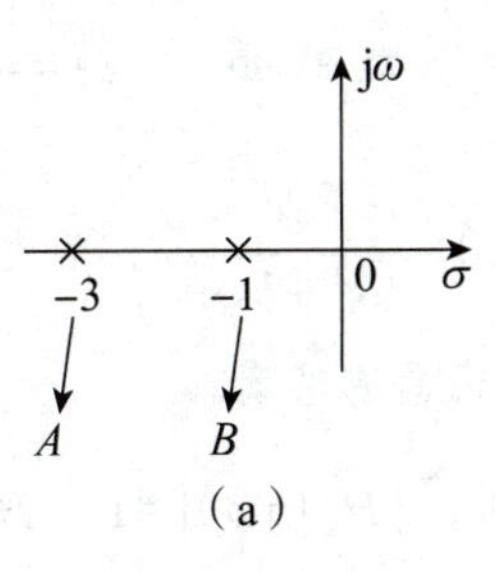

（a）

$$|H_1(\mathrm{j}\omega)|=\frac{1}{|\boldsymbol{A}||\boldsymbol{B}|}$$

当 $\omega=0$ 时，$|H_1(\mathrm{j}\omega)|=\dfrac{1}{3}$；当 $\omega=\infty$ 时，$|H_1(\mathrm{j}\omega)|=0$。$H_1(s)$ 的幅频特性如图（b）所示。

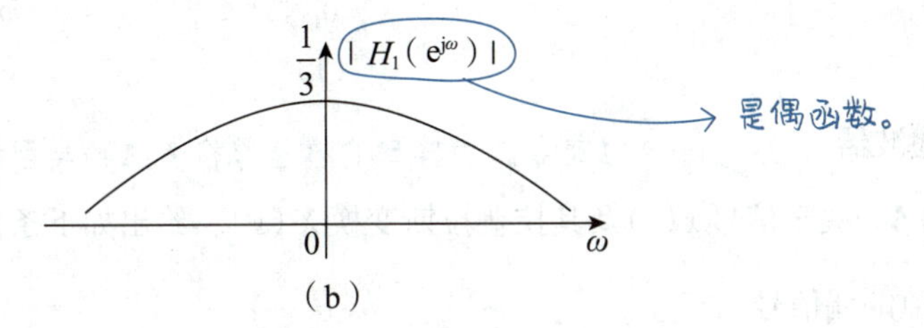

（b）

近似为低通滤波器。

（2）$H_2(s)=\dfrac{s}{s^2+s+1}$，$\mathrm{Re}[s]>-\dfrac{1}{2}$，则零、极点图如图（c）所示。

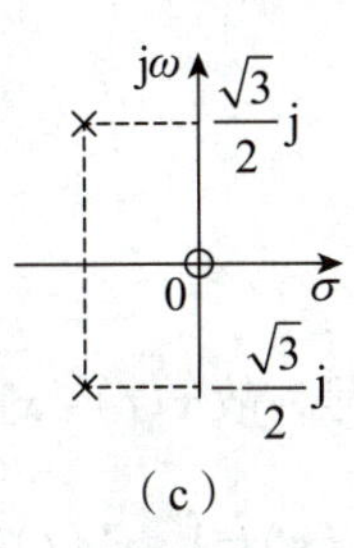

（c）

当 $\omega=0$ 时，$|H_2(\mathrm{j}\omega)|=0$；当 $\omega=\infty$ 时，$|H_2(\mathrm{j}\omega)|=0$。$H_2(s)$ 的幅频特性如图（d）所示。

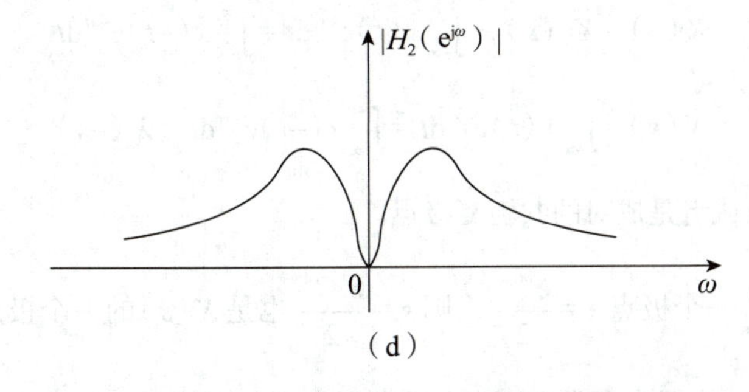

（d）

近似为带通滤波器。

（3）$H_3(s)=\dfrac{s^2}{s^2+2s+1}$，$\mathrm{Re}[s]>-1$，则零、极点图如图（e）所示。

系统函数形如 $H(s)=\dfrac{s^2}{as^2+bs+c}$，就是高通滤波器；形如 $H(s)=\dfrac{s}{as^2+bs+c}$，就是带通滤波器；形如 $H(s)=\dfrac{k}{as^2+bs+c}$，就是低通滤波器。

jω
二重
−1
0
σ

（e）

当 $\omega=0$ 时，$|H_3(\mathrm{j}\omega)|=0$；当 $\omega=\infty$ 时，$|H_3(\mathrm{j}\omega)|=1$。$H_3(s)$ 的幅频特性如图（f）所示。

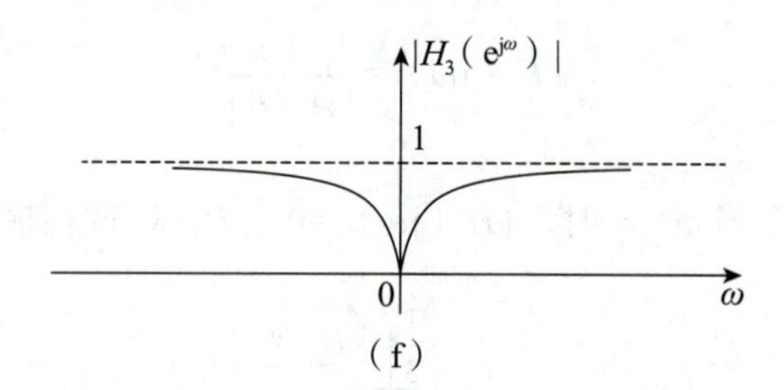

（f）

近似为高通滤波器。

很重要，每年都有很多学校考这种类型的题。

奥本海姆 9.14 关于信号 $x(t)$ 及其拉普拉斯变换 $X(s)$，给出如下条件：

①$x(t)$ 是实值的偶信号；

②在有限 s 平面内，$X(s)$ 有 4 个极点而没有零点；

③$X(s)$ 有一个极点在 $s=(1/2)\mathrm{e}^{\mathrm{j}\frac{\pi}{4}}$；

④$\int_{-\infty}^{\infty}x(t)\mathrm{d}t=4$。

试确定 $X(s)$ 及其收敛域。

解析 由条件①可得，$x(t)$ 是实值的偶信号，故 $x(t)=x^*(t)$，$x(t)=x(-t)$。

写出拉氏变换：$X(s)=\int_{-\infty}^{\infty}x(t)\mathrm{e}^{-st}\mathrm{d}t$，$X^*(s)=\int_{-\infty}^{\infty}x^*(t)\mathrm{e}^{-st}\mathrm{d}t$，因此

$$X(s)=X^*(s),\quad \int_{-\infty}^{\infty}x(t)\mathrm{e}^{-st}\mathrm{d}t=\int_{-\infty}^{\infty}x(-t)\mathrm{e}^{-st}\mathrm{d}t$$

$$X(s)=\int_{-\infty}^{\infty}x(t)\mathrm{e}^{-st}\mathrm{d}t=\int_{-\infty}^{\infty}x(-t)\mathrm{e}^{-st}\mathrm{d}t=X(-s)$$

则 $X(s)$ 的极点是实极点或者是成对的共轭复极点。

由条件③可得，$X(s)$ 有一个极点 $s=\dfrac{\mathrm{e}^{\mathrm{j}\pi/4}}{2}$，则 $s=\dfrac{\mathrm{e}^{-\mathrm{j}\pi/4}}{2}$ 也是 $X(s)$ 的一个极点。再由条件②知，在有限 s 平面内，$X(s)$ 有 4 个极点而没有零点，因此可令 $X(s)$ 为

$$X(s)=\frac{A}{\left(s-\frac{1}{2}e^{j\frac{\pi}{4}}\right)\left(s-\frac{1}{2}e^{-j\frac{\pi}{4}}\right)(s-p_3)(s-p_4)}$$

由条件①知 $X(s)=X(-s)$，则由

$$X(-s)=\frac{A}{\left(-s-\frac{1}{2}e^{j\frac{\pi}{4}}\right)\left(-s-\frac{1}{2}e^{-j\frac{\pi}{4}}\right)(-s-p_3)(-s-p_4)}=\frac{A}{\left(s+\frac{1}{2}e^{j\frac{\pi}{4}}\right)\left(s+\frac{1}{2}e^{-j\frac{\pi}{4}}\right)(s+p_3)(s+p_4)}$$

可得另外两个极点：$p_3=\frac{-e^{j\pi/4}}{2}$，$p_4=\frac{-e^{-j\pi/4}}{2}$，故

$$X(s)=\frac{A}{\left(s-\frac{1}{2}e^{j\frac{\pi}{4}}\right)\left(s-\frac{1}{2}e^{-j\frac{\pi}{4}}\right)\left(s+\frac{1}{2}e^{j\frac{\pi}{4}}\right)\left(s+\frac{1}{2}e^{-j\frac{\pi}{4}}\right)}$$

由条件④可得 $\int_{-\infty}^{\infty}x(t)dt=X(s)\big|_{s=0}=X(0)=4$，代入可得

$$X(0)=\frac{A}{\frac{1}{4}e^{j\frac{\pi}{4}}\cdot e^{-j\frac{\pi}{4}}\cdot\frac{1}{4}e^{j\frac{\pi}{4}}\cdot e^{-j\frac{\pi}{4}}}=4$$

解得 $A=\frac{1}{4}$，将 $A=\frac{1}{4}$ 代入 $X(s)$ 可得

$$X(s)=\frac{\frac{1}{4}}{\left(s-\frac{1}{2}e^{j\frac{\pi}{4}}\right)\left(s-\frac{1}{2}e^{-j\frac{\pi}{4}}\right)\left(s+\frac{1}{2}e^{j\frac{\pi}{4}}\right)\left(s+\frac{1}{2}e^{-j\frac{\pi}{4}}\right)}=\frac{1}{4\left(s^2-\frac{\sqrt{2}}{2}s+\frac{1}{4}\right)\left(s^2+\frac{\sqrt{2}}{2}s+\frac{1}{4}\right)}$$

$X(s)$ 的 4 个极点分别为 $\frac{\sqrt{2}}{4}+j\frac{\sqrt{2}}{4}$、$\frac{\sqrt{2}}{4}-j\frac{\sqrt{2}}{4}$、$-\frac{\sqrt{2}}{4}-j\frac{\sqrt{2}}{4}$、$-\frac{\sqrt{2}}{4}+j\frac{\sqrt{2}}{4}$，则收敛域有三种情况:

收敛域中不含有极点。

① $\mathrm{Re}[s]>\frac{\sqrt{2}}{4}$；② $\mathrm{Re}[s]<-\frac{\sqrt{2}}{4}$；③ $-\frac{\sqrt{2}}{4}<\mathrm{Re}[s]<\frac{\sqrt{2}}{4}$。

而 $s=0$ 在收敛域内，则 $X(s)$ 的收敛域为 $-\frac{\sqrt{2}}{4}<\mathrm{Re}[s]<\frac{\sqrt{2}}{4}$。

条件④中隐含的条件，很重要。

故 $X(s)=\frac{1}{4\left(s^2-\frac{\sqrt{2}}{2}s+\frac{1}{4}\right)\left(s^2+\frac{\sqrt{2}}{2}s+\frac{1}{4}\right)}$，$-\frac{\sqrt{2}}{4}<\mathrm{Re}[s]<\frac{\sqrt{2}}{4}$。

奥本海姆 9.21 确定下列时间函数的拉普拉斯变换、收敛域及零、极点图：

(1) $x(t)=e^{-2t}u(t)+e^{-3t}u(t)$；

(2) $x(t)=e^{-4t}u(t)+e^{-5t}[\sin(5t)]u(t)$；

(3) $x(t)=e^{2t}u(-t)+e^{3t}u(-t)$;　　(4) $x(t)=te^{-2|t|}$;

(5) $x(t)=|t|e^{-2|t|}$;　　(6) $x(t)=|t|e^{2t}u(-t)$;

(7) $x(t)=\begin{cases}1, & 0\leqslant t\leqslant 1\\ 0, & 其他\end{cases}$;　　(8) $x(t)=\begin{cases}t, & 0\leqslant t\leqslant 1\\ 2-t, & 1\leqslant t\leqslant 2\end{cases}$;

(9) $x(t)=\delta(t)+u(t)$;　　(10) $x(t)=\delta(3t)+u(3t)$。

解析 (1) $x(t)=e^{-2t}u(t)+e^{-3t}u(t)$，求其拉氏变换可得

$$X(s)=\frac{1}{s+2}+\frac{1}{s+3}=\frac{2s+5}{(s+2)(s+3)},\ \mathrm{Re}[s]>-2$$

收敛域取两者的交集。

零、极点图和收敛域如图(a)所示。

(2)利用常见拉氏变换可得

$$e^{-4t}u(t)\leftrightarrow\frac{1}{s+4},\ \mathrm{Re}[s]>-4;\quad e^{-5t}[\sin(5t)]u(t)\leftrightarrow\frac{5}{(s+5)^2+25},\ \mathrm{Re}[s]>-5$$

因此 $X(s)=\dfrac{s^2+15s+70}{s^3+14s^2+90s+200}$，$\mathrm{Re}[s]>-4$。零、极点图和收敛域如图(b)所示。

(3) $x(t)=e^{2t}u(-t)+e^{3t}u(-t)$，求其拉氏变换可得

$$X(s)=\frac{-1}{s-2}-\frac{1}{s-3}=\frac{-(2s-5)}{s^2-5s+6}=\frac{5-2s}{s^2-5s+6},\ \mathrm{Re}[s]<2$$

零、极点图和收敛域如图(c)所示。

(4) $x(t)=te^{-2|t|}$，整理可得 $x(t)=te^{-2t}u(t)+te^{2t}u(-t)$。

有绝对值时，需要利用阶跃函数将信号展开。

令 $x_1(t)=te^{-2t}u(t)$，$x_2(t)=te^{2t}u(-t)$，求其拉氏变换可得

$$e^{-2t}u(t)\overset{\mathrm{LT}}{\leftrightarrow}\frac{1}{s+2},\ \mathrm{Re}[s]>-2;\quad e^{2t}u(-t)\overset{\mathrm{LT}}{\leftrightarrow}-\frac{1}{s-2},\ \mathrm{Re}[s]<2$$

根据拉氏变换的 s 域微分性质，可得

$$te^{-2t}u(t)\overset{\mathrm{LT}}{\leftrightarrow}-\frac{\mathrm{d}}{\mathrm{d}s}\left(\frac{1}{s+2}\right)=\frac{1}{(s+2)^2},\ \mathrm{Re}[s]>-2$$

$$te^{2t}u(-t)\overset{\mathrm{LT}}{\leftrightarrow}-\frac{\mathrm{d}}{\mathrm{d}s}\left(-\frac{1}{s-2}\right)=-\frac{1}{(s-2)^2},\ \mathrm{Re}[s]<2$$

则 $X_1(s)=\dfrac{1}{(s+2)^2}$，$\mathrm{Re}[s]>-2$；$X_2(s)=-\dfrac{1}{(s-2)^2}$，$\mathrm{Re}[s]<2$，故

$$X(s)=X_1(s)+X_2(s)=\frac{1}{(s+2)^2}-\frac{1}{(s-2)^2}=\frac{-8s}{(s^2-4)^2},\ -2<\mathrm{Re}[s]<2$$

零、极点图和收敛域如图（d）所示。

（5）$x(t)=|t|\mathrm{e}^{-2|t|}$，整理可得 $x(t)=t\mathrm{e}^{-2t}u(t)-t\mathrm{e}^{2t}u(-t)$。

由常见拉氏变换可得

$$t\mathrm{e}^{-2t}u(t)\leftrightarrow\frac{1}{(s+2)^2},\ \mathrm{Re}[s]>-2;\quad t\mathrm{e}^{2t}u(-t)\leftrightarrow-\frac{1}{(s-2)^2},\ \mathrm{Re}[s]<2$$

故 $X(s)=\dfrac{1}{(s+2)^2}+\dfrac{1}{(s-2)^2}=\dfrac{2(s^2+4)}{(s^2-4)^2}$，$-2<\mathrm{Re}[s]<2$。零、极点图和收敛域如图（e）所示。

（6）$x(t)=|t|\mathrm{e}^{2t}u(-t)$，整理可得 $x(t)=-t\mathrm{e}^{2t}u(-t)$。

求其拉氏变换可得 $X(s)=\dfrac{1}{(s-2)^2}$，$\mathrm{Re}[s]<2$。零、极点图和收敛域如图（f）所示。

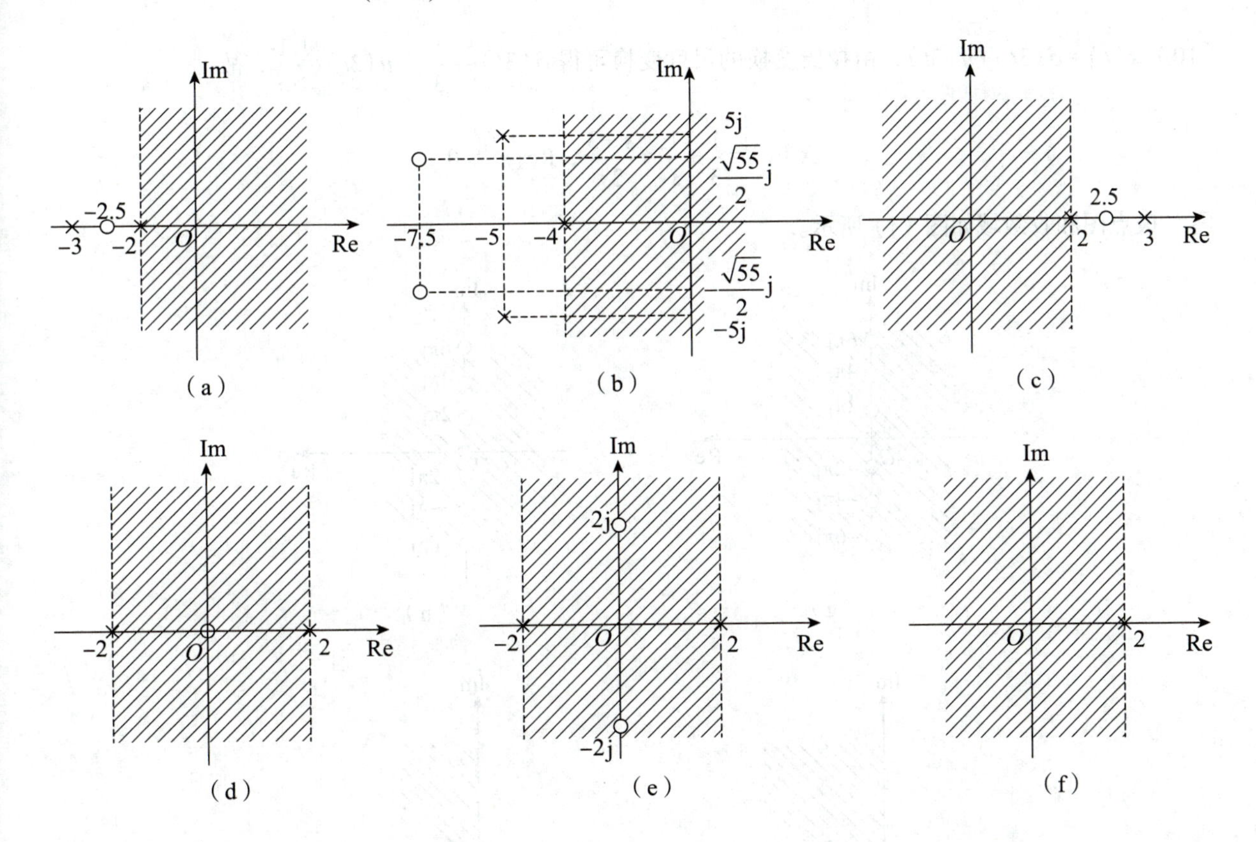

（7）$x(t)=\begin{cases}1, & 0\leqslant t\leqslant 1\\ 0, & \text{其他}\end{cases}$，整理可得 $x(t)=u(t)-u(t-1)$。

时限信号收敛域为全平面

求其拉氏变换可得 $X(s)=\dfrac{1-\mathrm{e}^{-s}}{s}$，其收敛域为整个 s 平面。零、极点图和收敛域如图（g）所示。

（8）$x(t)=\begin{cases}t, & 0\leqslant t\leqslant 1\\ 2-t, & 1\leqslant t\leqslant 2\end{cases}$，整理可得 $x(t)=t[u(t)-u(t-1)]+(2-t)[u(t-1)-u(t-2)]$，

对信号进行微分得$x''(t)=\delta(t)-2\delta(t-1)+\delta(t-2)$。

由常见拉氏变换以及时移性质可得$\delta(t)-2\delta(t-1)+\delta(t-2)\to 1-2\mathrm{e}^{-s}+\mathrm{e}^{-2s}$。

根据微积分性质可得$X(s)=\dfrac{1-2\mathrm{e}^{-s}+\mathrm{e}^{-2s}}{s^2}=\dfrac{(1-\mathrm{e}^{-s})^2}{s^2}$，其收敛域为整个$s$平面。

因为零、极点在原点抵消，所以信号的收敛域扩大。

零、极点图和收敛域如图（h）所示。

（9）$x(t)=\delta(t)+u(t)$，由常见拉氏变换可得

$$\delta(t)\overset{\mathrm{LT}}{\leftrightarrow}1\text{，对任意 }s\text{；}\ u(t)\overset{\mathrm{LT}}{\leftrightarrow}\frac{1}{s}\text{，}\mathrm{Re}[s]>0$$

故$X(s)=1+\dfrac{1}{s}=\dfrac{s+1}{s}$，$\mathrm{Re}[s]>0$。零、极点图和收敛域如图（i）所示。

（10）$x(t)=\delta(3t)+u(3t)$，由拉氏变换的尺度变换可得$\delta(3t)\overset{\mathrm{LT}}{\leftrightarrow}\dfrac{1}{3}$，$u(3t)\overset{\mathrm{LT}}{\leftrightarrow}\dfrac{1}{s}$，故

$$X(s)=\frac{1}{3}+\frac{1}{s}=\frac{s+3}{3s}\text{，}\mathrm{Re}[s]>0$$

零、极点图和收敛域如图（j）所示。

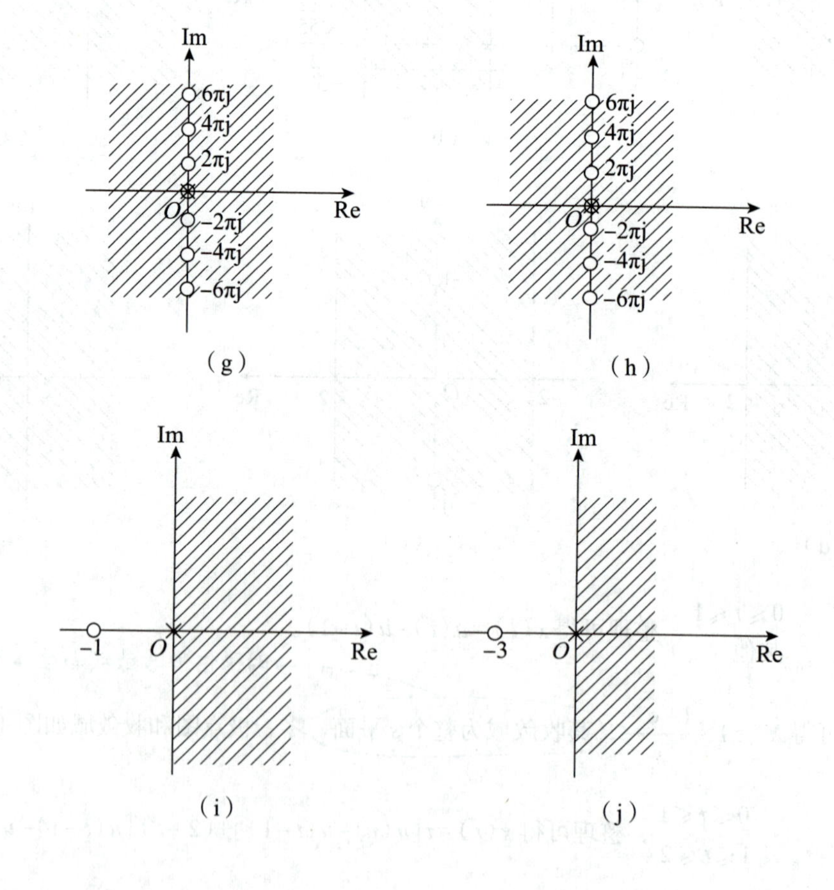

奥本海姆 9.22 对下列每个拉普拉斯变换及其收敛域，确定时间函数 $x(t)$：

（1）$\dfrac{1}{s^2+9}$，$\mathrm{Re}[s]>0$；

（2）$\dfrac{s}{s^2+9}$，$\mathrm{Re}[s]<0$；

（3）$\dfrac{s+1}{(s+1)^2+9}$，$\mathrm{Re}[s]<-1$；

（4）$\dfrac{s+2}{s^2+7s+12}$，$-4<\mathrm{Re}[s]<-3$；

（5）$\dfrac{s+1}{s^2+5s+6}$，$-3<\mathrm{Re}[s]<-2$；

（6）$\dfrac{(s+1)^2}{s^2-s+1}$，$\mathrm{Re}[s]>\dfrac{1}{2}$；

（7）$\dfrac{s^2-s+1}{(s+1)^2}$，$\mathrm{Re}[s]>-1$。

解析 （1）$\dfrac{1}{s^2+9}$，$\mathrm{Re}[s]>0$，根据常见拉氏变换可得

$$\sin(\omega_0 t)u(t)\overset{\mathrm{LT}}{\leftrightarrow}\frac{\omega_0}{s^2+\omega_0^2},\ \mathrm{Re}[s]>0$$

由 $\dfrac{1}{s^2+9}=\dfrac{1}{3}\cdot\dfrac{3}{s^2+3^2}$，求其逆变换可得 $x(t)=\dfrac{1}{3}\sin(3t)u(t)$。

（2）$\dfrac{s}{s^2+9}$，$\mathrm{Re}[s]<0$，由常见拉氏变换可得

$$\cos(\omega_0 t)u(t)\overset{\mathrm{LT}}{\leftrightarrow}\frac{s}{s^2+\omega_0^2},\ \mathrm{Re}[s]>0$$

根据拉氏变换的时域反褶性质可得

$$\cos(-\omega_0 t)u(-t)\overset{\mathrm{LT}}{\leftrightarrow}\frac{-s}{(-s)^2+\omega_0^2},\ \mathrm{Re}[s]<0$$

则 $-\cos(\omega_0 t)u(-t)\overset{\mathrm{LT}}{\leftrightarrow}\dfrac{s}{s^2+\omega_0^2}$，$\mathrm{Re}[s]<0$，故求其逆变换可得

$$x(t)=-\cos(3t)u(-t)$$

反因果信号，记得前面加负号。

（3）$\dfrac{s+1}{(s+1)^2+9}$，$\mathrm{Re}[s]<-1$，由常见拉氏变换可得

$$-\cos(\omega_0 t)u(-t)\overset{\mathrm{LT}}{\leftrightarrow}\frac{s}{s^2+\omega_0^2},\ \mathrm{Re}[s]<0$$

则 $-\cos(3t)u(-t)\overset{\mathrm{LT}}{\leftrightarrow}\dfrac{s}{s^2+9}$，$\mathrm{Re}[s]<0$，根据拉氏变换的 s 域平移性质可得

$$-e^{-t}\cos(3t)u(-t)\overset{\text{LT}}{\longleftrightarrow}\frac{s+1}{(s+1)^2+9},\ \text{Re}[s]<-1$$

故求其逆变换可得 $x(t)=-e^{-t}\cos(3t)u(-t)$。

（4）$X(s)=\dfrac{s+2}{s^2+7s+12}$，$-4<\text{Re}[s]<-3$，部分分式展开可得

$$X(s)=\frac{s+2}{s^2+7s+12}=\frac{-1}{s+3}+\frac{2}{s+4},\ -4<\text{Re}[s]<-3$$

由常见拉氏变换可得

$$e^{-\alpha t}u(t)\overset{\text{LT}}{\longleftrightarrow}\frac{1}{s+\alpha},\ \text{Re}[s]>\text{Re}[-\alpha];\quad -e^{-\alpha t}u(-t)\overset{\text{LT}}{\longleftrightarrow}\frac{1}{s+\alpha},\ \text{Re}[s]<\text{Re}[-\alpha]$$

故求其逆变换可得 $x(t)=e^{-3t}u(-t)+2e^{-4t}u(t)$。

因果信号的收敛域在极点的右边，非因果信号的收敛域在极点的左边。

（5）$X(s)=\dfrac{s+1}{s^2+5s+6}$，$-3<\text{Re}[s]<-2$，部分分式展开可得

$$X(s)=\frac{s+1}{s^2+5s+6}=\frac{-1}{s+2}+\frac{2}{s+3},\ -3<\text{Re}[s]<-2$$

故求其逆变换可得 $x(t)=e^{-2t}u(-t)+2e^{-3t}u(t)$。

（6）$\dfrac{(s+1)^2}{s^2-s+1}$，$\text{Re}[s]>\dfrac{1}{2}$，部分分式展开可得

$$X(s)=\frac{(s+1)^2}{s^2-s+1}=\frac{s^2+2s+1}{s^2-s+1}=1+\frac{3s}{s^2-s+1}=1+\frac{3\left(s-\frac{1}{2}\right)}{\left(s-\frac{1}{2}\right)^2+\left(\frac{\sqrt{3}}{2}\right)^2}+\frac{\frac{\sqrt{3}}{2}\times\sqrt{3}}{\left(s-\frac{1}{2}\right)^2+\left(\frac{\sqrt{3}}{2}\right)^2}$$

由常见拉氏变换可得

$$\delta(t)\overset{\text{LT}}{\longleftrightarrow}1,\ \text{Re}[s]>-\infty$$

$$e^{\frac{1}{2}t}\cos\left(\frac{\sqrt{3}}{2}t\right)u(t)\overset{\text{LT}}{\longleftrightarrow}\frac{s-\frac{1}{2}}{\left(s-\frac{1}{2}\right)^2+\left(\frac{\sqrt{3}}{2}\right)^2},\ \text{Re}[s]>\frac{1}{2}$$

$$e^{\frac{1}{2}t}\sin\left(\frac{\sqrt{3}}{2}t\right)u(t)\overset{\text{LT}}{\longleftrightarrow}\frac{\frac{\sqrt{3}}{2}}{\left(s-\frac{1}{2}\right)^2+\left(\frac{\sqrt{3}}{2}\right)^2},\ \text{Re}[s]>\frac{1}{2}$$

故求其逆变换可得 $x(t)=\delta(t)+3\mathrm{e}^{\frac{t}{2}}\cos\left(\frac{\sqrt{3}}{2}t\right)u(t)+\sqrt{3}\mathrm{e}^{\frac{t}{2}}\sin\left(\frac{\sqrt{3}}{2}t\right)u(t)$。

（7）$X(s)=\dfrac{s^2-s+1}{(s+1)^2}$，$\mathrm{Re}[s]>-1$，整理可得

假分式需要化为常数加真分式的形式。

$$X(s)=\frac{s^2-s+1}{(s+1)^2}=1-\frac{3s}{(s+1)^2},\ \mathrm{Re}[s]>-1$$

由常见拉氏变换可得 $\mathrm{e}^{-t}u(t)\overset{\mathrm{LT}}{\leftrightarrow}\dfrac{1}{s+1}$，$\mathrm{Re}[s]>-1$。

根据拉氏变换的 s 域微分性质可得 $t\mathrm{e}^{-t}u(t)\overset{\mathrm{LT}}{\leftrightarrow}\dfrac{1}{(s+1)^2}$，$\mathrm{Re}[s]>-1$。

根据拉氏变换的时域微分性质可得

分母为高次项的时候，用微分性质。

$$\frac{\mathrm{d}[t\mathrm{e}^{-t}u(t)]}{\mathrm{d}t}=(1-t)\mathrm{e}^{-t}u(t)\overset{\mathrm{LT}}{\leftrightarrow}\frac{s}{(s+1)^2},\ \mathrm{Re}[s]>-1$$

故求其逆变换可得 $x(t)=\delta(t)-3(1-t)\mathrm{e}^{-t}u(t)$。

奥本海姆 9.23 由下面关于 $x(t)$ 的每一种说法，和图中 4 个零、极点图中的每一个，确定在收敛域上的相应限制：

（1）$x(t)\mathrm{e}^{-3t}$ 是绝对可积的；

（2）$x(t)*[\mathrm{e}^{-t}u(t)]$ 是绝对可积的；

（3）$x(t)=0$，$t>1$；

（4）$x(t)=0$，$t<-1$。

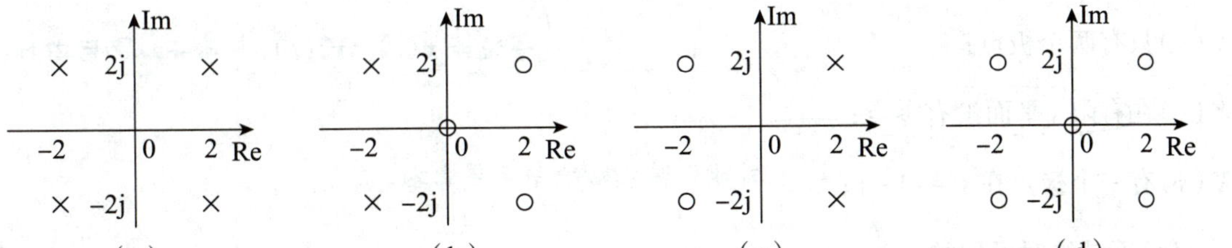

(a) (b) (c) (d)

解析 （1）若 $x(t)\overset{\mathrm{LT}}{\leftrightarrow}X(s)$，$\mathrm{Re}[s]>-\infty$，根据拉氏变换的频移特性可得

$$x(t)\mathrm{e}^{-3t}\overset{\mathrm{LT}}{\leftrightarrow}X(s+3),\ \mathrm{Re}[s]>-\infty$$

收敛域左移。

$x(t)\mathrm{e}^{-3t}$ 绝对可积，则 $x(t)\mathrm{e}^{-3t}$ 存在傅里叶变换，$X(s+3)$ 的收敛域应该包括 $\mathrm{j}\omega$ 轴。

$X(s+3)$ 的收敛域是将 $X(s)$ 的收敛域向左移动 3 个单位得到的，要使 $X(s+3)$ 的收敛域包括虚轴，

则 $X(s)$ 的收敛域为：

对于题图（a），收敛域为 $\mathrm{Re}[s]>2$；对于题图（b），收敛域为 $\mathrm{Re}[s]>-2$；

对于题图（c），收敛域为 $\mathrm{Re}[s]>2$；对于题图（d），收敛域为整个 s 平面（因为无极点）。

（2）$\mathrm{e}^{-t}u(t)\overset{\mathrm{LT}}{\leftrightarrow}\dfrac{1}{s+1}$，$\mathrm{Re}[s]>-1$，根据拉氏变换的时域卷积性质可得

$$x(t)*[\mathrm{e}^{-t}u(t)]\leftrightarrow\frac{X(s)}{s+1},\ R\cap\{\mathrm{Re}[s]>-1\}$$

$x(t)*[\mathrm{e}^{-t}u(t)]$ 绝对可积，则 $R\cap\{\mathrm{Re}[s]>-1\}$ 应该包括 $\mathrm{j}\omega$ 轴，可得 $X(s)$ 的收敛域为：

对于题图（a），收敛域为 $-2<\mathrm{Re}[s]<2$；对于题图（b），收敛域为 $\mathrm{Re}[s]>-2$；

对于题图（c），收敛域为 $\mathrm{Re}[s]<2$；对于题图（d），收敛域为整个 s 平面。

（3）$x(t)=0$，$t>1$，则 $x(t)$ 是左边信号或时限信号，左边信号的收敛域必为某左半平面，时限信号的收敛域必为整个 s 平面，可得 $X(s)$ 的收敛域为：

时限信号全平面收敛，不存在极点，或者零、极点相消，导致收敛域扩大。

对于题图（a），收敛域为 $\mathrm{Re}[s]<-2$；对于题图（b），收敛域为 $\mathrm{Re}[s]<-2$；

对于题图（c），收敛域为 $\mathrm{Re}[s]<2$；对于题图（d），收敛域为整个 s 平面。

（4）$x(t)=0$，$t<-1$，则 $x(t)$ 是右边信号或时限信号，右边信号的收敛域必为某右半平面，时限信号的收敛域必为整个 s 平面，可得 $X(s)$ 的收敛域为：

对于题图（a），收敛域为 $\mathrm{Re}[s]>2$；对于题图（b），收敛域为 $\mathrm{Re}[s]>-2$；

对于题图（c），收敛域为 $\mathrm{Re}[s]>2$；对于题图（d），收敛域为整个 s 平面。

奥本海姆 9.27 关于一个拉普拉斯变换为 $X(s)$ 的实信号 $x(t)$，给出下列 5 个条件：

说明 $x(t)=x^*(t)$，要善于从题目中找条件。

①$X(s)$ 只有两个极点；

②$X(s)$ 在有限 s 平面没有零点；

说明系统函数的分子是常数。

③$X(s)$ 有一个极点在 $s=-1+\mathrm{j}$；

④$\mathrm{e}^{2t}x(t)$ 不是绝对可积的；

⑤$X(0)=8$。

试确定 $X(s)$ 并给出它的收敛域。

解析 $x(t)$ 是实信号，$X(s)$ 有一个极点为 $s=-1+\mathrm{j}$，则 $s=-1-\mathrm{j}$ 也是一个极点，可令

$$X(s)=\frac{A}{(s+1-\mathrm{j})(s+1+\mathrm{j})}=\frac{A}{s^2+2s+2}$$

由题可知$X(0)=\int_{-\infty}^{\infty}x(t)\mathrm{d}t=\frac{A}{2}=8$，解得$A=16$，代入可得$X(s)=\frac{16}{s^2+2s+2}$。因为$\mathrm{e}^{2t}x(t)$不是绝对可积的，所以$X(s-2)$的收敛域不含虚轴，则$X(s)$的收敛域为$\mathrm{Re}[s]>-1$，故

→说明它是不稳定的。

$$X(s)=\frac{16}{s^2+2s+2},\ \mathrm{Re}[s]>-1$$

奥本海姆 9.33 有一个因果线性时不变系统的系统函数$H(s)=\frac{s+1}{s^2+2s+2}$，若输入$x(t)=\mathrm{e}^{-|t|}$，$-\infty<t<\infty$，求出并画出响应$y(t)$。

解析 $x(t)=\mathrm{e}^{-|t|}$，$-\infty<t<\infty$，整理可得$x(t)=\mathrm{e}^{-t}u(t)+\mathrm{e}^{t}u(-t)$。

求其拉氏变换可得$X(s)=\frac{1}{s+1}-\frac{1}{s-1}=\frac{-2}{s^2-1}$，$-1<\mathrm{Re}[s]<1$。而由题可知系统函数为$H(s)=\frac{s+1}{s^2+2s+2}$，系统为因果系统，故其收敛域为$\mathrm{Re}[s]>-1$，则

$$Y(s)=H(s)X(s)=\frac{s+1}{s^2+2s+2}\cdot\frac{-2}{s^2-1}=\frac{-2}{(s^2+2s+2)(s-1)},\quad -1<\mathrm{Re}[s]<1$$

将$Y(s)$部分分式展开可得

$$Y(s)=\frac{0.4s+1.2}{s^2+2s+2}-\frac{0.4}{s-1}=\frac{0.4\cdot(s+1)}{(s+1)^2+1}+\frac{0.8}{(s+1)^2+1}-\frac{0.4}{s-1},\ -1<\mathrm{Re}[s]<1$$

→二阶分母的分子是一阶的，因此可以先设出分子的形式，再通过通分裂项求解。

求其反变换可得$y(t)=0.4\mathrm{e}^{-t}\cos tu(t)+0.8\mathrm{e}^{-t}\sin tu(t)+0.4\mathrm{e}^{t}u(-t)$。

$y(t)$的波形如图所示。

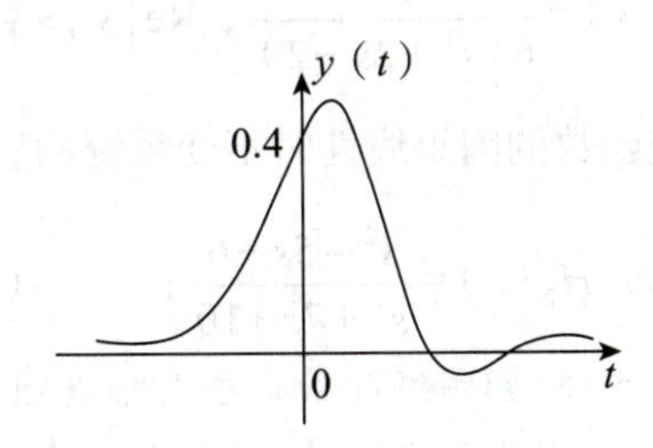

奥本海姆 9.34 【改编题】假设关于一个单位冲激响应为$h(t)$和有理系统函数为$H(s)$的因果稳定线性时不变系统S，给出下列信息：

→这些信息点需要自己在题目中勾画出来。

①$H(1)=\frac{1}{6}$；

②当输入为$u(t)$时，输出是绝对可积的；

→阶跃函数不是绝对可积的，因此输入不绝对可积，输出绝对可积，那么不绝对可积的极点肯定会被抵消。

③当输入为 $tu(t)$ 时，输出不是绝对可积的；

④信号 $\frac{d^2h(t)}{dt^2}+2\frac{dh(t)}{dt}+2h(t)$ 是有限长的；

⑤ $H(s)$ 在无限远处只有一个零点。

确定 $H(s)$ 及其收敛域。 很重要的一道题，上海交通大学的考研真题。

解析 由②可知，当输入为 $u(t)$ 时，输出是绝对可积的，输出信号的拉普拉斯变换为 $\frac{H(s)}{s}$，则 $\frac{H(s)}{s}$ 的收敛域包含虚轴，那么 $H(s)$ 分子项中至少有 s 的一次项。由③可知，当输入为 $tu(t)$ 时，输出不是绝对可积的，输出信号的拉普拉斯变换为 $\frac{H(s)}{s^2}$，则 $\frac{H(s)}{s^2}$ 的收敛域不包含虚轴，那么 $H(s)$ 分子项中至多有 s 的一次项。由④可知，信号 $\frac{d^2h(t)}{dt^2}+2\frac{dh(t)}{dt}+2h(t)$ 是有限长的，则拉普拉斯变换的收敛域为全 s 平面，$\frac{d^2h(t)}{dt^2}+2\frac{dh(t)}{dt}+2h(t)$ 的拉普拉斯变换为 $(s^2+2s+2)H(s)$，则 $H(s)$ 的分母是 s^2+2s+2。

配凑，零、极点的个数是一致的。

由⑤可知，$H(s)$ 在无限远处只有一个零点，则可令 $H(s)=\frac{As}{s^2+2s+2}$。

由①可知，$H(1)=\frac{1}{6}$，解得 $A=\frac{5}{6}$，$H(s)$ 的收敛域为 $\mathrm{Re}[s]>-1$。故

隐藏信息：$s=1$ 在收敛域内。 $H(s)=\frac{5s}{6(s^2+2s+2)}$，$\mathrm{Re}[s]>-1$

奥本海姆 9.37 画出具有下列系统函数的因果线性时不变系统的直接型表示：

（1）$H_1(s)=\frac{s+1}{s^2+5s+6}$；（2）$H_2(s)=\frac{s^2-5s+6}{s^2+7s+10}$；（3）$H_3(s)=\frac{s}{(s+2)^2}$。

解析 利用简易梅森公式画图。 利用梅森公式画直接框图：所有通路和环路接触，所有环路互相接触。

（1）对信号整理，除以最高阶，$H_1(s)=\frac{s+1}{s^2+5s+6}=\frac{s^{-1}+s^{-2}}{1-(-5s^{-1}-6s^{-2})}$，因此 $g_1=s^{-1}$，$g_2=s^{-2}$，$L_1=-5s^{-1}$，$L_2=-6s^{-2}$，直接型的流图如图（a）所示。

直接型分为直接Ⅰ型（不共用积分器或延迟器）和直接Ⅱ型（共用积分器或延迟器）。

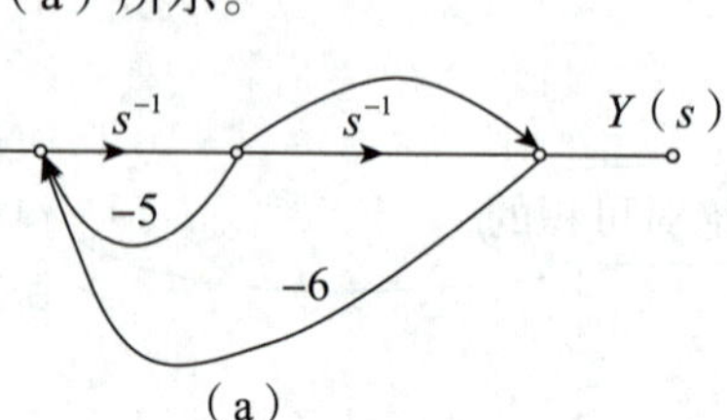

（a）

（2）对信号整理，除以最高阶，$H_2(s)=\dfrac{s^2-5s+6}{s^2+7s+10}=\dfrac{1-5s^{-1}+6s^{-2}}{1-(-7s^{-1}-10s^{-2})}$，因此 $g_1=-5s^{-1}$，$g_2=6s^{-2}$，$g_3=1$，$L_1=-7s^{-1}$，$L_2=-10s^{-2}$，直接型的流图如图（b）所示。

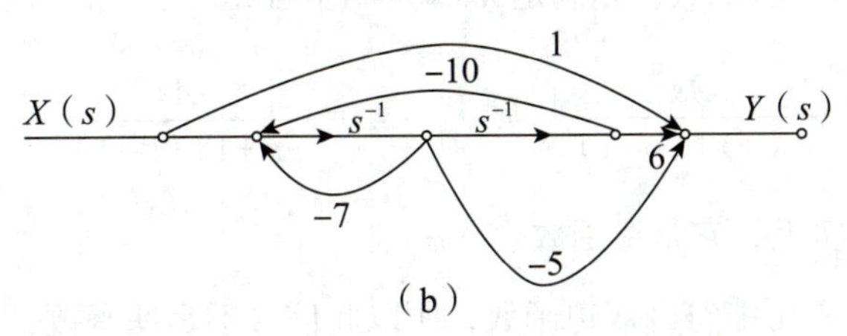

（b）

（3）对信号整理，除以最高阶，$H_3(s)=\dfrac{s}{(s+2)^2}=\dfrac{s^{-1}}{1-(-4s^{-1}-4s^{-2})}$，因此 $g_1=s^{-1}$，$L_1=-4s^{-1}$，$L_2=-4s^{-2}$，直接型的流图如图（c）所示。

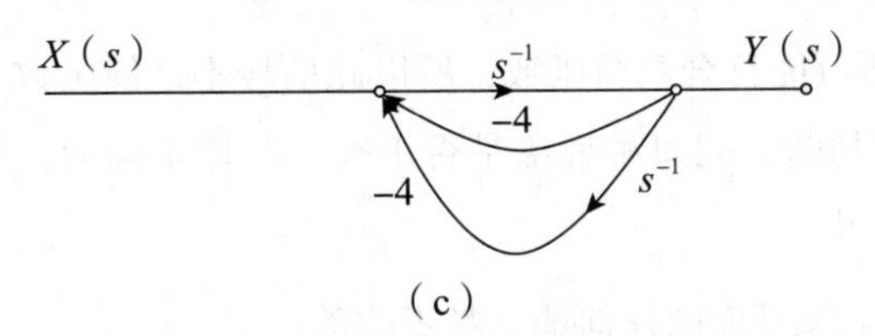

（c）

奥本海姆 9.41 【证明题】（1）证明：若 $x(t)$ 是偶函数，即 $x(t)=x(-t)$，则 $X(s)=X(-s)$；

（2）证明：若 $x(t)$ 是奇函数，即 $x(t)=-x(-t)$，则 $X(s)=-X(-s)$；

（3）对于如图所示的零、极点图，判断有无与一个偶时间函数相对应的零、极点图？若有，对这些图指出所需的收敛域。

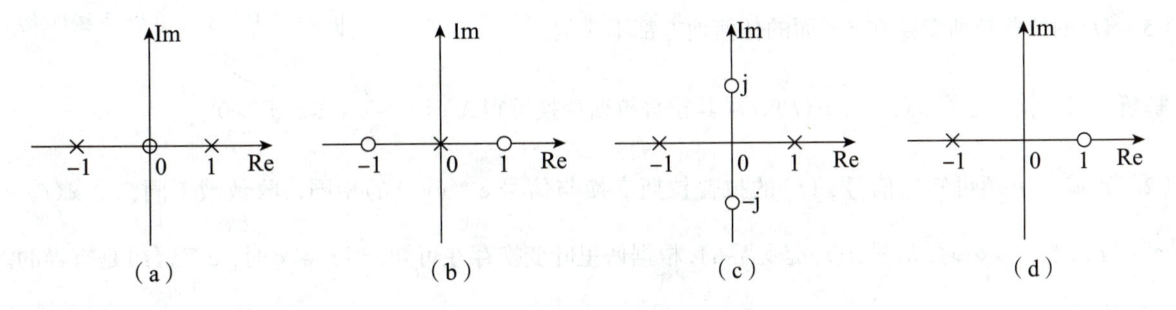

（a）（b）（c）（d）

证明 （1）$x(t)$ 为偶函数，$x(t)=x(-t)$，根据拉氏变换的公式有

利用拉氏变换的定义，所以定义不能忘。

$$X(s)=\int_{-\infty}^{\infty}x(t)\mathrm{e}^{-st}\mathrm{d}t$$

$$LT[x(t)]=LT[x(-t)]=\int_{-\infty}^{\infty}x(-t)\mathrm{e}^{-st}\mathrm{d}t=-\int_{\infty}^{-\infty}x(t')\mathrm{e}^{st'}\mathrm{d}t'=\int_{-\infty}^{\infty}x(t')\mathrm{e}^{st'}\mathrm{d}t'$$

又 $X(-s)=\int_{-\infty}^{\infty}x(t)\mathrm{e}^{st}\mathrm{d}t$，故 $X(s)=X(-s)$。

（2）$x(t)$ 为奇函数，$x(t)=-x(-t)$，则

$$LT[x(t)]=LT[-x(-t)]=-LT[x(-t)]$$

故$X(s)=-X(-s)$。

（3）由（1）可知，若$x(t)$是偶函数，则满足$X(s)=X(-s)$。

由题图（a）可知，$X(s)=\dfrac{As}{(s+1)(s-1)}$，则$X(-s)=\dfrac{-As}{(s+1)(s-1)}=-X(s)$。

因此$x(t)$不是偶函数，事实上，它是奇函数。

由题图（b）可知，收敛域不可能符合双边函数，所以此信号不是偶函数。

由题图（c）可知，$X(s)=\dfrac{A(s-\mathrm{j})(s+\mathrm{j})}{(s+1)(s-1)}=\dfrac{A(s^2+1)}{s^2-1}$，则$X(-s)=\dfrac{A(s^2+1)}{s^2-1}=X(s)$。

故$x(t)$的收敛域为$-1<\mathrm{Re}[s]<1$，此信号是偶函数。

由题图（d）可知，收敛域不可能符合双边函数，所以此信号不是偶函数。

奥本海姆 9.42 **【判断题】**判断下列每种说法是否正确。若是正确的，则为它构造一个有力的证据；若是错误的，就给出一个反例。

（1）$t^2u(t)$的拉普拉斯变换在s平面的任何地方都不收敛；

（2）$\mathrm{e}^{t^2}u(t)$的拉普拉斯变换在s平面的任何地方都不收敛；

（3）$\mathrm{e}^{\mathrm{j}\omega_0 t}$的拉普拉斯变换在$s$平面的任何地方都不收敛；

（4）$\mathrm{e}^{\mathrm{j}\omega_0 t}u(t)$的拉普拉斯变换在$s$平面的任何地方都不收敛；

（5）$|t|$的拉普拉斯变换在s平面的任何地方都不收敛。

因此，$\mathrm{Re}[s]>0$处系统收敛。

解析 （1）错误。令$x(t)=t^2u(t)$，求其拉普拉斯变换可得$X(s)=\dfrac{2}{s^3}$，$\mathrm{Re}[s]>0$。

（2）正确。由题可知，信号$x(t)$的拉普拉斯变换与信号$\mathrm{e}^{-\sigma t}x(t)$的相同，收敛域不同，令$x(t)=\mathrm{e}^{t^2}u(t)$，当$t\to\infty$时，信号$x(t)$是无界的，根据傅里叶变换存在可知，当$t\to\infty$时，$\mathrm{e}^{-\sigma t}x(t)$是有界的。

（3）正确。
$$x(t)=\mathrm{e}^{\mathrm{j}\omega_0 t}u(t)+\mathrm{e}^{\mathrm{j}\omega_0 t}u(-t)$$

根据常用拉普拉斯变换，$\mathrm{e}^{\mathrm{j}\omega_0 t}u(t)\leftrightarrow\dfrac{1}{s-\mathrm{j}\omega_0}$，$\mathrm{Re}[s]>0$；$\mathrm{e}^{\mathrm{j}\omega_0 t}u(-t)\leftrightarrow\dfrac{-1}{s-\mathrm{j}\omega_0}$，$\mathrm{Re}[s]<0$。两个收敛域不存在交集，因此$\mathrm{e}^{\mathrm{j}\omega_0 t}$的拉普拉斯变换在$s$平面的任何地方都不收敛。

没有公共的收敛域使两个部分同时收敛。

（4）错误。令$x(t)=\mathrm{e}^{\mathrm{j}\omega_0 t}u(t)$，根据拉普拉斯变换定义求其拉普拉斯变换，可得$X(s)=\int_0^\infty \mathrm{e}^{\mathrm{j}\omega_0 t}\mathrm{e}^{-st}\mathrm{d}t=$

$\left.\frac{e^{t(j\omega_0-s)}}{j\omega_0-s}\right|_0^{\infty}$，对任意 $s>0$ 成立。

（5）正确。令 $x(t)=|t|=tu(t)-tu(-t)$，根据常用拉普拉斯变换可得

$$tu(t)\leftrightarrow\frac{1}{s^2}\text{，Re}[s]>0\text{；}\ tu(-t)\leftrightarrow\frac{-1}{s^2}\text{，Re}[s]<0$$

两个收敛域不存在交集，因此 $|t|$ 的拉普拉斯变换在 s 平面的任何地方都不收敛。

奥本海姆 9.43 设 $h(t)$ 是一个具有有理系统函数的因果稳定线性时不变系统的单位冲激响应。

（1）单位冲激响应为 $\mathrm{d}h(t)/\mathrm{d}t$ 的系统能保证是因果和稳定的吗？

（2）单位冲激响应为 $\int_{-\infty}^{t}h(\tau)\mathrm{d}\tau$ 的系统能保证是因果和不稳定的吗？

解析 （1）举反例。可以利用自己熟悉的信号举反例。

令 $h(t)=\delta(t)$，冲激函数为因果、稳定的，满足题目要求。$\frac{\mathrm{d}h(t)}{\mathrm{d}t}=\delta'(t)$，冲激偶是非因果、不稳定的，因此单位冲激响应为 $\mathrm{d}h(t)/\mathrm{d}t$ 的系统不能保证是因果和稳定的。

（2）由题可知，

$$r(t)=\int_{-\infty}^{t}h(\tau)\mathrm{d}\tau\overset{\text{LT}}{\leftrightarrow}R(s)=\frac{H(s)}{s}$$

由上式可得，当 $H(s)$ 在 $s=0$ 处有零点时，$R(s)$ 在 $s=0$ 处零、极点互消，则 $r(t)$ 是稳定的，因此不能保证 $r(t)$ 不稳定。

奥本海姆 9.44 设 $x(t)$ 是如下的已采样信号：

$$x(t)=\sum_{n=0}^{\infty}e^{-nT}\delta(t-nT)$$

其中 $T>0$。

（1）求 $X(s)$，包括它的收敛域；

（2）画出 $X(s)$ 的零、极点图；

（3）利用零、极点图的几何解释，证明 $X(j\omega)$ 是周期的。

解析 （1）由常见拉氏变换可得 $\delta(t-nT)\overset{\text{LT}}{\leftrightarrow}e^{-snT}$，收敛域为 s 平面。

$$x(t)=1+e^{-T}\delta(t-T)+e^{-2T}\delta(t-2T)+\cdots+e^{-nT}\delta(t-nT)+\cdots$$

故 $X(s)=\sum_{n=0}^{\infty}e^{-nT}e^{-snT}=\frac{1-e^{-T(1+s)n}}{1-e^{-T(1+s)}}$，需要拉氏变换收敛，则 $e^{-T(1+s)n}$ 趋于 $0\Rightarrow -T(1+s)<0\Rightarrow$ 等比序列求和

$T(1+s)>0 \Rightarrow \mathrm{Re}[s]>-1$，故极点在 $s=-1$ 的垂线上，与虚轴平行，而信号位于 s 平面的右侧，则信号的收敛域为 $\mathrm{Re}[s]>-1$，且 $X(s)=\dfrac{1}{1-\mathrm{e}^{-T(1+s)}}$。

（2）令 $1-\mathrm{e}^{-T(1+s)}=0 \Rightarrow 1=\mathrm{e}^{-T(1+s)}=\mathrm{e}^{\mathrm{j}2\pi k}$，解得 $s=-\left(\mathrm{j}\dfrac{2\pi}{T}k+1\right)$，$k=0$，$\pm1$，$\pm2$，…。

零、极点图如图所示。

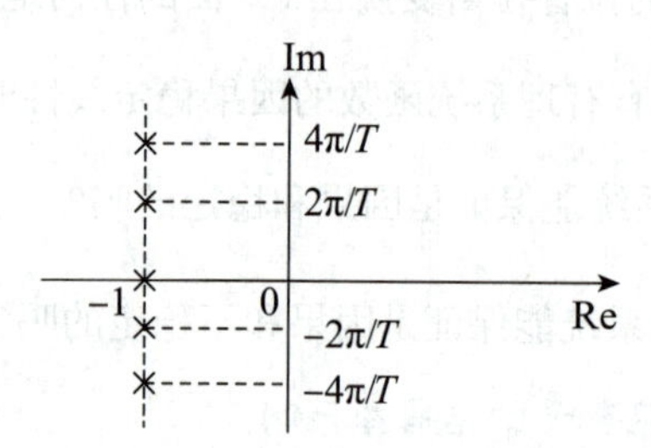

（3）零、极点图中极点位置如图所示，都在 $s=-1$ 的垂线上，与虚轴平行，故 $X(\mathrm{j}\omega)$ 是周期函数。

奥本海姆 9.45 对于图（a）所示的线性时不变系统，已知下列情况：$X(s)=\dfrac{s+2}{s-2}$，$x(t)=0$，$t>0$ 和 $y(t)=-\dfrac{2}{3}\mathrm{e}^{2t}u(-t)+\dfrac{1}{3}\mathrm{e}^{-t}u(t)$［见图（b）］。

信号为右边序列，收敛域在最右边极点的右边。

（1）求 $H(s)$ 及其收敛域；

（2）求 $h(t)$；

（3）若输入为 $x(t)=\mathrm{e}^{3t}$，$-\infty<t<+\infty$，利用（1）中求得的系统函数 $H(s)$，求输出 $y(t)$。

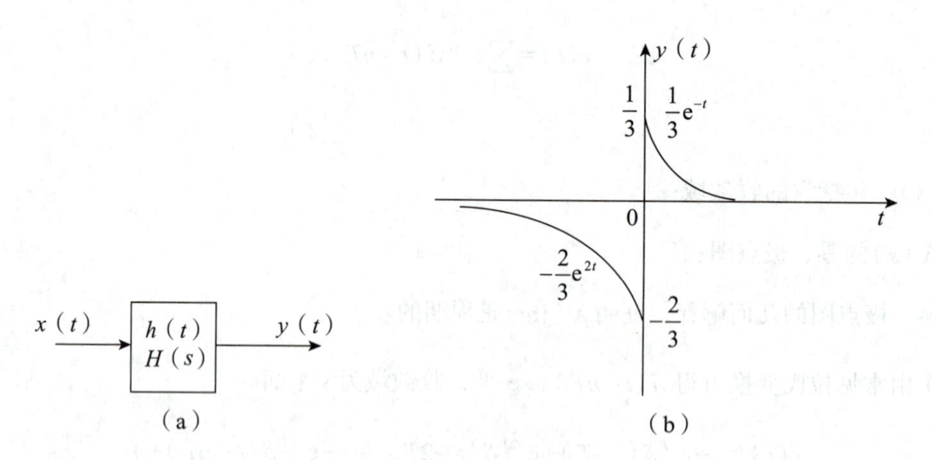

（a）　　（b）

解析 （1）$y(t)=-\dfrac{2}{3}\mathrm{e}^{2t}u(-t)+\dfrac{1}{3}\mathrm{e}^{-t}u(t)$，由拉氏变换可得

$$Y(s)=\frac{\frac{2}{3}}{s-2}+\frac{\frac{1}{3}}{s+1}=\frac{s}{(s-2)(s+1)},\quad -1<\mathrm{Re}[s]<2$$

$X(s)=\frac{s+2}{s-2}$，$x(t)=0$，$t>0$，则 $X(s)$ 的收敛域为 $\mathrm{Re}[s]<2$，故

$$H(s)=\frac{Y(s)}{X(s)}=\frac{s}{(s+2)(s+1)},\ \mathrm{Re}[s]>-1$$

输出信号的收敛域是输入激励和系统函数收敛域的交集。

（2）由（1）可知，$H(s)=\frac{Y(s)}{X(s)}=\frac{s}{(s+2)(s+1)}$，部分分式展开可得

$$H(s)=\frac{s}{(s+2)(s+1)}=\frac{2}{s+2}-\frac{1}{s+1}$$

求其反变换可得 $h(t)=2\mathrm{e}^{-2t}u(t)-\mathrm{e}^{-t}u(t)$。

（3）$x(t)=\mathrm{e}^{3t}$，$-\infty<t<+\infty$，根据特征函数法可得 $y(t)=H(3)\mathrm{e}^{3t}=\frac{3}{20}\mathrm{e}^{3t}$。

奥本海姆 9.60 在长途电话通信中，由于被传输的信号在接收端被反射，有时候会遇到回波，回波又经线路被送回来，再次在发射端被反射，又返回到接收端。这样的过程可以用图示的单位冲激响应系统来仿真，图中已假定只接收到一个回波。参数 T 相当于沿通信信道的单向传播时间。参数 α 代表发射端与接收端之间在幅度上的衰减。

（1）求该系统的系统函数 $H(s)$ 以及收敛域。

（2）从（1）的结果应该看到，$H(s)$ 已不是由两个多项式之比组成的。不过，用极点和零点来表示仍是有用的。这里和一般情况相同，零点是使 $H(s)=0$ 的那些 s 值，而极点是使 $1/H(s)=0$ 的那些 s 值。试对（1）中所确定的系统，确定它的零点，并说明它没有任何极点。

（3）根据（2）的结果，画出 $H(s)$ 的零、极点图。

（4）通过考虑在 s 平面内合适的向量，大致画出该系统频率响应的模特性。

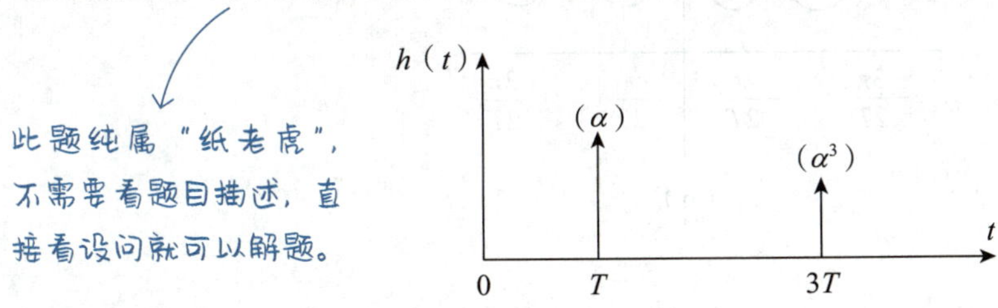

解析 （1）由题图可知单位冲激响应 $h(t)=\alpha\delta(t-T)+\alpha^3\delta(t-3T)$，则系统函数 $H(s)=\alpha\mathrm{e}^{-Ts}+\alpha^3\mathrm{e}^{-3Ts}$，信号为时限信号，收敛域为全平面。

（2）

$$H(s)=\frac{\alpha e^{2Ts}+\alpha^3}{e^{3Ts}}$$

若确定零点，则令 $H(s)=0$，即 $\alpha e^{2Ts}+\alpha^3=0$，整理得 $e^{2Ts}=-\alpha^2$。

复数域上，用讲过的求根技巧，配凑 $e^{j2k\pi}$： $e^{2Ts}=-\alpha^2 e^{j2k\pi}=\alpha^2 e^{j(2k\pi+\pi)}$，两边取对数得

$$2Ts=2\ln\alpha+j(2k\pi+\pi)$$

令 $s=\sigma+j\omega$，代入得 $$2T(\sigma+j\omega)=2\ln\alpha+j(2k\pi+\pi)$$

$$s=\sigma+j\omega=\frac{\ln\alpha}{T}+j\left(\frac{\pi}{2T}+\frac{k\pi}{T}\right),\ k=0,\ \pm1,\ \pm2,\ \cdots$$

若确定其极点，则令 $e^{3Ts}=0$，而知道 $e^x\neq0$，故有限平面内系统无极点。

（3）由（2），$H(s)$的零、极点图如图（a）所示。

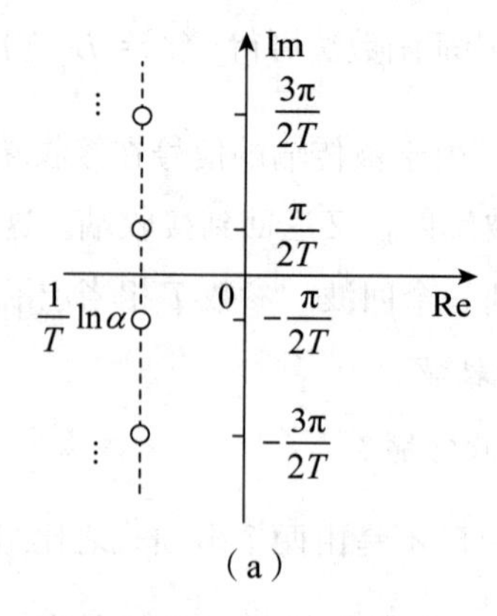

（a）

（4）系统频率响应的模特性如图（b）所示。

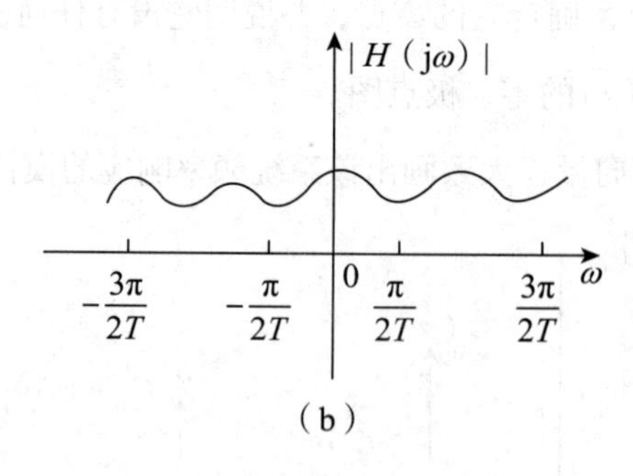

（b）

第五章　傅里叶变换应用于通信系统——滤波、调制与抽样

本章主要考查第三章傅里叶变换的拓展和应用，比如特征输入法、周期函数的滤波、非周期函数的滤波、调制解调。

1. 关于特征函数和正弦稳态

一定要注意，这里的输入是没有乘上阶跃的。

特征函数：一般地，如果某信号通过系统的响应（零状态响应）为该信号本身乘以一个常数，则称该信号为系统的特征函数。

特征函数	要求	输出
$Ae^{j(\omega_0 t+\varphi)}$	$t\in(-\infty,+\infty)$ $H(j\omega)$为 LTI 系统	$H(j\omega)\|_{\omega=\omega_0}\ Ae^{j\omega_0 t}=A\|H(j\omega_0)\|e^{j(\omega_0 t+\varphi)}e^{j\varphi(\omega_0)}$
$A\cos(\omega_0 t+\varphi)$	$t\in(-\infty,+\infty)$ $H(j\omega)$为 LTI 系统	$H(j\omega)\|_{\omega=\omega_0}\leftrightarrow A\cos(\omega_0 t+\varphi)=A\|H(j\omega_0)\|\cos[\omega_0 t+\varphi+\varphi(\omega_0)]$
周期信号： $\sum_{n=-\infty}^{\infty}F_n e^{jn\omega_1 t}$	$t\in(-\infty,+\infty)$ $H(j\omega)$为 LTI 系统	$\sum_{n=-\infty}^{\infty}F_n e^{jn\omega_1 t}\|H(jn\omega_1)\|e^{j\varphi(n\omega_1)}$

正弦稳态：时刻注意求的是稳态响应！不是零状态响应！

正弦稳态	要求	输出
$A\cos(\omega_0 t+\varphi)u(t)$	求稳态响应 $t\in(0,+\infty)$ $H(j\omega)$为 LTI 系统	$H(j\omega)\|_{\omega=\omega_0}\leftrightarrow A\cos(\omega_0 t+\varphi)u(t)=$ $A\|H(j\omega_0)\|\cos[\omega_0 t+\varphi+\varphi(\omega_0)]u(t)$

2. 关于信号失真

信号无失真的条件：幅度成比例 K 增加，相移与频率成正比。

幅度特性是一个常数，相位特性是一条过原点的直线。

$$H(j\omega)=Ke^{-j\omega t_0}$$

即

$$|H(\mathrm{j}\omega)|=K,\ \ \varphi(\omega)=\arg H(\mathrm{j}\omega)=-\omega t_0$$

3. 滤波器的带宽

若低通滤波器截止频率为 ω_c，则带宽为 ω_c。若是带通滤波器，则带宽为最高截止频率 ω_2 减最低截止频率 ω_1。

题型 1 特征输入和正弦稳态

特征输入和正弦稳态所对应的输入形式是不一样的，因此在应用的时候一定要注意输入激励的形式。

小马哥导引

注意区分使用条件。特征输入的使用条件是输入信号 t 属于整个时域，求出来的是零状态响应。正弦稳态的使用条件是输入信号 $t\geqslant 0$ 有值，且求出来的是稳态响应！

【例 1】 已知某连续系统的频率响应为 $H(\mathrm{j}\omega)=\dfrac{1}{\mathrm{j}\omega+1}$，输入信号为 $f(t)=1+\cos t$，求该系统的零状态响应 $y(t)$。（2023 年武汉工程大学 4.3）

【分析】 采用特征输入法求解 $H(\mathrm{j}\omega)=\dfrac{1}{\mathrm{j}\omega+1}$，则 $\omega=0$ 时，$H(\mathrm{j}0)=1$；$\omega=1$ 时，$H(\mathrm{j}1)=\dfrac{\sqrt{2}}{2}\mathrm{e}^{-\frac{\mathrm{j}\pi}{4}}$，所以

输入的激励 t 是在全平面有值的，因此用特征输入法。

$$y(t)=1+\frac{\sqrt{2}}{2}\cos\left(t-\frac{\pi}{4}\right)$$

题型 2 调制解调

小马哥导引

需要掌握正弦幅度调制公式（调制定理）。

时域乘上 $\cos(\omega_0 t)$，频域相当于幅值变为 $\dfrac{1}{2}$，左右移动 ω_0。

时域：$y(t)=x(t)\cos(\omega_0 t)$；频域：$Y(\mathrm{j}\omega)=\dfrac{1}{2}\{X[\mathrm{j}(\omega+\omega_0)]+X[\mathrm{j}(\omega-\omega_0)]\}$。

【例 2】 某系统如图（a）所示，其中 $e(t)$ 为输入信号，其频谱 $E(\omega)$ 如图（b）所示，$s_1(t)=s_2(t)=\cos(\omega_0 t)$，且 $\omega_0\gg\omega_b$。

（1）分别画出信号 $y_1(t)$ 和 $y_2(t)$ 的频谱 $Y_1(\omega)$、$Y_2(\omega)$；

（2）若使输出信号 $r(t)=2e(t-1)$，求理想低通滤波器 $H(\omega)$，并画出幅频特性曲线。（2023 年哈尔滨工业大学 2.4）

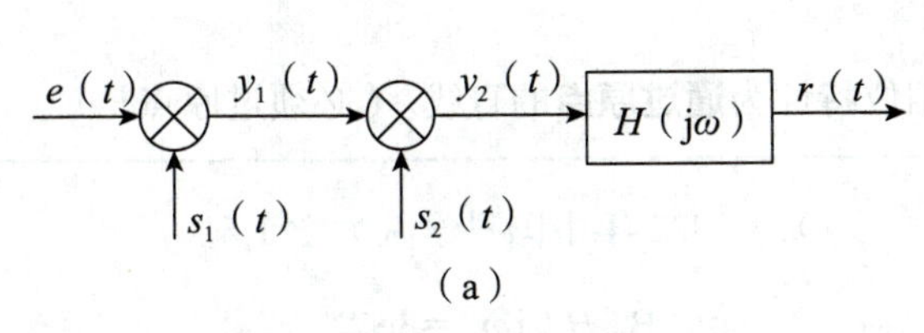

（a）

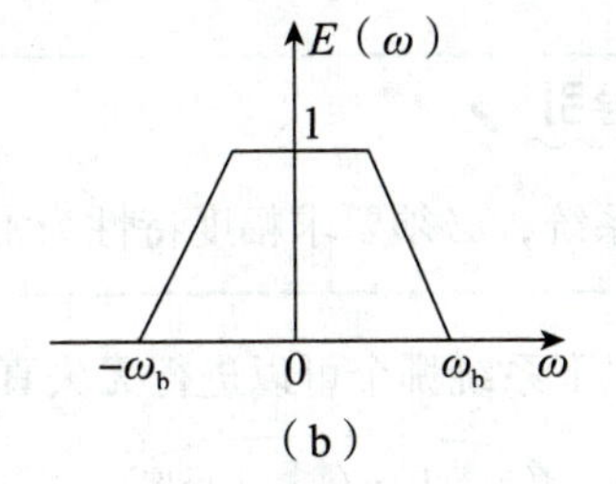

（b）

【分析】（1）由系统框图［见题图（a）］知

$$y_1(t)=e(t)\cos(\omega_0 t)\leftrightarrow Y_1(\omega)=\frac{1}{2}[E(\omega+\omega_0)+E(\omega-\omega_0)]$$

$$y_2(t)=y_1(t)\cos(\omega_0 t)\leftrightarrow \frac{1}{2}[Y_1(\omega+\omega_0)+Y_1(\omega-\omega_0)]$$

得 $y_1(t)$ 和 $y_2(t)$ 的频谱 $Y_1(\omega)$、$Y_2(\omega)$ 分别如图（a）、图（b）所示。

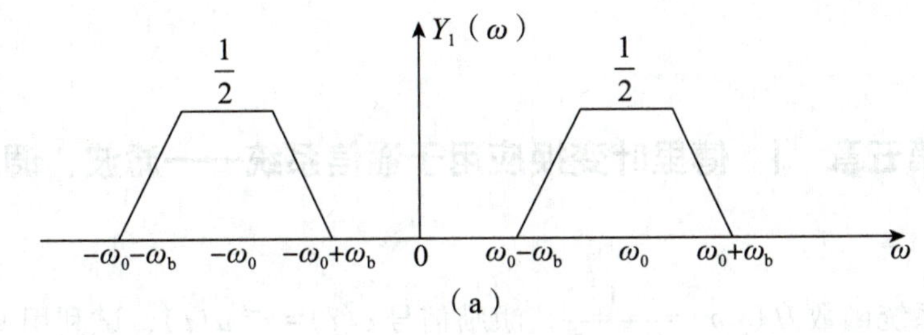

（a）

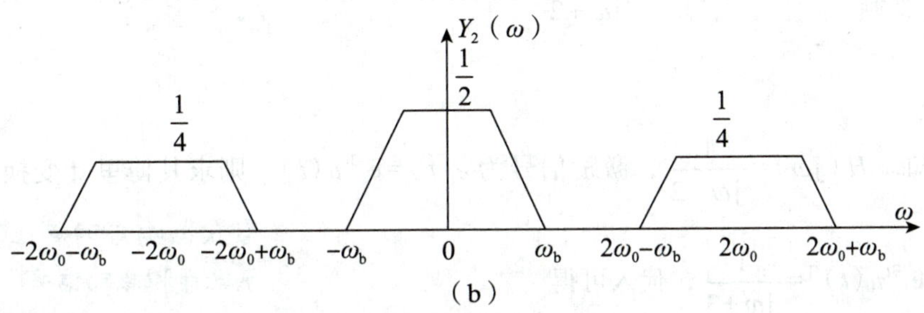

（b）

（2）根据时移性质 $R(\omega)=2E(\omega)\mathrm{e}^{-\mathrm{j}\omega}$，因此 $H(\omega)=4G_{2\omega_s}(\omega)\mathrm{e}^{-\mathrm{j}\omega}$。

时域时移，频域乘上复指数。

$$\omega_b<|\omega_s|<2\omega_0-\omega_b$$

幅频特性曲线如图（c）所示。

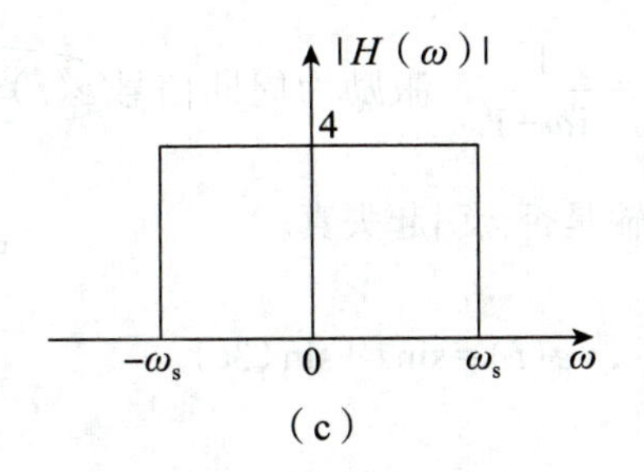

（c）

题型 3 无失真系统

小马哥导引

无失真系统，必须要求幅度特性为常数，相位特性为**通过原点**的直线。（必须过原点！）

【例 3】 以下系统哪个可以进行无失真传输（　　）。（2022 年中国科学院大学 1.6）

A. $H(\mathrm{j}\omega)=(\omega-1)u(\omega-1)\mathrm{e}^{\mathrm{j}\omega}$　　B. $H(\mathrm{j}\omega)=3\mathrm{e}^{-\mathrm{j}3\omega}$

C. $H(\mathrm{j}\omega)=\delta(\omega)\mathrm{e}^{\mathrm{j}3\omega}$　　D. $H(\mathrm{j}\omega)=\omega-1$ 且 $\varphi(\omega)=-6\omega$

幅度特性不是一个常数。

【答案】 B

【分析】 由无失真传输条件知，$H(\mathrm{j}\omega)$ 须满足 $|H(\mathrm{j}\omega)|$ 为常数且 $\varphi(\omega)=-k\omega\ (k>0)$。显然只有 B 满足条件。

郑君里版第五章 | 傅里叶变换应用于通信系统——滤波、调制与抽样

郑君里 5.1 已知系统函数 $H(\mathrm{j}\omega)=\dfrac{1}{\mathrm{j}\omega+2}$，激励信号 $e(t)=\mathrm{e}^{-3t}u(t)$，试利用傅里叶分析法求响应 $r(t)$。

解析 由题可知，$H(\mathrm{j}\omega)=\dfrac{1}{\mathrm{j}\omega+2}$，激励信号为 $e(t)=\mathrm{e}^{-3t}u(t)$，则求其傅里叶变换可得 $E(\mathrm{j}\omega)=\mathcal{F}[e(t)]=\mathcal{F}[\mathrm{e}^{-3t}u(t)]=\dfrac{1}{\mathrm{j}\omega+3}$，代入可得

零状态响应时域上等于系统函数卷积激励信号，频域上等于两者傅里叶变换的乘积。

$$R(\mathrm{j}\omega)=H(\mathrm{j}\omega)E(\mathrm{j}\omega)=\frac{1}{\mathrm{j}\omega+2}\cdot\frac{1}{\mathrm{j}\omega+3}=\frac{1}{\mathrm{j}\omega+2}-\frac{1}{\mathrm{j}\omega+3}$$

部分分式展开法，一定要掌握。

求其逆变换可得 $r(t)=(\mathrm{e}^{-2t}-\mathrm{e}^{-3t})u(t)$。

郑君里 5.2 若系统函数 $H(\mathrm{j}\omega)=\dfrac{1}{\mathrm{j}\omega+1}$，激励为周期信号 $e(t)=\sin t+\sin(3t)$，试求响应 $r(t)$，画出 $e(t)$、$r(t)$ 波形，讨论经传输是否会引起失真。

时间 t 是整个时域有值，因此可用特征输入法。

解析 由题可知，$H(\mathrm{j}\omega)=\dfrac{1}{\mathrm{j}\omega+1}$，$e(t)=\sin t+\sin(3t)$。

利用特征输入法得 $H(\mathrm{j}1)=\dfrac{1}{\mathrm{j}1+1}=\dfrac{\sqrt{2}}{2}\mathrm{e}^{-\mathrm{j}\frac{\pi}{4}}$，$H(\mathrm{j}3)=\dfrac{1}{\mathrm{j}3+1}=\dfrac{\sqrt{10}}{10}\mathrm{e}^{-\mathrm{j}\arctan 3}$。

经过幅值和相位的加权得 $r(t)=\dfrac{\sqrt{2}}{2}\sin\left(t-\dfrac{\pi}{4}\right)+\dfrac{\sqrt{10}}{10}\sin(3t-\arctan 3)$。

注意这个相位的加权，不是 $\sin[3(t-\arctan 3)]$。

画出 $e(t)$、$r(t)$ 波形图，如图（a）和图（b）所示。

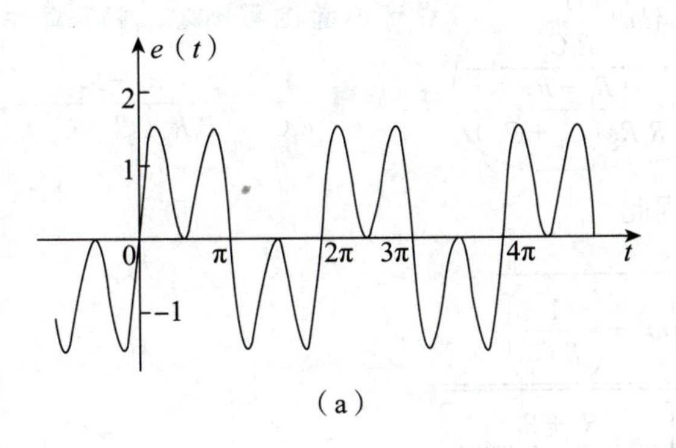

（a）

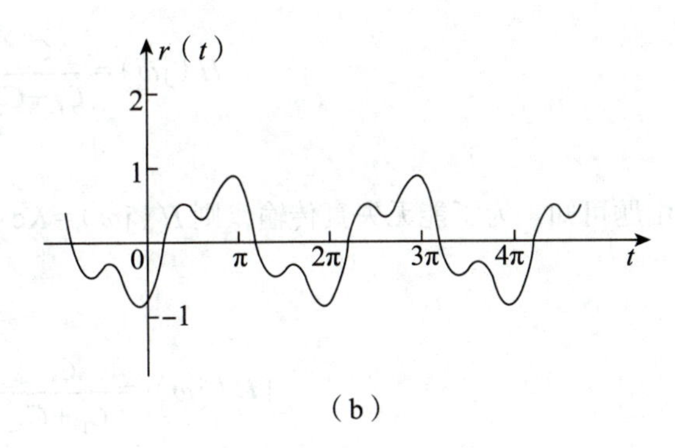

（b）

两项相加，不好通过画图来判断是否失真，因此考查系统是否为无失真系统。因为 $H(\mathrm{j}\omega)=\dfrac{1}{\mathrm{j}\omega+1}=\dfrac{1}{\sqrt{1+\omega^2}}\mathrm{e}^{-\mathrm{j}\arctan\omega}$，相位特性不是过原点的直线，所以系统会产生相位失真。

同吴大正 4.32，高频考题，请重视！

郑君里 5.4 电路如图所示，写出电压转移函数 $H(s)=\dfrac{V_2(s)}{V_1(s)}$，为得到无失真传输，元件参数 R_1、R_2、C_1、C_2 应满足什么关系？

无失真传输系统的频域表达式 $H(\mathrm{j}\omega)=K\mathrm{e}^{-\mathrm{j}\omega t_0}$，时域表达式 $h(t)=K\delta(t-t_0)$。

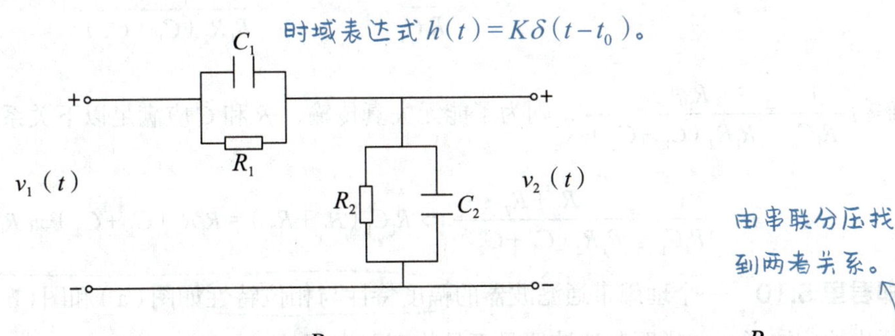

由串联分压找到两者关系。

解析 由电路图可知，R_1 和 C_1 并联的等效电阻为 $\dfrac{\dfrac{R_1}{sC_1}}{R_1+\dfrac{1}{sC_1}}$，$R_2$ 和 C_2 并联的等效电阻为 $\dfrac{\dfrac{R_2}{sC_2}}{R_2+\dfrac{1}{sC_2}}$，可得

$$V_2(s)=\frac{\dfrac{R_2}{sC_2}\Big/\left(R_2+\dfrac{1}{sC_2}\right)}{\dfrac{R_1}{sC_1}\Big/\left(R_1+\dfrac{1}{sC_1}\right)+\dfrac{R_2}{sC_2}\Big/\left(R_2+\dfrac{1}{sC_2}\right)}V_1(s)$$

化简成零、极点的形式。

则 $H(s)=\dfrac{V_2(s)}{V_1(s)}=\dfrac{C_1}{C_1+C_2}\dfrac{s+\dfrac{1}{R_1C_1}}{s+\dfrac{R_1+R_2}{R_1R_2(C_1+C_2)}}$，其中 $\dfrac{1}{R_1C_1}>0$，$\dfrac{R_1+R_2}{R_1R_2(C_1+C_2)}>0$。

极点都位于虚轴左半平面，则系统是稳定的，存在频率响应。令 $s=\mathrm{j}\omega$ 可得

$$H(\mathrm{j}\omega)=\frac{C_1}{C_1+C_2}\frac{\mathrm{j}\omega+\dfrac{1}{R_1C_1}}{\mathrm{j}\omega+\dfrac{R_1+R_2}{R_1R_2(C_1+C_2)}}$$

也可以通过画出零、极点的方法，使得 $\dfrac{1}{R_1C_1}=\dfrac{R_1+R_2}{R_1R_2(C_1+C_2)}$。

由题可知，为了能无失真传输，则 $H(\mathrm{j}\omega)=K\mathrm{e}^{-\mathrm{j}\omega t_0}$，因此

$$|H(\mathrm{j}\omega)|=\frac{C_1}{C_1+C_2}\frac{\sqrt{\omega^2+\left(\dfrac{1}{R_1C_1}\right)^2}}{\sqrt{\omega^2+\left[\dfrac{R_1+R_2}{R_1R_2(C_1+C_2)}\right]^2}}$$

$$\varphi(\omega)=\arctan\left(\omega\Big/\frac{1}{R_1C_1}\right)-\arctan\left[\omega\Big/\frac{R_1+R_2}{R_1R_2(C_1+C_2)}\right]$$

令 $|H(\mathrm{j}\omega)|=K$，可得 $\dfrac{1}{R_1C_1}=\pm\dfrac{R_1+R_2}{R_1R_2(C_1+C_2)}$，令 $\varphi(\omega)=-\omega t_0$，则

$$\arctan\frac{\omega}{\dfrac{1}{R_1C_1}}=\arctan\frac{\omega}{\dfrac{R_1+R_2}{R_1R_2(C_1+C_2)}}$$

解得 $\dfrac{1}{R_1C_1}=\dfrac{R_1+R_2}{R_1R_2(C_1+C_2)}$，则为了能无失真传输，$R$ 和 C 应满足以下关系：

$$\frac{1}{R_1C_1}=\frac{R_1+R_2}{R_1R_2(C_1+C_2)}\Rightarrow R_1C_1(R_1+R_2)=R_1R_2(C_1+C_2)\Rightarrow R_1C_1=R_2C_2$$

这里是把幅度特性和相位特性分开画的，如果画在一张图上，大家要注意区分。

郑君里 5.10 一个理想带通滤波器的幅度特性与相位特性如图(a)和图(b)所示。求它的冲激响应，画出响应波形，并说明此滤波器是否是物理可实现的。

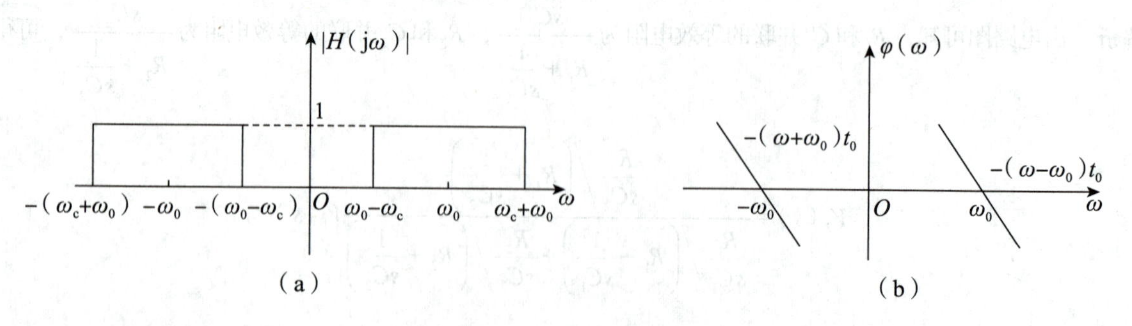

解析 令 $H_1(j\omega)=\begin{cases}e^{-j\omega t_0}, & |\omega|<\omega_c\\0, & 其他\end{cases}$，则其逆变换为 $h_1(t)=\mathcal{F}^{-1}[H_1(j\omega)]=\frac{\omega_c}{\pi}\mathrm{Sa}[\omega_c(t-t_0)]$。

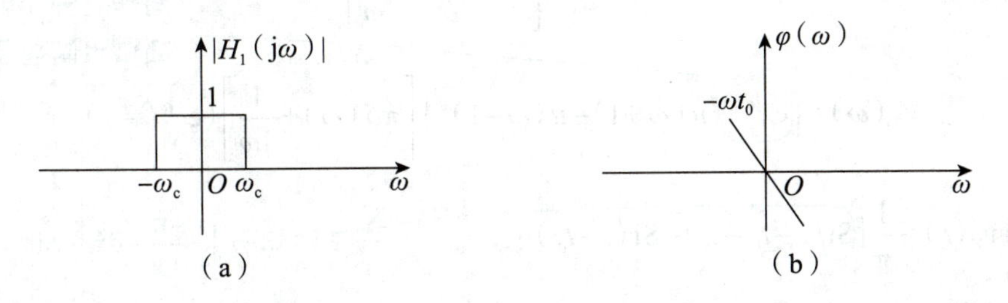

根据如图（a）所示的滤波器频响特性可得，$H(j\omega)=H_1[j(\omega+\omega_0)]+H_1[j(\omega-\omega_0)]$。

根据傅里叶变换的频移特性可得

$$h(t)=\mathcal{F}^{-1}[H(j\omega)]=\mathcal{F}^{-1}\{H_1[j(\omega+\omega_0)]\}+\mathcal{F}^{-1}\{H_1[j(\omega-\omega_0)]\}$$

频域频移，时域乘上复指数，这里需要注意符号。

$$=h_1(t)e^{-j\omega_0 t}+h_1(t)e^{j\omega_0 t}=2h_1(t)\cos(\omega_0 t)=\frac{2\omega_c}{\pi}\cos(\omega_0 t)\mathrm{Sa}[\omega_c(t-t_0)]$$

因为其不是因果系统，所以滤波器不是物理可实现的。

郑君里 5.11 如图所示系统，$H_i(j\omega)$ 为理想低通特性，且

$$H_i(j\omega)=\begin{cases}e^{-j\omega t_0}, & |\omega|\leqslant 1\\0, & |\omega|>1\end{cases}$$

（1）若 $v_1(t)$ 为单位阶跃信号 $u(t)$，写出 $v_2(t)$ 表示式；

（2）若 $v_1(t)=\dfrac{2\sin\left(\frac{t}{2}\right)}{t}$，写出 $v_2(t)$ 表示式。

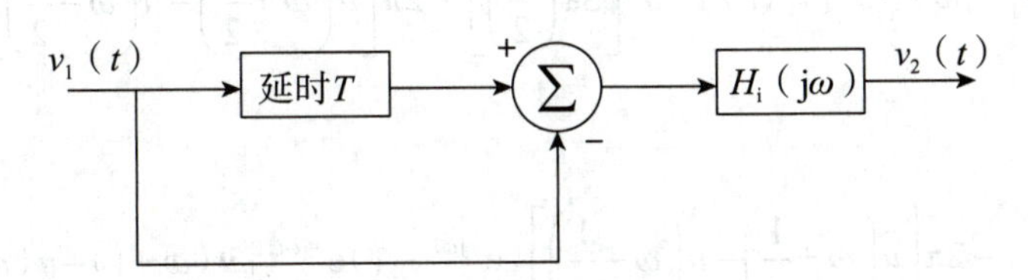

解析 由题图可知，

$$v_2(t)=[v_1(t-T)-v_1(t)]*h_i(t)\rightarrow V_2(j\omega)=V_1(j\omega)(e^{-j\omega T}-1)H_i(j\omega)$$

（1）由题图可知，$H_i(j\omega)=\begin{cases}e^{-j\omega t_0}, & |\omega|\leqslant 1\\0, & |\omega|>1\end{cases}=e^{-j\omega t_0}[u(\omega+1)-u(\omega-1)]$，则其逆变换为 $h_i(t)=\mathcal{F}^{-1}[H_i(j\omega)]=\frac{1}{\pi}\mathrm{Sa}(t-t_0)$。

当 $v_1(t)=u(t)$ 时，可得 $v_2(t)=[v_1(t-T)-v_1(t)]*h_i(t)$。

法一：用频域求解。

$$v_1(t-T)-v_1(t)\to\left[\pi\delta(\omega)+\frac{1}{\mathrm{j}\omega}\right](\mathrm{e}^{-\mathrm{j}\omega T}-1)$$

看作是一个时移，这里用频域求解还是有点复杂。

$$V_2(\omega)=\{\mathrm{e}^{-\mathrm{j}\omega t_0}[u(\omega+1)-u(\omega-1)]\}\left[\pi\delta(\omega)+\frac{1}{\mathrm{j}\omega}\right](\mathrm{e}^{-\mathrm{j}\omega T}-1)$$

经过逆变换得 $v_2(t)=\frac{1}{\pi}[\mathrm{Si}(t-t_0-T)-\mathrm{Si}(t-t_0)]$。

正弦积分 $\int_0^y\frac{\sin x}{x}\mathrm{d}x=\mathrm{Si}(y)$，考试考到的时候可以不把这个积分求出来。

法二：用时域求解。

$$v_2(t)=[v_1(t-T)-v_1(t)]*h_i(t)$$

$$=[u(t-T)-u(t)]*\frac{1}{\pi}\mathrm{Sa}(t-t_0)=\frac{1}{\pi}\int_{-\infty}^{\infty}\mathrm{Sa}(\tau-t_0)[u(t-\tau-T)-u(t-\tau)]\mathrm{d}\tau$$

$$=\frac{1}{\pi}\int_t^{t-T}\mathrm{Sa}(\tau-t_0)\mathrm{d}\tau=\frac{1}{\pi}\int_{t-t_0}^{t-t_0-T}\mathrm{Sa}(x)\mathrm{d}x$$

令 $x=\tau-t_0$

$$=\frac{1}{\pi}[\mathrm{Sa}(t-t_0-T)-\mathrm{Sa}(t-t_0)]$$

（2）根据频域输入输出关系式可得

$$V_2(\mathrm{j}\omega)=V_1(\mathrm{j}\omega)(\mathrm{e}^{-\mathrm{j}\omega T}-1)H_i(\mathrm{j}\omega)=V_1(\mathrm{j}\omega)(\mathrm{e}^{-\mathrm{j}\omega T}-1)\mathrm{e}^{-\mathrm{j}\omega t_0}[u(\omega+1)-u(\omega-1)]$$

由题可知，$v_1(t)=\frac{2\sin\left(\frac{t}{2}\right)}{t}$，则其傅里叶变换为

$$V_1(\mathrm{j}\omega)=\mathcal{F}[v_1(t)]=\mathcal{F}\left[\mathrm{Sa}\left(\frac{t}{2}\right)\right]=2\pi\left[u\left(\omega+\frac{1}{2}\right)-u\left(\omega-\frac{1}{2}\right)\right]$$

代入 $V_2(\mathrm{j}\omega)$ 可得

$$V_2(\mathrm{j}\omega)=2\pi\left[u\left(\omega+\frac{1}{2}\right)-u\left(\omega-\frac{1}{2}\right)\right](\mathrm{e}^{-\mathrm{j}\omega T}-1)\mathrm{e}^{-\mathrm{j}\omega t_0}[u(\omega+1)-u(\omega-1)]$$

$$=2\pi\left[u\left(\omega+\frac{1}{2}\right)-u\left(\omega-\frac{1}{2}\right)\right][\mathrm{e}^{-\mathrm{j}\omega(t_0+T)}-\mathrm{e}^{-\mathrm{j}\omega t_0}]$$

复指数都看作是一个时移，相当于矩形窗的时移

求其逆变换可得 $v_2(t)=\mathcal{F}^{-1}[V_2(\mathrm{j}\omega)]=\mathrm{Sa}\left[\frac{1}{2}(t-t_0-T)\right]-\mathrm{Sa}\left[\frac{1}{2}(t-t_0)\right]$。

2022 年清华大学考试题目

郑君里 5.15 【证明题】试利用另一种方法证明因果系统的 $R(\omega)$ 与 $X(\omega)$ 被希尔伯特变换相互约束。

（1）已知 $h(t)=h(t)u(t)$，$h_e(t)$ 和 $h_o(t)$ 分别为 $h(t)$ 的偶分量和奇分量，$h(t)=h_e(t)+h_o(t)$，

证明 $h_e(t)=h_o(t)\text{sgn}(t)$，$h_o(t)=h_e(t)\text{sgn}(t)$。

（2）由傅里叶变换的奇偶虚实关系已知

$$H(\mathrm{j}\omega)=R(\omega)+\mathrm{j}X(\omega)$$

$$\mathcal{F}[f_e(t)]=R(\omega),\quad \mathcal{F}[f_o(t)]=\mathrm{j}X(\omega)$$

这个结论需要大家记住：一个域的共轭对称部分对应另一个域的实部，一个域的共轭反对称部分对应另一个域的虚部乘 j。

利用上述关系证明 $R(\omega)$ 与 $X(\omega)$ 之间满足希尔伯特变换关系。

证明 （1）由题可知，

$$h(t)=h(t)u(t),\quad h(t)=h_e(t)+h_o(t),\quad \text{sgn}(t)=\begin{cases}1, & t>0\\ -1, & t<0\end{cases}$$

根据偶分量和奇分量的定义可得 $h_e(t)=\dfrac{h(t)+h(-t)}{2}$，$h_o(t)=\dfrac{h(t)-h(-t)}{2}$。

将 $h(t)=h(t)u(t)$ 代入可得

$$h_e(t)=\frac{1}{2}h(t)u(t)+\frac{1}{2}h(-t)u(-t),\quad h_o(t)=\frac{1}{2}h(t)u(t)-\frac{1}{2}h(-t)u(-t)$$

可得

$$h_o(t)\text{sgn}(t)=\frac{1}{2}h(t)u(t)+\frac{1}{2}h(-t)u(-t),\quad h_e(t)\text{sgn}(t)=\frac{1}{2}h(t)u(t)-\frac{1}{2}h(-t)u(-t)$$

故 $h_e(t)=h_o(t)\text{sgn}(t)$，$h_o(t)=h_e(t)\text{sgn}(t)$。

（2）由题可知，

$$H(\mathrm{j}\omega)=R(\omega)+\mathrm{j}X(\omega),\quad \mathcal{F}[f_e(t)]=R(\omega),\quad \mathcal{F}[f_o(t)]=\mathrm{j}X(\omega)$$

由（1）可知 $h_e(t)=h_o(t)\text{sgn}(t)$，$h_o(t)=h_e(t)\text{sgn}(t)$。

根据傅里叶变换的频域卷积定理可得

$$R(\omega)=\mathcal{F}[h_e(t)]=\mathcal{F}[h_o(t)\cdot\text{sgn}(t)]=\frac{1}{2\pi}\mathcal{F}[h_o(t)]*\mathcal{F}[\text{sgn}(t)]$$

$$=\frac{1}{2\pi}\mathrm{j}X(\omega)*\frac{2}{\mathrm{j}\omega}=\frac{1}{\pi}\int_{-\infty}^{\infty}\frac{X(\lambda)}{\omega-\lambda}\mathrm{d}\lambda$$

$$X(\omega)=\frac{1}{\mathrm{j}}\mathcal{F}[h_o(t)]=\frac{1}{\mathrm{j}}\mathcal{F}[h_e(t)\cdot\text{sgn}(t)]=\frac{1}{2\pi\mathrm{j}}\mathcal{F}[h_e(t)]*\mathcal{F}[\text{sgn}(t)]$$

$$=\frac{1}{2\pi\mathrm{j}}R(\omega)*\frac{2}{\mathrm{j}\omega}=-\frac{1}{\pi}\int_{-\infty}^{\infty}\frac{R(\lambda)}{\omega-\lambda}\mathrm{d}\lambda$$

符号函数的傅里叶变换。

可得 $R(\omega)$ 与 $X(\omega)$ 之间满足希尔伯特变换关系。

实部和虚部可以直接相互转换。

郑君里 5.18 【证明题】试证明图（b）所示系统可以产生单边带信号。信号 $g(t)$ 的频谱 $G(\omega)$［见图（a）]受限于 $-\omega_m \sim +\omega_m$ 之间，$\omega_0 \gg \omega_m$；$H(j\omega)=-j\mathrm{sgn}(\omega)$。设 $v(t)$ 的频谱为 $V(\omega)$，写出 $V(\omega)$ 表示式，并画出图形。

有这个条件就能够说明在调制过程中不会发生混叠。

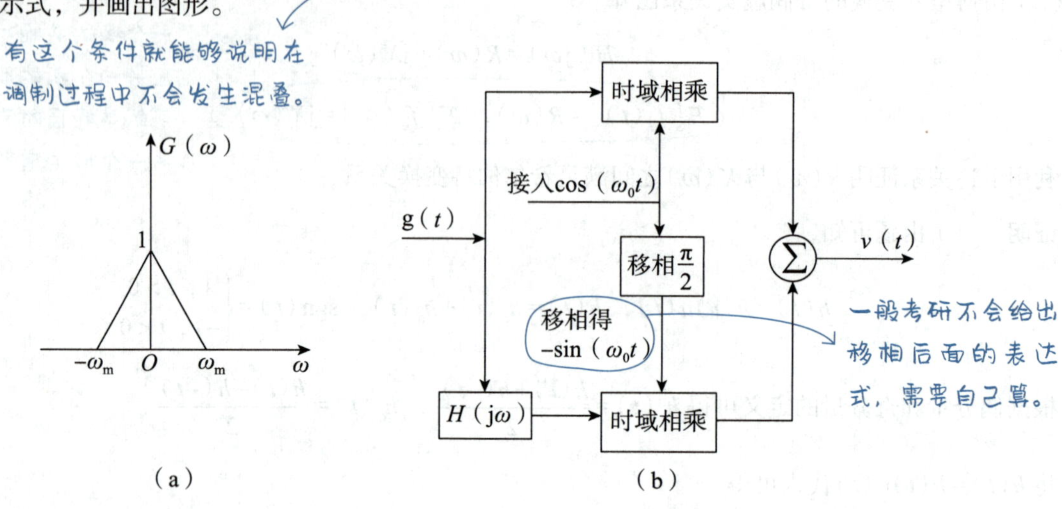

（a）　　　　　　　　（b）

证明　令 $h(t)=\mathcal{F}^{-1}[H(\omega)]$，由题图可得 $v(t)=g(t)\cdot\cos(\omega_0 t)-[g(t)*h(t)]\cdot\sin(\omega_0 t)$。

法一：结合图形。$g_1(t)=g(t)\cdot\cos(\omega_0 t)\rightarrow G_1(\omega)=\frac{1}{2}G(\omega+\omega_0)+\frac{1}{2}G(\omega-\omega_0)$。

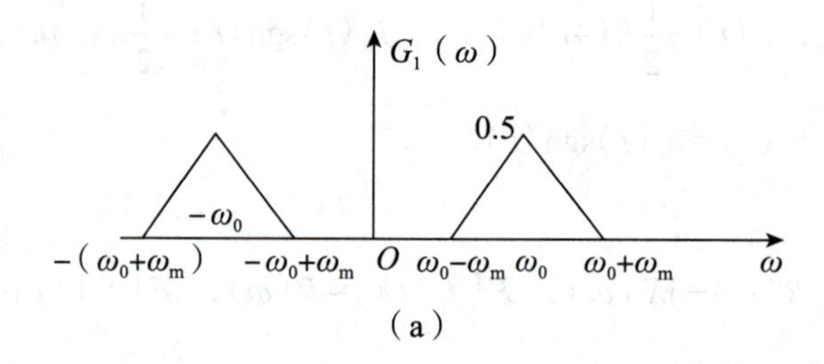

（a）

$$g_2(t)=[g(t)*h(t)]\cdot\sin(\omega_0 t)\rightarrow G_2(\omega)=\frac{1}{2}G(\omega+\omega_0)\cdot\mathrm{sgn}(\omega+\omega_0)+\frac{1}{2}G(\omega-\omega_0)\cdot\mathrm{sgn}(\omega-\omega_0)$$

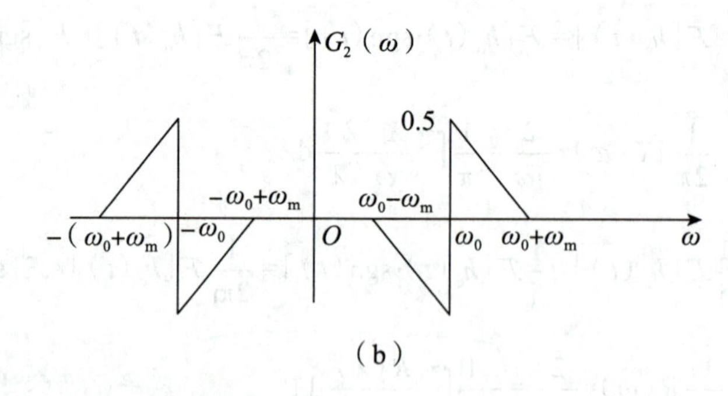

（b）

两者相减，得 $v(t)$ 的频谱 $V(\omega)$，如图（c）所示。

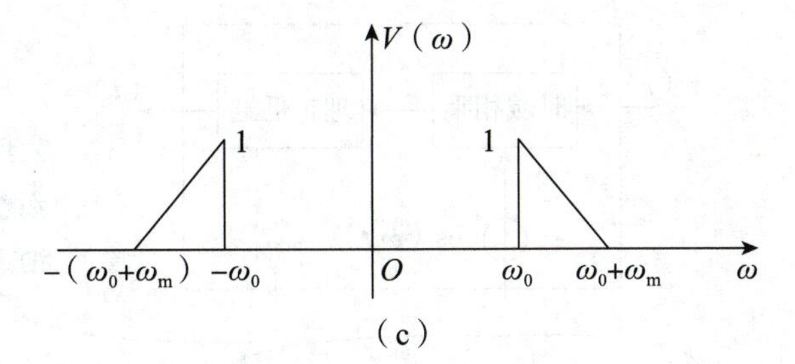

(c)

法二：求其傅里叶变换可得

$$V(\omega)=\frac{1}{2\pi}G(\omega)*\pi[\delta(\omega+\omega_0)+\delta(\omega-\omega_0)]-\frac{1}{2\pi}[G(\omega)\cdot H(\omega)]*\mathrm{j}\pi[\delta(\omega+\omega_0)+\delta(\omega-\omega_0)]$$

$$=\frac{1}{2}G(\omega+\omega_0)+\frac{1}{2}G(\omega-\omega_0)-\frac{1}{2}[G(\omega)\cdot\mathrm{sgn}(\omega)]*[\delta(\omega+\omega_0)-\delta(\omega-\omega_0)]$$

→这里的计算一定要注意。

$$=\frac{1}{2}G(\omega+\omega_0)+\frac{1}{2}G(\omega-\omega_0)-\frac{1}{2}G(\omega+\omega_0)\cdot\mathrm{sgn}(\omega+\omega_0)+\frac{1}{2}G(\omega-\omega_0)\cdot\mathrm{sgn}(\omega-\omega_0)$$

$$=\frac{1}{2}G(\omega+\omega_0)[1-\mathrm{sgn}(\omega+\omega_0)]+\frac{1}{2}G(\omega-\omega_0)[1+\mathrm{sgn}(\omega-\omega_0)]$$

而 $1-\mathrm{sgn}(\omega+\omega_0)=2u(-\omega-\omega_0)$， $1+\mathrm{sgn}(\omega-\omega_0)=2u(\omega-\omega_0)$，所以

$$V(\omega)=G(\omega+\omega_0)u(-\omega-\omega_0)+G(\omega-\omega_0)u(\omega-\omega_0)$$

$V(\omega)$如图（d）所示，故本题系统可以产生单边带信号。

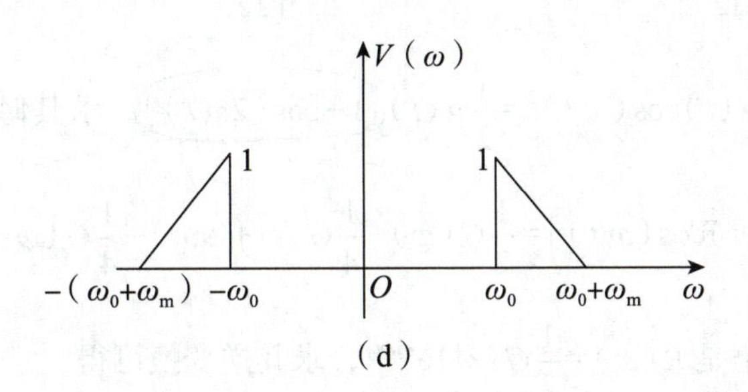

(d)

郑君里 5.20 在如图所示系统中，$\cos(\omega_0 t)$是自激振荡器，理想低通滤波器的转移函数为 $H_{\mathrm{i}}(\mathrm{j}\omega)=[u(\omega+2\Omega)-u(\omega-2\Omega)]\mathrm{e}^{-\mathrm{j}\omega t_0}$，且 $\omega_0\gg\Omega$。

（1）求虚框内系统的冲激响应 $h(t)$；

（2）若输入信号为 $e(t)=\left[\frac{\sin(\Omega t)}{\Omega t}\right]^2\cos(\omega_0 t)$，求系统输出信号 $r(t)$；

（3）若输入信号为 $e(t)=\left[\frac{\sin(\Omega t)}{\Omega t}\right]^2\sin(\omega_0 t)$，求系统输出信号 $r(t)$；

（4）虚框内系统是否为线性时不变系统？

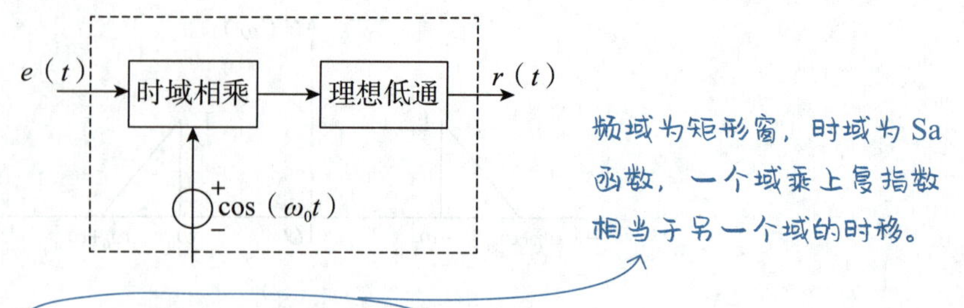

解析 （1）由题可知$H_i(j\omega)=[u(\omega+2\Omega)-u(\omega-2\Omega)]e^{-j\omega t_0}$，求其逆变换为

$$h_i(t)=\mathcal{F}^{-1}[H_i(j\omega)]=\frac{2\Omega}{\pi}\text{Sa}[2\Omega(t-t_0)]$$

由图可知$r(t)=[e(t)\cdot\cos(\omega_0 t)]*h_i(t)$，当$e(t)=\delta(t)$时，$r(t)=h(t)$，故

$$h(t)=[\delta(t)\cdot\cos(\omega_0 t)]*h_i(t)=\delta(t)*h_i(t)=h_i(t)=\frac{2\Omega}{\pi}\text{Sa}[2\Omega(t-t_0)]$$

（2）由题可知

$$g(t)=\left[\frac{\sin(\Omega t)}{\Omega t}\right]^2=[\text{Sa}(\Omega t)]^2$$

这里有一个结论可以直接记住：$[\text{Sa}(\Omega t)]^2$对应的傅里叶变换为宽4Ω，高$\frac{\pi}{\Omega}$的三角波。

求其傅里叶变换可得

$$G(\omega)=\mathcal{F}[g(t)]=\frac{1}{2\pi}\mathcal{F}[\text{Sa}(\Omega t)]*\mathcal{F}[\text{Sa}(\Omega t)]$$

$$=\frac{1}{2\pi}\left\{\frac{\pi}{\Omega}[u(\omega+\Omega)-u(\omega-\Omega)]\right\}*\left\{\frac{\pi}{\Omega}[u(\omega+\Omega)-u(\omega-\Omega)]\right\}$$

由图可知$e(t)\cos(\omega_0 t)=g(t)\cos(\omega_0 t)^2=\frac{1}{2}g(t)[1+\cos(2\omega_0 t)]$，求其傅里叶变换可得

$$\mathcal{F}[e(t)\cos(\omega_0 t)]=\frac{1}{2}G(\omega)+\frac{1}{4}G(\omega+2\omega_0)+\frac{1}{4}G(\omega-2\omega_0)$$

利用降幂公式展开，再进行信号调制。

理想低通滤波器的输出频谱是$R(\omega)=\frac{1}{2}G(\omega)e^{-j\omega t_0}$，求其逆变换可得

$$r(t)=\mathcal{F}^{-1}[R(\omega)]=\frac{1}{2}g(t-t_0)=\frac{1}{2}\left\{\frac{\sin[\Omega(t-t_0)]}{\Omega(t-t_0)}\right\}^2$$

（3）由题图可知$e(t)\cdot\cos(\omega_0 t)=g(t)\sin(\omega_0 t)\cos(\omega_0 t)=\frac{1}{2}g(t)\sin(2\omega_0 t)$，求其傅里叶变换可得

补充：积化和差以及和差化积公式也需要掌握。

$$\mathcal{F}[e(t)\cos(\omega_0 t)]=\frac{j}{4}G(\omega+2\omega_0)-\frac{j}{4}G(\omega-2\omega_0)$$

理想低通滤波器的输出频谱是$R(\omega)=\frac{1}{2}G(\omega)e^{-j\omega t_0}$，在$|\omega|<2\Omega$内为零，通过滤波器后，输出

$r(t)=0$。

先系统后时移不等于先时移后系统，因此是时变的。

（4）令激励信号是 $\delta(t-\tau)$，可知响应为

$$r(t)=[\delta(t-\tau)\cdot\cos(\omega_0 t)]*h_i(t)=\cos(\omega_0\tau)\delta(t-\tau)*h_i(t)=\cos(\omega_0\tau)h_i(t-\tau)$$

由（1）可知，系统冲激响应为 $h(t)=h_i(t)$。假设系统是线性时不变的，则激励信号 $\delta(t-\tau)$ 的响应为 $h(t-\tau)$，而 $r(t)=\cos(\omega_0\tau)h_i(t-\tau)\neq h_i(t-\tau)$，故系统是线性时变的。

郑君里 5.25 如图所示，抽样系统 $x(t)=A+B\cos\left(\frac{2\pi t}{T}\right)$，$p(t)=\sum_{n=-\infty}^{\infty}\delta[t-n(T+\Delta)]$，$T\gg\Delta$，理想低通系统函数表达式为

这道题很重要，很多学校的真题出现过。

$$H(\mathrm{j}\omega)=\begin{cases}1, & |\omega|<\dfrac{1}{2(T+\Delta)}\\ 0, & 其他\end{cases}$$

输出端可得到 $y(t)=kx(at)$，其中 $a<1$，k 为实系数。

（1）画 $\mathcal{F}[p(t)x(t)]$ 图形；

（2）为实现上述要求给出 Δ 取值范围；

（3）求 a、k 的值；

（4）如图所示系统在电子测量技术中可构成抽样（采样）示波器，试说明此种示波器的功能特点。

$x(t)$ → 时域相乘 → 理想低通 → $y(t)$，$p(t)$ 输入时域相乘

解析 （1）由题可知 $x(t)=A+B\cos\left(\frac{2\pi t}{T}\right)$，求其傅里叶变换可得

$$X(\omega)=\mathcal{F}[x(t)]=\mathcal{F}\left[A+B\cos\left(\frac{2\pi t}{T}\right)\right]$$

$$=2\pi A\delta(\omega)+\pi B\left[\delta\left(\omega+\frac{2\pi}{T}\right)+\delta\left(\omega-\frac{2\pi}{T}\right)\right]$$

三个位置的冲激信号。

根据时域乘积、频域卷积，再乘 $\frac{1}{2\pi}$，则

$$\mathcal{F}[p(t)x(t)]=\frac{1}{2\pi}X(\omega)*P(\omega)=\frac{1}{2\pi}X(\omega)*\frac{2\pi}{T+\Delta}\sum_{n=-\infty}^{\infty}\delta(\omega-n\omega_s)$$

$$=\frac{1}{T+\Delta}\sum_{n=-\infty}^{\infty}X(\omega-n\omega_s)$$

利用冲激信号的性质，也就是对信号作周期延拓。

$$=\frac{\pi}{T+\Delta}\sum_{n=-\infty}^{\infty}\left[2A\delta(\omega-n\omega_s)+B\delta\left(\omega+\frac{2\pi}{T}-n\omega_s\right)+B\delta\left(\omega-\frac{2\pi}{T}-n\omega_s\right)\right]$$

$$\omega_s=\frac{2\pi}{T+\Delta}$$

由题可知 $T\gg\Delta$，则 $\frac{2\pi}{T}>\omega_s$ 且 $\frac{2\pi}{T}\approx\omega_s$。

$\mathcal{F}[p(t)x(t)]$ 图像如图所示，其中 $\frac{2\pi}{T}-\omega_s=\frac{2\pi}{T}-\frac{2\pi}{T+\Delta}=\frac{2\pi\Delta}{T(T+\Delta)}$。

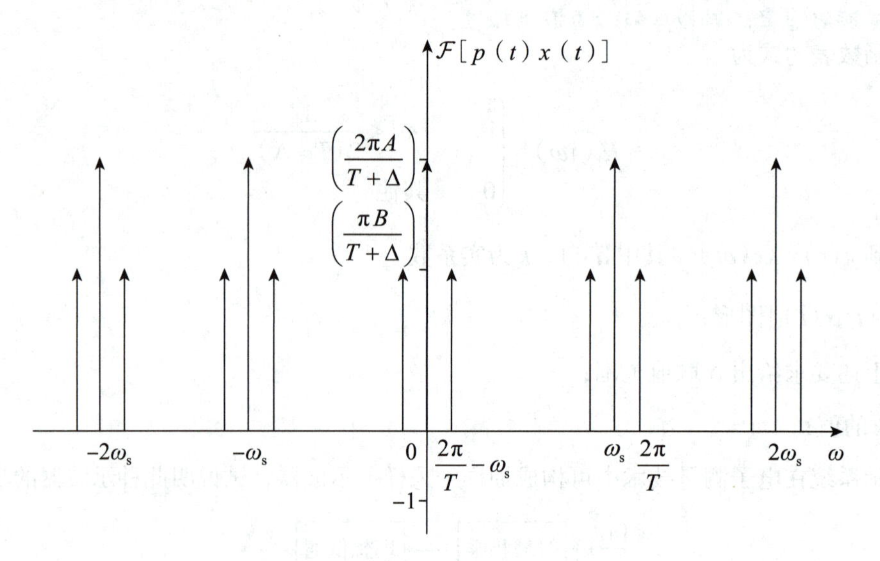

（2）由（1）和 $\frac{2\pi}{T}>\omega_s$ 且 $\frac{2\pi}{T}\approx\omega_s$ 可得 $\frac{2\pi}{T}-\omega_s<\frac{1}{2(T+\Delta)}<2\omega_s-\frac{2\pi}{T}$，则

$$\frac{2\pi}{T}-\frac{2\pi}{T+\Delta}<\frac{1}{2(T+\Delta)}<\frac{4\pi}{T+\Delta}-\frac{2\pi}{T}\Rightarrow\Delta<\frac{T}{4\pi}$$

（3）由题可知 $y(t)=kx(at)$，根据尺度变换公式可得 $Y(\mathrm{j}\omega)=\frac{k}{|a|}X\left(\frac{\omega}{a}\right)$。

这里要是不明白，可以令 $a=3$，化抽象为具体。

时域扩展，频域压缩，原始谱线在 $\frac{2\pi}{T}$ 的位置，现在在 $\frac{2\pi}{T}a$ 的位置。通过频谱图可知，现在的谱线在 $\frac{2\pi}{T}-\omega_s=\frac{2\pi}{T}-\frac{2\pi}{T+\Delta}$，因此

$$\frac{2\pi}{T}a=\frac{2\pi}{T}-\frac{2\pi}{T+\Delta}\Rightarrow a=\frac{\Delta}{T+\Delta},\ |a|2\pi A\frac{k}{|a|}=\frac{2\pi A}{T+\Delta}\Rightarrow k=\frac{1}{T+\Delta}$$

（4）示波器的功能特点为通过改变 Δ 的取值，调节输入波形的幅度和频率，便于观察和测量。

吴大正版第四章 | 傅里叶变换和系统的频域分析（调制、滤波部分）

吴大正 4.34 某 LTI 系统的频率响应 $H(\mathrm{j}\omega)=\dfrac{2-\mathrm{j}\omega}{2+\mathrm{j}\omega}$，若系统输入 $f(t)=\cos(2t)$，求该系统的输出 $y(t)$。

这里的激励没有乘上阶跃信号，因此可以用特征输入法。

解析 由题可知系统的频率响应为 $H(\mathrm{j}\omega)=\dfrac{2-\mathrm{j}\omega}{2+\mathrm{j}\omega}$，系统输入为 $f(t)=\cos(2t)$。

故

$$H(\mathrm{j}2)=\frac{2-\mathrm{j}2}{2+\mathrm{j}2}=\frac{2\sqrt{2}}{2\sqrt{2}}\mathrm{e}^{-\mathrm{j}\frac{\pi}{2}}$$

这里的化简方法：$a+b\mathrm{j}=\sqrt{a^2+b^2}\mathrm{e}^{\mathrm{j}\arctan\frac{b}{a}}$。

这里需要注意一下象限问题，如果在二、三象限需要转换成一、四象限。

利用特征输入法：$y(t)=\cos\left(2t-\dfrac{\pi}{2}\right)=\sin(2t)$。

特征输入法也就是激励的形式不变，需要模值和相位的加权。

吴大正 4.35 一理想低通滤波器的频率响应 $H(\mathrm{j}\omega)=\begin{cases}1-\dfrac{|\omega|}{3}, & |\omega|<3\ \mathrm{rad/s}\\ 0, & |\omega|>3\ \mathrm{rad/s}\end{cases}$，若输入 $f(t)=\sum\limits_{n=-\infty}^{\infty}3\mathrm{e}^{\mathrm{j}n\left(\Omega t-\frac{\pi}{2}\right)}$，其中 $\Omega=1\ \mathrm{rad/s}$，求输出 $y(t)$。

解析 由题可知频率响应为 $H(\mathrm{j}\omega)=\begin{cases}1-\dfrac{|\omega|}{3}, & |\omega|<3\ \mathrm{rad/s}\\ 0, & |\omega|>3\ \mathrm{rad/s}\end{cases}$。

根据频率响应可以画出频谱图，如图所示。

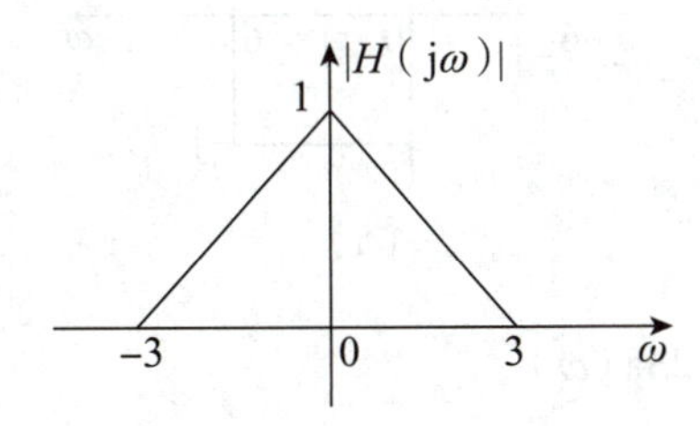

对信号化简整理可得 $f(t)=\sum\limits_{n=-\infty}^{\infty}F_n\mathrm{e}^{\mathrm{j}n\Omega t}=\sum\limits_{n=-\infty}^{\infty}3\mathrm{e}^{-\mathrm{j}\frac{n\pi}{2}}\mathrm{e}^{\mathrm{j}n\Omega t}$，则 $F_n=3\mathrm{e}^{-\mathrm{j}\frac{n\pi}{2}}$。

由于 $\mathrm{e}^{\mathrm{j}n\Omega t}\to\delta(\omega-n\Omega)$，由题可知 $\Omega=1\ \mathrm{rad/s}$，因此能够通过低通滤波器的话，需要满足

$$|n\Omega|<3\Rightarrow|n|<3\Rightarrow n=0,\ \pm1,\ \pm2$$

因此，代入数值可得

$$F_0=3,\quad F_1=3\mathrm{e}^{-\mathrm{j}\frac{\pi}{2}}=-3\mathrm{j},\quad F_{-1}=3\mathrm{e}^{\mathrm{j}\frac{\pi}{2}}=3\mathrm{j},\quad F_2=3\mathrm{e}^{-\mathrm{j}\pi}=-3,\quad F_{-2}=3\mathrm{e}^{\mathrm{j}\pi}=-3$$

根据特征输入响应法可得

$$H(\mathrm{j}0)=1\text{，}H(\mathrm{j})=\frac{2}{3}\text{，}H(-\mathrm{j})=\frac{2}{3}\text{，}H(\mathrm{j}2)=\frac{1}{3}\text{，}H(-\mathrm{j}2)=\frac{1}{3}$$

则 $y(t)=\sum_{n=-\infty}^{\infty}Y_n\cdot\mathrm{e}^{\mathrm{j}n\Omega t}=Y_{-2}\mathrm{e}^{-\mathrm{j}2\Omega t}+Y_{-1}\mathrm{e}^{-\mathrm{j}\Omega t}+Y_0\mathrm{e}^{\mathrm{j}0t}+Y_1\mathrm{e}^{\mathrm{j}\Omega t}+Y_2\mathrm{e}^{\mathrm{j}2\Omega t}$，其中

特征输入法也就是激励的形式不变，需要模值和相位的加权。

$$Y_0=F_0\cdot H(\mathrm{j}0)=3\text{，}Y_1=F_1\cdot H(\mathrm{j})=-2\mathrm{j}\text{，}Y_{-1}=F_{-1}\cdot H(-\mathrm{j})=2\mathrm{j}$$

$$Y_2=F_2\cdot H(\mathrm{j}2)=-1\text{，}Y_{-2}=F_{-2}\cdot H(-\mathrm{j}2)=-1$$

代入可得 $y(t)=-\mathrm{e}^{-\mathrm{j}2\Omega t}+2\mathrm{j}\mathrm{e}^{-\mathrm{j}\Omega t}+3\mathrm{e}^{\mathrm{j}0t}-2\mathrm{j}\mathrm{e}^{\mathrm{j}\Omega t}-\mathrm{e}^{\mathrm{j}2\Omega t}$，化简得

利用欧拉公式化简。

$$y(t)=3-2\mathrm{j}(\mathrm{e}^{\mathrm{j}\Omega t}-\mathrm{e}^{-\mathrm{j}\Omega t})-(\mathrm{e}^{\mathrm{j}2\Omega t}+\mathrm{e}^{-\mathrm{j}2\Omega t})$$

由题可知 $\Omega=1\ \mathrm{rad/s}$，代入解得 $y(t)=3+4\sin t-2\cos(2t)$。

吴大正 4.36 一个 LTI 系统的频率响应 $H(\mathrm{j}\omega)=\begin{cases}\mathrm{e}^{\mathrm{j}\frac{\pi}{2}}, & -6\ \mathrm{rad/s}<\omega<0\\ \mathrm{e}^{-\mathrm{j}\frac{\pi}{2}}, & 0<\omega<6\ \mathrm{rad/s}\\ 0, & \text{其余}\end{cases}$，若输入 $f(t)=\frac{\sin(3t)}{t}\cos(5t)$，求该系统的输出 $y(t)$。

做调制信号的题，可以通过数形结合的方法来简化。

解析 根据系统的频率响应可以得到频域的波形图，如图（a）所示。

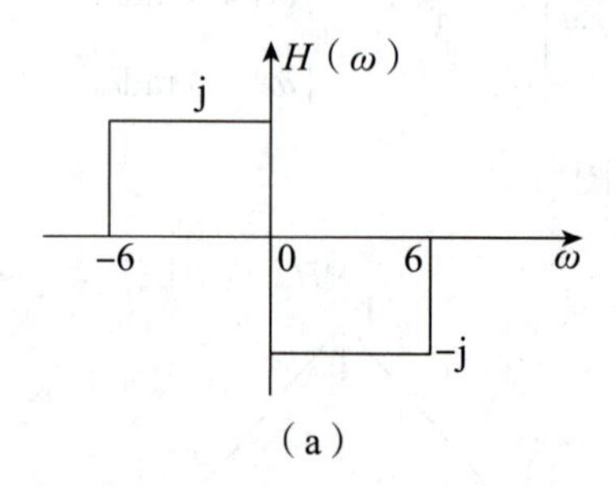

（a）

由常见傅里叶变换可得，$g_2(t)\leftrightarrow 2\mathrm{Sa}(\omega)$。

根据傅里叶变换的对称性可得，$2\mathrm{Sa}(t)\leftrightarrow 2\pi g_2(\omega)$。

根据傅里叶变换的尺度变换特性，可得

$$2\mathrm{Sa}(3t)=2\frac{\sin(3t)}{3t}\leftrightarrow 2\pi\cdot\frac{1}{3}G_6(\omega)\text{，}\frac{\sin(3t)}{t}\leftrightarrow \pi G_6(\omega)$$

而 $\cos(5t)\leftrightarrow\pi[\delta(\omega+5)+\delta(\omega-5)]$，根据频域卷积定理可得

$$\frac{\sin(3t)}{t}\cdot\cos(5t)\leftrightarrow\frac{1}{2\pi}\cdot\pi G_6(\omega)*\pi[\delta(\omega+5)+\delta(\omega-5)]=\frac{\pi}{2}[G_6(\omega+5)+G_6(\omega-5)]$$

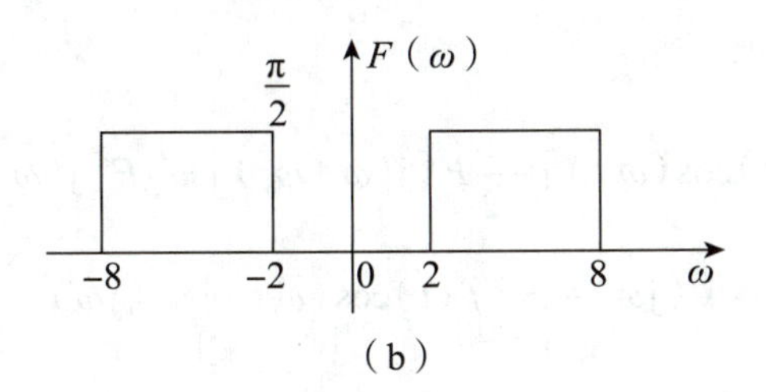

(b)

根据时域卷积、频域乘积可得

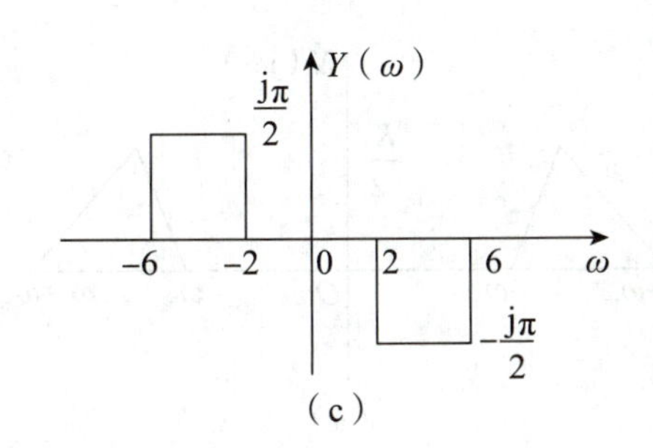

(c)

故系统输出的频谱为 $Y(\mathrm{j}\omega)=F(\mathrm{j}\omega)H(\mathrm{j}\omega)=\dfrac{\pi}{2}[\mathrm{j}G_4(\omega+4)-\mathrm{j}G_4(\omega-4)]$。

由常见傅里叶变换可得，$g_4(t)\leftrightarrow 4\mathrm{Sa}(2\omega)$。 常见的傅里叶变换和性质一定不能忘。

根据傅里叶变换的对称性可得，$4\mathrm{Sa}(2t)\leftrightarrow 2\pi G_4(\omega)$，再根据傅里叶变换的频移特性和线性性质，可得系统输出为 题目虽描述的很难，但其实是"纸老虎"，不要害怕。就是求系统的输出，按着系统框图走即可。

$$y(t)=\mathrm{j}\mathrm{Sa}(2t)\mathrm{e}^{-\mathrm{j}4t}-\mathrm{j}\mathrm{Sa}(2t)\mathrm{e}^{\mathrm{j}4t}=2\mathrm{Sa}(2t)\sin(4t)$$

吴大正 4.40 为了通信保密，可将语音信号在传输前进行倒频（scramble），接收端收到倒频信号后，再设法恢复原频谱。图（b）是一个倒频系统。输入带限信号 $f(t)$ 的频谱如图（a）所示，其最高角频率为 ω_m。已知 $\omega_b>\omega_m$，图（b）中 HP 是理想高通滤波器，其截止角频率为 ω_b，即 $H_1(\mathrm{j}\omega)=\begin{cases}K_1, & |\omega|>\omega_b\\0, & |\omega|<\omega_b\end{cases}$，图（b）中 LP 为理想低通滤波器，截止角频率为 ω_m，即 $H_2(\mathrm{j}\omega)=\begin{cases}K_2, & |\omega|<\omega_m\\0, & |\omega|>\omega_m\end{cases}$，画出 $x(t)$ 和 $y(t)$ 的频谱图。

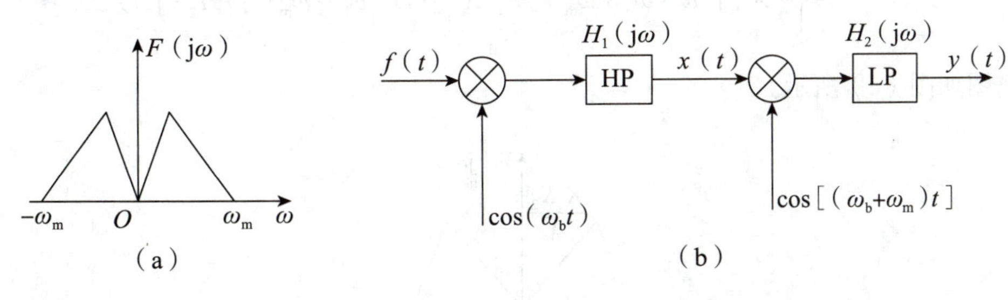

(a)　　(b)

解析 由题可知 $H_1(\mathrm{j}\omega)=\begin{cases}K_1, & |\omega|>\omega_b\\0, & |\omega|<\omega_b\end{cases}$，$H_2(\mathrm{j}\omega)=\begin{cases}K_2, & |\omega|<\omega_m\\0, & |\omega|>\omega_m\end{cases}$。

由系统框图［见题图（b）］可得

$$\mathcal{F}[f(t)\cos(\omega_b t)]=\frac{1}{2}F[j(\omega+\omega_b)]+\frac{1}{2}F[j(\omega-\omega_b)]$$

$$X(j\omega)=\mathcal{F}[f(t)\cos(\omega_b t)]H_1(j\omega)$$

$x(t)$的频谱图如图（a）所示。

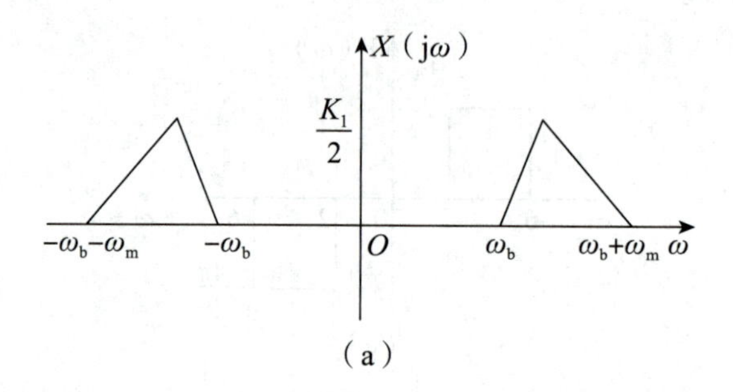

（a）

输入信号频谱为

$$\mathcal{F}\{x(t)\cos[(\omega_b+\omega_m)t]\}=\frac{1}{2}X[j(\omega+\omega_b+\omega_m)]+\frac{1}{2}X[j(\omega-\omega_b-\omega_m)]$$

其图形如图（b）所示。

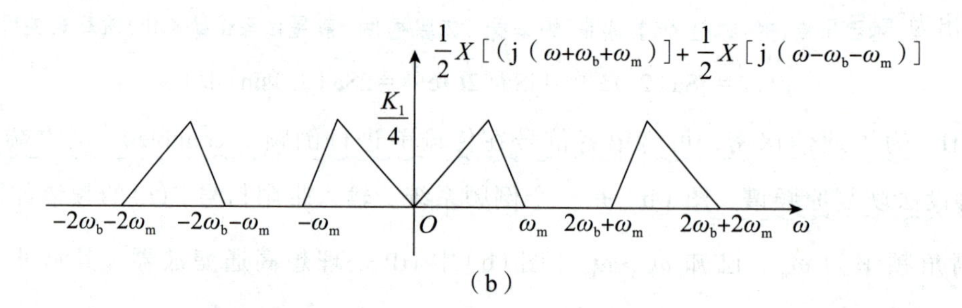

（b）

输出信号$y(t)$的频谱为

$$Y(j\omega)=\mathcal{F}\{x(t)\cos[(\omega_b+\omega_m)t]\}H_2(j\omega)$$

$$=\left\{\frac{1}{2}X[j(\omega+\omega_b+\omega_m)]+\frac{1}{2}X[j(\omega-\omega_b-\omega_m)]\right\}H_2(j\omega)$$

经过低通滤波器，信号的高频部分被过滤，会有幅值的加权。

$y(t)$的频谱图如图（c）所示。

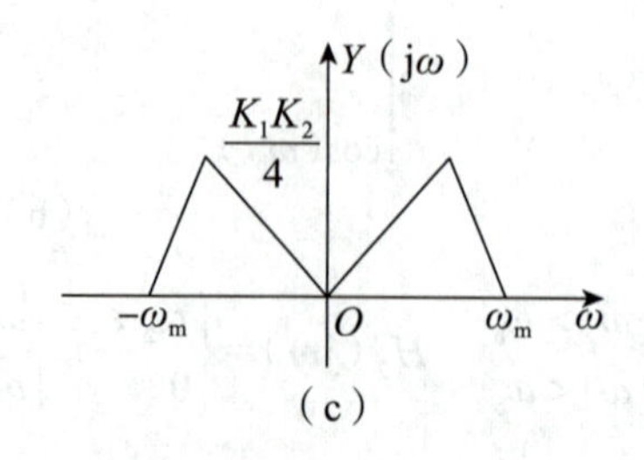

（c）

吴大正 4.41 一个理想滤波器的频率响应如图（a）所示，其相频特性 $\varphi(\omega)=0$，若输入信号为图（b）的锯齿波，求输出信号 $y(t)$。求周期锯齿波的傅里叶变换时，很多同学都容易做错，大家一定要注意。

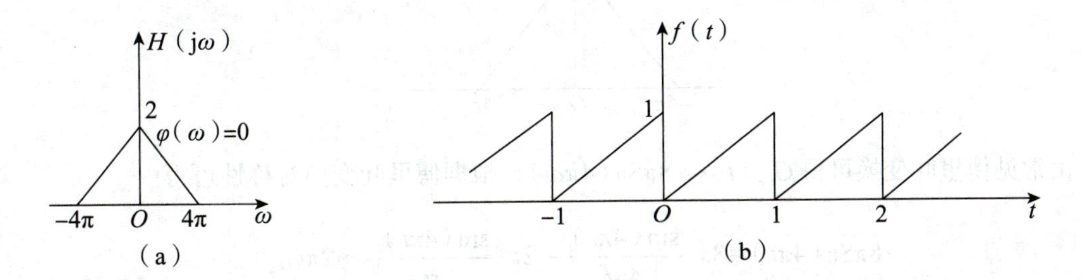

解析 根据周期信号的傅里叶变换 $f(t)=\sum_{n=-\infty}^{\infty}F_n e^{jn\omega_1 t}$，由题图（b）可知，$f(t)$ 的周期 $T=1\text{s}$，则其基波角频率为 $\omega_1=2\pi\ \text{rad/s}$。

根据理想滤波器的频率响应可知，$|2\pi n|<4\pi \Rightarrow n=0,\ \pm1$，因此，只需要求出 F_0、F_1、F_{-1}，可对主周期信号微分。观察低通滤波器的截止频率。

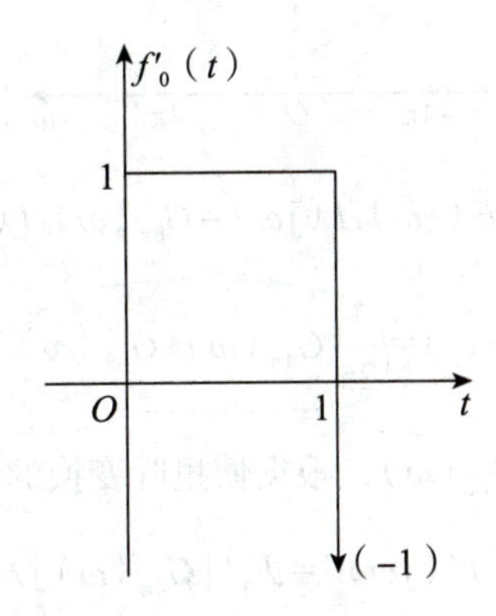

因此 $F_0'(\omega)=\text{Sa}\left(\dfrac{\omega}{2}\right)e^{-j\frac{\omega}{2}}-e^{-j\omega}$，根据傅里叶变换的微分性质可得 $F_0(\omega)=\dfrac{\text{Sa}\left(\dfrac{\omega}{2}\right)e^{-j\frac{\omega}{2}}-e^{-j\omega}}{j\omega}$。

根据周期信号的傅里叶变换可得

$$F_n=\frac{1}{T}F_0(\omega)\big|_{\omega=n\omega_1}=\frac{\text{Sa}(n\pi)e^{-jn\pi}-e^{-j2n\pi}}{j2\pi n},\quad F_0=\frac{1}{2},\quad F_1=\frac{j}{2\pi},\quad F_{-1}=-\frac{j}{2\pi}$$

幅值和相位的加权。

因此 $y(t)=2F_0+F_1e^{j2\pi t}+F_{-1}e^{-j2\pi t}=1+\dfrac{j}{2\pi}e^{j2\pi t}-\dfrac{j}{2\pi}e^{-j2\pi t}=1-\dfrac{1}{\pi}\sin(2\pi t)$。

吴大正 4.42 理想滤波器的频率响应如图所示，求输入 $f(t)=\dfrac{\sin(4\pi t)}{\pi t}$ 时的输出 $y(t)$。

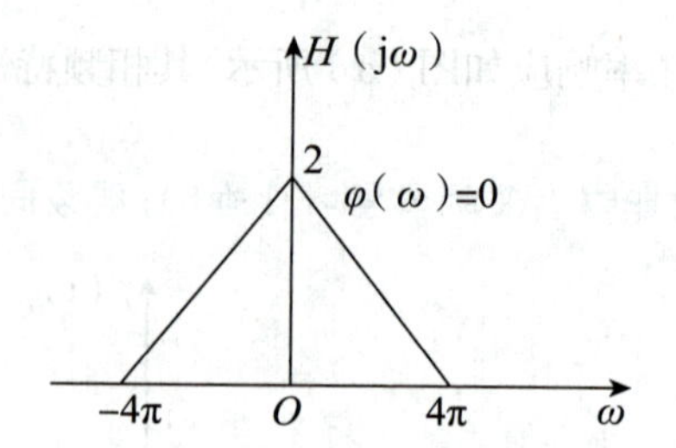

解析 由常见傅里叶变换可得 $G_{8\pi}(t)\leftrightarrow 8\pi\mathrm{Sa}(4\pi\omega)$，根据傅里叶变换对称性可得

$$8\pi\mathrm{Sa}(4\pi t)=8\pi\cdot\frac{\sin(4\pi t)}{4\pi t}=2\pi\cdot\frac{\sin(4\pi t)}{\pi t}\leftrightarrow 2\pi G_{8\pi}(\omega)$$

由题可知 $f(t)=\dfrac{\sin(4\pi t)}{\pi t}$，其傅里叶变换为 $F(\mathrm{j}\omega)=\mathcal{F}[f(t)]=G_{8\pi}(\omega)$。

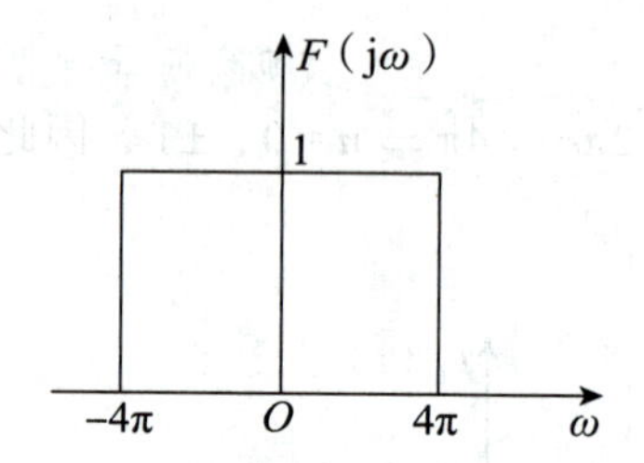

则输出信号的傅里叶变换为 $Y(\mathrm{j}\omega)=F(\mathrm{j}\omega)H(\mathrm{j}\omega)=G_{8\pi}(\omega)H(\mathrm{j}\omega)=H(\mathrm{j}\omega)$。

由题图可知 $H(\mathrm{j}\omega)=\left(2-\dfrac{1}{2\pi}|\omega|\right)G_{8\pi}(\omega)=\dfrac{1}{2\pi}G_{4\pi}(\omega)*G_{4\pi}(\omega)$。 两个相同的门函数的卷积为一个三角波，这个性质大家一定要记住。

由常见傅里叶变换可得 $2\mathrm{Sa}(2\pi t)\leftrightarrow G_{4\pi}(\omega)$，根据傅里叶变换的频域卷积定理，有

$$y(t)=\mathcal{F}^{-1}[Y(\mathrm{j}\omega)]=\mathcal{F}^{-1}[H(\mathrm{j}\omega)]=\mathcal{F}^{-1}[G_{4\pi}(\omega)]\mathcal{F}^{-1}[G_{4\pi}(\omega)]=4\mathrm{Sa}^2(2\pi t)$$

吴大正 4.44 如图所示系统，已知 $f(t)=\dfrac{2}{\pi}\mathrm{Sa}(2t)$，$H(\mathrm{j}\omega)=\mathrm{j}\,\mathrm{sgn}(\omega)$，求系统的输出 $y(t)$。

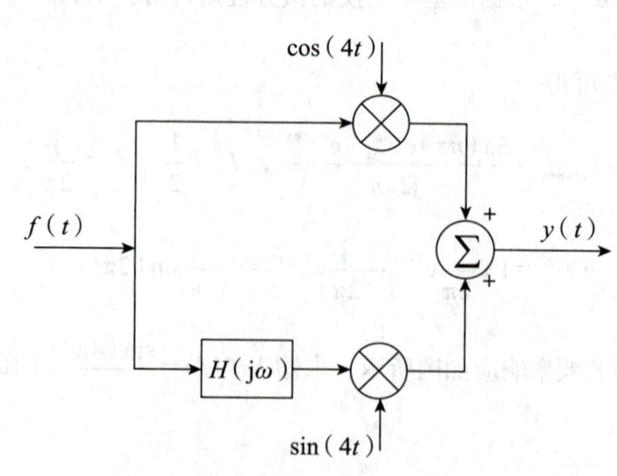

解析 由常见傅里叶变换可得 $g_4(t) \leftrightarrow 4\mathrm{Sa}(2\omega)$，根据傅里叶变换的对称性可得 $4\mathrm{Sa}(2t) \leftrightarrow 2\pi G_4(\omega)$。

由题可知 $f(t)=\frac{2}{\pi}\mathrm{Sa}(2t)$，求其傅里叶变换可得 $F(\mathrm{j}\omega)=G_4(\omega)$。

系统上方乘法器的输出 $y_1(t)=f(t)\cos(4t) \rightarrow \frac{1}{2}[F(\omega+4)+F(\omega-4)]$。

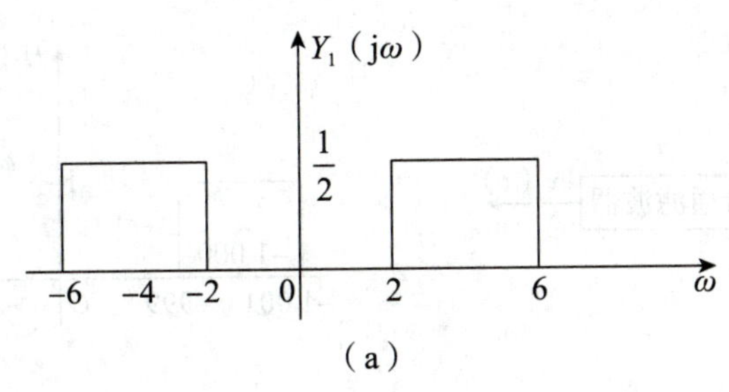

（a）

假设下方支路经过系统后的输出为 $y_2(t)$，$Y_2(\omega)=F(\omega)\mathrm{j}\,\mathrm{sgn}(\omega)$。

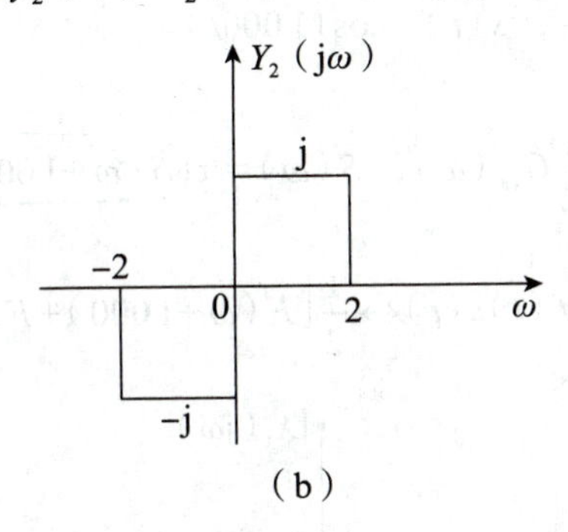

（b）

假设下方支路经过乘法器后的输出为 $y_3(t)$，且

$$y_3(t)=y_2(t)\sin(4t) \rightarrow \frac{\mathrm{j}}{2}[Y_2(\omega+4)-Y_2(\omega-4)]$$

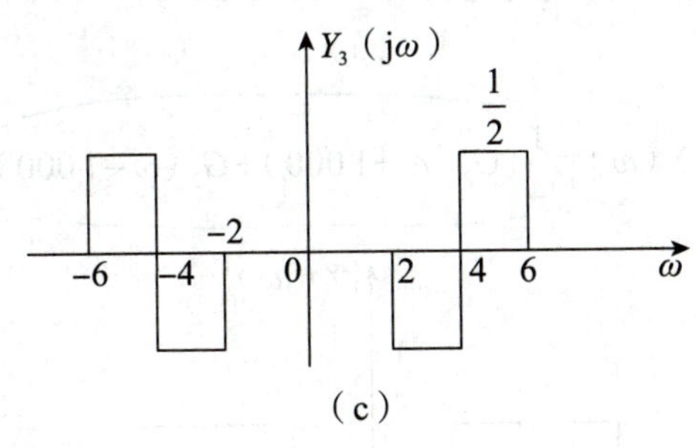

（c）

因此 $Y(\omega)=Y_1(\omega)+Y_3(\omega)$。

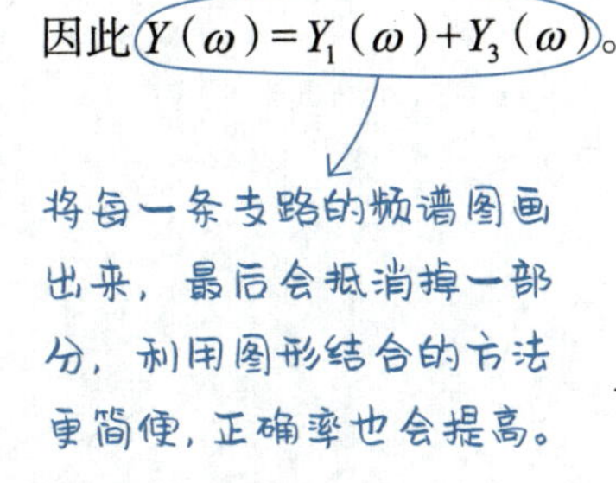

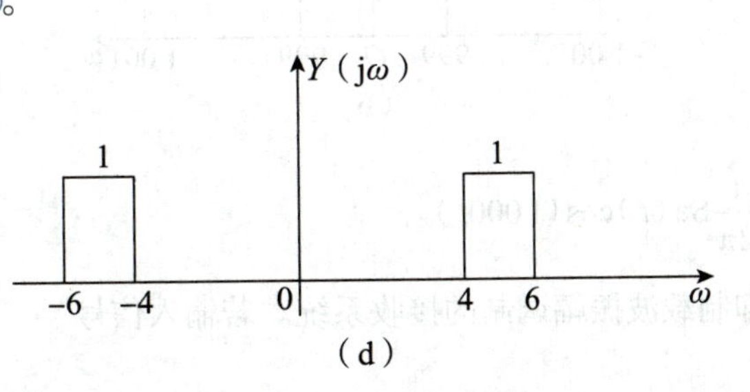

（d）

经过逆变换得$y(t)=\dfrac{2\sin t}{\pi t}\cos(5t)$。

逆变换时将频谱图看作是一个门函数经过了调制。

吴大正 4.45 如图（a）所示的系统，带通滤波器的频率响应如图（b）所示，其相频特性$\varphi(\omega)=0$，若输入为$f(t)=\dfrac{\sin(2\pi t)}{2\pi t}$，$s(t)=\cos(1\,000t)$，求输出信号$y(t)$。

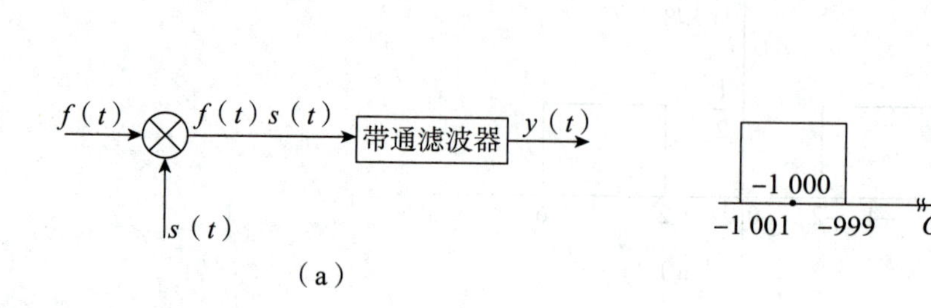

解析 由题可知，$f(t)=\dfrac{\sin(2\pi t)}{2\pi t}$，$s(t)=\cos(1\,000t)$。

频谱左右搬移，幅度乘以$\dfrac{1}{2}$。

由常用傅里叶变换可得，$F(\omega)=\dfrac{1}{2}G_{4\pi}(\omega)$，$S(\omega)=\pi[\delta(\omega+1\,000)+\delta(\omega-1\,000)]$。

由系统框图［见题图（a）］可得，$f(t)s(t)\leftrightarrow\dfrac{1}{2}[F(\omega+1\,000)+F(\omega-1\,000)]$。

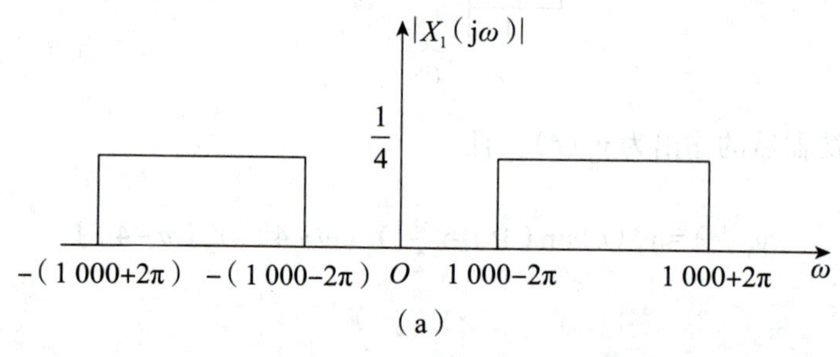

（a）

$f(t)s(t)$经过带通滤波器后，$Y(\omega)=\dfrac{1}{4}[G_2(\omega+1\,000)+G_2(\omega-1\,000)]$。

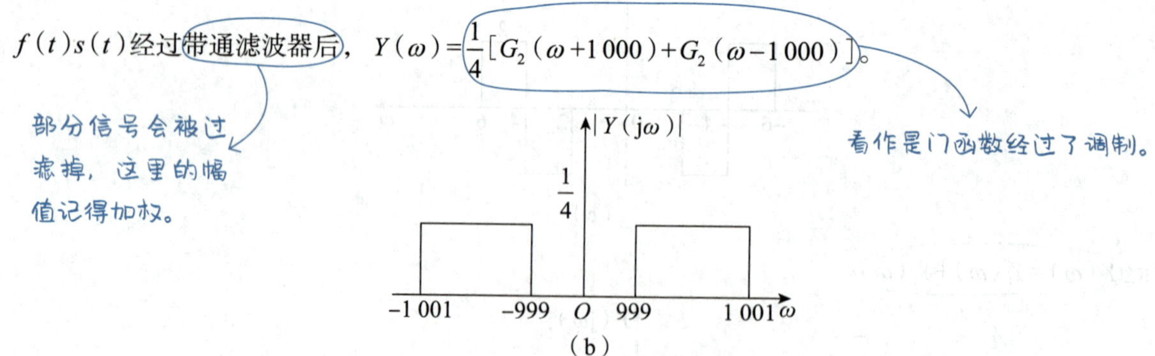

（b）

求其逆变换可得，$y(t)=\dfrac{1}{2\pi}\mathrm{Sa}(t)\cos(1\,000t)$。

吴大正 4.46 图（a）是抑制载波振幅调制的接收系统。若输入信号

$$f(t)=\frac{\sin t}{\pi t}\cos(1\,000t),\ s(t)=\cos(1\,000t)$$

低通滤波器的频率响应如图（b）所示，其相位特性 $\varphi(\omega)=0$，试求其输出信号 $y(t)$。

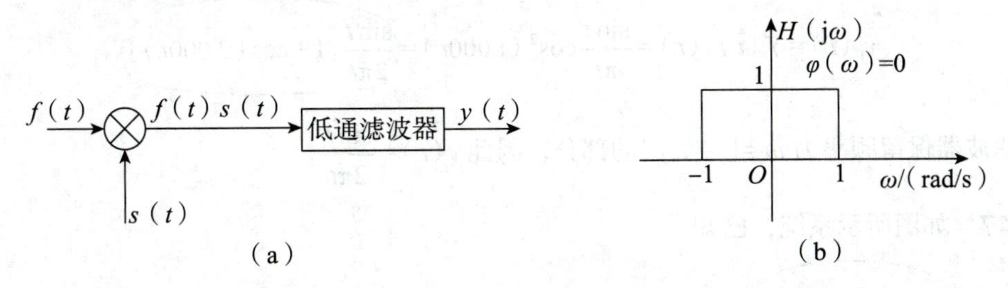

解析　法一：由题可知 $f(t)=\dfrac{\sin t}{\pi t}\cos(1\,000t)$，$s(t)=\cos(1\,000t)$。根据常见傅里叶变换对可得

遇到滤波器的时候，建议将频谱图画出来，这样滤波的结果会很明显，也不会漏掉什么。

$$\frac{\sin t}{\pi t}\leftrightarrow G_2(\omega)$$

$$F(\mathrm{j}\omega)=\frac{1}{2}[G_2(\omega+1\,000)+G_2(\omega-1\,000)]$$

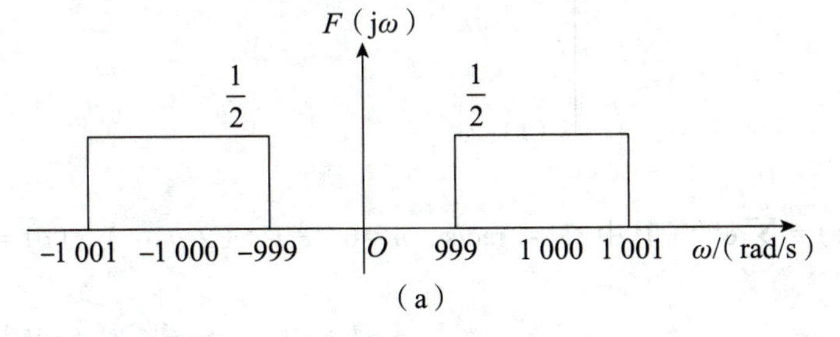

（a）

令 $y_1(t)=f(t)s(t)$，则 $Y_1(\mathrm{j}\omega)=\dfrac{1}{4}[G_2(\omega+2\,000)+2G_2(\omega)+G_2(\omega-2\,000)]$。

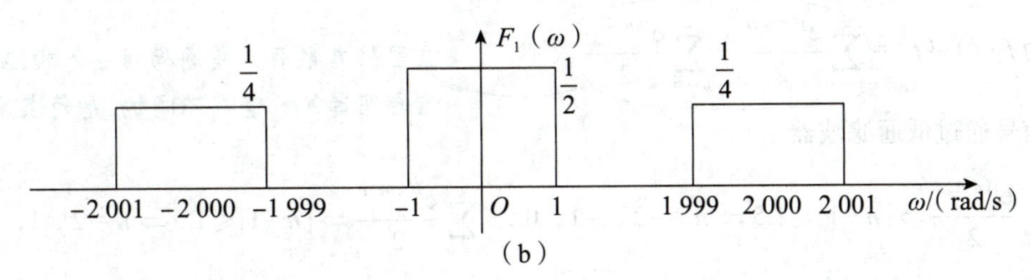

（b）

经过滤波后可得 $Y(\mathrm{j}\omega)=\dfrac{1}{2}G_2(\omega)$。

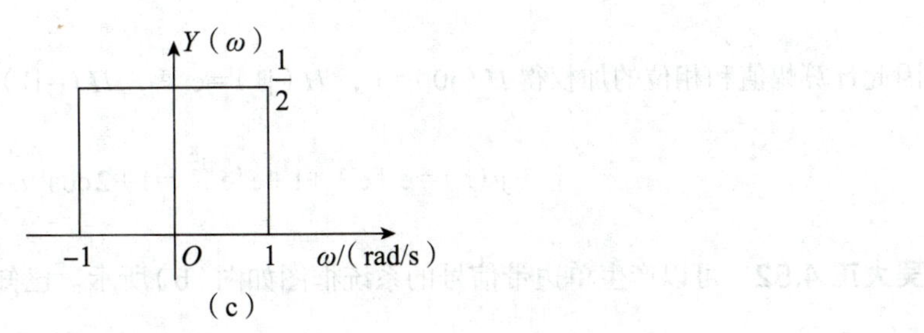

（c）

求其逆变换可得$y(t)=\frac{1}{2\pi}\mathrm{Sa}(t)=\frac{\sin t}{2\pi t}$。

利用降幂公式将式子展开成两项，通过滤波知道，经过调制$\cos(2\,000t)$的那一部分信号会被过滤掉。

法二：根据系统框图［见题图（a）］可知，令

$$y_1(t)=f(t)s(t)=\frac{\sin t}{\pi t}\cos^2(1\,000t)=\frac{\sin t}{2\pi t}[1+\cos(2\,000t)]$$

可以知道滤波器保留频率为$\omega\in[-1,1]$的部分，因此$y(t)=\frac{\sin t}{2\pi t}$。

吴大正 4.47 如图所示系统，已知

$$f(t)=\sum_{n=-\infty}^{\infty}\mathrm{e}^{\mathrm{j}n\Omega t}\text{（其中 }\Omega=1\text{ rad/s},\ n=0,\ \pm1,\ \pm2,\ \cdots\text{）},\quad s(t)=\cos t$$

周期信号傅里叶级数的形式，要学会从里面读取相关激励的信息。

频率响应$H(\mathrm{j}\omega)=\begin{cases}\mathrm{e}^{-\mathrm{j}\frac{\pi}{3}\omega}, & |\omega|<1.5\text{ rad/s}\\ 0, & |\omega|>1.5\text{ rad/s}\end{cases}$，试求系统的响应。

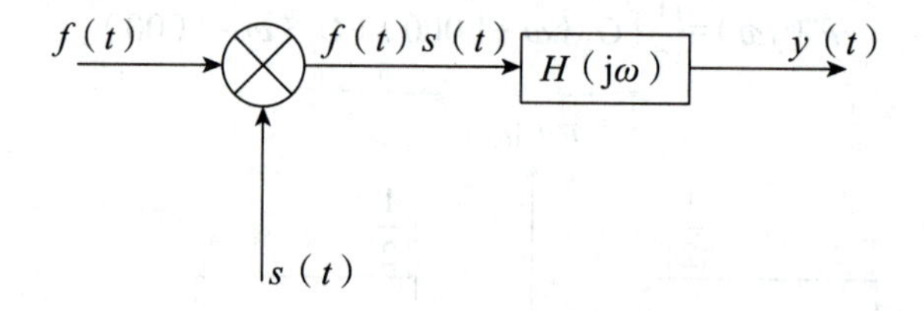

解析 由题可知，$f(t)=\sum_{n=-\infty}^{\infty}\mathrm{e}^{\mathrm{j}n\Omega t}$（其中$\Omega=1$ rad/s，$n=0,\pm1,\pm2,\cdots$），$s(t)=\cos t$，利用时域求解。

$$f(t)s(t)=\sum_{n=-\infty}^{\infty}\mathrm{e}^{\mathrm{j}\Omega nt}\cos t=\sum_{n=-\infty}^{\infty}\mathrm{e}^{\mathrm{j}\Omega nt}\frac{\mathrm{e}^{\mathrm{j}t}+\mathrm{e}^{-\mathrm{j}t}}{2}=\sum_{n=-\infty}^{\infty}\frac{\mathrm{e}^{\mathrm{j}(n+1)t}+\mathrm{e}^{\mathrm{j}(n-1)t}}{2}$$

e的指数即可说明频率为$n+1$。

拆成两项为$f(t)s(t)=\sum_{n=-\infty}^{\infty}\frac{\mathrm{e}^{\mathrm{j}(n+1)t}}{2}+\sum_{n=-\infty}^{\infty}\frac{\mathrm{e}^{\mathrm{j}(n-1)t}}{2}$。

这里将其展开，是因为对于各项能通过滤波器的n值是不同的，避免混淆。

因此要使信号通过低通滤波器

$$\sum_{n=-\infty}^{\infty}\frac{\mathrm{e}^{\mathrm{j}(n+1)t}}{2}\Rightarrow|n+1|\leqslant1.5\Rightarrow n=-2,\ -1,\ 0;\quad \sum_{n=-\infty}^{\infty}\frac{\mathrm{e}^{\mathrm{j}(n-1)t}}{2}\Rightarrow|n-1|\leqslant1.5\Rightarrow n=2,\ 1,\ 0$$

$$f(t)s(t)=\sum_{n=-2}^{0}\frac{\mathrm{e}^{\mathrm{j}(n+1)t}}{2}+\sum_{n=0}^{2}\frac{\mathrm{e}^{\mathrm{j}(n-1)t}}{2}=\frac{1}{2}(\mathrm{e}^{-\mathrm{j}t}+1+\mathrm{e}^{\mathrm{j}t})+\frac{1}{2}(\mathrm{e}^{-\mathrm{j}t}+1+\mathrm{e}^{\mathrm{j}t})$$

因此计算幅值和相位的加权得$H(\mathrm{j}0)=1$，$H(\mathrm{j}1)=\mathrm{e}^{-\mathrm{j}\frac{\pi}{3}}$，$H(-\mathrm{j}1)=\mathrm{e}^{\mathrm{j}\frac{\pi}{3}}$，

$$y(t)=\mathrm{e}^{-\mathrm{j}t}\mathrm{e}^{\mathrm{j}\frac{\pi}{3}}+1+\mathrm{e}^{\mathrm{j}t}\mathrm{e}^{-\mathrm{j}\frac{\pi}{3}}=1+2\cos\left(t-\frac{\pi}{3}\right)$$

吴大正 4.52 可以产生单边带信号的系统框图如图（b）所示。已知信号$f(t)$的频谱$F(\mathrm{j}\omega)$如图（a）

所示，$H(\mathrm{j}\omega)=-\mathrm{j}\operatorname{sgn}(\omega)$，且$\omega_0 \gg \omega_m$。试求输出信号$y(t)$的频谱$Y(\mathrm{j}\omega)$，并画出其频谱图。

通过这个条件知道，信号经过调制以后不会发生频谱混叠。

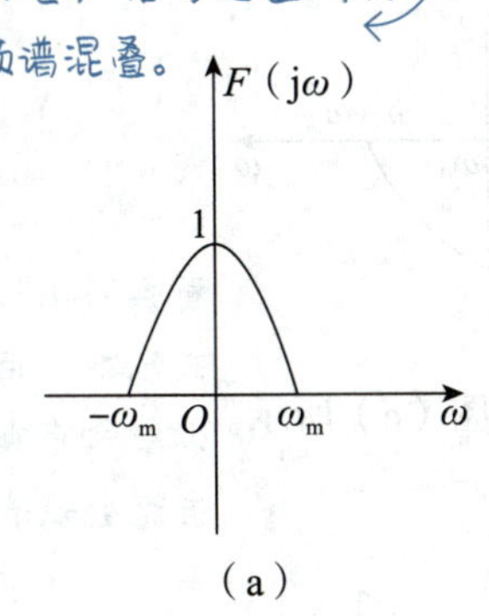

（a）

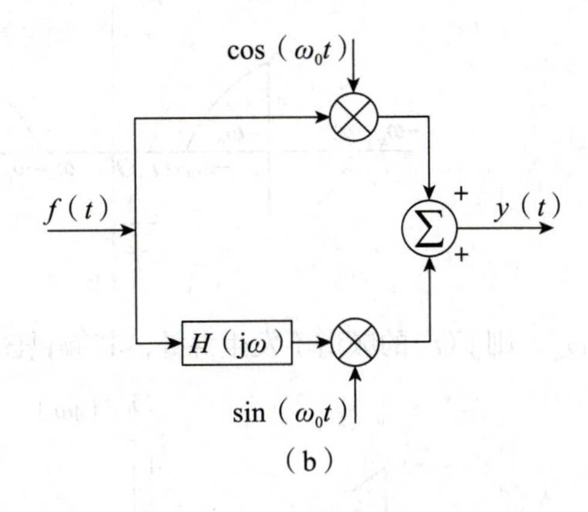

（b）

解析　令上面乘法器的输出为$y_1(t)$，下面乘法器的输出为$y_2(t)$。根据常见傅里叶变换对可得

$$\cos(\omega_0 t)\leftrightarrow \pi[\delta(\omega+\omega_0)+\delta(\omega-\omega_0)],\quad \sin(\omega_0 t)\leftrightarrow \mathrm{j}\pi[\delta(\omega+\omega_0)+\delta(\omega-\omega_0)]$$

由题图（b）可知，上面乘法器输出的频谱为

$$Y_1(\mathrm{j}\omega)=\mathcal{F}[f(t)\cos(\omega_0 t)]=\frac{1}{2}F[\mathrm{j}(\omega-\omega_0)]+\frac{1}{2}F[\mathrm{j}(\omega+\omega_0)]$$

上面乘法器输出的频谱图如图（a）所示。

画出频谱图能够更直观地观察最终输出信号的频谱图。

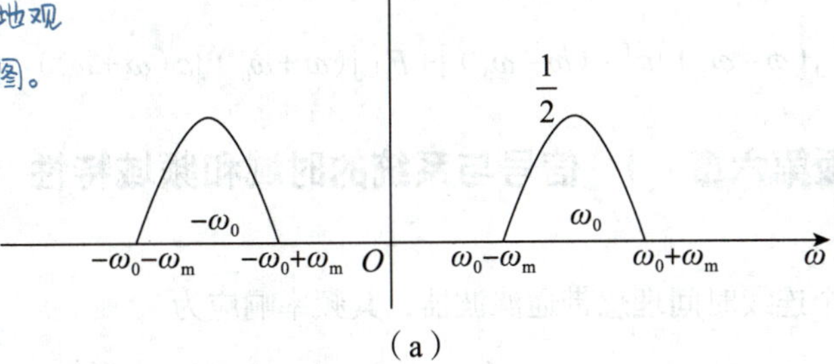

（a）

由题图（b）可知，下面乘法器输出的频谱为

$$\begin{aligned}Y_2(\mathrm{j}\omega)&=\frac{1}{2\mathrm{j}}\{F[\mathrm{j}(\omega-\omega_0)]H[\mathrm{j}(\omega-\omega_0)]-F[\mathrm{j}(\omega+\omega_0)]H[\mathrm{j}(\omega+\omega_0)]\}\\&=\frac{1}{2\mathrm{j}}\{F[\mathrm{j}(\omega-\omega_0)][-\mathrm{j}\operatorname{sgn}(\omega-\omega_0)]-F[\mathrm{j}(\omega+\omega_0)][-\mathrm{j}\operatorname{sgn}(\omega+\omega_0)]\}\\&=\frac{1}{2}F[\mathrm{j}(\omega+\omega_0)]\operatorname{sgn}(\omega+\omega_0)-\frac{1}{2}F[\mathrm{j}(\omega-\omega_0)]\operatorname{sgn}(\omega-\omega_0)\end{aligned}$$

下面乘法器输出的频谱图如图（b）所示。

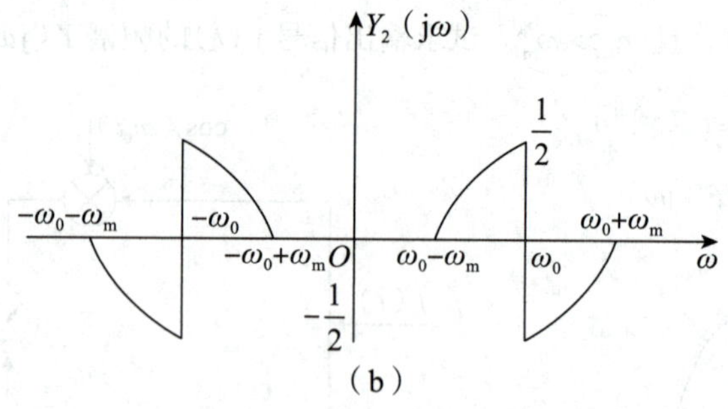

（b）

直接写出输出信号的表达式较难，但是通过画图可以更加直观地发现上下两支路会抵消一部分信号。

由题可知 $\omega_0 \gg \omega_m$，则 $y(t)$ 的频谱不发生混叠，其频谱图如图（c）所示。

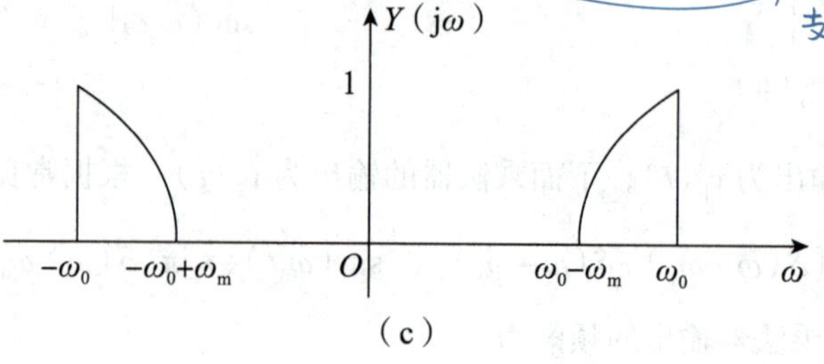

（c）

故输出 $y(t)$ 的频谱为

$$Y(j\omega)=\mathcal{F}[y_1(t)+y_2(t)]=Y_1(j\omega)+Y_2(j\omega)$$

$$=\frac{1}{2}F[j(\omega+\omega_0)][1+\mathrm{sgn}(\omega+\omega_0)]+\frac{1}{2}F[j(\omega-\omega_0)][1-\mathrm{sgn}(\omega-\omega_0)]$$

$$=F[j(\omega-\omega_0)]\varepsilon[-(\omega-\omega_0)]+F[j(\omega+\omega_0)]\varepsilon(\omega+\omega_0)$$

奥本海姆版第六章 | 信号与系统的时域和频域特性（连续部分）

奥本海姆 6.5 考虑一个连续时间理想带通滤波器，其频率响应为

$$H(j\omega)=\begin{cases}1, & \omega_c \leqslant |\omega| \leqslant 3\omega_c \\ 0, & \text{其他}\end{cases}$$

熟练掌握门函数和 Sa 函数之间的关系。一个带通滤波器可以看作是一个大的门函数减掉一个小的门函数，需要特别注意截止频率。

（1）若 $h(t)$ 是该滤波器的单位冲激响应，确定一个函数 $g(t)$，使之有

$$h(t)=\left[\frac{\sin(\omega_c t)}{\pi t}\right]g(t)$$

（2）当 ω_c 增加时，该滤波器的单位冲激响应是否更加向原点集中？

或者一个带通信号也可以看作是一个门函数经过了 cos 调制，频谱搬移，这里要注意截止频率和幅值。

解析 （1）由题可知，$H(j\omega)=\begin{cases}1, & \omega_c \leqslant |\omega| \leqslant 3\omega_c \\ 0, & \text{其他}\end{cases}$。

求其傅里叶逆变换可得 $h(t)=\frac{\sin(3\omega_c t)-\sin(\omega_c t)}{\pi t}=\frac{2\sin(\omega_c t)\cos(2\omega_c t)}{\pi t}$，而 $h(t)=\left[\frac{\sin(\omega_c t)}{\pi t}\right]g(t)$，

故 $g(t)=2\cos(2\omega_c t)$。

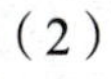
(2)

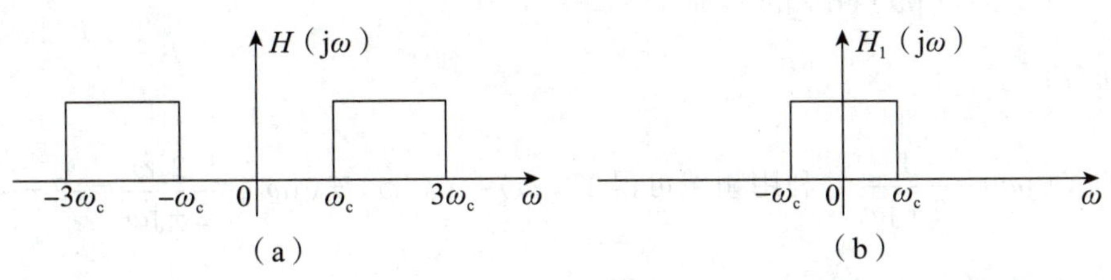

$\frac{\sin(\omega_c t)}{\pi t}$ 函数对应的第一过零点的横坐标是 $\frac{\pi}{\omega_c}$，因此当 ω_c 变大时，函数图像会向原点靠近。

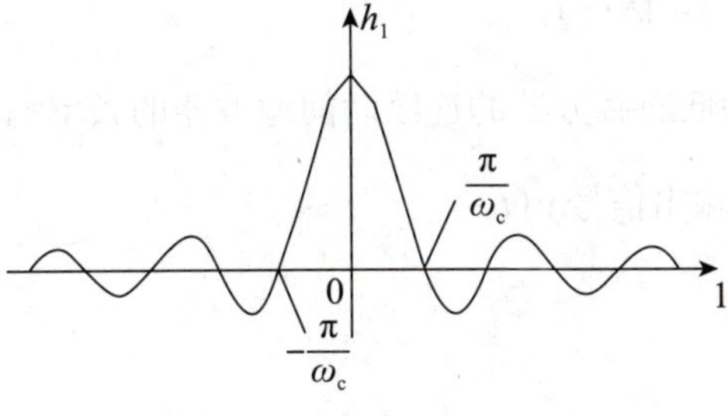

(c)

如图(c)所示，当 ω_c 增加时，滤波器的单位冲激响应更加向原点集中。

奥本海姆 6.21　有一个因果线性时不变滤波器，其频率响应 $H(\mathrm{j}\omega)$ 如图所示。对以下给定的输入，求经过滤波后的输出 $y(t)$：

(1) $x(t)=\mathrm{e}^{\mathrm{j}t}$；

(2) $x(t)=\sin(\omega_0 t)u(t)$；

(3) $X(\mathrm{j}\omega)=\dfrac{1}{(\mathrm{j}\omega)(6+\mathrm{j}\omega)}$；

(4) $X(\mathrm{j}\omega)=\dfrac{1}{2+\mathrm{j}\omega}$。

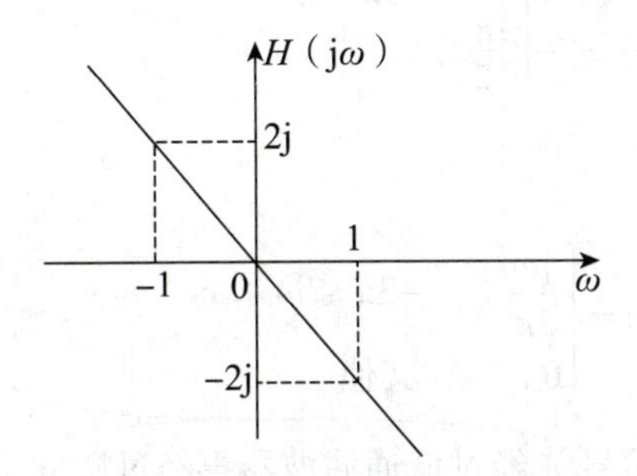

通过傅里叶级数的微分性质可以知道，该系统的作用是对输入的信号进行微分。

解析　由题图可得 $H(\mathrm{j}\omega)=-2\mathrm{j}\omega$，根据时域卷积，频域乘积可得

$$Y(\mathrm{j}\omega)=H(\mathrm{j}\omega)X(\mathrm{j}\omega)=-2\mathrm{j}\omega X(\mathrm{j}\omega)$$

则 $y(t)=-2\dfrac{\mathrm{d}x(t)}{\mathrm{d}t}$。

(1) 由题可知 $x(t)=\mathrm{e}^{\mathrm{j}t}$，代入上式可得 $y(t)=H(\mathrm{j}1)\mathrm{e}^{\mathrm{j}t}=-2\mathrm{j}\mathrm{e}^{\mathrm{j}t}$。

(2) 由题可知 $x(t)=\sin(\omega_0 t)u(t)$，代入上式可得 $y(t)=-2\dfrac{\mathrm{d}x(t)}{\mathrm{d}t}=-2\omega_0\cos(\omega_0 t)u(t)$。

（3）由题可知$X(\mathrm{j}\omega)=\dfrac{1}{(\mathrm{j}\omega)(6+\mathrm{j}\omega)}$，则$Y(\mathrm{j}\omega)=X(\mathrm{j}\omega)H(\mathrm{j}\omega)=-2/(6+\mathrm{j}\omega)$，求其逆变换可得$y(t)=-2\mathrm{e}^{-6t}u(t)$。

（4）由题可知$X(\mathrm{j}\omega)=\dfrac{1}{2+\mathrm{j}\omega}$，利用频域可得$Y(\mathrm{j}\omega)=X(\mathrm{j}\omega)H(\mathrm{j}\omega)=\dfrac{-2\mathrm{j}\omega}{2+\mathrm{j}\omega}=-2+\dfrac{4}{2+\mathrm{j}\omega}$，对其求逆变换得$y(t)=4\mathrm{e}^{-2t}u(t)-2\delta(t)$。

奥本海姆 6.22 一个称为低通微分器的连续时间滤波器的频率响应$H(\mathrm{j}\omega)$如图（a）所示，试对以下每个输入信号$x(t)$，求输出信号$y(t)$。

（1）$x(t)=\cos(2\pi t+\theta)$；

（2）$x(t)=\cos(4\pi t+\theta)$；

（3）$x(t)$是一个经半波整流后的正弦信号，如图（b）所示。

$$x(t)=\begin{cases}\sin(2\pi t), & m\leqslant t\leqslant m+\dfrac{1}{2}\\ 0, & \text{对于任意整数}m,\ m+\dfrac{1}{2}\leqslant t\leqslant m\end{cases}$$

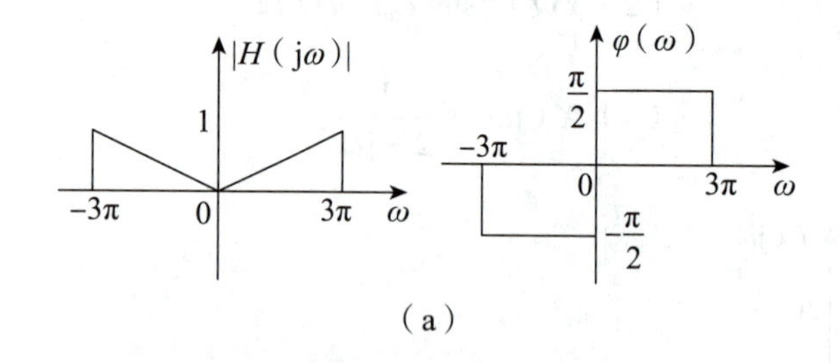

（a）

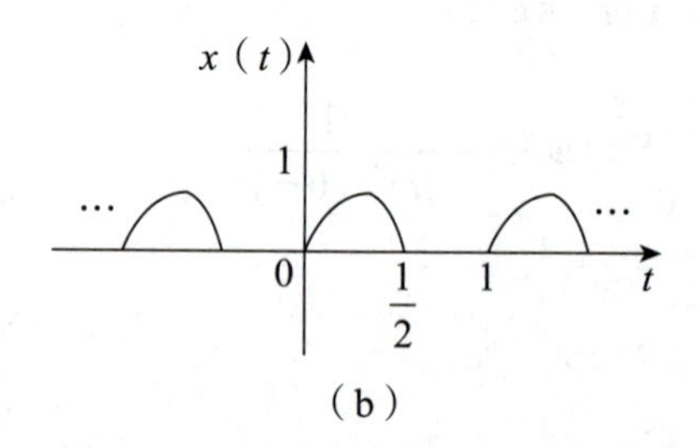

（b）

解析 由题图（a）可得，$H(\mathrm{j}\omega)=\begin{cases}\dfrac{\mathrm{j}\omega}{3\pi}, & -3\pi\leqslant\omega\leqslant3\pi\\ 0, & \text{其他}\end{cases}$。

了解系统函数的作用后，拆分成两个简单的系统。

（1）根据低通微分器的作用，对信号先经过低通滤波器再经过微分。

$$x(t)=\cos(2\pi t+\theta)$$

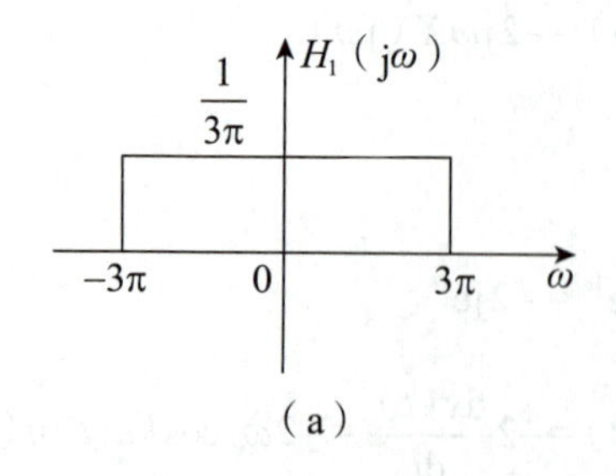

（a）

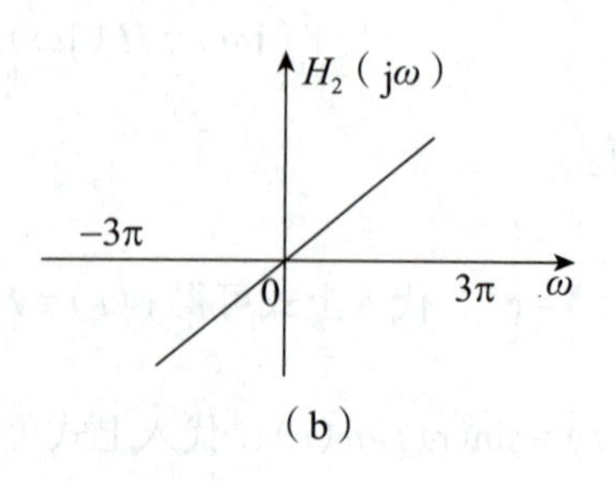

（b）

经过低通滤波器后：$x_1(t)=\frac{1}{3\pi}\cos(2\pi t+\theta)$。经过微分器后：$y(t)=\frac{-2}{3}\sin(2\pi t+\theta)$。

（2）由题可知 $x(t)=\cos(4\pi t+\theta)$，求其傅里叶变换得 $X(\mathrm{j}\omega)=\mathrm{e}^{\mathrm{j}\theta}\pi\delta(\omega-4\pi)+\mathrm{e}^{-\mathrm{j}\theta}\pi\delta(\omega+4\pi)$，而 $-3\pi\leqslant\omega\leqslant 3\pi$，则 $Y(\mathrm{j}\omega)=H(\mathrm{j}\omega)X(\mathrm{j}\omega)=0$，故 $y(t)=0$。

信号的频谱点在滤波器的截止频率外。

（3）由题可知 $x(t)=\begin{cases}\sin(2\pi t), & m\leqslant t\leqslant m+\frac{1}{2}\\ 0, & \text{对于任意整数}m,\ m+\frac{1}{2}\leqslant t\leqslant m\end{cases}$。

周期信号的指数表示形式为 $x(t)=\sum_{k=-\infty}^{\infty}F_n\mathrm{e}^{\mathrm{j}2n\pi t}$，能够通过低通滤波器的项是 $|2n\pi|<3\pi\Rightarrow n=0,\ \pm1$，故经过低通滤波器后：$x_1(t)=\frac{1}{3\pi}\sum_{k=-1}^{1}F_n\mathrm{e}^{\mathrm{j}2n\pi t}$。因此，只需要求出 $F_n=\frac{1}{T}F_0(\omega)|_{\omega=n\omega_1}$，$F_n=\frac{1}{T}\int_0^T f(t)\mathrm{e}^{-\mathrm{j}n\omega_1 t}\mathrm{d}t$。

一般用傅里叶变换和傅里叶级数关系求解，但是这里用定义法会更简便一些，所以大家不能忘了定义法。

这里采用定义法求解：

$$F_0=\frac{1}{T}\int_0^T\sin(2\pi t)\mathrm{d}t=\frac{1}{\pi},\quad F_1=\frac{1}{T}\int_0^T\sin(2\pi t)\mathrm{e}^{-\mathrm{j}2\pi t}\mathrm{d}t=\frac{1}{4\mathrm{j}},\quad F_{-1}=\frac{1}{T}\int_0^T\sin(2\pi t)\mathrm{e}^{\mathrm{j}2\pi t}\mathrm{d}t=-\frac{1}{4\mathrm{j}}$$

$$x_1(t)=\frac{1}{3\pi}\sum_{k=-1}^{1}F_n\mathrm{e}^{\mathrm{j}2n\pi t}=\frac{1}{3\pi}\left[\frac{1}{\pi}+\frac{1}{2}\sin(2\pi t)\right]$$

再经过微分器可得 $y(t)=\frac{\mathrm{d}x_1(t)}{\mathrm{d}t}=\frac{1}{3}\cos(2\pi t)$。

奥本海姆版第八章 | 通信系统

奥本海姆 8.4 假设 $x(t)=\sin(200\pi t)+2\sin(400\pi t)$，$g(t)=x(t)\sin(400\pi t)$。若乘积 $g(t)\sin(400\pi t)$ 通过一个截止频率为 400π，通带增益为 2 的理想低通滤波器，试确定该低通滤波器输出端所得到的信号。

这道题利用频域来算很容易算错，因此大家要合理运用三角函数公式中的降幂公式或者积化和差公式。

解析 由题可知，

$$g(t)\sin(400\pi t)=x(t)\sin^2(400\pi t)=[\sin(200\pi t)+2\sin(400\pi t)]\frac{1-\cos(800\pi t)}{2}$$

$$=\frac{1}{2}\sin(200\pi t)+\sin(400\pi t)-\left[\frac{\sin(200\pi t)\cos(800\pi t)}{2}+\sin(400\pi t)\cos(800\pi t)\right]$$

$$=\frac{1}{2}\sin(200\pi t)+\sin(400\pi t)-\left[\frac{\sin(1000\pi t)+\sin(-600\pi t)}{4}+\frac{\sin(1200\pi t)+\sin(-400\pi t)}{2}\right]$$

则经过一个截止频率为 400π 的滤波器后，$y(t)=\sin(200\pi t)$。

对于 $\sin(400\pi t)$ 这一项，截止频率刚好等于信号的频率，这里看作是被过滤掉的。

奥本海姆 8.8 考虑如图所示的调制系统。输入信号 $x(t)$ 的傅里叶变换 $X(j\omega)=0$，$|\omega|>\omega_M$，假设 $\omega_c>\omega_M$，试回答下列问题：

（1）若 $x(t)$ 为实值信号，$y(t)$ 保证为实信号吗？

（2）$x(t)$ 可以从 $y(t)$ 中恢复吗？

一个域是实信号，对应另一个域是共轭对称的。这道题很重要，很有可能出现在考研的大题中。

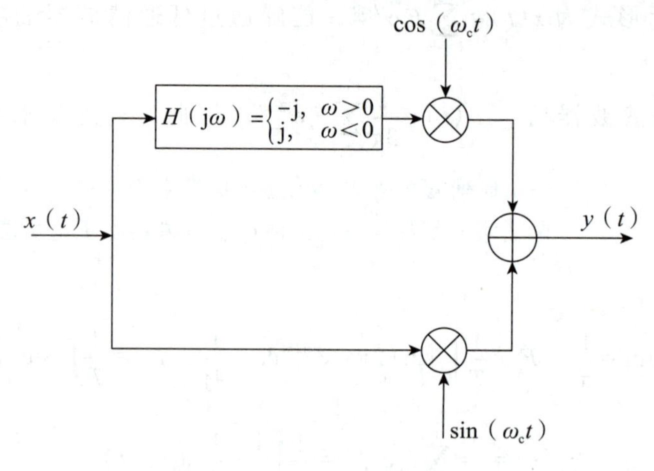

解析 （1）由题可知，$x(t)$ 为实值信号。

$$y(t)=[x(t)*h(t)]\cos(\omega_c t)+x(t)\sin(\omega_c t)$$

由于 $x(t)$ 为实值信号，则乘上 $\sin(\omega_c t)$ 后也是实信号，需要判断 $x(t)*h(t)$ 是否为实信号。由于 $x(t)*h(t)\to X(j\omega)(-j)\text{sgn}(\omega)$，因此 $A(\omega)=X(j\omega)(-j)\text{sgn}(\omega)$，$A^*(\omega)=X^*(-j\omega)j\text{sgn}(-\omega)$。由于符号函数是奇函数，则

$$A^*(\omega)=X^*(-j\omega)j\text{sgn}(-\omega)=X^*(-j\omega)(-j)\text{sgn}(\omega)=A(\omega)$$

因此，频域是共轭对称的，故 $x(t)*h(t)$ 是实信号，则 $y(t)$ 是实信号。

考生若觉得数学证明有难度，可以通过画频谱图的方法，观察频谱图是否是共轭对称的。

（2）用一个截止频率为 ω_c，增益为 2 的理想低通滤波器可以从 $y(t)$ 中恢复 $x(t)$。

故 $x(t)=[y(t)\sin(\omega_c t)]*\dfrac{2\sin(\omega_c t)}{\pi t}$。

奥本海姆 8.18 设 $x[n]$ 是一个实值序列，其傅里叶变换 $X(e^{j\omega})=0$，$\omega\geqslant\pi/4$，现在想要得到一个信号 $y[n]$，它的傅里叶变换在 $-\pi<\omega\leqslant\pi$ 内为

能够知道信号的截止频率为 $\frac{\pi}{4}$。

$$Y(\mathrm{e}^{\mathrm{j}\omega})=\begin{cases}X\left[\mathrm{e}^{\mathrm{j}\left(\omega-\frac{\pi}{2}\right)}\right], & \frac{\pi}{2}<\omega\leqslant\frac{3\pi}{4}\\ X\left[\mathrm{e}^{\mathrm{j}\left(\omega+\frac{\pi}{2}\right)}\right], & -\frac{3\pi}{4}<\omega\leqslant-\frac{\pi}{2}\\ 0, & \text{其他}\end{cases}$$

如图所示的系统用于从$x[n]$得到$y[n]$。试确定要使该系统正常工作，图中滤波器的频率响应$H(\mathrm{e}^{\mathrm{j}\omega})$必须满足什么限制。

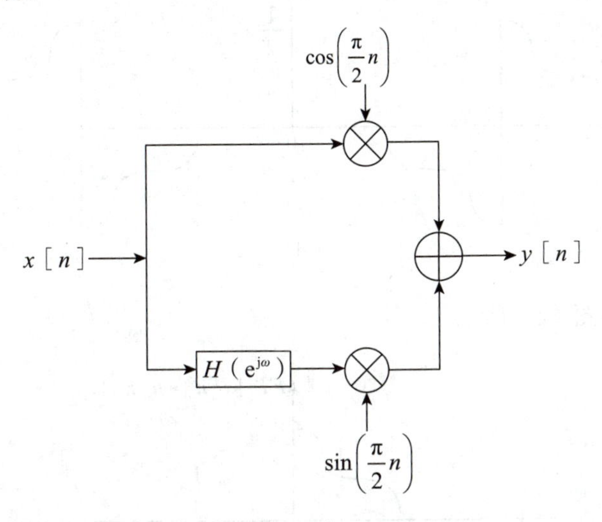

解析 由题可知$X(\mathrm{e}^{\mathrm{j}\omega})=0$，$\omega\geqslant\pi/4$，$Y(\mathrm{e}^{\mathrm{j}\omega})=\begin{cases}X\left[\mathrm{e}^{\mathrm{j}\left(\omega-\frac{\pi}{2}\right)}\right], & \frac{\pi}{2}<\omega\leqslant\frac{3\pi}{4}\\ X\left[\mathrm{e}^{\mathrm{j}\left(\omega+\frac{\pi}{2}\right)}\right], & -\frac{3\pi}{4}<\omega\leqslant-\frac{\pi}{2}\\ 0, & \text{其他}\end{cases}$，则$x[n]$、$y[n]$、

频谱向左向右搬移，幅值乘上$\frac{1}{2}$。

$x[n]\cos(n\pi/2)$的频谱分别为$X(\mathrm{e}^{\mathrm{j}\omega})$、$Y(\mathrm{e}^{\mathrm{j}\omega})$、$FT\{x[n]\cos(n\pi/2)\}$，如图（a）～图（c）所示。

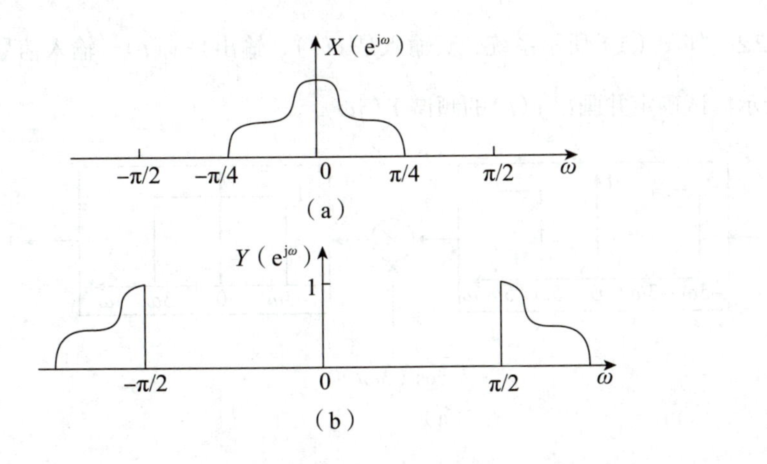

（a）

（b）

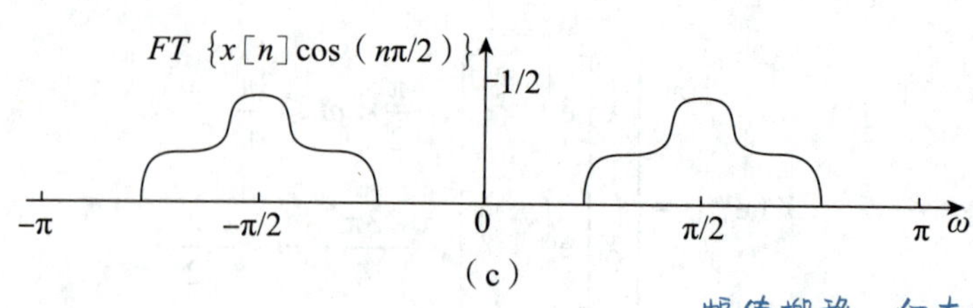

(c)

故 $FT\{x[n]*h[n]\sin(n\pi/2)\}$ 如图（d）所示。

幅值搬移，向左搬移的幅频乘上 $\frac{j}{2}$，向右搬移的幅频乘上 $-\frac{j}{2}$，别记混了。

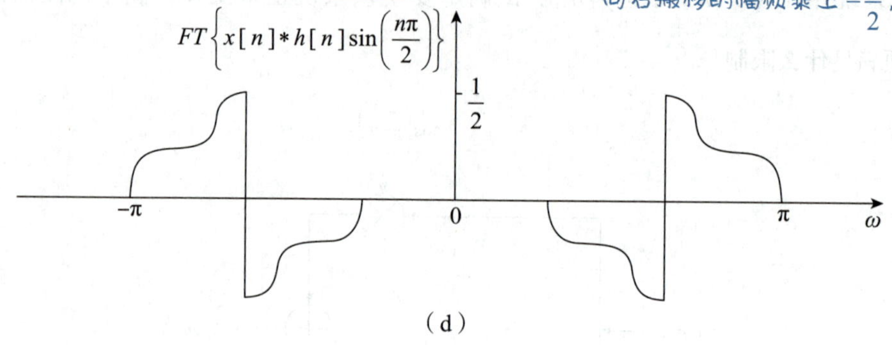

(d)

因此 $FT\{x[n]*h[n]\}$ 如图（e）所示。

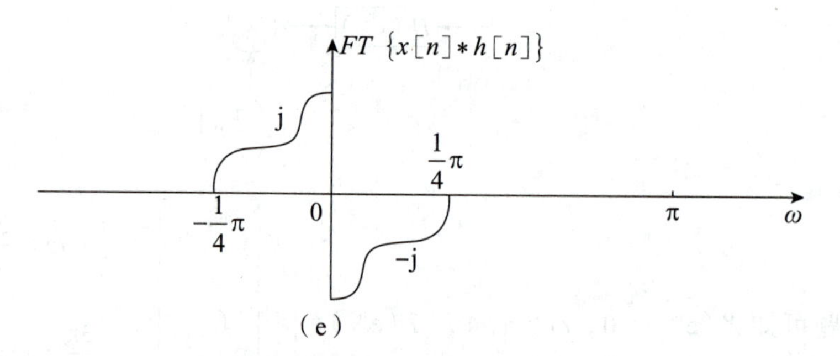

(e)

故滤波器的频率响应 $H(e^{j\omega})$ 满足 $H(e^{j\omega})=\begin{cases} j, & 0<\omega\leqslant\frac{\pi}{4} \\ -j, & -\frac{\pi}{4}\leqslant\omega<0 \end{cases}$。

奥本海姆 8.22 如图（a）所示系统，其输入是 $x(t)$，输出是 $y(t)$，输入信号的傅里叶变换 $X(j\omega)$ 如图（b）所示，试确定并画出 $y(t)$ 的频谱 $Y(j\omega)$。

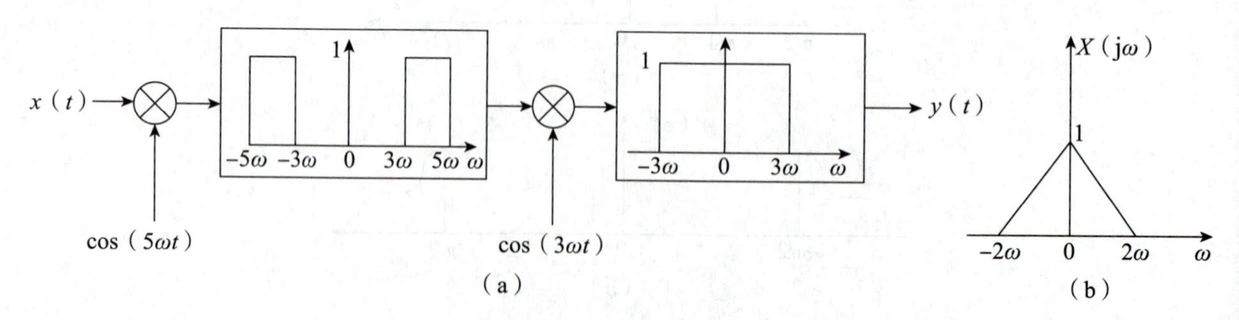

(a) (b)

解析 $x(t)\cos(5\omega t)$的频谱如图（a）所示。

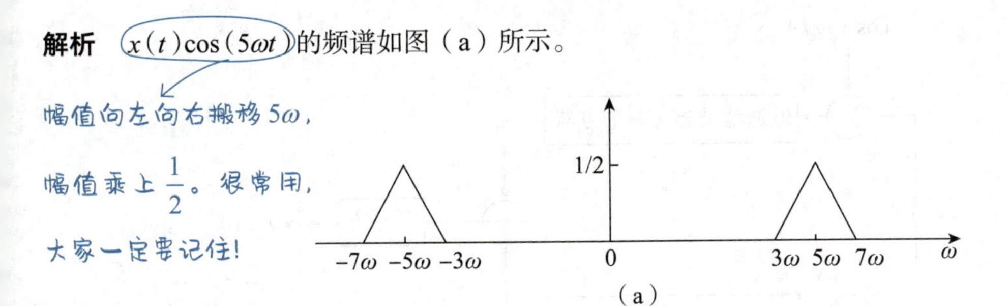

（a）

经过带通滤波器后，如图（b）所示。

注意滤波器的截止频率，大于$|5\omega|$的信号被过滤掉

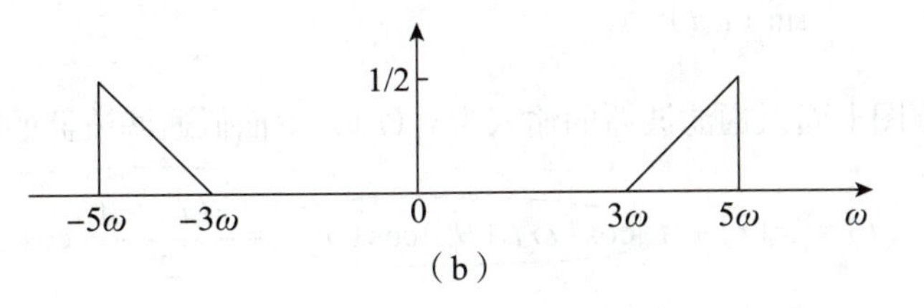

（b）

再对$\cos(3\omega t)$调制后，如图（c）所示。

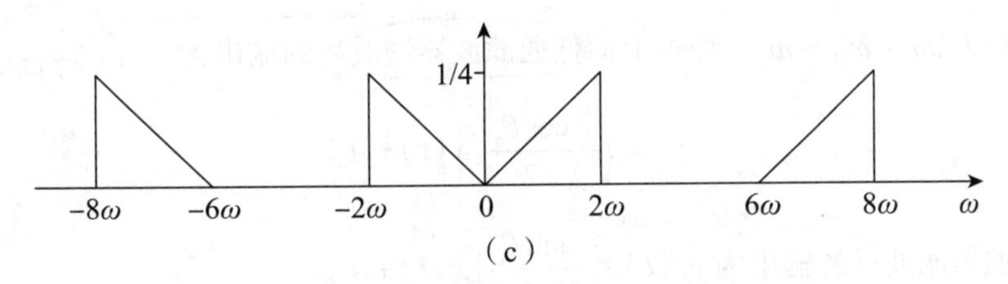

（c）

经过系统滤波器后，得频谱$Y(\mathrm{j}\omega)$，如图（d）所示。

注意滤波器的截止频率，只有在$[-3\omega, 3\omega]$的信号能通过。

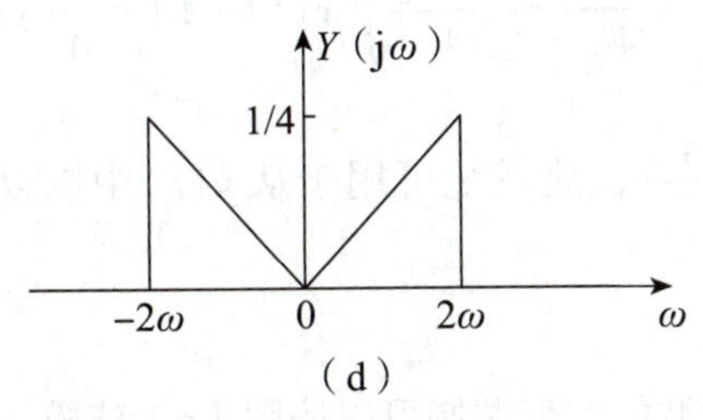

（d）

奥本海姆 8.26 【证明题】 已知$y(t)=[x(t)+A]\cos(\omega_c t+\theta_c)$这种形式的幅度调制信号的非同步解调要用一个包络检波器。还有另外一种解调系统，它也不要求相位同步，但要求频率同步，该系统如图中的方框图所示。两个低通滤波器截止频率都为ω_c，信号$y(t)=[x(t)+A]\cos(\omega_c t+\theta_c)$，其中$\theta_c$为常数但大小未知。信号$x(t)$带限于$\omega_M$，即$X(\mathrm{j}\omega)=0$，$|\omega|>\omega_M$且$\omega_M<\omega_c$。与利用包络检波器的要求相同，对所有的$t$，$[x(t)+A]>0$。

截止频率为ω_M。

证明：如图所示系统可用于从$y(t)$中恢复出$x(t)$，而无须知道调制器相位θ_c。

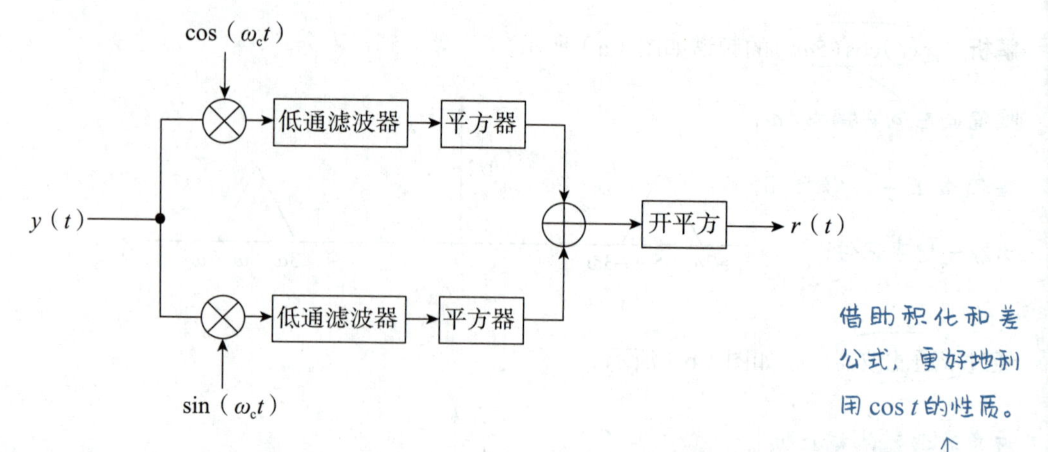

证明 设题图中的方框图上面低通滤波器的输入为 $y_1(t)$，下面低通滤波器的输入为 $y_2(t)$，

$$y_1(t)=y(t)\cos(\omega_c t)=[x(t)+A]\cos(\omega_c t+\theta_c)\cos(\omega_c t)=\frac{x(t)+A}{2}[\cos(2\omega_c t+\theta_c)+\cos\theta_c]$$

$$y_2(t)=y(t)\sin(\omega_c t)=\frac{x(t)+A}{2}[\sin(2\omega_c t+\theta_c)-\sin\theta_c]$$

因为 $\omega_M<\omega_c$，所以 $2\omega_c-\omega_M>\omega_c$。经过上面低通滤波器滤波后的输出为

只有小于 ω_c 的部分才能够通过。

$$y_3(t)=\frac{\cos\theta_c}{2}[x(t)+A]$$

经过下面低通滤波器滤波后的输出为 $y_4(t)=-\frac{\sin\theta_c}{2}[x(t)+A]$。

经过平方器可得 $y_3^2(t)+y_4^2(t)=\left(\frac{\cos^2\theta_c}{4}+\frac{\sin^2\theta_c}{4}\right)[x(t)+A]^2=\frac{1}{4}[x(t)+A]^2$。

经过开方器可得 $r(t)=\frac{[x(t)+A]}{2}$，故系统可用于从 $y(t)$ 中恢复出 $x(t)$，而无须知道调制器相位 θ_c。

奥本海姆 8.30 用一个脉冲串载波的幅度调制可以按图（a）建模。该系统的输出是 $q(t)$。

（1）设 $x(t)$ 是一带限信号，即有 $X(j\omega)=0$，$|\omega|\geqslant\pi/T$，如图（b）所示。确定并画出 $R(j\omega)$ 和 $Q(j\omega)$。

（2）求最大的 Δ 值，使得通过一个合适的滤波器 $M(j\omega)$ 后有 $w(t)=x(t)$。

（3）确定并画出使 $w(t)=x(t)$ 的补偿滤波器 $M(j\omega)$。

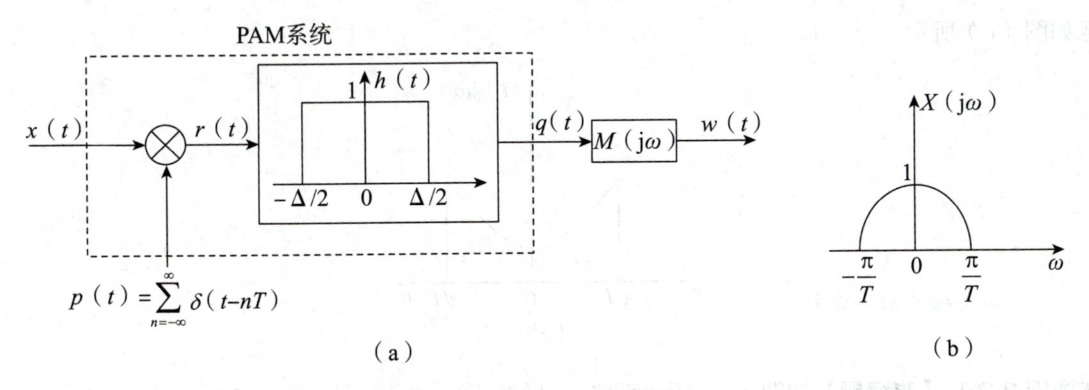

（a）　　　　　　　　（b）

解析　（1）由题图（a）可知，周期脉冲序列的傅里叶变换为

$$P(\mathrm{j}\omega)=\frac{2\pi}{T}\sum_{k=-\infty}^{\infty}\delta\left(\omega-k\frac{2\pi}{T}\right),\quad r(t)=x(t)p(t),\quad q(t)=r(t)*h(t)$$

根据频域卷积定理可得

时域采样，频域周期延拓，幅值乘上 $\frac{1}{T}$。

$$R(\mathrm{j}\omega)=\frac{1}{2\pi}[X(\mathrm{j}\omega)*P(\mathrm{j}\omega)]=\frac{1}{T}\sum_{k=-\infty}^{\infty}X\left[\mathrm{j}\left(\omega-k\frac{2\pi}{T}\right)\right]$$

$$Q(\mathrm{j}\omega)=R(\mathrm{j}\omega)H(\mathrm{j}\omega)=\frac{1}{T}\sum_{k=-\infty}^{\infty}X\left[\mathrm{j}\left(\omega-k\frac{2\pi}{T}\right)\right]\frac{2\sin\left(\frac{\omega\Delta}{2}\right)}{\omega}=\frac{2\sin\left(\frac{\omega\Delta}{2}\right)}{T\omega}\sum_{k=-\infty}^{\infty}X\left[\mathrm{j}\left(\omega-k\frac{2\pi}{T}\right)\right]$$

$R(\mathrm{j}\omega)$和$Q(\mathrm{j}\omega)$如图（a）、图（b）所示。

零点变多了，产生了失真，要想不失真，那么两者零点应该重合。

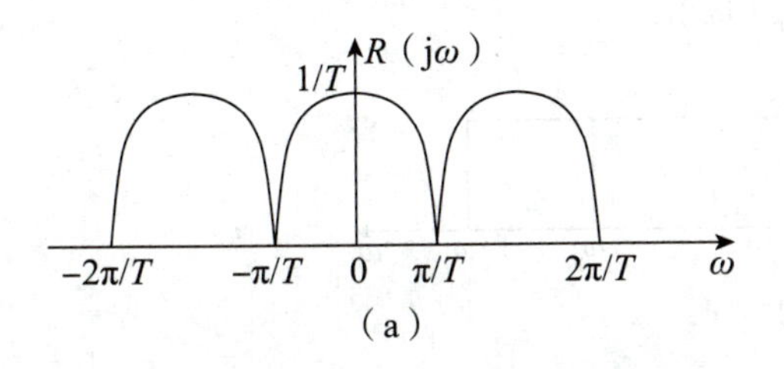

（a）

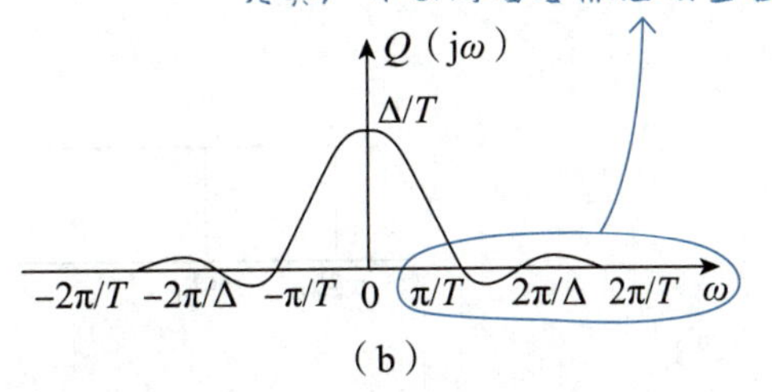

（b）

（2）若使得通过一个合适的滤波器$M(\mathrm{j}\omega)$后有$w(t)=x(t)$，即$H(\mathrm{j}\omega)$的周期是$X(\mathrm{j}\omega)$的整数倍，

即$\frac{2\pi}{\frac{\Delta}{2}}=k\frac{2\pi}{T}\Rightarrow\Delta=\frac{2T}{k}$，故当$k=1$时，$\Delta$最大，为$2T$。

（3）可以写出$Q(\mathrm{j}\omega)$的表达式：$Q(\mathrm{j}\omega)=\frac{1}{T}\sum_{n=-\infty}^{\infty}X(\omega-n\omega_1)\Delta\mathrm{Sa}\left(\frac{\omega\Delta}{2}\right)$。

因此要想恢复信号，则需要

$$|M(\mathrm{j}\omega)|=\frac{T}{\Delta\mathrm{Sa}\left(\frac{\omega\Delta}{2}\right)},\quad M(\mathrm{j}\omega)=\begin{cases}\dfrac{T\omega}{2\sin\left(\frac{\omega\Delta}{2}\right)}, & |\omega|<\dfrac{\pi}{T}\\ 0, & \text{其他}\end{cases}$$

图像如图（c）所示。

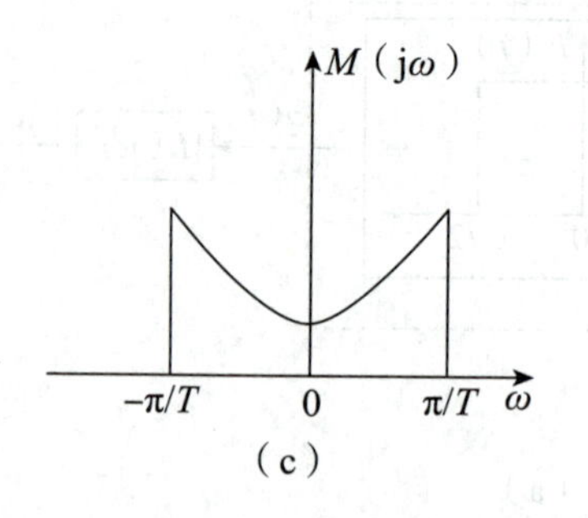

（c）

广东工业大学真题，重要！

奥本海姆 8.34 【改编题】如图（a）所示系统，已知 $x(t)=\mathrm{Sa}(\omega_1 t)$，$\omega_0=5\omega_1$。

（1）求 $x(t)$ 的傅里叶变换，并画出频谱图；

（2）求 $z(t)=x(t)\cos(\omega_0 t)$ 的傅里叶变换，并画出频谱图；

（3）求 $x_2(t)$ 的傅里叶变换，并画出频谱图；

（4）确定图（b）中 K、ω_{p1}、ω_{p2} 的范围，使 $y(t)=z(t)$。

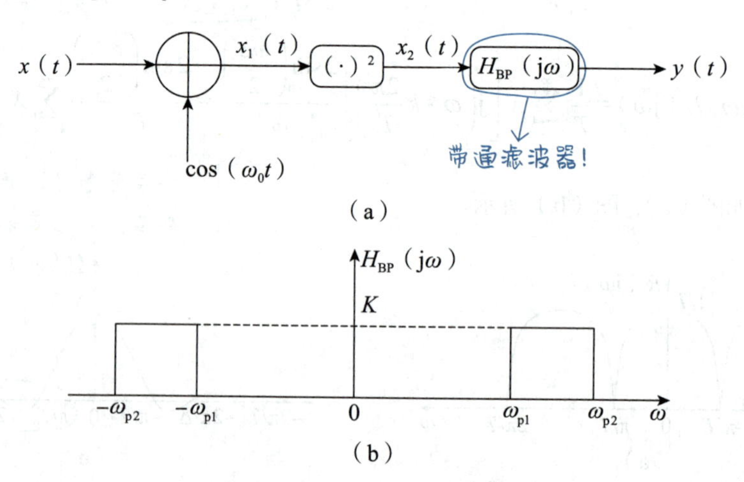

（b）

解析 （1）由题可知 $x(t)=\mathrm{Sa}(\omega_1 t)$，而 $\frac{\pi}{\omega_1}g_{2\omega_1}(t)\leftrightarrow\frac{\pi}{\omega_1}\frac{\sin(\omega_1 t)}{\pi t}$。

常见矩形窗傅里叶变换对［见图（a）］：

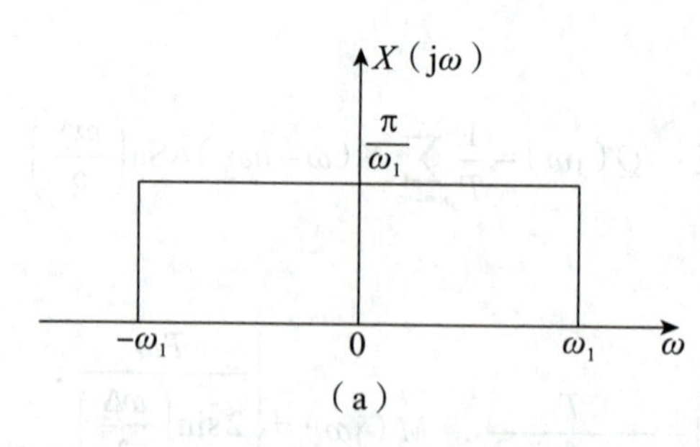

（a）

（2）
$$\cos(\omega_0 t)\leftrightarrow\pi[\delta(\omega+\omega_0)+\delta(\omega-\omega_0)]$$

$$z(t)=x(t)\cos(\omega_0 t)\leftrightarrow \frac{1}{2}X[\mathrm{j}(\omega+\omega_0)]+\frac{1}{2}X[\mathrm{j}(\omega-\omega_0)]$$

$$\omega_0=5\omega_1$$

时域乘上 $\cos(\omega_0 t)$，频域向左向右搬移 ω_0，幅值乘上 $\frac{1}{2}$。

频谱图如图（b）所示。

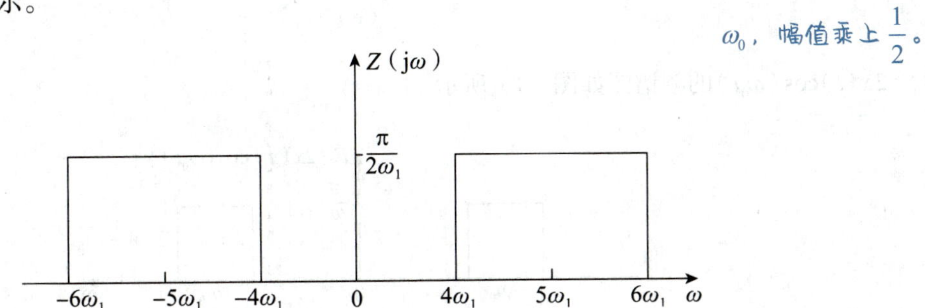

（b）

（3）
$$x_1(t)=x(t)+\cos(\omega_0 t)$$

频谱图如图（c）所示。

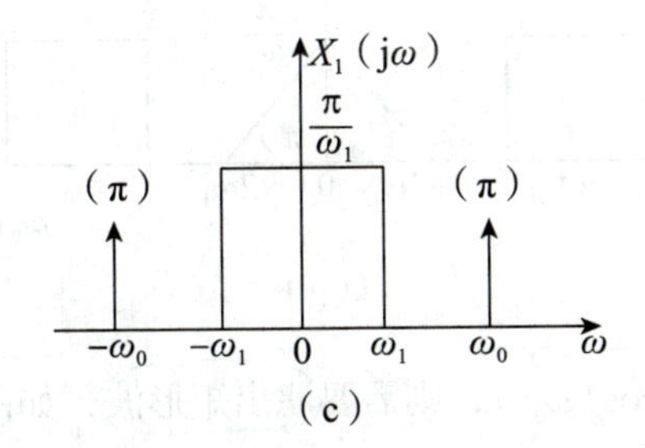

（c）

而 $x_2(t)=[x(t)+\cos(\omega_0 t)]^2=x^2(t)+\cos^2(\omega_0 t)+2x(t)\cos(\omega_0 t)$，故

$$x_2(t)=x^2(t)+\frac{\cos(2\omega_0 t)+1}{2}+2x(t)\cos(\omega_0 t)$$

需要利用降幂公式将信号展开。

信号 $x^2(t)$ 的频谱图如图（d）所示。

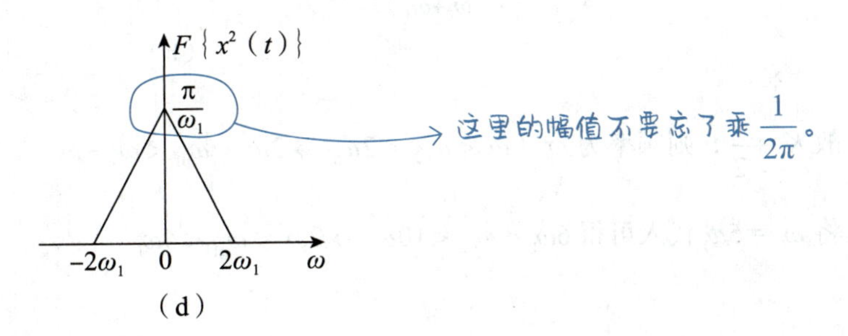

（d）

信号 $\frac{\cos(2\omega_0 t)+1}{2}$ 的频谱图如图（e）所示。

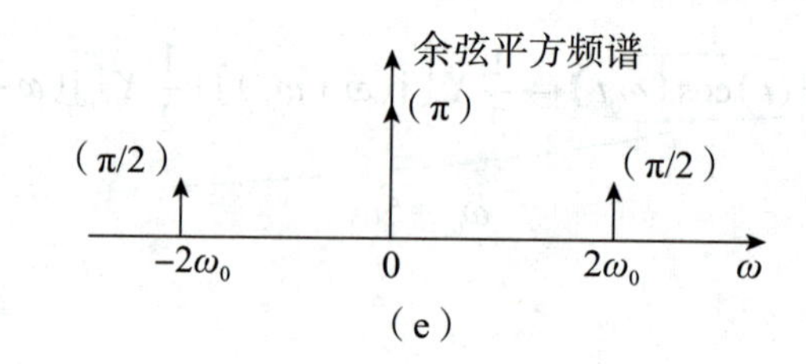

(e)

信号$2x(t)\cos(\omega_0 t)$的频谱图如图（f）所示。

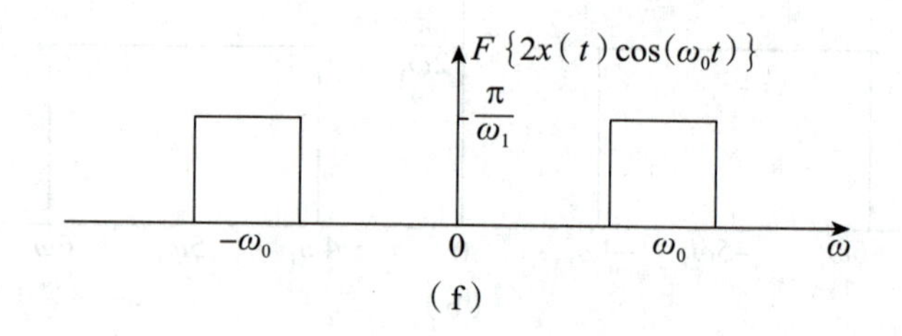

(f)

频谱相加可得$x_2(t)$的频谱图，如图（g）所示。

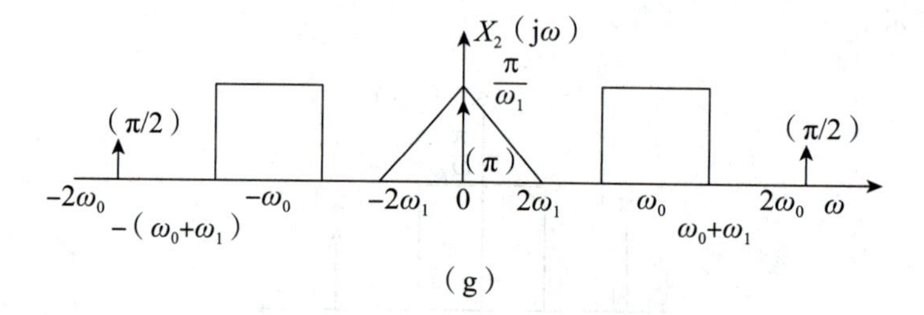

(g)

（4）令输出为$y(t)=z(t)=x(t)\cos(\omega_0 t)$，则需要滤出矩形波，如图（h）所示。

观察两者的频谱图，明确需要过滤出的信号是哪一部分，再选取合适的滤波器。

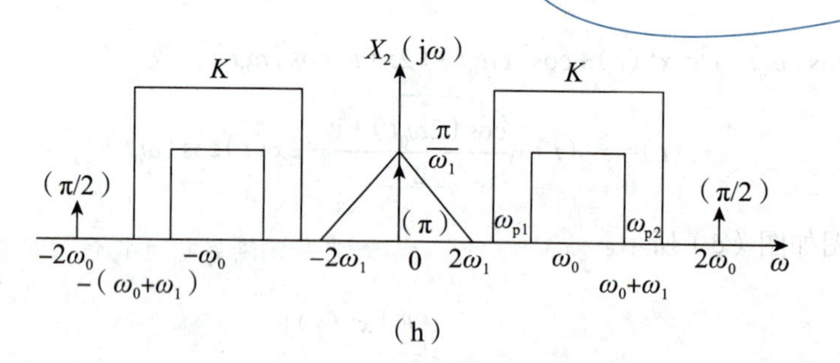

(h)

故$K=\dfrac{1}{2}$，则频率为$\omega_0+\omega_1<\omega_{p2}<2\omega_0 \rightarrow 2\omega_1<\omega_{p1}<\omega_0-\omega_1$。

将$\omega_0=5\omega_1$代入可得$6\omega_1<\omega_{p2}<10\omega_1 \rightarrow 2\omega_1<\omega_{p1}<4\omega_1$。

第六章　离散时间系统的时域分析

1. 连续时间信号和离散时间信号对比

#	性质	离散时间	连续时间
1	方程形式	差分方程	微分方程
2	性质判断	线性、时不变、因果、稳定	线性、时不变、因果、稳定
3	齐次解、特解	见下方对比（离散无跳变）	连续主要求跳变
4	周期性（判断根源欧拉公式）	$e^{j\omega_0 n}$ 的周期存在，需要 $\frac{2\pi}{\omega_0}$ 为有理数（两个整数的比），若 $\frac{2\pi}{\omega_0}=\frac{N}{m}$，则周期为 N；若两个信号相加 $f_1(n)+f_2(n)$，则其周期为两个信号的最小公倍数 $[N_1, N_2]$	$e^{j\omega_0 t}$ 的周期为 $\frac{2\pi}{\omega_0}$；若两个信号相加 $f_1(t)+f_2(t)$，则其周期为两个信号的最小公倍数 $[T_1, T_2]$

指数信号的周期和正余弦信号的周期一样。

2. 时域求解响应的注意事项

完全响应 = 零状态响应 + 零输入响应 = 强迫响应 + 自由响应 = 稳态响应 + 暂态响应。

碰到此类题目最简单的做法：在时域求零输入响应，在变换域求零状态响应。当求出零输入响应和零状态响应后，相加即可得完全响应。**完全响应中与系统函数有关的极点所在的响应为自由响应，剩下的是强迫响应。**令 $t\to\infty$，完全响应中趋于 0 的为暂态响应，剩下的为稳态响应。

一定要会区分自由响应和强迫响应以及零输入响应和零状态响应。

3. 时域求解零状态响应和零输入响应步骤

本章也有类似连续时 $r(0_+)=r(0_-)+r_{zs}(0_+)$ 这样的关系，不过也有一些差异。

离散时 $y_{全}(n)=y_{zi}(n)+y_{zs}(n)$。

举例：$y_{全}(0)=y_{zi}(0)+y_{zs}(0)$，$y_{全}(1)=y_{zi}(1)+y_{zs}(1)$，$y_{全}(2)=y_{zi}(2)+y_{zs}(2)$，…。

① $y_{zi}(n)$ 时域求法：零输入响应和齐次解的形式相同，设出通式后，可以代入 $y(-1)$、$y(-2)$、$y(-3)$ 进行求解。

根据特征根设出零输入响应的形式。因此，不能忘记通式的形式。

② $y_{zs}(n)$时域求法：零状态响应的形式 = 齐次解 + 特解，设出通式后，可以代入$y_{zs}(0)$、$y_{zs}(1)$、$y_{zs}(2)$进行求解（代值必须代连续的两个值，否则会出错），其中对于这几个初始状态，我们利用$y(-1)=0$，$y(-2)=0$，$y(-3)=0$进行求解。

4. 卷积的计算方法

卷积的4种常见计算方法：定义法、图解法、变换域求法、错位相乘不进位法。

其中错位相乘不进位法十分重要。

口诀：①两列右端对齐；②错位相乘不进位；③同列相加形成新序列；④检查起始点新位置。

此方法针对有限长序列的卷积，直接秒杀！

结论：两个有限长序列长度分别为N和M，卷积后序列长度为$N+M-1$。

若害怕忘记对应的数是哪一个起始状态的话，可以将起始点写在下面。

斩题型

题型1 信号的周期性判断

小马哥导引

注意离散信号的周期必须为整数！易错点：2和π的最小公倍数不是2π，因为2π不是2的整数倍！

【例1】判断序列$f(k)=3\cos\left(\frac{\pi}{3}k\right)-7\sin\left(\frac{\pi}{2}k+\frac{\pi}{3}\right)+4\cos\left(\frac{\pi}{8}k\right)$是否为周期序列？若为周期序列，试求其基波周期$N$。（2023年西安电子科技大学3.1）

【分析】根据周期公式$N=\frac{2\pi}{\omega}$，有

$$\cos\left(\frac{\pi}{3}k\right)\Rightarrow N_1=6,\quad \sin\left(\frac{\pi}{2}k+\frac{\pi}{3}\right)\Rightarrow N_2=4,\quad \cos\left(\frac{\pi}{8}k\right)\Rightarrow N_3=16$$

离散序列，周期为整数，取N_1、N_2、N_3最小公倍数为周期，则有$N=48$。

题型2 物理应用

小马哥导引

此类题目都是“纸老虎”，只需要读懂题，把题目中的文字描述转换为表达式，即可迎刃而解！

【例2】考虑一个简单的单种动物增殖模型。令$y(n)$为第n代动物的总数，假定在没有任何阻碍因素存在的条件下，动物的出生率使每一代的总数加倍，动物数量增长的动态基本方程就是

$y(n)=2y(n-1)+x(n)$，其中$x(n)$为系统的输入，代表由于外界的影响对总数引起的增加或减少。然而，在任何生态系统中，总归存在着一些阻止它增长的因素，这些因素代表了反馈的效果。假定在每一代中，由于这些控制因素所引起的减少是以一个固定的比值β（β为实数）进行的，每一代剩下的部分将在下一代加倍，因此有$y(n)=2(1-\beta)y(n-1)+x(n)$。

（1）请判断使系统$y(n)=2(1-\beta)y(n-1)+x(n)$稳定的$\beta$的取值范围；

（2）当$\beta=\frac{1}{2}$时，若输入为$u(n)$，$y(-1)=2$，求系统的响应$y(n)$。（2023年北京邮电大学11）

【分析】（1）对系统差分方程作z变换：$Y(z)-2(1-\beta)z^{-1}Y(z)=X(z)$，$H(z)=\dfrac{z}{z-2(1-\beta)}$。

由于是动物增殖模型，系统因果：$|z|>|2(1-\beta)|$，系统稳定，收敛域需要包含单位圆：$|2(1-\beta)|<1$，

离散系统稳定说明收敛域需要包含单位圆，连续系统稳定说明收敛域需要包含虚轴。

则$\frac{1}{2}<\beta<\frac{3}{2}$。

（2）当$\beta=\frac{1}{2}$时，系统函数为$H(z)=\dfrac{z}{z-1}$，$|z|>1$。根据特征根设出零输入响应：$y_{zi}(n)=A$。

由于$y(-1)=2$，则$y_{zi}(n)=2u(n)$，$y_{zs}(n)=u(n)*u(n)=(n+1)u(n)$。

$$y(n)=y_{zi}(n)+y_{zs}(n)=(n+3)u(n)$$

完全响应 = 零输入响应 + 零状态响应。

题型 3 系统性质判断

小马哥导引

离散域的系统性质判断和连续域别无二致，只需要写出系统作用，即可解题。

【例 3】某系统输入为$x(n)$，输出为$y(n)$，系统输入、输出之间满足$y(n)=nx(2n-1)$，判断系统的线性、时变、因果性质。（2023年哈尔滨工业大学1.1）

【分析】①判断线性。

当输入为$x_1(n)$时，$y_1(n)=nx_1(2n-1)$；

当输入为$x_2(n)$时，$y_2(n)=nx_2(2n-1)$；

先线性后系统等于先系统后线性，因此是线性的。

当输入为$Ax_1(n)+Bx_2(n)$时，$y_3(n)=Anx_1(2n-1)+Bnx_2(2n-1)=Ay_1(n)+By_2(n)$。因此是线性的。

②判断时变性。

先经过系统再经过时移：$y(n)=nx(2n-1-n_0)$；

先经过时移再经过系统：$y(n)=nx[2(n-n_0)-1]$，因此是时变的。

先时移后系统不等于先系统后时移，因此是时变的。

③判断因果性。

$y(2)=2x(3)$，输出与未来时刻输入有关，因此系统是非因果的。

解习题

郑君里版第七章 | 离散时间系统的时域分析

郑君里 7.4 判断以下各序列是否周期性的，如果是周期性的，试确定其周期。

（1）$x(n)=A\cos\left(\dfrac{3\pi}{7}n-\dfrac{\pi}{8}\right)$；　　（2）$x(n)=\mathrm{e}^{\mathrm{j}\left(\frac{n}{8}-\pi\right)}$。

解析 （1）由题可得

$$x(n)=A\cos\left(\frac{3\pi}{7}n-\frac{\pi}{8}\right),\ x(n+N)=A\cos\left(\frac{3\pi}{7}n+\frac{3N}{14}\cdot2\pi-\frac{\pi}{8}\right)$$

离散周期信号的周期是一个整数。

当$\dfrac{3N}{14}$为整数时，$x(n)=x(n+N)$，即N是14的倍数，则信号$x(n)$有周期性，其周期为$N=14$。

（2）由题可得

$$x(n)=\mathrm{e}^{\mathrm{j}\left(\frac{n}{8}-\pi\right)},\ x(n+N)=\mathrm{e}^{\mathrm{j}\left(\frac{n}{8}+\frac{N}{16\pi}\cdot2\pi-\pi\right)}$$

由于$\dfrac{N}{16\pi}$是无理数，因此$x(n)\neq x(n+N)$，信号$x(n)$无周期性。

郑君里 7.9 列出如图所示系统的差分方程，指出其阶次。

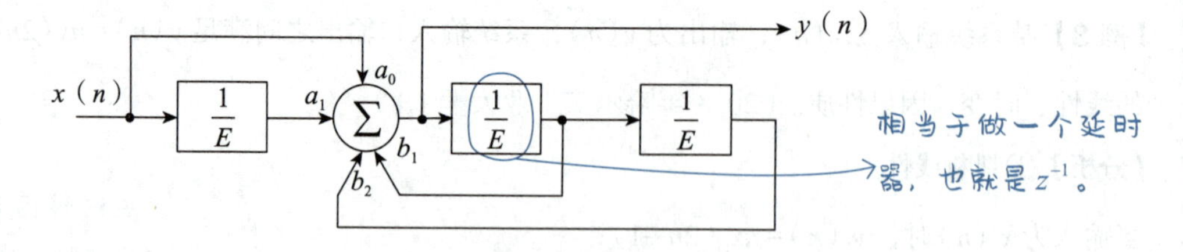

解析 根据题图可知：$g_1=a_1z^{-1}$，$g_2=a_0$，$L_1=b_1z^{-1}$，$L_2=b_2z^{-2}$。

所有通路和环路都相互接触，所有的环路相互接触，利用简易梅森公式可知

$$H(z)=\frac{\sum g_i}{1-\sum L_i}=\frac{a_1z^{-1}+a_0}{1-b_1z^{-1}-b_2z^{-2}}=\frac{Y(z)}{X(z)}$$

系统函数、输入激励以及输出信号的关系要清楚。

交叉相乘：$(1-b_1z^{-1}-b_2z^{-2})Y(z)=(a_1z^{-1}+a_0)X(z)$，经过逆变换，得

$$y(n)-b_1y(n-1)-b_2y(n-2)=a_0x(n)+a_1x(n-1)$$

系统的差分方程为二阶差分方程。→ 最高阶看系统函数的左边。

郑君里 7.21 【物理应用题】一个乒乓球从 H m 高度自由下落至地面，每次弹跳起的最高值是前一次最高值的 2/3。若以 $y(n)$ 表示第 n 次跳起的最高值，试列写描述此过程的差分方程式。又若给定 $H=2$ m，解此差分方程。

→ 求解物理应用题的关键在于从题目信息中读取出差分方程。

解析 由题可得差分方程为 $y(n)=\dfrac{2}{3}y(n-1)$，边界条件（→ 初始状态。）$y(0)=H$。

根据迭代法可解得

$$y(n)=C\left(\frac{2}{3}\right)^n u(n)$$

→ 相当于求零输入响应。

由题可知 $y(0)=H=2$，代入可得 $C=2$，因此 $y(n)=2\left(\dfrac{2}{3}\right)^n u(n)$。

郑君里 7.23 【物理应用题】把 $x(n)$ 升的液体 A 和 $[100-x(n)]$ 升的液体 B 都倒入一容器中 [限定 $x(n)\leqslant 100$ 升]，该容器内已有 900 升的 A 与 B 之混合液。均匀混合后，再从容器倒出 100 升混合液。如此重复上述过程，在第 n 个循环结束时，若 A 在混合液中所占百分比为 $y(n)$，试列出求 $y(n)$ 的差分方程。如果已知 $x(n)=50$，$y(0)=0$，解 $y(n)$，并指出其中的自由分量与强迫分量，当 $n\to\infty$ 时 $y(n)$ 为多少？再从直觉的概念解释此结果。

解析 由题可知，第 $n-1$ 次混合后 A 的含量为 $900y(n-1)$ 升，再注入 $x(n)$ 升，可知第 n 次循环混合后，A 在混合液中的百分比为 $y(n)=\dfrac{1}{1\,000}[900y(n-1)+x(n)]$。

→ 找到第 $n-1$ 次和第 n 次的关系，需要读懂题目。

整理可得 $y(n)-0.9y(n-1)=0.001x(n)$。

上式解得齐次解为 $C\cdot 0.9^n$，设特解为 D，代入可得 $D=0.5$。

则完全解为 $y(n)=C\cdot 0.9^n+0.5$，由题可知 $y(0)=0$，代入 $y(n)$ 可得 $C=-0.5$。则完全解为

$$y(n)=\underbrace{-0.5\cdot 0.9^n}_{\text{自由分量}}u(n)+\underbrace{0.5}_{\text{强迫分量}}u(n)$$

→ 自由分量也就是完全响应中与特征根有关的项，强迫分量是剩下的项。

当 $n\to\infty$ 时，$y(\infty)=\lim\limits_{n\to\infty}y(n)=0.5$。

直觉的概念：操作无数次后，系统达到平衡，每次倒入的 100 升液体中 A 的比例为 50%，与倒出的混合液中 A 的比例是相等的，故操作无数次后混合液中 A 的比例也是 50%。

郑君里 7.28 以下各序列是系统的单位样值响应 $h(n)$，试分别讨论各系统的因果性与稳定性。

（1）$\delta(n)$；　　（2）$\delta(n-5)$；

（3）$\delta(n+4)$；　　（4）$2u(n)$；

（5）$u(3-n)$；　　（6）$2^n u(n)$；

（7）$3^n u(-n)$；　　（8）$2^n[u(n)-u(n-5)]$；

（9）$0.5^n u(n)$；　　（10）$0.5^n u(-n)$；

（11）$\frac{1}{n}u(n)$；　　（12）$\frac{1}{n!}u(n)$。

因果信号在时域中需要满足 $n<0$，$h(n)=0$。稳定信号在时域中需要满足 $\sum_{n=-\infty}^{\infty}h(n)$ 收敛。因果信号在频域中需要满足收敛域包含无穷远点（最右边极点的右边）。稳定信号在频域中需要满足收敛域包含单位圆。一般采用频域判断。

时限信号是稳定的。

高数知识，不是绝对可和的，因此是非稳定的。

泰勒展开 $e^n=\sum_{n=0}^{\infty}\frac{1}{n!}$，因此是稳定的。

解析 系统为离散线性时不变系统，其因果的充分必要条件为 $h(n)=0$，$\forall n<0$。

系统为离散线性时不变系统，其稳定的充要条件为 $\sum_{n=-\infty}^{\infty}|h(n)|<\infty$。

（1）系统是因果系统；系统为有限长序列，满足稳定条件，则系统是稳定系统。

（2）系统是因果系统；系统为有限长序列，满足稳定条件，则系统是稳定系统。

（3）由题可得 $h(-4)=\delta(-4+4)=1$，故系统为非因果系统；系统是有限长序列，满足稳定条件，则是稳定系统。

（4）系统是因果系统；系统为临界稳定系统。

（5）$h(n)=u(3-n)$ 为左边序列，故系统为非因果系统；系统为临界稳定系统。

（6）系统是因果系统；系统是发散的单边序列，则是不稳定系统。

（7）$h(n)=3^n u(-n)$ 为左边序列，故系统为非因果系统；系统为指数衰减的单边序列，满足稳定条件，则是稳定系统。

（8）系统是因果系统；系统为有限长序列，满足稳定条件，则是稳定系统。

（9）系统是因果系统；系统为指数衰减的单边序列，满足稳定条件，则是稳定系统。

（10）$h(n)=0.5^n u(-n)$ 为左边序列，故系统为非因果系统；系统为发散的单边序列，则是不稳定系统。

（11）系统是因果系统；系统不满足绝对可和条件，则是不稳定系统。

（12）系统是因果系统；系统为单边序列，满足稳定条件，则是稳定系统。

郑君里 7.29 以下每个系统 $x(n)$ 表示激励，$y(n)$ 表示响应。判断每个激励与响应的关系是否线性的，是否时不变的。

（1）$y(n)=2x(n)+3$；　　（2）$y(n)=x(n)\sin\left(\frac{2\pi}{7}n+\frac{\pi}{6}\right)$；

（3）$y(n)=[x(n)]^2$；　　　　（4）$y(n)=\sum_{m=-\infty}^{n}x(m)$。

解析 （1）由题可知 $y(n)=2x(n)+3$。

①判断线性。　先线性后系统等于先系统后线性。

$$T[a_1x_1(n)+a_2x_2(n)]\neq a_1T[x_1(n)]+a_2T[x_2(n)]$$

即

$$2[a_1x_1(n)+a_2x_2(n)]+3\neq a_1[2x_1(n)+3]+a_2[2x_2(n)+3]$$

故该系统是非线性的。

②判断时变性。　先时移后系统等于先系统后时移。

$$T[x(n-N)]=x(n-N)\cdot 2+3,\quad y(n-N)=2x(n-N)+3$$

故该系统是时不变的。

（2）由题可知 $y(n)=x(n)\sin\left(\frac{2\pi}{7}n+\frac{\pi}{6}\right)$。　乘上和 n 有关的其他项，都是时变的。

①判断线性。

$$T[a_1x_1(n)+a_2x_2(n)]=[a_1x_1(n)+a_2x_2(n)]\sin\left(\frac{2\pi}{7}n+\frac{\pi}{6}\right)$$

$$a_1y_1(n)+a_2y_2(n)=a_1x_1(n)\sin\left(\frac{2\pi}{7}n+\frac{\pi}{6}\right)+a_2x_2(n)\sin\left(\frac{2\pi}{7}n+\frac{\pi}{6}\right)$$

故该系统是线性的。

②判断时变性。

$$T[x(n-N)]=x(n-N)\sin\left(\frac{2\pi}{7}n+\frac{\pi}{6}\right),\quad y(n-N)=x(n-N)\sin\left[\frac{2\pi}{7}(n-N)+\frac{\pi}{6}\right]$$

故该系统是时变的。

（3）由题可知 $y(n)=[x(n)]^2$。　激励带有平方项，是非线性的。

①判断线性。

$$T[a_1x_1(n)+a_2x_2(n)]=[a_1x_1(n)+a_2x_2(n)]^2$$

$$a_1y_1(n)+a_2y_2(n)=a_1[x_1(n)]^2+a_2[x_2(n)]^2$$

故该系统是非线性的。

②判断时变性。

$$T[x(n-N)]=[x(n-N)]^2,\quad y(n-N)=[x(n-N)]^2$$

故该系统是时不变的。

（4）由题可知$y(n)=\sum_{m=-\infty}^{n}x(m)$。

①判断线性。

$$T[a_1x_1(m)+a_2x_2(m)]=\sum_{m=-\infty}^{n}[a_1x_1(m)+a_2x_2(m)]$$

$$a_1y_1(n)+a_2y_2(n)=\sum_{m=-\infty}^{n}[a_1x_1(m)]+\sum_{m=-\infty}^{n}[a_2x_2(m)]$$

故该系统是线性的。

②判断时变性。

进行等量代换，也就是换元法。

$$T[x(n-N)]=\sum_{m=-\infty}^{n}x(m-N)=\sum_{m'=-\infty}^{n-N}x(m')=\sum_{m=-\infty}^{n}x(m)$$

$$y(n-N)=\sum_{m=-\infty}^{n-N}x(m)$$

故该系统是时不变的。

级联也就是串联。

郑君里 7.33 如图所示的系统包括两个级联的线性时不变系统，它们的单位样值响应分别为$h_1(n)$和$h_2(n)$。已知$h_1(n)=\delta(n)-\delta(n-3)$，$h_2(n)=0.8^nu(n)$，令$x(n)=u(n)$。

（1）按下式求$y(n)$：

$$y(n)=[x(n)*h_1(n)]*h_2(n)$$

（2）按下式求$y(n)$：

$$y(n)=x(n)*[h_1(n)*h_2(n)]$$

两种方法的结果应当是一样的（卷积结合律）。

$x(n)$ → $h_1(n)$ → $h_2(n)$ → $y(n)$

解析 （1）由题可知$h_1(n)=\delta(n)-\delta(n-3)$，$h_2(n)=0.8^nu(n)$，$x(n)=u(n)$。

法一：时域卷积，频域乘积。

$$Y(z)=X(z)H_1(z)H_2(z)=\frac{1}{1-z^{-1}}(1-z^{-3})\frac{1}{1-0.8z^{-1}}$$

根据部分分式展开法可得$Y(z)=\left(\frac{5}{1-z^{-1}}-\frac{4}{1-0.8z^{-1}}\right)(1-z^{-3})$。

看作是移位，可不参与部分分式展开。

故
$$y(n)=5(1-0.8^{n+1})u(n)-5(1-0.8^{n-2})u(n-3)$$

法二：根据卷积定义可得

$$y(n)=[x(n)*h_1(n)]*h_2(n)$$
$$=\{u(n)*[\delta(n)-\delta(n-3)]\}*0.8^n u(n)=[u(n)-u(n-3)]*0.8^n u(n)$$
$$=\sum_{m=-\infty}^{\infty}u(n-m)0.8^m u(m)-\sum_{m=-\infty}^{\infty}u(n-m-3)0.8^m u(m)=u(n)\sum_{m=0}^{n}0.8^m-u(n-3)\sum_{m=0}^{n-3}0.8^m$$

故
$$y(n)=5(1-0.8^{n+1})u(n)-5(1-0.8^{n-2})u(n-3)$$

（2）由题可知 $h_1(n)=\delta(n)-\delta(n-3)$，$h_2(n)=0.8^n u(n)$，$x(n)=u(n)$。

根据卷积定义可得，

$$y(n)=x(n)*[h_1(n)*h_2(n)]=u(n)*\{[\delta(n)-\delta(n-3)]*0.8^n u(n)\}$$
$$=u(n)*[0.8^n u(n)-0.8^{n-3}u(n-3)]$$
$$=\sum_{m=-\infty}^{\infty}u(n-m)0.8^m u(m)-\sum_{m=-\infty}^{\infty}u(n-m)0.8^{m-3}u(m-3)=u(n)\sum_{m=0}^{n}0.8^m-u(n-3)\sum_{m=3}^{n}0.8^{m-3}$$
$$=u(n)\sum_{m=0}^{n}0.8^m-u(n-3)\sum_{m=0}^{n-3}0.8^m=5(1-0.8^{n+1})u(n)-5(1-0.8^{n-2})u(n-3)$$

吴大正版第一章 | 信号与系统（离散部分）

吴大正 1.5 判别下列各序列是否为周期性的。如果是，确定其周期。

（1）$f_1(k)=\cos\left(\frac{3\pi}{5}k\right)$；　（2）$f_2(k)=\cos\left(\frac{3\pi}{4}k+\frac{\pi}{4}\right)+\cos\left(\frac{\pi}{3}k+\frac{\pi}{6}\right)$；

（3）$f_3(k)=\sin\left(\frac{1}{2}k\right)$；　（4）$f_4(k)=e^{j\frac{\pi}{3}k}$。

离散信号的周期是整数。

解析 （1）由题可知 $f_1(k)=\cos\left(\frac{3\pi}{5}k\right)$，则 $\frac{2\pi}{\frac{3}{5}\pi}=\frac{10}{3}$，故 $f_1(k)=\cos\left(\frac{3}{5}\pi k\right)$ 为周期序列，信号周期为 $N_1=10$。

（2）由题可知 $f_2(k)=\cos\left(\frac{3\pi}{4}k+\frac{\pi}{4}\right)+\cos\left(\frac{\pi}{3}k+\frac{\pi}{6}\right)$，则 $\frac{2\pi}{\frac{3}{4}\pi}=\frac{8}{3}\Rightarrow N=8$，即 $\cos\left(\frac{3\pi}{4}k+\frac{\pi}{4}\right)$ 是周期信号，其周期为 8；$\cos\left(\frac{\pi}{3}k+\frac{\pi}{6}\right)$ 是周期为 6 的周期信号。8 与 6 的最小公倍数为 24，故 $f_2(k)$ 的周期为 $N_2=24$。

（3）由题可知$f_3(k)=\sin\left(\frac{1}{2}k\right)$，则$\frac{2\pi}{\frac{1}{2}}=4\pi$，故$f_3(k)$为非周期信号。

含有π，因此是无理数，非周期信号。

复指数的周期公式和三角函数的一样，因为三角函数可用欧拉公式展开为复指数信号。

（4）由题可知$f_4(k)=e^{j\frac{\pi}{3}k}$，则$\frac{2\pi}{\frac{\pi}{3}}=6$，故$f_4(k)$为周期信号，信号周期为$N_4=6$。

吴大正 1.23 设系统的初始状态为$x(0)$，激励为$f(\cdot)$，各系统的全响应$y(\cdot)$与激励和初始状态的关系如下，试分析各系统是否是线性的。

（4）$y(k)=(0.5)^k x(0)+f(k)f(k-2)$；　　（5）$y(k)=kx(0)+\sum_{j=0}^{k}f(j)$。

解析 （4）由题可知$y(k)=(0.5)^k x(0)+f(k)f(k-2)$，系统的零输入响应为

$$y_{zi}(k)=(0.5)^k x(0)$$

零输入响应只和初始状态有关。

系统的零状态响应为$y_{zs}(k)=f(k)f(k-2)$。故系统满足分解特性。

零状态响应只和输入激励有关。

判别零状态线性。

设系统的输入为$f_1(k)$时的零状态响应为$y_{zs1}(k)=f_1(k)f_1(k-2)$；

系统的输入为$f_2(k)$时的零状态响应为$y_{zs2}(k)=f_2(k)f_2(k-2)$。

当系统的输入为$f_3(k)=af_1(k)+bf_2(k)$时，系统的零状态响应为

$$\begin{aligned}y_{zs3}(k)&=f_3(k)f_3(k-2)=[af_1(k)+bf_2(k)][af_1(k-2)+bf_2(k-2)]\\&\neq af_1(k)f_1(k-2)+bf_2(k)f_2(k-2)=ay_{zs1}(k)+by_{zs2}(k)\end{aligned}$$

故系统不满足零状态线性。系统是非线性的。

判断出零状态响应不是线性的，就不用判断零输入响应是否线性了。

（5）由题可知$y(k)=kx(0)+\sum_{j=0}^{k}f(j)$。

系统的零输入响应为$y_{zi}(k)=kx(0)$，系统的零状态响应为$y_{zs}(k)=\sum_{j=0}^{k}f(j)$。系统满足分解特性。

判别零输入线性。

设初始状态为$x_1(0)$时的零输入响应为$y_{zi1}(k)=kx_1(0)$。

设初始状态为$x_2(0)$时的零输入响应为$y_{zi2}(k)=kx_2(0)$。

当系统初始状态为$x_3(0)=ax_1(0)+bx_2(0)$时，系统的零输入响应为

$$y_{zi3}(k)=kx_3(0)=k[ax_1(0)+bx_2(0)]=akx_1(0)+bkx_2(0)=ay_{zi1}(k)+by_{zi2}(k)$$

故系统满足零输入线性。

判别零状态线性。

设系统输入为$f_1(k)$时的零状态响应为$y_{zs1}(k)=\sum_{j=0}^{k}f_1(j)$；

系统输入为$f_2(k)$时的零状态响应为$y_{zs2}(k)=\sum_{j=0}^{k}f_2(j)$。

当系统输入为$f_3(k)=af_1(k)+bf_2(k)$时，系统的零状态响应为

$$y_{zs3}(k)=\sum_{j=0}^{k}f_3(j)=\sum_{j=0}^{k}[af_1(j)+bf_2(j)]=a\sum_{j=0}^{k}f_1(j)+b\sum_{j=0}^{k}f_2(j)=ay_{zs1}(k)+by_{zs2}(k)$$

故系统满足零状态线性。该系统是线性的。

系统是线性的，需要可分解、零输入线性以及零状态线性。

吴大正 1.24 下列差分方程所描述的系统，是线性的还是非线性的？是时变还是时不变的？

（4）$y(k)+(k-1)y(k-1)=f(k)$；（5）$y(k)+y(k-1)y(k-2)=f(k)$。

解析 （4）由题可知$y(k)+(k-1)y(k-1)=f(k)$。

差分方程和微分方程判断时变和线性的操作是一样的，先假设时不变和线性，再代换，检查假设是否成立。

法一：假设是线性的，因此当$a_1f_1(k)+a_2f_2(k)$输入系统后能够得到$a_1y_1(k)+a_2y_2(k)$。

$$a_1y_1(k)+a_2y_2(k)+(k-1)[a_1y_1(k-1)+a_2y_2(k-1)]=a_1f_1(k)+a_2f_2(k)$$

$$a_1y_1(k)+(k-1)[a_1y_1(k-1)]=a_1f_1(k)$$

$$a_2y_2(k)+(k-1)[a_2y_2(k-1)]=a_2f_2(k)$$

因此$a_1f_1(k)+a_2f_2(k)=a_1y_1(k)+a_2y_2(k)+(k-1)[a_1y_1(k-1)+a_2y_2(k-1)]$。系统是线性的。

假设是时不变的，因此当$f(k-k_0)$输入系统后能够得到$y(k-k_0)$。

$$y(k-k_0)+(k-1)y(k-k_0-1)=f(k-k_0)$$

但是将式子中的k变为$k-k_0$，则$y(k-k_0)+(k-k_0-1)y(k-k_0-1)=f(k-k_0)$。

两者不相同，因此是时变的。

法二：因为$(k-1)$是变系数，所以系统是线性、时变的。

（5）由题可知$y(k)+y(k-1)y(k-2)=f(k)$。

判断线性。假设是线性的。

$$a_1f_1(k)+a_2f_2(k)\to a_1y_1(k)+a_2y_2(k)$$

$$a_1y_1(k)+a_2y_2(k)+[a_1y_1(k-1)+a_2y_2(k-1)][a_1y_1(k-2)+a_2y_2(k-2)]$$

又

$$y_1(k)+y_1(k-1)y_1(k-2)=f_1(k),\quad y_2(k)+y_2(k-1)y_2(k-2)=f_2(k)$$

所以

$$a_1f_1(k)+a_2f_2(k)=a_1y_1(k)+a_1y_1(k-1)y_1(k-2)+a_2y_2(k)+a_2y_2(k-1)y_2(k-2)$$

故

$$a_1y_1(k)+a_2y_2(k)+[a_1y_1(k-1)+a_2y_2(k-1)][a_1y_1(k-2)+a_2y_2(k-2)]\neq a_1f_1(k)+a_2f_2(k)$$

系统是非线性的。

判断时变性。

$$f_1(k-k_0)\to y(k-k_0),\ f(k-k_0)=y(k-k_0)+y(k-k_0-1)y(k-k_0-2)$$

$$y(k-k_0)+y(k-k_0-1)y(k-k_0-2)=f(k-k_0)$$

系统是时不变的。

吴大正 1.25 设激励为$f(\cdot)$，下列是各系统的零状态响应$y_{zs}(\cdot)$。判断各系统是否是线性的、时不变的、因果的、稳定的？

（5）$y_{zs}(k)=f(k)f(k-1)$；（6）$y_{zs}(k)=(k-2)f(k)$；

（7）$y_{zs}(k)=\sum_{j=0}^{k}f(j)$；（8）$y_{zs}(k)=f(1-k)$。

解析 （5）由题可知$y_{zs}(k)=f(k)f(k-1)$。

①判断线性。

$$T[a_1f_1(k)+a_2f_2(k)]=[a_1f_1(k)+a_2f_2(k)][a_1f_1(k-1)+a_2f_2(k-1)]$$

$$a_1y_{zs1}(k)+a_2y_{zs2}(k)=a_1f_1(k)f_1(k-1)+a_2f_2(k)f_2(k-1)$$

两者不同，故系统是非线性的。

上式乘出来有四项，而这里只有两项。

②判断时变性。$T[f(k-k_0)]=f(k-k_0)f(k-k_0-1)=y_{zs}(k-k_0)$，故系统是时不变的。

③判断因果性。当$k<k_0$时，$f(k)=0$，则此时有$y_{zs}(k)=f(k)f(k-1)=0$，故系统是因果的。

$k-1>k$，无解，因此，系统是因果的，输入发生在输出之前。

④判断稳定性。若$|f(k)|<\infty$，则$|y_{zs}(k)|=|f(k)f(k-1)|<\infty$，故系统是稳定的。

输入有界，输出也有界，因此，系统是稳定的。

（6）由题可知$y_{zs}(k)=(k-2)f(k)$。

①判断线性。设$y_{zs1}(k)$、$y_{zs2}(k)$、$y_{zs3}(k)$分别为输入$f_1(k)$、$f_2(k)$、$f_3(k)=af_1(k)+bf_2(k)$时系统的零状态响应，则有

$$y_{zs3}(k)=(k-2)f_3(k)=(k-2)[af_1(k)+bf_2(k)]$$

$$=a(k-2)f_1(k)+b(k-2)f_2(k)=ay_{zs1}(k)+by_{zs2}(k)$$

故系统是线性的。

②判断时变性。系统对输入$f_1(k)=f(k-k_0)$的零状态响应为$y_{zs1}(k)$，则

所有的$k\to k-k_0$。

$$y_{zs1}(k)=(k-2)f_1(k)=(k-2)f(k-k_0)\neq(k-k_0-2)f(k-k_0)=y_{zs}(k-k_0)$$

故系统是时变的。

③判断因果性。当 $k<k_0$ 时，$f(k)=0$，则此时有 $y_{zs}(k)=(k-2)f(k)=0$，故系统是因果的。

④判断稳定性。即使 $|f(k)|<\infty$，当 $k\to\infty$ 时，$|y_{zs}(k)|=|k-2||f(k)|\to\infty$，故系统是不稳定的。

因为 $k\to\infty$，所以输出是无界的。

（7）由题可知 $y_{zs}(k)=\sum_{j=0}^{k}f(j)$。

系统的作用，将激励中的 $k\to j$，然后从零开始累加。

①判断线性。设 $y_{zs1}(k)$、$y_{zs2}(k)$、$y_{zs3}(k)$ 分别为输入 $f_1(k)$、$f_2(k)$、$f_3(k)=af_1(k)+bf_2(k)$ 时系统的零状态响应，则有

$$y_{zs3}(k)=\sum_{j=0}^{k}f_3(j)=\sum_{j=0}^{k}[af_1(j)+bf_2(j)]=a\sum_{j=0}^{k}f_1(j)+b\sum_{j=0}^{k}f_2(j)=ay_{zs1}(k)+by_{zs2}(k)$$

故系统是线性的。

②判断时变性。系统对输入 $f_1(k)=f(k-k_0)$ 的零状态响应为 $y_{zs1}(k)$，则

$$y_{zs1}(k)=\sum_{j=0}^{k}f_1(j)=\sum_{j=0}^{k}f(j-k_0)=\sum_{i=-k_0}^{k-k_0}f(i)\neq\sum_{j=0}^{k-k_0}f(j)=y_{zs}(k-k_0)$$

故系统是时变的。

等量代换后，将其化简成求和形式。

③判断因果性。当 $k<k_0$ 时，$f(k)=0$，则 $y_{zs}(k)=\sum_{j=0}^{k}f(j)=0$，所以系统是因果的。

④判断稳定性。若 $f(k)=\varepsilon(k)$，则 $y_{zs}(k)=\sum_{j=0}^{k}f(j)=(k+1)\varepsilon(k)$，当 $k\to\infty$ 时，$|y_{zs}(k)|\to\infty$，故系统是不稳定的。

（8）由题可知 $y_{zs}(k)=f(1-k)$。

①判断线性。设 $y_{zs1}(k)$、$y_{zs2}(k)$、$y_{zs3}(k)$ 分别为输入 $f_1(k)$、$f_2(k)$、$f_3(k)=af_1(k)+bf_2(k)$ 时系统的零状态响应，则有 $y_{zs3}(k)=ay_{zs1}(k)+by_{zs2}(k)$，故系统是线性的。

②判断时变性。设 $y_{zs1}(k)$ 是系统对输入 $f_1(k)=f(k-k_0)$ 的零状态响应，则

$$y_{zs1}(k)=f_1(1-k)=f(1-k-k_0)\neq f[1-(k-k_0)]=y_{zs}(k-k_0)$$

故系统是时变的。

③判断因果性。当 $k<k_0$ 时，$f(k)=0$，则当 $1-k<k_0$，即 $k>1-k_0$ 时，$y_{zs}(k)=f(1-k)=0$，故系统是非因果的。

由于 $1-k>k\Rightarrow k<\frac{1}{2}$，是有解的，因此是非因果的。

④判断稳定性。若 $|f(k)|<\infty$，则 $|y_{zs}(k)|=|f(1-k)|<\infty$，故系统是稳定的。

吴大正 1.28 某一阶 LTI 离散系统，其初始状态为 $x(0)$。已知当激励为 $f(k)$ 时，其全响应为

$y_1(k)=\varepsilon(k)$，若初始状态不变，激励为 $-f(k)$ 时，其全响应为 $y_2(k)=[2(0.5)^k-1]\varepsilon(k)$；若初始状态为 $2x(0)$，激励为 $4f(k)$ 时，求其全响应。

初始状态不变，零输入响应不变。

解析 由题可知，令 $y_{zi}(k)$ 为初始状态 $x(0)$ 下的零输入响应。当激励为 $f(k)$ 时，系统的零状态响应为 $y_{zs}(k)$，而系统是 LTI 系统，当激励为 $-f(k)$ 时，系统的零状态响应为 $-y_{zs}(k)$，可得

$$y_1(k)=y_{zi}(k)+y_{zs}(k)=\varepsilon(k),\quad y_2(k)=y_{zi}(k)-y_{zs}(k)=[2(0.5)^k-1]\varepsilon(k)$$

利用线性性质。

两式联立解得 $y_{zi}(k)=(0.5)^k\varepsilon(k)$，$y_{zs}(k)=[1-(0.5)^k]\varepsilon(k)$。

则初始状态为 $2x(0)$，激励为 $4f(k)$ 时，全响应为

$$y_3(k)=2y_{zi}(k)+4y_{zs}(k)=[4-2(0.5)^k]\varepsilon(k)$$

吴大正版第三章 | 离散系统的时域分析

吴大正 3.5 【物理应用题】 一个乒乓球从离地面 10 m 高处自由下落，设球落地后反弹的高度总是其落下高度的 $\frac{1}{2}$，令 $y(k)$ 表示其第 k 次反弹所达的高度，列出其方程并求解 $y(k)$。

能够表示出 $y(k)$ 和 $y(k-1)$ 的关系。

解析 由题可知，球落地后反弹的高度总是其落下高度的 $\frac{1}{2}$，可得 $y(k)=\frac{1}{2}y(k-1)$。

整理可得 $y(k)-\frac{1}{2}y(k-1)=0$，解得齐次解为 $y(k)=C\left(\frac{1}{2}\right)^k$。

根据特征根设出零输入响应。

由题可知 $y(0)=C\left(\frac{1}{2}\right)^0=10$，得 $C=10$，将 $C=10$ 代入 $y(k)$ 可得 $y(k)=10\left(\frac{1}{2}\right)^k$，$k\geqslant 0$。

吴大正 3.7 下列差分方程所描述的系统，若激励 $f(k)=2\cos\left(\frac{k\pi}{3}\right)$，$k\geqslant 0$，求各系统的稳态响应。

当输入为 $\sin(\omega_0 t)\varepsilon(t)$ 时，$H(j\omega)|_{\omega=\omega_0}=|H(j\omega_0)|e^{j\phi(\omega_0)}$，稳态响应输出为 $|H(j\omega_0)|\sin[\omega_0 t+\phi(\omega_0)]$。

（1）$y(k)+\frac{1}{2}y(k-1)=f(k)$；

（2）$y(k)+\frac{1}{2}y(k-1)=f(k)+2f(k-1)$。

解析 （1）根据差分函数求解频率响应：$H(e^{j\omega})=\dfrac{1}{1+\frac{1}{2}e^{-j\omega}}$，因此

$$H(e^{j\omega})\Big|_{\omega=\frac{\pi}{3}}=\frac{1}{1+\frac{1}{2}e^{-j\omega}}\Bigg|_{\omega=\frac{\pi}{3}}=\frac{2}{\sqrt{7}}e^{j\arctan\frac{\sqrt{3}}{5}}$$

则稳态输出 $y_{ss1}(k)=\frac{4\sqrt{7}}{7}\cos\left(\frac{k\pi}{3}+\arctan\frac{\sqrt{3}}{5}\right)$，$k\geqslant 0$。

（2）根据差分函数求解频率响应 $H(e^{j\omega})=\frac{1+2e^{-j\omega}}{1+\frac{1}{2}e^{-j\omega}}$。因此

都在第一或四象限，可以直接使用定义法。

$$H(e^{j\omega})\bigg|_{\omega=\frac{\pi}{3}}=\frac{1+2e^{-j\omega}}{1+\frac{1}{2}e^{-j\omega}}\bigg|_{\omega=\frac{\pi}{3}}=\frac{2-\sqrt{3}j}{\frac{5}{4}-\frac{\sqrt{3}}{4}j}=2e^{-j\arctan\frac{\sqrt{3}}{2}+j\arctan\frac{\sqrt{3}}{5}}$$

则稳态输出 $y_{ss1}(k)=4\cos\left(\frac{k\pi}{3}-\arctan\frac{\sqrt{3}}{2}+\arctan\frac{\sqrt{3}}{5}\right)$，$k\geqslant 0$。

吴大正 3.18 如图所示离散系统由两个子系统级联组成，已知 $h_1(k)=2\cos\left(\frac{k\pi}{4}\right)$，$h_2(k)=a^k\varepsilon(k)$，激励 $f(k)=\delta(k)-a\delta(k-1)$，求该系统的零状态响应 $y_{zs}(k)$。（提示：利用卷积和的结合律和交换律，可以简化运算。）

$f(k)$ → $h_1(k)$ → $h_2(k)$ → $y(k)$

解析 根据系统框图可知 $y_{zs}(k)=f(k)*h_1(k)*h_2(k)$。由题可知 $h_1(k)=2\cos\left(\frac{k\pi}{4}\right)$，$h_2(k)=a^k\varepsilon(k)$，$f(k)=\delta(k)-a\delta(k-1)$。

$$y_{zs}(k)=f(k)*h_1(k)*h_2(k)=f(k)*h_2(k)*h_1(k)$$

利用卷积的交换和结合性质，简化计算。

$$=[\delta(k)-a\delta(k-1)]*[a^k\varepsilon(k)]*\left[2\cos\left(\frac{k\pi}{4}\right)\right]$$

$$=[a^k\varepsilon(k)-a\cdot a^{k-1}\varepsilon(k-1)]*\left[2\cos\left(\frac{k\pi}{4}\right)\right]=[a^k\delta(k)]*\left[2\cos\left(\frac{k\pi}{4}\right)\right]$$

故
$$y_{zs}(k)=\delta(k)*\left[2\cos\left(\frac{k\pi}{4}\right)\right]=2\cos\left(\frac{k\pi}{4}\right)$$

吴大正 3.20 如描述某二阶系统的差分方程为 $y(k)-2ay(k-1)+y(k-2)=f(k)$，式中 a 为常数，试讨论当 $|a|<1$、$a=1$、$a=-1$ 和 $|a|>1$ 四种情况时的单位序列响应。

关键在于根据特征根设出零输入响应。

解析 由题可知系统差分方程为 $y(k)-2ay(k-1)+y(k-2)=f(k)$，则 $h(k)$ 可满足

$$h(k)-2ah(k-1)+h(k-2)=\delta(k),\quad h(-1)=h(-2)=0$$

令上式 $k=0$，1，可得

$$h(0)-2ah(-1)+h(-2)=\delta(0)=1\text{，}\ h(1)-2ah(0)+h(-1)=\delta(1)=0$$

解得 $h(0)=1$，$h(1)=2a$，由系统差分方程可得特征方程为 $\lambda^2-2a\lambda+1=0$。

①当 $|a|<1$ 时，解得特征根为 $\lambda_{1,2}=a\pm \mathrm{j}\sqrt{1-a^2}=\mathrm{e}^{\pm \mathrm{j}\beta}$，$\beta=\arctan\left(\dfrac{\sqrt{1-a^2}}{a}\right)$。可得

$$h(k)=A_1(\mathrm{e}^{\mathrm{j}\beta})^k+A_2(\mathrm{e}^{-\mathrm{j}\beta})^k=[C_1\cos(\beta k)+C_2\sin(\beta k)]\varepsilon(k)$$

两种表达式，用欧拉公式展开。

代入 $h(0)=1$，$h(1)=2a$，有 $h(0)=C_1=1$，$h(1)=aC_1+\sqrt{1-a^2}C_2=2a$。解得 $C_1=1$，$C_2=\dfrac{a}{\sqrt{1-a^2}}$，代入 $h(k)$ 可得

$$h(k)=\left[\cos(\beta k)+\frac{a}{\sqrt{1-a^2}}\sin(\beta k)\right]\varepsilon(k)\text{，其中 }\beta=\arctan\left(\frac{\sqrt{1-a^2}}{a}\right)$$

②当 $a=1$ 时，特征方程为 $\lambda^2-2\lambda+1=0$。解得特征根为 $\lambda_1=\lambda_2=1$，可得 $h(k)=(C_1k+C_2)\varepsilon(k)$。代入 $h(0)=1$，$h(1)=2a=2$，有 $h(0)=C_2=1$，$h(1)=C_1+C_2=2$，解得 $C_1=C_2=1$，代入 $h(k)$ 可得

$$h(k)=(k+1)\varepsilon(k)$$

③当 $a=-1$ 时，特征方程为 $\lambda^2+2\lambda+1=0$，解得特征根为 $\lambda_1=\lambda_2=-1$。可得 $h(k)=[(C_1k+C_2)(-1)^k]\varepsilon(k)$，代入 $h(0)=1$，$h(1)=2a=-2$，有 $h(0)=C_2=1$，$h(1)=-C_1-C_2=-2$，解得 $C_1=C_2=1$。代入 $h(k)$ 可得

重根的零输入响应的格式，别记错啦。

$$h(k)=(k+1)(-1)^k\varepsilon(k)$$

④当 $|a|>1$ 时，解得特征根为 $\lambda_{1,2}=a\pm\sqrt{a^2-1}$，可得

$$h(k)=\left[C_1\left(a+\sqrt{a^2-1}\right)^k+C_2\left(a-\sqrt{a^2-1}\right)^k\right]\varepsilon(k)$$

代入 $h(0)=1$，$h(1)=2a$，有

$$h(0)=C_1+C_2=1\text{，}\ h(1)=C_1(a+\sqrt{a^2-1})+C_2(a-\sqrt{a^2-1})=2a$$

解得 $C_1=\dfrac{1}{2}+\dfrac{a}{2\sqrt{a^2-1}}$，$C_2=\dfrac{1}{2}-\dfrac{a}{2\sqrt{a^2-1}}$，代入 $h(k)$ 可得

$$h(k)=\left[\left(\frac{1}{2}+\frac{a}{2\sqrt{a^2-1}}\right)(a+\sqrt{a^2-1})^k+\left(\frac{1}{2}-\frac{a}{2\sqrt{a^2-1}}\right)(a-\sqrt{a^2-1})^k\right]\varepsilon(k)$$

吴大正 3.21 如图所示的复合系统由三个子系统组成，它们的单位序列响应分别为 $h_1(k)=\delta(k)$，$h_2(k)=\delta(k-N)$，N 为常数，$h_3(k)=\varepsilon(k)$，求复合系统的单位序列响应。

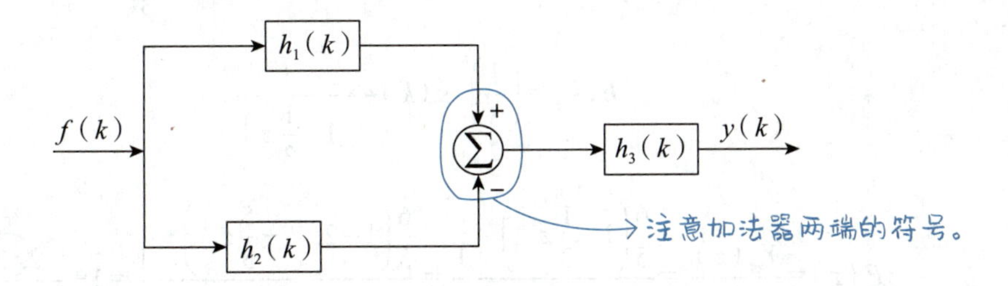

解析 由题可知 $h_1(k)=\delta(k)$，$h_2(k)=\delta(k-N)$，$h_3(k)=\varepsilon(k)$。由题图可得

$$h(k)=[h_1(k)-h_2(k)]*h_3(k)=[\delta(k)-\delta(k-N)]*\varepsilon(k)=\varepsilon(k)-\varepsilon(k-N)$$

吴大正 3.22 如图所示的复合系统由三个子系统组成，它们的单位序列响应分别为 $h_1(k)=\varepsilon(k)$，$h_2(k)=\varepsilon(k-5)$，求复合系统的单位序列响应。

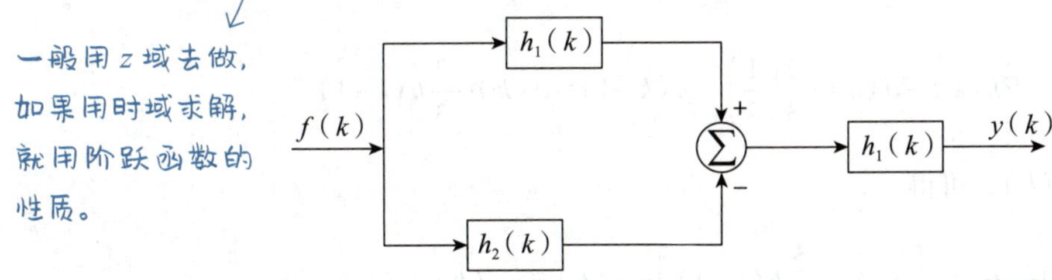

阶跃函数的卷积公式：

$\varepsilon(k)*\varepsilon(k)=(k+1)\varepsilon(k)$。

解析 由题可知 $h_1(k)=\varepsilon(k)$，$h_2(k)=\varepsilon(k-5)$。由题图可得

$$h(k)=[h_1(k)-h_2(k)]*h_1(k)=[\varepsilon(k)-\varepsilon(k-5)]*\varepsilon(k)$$

则

$$h(k)=[\delta(k)+\delta(k-1)+\delta(k-2)+\delta(k-3)+\delta(k-4)]*\varepsilon(k)$$

$$=\varepsilon(k)+\varepsilon(k-1)+\varepsilon(k-2)+\varepsilon(k-3)+\varepsilon(k-4)=(k+1)\varepsilon(k)-(k-4)\varepsilon(k-5)$$

吴大正 3.26 已知某离散系统的单位序列响应 $h(k)=\left(\frac{1}{3}\right)^k\varepsilon(k)$，其零状态响应 $y_{zs}(k)=\left[\frac{6}{5}\cdot2^k-\frac{1}{5}\left(\frac{1}{3}\right)^k\right]\varepsilon(k)$，求该系统的激励 $f(k)$。

建议大家用 z 域求解。

解析 由题可知 $h(k)=\left(\frac{1}{3}\right)^k\varepsilon(k)$，$y_{zs}(k)=\left[\frac{6}{5}\cdot2^k-\frac{1}{5}\left(\frac{1}{3}\right)^k\right]\varepsilon(k)$，$y_{zs}(k)=h(k)*f(k)$。

法一：时域卷积，频域乘积。$Y_{zs}(z)=H(z)F(z)\Rightarrow F(z)=\dfrac{Y_{zs}(z)}{H(z)}$。

根据常用 z 变换：

$$y_{zs}(k)=\left[\frac{6}{5}\cdot 2^k-\frac{1}{5}\left(\frac{1}{3}\right)^k\right]\varepsilon(k)\leftrightarrow\frac{\frac{6}{5}}{1-2z^{-1}}-\frac{\frac{1}{5}}{1-\frac{1}{3}z^{-1}}$$

$$h(k)=\left(\frac{1}{3}\right)^k\varepsilon(k)\leftrightarrow\frac{1}{1-\frac{1}{3}z^{-1}}$$

$$F(z)=\frac{Y_{zs}(z)}{H(z)}=\frac{\frac{6}{5}\left(1-\frac{1}{3}z^{-1}\right)}{1-2z^{-1}}-\frac{1}{5}=\frac{\frac{6}{5}\left(1-2z^{-1}+\frac{5}{3}z^{-1}\right)}{1-2z^{-1}}-\frac{1}{5}=1+\frac{2z^{-1}}{1-2z^{-1}}$$

相当于时移。

经过逆变换：$f(k)=\delta[k]+2^k\varepsilon[k-1]=2^k\varepsilon(k)$。

一般离散情况没有阶跃和冲激函数时不用时域求解。

法二：根据卷积的差分特性可得 $\nabla y_{zs}(k)=\nabla[h(k)*f(k)]=\nabla h(k)*f(k)$。而

$$\nabla h(k)=\nabla\left[\left(\frac{1}{3}\right)^k\varepsilon(k)\right]_{k-1}=\left(\frac{1}{3}\right)^k\varepsilon(k)-\left(\frac{1}{3}\right)^{k-1}\varepsilon(k-1)$$

$$\nabla h(k)=\delta(k)-\frac{2}{3}\left(\frac{1}{3}\right)^{k-1}\varepsilon(k-1)=\delta(k)-\frac{2}{3}h(k-1)$$

根据 $y_{zs}(k)=h(k)*f(k)$，可得

$$\nabla y_{zs}(k)=\left[\delta(k)-\frac{2}{3}h(k-1)\right]*f(k)=y_{zs}(k)-y_{zs}(k-1)$$

则 $f(k)-\frac{2}{3}y_{zs}(k-1)=y_{zs}(k)-y_{zs}(k-1)$，解得

$$f(k)=y_{zs}(k)-\frac{1}{3}y_{zs}(k-1)=\left[\frac{6}{5}\cdot 2^k-\frac{1}{5}\left(\frac{1}{3}\right)^k\right]\varepsilon(k)-\frac{1}{3}\left[\frac{6}{5}\cdot 2^{k-1}-\frac{1}{5}\left(\frac{1}{3}\right)^{k-1}\right]\varepsilon(k-1)=2^k\varepsilon(k)$$

奥本海姆版第一章 | 信号与系统（离散部分）

奥本海姆 1.3 对下列每一个信号求 P_∞ 和 E_∞。

（4）$x_1[n]=\left(\frac{1}{2}\right)^n u[n]$；　　（5）$x_2[n]=e^{j\left(\frac{\pi}{2n}+\frac{\pi}{8}\right)}$；

（6）$x_3[n]=\cos\left(\frac{\pi}{4}n\right)$。

离散序列的功率求解：$P_\infty=\lim_{N\to\infty}\frac{1}{2N+1}\sum_{k=-N}^{N}|f(k)|^2$。

离散序列的能量求解：$E_\infty=\lim_{N\to\infty}\sum_{k=-N}^{N}|f(k)|^2$。

解析 （4）由题可知 $x_1[n]=\left(\frac{1}{2}\right)^n u[n]$，根据能量功率公式可得

$$E_\infty=\lim_{N\to\infty}\sum_{n=-N}^{N}|x_1[n]|^2=\lim_{N\to\infty}\sum_{n=0}^{N}\left(\frac{1}{4}\right)^n=\lim_{N\to\infty}\frac{1-(1/4)^{N+1}}{1-1/4}=\frac{4}{3}$$

利用阶跃函数化简。 因为从 $0\to N$ 有 $N+1$ 项。

$$P_\infty=\lim_{N\to\infty}\frac{1}{2N+1}\sum_{n=-N}^{N}|x_1[n]|^2=\lim_{N\to\infty}\frac{1}{2N+1}\sum_{n=0}^{N}\left(\frac{1}{2}\right)^{2n}$$

$$=\lim_{N\to\infty}\frac{1}{2N+1}\sum_{n=0}^{N}\left(\frac{1}{4}\right)^n=\lim_{N\to\infty}\frac{1}{2N+1}\cdot\frac{1-\left(\frac{1}{4}\right)^{N+1}}{1-\frac{1}{4}}=0$$

（5）由题可知 $x_2[n]=\mathrm{e}^{\mathrm{j}\left(\frac{\pi}{2n}+\frac{\pi}{8}\right)}$，根据能量功率公式可得

有 $2N+1$ 项个“1”相加。

$$E_\infty=\lim_{N\to\infty}\sum_{n=-N}^{N}|x_2[n]|^2=\lim_{N\to\infty}\sum_{n=-N}^{N}1=\lim_{N\to\infty}(2N+1)=\infty$$

$$P_\infty=\lim_{N\to\infty}\frac{1}{2N+1}\sum_{n=-N}^{N}|x_2[n]|^2=\lim_{N\to\infty}\frac{1}{2N+1}\sum_{n=-N}^{N}1=1$$

（6）由题可知 $x_3[n]=\cos\left(\frac{\pi}{4}n\right)$，根据能量功率公式可得

$$E_\infty=\lim_{N\to\infty}\sum_{n=-N}^{N}|x_3[n]|^2=\lim_{N\to\infty}\sum_{n=-N}^{N}\frac{1}{2}=\lim_{N\to\infty}\frac{1}{2}(2N+1)=\infty$$

$$P_\infty=\lim_{N\to\infty}\frac{1}{2N+1}\sum_{n=-N}^{N}|x_3[n]|^2=\lim_{N\to\infty}\frac{1}{2N+1}\sum_{n=-N}^{N}\left[\frac{1+\cos\left(\frac{\pi}{2}n\right)}{2}\right]$$

$$=\lim_{N\to\infty}\frac{1}{2N+1}\sum_{n=-N}^{N}\frac{1}{2}\cos\left(\frac{\pi}{2}n\right)+\frac{1}{2}=\frac{1}{2}$$

在一个周期中相加都为零，因此多个零在多个周期内相加也为零。 利用降幂公式展开。

奥本海姆 1.6 判断下列信号的周期性。

（2）$x_2[n]=u[n]+u[-n]$； （3）$x_3[n]=\sum_{k=-\infty}^{\infty}\{\delta[n-4k]-\delta[n-1-4k]\}$。

在 0 到正无穷大的整数点上有值。

解析 （2）由题可知 $x_2[n]=u[n]+u[-n]$。整理可得 $x_2[n]=\begin{cases}1, & n>0,\\ 2, & n=0,\\ 1, & n<0,\end{cases}$ 故 $x_2[n]$ 不是周期信号。

在 0 到负无穷大的整数点上有值。

（3）由题可知 $x_3[n]=\sum_{k=-\infty}^{\infty}\{\delta[n-4k]-\delta[n-1-4k]\}$，整理可得

$$x_3[n]=(\delta[n]-\delta[n-1])*\sum_{k=-\infty}^{\infty}\{\delta[n-4k]\}$$

由于一个周期信号可以写成$x[n]=x_0[n]*\sum_{k=-\infty}^{\infty}\{\delta[n-kT]\}$，故$x_3[n]$是基波周期为4的周期序列。

周期信号可以写作主周期信号卷积上周期冲激串，建议用这种方法，用画图法也行。

奥本海姆 1.9 判断下列信号的周期性。若是周期的，给出它的基波周期。

（3）$x_3[n]=e^{j7\pi n}$；（4）$x_4[n]=3e^{j\frac{3}{5}\pi(n+1/2)}$；

（5）$x_5[n]=3e^{j\frac{3}{5}(n+1/2)}$。

利用欧拉公式展开。

解析 （3）由题可知$x_3[n]=e^{j7\pi n}$，整理可得

$$x_3[n]=\cos(7\pi n)+j\sin(7\pi n)\Rightarrow\frac{2\pi}{\omega_0}=\frac{2\pi}{7\pi}=\frac{2}{7}$$

故$x_3[n]$为周期序列，其基波周期$N=2$。

离散序列的周期只能为整数。

（4）由题可知$x_4[n]=3e^{j\frac{3\pi}{5}\left(n+\frac{1}{2}\right)}$，整理可得

$$x_4[n]=3e^{j\left(\frac{3}{5}\pi n+\frac{3}{10}\pi\right)}=3\cos\left(\frac{3\pi}{5}n+\frac{3\pi}{10}\right)+3j\sin\left(\frac{3\pi}{5}n+\frac{3\pi}{10}\right)\Rightarrow\frac{2\pi}{\omega_0}=\frac{2\pi}{\frac{3\pi}{5}}=\frac{10}{3}$$

故$x_4[n]$为周期序列，其基波周期$N=10$。

（5）由题可知$x_5[n]=3e^{j\frac{3}{5}\left(n+\frac{1}{2}\right)}$，整理可得

$$x_5[n]=3e^{j\left(\frac{3}{5}n+\frac{3}{10}\right)}=3\cos\left(\frac{3}{5}n+\frac{3}{10}\right)+3j\sin\left(\frac{3}{5}n+\frac{3}{10}\right)$$

又$\frac{2\pi}{\omega_0}=\frac{2\pi}{\frac{3}{5}}=\frac{10\pi}{3}$，$\frac{10\pi}{3}$是无理数，故$x_5[n]$不是周期序列。

离散序列$\frac{2\pi}{\omega_0}=\frac{N}{m}$，如果$\frac{N}{m}$是无理数，信号是非周期信号，如果$\frac{N}{m}$是有理数，周期为$N$。

奥本海姆 1.11 求信号$x[n]=1+e^{\frac{j4\pi n}{7}}-e^{\frac{j2\pi n}{5}}$的基波周期。

解析 由题可得$x[n]=1+e^{\frac{j4\pi n}{7}}-e^{\frac{j2\pi n}{5}}$。

直流分量相当于对时域信号进行上下搬移，不会影响信号的周期。

① $e^{j4\pi n/7}$：$\omega_1=\frac{4\pi}{7}$，$\frac{2\pi}{\omega_1}=\frac{7}{2}$为有理数，所以$e^{\frac{j4\pi n}{7}}$是周期信号，基波周期$N_1=7$。

② $e^{j2\pi n/5}$：$\omega_2=\frac{2\pi}{5}$，$\frac{2\pi}{\omega_2}=5$为有理数，所以$e^{\frac{j2\pi n}{5}}$也是周期信号，基波周期$N_2=5$。

N_1与N_2的最小公倍数为35，故信号$x[n]$的基波周期为$N=35$。

考试的时候可能还会问出现几次谐波，需要求出基波频率，然后看信号频率和其之间的倍数关系，几倍就是几次谐波。

奥本海姆 1.18 考虑一个离散时间系统，其输入 $x[n]$ 和输出 $y[n]$ 的关系为 $y[n]=\sum_{k=n-n_0}^{n+n_0} x[k]$，其中，$n_0$ 为某一有限正整数。

（1）系统是线性的吗？

（2）系统是时不变的吗？

（3）若 $x[n]$ 为有界且界定为一有限整数 B，即对所有的 n 有 $|x[n]|<B$ 时，可以证明 $y[n]$ 是被界定到某一有限数 C，因此可以得出该系统是稳定的。试用 B 和 n_0 来表示 C。

看起来很难，其实就是考查稳定性。

解析 （1）由题可知，$y[n]=\sum_{k=n-n_0}^{n+n_0} x[k]$，则

$$T\{a_1x_1[k]+a_2x_2[k]\}=\sum_{k=n-n_0}^{n+n_0}\{a_1x_1[k]+a_2x_2[k]\}$$

$$a_1y_1[n]+a_2y_2[n]=a_1\sum_{k=n-n_0}^{n+n_0}x_1[k]+a_2\sum_{k=n-n_0}^{n+n_0}x_2[k]$$

故系统是线性的。

换元法。

（2）$T[x(n-N)]=\sum_{k=n-n_0}^{n+n_0}x[k-N]\overset{a=k-N}{=\!=\!=}\sum_{a=n-n_0-N}^{n+n_0-N}x[a]$，$y[n-N]=\sum_{k=n-N-n_0}^{n-N+n_0}x[k]$，故系统是时不变的。

（3）由题可知，当 $|x[n]|<B$ 时，$|y[n]|<C$，又

有多少项求和。

$$|y[n]|=\left|\sum_{k=n-n_0}^{n+n_0}x[k]\right|<\sum_{k=n-n_0}^{n+n_0}|x[k]|<(n+n_0-n+n_0+1)B=(2n_0+1)B$$

故 $C\leqslant(2n_0+1)B$。

奥本海姆 1.19 判定下列输入－输出关系的系统是否具有线性性质、时不变性质，或两者俱有。

（2）$y[n]=x^2[n-2]$；　　（3）$y[n]=x[n+1]-x[n-1]$。

解析 （2）由题可知，$y[n]=x^2[n-2]$。

小技巧：含有平方项，系统是非线性的。

①判断线性。设 $x_1[n]\to y_1[n]=x_1^2[n-2]$，$x_2[n]\to y_2[n]=x_2^2[n-2]$。

令 $ax_1[n]+bx_2[n]=x_3[n]$，则

$$y_3[n]=x_3^2[n-2]=\{ax_1[n-2]+bx_2[n-2]\}^2$$

$$=a^2x_1^2[n-2]+2abx_1[n-2]x_2[n-2]+b^2x_2^2[n-2]\neq ay_1[n]+by_2[n]$$

故该系统是非线性的。

②判断时变性。令 $x_4[n]=x[n-n_0]$，则

$$x_4[n]\to y_4[n]=x_4^2[n-2]=x^2[n-2-n_0]=y[n-n_0]$$

故该系统是时不变的。先时移后系统和先系统后时移相等，因此是时不变的。

（3）由题可知，$y[n]=x[n+1]-x[n-1]$。

①判断线性。设 $x_1[n]\to y_1[n]=x_1[n+1]-x_1[n-1]$，$x_2[n]\to y_2[n]=x_2[n+1]-x_2[n-1]$。令 $ax_1[n]+bx_2[n]=x_3[n]$，则

$$y_3[n]=x_3[n+1]-x_3[n-1]=ax_1[n+1]+bx_2[n+1]-ax_1[n-1]-bx_2[n-1]$$

$$=a\{x_1[n+1]-x_1[n-1]\}+b\{x_2[n+1]-x_2[n-1]\}=ay_1[n]+by_2[n]$$

故该系统是线性的。

②判断时变性。令 $x_4[n]=x[n-n_0]$，则

$$y_4[n]=x_4[n+1]-x_4[n-1]=x[n+1-n_0]-x[n-1-n_0]=y[n-n_0]$$

故该系统是时不变的。

奥本海姆 1.26 判定下列离散时间信号的周期性；若是周期的，确定它的基波周期。

（1）$x[n]=\sin\left(\frac{6\pi}{7}n+1\right)$；

（2）$x[n]=\cos\left(\frac{n}{8}-\pi\right)$；

（3）$x[n]=\cos\left(\frac{\pi}{8}n^2\right)$；此题同时也是电子科技大学真题，很重要。

（4）$x[n]=\cos\left(\frac{\pi}{2}n\right)\cos\left(\frac{\pi}{4}n\right)$；

（5）$x[n]=2\cos\left(\frac{\pi}{4}n\right)+\sin\left(\frac{\pi}{8}n\right)-2\cos\left(\frac{\pi}{2}n+\frac{\pi}{6}\right)$。

和连续信号的周期公式一样，但是要注意两个点：必须是有理数，周期为整数。

解析 （1）由题可知，$x[n]=\sin\left(\frac{6\pi}{7}n+1\right)$，则 $\frac{2\pi}{\omega_0}=\frac{2\pi}{\frac{6\pi}{7}}=\frac{7}{3}=\frac{N}{m}$。故 $x[n]$ 是周期信号，其基波周期 $N=7$。

（2）由题可知，$x[n]=\cos\left(\frac{n}{8}-\pi\right)$，则 $\frac{2\pi}{\omega_0}=\frac{2\pi}{\frac{1}{8}}=16\pi$，而 16π 是无理数，故 $x[n]$ 是非周期信号。

（3）由题可知，$x[n]=\cos\left(\frac{\pi}{8}n^2\right)$，则　不能用降幂公式化简，只能用周期序列的定义。

$$x[n+N]=\cos\left[\frac{\pi}{8}(n+N)^2\right]=\cos\left(\frac{\pi}{8}n^2+\frac{\pi}{4}nN+\frac{\pi}{8}N^2\right)$$

因此
$$\frac{\pi}{4}nN+\frac{\pi}{8}N^2=2k\pi$$

上式对所有的 n 成立，整理可得 $2nN+N^2=16k$，则必须有 N^2 和 $2N$ 均为 16 的整数倍，此时 $x[n+N]=x[n]$，故 $x[n]$ 是周期信号，其基波周期 $N=8$。

（4）由题可知，$x[n]=\cos\left(\frac{\pi}{2}n\right)\cos\left(\frac{\pi}{4}n\right)$，整理可得

需要借助积化和差公式，拆分成两项，分别求周期。

$$\cos\left(\frac{\pi n}{4}\right)\cos\left(\frac{\pi n}{2}\right)=\frac{1}{2}\left[\cos\left(\frac{3\pi n}{4}\right)+\cos\left(\frac{\pi n}{4}\right)\right]$$

对于 $\cos\left(\frac{3\pi n}{4}\right)$，$\frac{2\pi}{\omega_0}=\frac{2\pi}{\frac{3\pi}{4}}=\frac{8}{3}$。由于离散序列的周期要求为整数，则

$$\cos\left(\frac{3\pi n}{4}\right)\to N_1=8\text{，}\quad \cos\left(\frac{\pi n}{4}\right)\to N_2=\frac{2\pi}{\frac{\pi}{4}}=8$$

故 $x[n]$ 是周期信号，其基波周期 $N=8$。

（5）由题可知，$x[n]=2\cos\left(\frac{\pi}{4}n\right)+\sin\left(\frac{\pi}{8}n\right)-2\cos\left(\frac{\pi}{2}n+\frac{\pi}{6}\right)$。

对于 $\cos\left(\frac{\pi}{4}n\right)$，$\frac{2\pi}{\omega_{01}}=\frac{2\pi}{\frac{\pi}{4}}=8$，$N_1=8$；对于 $\sin\left(\frac{\pi}{8}n\right)$，$\frac{2\pi}{\omega_{02}}=\frac{2\pi}{\frac{1}{8}\pi}=16$，$N_2=16$；对于 $\cos\left(\frac{\pi}{2}n+\frac{\pi}{6}\right)$，$\frac{2\pi}{\omega_{03}}=\frac{2\pi}{\frac{\pi}{2}}=4$，$N_3=4$。$N_1$，$N_2$，$N_3$ 的最小公倍数为 16，故 $x[n]$ 是周期信号，其基波周期 $N=16$。

奥本海姆 1.28 对以下离散时间系统确定无记忆性、时不变性、线性、因果性、稳定性中哪些性质成立，哪些不成立，并陈述你的理由。下列中 $y[n]$ 和 $x[n]$ 分别为系统的输出和输入。

（1）$y[n]=x[-n]$；

（2）$y[n]=x[n-2]-2x[n-8]$；

（3）$y[n]=nx[n]$；

（4）$y[n]=\mathrm{Ev}[x[n-1]]$；

（5）$y[n]=\begin{cases}x[n], & n\geqslant 1\\ 0, & n=0\\ x[n+1], & n\leqslant -1\end{cases}$；

（6）$y[n]=\begin{cases}x[n], & n\geqslant 1\\ 0, & n=0\\ x[n], & n\leqslant -1\end{cases}$；

（7）$y[n]=x[4n+1]$。

解析 （1）由题可知，$y[n]=x[-n]$。

①判断记忆性。$y[1]=x[-1]$，由此可知，输出信号$y[n]$与过去的输入信号$x[n]$有关，故系统是记忆的。

②判断时变性。令$x_1[n]=x[n-n_0]$，则$y_1[n]=x_1[-n]=x[-n-n_0]$，而

$$y[n-n_0]=x[-n+n_0]\neq y_1[n]=x_1[-n]=x[-n-n_0]$$

故系统是时变的。

③判断线性。设$x_1[n]\to y_1[n]=x_1[-n]$，$x_2[n]\to y_2[n]=x_2[-n]$，令

$$x_3[n]=ax_1[n]+bx_2[n]$$

则$y_3[n]=x_3[-n]=ax_1[-n]+bx_2[-n]=ay_1[n]+by_2[n]$，故系统是线性的。

④判断因果性。$y[-1]=x[1]$。 $-n>n\Rightarrow n<0$ 有解，因此是非因果的。

由上式可知，输出信号$y[n]$与输入信号$x[n]$的将来值有关，故系统是非因果的。

⑤判断稳定性。令输入信号$x[n]$为有界信号，则输出信号$y[n]$也是有界信号，故系统是稳定的。

（2）由题可知，$y[n]=x[n-2]-2x[n-8]$。

①判断记忆性。$y[0]=x[-2]-2x[-8]$。加果系统出现延时，那么就是记忆的。

由上式可知，输出信号$y[n]$取决于过去的输入信号$x[n]$，故系统是记忆的。

②判断时变性。令$x_1[n]=x[n-n_0]$，则

$$y_1[n]=x_1[n-2]-2x_1[n-8]=x[n-2-n_0]-2x[n-8-n_0]$$

$$y[n-n_0]=x[n-n_0-2]-2x[n-n_0-8]=y_1[n]$$

故系统是时不变的。

③判断线性。设$x_1[n]\to y_1[n]=x_1[n-2]-2x_1[n-8]$，$x_2[n]\to y_2[n]=x_2[n-2]-2x_2[n-8]$，令$x_3[n]=ax_1[n]+bx_2[n]$，则

$$y_3[n]=x_3[n-2]-2x_3[n-8]=ax_1[n-2]+bx_2[n-2]-2ax_1[n-8]-2bx_2[n-8]=ay_1[n]+by_2[n]$$

故系统是线性的。

④判断因果性。由于$\begin{cases}n-2>n\\n-8>n\end{cases}$无解，则输出信号$y[n]$不取决于未来的输入信号$x[n]$，故系统是因果的。

⑤判断稳定性。若输入信号$x[n]$为有界信号，则输出信号$y[n]$也是有界信号，故系统是稳定的。

（3）由题可知，$y[n]=nx[n]$。乘上时间因子，因此是时变的。

①判断因果性与记忆性。任何时刻的输出只与当时的输入有关，故系统是因果的和无记忆的。

②判断时变性。设$x_1[n]=x[n-n_0]$，则

$$y_1[n]=nx_1[n]=nx[n-n_0]\neq(n-n_0)x[n-n_0]=y[n-n_0]$$

故系统是时变的。

③判断线性。设$x_1[n]\rightarrow y_1[n]=nx_1[n]$，$x_2[n]\rightarrow y_2[n]=nx_2[n]$，令$x_3[n]=ax_1[n]+bx_2[n]$，则

$$y_3[n]=nx_3[n]=anx_1[n]+bnx_2[n]=ay_1[n]+by_2[n]$$

故系统是线性的。

④判断稳定性。令$x[n]$为输入信号，$\lim\limits_{n\to\infty}y[n]=\lim\limits_{n\to\infty}nx[n]=\infty$，则输出信号无界，故系统不稳定。

取信号的偶部。

（4）由题可知，$y[n]=\mathrm{Ev}[x[n-1]]=\frac{1}{2}x[n-1]+\frac{1}{2}x[-n-1]$。

①判断记忆性。$y[0]=\frac{1}{2}x[-1]+\frac{1}{2}x[-1]=x[-1]$。

由上式可知，输出信号与过去的输入信号有关，故系统是记忆的。

②判断时变性。设$x_1[n]=x[n-n_0]$，则

$$y_1[n]=\frac{1}{2}x_1[n-1]+\frac{1}{2}x_1[-n-1]=\frac{1}{2}x[n-n_0-1]+\frac{1}{2}x[-n-n_0-1]$$

而$y[n-n_0]=\frac{1}{2}x[n-n_0-1]+\frac{1}{2}x[-n+n_0-1]\neq y_1[n]$，故系统是时变的。

③判断线性。设$x_1[n]\rightarrow y_1[n]=\frac{1}{2}x_1[n-1]+\frac{1}{2}x_1[-n-1]$，$x_2[n]\rightarrow y_2[n]=\frac{1}{2}x_2[n-1]+\frac{1}{2}x_2[-n-1]$，

令$x_3[n]=ax_1[n]+bx_2[n]$，则

$$\begin{aligned}y_3[n]&=\frac{1}{2}x_3[n-1]+\frac{1}{2}x_3[-n-1]=\frac{1}{2}ax_1[n-1]+\frac{1}{2}bx_2[n-1]+\frac{1}{2}ax_1[-n-1]+\frac{1}{2}bx_2[-n-1]\\&=ay_1[n]+by_2[n]\end{aligned}$$

故系统是线性的。

④判断因果性。$y[-2]=\frac{1}{2}x[-3]+\frac{1}{2}x[1]$，由此可知，输出信号$y[n]$与未来的输入信号$x[n]$有关，故系统是非因果的。

⑤判断稳定性。令输入信号$x[n]$为有界信号，则输出信号$y[n]$也是有界信号，故系统是稳定的。

（5）由题可知，$y[n]=\begin{cases}x[n], & n\geqslant 1\\ 0, & n=0\\ x[n+1], & n\leqslant -1\end{cases}$。

①判断因果性和记忆性。输出信号$y[n]$只与当前及未来的输入信号$x[n]$有关，故系统是非因果的和记忆的。

②判断时变性。设$x_1[n]=x[n-n_0]$，$x_1[n]\to y_1[n]=\begin{cases}x_1[n], & n\geqslant 1\\ 0, & n=0\\ x_1[n+1], & n\leqslant -1\end{cases}=\begin{cases}x[n-n_0], & n\geqslant 1\\ 0, & n=0\\ x_1[n+1-n_0], & n\leqslant -1\end{cases}$，

而$y[n-n_0]=\begin{cases}x[n-n_0], & n-n_0\geqslant 1\\ 0, & n-n_0=0\\ x[n+1-n_0], & n-n_0\leqslant -1\end{cases}\neq y_1[n]$，故系统是时变的。

③判断线性。设

$$x_1[n]\to y_1[n]=\begin{cases}x_1[n], & n\geqslant 1\\ 0, & n=0\\ x_1[n+1], & n\leqslant -1\end{cases},\quad x_2[n]\to y_2[n]=\begin{cases}x_2[n], & n\geqslant 1\\ 0, & n=0\\ x_2[n+1], & n\leqslant -1\end{cases}$$

令$x_3[n]=ax_1[n]+bx_2[n]$，则

$$y_3[n]=\begin{cases}x_3[n], & n\geqslant 1\\ 0, & n=0\\ x_3[n+1], & n\leqslant -1\end{cases}=\begin{cases}ax_1[n]+bx_2[n], & n\geqslant 1\\ 0, & n=0\\ ax_1[n+1]+bx_2[n+1], & n\leqslant -1\end{cases}=ay_1[n]+by_2[n]$$

故系统是线性的。

④判断稳定性。当输入信号$x[n]$为有界信号时，输出信号$y[n]$也是有界信号，故系统是稳定的。

（6）由题可知，$y[n]=\begin{cases}x[n], & n\geqslant 1\\ 0, & n=0\\ x[n], & n\leqslant -1\end{cases}$。

①判断因果性和记忆性。输出信号$y[n]$仅与当时的输入信号$x[n]$有关，故该系统是因果的和无记忆的。

②判断时变性。设$x_1[n]=x[n-n_0]$，$x_1[n]\to y_1[n]=\begin{cases}x_1[n], & n\geqslant 1\\ 0, & n=0\\ x_1[n], & n\leqslant -1\end{cases}=\begin{cases}x[n-n_0], & n\geqslant 1\\ 0, & n=0\\ x[n-n_0], & n\leqslant -1\end{cases}$，

而$y[n-n_0]=\begin{cases}x[n-n_0], & n-n_0\geqslant 1\\ 0, & n-n_0=0\\ x[n-n_0], & n-n_0\leqslant -1\end{cases}\neq y_1[n]$，故系统是时变的。

③判断线性。设 $x_1[n]\to y_1[n]=\begin{cases}x_1[n], & n\geqslant 1\\ 0, & n=0\\ x_1[n], & n\leqslant -1\end{cases}$，$x_2[n]\to y_2[n]=\begin{cases}x_2[n], & n\geqslant 1\\ 0, & n=0\\ x_2[n], & n\leqslant -1\end{cases}$。

令 $x_3[n]=ax_1[n]+bx_2[n]$，则

$$y_3[n]=\begin{cases}x_3[n], & n\geqslant 1\\ 0, & n=0\\ x_3[n], & n\leqslant -1\end{cases}=\begin{cases}ax_1[n]+bx_2[n], & n\geqslant 1\\ 0, & n=0\\ ax_1[n]+bx_2[n], & n\leqslant -1\end{cases}=ay_1[n]+by_2[n]$$

故系统是线性的。

④判断稳定性。当输入信号 $x[n]$ 为有界信号时，输出信号 $y[n]$ 也是有界信号，故系统是稳定的。

（7）由题可知，$y[n]=x[4n+1]$。　有尺度变换，因此是时变的。

①判断因果性与记忆性。$y[0]=x[1]$，$y[-1]=x[-3]$，由此可知，输出信号与过去和未来的输入信号都有关，故系统是非因果的和记忆的。

②判断时变性。设 $x_1[n]=x[n-n_0]$，则 $x_1[n]\rightarrow y_1[n]=x_1[4n+1]=x[4n+1-n_0]$，而 $y[n-n_0]=x[4n-4n_0+1]\neq y_1[n]$，故系统是时变的。

③判断线性。设 $x_1[n]\rightarrow y_1[n]=x_1[4n+1]$，$x_2[n]\rightarrow y_2[n]=x_2[4n+1]$，令

$$x_3[n]=ax_1[n]+bx_2[n]$$

则 $y_3[n]=x_3[4n+1]=ax_1[4n+1]+bx_2[4n+1]=ay_1[n]+by_2[n]$，故系统是线性的。

④判断稳定性。当输入信号 $x[n]$ 为有界信号时，输出信号 $y[n]$ 也是有界信号，故系统是稳定的。

奥本海姆 1.42 【判断题】　2022 年西南交通大学考研原题！

（1）下列说法是对还是错？说明理由。

两个线性时不变系统的级联还是一个线性时不变系统。

（2）下列说法是对还是错？说明理由。

两个非线性系统的级联还是非线性的。

（3）考虑具有下列输入－输出关系的三个系统：

系统 1：$y[n]=\begin{cases}x\left[\dfrac{n}{2}\right], & n\text{为偶数}\\ 0, & n\text{为奇数}\end{cases}$。

系统 2：$y[n]=x[n]+\dfrac{1}{2}x[n-1]+\dfrac{1}{4}x[n-2]$。

系统 3：$y[n]=x[2n]$。

假设这三个系统按如图所示级联的，求整个系统的输入－输出关系。它是线性的吗？是时不变的吗？

$x[n]$ → 系统1 → 系统2 → 系统3 → $y[n]$

解析 （1）对。两个线性时不变系统 S_1 和 S_2 级联。令系统 S_1 的输入为 $x_1(t)$ 和 $x_2(t)$，系统 S_1 的输出为 $y_1(t)$ 和 $y_2(t)$。令系统 S_2 的输入为 $y_1(t)$ 和 $y_2(t)$，系统 S_2 的输出为 $z_1(t)$ 和 $z_2(t)$。

根据系统的线性关系可得

$$ax_1(t)+bx_2(t)\xrightarrow{S_1}ay_1(t)+by_2(t),\quad ay_1(t)+by_2(t)\xrightarrow{S_2}az_1(t)+bz_2(t)$$

则 $ax_1(t)+bx_2(t)\xrightarrow{S_1S_2}az_1(t)+bz_2(t)$，故两个线性时不变系统的级联是线性系统。

根据系统的时不变性可得，$x_1(t-T_0)\xrightarrow{S_1}y_1(t-T_0)$，$y_1(t-T_0)\xrightarrow{S_2}z_1(t-T_0)$。

则 $x_1(t-T_0)\xrightarrow{S_1S_2}z_1(t-T_0)$，故两个线性时不变系统的级联是时不变系统。

举反例的方法更明确简便！

（2）错。令两个非线性系统为 $y(t)=x(t)+1$，$z(t)=y(t)-1$，则两个非线性系统级联后可得 $z(t)=x(t)$，因此系统 $z(t)$ 是线性的，与题目的说法矛盾，故不对。

（3）对。令系统 1 的输出为 $A(n)$，系统 2 的输出为 $z(n)$，可得

$$A(n)=x\left[\frac{n}{2}\right]\left[\frac{1+(-1)^n}{2}\right]$$

系统 2 将系统 1 的输出作为输入。

$$z(n)=x\left[\frac{n}{2}\right]\left[\frac{1+(-1)^n}{2}\right]+\frac{1}{2}x\left[\frac{n-1}{2}\right]\left[\frac{1+(-1)^{n-1}}{2}\right]+\frac{1}{4}x\left[\frac{n-2}{2}\right]\left[\frac{1+(-1)^{n-2}}{2}\right]$$

$$y(n)=z(2n)=x(n)+\frac{1}{2}x\left[\frac{2n-1}{2}\right]\left[\frac{1+(-1)^{2n-1}}{2}\right]+\frac{1}{4}x\left[\frac{2n-2}{2}\right]\left[\frac{1+(-1)^{2n-2}}{2}\right]=x(n)+\frac{1}{4}x(n-1)$$

可知这个系统是线性时不变的。

由于 $2n-1$ 是奇数，根据系统 1 的定义可知，奇数时为零。

奥本海姆版第二章 | 线性时不变系统（离散部分）

奥本海姆 2.1 设 $x[n]=\delta[n]+2\delta[n-1]-\delta[n-3]$ 和 $h[n]=2\delta[n+1]+2\delta[n-1]$，计算并画出下列各卷积。

（1）$y_1[n]=x[n]*h[n]$；

（2）$y_2[n]=x[n+2]*h[n]$；

（3）$y_3[n]=x[n]*h[n+2]$。

三种方法：

①时域运用卷积性质：$\delta[n]*\delta[n-n_0]=\delta[n-n_0]$；

②频域展开：$\delta[n-n_0]\leftrightarrow z^{-n_0}$；

③错位相乘不进位法：推荐。

解析 （1）由题可知，$x[n]=\delta[n]+2\delta[n-1]-\delta[n-3]$，$h[n]=2\delta[n+1]+2\delta[n-1]$。

采用错位相乘不进位法：

		1	2	0	−1
			2	0	2
		2	4	0	−2
		0	0	0	
2	4	0	−2		
2	4	2	2	0	−2

起始点位置是两者原来的起始点位置相加。

因此 $y_1[n]=2\delta[n+1]+4\delta[n]+2\delta[n-1]+2\delta[n-2]-2\delta[n-4]$。

卷积的图形如图（a）所示。

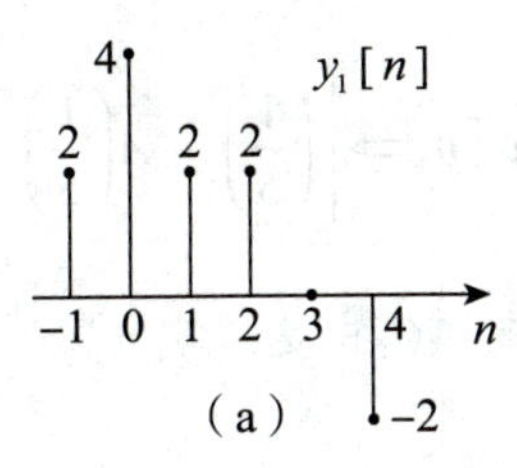

（a）

（2）根据题目关系可得

$$y_2[n]=x[n+2]*h[n]=x[n]*h[n]*\delta[n+2]=y_1[n+2]$$

因此 $y_2[n]=2\delta[n+3]+4\delta[n+2]+2\delta[n+1]+2\delta[n]-2\delta[n-2]$。

卷积的图形如图（b）所示。

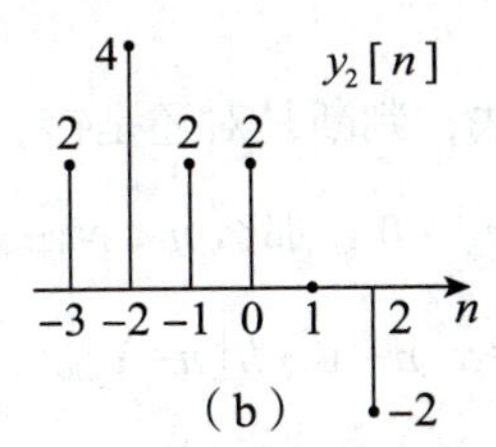

（b）

（3）

$$y_3[n]=x[n]*h[n+2]=\sum_{k=-\infty}^{\infty}x[k]h[n-k+2]=y_1[n+2]=y_2[n]$$

$$=2\delta[n+3]+4\delta[n+2]+2\delta[n+1]+2\delta[n]-2\delta[n-2]$$

卷积的图形如图（c）所示。

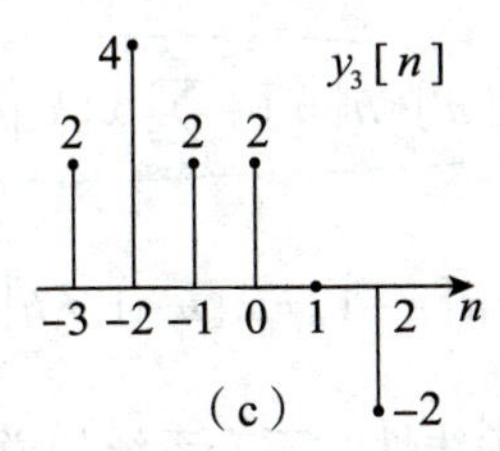

（c）

奥本海姆 2.13 考虑一个离散时间系统 S_1，其单位脉冲响应为 $h[n]=\left(\frac{1}{5}\right)^n u[n]$。

（1）求整数 A 以满足 $h[n]-Ah[n-1]=\delta[n]$；很简单的题目，直接代入计算，最近几年考研没考过。

（2）利用（1）的结果，求 S_1 的逆系统 S_2 是线性时不变的单位脉冲响应 $g[n]$。

解析 （1）由题可知，$h[n]=\left(\frac{1}{5}\right)^n u[n]$，而 $h[n]-Ah[n-1]=\delta[n]$。

将 $h[n]$ 代入可得

$$\left(\frac{1}{5}\right)^n u[n]-A\left(\frac{1}{5}\right)^{n-1} u[n-1]=\delta[n]\to\left(\frac{1}{5}\right)^n (u[n-1]+\delta[n])-A\left(\frac{1}{5}\right)^{n-1} u[n-1]=\delta[n]$$

解得 $\delta[n]+\left[\left(\frac{1}{5}\right)^n-A\left(\frac{1}{5}\right)^{n-1}\right]u[n-1]=\delta[n]\Rightarrow\left[\left(\frac{1}{5}\right)^n-A\left(\frac{1}{5}\right)^{n-1}\right]u[n-1]=0$。

因此 $\frac{1}{5}-A=0$，得 $A=\frac{1}{5}$。 逆系统时域的定义：$h[n]*g[n]=\delta[n]$。

（2）由题可知逆系统 S_2 的单位脉冲响应为 $g[n]$，则有 $h[n]*g[n]=\delta[n]$。由（1）可知

$$h[n]-\frac{1}{5}h[n-1]=\delta[n],\quad h[n]*\left\{\delta[n]-\frac{1}{5}\delta[n-1]\right\}=\delta[n]$$

整理可得 $g[n]=\delta[n]-\frac{1}{5}\delta[n-1]$。

奥本海姆 2.16 **【判断题】**对下列各说法，判断是对还是错。

（1）若 $n<N_1$ 时 $x[n]=0$ 且 $n<N_2$ 时 $h[n]=0$，那么 $n<N_1+N_2$ 时，$x[n]*h[n]=0$；

（2）若 $y[n]=x[n]*h[n]$，则 $y[n-1]=x[n-1]*h[n-1]$。

解析 （1）对。假设 $n<0$，$x_1[n]=0$；$n<0$，$h_1[n]=0$。因此

$$x[n]=x_1[n]*\delta[n-N_1],\ n<N_1;\quad h[n]=h_1[n]*\delta[n-N_2],\ n<N_2$$

则 $x[n]*h[n]=x_1[n]*h_1[n]*\delta[n-N_1-N_2]$，因此 $x[n]*h[n]=0$，$n<N_1+N_2$。

两个因果信号卷积依然是因果信号。

（2）错。

$$y[n]=x[n]*h[n]=\sum_{k=-\infty}^{\infty}x[k]h[n-k]$$

离散卷积公式展开。

则 $y[n-1]=\sum_{k=-\infty}^{\infty}x[k]h[n-1-k]=x[n]*h[n-1]\neq x[n-1]*h[n-1]$。

奥本海姆 2.48 **【判断题】**判断下面有关线性时不变系统的说法是对还是错，并陈述理由。

（3）若 $|h[n]|\leqslant K$（对每一个 n），K 为某已知数，则以 $h[n]$ 作为单位脉冲响应的线性时不变系统是稳定的；

(4) 若一个离散时间线性时不变系统的单位脉冲响应 $h[n]$ 为有限长的，则系统是稳定的；

(5) 若一个线性时不变系统是因果的，它就是稳定的；

(6) 一个非因果线性时不变系统与一个因果线性时不变系统级联，必定是非因果的；

(8) 当且仅当一个离散时间线性时不变系统的单位阶跃响应 $s[n]$ 在 $n<0$ 时为零，该系统就是因果的。

解析 (3) 错。由题可知 $h[n]=u[n]$，则 $\sum_{n=-\infty}^{\infty}|h[n]|=\infty$，系统是不稳定的。系统稳定和输入的激励是否稳定无关，因为激励可能是临界稳定的。

(4) 对。当 $n_1\leqslant n\leqslant n_2$ 时，单位脉冲响应 $h[n]$ 为非零有限长信号，则可得 $\sum_{k=n_1}^{n_2}|h[k]|<\infty$，故系统是稳定的。时限信号，收敛域为全平面，因此收敛域包含单位圆，系统稳定。

(5) 错。假设 $h(t)=\mathrm{e}^{t}u(t)$，则其是因果的，不稳定的。系统因果和稳定无直接关联。因果信号，收敛域包含无穷远处；稳定信号，收敛域包含单位圆。

(6) 错。假设 $h_1[n]=\delta[n-1]$ 为因果系统，$h_2[n]=\delta[n+1]$ 为非因果系统，级联可得

利用简单系统举反例。

$$h[n]=h_1[n]*h_2[n]=\delta[n]$$

(8) 对。法一：利用收敛域 $y[n]=u[n]*h[n]$，根据常用 z 变换 $u[n]\to|z|>1$，单位阶跃响应 $s[n]$ 在 $n<0$ 时为零，说明输出是因果的。$y[n]\to|z|$ 包含 ∞，因此 $h[n]\to|z|>a$，说明系统也是因果的。

因为输出的收敛域等于激励信号收敛域和系统函数收敛域的交集。

法二：$u[n]=\sum_{k=0}^{\infty}\delta[n-k]$，可得 $s[n]=\sum_{k=0}^{\infty}h[n-k]$。当 $n<0$ 时，$\delta[n]=0$，$h[n]=0$，则系统是因果的。

奥本海姆版第三章 | 周期信号的傅里叶级数表示（离散部分）

离散傅里叶变换的知识点只在奥本海姆版教材中涉及，同学们可以查看自己学校的考纲是否有要求。

奥本海姆 3.11 【证明题】 现对一个信号 $x[n]$ 给出如下信息：

①$x[n]$ 是实偶信号。 ②$x[n]$ 的周期 $N=10$，傅里叶系数为 a_k。

③$a_{11}=5$。 ④$\frac{1}{10}\sum_{n=0}^{9}|x[n]|^2=50$。

证明：$x[n]=A\cos(Bn+C)$，并给出常数 A、B 和 C 的值。

证明 由条件②可知 $x[n]$ 的周期为 $N=10$。根据傅里叶系数的性质可得 $a_{k+N}=a_k$，则 $a_1=a_{11}=5$。

由条件①可知 $x[n]$ 是实偶信号，则 $a_k=a_{-k}$，$a_1=a_{-1}=5=a_9$。由条件④可知，$\frac{1}{10}\sum_{n=0}^{9}|x[n]|^2=50$。

同样为实偶信号。

根据帕斯瓦尔定理可得

$$\sum_{k=\langle N\rangle}|a_k|^2=50,\ \sum_{k=-1}^{8}|a_k|^2=50$$

这里相加的和已经等于50了。

$$|a_9|^2+|a_1|^2+|a_0|^2+\sum_{k=2}^{8}|a_k|^2=50,\quad a_0^2+\sum_{k=2}^{8}|a_k|^2=0$$

则 $a_0=0$，$a_k=0$，$k=2,3,\cdots,8$，故

$$x[n]=\sum_{k=\langle N\rangle}a_k e^{jk\omega_0 n}=\sum_{k=-1}^{5}a_k e^{jk(2\pi/10)n}=a_1e^{j(\pi/5)n}+a_{-1}e^{-j(\pi/5)n}=10\cos\left(\frac{\pi}{5}n\right)=A\cos(Bn+C)$$

对比系数可得 $A=10$，$B=\dfrac{\pi}{5}$，$C=0$。

考查离散傅里叶级数DFS，$X[k]=\dfrac{1}{N}\sum\limits_{n=0}^{N-1}x[n]W_N^{kn}$，$W_N^{kn}=e^{-j\frac{2\pi}{N}kn}$。

奥本海姆 3.14 当一个频率响应为 $H(e^{j\omega})$ 的线性时不变系统，其输入为如下冲激串时，$x[n]=\sum\limits_{k=-\infty}^{\infty}\delta[n-4k]$，其输出为 $y[n]=\cos\left(\dfrac{5\pi}{2}n+\dfrac{\pi}{4}\right)$，求 $H(e^{jk\pi/2})$ 在 $k=0$，1，2和3时的值。

解析 由题可知 $x[n]=\sum\limits_{k=-\infty}^{\infty}\delta[n-4k]$，则其基波周期 $N=4$，其基波频率为

$$\omega_0=2\pi/N=\pi/2$$

在 $0\leqslant n\leqslant 3$ 内，$x[0]=1$，$x[1]=x[2]=x[3]=0$，故其傅里叶级数系数为 $a_k=\dfrac{1}{N}\sum\limits_{n=0}^{3}x[n]e^{-jk(\pi/2)n}=\dfrac{1}{4}$（对所有 k）。

$$y[n]=\sum_{k=0}^{3}a_kH[e^{j(\pi/2)k}]e^{j(\pi/2)\cdot kn}=\frac{1}{4}H(e^{j0})e^{j0}+\frac{1}{4}H(e^{j\pi/2})e^{j(\pi/2)n}+\frac{1}{4}H(e^{j\pi})e^{j\pi n}+\frac{1}{4}H[e^{j(3\pi/2)}]e^{j(3\pi/2)n}$$

输入激励 n 是全平面有值的，因此可以利用特征输入法求解。

而由题可知 $y[n]=\cos\left(\dfrac{5\pi}{2}n+\dfrac{\pi}{4}\right)=\cos\left(\dfrac{\pi}{2}n+\dfrac{\pi}{4}\right)$，整理可得

$$y[n]=\cos\left(\frac{\pi}{2}n+\frac{\pi}{4}\right)=\frac{1}{2}e^{j\left(\frac{\pi}{2}\right)n}\cdot e^{j\pi/4}+\frac{1}{2}e^{-j\left(\frac{\pi}{2}\right)n}\cdot e^{-j\pi/4}=\frac{1}{2}e^{j\left(\frac{\pi}{2}\right)n}\cdot e^{j\frac{\pi}{4}}+\frac{1}{2}e^{j\left(\frac{3\pi}{2}\right)n}\cdot e^{-j\frac{\pi}{4}}$$

故可得

$$H(e^{j0})=0,\quad H\left(e^{j\frac{\pi}{2}}\right)=2e^{j\frac{\pi}{4}}=\sqrt{2}+\sqrt{2}j$$

代入为零，因此相当于被过滤掉。

$$H(e^{j\pi})=0,\quad H\left(e^{j\frac{3\pi}{2}}\right)=2e^{-j\frac{\pi}{4}}=\sqrt{2}-\sqrt{2}j$$

奥本海姆 3.16 对于下列周期输入，求图示滤波器的输出：

（1）$x_1[n]=(-1)^n$；

（2）$x_2[n]=1+\sin\left(\dfrac{3\pi}{8}n+\dfrac{\pi}{4}\right)$；

（3）$x_3[n]=\sum\limits_{k=-\infty}^{\infty}\left(\dfrac{1}{2}\right)^{n-4k}u[n-4k]$。

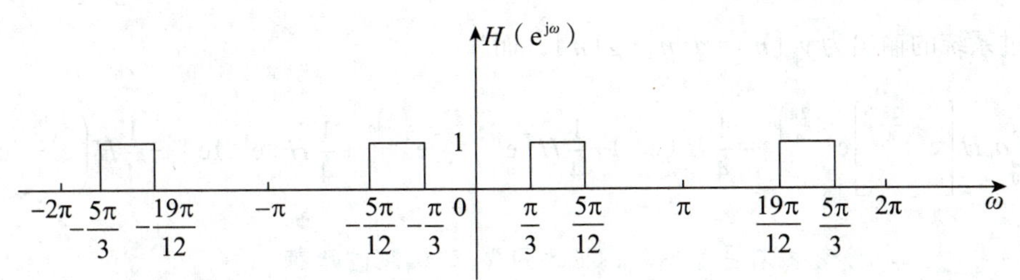

频率分量在kπ处。

解析 （1）由题可得$x_1[n]=(-1)^n$，整理可得$x_1[n]=\mathrm{e}^{\mathrm{j}\pi n}=\mathrm{e}^{\mathrm{j}\left(\frac{2\pi}{2}\right)n}$。其周期$N=2$，在$0\leqslant k\leqslant 1$内，$a_0=0$，$a_1=1$，则傅里叶级数展开式为

$$y_1[n]=\sum_{k=0}^{1}a_kH\left[\mathrm{e}^{\mathrm{j}k\left(\frac{2\pi}{2}\right)}\right]\mathrm{e}^{\mathrm{j}k\frac{2\pi}{2}n}=a_0H(\mathrm{e}^{\mathrm{j}0})+a_1H(\mathrm{e}^{\mathrm{j}\pi})\mathrm{e}^{\mathrm{j}\pi n}=0$$

（2）由题可得$x_2[n]=1+\sin\left(\frac{3\pi}{8}n+\frac{\pi}{4}\right)$，其周期$N=16$，基波频率为$\omega_0=\frac{2\pi}{16}=\frac{\pi}{8}$，整理可得

$$x_2[n]=1+\frac{1}{2\mathrm{j}}\mathrm{e}^{\mathrm{j}\left(\frac{3\pi}{8}\right)n}\cdot\mathrm{e}^{\frac{\mathrm{j}\pi}{4}}-\frac{1}{2\mathrm{j}}\mathrm{e}^{-\mathrm{j}\left(\frac{3\pi}{8}\right)n}\cdot\mathrm{e}^{-\mathrm{j}\frac{\pi}{4}}=\mathrm{e}^{\mathrm{j}\left(\frac{2\pi}{16}\right)\cdot 0\cdot n}-\left(\frac{\mathrm{j}}{2}\right)\mathrm{e}^{\mathrm{j}\pi/4}\cdot\mathrm{e}^{\mathrm{j}\left(\frac{2\pi}{16}\right)3n}+\left(\frac{\mathrm{j}}{2}\right)\mathrm{e}^{-\mathrm{j}\frac{\pi}{4}}\cdot\mathrm{e}^{-\mathrm{j}\left(\frac{2\pi}{16}\right)3n}$$

其傅里叶级数展开式为$x_2[n]=\sum_{k=0}^{15}a_k\mathrm{e}^{\mathrm{j}\omega_0 n}=\sum_{k=0}^{15}a_k\mathrm{e}^{\mathrm{j}(2\pi/16)n}$。频率分量在0，$\pm\frac{3\pi}{8}$处。

在$0\leqslant k\leqslant 15$内可得$a_0=1$，$a_3=-\left(\frac{\mathrm{j}}{2}\right)\mathrm{e}^{\mathrm{j}\frac{\pi}{4}}$，$a_{-3}=\left(\frac{\mathrm{j}}{2}\right)\mathrm{e}^{-\mathrm{j}\frac{\pi}{4}}$，其余$a=0$，故

$$y_2[n]=\sum_{k=0}^{15}a_kH\left(\mathrm{e}^{\mathrm{j}k\frac{2\pi}{16}}\right)\mathrm{e}^{\mathrm{j}k\frac{2\pi}{16}\pi}=a_0H(\mathrm{e}^{\mathrm{j}0})+a_3H\left(\mathrm{e}^{\mathrm{j}\frac{3\pi}{8}}\right)\mathrm{e}^{\mathrm{j}\frac{3\pi}{8}n}+a_{-3}H\left[\mathrm{e}^{\mathrm{j}\left(\frac{-3\pi}{8}\right)}\right]\mathrm{e}^{\mathrm{j}\left(\frac{-3\pi}{8}\right)n}$$

$$=0-\frac{\mathrm{j}}{2}\mathrm{e}^{\mathrm{j}\frac{\pi}{4}}\mathrm{e}^{\mathrm{j}\left(\frac{3\pi}{8}\right)n}+\frac{\mathrm{j}}{2}\mathrm{e}^{-\mathrm{j}\frac{\pi}{4}}\mathrm{e}^{\mathrm{j}\left(-\frac{3\pi}{8}\right)n}=\frac{1}{2\mathrm{j}}\left[\mathrm{e}^{\mathrm{j}\left(\frac{3\pi}{8}n+\frac{\pi}{4}\right)}-\mathrm{e}^{-\mathrm{j}\left(\frac{3\pi}{8}n+\frac{\pi}{4}\right)}\right]=\sin\left(\frac{3\pi}{8}n+\frac{\pi}{4}\right)$$

（3）由题可知$x_3[n]=\sum_{k=-\infty}^{\infty}\left(\frac{1}{2}\right)^{n-4k}u[n-4k]$，整理可得

$$x_3[n]=\left\{\left(\frac{1}{2}\right)^n u[n]\right\}*\sum_{k=-\infty}^{\infty}\delta[n-4k]=g[n]*r[n]$$

一个主周期信号卷积上一个周期冲激串。

$$g[n]=\left(\frac{1}{2}\right)^n u[n],\quad r[n]=\sum_{k=-\infty}^{\infty}\delta[n-4k]$$

$r[n]$为周期序列，周期为$N=4$，其傅里叶级数系数为$a_k=\frac{1}{4}$。设$r[n]$经过系统的输出为$q[n]$，

则 $x_3[n]$ 经过系统的输出为 $y_3[n]=q[n]*g[n]$，而

$$q[n]=\sum_{k=0}^{3}a_kH\left[\mathrm{e}^{jk\left(\frac{2\pi}{4}\right)}\right]\mathrm{e}^{jk\left(\frac{2\pi}{4}\right)n}=\frac{1}{4}H(\mathrm{e}^{j0})+\frac{1}{4}H[\mathrm{e}^{j(\pi/2)}]\mathrm{e}^{j\left(\frac{\pi}{2}\right)n}+\frac{1}{4}H(\mathrm{e}^{j\pi})\mathrm{e}^{j\pi n}+\frac{1}{4}H\left(\mathrm{e}^{j\frac{3\pi}{2}}\right)\mathrm{e}^{j\left(\frac{3\pi}{2}\right)n}=0$$

故 $y_3[n]=0$。 参考书不是奥本海姆版的同学，可以跳过此题。

奥本海姆 3.27 有一个实值离散时间周期信号 $x[n]$，基波周期 $N=5$，$x[n]$ 的非零傅里叶级数系数是 $a_0=2$，$a_2=a_{-2}^*=2\mathrm{e}^{j\pi/6}$，$a_4=a_{-4}^*=\mathrm{e}^{j\frac{\pi}{3}}$，试将 $x[n]$ 表示成如下形式：

$$x[n]=A_0+\sum_{k=1}^{\infty}A_k\sin(\omega_kn+\phi_k)$$

解析 由题可知信号的基波周期 $N=5$，$a_0=2$，则 $x[n]=\sum_{k=0}^{4}a_k\mathrm{e}^{jn\frac{2\pi}{N}k}$。根据离散傅里叶变换公式可得

$$x[n]=a_0+a_2\mathrm{e}^{j2\left(\frac{2\pi}{N}\right)n}+a_{-2}\mathrm{e}^{-j2\left(\frac{2\pi}{N}\right)n}+a_4\mathrm{e}^{j4\left(\frac{2\pi}{N}\right)n}+a_{-4}\mathrm{e}^{-j4\left(\frac{2\pi}{N}\right)n}$$

$$=2+2\mathrm{e}^{j\frac{\pi}{6}}\cdot\mathrm{e}^{j\left(\frac{4\pi}{5}\right)n}+2\mathrm{e}^{j\frac{\pi}{6}}\cdot\mathrm{e}^{-j\left(\frac{4\pi}{5}\right)n}+\mathrm{e}^{j\frac{\pi}{3}}\cdot\mathrm{e}^{j\left(\frac{8\pi}{5}\right)n}+\mathrm{e}^{j\frac{\pi}{3}}\cdot\mathrm{e}^{-j\left(\frac{8\pi}{5}\right)n}$$

利用欧拉公式展开。

$$=2+4\cos\left(\frac{4\pi}{5}n+\frac{\pi}{6}\right)+2\cos\left(\frac{8\pi}{5}n+\frac{\pi}{3}\right)=2+4\sin\left(\frac{4\pi}{5}n+\frac{2\pi}{3}\right)+2\sin\left(\frac{8\pi}{5}n+\frac{5\pi}{6}\right)$$

奥本海姆版第五章 | 离散时间傅里叶变换

奥本海姆 5.8 【改编题】当 $X(\mathrm{e}^{j\omega})$ 为 $X(\mathrm{e}^{j\omega})=\frac{1}{1-\mathrm{e}^{-j\omega}}\left(\frac{\sin\frac{5}{2}\omega}{\sin\frac{\omega}{2}}\right)+3\pi\delta(\omega)$，$-\pi<\omega\leqslant\pi$，求 $x[n]$。

解析 由题可知

观察表达式，发现和阶跃函数的傅里叶变换很相似：$\varepsilon(n)\to\frac{1}{1-\mathrm{e}^{j\omega}}+\pi\sum_{k=-\infty}^{\infty}\delta(\omega-2k\pi)$。

$$X(\mathrm{e}^{j\omega})=\frac{1}{1-\mathrm{e}^{-j\omega}}\left(\frac{\sin\frac{5}{2}\omega}{\sin\frac{\omega}{2}}\right)+3\pi\delta(\omega),\ -\pi<\omega\leqslant\pi$$

令 $X_1(\mathrm{e}^{j\omega})=\frac{\sin\frac{5}{2}\omega}{\sin\frac{\omega}{2}}$，由常见离散傅里叶变换对可得

根据常用傅里叶变换：$\frac{\sin\left(\frac{2N_1+1}{2}\omega\right)}{\sin\frac{\omega}{2}}$ 的傅里叶变换就是离散门函数，一共有 $2N_1+1$ 个点。

$$\begin{cases}1, & |n|\leqslant N_1 \xrightarrow{\text{FT}} \dfrac{\sin\left[\omega\left(N_1+\dfrac{1}{2}\right)\right]}{\sin\dfrac{\omega}{2}} \\ 0, & |n|>N_1\end{cases}$$

当 $N_1=2$ 时，可得 $X_1(\mathrm{e}^{\mathrm{j}0})=\lim\limits_{\omega\to 0}\dfrac{\sin\dfrac{5}{2}\omega}{\sin\dfrac{\omega}{2}}=5$。

令 $g(n)=\varepsilon(n+2)-\varepsilon(n-3)$，则计算 $g(n)*\varepsilon(n)=[\varepsilon(n+2)-\varepsilon(n-3)]*\varepsilon(n)$。

时域卷积，频域乘积：注意一共剩下5个冲激。

$$G(\mathrm{j}\omega)X(\mathrm{j}\omega)=\left[\frac{1}{1-\mathrm{e}^{-\mathrm{j}\omega}}+\pi\sum_{k=-\infty}^{\infty}\delta(\omega-2k\pi)\right]\frac{\sin\frac{5}{2}\omega}{\sin\frac{\omega}{2}}=\frac{1}{1-\mathrm{e}^{-\mathrm{j}\omega}}\frac{\sin\frac{5}{2}\omega}{\sin\frac{\omega}{2}}+3\pi\delta(\omega)+2\pi\delta(\omega)$$

因此 $x[n]=g(n)*\varepsilon(n)-1=\begin{cases}-1, & n\leqslant -3\\ n+2, & -2\leqslant n\leqslant 2\\ 4, & n\geqslant 3\end{cases}$。

$x[n]$ 是一个实序列。 浙江大学842真题。

奥本海姆 5.9 对某一特殊的 $x[n]$，其傅里叶变换为 $X(\mathrm{e}^{\mathrm{j}\omega})$，已知下面四个条件：

① $x[n]=0$，$n>0$。 ② $x[0]>0$。

③ $\mathrm{Im}[X(\mathrm{e}^{\mathrm{j}\omega})]=\sin\omega-\sin(2\omega)$。 ④ $\dfrac{1}{2\pi}\displaystyle\int_{-\pi}^{\pi}|X(\mathrm{e}^{\mathrm{j}\omega})|^2\mathrm{d}\omega=3$。

求 $x[n]$。

一个域的共轭对称部分对应另一个域的实部，一个域的共轭反对称部分对应另一个域的虚部乘 j。$x_{\mathrm{e}}[n]\leftrightarrow \mathrm{Re}[X(\mathrm{e}^{\mathrm{j}\omega})]$；$x_{\mathrm{o}}[n]\leftrightarrow \mathrm{j}\,\mathrm{Im}[X(\mathrm{e}^{\mathrm{j}\omega})]$。

解析 由题可知 $x[n]$ 为实信号，由常见傅里叶变换可得

$$\mathrm{Od}\{x[n]\}=\frac{x[n]-x[-n]}{2}\xleftrightarrow{\text{FT}}\mathrm{j}\,\mathrm{Im}[X(\mathrm{e}^{\mathrm{j}\omega})]$$

由条件③可得 $\mathrm{Im}[X(\mathrm{e}^{\mathrm{j}\omega})]=\sin\omega-\sin(2\omega)$，则 $\mathrm{j}\,\mathrm{Im}[X(\mathrm{e}^{\mathrm{j}\omega})]=\mathrm{j}\sin\omega-\mathrm{j}\sin(2\omega)$，整理可得

$$\mathrm{j}\,\mathrm{Im}[X(\mathrm{e}^{\mathrm{j}\omega})]=\frac{1}{2}(\mathrm{e}^{\mathrm{j}\omega}-\mathrm{e}^{-\mathrm{j}\omega}-\mathrm{e}^{\mathrm{j}2\omega}+\mathrm{e}^{-\mathrm{j}2\omega})$$

注意：零处的信号相互抵消，不要以为 $x[n]=\delta[n+1]-\delta[n+2]$，需要判断零处的值。

求其逆变换可得

$$\mathrm{Od}\{x[n]\}=\frac{x[n]-x[-n]}{2}=\frac{1}{2}(\delta[n+1]-\delta[n-1]-\delta[n+2]+\delta[n-2])$$

由条件①可知 $x[n]=0$，$n>0$。则 $x[-1]=1$，$x[-2]=-1$，由于 $\dfrac{1}{2\pi}\displaystyle\int_{-\pi}^{\pi}|x(\mathrm{e}^{\mathrm{j}\omega})|^2\mathrm{d}\omega=3=1+1+x^2(0)=3$，

且 $x[0]>0$，解得 $x[0]=1$，则 $x[n]=\delta[n]+\delta[n+1]-\delta[n+2]$。

奥本海姆 5.12 设 $y[n]=\left[\dfrac{\sin\left(\dfrac{\pi}{4}n\right)}{\pi n}\right]^2*\left[\dfrac{\sin(\omega_c n)}{\pi n}\right]$，其中 * 表示卷积，且 $|\omega_c|\leqslant\pi$。试对 ω_c 确定一个较严格的限制，以保证 $y[n]=\left[\dfrac{\sin\left(\dfrac{\pi}{4}n\right)}{\pi n}\right]^2$。

相当于信号输入系统后能够完整地过滤出来。

解析 由题可知 $y[n]=\left[\dfrac{\sin\left(\dfrac{\pi}{4}n\right)}{\pi n}\right]^2*\left[\dfrac{\sin(\omega_c n)}{\pi n}\right]$。令 $x_1[n]=\dfrac{\sin\left(\dfrac{\pi}{4}n\right)}{\pi n}$，求其傅里叶变换可得

$$X_1(e^{j\omega})=u\left(\omega+\frac{\pi}{4}\right)-u\left(\omega-\frac{\pi}{4}\right),\ -\pi<\omega\leqslant\pi$$

$X_1(e^{j\omega})$ 如图（a）所示。

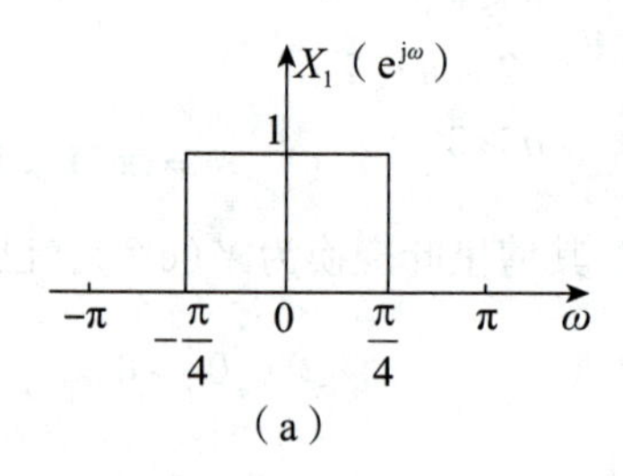

（a）

令 $x_2[n]=\dfrac{\sin(\omega_c n)}{\pi n}$，求其傅里叶变换可得

$$X_2(e^{j\omega})=u(\omega+\omega_c)-u(\omega-\omega_c),\ -\pi<\omega\leqslant\pi$$

$X_2(e^{j\omega})$ 如图（b）所示。

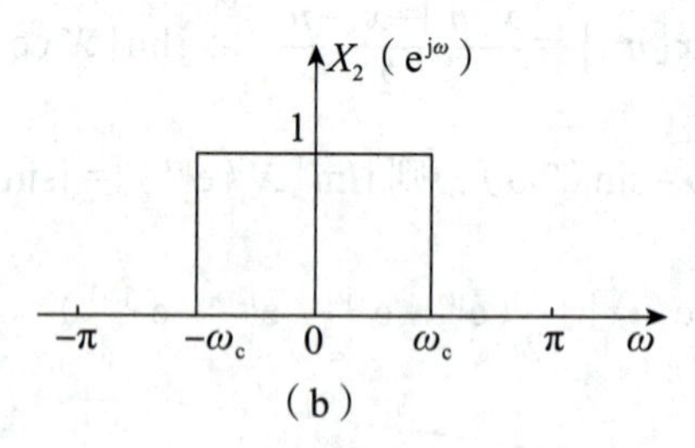

（b）

则 $(x_1[n])^2=\left[\dfrac{\sin\left(\dfrac{\pi}{4}n\right)}{\pi n}\right]^2$，其傅里叶变换为

$$\frac{1}{2\pi}X_1(e^{j\omega})*X_1(e^{j\omega})=\begin{cases}-\frac{1}{2\pi}|\omega|+\frac{1}{4}, & |\omega|\leqslant\frac{\pi}{2}\\ 0, & \frac{\pi}{2}<|\omega|\leqslant\pi\end{cases}$$

$\frac{1}{2\pi}X_1(e^{j\omega})*X_1(e^{j\omega})$如图（c）所示。

两个相同的矩形窗卷积能够得到一个三角窗。

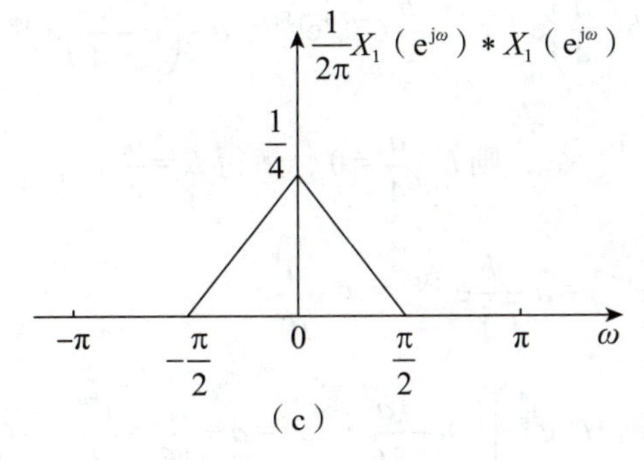

（c）

时域卷积，频域乘积。

而$y[n]=\left[\frac{\sin\left(\frac{\pi}{4}n\right)}{\pi n}\right]^2*\left[\frac{\sin(\omega_c n)}{\pi n}\right]$。则其傅里叶变换为$Y(e^{j\omega})=\left[\frac{1}{2\pi}X_1(e^{j\omega})*X_1(e^{j\omega})\right]X_2(e^{j\omega})$。

根据图（b）和图（c），保证$y[n]=\left[\frac{\sin\left(\frac{\pi}{4}n\right)}{\pi n}\right]^2$，则$Y(e^{j\omega})=\frac{1}{2\pi}X_1(e^{j\omega})*X_1(e^{j\omega})$，因此$|\omega_c|\geqslant\frac{\pi}{2}$。

由题可知$|\omega_c|\leqslant\pi$，故ω_c的范围为$\frac{\pi}{2}\leqslant|\omega_c|\leqslant\pi$。

奥本海姆 5.14 假设一个单位脉冲响应为$h[n]$，频率响应为$H(e^{j\omega})$的线性时不变系统S，具有下列条件：

①$\left(\frac{1}{4}\right)^n u[n]\to g[n]$，其中$g[n]=0$，$n\geqslant2$且$n<0$。

离散序列的n只能取整数，因此只在0和1处有值。

②$H\left(e^{\frac{j\pi}{2}}\right)=1$。

③$H(e^{j\omega})=H[e^{j(\omega-\pi)}]$。

求$h[n]$。

解析 由题条件①可知，当$n\geqslant2$和$n<0$时，$g[n]=0$。当$n=0$和$n=1$时，$g[n]\neq0$，则可令$g[n]=a\delta[n]+b\delta[n-1]$，求其傅里叶变换可得$G(e^{j\omega})=a+be^{-j\omega}$。

而 $\left(\frac{1}{4}\right)^n u[n] \overset{FT}{\leftrightarrow} \frac{1}{1-\frac{1}{4}e^{-j\omega}}$，由题可得 $\frac{1}{1-\frac{1}{4}e^{-j\omega}} H(e^{j\omega}) = G(e^{j\omega}) = a + be^{-j\omega}$，整理可得

时域卷积，频域乘积。

$$H(e^{j\omega}) = (a+be^{-j\omega})\left(1-\frac{1}{4}e^{-j\omega}\right) = a + \left(b-\frac{a}{4}\right)e^{-j\omega} - \frac{b}{4}e^{-j2\omega}$$

系统函数假设出来了，后面只需利用已知条件求解未知数。

$$H[e^{j(\omega-\pi)}] = a + \left(b-\frac{a}{4}\right)e^{-j\omega}e^{j\pi} - \frac{b}{4}e^{-j2\omega}e^{j2\pi} = a - \left(b-\frac{a}{4}\right)e^{-j\omega} - \frac{b}{4}e^{-j2\omega}$$

由题条件③可知 $H(e^{j\omega}) = H[e^{j(\omega-\pi)}]$，则 $b-\frac{a}{4}=0$，解得 $b=\frac{a}{4}$。

将 $b=\frac{a}{4}$ 代入 $H(e^{j\omega})$ 可得 $H(e^{j\omega}) = a - \frac{b}{4}e^{-j2\omega} = a - \frac{a}{16}e^{-j2\omega}$。

由题条件②可知 $H\left(e^{\frac{j\pi}{2}}\right)=1$，则 $H\left(e^{j\frac{\pi}{2}}\right) = a - \frac{a}{16}e^{-j2\cdot\frac{\pi}{2}} = a + \frac{a}{16} = \frac{17}{16}a = 1$，解得 $a=\frac{16}{17}$。

将 $a=\frac{16}{17}$ 代入 $H(e^{j\omega})$ 可得

$$H(e^{j\omega}) = \frac{16}{17} - \frac{1}{17}e^{-j2\omega} \leftrightarrow h[n] = \frac{16}{17}\delta[n] - \frac{1}{17}\delta[n-2]$$

奥本海姆 5.15 设 $Y(e^{j\omega})$ 的逆变换是 $y(n) = \left[\frac{\sin(\omega_c n)}{\pi n}\right]^2$，其中 $0<\omega_c<\pi$。试确定 ω_c 的值，以保证 $Y(e^{j\pi})=1/2$。

频域上相当于两个相同的门函数卷积，得到一个三角波。

解析 由题可知 $y(n) = \left[\frac{\sin(\omega_c n)}{\pi n}\right]^2$，令 $x[n] = \frac{\sin(\omega_c n)}{\pi n}$，则其傅里叶变换为

$$X(e^{j\omega}) = u(\omega+\omega_c) - u(\omega-\omega_c),\ -\pi<\omega\leqslant\pi$$

根据时域乘积、频域卷积，再乘 $\frac{1}{2\pi}$ 可得

$$Y(e^{j\omega}) = \frac{1}{2\pi}\int_{2\pi} X(e^{j\theta})X[e^{j(\omega-\theta)}]d\theta$$

当 $\omega_c \leqslant \pi$ 时，在周期 $(-\pi, \pi]$ 内可得

$$Y(e^{j\omega}) = \begin{cases} -\frac{1}{2\pi}|\omega| + \frac{\omega_c}{\pi}, & 0\leqslant|\omega|\leqslant 2\omega_c \\ 0, & 2\omega_c<|\omega|\leqslant\pi \end{cases}$$

与题意不符。

当 $2\omega_c > \pi$ 时，$Y(e^{j\omega})$ 如图所示。

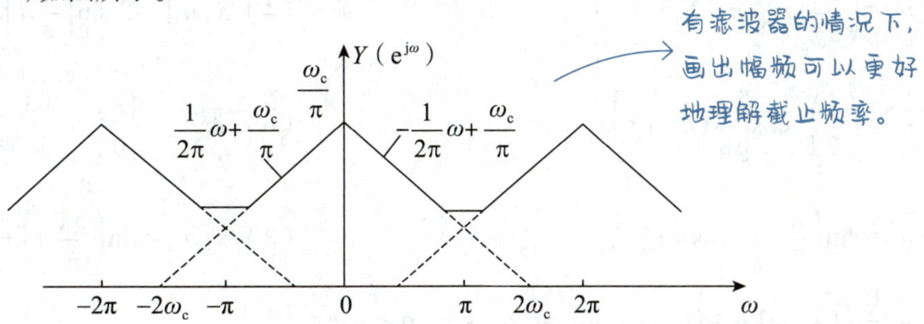

由图可得，当 $\omega=\pi$ 时，$Y(e^{j\pi})=2\left(-\frac{1}{2\pi}\times\pi+\frac{\omega_c}{\pi}\right)$，则 $Y(e^{j\pi})=-1+\frac{2\omega_c}{\pi}$。由 $Y(e^{j\pi})=\frac{1}{2}$，可得 $\omega_c=\frac{3}{4}\pi$。

奥本海姆 5.19 考虑一个因果稳定线性时不变系统 S，其输入 $x[n]$ 和输出 $y[n]$ 通过如下二阶差分方程所关联：$y[n]-\frac{1}{6}y[n-1]-\frac{1}{6}y[n-2]=x[n]$。

（1）求该系统 S 的频率响应 $H(e^{j\omega})$；

（2）求系统 S 的单位脉冲响应 $h[n]$。

利用频域求解能够简化计算。

解析 （1）由题可知 $y[n]-\frac{1}{6}y[n-1]-\frac{1}{6}y[n-2]=x[n]$。

对上式两边同时求 z 变换：$Y(z)\left(1-\frac{1}{6}z^{-1}-\frac{1}{6}z^{-2}\right)=X(z)$。

根据系统函数的定义可得

$$H(z)=\frac{1}{1-\frac{1}{6}z^{-1}-\frac{1}{6}z^{-2}},\quad H(e^{j\omega})=\frac{1}{1-\frac{1}{6}e^{-j\omega}-\frac{1}{6}e^{-j2\omega}}$$

利用部分分式展开法。

（2）由（1）可知 $H(z)=\frac{1}{\left(1-\frac{1}{2}z^{-1}\right)\left(1+\frac{1}{3}z^{-1}\right)}=\frac{\frac{3}{5}}{1-\frac{1}{2}z^{-1}}+\frac{\frac{2}{5}}{1+\frac{1}{3}z^{-1}}$，$|z|>\frac{1}{2}$。

系统因果，收敛域在最右边极点向外侧发散。

求其逆变换可得 $h[n]=\frac{3}{5}\left(\frac{1}{2}\right)^n u[n]+\frac{2}{5}\left(-\frac{1}{3}\right)^n u[n]$。

奥本海姆 5.21 计算下列信号的傅里叶变换：

（1）$x[n]=u[n-2]-u[n-6]$；

（2）$x[n]=\left(\frac{1}{2}\right)^{-n}u[-n-1]$；

（3）$x[n]=\left(\frac{1}{3}\right)^{|n|}u[-n-2]$；　（4）$x[n]=2^n\sin\left(\frac{\pi}{4}n\right)u[-n]$；

（5）$x[n]=\left(\frac{1}{2}\right)^{|n|}\cos\left[\frac{\pi}{8}(n-1)\right]$；　（6）$x[n]=\begin{cases}n, & -3\leqslant n\leqslant 3\\ 0, & \text{其他}\end{cases}$；

（7）$x[n]=\sin\left(\frac{\pi}{2}n\right)+\cos n$；　（8）$x[n]=\sin\left(\frac{5\pi}{3}n\right)+\cos\left(\frac{7\pi}{3}n\right)$；

（9）$x[n]=x[n-6]$和$x[n]=u[n]-u[n-5]$，$0\leqslant n\leqslant 5$；

（10）$x[n]=(n-1)\left(\frac{1}{3}\right)^{|n|}$；　（11）$x[n]=\left[\frac{\sin(\pi n/5)}{\pi n}\right]\cos\left(\frac{7\pi}{2}n\right)$。

解析　（1）由题可知，$x[n]=u[n-2]-u[n-6]$，整理可得

（有限长离散序列。）

$$x[n]=\delta[n-2]+\delta[n-3]+\delta[n-4]+\delta[n-5]$$

求傅里叶变换可得 $X(e^{j\omega})=e^{-j2\omega}+e^{-j3\omega}+e^{-j4\omega}+e^{-j5\omega}=\frac{e^{-j2\omega}(1-e^{-j4\omega})}{1-e^{-j\omega}}$。

（可以当作等比序列求和化简。）

（2）根据常用傅里叶变换：

（常见离散傅里叶变换：$a^nu[n]\leftrightarrow\frac{1}{1-ae^{-j\omega}}$，$a^nu[-n-1]\leftrightarrow\frac{-1}{1-ae^{-j\omega}}$。）

$$x[n]=\left(\frac{1}{2}\right)^{-n}u[-n-1]=2^nu[-n-1]，\ x[n]=2^nu[-n-1]\leftrightarrow X(e^{j\omega})=\frac{-1}{1-2e^{-j\omega}}$$

（3）由题可知，$x[n]=\left(\frac{1}{3}\right)^{|n|}u[-n-2]$，整理可得

$$x[n]=\left(\frac{1}{3}\right)^{-n}u[-n-2]=3^nu[-n-2]=3^n(u[-n-1]-\delta[n+1])$$

（展开成熟悉的形式。）

根据常用傅里叶变换：$X(e^{j\omega})=\frac{-1}{1-3e^{-j\omega}}-\frac{1}{3}e^{j\omega}=\frac{-\frac{1}{3}e^{j\omega}}{1-3e^{-j\omega}}$。

（4）由题可知，$x[n]=2^n\sin\left(\frac{\pi}{4}n\right)u[-n]$。

由于 $2^n\sin\left(\frac{\pi}{4}n\right)\delta[n]=0$，对信号进行整理：

（因为 $u[-n-1]=u[-n]-\delta[n]$。）

$$x[n]=2^n\sin\left(\frac{\pi}{4}n\right)u[-n]=2^n\sin\left(\frac{\pi}{4}n\right)u[-n-1]$$

根据常用傅里叶变换：

$$\sin\left(\frac{\pi}{4}n\right)u[-n-1]\leftrightarrow\frac{-\sin\left(\frac{\pi}{4}\right)e^{-j\omega}}{1-2e^{-j\omega}\cos\left(\frac{\pi}{4}\right)+e^{-j2\omega}}$$

根据尺度变换：

将 $e^{-j\omega}$ 换成 $2e^{-j\omega}$。

$$2^n\sin\left(\frac{\pi}{4}n\right)u[-n-1]\rightarrow\frac{-2\cdot\frac{\sqrt{2}}{2}e^{-j\omega}}{1-2\cdot2\cdot\frac{\sqrt{2}}{2}e^{-j\omega}+(2e^{-j\omega})^2}=\frac{-\sqrt{2}e^{-j\omega}}{1-2\sqrt{2}e^{-j\omega}+4e^{-j2\omega}}$$

（5）对信号进行整理：

遇到信号带有绝对值，要利用阶跃，先将绝对值去掉。

$$x[n]=\left(\frac{1}{2}\right)^{|n|}\cos\left[\frac{\pi}{8}(n-1)\right]=\left[\left(\frac{1}{2}\right)^n u(n)+\left(\frac{1}{2}\right)^{-n}u(-n-1)\right]\cos\left[\frac{\pi}{8}(n-1)\right]$$

利用欧拉公式：$x[n]=\left[\left(\frac{1}{2}\right)^n u(n)+\left(\frac{1}{2}\right)^{-n}u(-n-1)\right]\left\{\frac{e^{j\left[\frac{\pi}{8}(n-1)\right]}+e^{-j\left[\frac{\pi}{8}(n-1)\right]}}{2}\right\}$。

看作是频移，不用管。

利用常见傅里叶变换：

$$\left(\frac{1}{2}\right)^n u(n)\leftrightarrow\frac{1}{1-\frac{1}{2}e^{-j\omega}},\quad 2^n u(-n-1)\leftrightarrow\frac{-1}{1-2e^{-j\omega}}$$

$$\left(\frac{1}{2}\right)^n u(n)+2^n u(-n-1)\leftrightarrow\frac{1}{1-\frac{1}{2}e^{-j\omega}}+\frac{-1}{1-2e^{-j\omega}}=\frac{-\frac{3}{2}e^{-j\omega}}{(1-2e^{-j\omega})\left(1-\frac{1}{2}e^{-j\omega}\right)}$$

进一步化简：

$$\left(\frac{1}{2}\right)^n u(n)+2^n u(-n-1)\leftrightarrow\frac{-\frac{3}{2}e^{-j\omega}}{1+e^{-j2\omega}-\frac{5}{2}e^{-j\omega}}=\frac{-\frac{3}{2}}{e^{j\omega}+e^{-j\omega}-\frac{5}{2}}=\frac{3}{5-4\cos\omega}$$

经过移位后：$X(e^{j\omega})=\dfrac{\frac{3}{2}e^{-j\frac{\pi}{8}}}{5-4\cos\left(\omega-\frac{\pi}{8}\right)}+\dfrac{\frac{3}{2}e^{j\frac{\pi}{8}}}{5-4\cos\left(\omega+\frac{\pi}{8}\right)}$。

（6）由题可知，$x[n]=\begin{cases}n, & -3\leqslant n\leqslant 3\\ 0, & \text{其他}\end{cases}$，整理可得

$$x[n]=-3\delta[n+3]-2\delta[n+2]-\delta[n+1]+\delta[n-1]+2\delta[n-2]+3\delta[n-3]$$

求傅里叶变换可得

$$X(e^{j\omega})=-3e^{j3\omega}-2e^{j2\omega}-e^{j\omega}+e^{-j\omega}+2e^{-j2\omega}+3e^{-j3\omega}=-6j\sin(3\omega)-4j\sin(2\omega)-2j\sin\omega$$

（7）由题可知，$x[n]=\sin\left(\frac{\pi}{2}n\right)+\cos n$。

三角函数利用欧拉公式展开后，都可以当作是移位。

利用欧拉公式展开：$x[n]=1\cdot\frac{e^{j\frac{\pi}{2}n}-e^{-j\frac{\pi}{2}n}}{2j}+1\cdot\frac{e^{jn}+e^{-jn}}{2}$。根据常用傅里叶变换：$1\leftrightarrow 2\pi\sum\limits_{k=-\infty}^{\infty}\delta(\omega-2\pi k)$。

经过频移后：

$$X(e^{j\omega})=\pi j\cdot\sum_{k=-\infty}^{\infty}\left[\delta\left(\omega+\frac{\pi}{2}-2\pi k\right)-\delta\left(\omega-\frac{\pi}{2}-2\pi k\right)\right]+\pi\cdot\sum_{k=-\infty}^{\infty}[\delta(\omega+1-2\pi k)+\delta(\omega-1-2\pi k)]$$

（8）由题可知，$x[n]=\sin\left(\frac{5\pi}{3}n\right)+\cos\left(\frac{7\pi}{3}n\right)$。

利用欧拉公式展开：$x[n]=1\cdot\frac{e^{j\frac{5\pi}{3}n}-e^{-j\frac{5\pi}{3}n}}{2j}+1\cdot\frac{e^{j\frac{7\pi}{3}n}+e^{-j\frac{7\pi}{3}n}}{2}$。根据常用傅里叶变换：$1\leftrightarrow 2\pi\sum\limits_{k=-\infty}^{\infty}\delta(\omega-2\pi k)$。

经过频移后：

$$X(e^{j\omega})=\pi j\cdot\sum_{k=-\infty}^{\infty}\left[\delta\left(\omega+\frac{5\pi}{3}-2\pi k\right)-\delta\left(\omega-\frac{5\pi}{3}-2\pi k\right)\right]+\pi\cdot\sum_{k=-\infty}^{\infty}\left[\delta\left(\omega+\frac{7\pi}{3}-2\pi k\right)+\delta\left(\omega-\frac{7\pi}{3}-2\pi k\right)\right]$$

（9）由题可知，$x[n]=x[n-6]$，$x[n]=u[n]-u[n-5]$，$0\leqslant n\leqslant 5$。

这道题考查 DFS 和 DFT 的结合，参考奥本海姆版教材内容。

根据周期信号的表示：$\tilde{x}(n)=\frac{1}{N}\sum\limits_{k=0}^{N-1}X[k]W_N^{-kn}$，$X[k]=\sum\limits_{k=0}^{N-1}\tilde{x}(n)W_N^{kn}$。

根据信号表达式，可知

$$X(e^{j\omega})=\frac{1}{6}\sum_{k=0}^{5}X[k]2\pi\delta\left(\omega-\frac{\pi k}{3}\right),\quad X[k]=\sum_{n=0}^{4}e^{-j\frac{\pi}{3}kn}=\frac{1-e^{-j\frac{5\pi}{3}k}}{1-e^{-j\frac{\pi}{3}k}}$$

代入可得 $X(e^{j\omega})=\frac{\pi}{3}\sum\limits_{k=-\infty}^{\infty}\frac{1-e^{-j\frac{5\pi}{3}k}}{1-e^{-j\frac{\pi}{3}k}}\delta\left(\omega-\frac{\pi k}{3}\right)$。

（10）遇到绝对值将绝对值拿掉，得

$$x[n]=(n-1)\left(\frac{1}{3}\right)^{|n|}=(n-1)\left(\frac{1}{3}\right)^{n}u(n)+(n-1)\left(\frac{1}{3}\right)^{-n}u(-n-1)$$

注意这里是 $-n-1$。

根据常见傅里叶变换：$\left(\frac{1}{3}\right)^{n}u(n)\leftrightarrow\frac{1}{1-\frac{e^{-j\omega}}{3}}$，$3^{n}u(-n-1)\leftrightarrow\frac{-1}{1-3e^{-j\omega}}$。

利用乘 n 性质，$nx[n]\leftrightarrow \mathrm{j}X'(\mathrm{e}^{\mathrm{j}\omega})$，则

常见变换对，频域为门函数。

$$X(\mathrm{e}^{\mathrm{j}\omega})=\frac{-12\mathrm{j}\sin\omega}{(5-3\cos\omega)^2}-\frac{4}{5-3\cos\omega}$$

（11）由题可知，$x[n]=\left[\dfrac{\sin\left(\dfrac{\pi n}{5}\right)}{\pi n}\right]\cos\left(\dfrac{7\pi}{2}n\right)$。令 $x_1[n]=\dfrac{\sin\left(\dfrac{\pi n}{5}\right)}{\pi n}$，求其傅里叶变换可得

$$X_1(\mathrm{e}^{\mathrm{j}\omega})=\begin{cases}1, & |\omega|\leqslant\dfrac{\pi}{5}\\ 0, & \dfrac{\pi}{5}<|\omega|<\pi\end{cases}$$

令 $x_2[n]=\cos\left(\dfrac{7\pi}{2}n\right)$，整理可得，$x_2[n]=(-1)^n\cos\left(\dfrac{\pi}{2}n\right)=\mathrm{e}^{\mathrm{j}\pi n}\cos\left(\dfrac{\pi}{2}n\right)$。

根据傅里叶变换的频移性质可得，$X_2(\mathrm{e}^{\mathrm{j}\omega})=\pi\left[\delta\left(\omega+\dfrac{\pi}{2}\right)+\delta\left(\omega-\dfrac{\pi}{2}\right)\right]$，$0\leqslant|\omega|<\pi$。

根据时域乘积，频域卷积乘 $\dfrac{1}{2\pi}$ 可得

$$X(\mathrm{e}^{\mathrm{j}\omega})=\frac{1}{2\pi}\int_{-\pi}^{\pi}X_2(\mathrm{e}^{\mathrm{j}\theta})X_1[\mathrm{e}^{\mathrm{j}(\omega-\theta)}]\mathrm{d}\theta$$

则

$$X(\mathrm{e}^{\mathrm{j}\omega})=\begin{cases}\dfrac{1}{2}, & \dfrac{3\pi}{10}<|\omega|<\dfrac{7\pi}{10}\\ 0, & 0\leqslant|\omega|\leqslant\dfrac{3\pi}{10},\ \dfrac{7\pi}{10}\leqslant|\omega|<\pi\end{cases}$$

画出频域图更加直观。

在 $(-\pi,\pi)$ 内，$X_1(\mathrm{e}^{\mathrm{j}\omega})$、$X_2(\mathrm{e}^{\mathrm{j}\omega})$、$X(\mathrm{e}^{\mathrm{j}\omega})$ 如图（a）~图（c）所示。

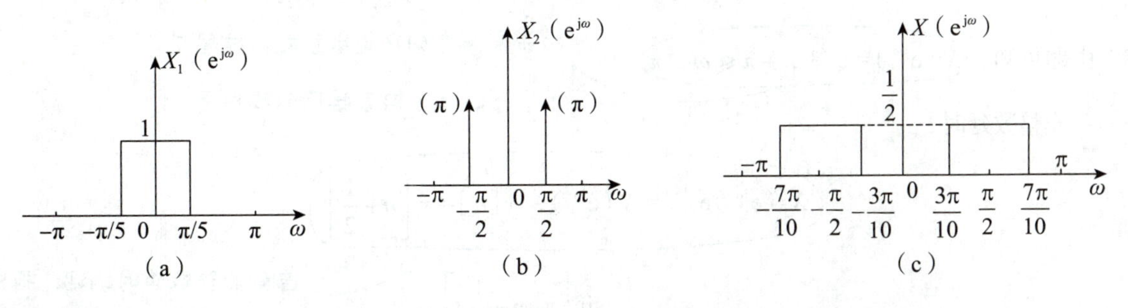

（a）（b）（c）

奥本海姆 5.22 下列是各离散时间信号的傅里叶变换，求相应于每一变换的信号。

(1) $X(e^{j\omega})=\begin{cases}1, & \frac{\pi}{4}\leqslant|\omega|\leqslant\frac{3\pi}{4}\\ 0, & \frac{3\pi}{4}\leqslant|\omega|\leqslant\pi,\ 0\leqslant|\omega|<\frac{\pi}{4}\end{cases}$; (2) $X(e^{j\omega})=1+3e^{-j\omega}+2e^{-j2\omega}-4e^{-j3\omega}+e^{-j10\omega}$;

(3) $X(e^{j\omega})=e^{-j\frac{\omega}{2}}$, $-\pi\leqslant\omega\leqslant\pi$; (4) $X(e^{j\omega})=\cos^2\omega+\sin^2(3\omega)$;

(5) $X(e^{j\omega})=\sum_{k=-\infty}^{\infty}(-1)^k\delta\left(\omega-\frac{\pi}{2}k\right)$; (6) $X(e^{j\omega})=\dfrac{e^{-j\omega}-\frac{1}{5}}{1-\frac{1}{5}e^{-j\omega}}$;

(7) $X(e^{j\omega})=\dfrac{1-\frac{1}{3}e^{-j\omega}}{1-\frac{1}{4}e^{-j\omega}-\frac{1}{8}e^{-j2\omega}}$; (8) $X(e^{j\omega})=\dfrac{1-\left(\frac{1}{3}\right)^6e^{-j6\omega}}{1-\frac{1}{3}e^{-j\omega}}$。

解析 (1)由题可知，$X(e^{j\omega})=\begin{cases}1, & \frac{\pi}{4}\leqslant|\omega|\leqslant\frac{3\pi}{4}\\ 0, & \frac{3\pi}{4}\leqslant|\omega|\leqslant\pi,\ 0\leqslant|\omega|<\frac{\pi}{4}\end{cases}$。

令 $X_1(e^{j\omega})=\begin{cases}1, & 0\leqslant|\omega|\leqslant\frac{3\pi}{4}\\ 0, & \frac{3\pi}{4}<|\omega|\leqslant\pi\end{cases}$，$X_2(e^{j\omega})=\begin{cases}1, & 0\leqslant|\omega|\leqslant\frac{\pi}{4}\\ 0, & \frac{\pi}{4}<|\omega|\leqslant\pi\end{cases}$，则

$$X(e^{j\omega})=X_1(e^{j\omega})-X_2(e^{j\omega})$$

看作是一个矩形宽度为 $\frac{3\pi}{2}$ 的矩形减去一个矩形宽度为 $\frac{\pi}{2}$ 的矩形。

求其逆变换，可得 $x[n]=\dfrac{\sin\left(\frac{3\pi}{4}n\right)-\sin\left(\frac{\pi}{4}n\right)}{\pi n}=\dfrac{2\sin\left(\frac{\pi}{4}n\right)\cos\left(\frac{\pi}{2}n\right)}{\pi n}$。

(2)由题可知，$X(e^{j\omega})=1+3e^{-j\omega}+2e^{-j2\omega}-4e^{-j3\omega}+e^{-j10\omega}$。

利用冲激函数的时移性质。

求其逆变换，可得 $x[n]=\delta[n]+3\delta[n-1]+2\delta[n-2]-4\delta[n-3]+\delta[n-10]$。

(3)由题可知，$X(e^{j\omega})=e^{-j\frac{\omega}{2}}$，$-\pi\leqslant\omega\leqslant\pi$。

由于离散序列只能取整数，这里是 $e^{-j\frac{\omega}{2}}$，因此不能直接用时移性质。

法一：非整数延时，

$$X_1(e^{j\omega})e^{-j\frac{\omega}{2}}=X(e^{j\omega}),\quad x[n]=x_1\left[n-\frac{1}{2}\right]$$

遇到非整数延时的话，拆成两步计算，先还原后移位。

根据题目描述：$x_1[n]=\dfrac{\sin(\pi n)}{\pi n}$，因此 $x[n]=\dfrac{\sin\left[\pi\left(n-\frac{1}{2}\right)\right]}{\pi\left(n-\frac{1}{2}\right)}=\dfrac{(-1)^{n+1}}{\pi\left(n-\frac{1}{2}\right)}$。

法二：根据傅里叶逆变换的定义，可得

$$x[n]=\frac{1}{2\pi}\int_{-\pi}^{\pi}e^{-\frac{1}{2}\omega}e^{j\omega n}d\omega=\frac{1}{2\pi}\cdot\frac{1}{j\left(n-\frac{1}{2}\right)}e^{j\left(n-\frac{1}{2}\right)\omega}\Bigg|_{-\pi}^{\pi}=\frac{1}{\pi(n-1/2)}\cdot\sin\left[\left(n-\frac{1}{2}\right)\pi\right]=\frac{(-1)^{n+1}}{\pi(n-1/2)}$$

（4）由题可知，$X(e^{j\omega})=\cos^2\omega+\sin^2(3\omega)$。→ 数学知识，先降幂后欧拉展开。

整理可得，$X(e^{j\omega})=\frac{1+\cos(2\omega)}{2}+\frac{1-\cos(6\omega)}{2}=1+\frac{1}{4}e^{j2\omega}+\frac{1}{4}e^{-j2\omega}-\frac{1}{4}e^{j6\omega}-\frac{1}{4}e^{-j6\omega}$。

求其逆变换可得，$x[n]=\delta[n]+\frac{1}{4}\delta[n+2]+\frac{1}{4}\delta[n-2]-\frac{1}{4}\delta[n+6]-\frac{1}{4}\delta[n-6]$。

（5）由题可知，$X(e^{j\omega})=\sum_{k=-\infty}^{\infty}(-1)^k\delta\left(\omega-\frac{\pi}{2}k\right)$。

整理可得，$X(e^{j\omega})=\sum_{k=-\infty}^{\infty}(-1)^k\delta\left(\omega-\frac{\pi}{2}k\right)=2\pi\sum_{k=-\infty}^{\infty}\frac{(-1)^k}{2\pi}\delta\left(\omega-\frac{2\pi}{4}k\right)$。

可知信号周期为4，其傅里叶系数为$\frac{(-1)^k}{2\pi}$，则

$$x[n]=\sum_{k=0}^{3}\frac{(-1)^k}{2\pi}e^{jk\frac{2\pi}{4}n}=\frac{1}{2\pi}\sum_{k=0}^{3}(-1)^ke^{jk\frac{\pi}{2}n}=\frac{1}{2\pi}\left(1-e^{j\frac{\pi}{2}n}+e^{j\pi n}-e^{j\frac{3\pi}{2}n}\right)$$

$$=\frac{1}{2\pi}\left[1+(-1)^n-2\cos\left(\frac{\pi}{2}n\right)\right]=\frac{4}{2\pi}=\frac{2}{\pi},\ n=4m+2,\ m=0,\ \pm1,\ \pm2,\ \cdots$$

（6）由题可知，$X(e^{j\omega})=\frac{e^{-j\omega}-\frac{1}{5}}{1-\frac{1}{5}e^{-j\omega}}$，整理可得，$X(e^{j\omega})=\frac{1}{1-\frac{1}{5}e^{-j\omega}}\cdot e^{-j\omega}-\frac{1}{1-\frac{1}{5}e^{-j\omega}}\cdot\frac{1}{5}$。

由常见傅里叶变换可得$\left(\frac{1}{5}\right)^n u[n]\leftrightarrow\frac{1}{1-\frac{1}{5}e^{-j\omega}}$。

根据傅里叶变换的时移性质，求其逆变换可得

$$x[n]=\left(\frac{1}{5}\right)^{n-1}u[n-1]-\frac{1}{5}\left(\frac{1}{5}\right)^n u[n]=\left(\frac{1}{5}\right)^{n-1}u[n-1]-\left(\frac{1}{5}\right)^{n+1}u[n]$$

（7）由题可知，$X(e^{j\omega})=\frac{1-\frac{1}{3}e^{-j\omega}}{1-\frac{1}{4}e^{-j\omega}-\frac{1}{8}e^{-j2\omega}}$。

部分分式展开法可得，$X(e^{j\omega})=\dfrac{1-\frac{1}{3}e^{-j\omega}}{\left(1-\frac{1}{2}e^{-j\omega}\right)\left(1+\frac{1}{4}e^{-j\omega}\right)}=\dfrac{\frac{2}{9}}{1-\frac{1}{2}e^{-j\omega}}+\dfrac{\frac{7}{9}}{1+\frac{1}{4}e^{-j\omega}}$。

→部分分式展开法。

求其逆变换可得 $x[n]=\frac{2}{9}\left(\frac{1}{2}\right)^n u[n]+\frac{7}{9}\left(-\frac{1}{4}\right)^n u[n]$。

（8）由题可知 $X(e^{j\omega})=\dfrac{1-\left(\frac{1}{3}\right)^6 e^{-j6\omega}}{1-\frac{1}{3}e^{-j\omega}}=\dfrac{1}{1-\frac{1}{3}e^{-j\omega}}-\dfrac{\left(\frac{1}{3}\right)^6 e^{-j6\omega}}{1-\frac{1}{3}e^{-j\omega}}$。

根据常用傅里叶变换可得

$$x[n]=\left(\frac{1}{3}\right)^n u(n)-\left(\frac{1}{3}\right)^6\left(\frac{1}{3}\right)^{n-6} u(n-6)=\left(\frac{1}{3}\right)^n u(n)-\left(\frac{1}{3}\right)^n u(n-6)$$

奥本海姆 5.23 设 $X(e^{j\omega})$ 是图示 $x[n]$ 信号的傅里叶变换，不经求出 $X(e^{j\omega})$ 完成下列计算：

信号为有限长离散序列。

（1）求 $X(e^{j\omega})$。 （2）求 $\measuredangle X(e^{j\omega})$。

（3）求 $\int_{-\pi}^{\pi} X(e^{j\omega})d\omega$。 （4）求 $X(e^{j\pi})$。

（5）求并画出傅里叶变换为 $\mathrm{Re}[x(e^{j\omega})]$ 的信号。

（6）求① $\int_{-\pi}^{\pi}|X(e^{j\omega})|^2 d\omega$；② $\int_{-\pi}^{\pi}\left|\dfrac{dX(e^{j\omega})}{d\omega}\right|^2 d\omega$。

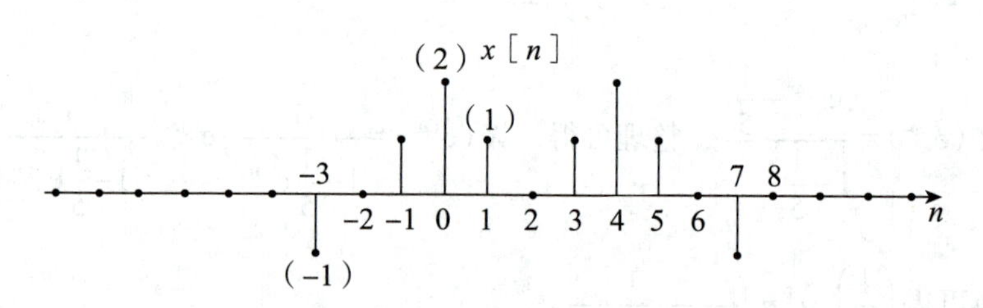

解析 （1）根据傅里叶变换的定义可得 $X(e^{j\omega})=\sum_{n=-\infty}^{\infty}x[n]e^{-j\omega n}$。

→离散信号的傅里叶变换 DTFT 的定义。

将 $\omega=0$ 代入可得 $X(e^{j0})=\sum_{n=-\infty}^{\infty}x[n]e^{-j0n}=\sum_{n=-\infty}^{\infty}x[n]$。如题图所示，$\sum_{n=-\infty}^{\infty}x[n]=6$，故 $X(e^{j0})=6$。

（2）如题图所示，将 $x[n]$ 左移两位，得 $x[n+2]$，实偶序列。

设 $x[n+2]$ 的傅里叶变换为 $X_1(e^{j\omega})$，则 $X_1(e^{j\omega})$ 也是一个实偶函数，$\measuredangle X_1(e^{j\omega})=0$。

时域为实偶信号，频域也为实偶信号。

根据傅里叶变换的时移特性可得，$X_1(e^{j\omega})=X(e^{j\omega})e^{j2\omega}=|X(e^{j\omega})|e^{j[\measuredangle X(e^{j\omega})+2\omega]}$。

→ 也可以利用欧拉公式求解。

故 $\measuredangle X(e^{j\omega})=-2\omega$。

→ 取任意完整的一个周期均可。

（3）
$$x[n]=\frac{1}{2\pi}\int_0^{2\pi}X(e^{j\omega})e^{j\omega n}d\omega=\frac{1}{2\pi}\int_{-\pi}^{\pi}X(e^{j\omega})e^{j\omega n}d\omega$$

将 $n=0$ 代入可得，$x[0]=\frac{1}{2\pi}\int_{-\pi}^{\pi}X(e^{j\omega})d\omega$，即 $\int_{-\pi}^{\pi}X(e^{j\omega})d\omega=2\pi x[0]=2\pi\times 2=4\pi$。

（4）$X(e^{j\pi})=\sum_{n=-\infty}^{\infty}x[n]e^{-jn\pi}=\sum_{n=-\infty}^{\infty}x[n](-1)^n=1-1+2+1-1=2$。

（5）$\mathrm{Ev}[x[n]]=\frac{1}{2}(x[n]+x[-n])$，故 $\mathcal{F}[\mathrm{Ev}[x[n]]]=\frac{1}{2}[X(e^{j\omega})+X(e^{-j\omega})]$。

由于 $x[n]$ 是实序列，故 $\mathrm{Re}[X(e^{j\omega})]=\mathrm{Re}[X(e^{-j\omega})]$，$\mathrm{Im}[X(e^{j\omega})]=-\mathrm{Im}[X(e^{-j\omega})]$。

从而得 $\mathrm{Ev}[x[n]]\leftrightarrow\mathrm{Re}[X(e^{\omega})]=\mathrm{Re}[X(\omega)]$。$\mathrm{Ev}[x[n]]$ 的图形如图所示。

→ 利用奇偶虚实性：一个域的共轭对称对应另一个域的实部，一个域的共轭反对称对应另一个域的虚部乘 j。

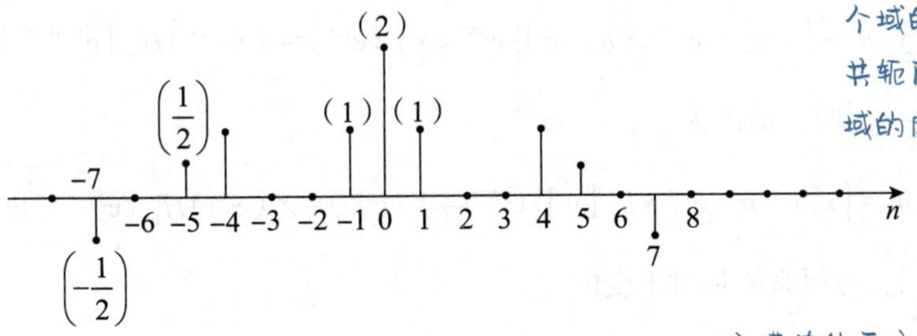

→ 模值的平方。

（6）①根据帕斯瓦尔定理可得，$\sum_{n=-\infty}^{\infty}|x[n]|^2=\frac{1}{2\pi}\int_{-\pi}^{\pi}|X(e^{j\omega})|^2d\omega$，则

$$\int_{-\pi}^{\pi}|X(e^{j\omega})|^2d\omega=2\pi\sum_{n=-\infty}^{\infty}|x[n]|^2=2\pi\times 14=28\pi$$

②根据傅里叶变换的频域微分性质可得 $nx[n]\leftrightarrow j\frac{dX(e^{j\omega})}{d\omega}$。

根据帕斯瓦尔定理可得

$$\sum_{n=-\infty}^{\infty}|nx[n]|^2=\frac{1}{2\pi}\int_{-\pi}^{\pi}\left|j\frac{dX(e^{j\omega})}{d\omega}\right|^2d\omega=\frac{1}{2\pi}\int_{-\pi}^{\pi}\left|\frac{dX(e^{j\omega})}{d\omega}\right|^2d\omega$$

故 $\int_{-\pi}^{\pi}\left|\frac{dX(e^{j\omega})}{d\omega}\right|^2d\omega=2\pi\sum_{n=-\infty}^{\infty}|nx[n]|^2=2\pi\times 158=316\pi$。

奥本海姆版第六章 | 信号与系统的时域和频域特性（离散部分）

奥本海姆 6.44 按图示实现一个离散时间系统，图中系统 S 是一个单位脉冲响应为 $h_{lp}[n]$ 的线性时不变系统。

（1）**【证明题】** 证明：整个系统是时不变的；（时不变系统的证明，12字准则：先时移再系统 = 先系统后时移。）

（2）若 $h_{lp}[n]$ 是一个低通滤波器，由这个图实现了什么类型的滤波器？

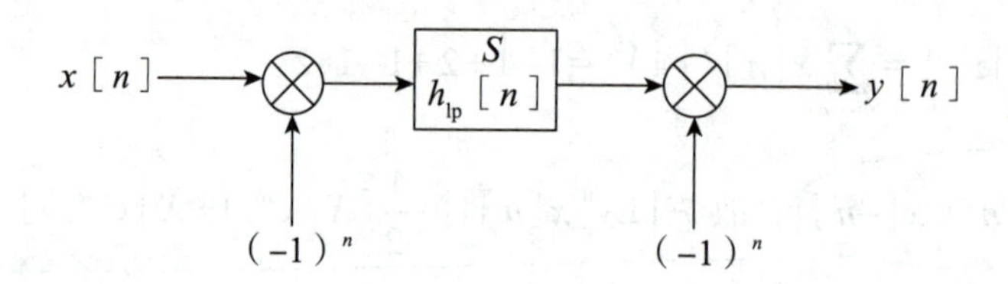

（1）**证明** 已知 $(-1)^n=e^{jn\pi}$。（看作是频移。）

当系统输入为 $x[n]$ 时，输出为

$$y[n]=\{(x[n]e^{jn\pi})*h_{lp}[n]\}e^{jn\pi}\leftrightarrow Y(e^{j\omega})=X(e^{j\omega})H_{lp}[e^{j(\omega-\pi)}]$$

当系统输入为 $x[n-n_0]$ 时，输出为

$$y_1[n]=\{x[n-n_0]e^{jn\pi}*h_{lp}[n]\}e^{jn\pi}\leftrightarrow Y(e^{j\omega})=X(e^{j\omega})H_{lp}[e^{j(\omega-\pi)}]e^{-j\omega n_0}$$

故 $y_1[n]=y[n-n_0]$，可得系统是时不变的。

（2）**解析** 由（1）可知 $Y(e^{j\omega})=X(e^{j\omega})H_{lp}[e^{j(\omega-\pi)}]$，则频率响应为 $H_{lp}[e^{j(\omega-\pi)}]$。

因为 $H_{lp}(e^{j\omega})$ 是低通滤波器，所以 $H_{lp}[e^{j(\omega-\pi)}]$ 是高通滤波器。

第七章　z 变换、离散时间系统的 z 域分析

1. 单边 z 变换和双边 z 变换

单边 z 变换、双边 z 变换主要通过 $X(z)$ 的积分下限进行区分，单边 z 变换是起始时刻为坐标原点的信号，所以积分下限为 0。而双边 z 变换是从 $-\infty$ 到 $+\infty$ 。

双边 z 变换的公式为

求信号的单边 z 变换时，可以用阶跃函数截断后求双边 z 变换，这样就可以利用常见 z 变换求解。

$$X(z)=\sum_{n=-\infty}^{\infty}x(n)z^{-n}$$

单边 z 变换的公式［就是 $x(n)\cdot u(n)$ 的双边 z 变换］为

$$X(z)=\sum_{n=0}^{\infty}x(n)z^{-n}$$

单边 z 变换只在 $n>0$ 时有值。但是在实际情况中，我们不必考虑上下限的特殊性，因为 $x(n)$ 的范围一般都会跟着一个阶跃信号来表示。

2. 常见的 z 变换（类比 DTFT）

重要！需要注意，有些信号只有傅里叶变换，而 z 变换是不存在的。

#	信号	DTFT	z 变换
1	单位阶跃信号 $u(n)$	$\frac{1}{1-e^{-j\omega}}+\pi\sum_{k=-\infty}^{\infty}\delta(\omega-2\pi k)$	$\frac{1}{1-z^{-1}}$
2	单位冲激信号 $\delta(n)$	1	1
3	直流信号	$2\pi\sum_{k=-\infty}^{\infty}\delta(\omega-2\pi k)$	不存在
4	单边指数信号 $a^n u(n)$	$\frac{1}{1-ae^{-j\omega}}$	$\frac{1}{1-az^{-1}}$
5	时域矩形窗 $x(n)=\begin{cases}1, & n\leqslant N_1\\0, & 其他\end{cases}$ $x(n)=u(n+N_1)-u(n-N_1-1)$	$\frac{\sin\left[\omega\left(N_1+\frac{1}{2}\right)\right]}{\sin\frac{\omega}{2}}$	两个阶跃相减 $\frac{z^{N_1}-z^{-N_1-1}}{1-z^{-1}}$

续表

#	信号	DTFT	z 变换
6	频域矩形窗 $f(t)=\frac{\sin(\omega_c t)}{\pi t}$， $x(n)=\frac{\sin(\omega_c n)}{\pi n}$	$X(e^{j\omega})=\begin{cases}1, & \omega\leqslant\omega_c\\ 0, & 其他\end{cases}$	不存在
7	乘 n 指数信号，$\|a\|<1$ $(n+1)a^n u(n)$ $\frac{(n+1)(n+2)}{2!}a^n u(n)$ … $\frac{(n+r-1)!}{n!(r-1)!}a^n u(n)$	$\frac{1}{(1-ae^{-j\omega})^2}$ $\frac{1}{(1-ae^{-j\omega})^3}$ … $\frac{1}{(1-ae^{-j\omega})^r}$	$\frac{1}{(1-az^{-1})^2}$ $\frac{1}{(1-az^{-1})^3}$ … $\frac{1}{(1-az^{-1})^r}$
8	余弦函数 $\cos(\omega_1 n)$	$\pi\sum_{k=-\infty}^{\infty}[\delta(\omega+\omega_1+2\pi k)+\delta(\omega-\omega_1+2\pi k)]$	不存在
9	因果余弦函数 $\cos(\omega_1 n)u(n)$	$\frac{1}{2}\left[\frac{1}{1-e^{-j(\omega+\omega_1)}}+\frac{1}{1-e^{-j(\omega-\omega_1)}}\right]+$ $\frac{\pi}{2}\sum_{k=-\infty}^{\infty}[\delta(\omega-\omega_1-2\pi k)+\delta(\omega+\omega_1-2\pi k)]$	$\frac{1-\cos\omega_1 z^{-1}}{1-2\cos\omega_1 z^{-1}+z^{-2}}$
10	正弦函数 $\sin(\omega_1 n)$	$\frac{\pi}{j}\sum_{k=-\infty}^{\infty}[\delta(\omega-\omega_1+2\pi k)-\delta(\omega+\omega_1+2\pi k)]$	不存在
11	因果正弦函数 $\sin(\omega_1 n)u(n)$	$\frac{1}{2j}\left[\frac{1}{1-e^{j(\omega-\omega_1)}}-\frac{1}{1-e^{j(\omega+\omega_1)}}\right]+$ $\frac{\pi}{2j}\sum_{k=-\infty}^{\infty}[\delta(\omega-\omega_1+2\pi k)-\delta(\omega+\omega_1+2\pi k)]$	$\frac{\sin\omega_1 z^{-1}}{1-2\cos\omega_1 z^{-1}+z^{-2}}$
12	周期冲激串 $\delta_T(t)=\sum_{n=-\infty}^{\infty}\delta(t-nT_1)$ $\delta_N(n)=\sum_{k=-\infty}^{\infty}\delta(n-kN)$	$\omega_1\sum_{n=-\infty}^{\infty}\delta(\omega-n\omega_1)$ $\frac{2\pi}{N}\sum_{k=-\infty}^{\infty}\delta\left(\omega-\frac{2\pi}{N}k\right)$ 推导利用 DFS，再进行傅里叶变换	不存在

续表

#	信号	DTFT	z 变换
13	因果周期冲激串 $\delta_N(n)=\sum_{n=-\infty}^{\infty}\delta(n-kN)\cdot u(n)$	$\frac{2\pi}{N}\sum_{k=0}^{\infty}\delta\left(\omega-\frac{2\pi}{N}k\right)$ 推导利用 DFS，再进行傅里叶变换	看成冲激信号移位相加

3. z 变换性质（类比 DTFT）

重要！需要记住，一定要和 s 域区分开，别记混了。

#	性质	离散时间傅里叶变换（DTFT）	z 变换
1	线性	$\mathcal{F}[a_1x_1(n)+a_2x_2(n)]$ $=a_1X_1(e^{j\omega})+a_2X_2(e^{j\omega})$	$\mathcal{Z}[a_1x_1(n)+a_2x_2(n)]$ $=a_1X_1(z)+a_2X_2(z)$
2	时域尺度变换（时域扩展）	内插（联系增采样回看）：$x_L(n)=\begin{cases}x\left(\frac{n}{L}\right), & n为L的整数倍\\0, & 其他\end{cases}$ $\mathcal{F}[x_L(n)]=X(e^{j\omega L})$	$x_L(n)=\begin{cases}x\left(\frac{n}{L}\right), & n为L的整数倍\\0, & 其他\end{cases}$ $x_k(n)=x\left(\frac{n}{L}\right)\cdot\sum_{k=-\infty}^{\infty}\delta(n-kL)$ $\mathcal{Z}[x_L(n)]=X(z^L)$
3	序列指数加权（z 域尺度变换）	$\mathcal{Z}[a^nx(n)]=X(ae^{-j\omega})$	$\mathcal{Z}[a^nx(n)]=X(a^{-1}z)$
4	时移	$\mathcal{F}[x(n-n_0)]=e^{-j\omega n_0}X(e^{j\omega})$	双边：$\mathcal{Z}[x(n-n_0)]=z^{-n_0}X(z)$ 单边：$\mathcal{Z}[x(n-2)u(n)]=z^{-2}X(z)+x(-2)+x(-1)z^{-1}$ 单边 $x(n)$ 时移：可以理解成双边 $x(n-2)u(n)=x(n-2)[u(n-2)+\delta(n)+\delta(n-1)]$ 进行双边 z 变换
5	频移	$\mathcal{F}[x(n)e^{j\omega_0 n}]=X[e^{j(\omega-\omega_0)}]$	$\mathcal{Z}[x(n)e^{j\omega_0 n}]=X(ze^{-j\omega_0})$ 同 $\mathcal{Z}[a^nx(n)]=X(a^{-1}z)$

续表

#	性质	离散时间傅里叶变换（DTFT）	z 变换
6	时域微分	差分性质：$\mathcal{F}[x(n)-x(n-1)]=(1-e^{-j\omega})X(e^{j\omega})$	$\mathcal{Z}[x(n)-x(n-1)]=(1-z^{-1})X(z)$
7	频域微分	$\mathcal{F}^{-1}\left[\frac{dX(e^{j\omega})}{d\omega}\right]=-jnx(n)$ $\mathcal{F}^{-1}\left[j\frac{dX(e^{j\omega})}{d\omega}\right]=nx(n)$	$\mathcal{Z}[-nx(n)]=z\frac{dX(z)}{dz}$ $\mathcal{Z}[nx(n)]=-z\frac{dX(z)}{dz}$
8	时域求和性质	$\mathcal{F}\left[\sum_{m=-\infty}^{n}x(m)\right]=X(e^{j\omega})\cdot\left[\frac{1}{1-e^{-j\omega}}+\pi\sum_{k=-\infty}^{\infty}\delta(\omega-2\pi k)\right]$	$\mathcal{Z}\left[\sum_{m=-\infty}^{n}x(m)\right]=X(z)\left(\frac{1}{1-z^{-1}}\right)$
9	帕斯瓦尔定理	$\sum_{n=-\infty}^{\infty}\lvert x(n)\rvert^2=\frac{1}{2\pi}\int_{-\pi}^{\pi}\lvert X(e^{j\omega})\rvert^2 d\omega$	围线积分不要求掌握 $\sum_{n=-\infty}^{\infty}\lvert x(n)\rvert^2=\frac{1}{2\pi j}\oint_{-\pi}^{\pi}X_1(v)X_2^*\left(\frac{1}{v^*}\right)v^{-1}dv$
10	时域卷积定理	$\mathcal{F}[x_1(n)*x_2(n)]=X_1(e^{j\omega})\cdot X_2(e^{j\omega})$	$\mathcal{Z}[x_1(n)*x_2(n)]=X_1(z)\cdot X_2(z)$
11	时域相乘 频域卷积	调制性质： $\mathcal{F}[x_1(n)\cdot x_2(n)]=\frac{1}{2\pi}X_1(e^{j\omega})*X_2(e^{j\omega})$	围线积分不要求掌握
12	奇偶虚实性	$x(-n)\leftrightarrow X(e^{-j\omega})$ $x^*(-n)\leftrightarrow X^*(e^{j\omega})$ $x^*(n)\leftrightarrow X^*(e^{-j\omega})$	共轭性质：$x^*(n)\leftrightarrow X^*(z^*)$

4. 初值定理、终值定理

（1）用途

用终值定理前一定要先判断终值是否存在，不要陷入题目陷阱。

已知$X(z)$，利用初值定理和终值定理，可以在不求逆变换的情况下，求出$x(n)$的初值和终值。（前提是初值和终值存在，极点在左半平面，若单位圆有极点，则只在单位圆上有一阶极点。）

（2）结论

	因果序列	非因果序列
初值定理	$x(0)=\lim_{z\to\infty}X(z)$	$x(0)=\lim_{z\to 0}X(z)$

续表

	因果序列	非因果序列
终值定理	$x(\infty)=\lim\limits_{z\to1}[(z-1)X(z)]$	$x(\infty)=\lim\limits_{z\to1}[(z^{-1}-1)X(z)]$

5. z 变换和 s 变换的关系

重要！特别是判断稳定的条件，s 域是收敛域包含虚轴，z 域是收敛域包含单位圆。

#	s 平面	z 平面
1	虚轴 ($\sigma=0$，$s=\mathrm{j}\omega$)	单位圆 ($r=\mathrm{e}^{\sigma T}=1$)
2	左半平面 ($\sigma<0$)	单位圆内 ($r=\mathrm{e}^{\sigma T}<1$)
3	右半平面 ($\sigma>0$)	单位圆外 ($r=\mathrm{e}^{\sigma T}>1$)
4	平行于虚轴的直线 ($\sigma=\sigma_0$)	圆 ($r=\mathrm{e}^{\sigma T}$)
5	实轴 ($\omega=0$，$s=\sigma$)	正实轴 ($\theta=\omega T=0$，$r=\mathrm{e}^{\sigma T}$)
6	平行于实轴的直线 ($\omega=\omega_0$)	始于原点的辐射线 ($\theta=\omega_0 T$)
7	平行于实轴的直线 $\left(\omega=\pm\frac{k\omega_s}{2}，k=1，3，\cdots\right)$	负实轴 $\left(\theta=\pm\frac{k\omega_s}{2}\frac{2\pi}{\omega_s}=\pm k\pi，k=1，3，\cdots\right)$
8	虚轴 $\left(\omega=-\frac{\omega_s}{2}\sim\frac{\omega_s}{2}\right)$	单位圆 ($\theta=-\pi\sim\pi$)

① s 域的虚轴 $\sigma=0$，$s=\mathrm{j}\omega$ 映射到 z 域是 $r=\mathrm{e}^{\sigma T}=1$，即单位圆。 两者的关系是一对多映射。

② s 域内平行于实轴的直线 $\omega=\omega_0$ 映射到 z 域是从原点出发的射线 $\theta=\omega_0 T$。

③ s 域内平行于虚轴的直线 $\sigma=\sigma_0$ 映射到 z 域是半径为 r 的圆。

④多值映射，$-\frac{\omega_s}{2}\sim\frac{\omega_s}{2}$ 可以映射成整个 z 平面。

a. 可以理解为横轴从 $-\frac{\omega_s}{2} \sim \frac{\omega_s}{2}$ 平移到 z 域，即射线从 0 旋转至 2π。

b. 可以理解为长度是 $-\frac{\omega_s}{2} \sim \frac{\omega_s}{2}$ 的纵线，从 $0 \sim +\infty$ 平移到 z 域即单位圆外，沿径向扩展。$0 \sim -\infty$ 单位圆内，沿径向收缩。

斩题型

题型 1 信号的 z 变换求解

小马哥导引

利用背诵的常见信号的 z 变换，并结合性质求解，极少用公式做题。

【例 1】 求序列 $f_1(k)=2^k\left[\sum_{i=0}^{k}(-1)^i\varepsilon(i)\right]\varepsilon(k)$ 的单边 z 变换 $F_1(z)$。（2023 年西安电子科技大学 2.2）

【分析】 对信号进行整理可得

这一步很关键，需要联想离散情况下的卷积公式。

$$\sum_{i=0}^{k}(-1)^i\varepsilon(i)=\sum_{i=-\infty}^{\infty}(-1)^i\varepsilon(i)\varepsilon(k-i)=(-1)^k\varepsilon(k)*\varepsilon(k)$$

则

$$f_1(k)=2^k[(-1)^k\varepsilon(k)*\varepsilon(k)]\varepsilon(k)$$

根据常用傅里叶变换以及时域卷积，频域乘积得

$$(-1)^k\varepsilon(k)*\varepsilon(k)\to\frac{z}{z+1}\cdot\frac{z}{z-1}=\frac{z^2}{z^2-1},\ |z|>1$$

将其看作尺度变换性质，即　尺度变换性质，对比 s 域来说复杂一点，需要大家能够识别。

$$2^k[(-1)^k\varepsilon(k)*\varepsilon(k)]\varepsilon(k)\leftrightarrow\frac{\left(\frac{z}{2}\right)^2}{\left(\frac{z}{2}\right)^2-1},\ |z|>2\to F_1(z)=\frac{z^2}{z^2-4},\ |z|>2$$

【小马哥点拨】 重点题！z 变换性质、卷积以及结合单边 z 变换！

题型 2 复合系统级联并联

小马哥导引

将复合系统中的每一个子系统都看成一个增益，结合梅森公式求解即可！

【例 2】 已知一系统输入和输出关系的框图如图（a）所示，其中 $h_1(t)=\delta(t-1)$，$h_2(t)=-2\delta(t-1)$，$f(t)=\sin t\cdot\varepsilon(t)$。已知系统零状态响应 $y_{zs}(t)$ 的波形如图（b）所示，求 $h_3(t)$ 的表达式。（2023 年天津大学 5）

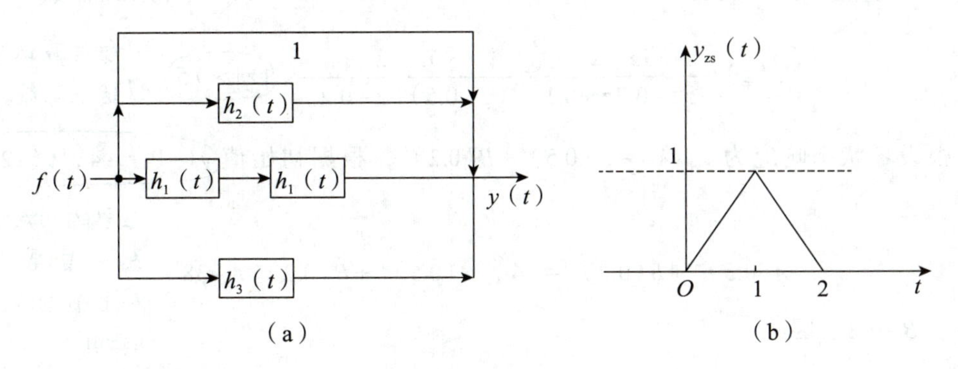

（a）　　　　　　（b）

【分析】 根据系统框图可知，当输入为冲激信号时，

$$h(t)=\delta(t)+h_2(t)+h_1(t)*h_1(t)+h_3(t)=h_3(t)+\delta(t)+\delta(t-2)-2\delta(t-1)$$

$$h(t)*f(t)=y_{zs}(t)$$

对零状态响应的波形求二阶导可得 $y''_{zs}(t)=\delta(t)+\delta(t-2)-2\delta(t-1)$。　利用微积分性质。

由于

$$h(t)*f(t)=y_{zs}(t)\rightarrow h''(t)*f(t)=h(t)*f''(t)=y''_{zs}(t)$$

$$f''(t)=-\sin t\varepsilon(t)+\delta(t)$$

所以 $f''(t)*h(t)=-y_{zs}(t)+h(t)=y''_{zs}(t)$，因此

$$h(t)=y''_{zs}(t)+y_{zs}(t)=\delta(t)+\delta(t-2)-2\delta(t-1)+y_{zs}(t)$$

由框图得到 $h(t)=h_3(t)+\delta(t)+\delta(t-2)-2\delta(t-1)$，对比得到

$$h_3(t)=y_{zs}(t)=t[\varepsilon(t)-\varepsilon(t-1)]+(-t+2)[\varepsilon(t-1)-\varepsilon(t-2)]$$

零输入响应用时域求解，也就是利用特征根将零输入响应的形式假设出来，再根据初始状态求解未知数。零状态响应用频域求解，借助时域卷积，频域乘积。

【小马哥点拨】 碰到比较难求的 s 变换，可以先求导看图形之间的关系，再进行求解。

题型 3 系统的响应求解

小马哥导引

零状态响应都用 z 域来求解，零输入响应无特殊要求时，都用时域求解。

【例 3】 某离散 LTI 系统差分方程为

$$y(k+2)-0.7y(k+1)+0.1y(k)=7f(k+1)-2f(k)$$

激励为$f(k)=(0.4)^k u(k)$，系统起始状态为$y(-1)=-4$，$y(-2)=-38$。

（1）求零输入响应$y_{zi}(k)$；（2）求零状态响应$y_{zs}(k)$。（2023年长安大学5）

【分析】（1）对差分方程作z变换：$(z^2-0.7z+0.1)Y(z)=(7z-2)F(z)$，解得系统函数

$$H(z)=\frac{7z-2}{z^2-0.7z+0.1}=\frac{7z-2}{(z-0.5)(z-0.2)},\ |z|>0.5$$

这里默认系统是因果系统。

根据特征根设零状态响应为$y_{zi}(k)=A(0.5)^k+B(0.2)^k$，根据初始值$y(-1)=-4$，$y(-2)=-38$，可得

$$A(0.5)^{-1}+B(0.2)^{-1}=-4,\ A(0.5)^{-2}+B(0.2)^{-2}=-38$$

这里的初始状态一定要选代出小于零的时刻！

解得$A=3$，$B=-2$，因此

$$y_{zi}(k)=[3(0.5)^k-2(0.2)^k]u(k)$$

（2）利用变换域求解零状态响应，为

$$f(k)=(0.4)^k\varepsilon(k)\leftrightarrow\frac{z}{z-0.4},\ |z|>0.4;\quad Y_{zs}(z)=\frac{z(7z-2)}{(z-0.4)(z-0.5)(z-0.2)},\ |z|>0.5$$

利用部分分式展开法得$Y_{zs}(z)=-10\frac{z}{z-0.2}-40\frac{z}{z-0.4}+50\frac{z}{z-0.5}$，$|z|>0.5$。

进行逆变换得$y_{zs}(k)=[-40(0.4)^k\varepsilon(k)+50(0.5)^k-10(0.2)^k]u(k)$。

解习题

郑君里版第八章 | z变换、离散时间系统的z域分析

郑君里 8.1 求下列序列的z变换$X(z)$，并标明收敛域，绘出$X(z)$的零、极点分布图。

（1）$\left(\frac{1}{2}\right)^n u(n)$；（2）$\left(-\frac{1}{4}\right)^n u(n)$；（3）$\left(\frac{1}{3}\right)^{-n} u(n)$；

（4）$\left(\frac{1}{3}\right)^n u(-n)$；（5）$-\left(\frac{1}{2}\right)^n u(-n-1)$；（6）$\delta(n+1)$；

（7）$\left(\frac{1}{2}\right)^n[u(n)-u(n-10)]$；（8）$\left(\frac{1}{2}\right)^n u(n)+\left(\frac{1}{3}\right)^n u(n)$；（9）$\delta(n)-\frac{1}{8}\delta(n-3)$。

尺度变换后注意收敛域会发生变化。

解析 （1）根据常用z变换可得$u(n)\leftrightarrow\frac{1}{1-z^{-1}}$，$|z|>1$，再根据尺度变换性质可得$a^n x(n)\leftrightarrow$

$X(a^{-1}z)$。因此 $X(z)=\dfrac{2z}{2z-1}$，$|z|>\dfrac{1}{2}$。零、极点图如图（a）所示。

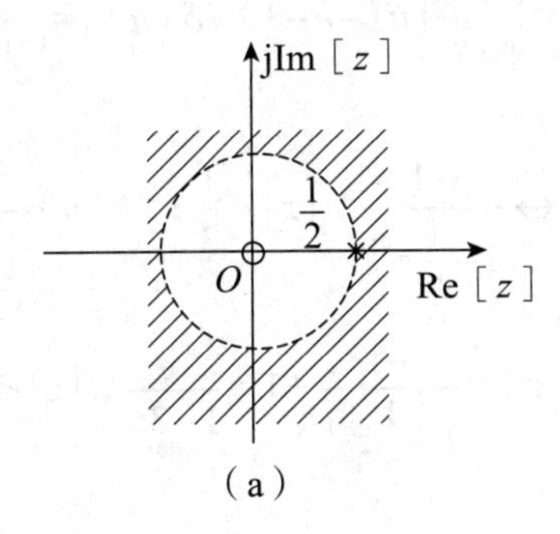

（a）

（2）由题可知 $x(n)=\left(-\dfrac{1}{4}\right)^{n}u(n)$，则根据 z 变换定义可得

$$X(z)=\sum_{n=-\infty}^{\infty}\left(-\frac{1}{4}\right)^{n}u(n)z^{-n}=\sum_{n=0}^{\infty}\left(-\frac{1}{4z}\right)^{n}=\frac{1}{1+\dfrac{1}{4z}}=\frac{4z}{4z+1}，|z|>\frac{1}{4}$$

零、极点图如图（b）所示。

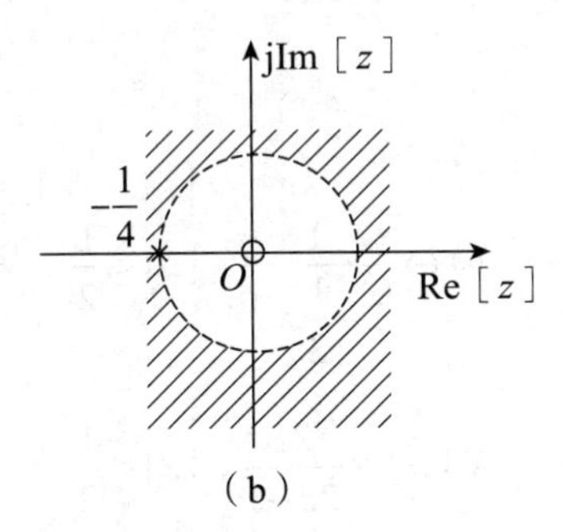

（b）

（3）对信号整理 $x(n)=\left(\dfrac{1}{3}\right)^{-n}u(n)=3^{n}u(n)$，根据常用 z 变换可得

$$X(z)=\frac{z}{z-3}，|z|>3$$

零、极点图如图（c）所示。

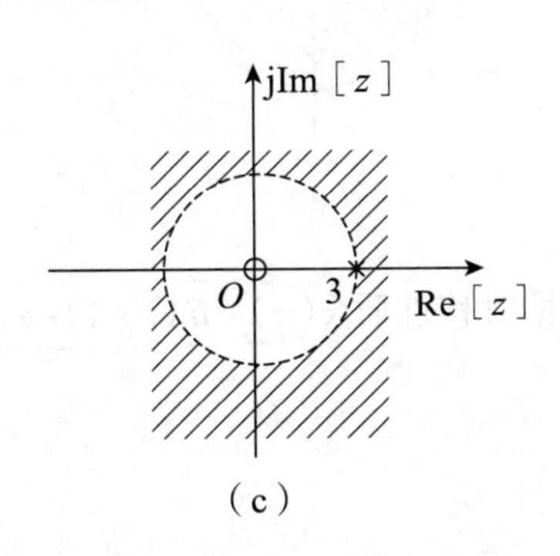

（c）

（4）对信号整理得

$$x(n)=\left(\frac{1}{3}\right)^n u(-n)=\left(\frac{1}{3}\right)^n[u(-n-1)+\delta(n)]=\left(\frac{1}{3}\right)^n u(-n-1)+\delta(n)$$

根据常用 z 变换可得$\left(\frac{1}{3}\right)^n u(-n-1)\leftrightarrow\frac{-1}{1-\frac{1}{3}z^{-1}}$，$|z|<\frac{1}{3}$；$\delta(n)\leftrightarrow 1$。因此

反因果信号的收敛域在圆内。

$$X(z)=\frac{-1}{1-\frac{1}{3}z^{-1}}+1=\frac{1}{1-3z}，|z|<\frac{1}{3}$$

零、极点图如图（d）所示。

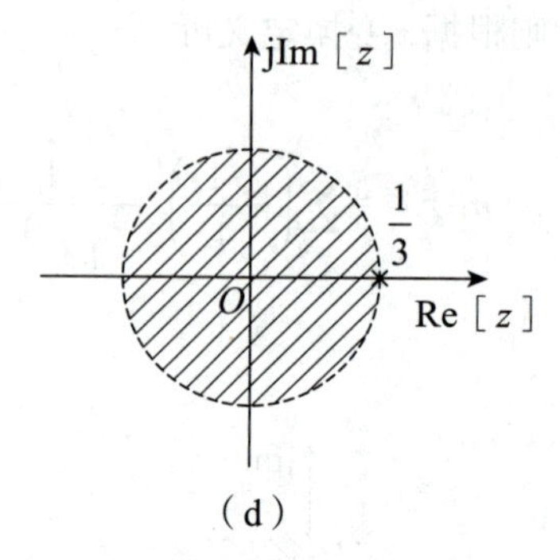

（d）

（5）根据常用 z 变换可得 $-\left(\frac{1}{2}\right)^n u(-n-1)\leftrightarrow\frac{1}{1-\frac{1}{2}z^{-1}}$，$|z|<\frac{1}{2}$。因此

$$X(z)=\frac{2z}{2z-1}，|z|<\frac{1}{2}$$

零、极点图如图（e）所示。

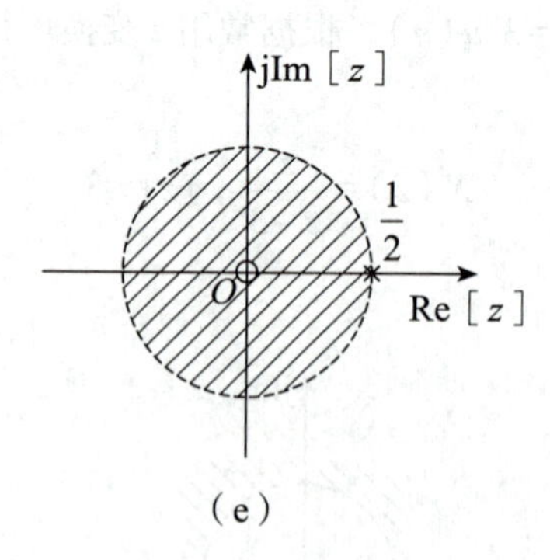

（e）

时限信号的收敛域为全平面。

（6）由题可知 $x(n)=\delta(n+1)$。根据时移性质 $x(n)=\delta(n+1)\leftrightarrow X(z)=z$，$|z|<\infty$。零、极点图如图（f）所示。

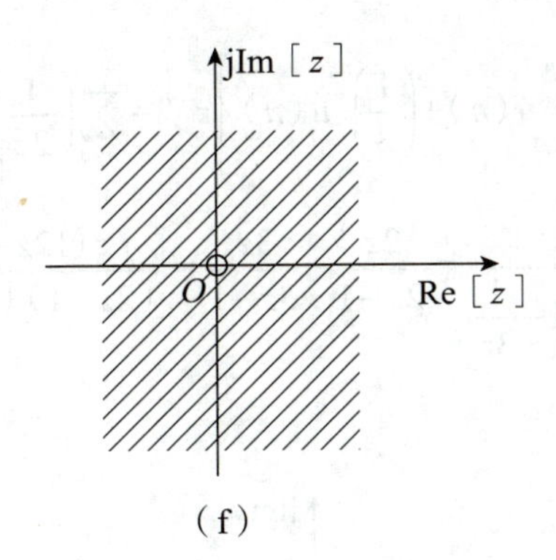

（f）

（7）由题可知 $x(n)=\left(\frac{1}{2}\right)^{n}[u(n)-u(n-10)]$。整理信号 $x(n)=\left(\frac{1}{2}\right)^{n}u(n)-\left(\frac{1}{2}\right)^{10}\left(\frac{1}{2}\right)^{n-10}u(n-10)$。根据常用 z 变换可得

$$\left(\frac{1}{2}\right)^{n}u(n)\leftrightarrow\frac{1}{1-\frac{1}{2}z^{-1}},\ |z|>\frac{1}{2}$$

根据时移性质可得 $\left(\frac{1}{2}\right)^{n-10}u(n-10)\leftrightarrow\frac{z^{-10}}{1-\frac{1}{2}z^{-1}},\ |z|>\frac{1}{2}$，因此

$$X(z)=\frac{z^{10}-\left(\frac{1}{2}\right)^{10}}{z^{9}\left(z-\frac{1}{2}\right)},\ |z|>0$$

时限信号，零、极点相消，收敛域为全平面。原点处和无穷处单独讨论。

零点 $z_r=\frac{1}{2}e^{j\frac{2r\pi}{10}}$（$r=0,1,2,\cdots,9$）。零、极点图如图（g）所示。

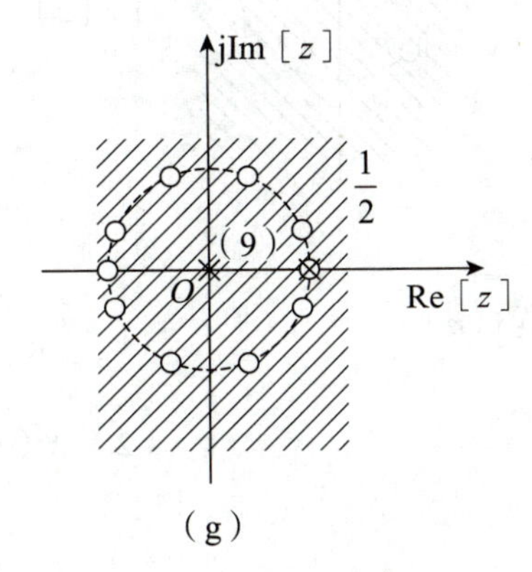

（g）

（8）由题可知 $x(n)=\left(\frac{1}{2}\right)^{n}u(n)+\left(\frac{1}{3}\right)^{n}u(n)$，则根据 z 变换定义可得

$$X(z)=\sum_{n=-\infty}^{\infty}\left[\left(\frac{1}{2}\right)^n u(n)+\left(\frac{1}{3}\right)^n u(n)\right]z^{-n}=\sum_{n=0}^{\infty}\left(\frac{1}{2z}\right)^n+\sum_{n=0}^{\infty}\left(\frac{1}{3z}\right)^n$$

$$=\frac{1}{1-\frac{1}{2z}}+\frac{1}{1-\frac{1}{3z}}=\frac{2z}{2z-1}+\frac{3z}{3z-1}=\frac{z(12z-5)}{(2z-1)(3z-1)}\left(|z|>\frac{1}{2}\right)$$

零、极点图如图（h）所示。

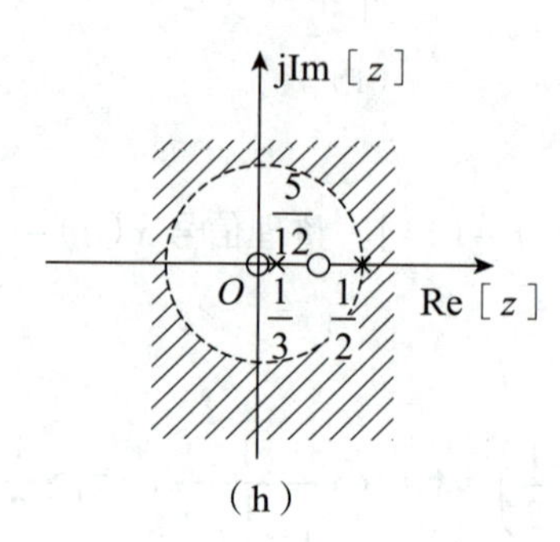

（h）

（9）由题可知$x(n)=\delta(n)-\frac{1}{8}\delta(n-3)$，则根据$z$变换定义可得

$$X(z)=\sum_{n=-\infty}^{\infty}\left[\delta(n)-\frac{1}{8}\delta(n-3)\right]z^{-n}=1-\frac{1}{8}z^{-3},\ |z|>0$$

时限信号，收敛域为全平面，原点处和无穷处单独讨论。

零、极点图如图（i）所示。

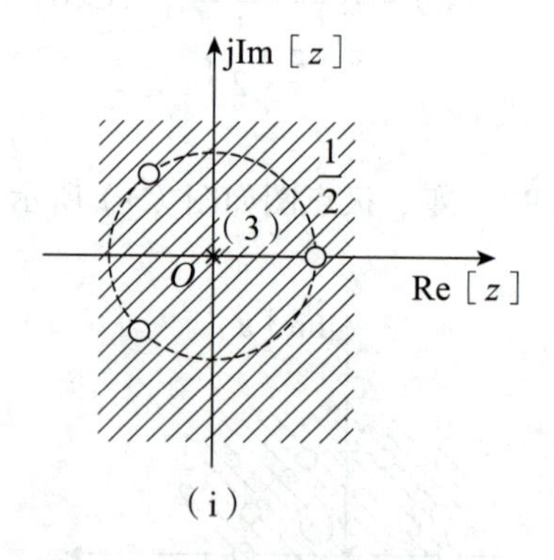

（i）

郑君里 8.5 求下列$X(z)$的逆变换$x(n)$。

（1）$X(z)=\frac{1}{1+0.5z^{-1}}$，$|z|>0.5$；

（2）$X(z)=\frac{1-0.5z^{-1}}{1+\frac{3}{4}z^{-1}+\frac{1}{8}z^{-2}}$，$|z|>\frac{1}{2}$；

（3）$X(z)=\frac{1-\frac{1}{2}z^{-1}}{1-\frac{1}{4}z^{-2}}$，$|z|>\frac{1}{2}$；

（4）$X(z)=\frac{1-az^{-1}}{z^{-1}-a}$，$|z|>\left|\frac{1}{a}\right|$。

解析 （1）由题可知$X(z)=\dfrac{1}{1+0.5z^{-1}}$，$|z|>0.5$，故收敛域为$|z|>0.5$，求其逆变换可得

收敛域包含无穷远处，信号是因果信号。

$$x(n)=(-0.5)^n u(n)$$

（2）由题可知$X(z)=\dfrac{1-0.5z^{-1}}{1+\frac{3}{4}z^{-1}+\frac{1}{8}z^{-2}}$，$|z|>\dfrac{1}{2}$，部分分式分解可得

$$X(z)=\frac{z\left(z-\frac{1}{2}\right)}{\left(z+\frac{1}{2}\right)\left(z+\frac{1}{4}\right)}=\frac{4z}{z+\frac{1}{2}}-\frac{3z}{z+\frac{1}{4}}$$

收敛域取的是交集。

收敛域为$|z|>\dfrac{1}{2}$，求其逆变换可得

$$x(n)=\left[4\left(-\frac{1}{2}\right)^n-3\left(-\frac{1}{4}\right)^n\right]u(n)$$

（3）由题可知$X(z)=\dfrac{1-\frac{1}{2}z^{-1}}{1-\frac{1}{4}z^{-2}}$，$|z|>\dfrac{1}{2}$，整理化简可得

$$X(z)=\frac{1-\frac{1}{2}z^{-1}}{1-\frac{1}{4}z^{-2}}=\frac{1-\frac{1}{2}z^{-1}}{\left(1+\frac{1}{2}z^{-1}\right)\left(1-\frac{1}{2}z^{-1}\right)}=\frac{1}{1+\frac{1}{2}z^{-1}}$$

平方差公式展开。

收敛域为$|z|>\dfrac{1}{2}$，求其逆变换可得

加果 a 是实数，那么表示的就是全通系统的 z 变换。

$$x(n)=\left(-\frac{1}{2}\right)^n u(n)$$

（4）由题可知$X(z)=\dfrac{1-az^{-1}}{z^{-1}-a}$，$|z|>\left|\dfrac{1}{a}\right|$，整理化简可得

$$X(z)=\frac{1-a^2}{z^{-1}-a}-a=\frac{(a-a^{-1})z}{z-a^{-1}}-a$$

收敛域为$|z|>\left|\dfrac{1}{a}\right|$，求其逆变换可得

$$x(n)=(a-a^{-1})a^{-n}u(n)-a\delta(n)$$

郑君里 8.8 【证明题】已知$x(n)$的双边z变换为$X(z)$，证明$\mathcal{Z}[x(-n)]=X(z^{-1})$。

证明 根据z变换的定义$X(z)=\sum_{n=-\infty}^{\infty}x(n)z^{-n}$，可得

换元法。

$$\mathcal{Z}[x(-n)]=\sum_{n=-\infty}^{\infty}x(-n)z^{-n}=\sum_{m=-\infty}^{\infty}x(m)z^{m}=\sum_{m=-\infty}^{\infty}x(m)(z^{-1})^{-m}=X(z^{-1})$$

郑君里 8.10 求下列$X(z)$的逆变换$x(n)$。

（1）$X(z)=\dfrac{10}{(1-0.5z^{-1})(1-0.25z^{-1})}$，$|z|>0.5$；（2）$X(z)=\dfrac{10z^2}{(z-1)(z+1)}$，$|z|>1$；

（3）$X(z)=\dfrac{1+z^{-1}}{1-2z^{-1}\cos\omega+z^{-2}}$，$|z|>1$。

部分分式展开法必须掌握。

解析 （1）由题可知$X(z)=\dfrac{10}{(1-0.5z^{-1})(1-0.25z^{-1})}$，$|z|>0.5$，部分分式分解可得

$$X(z)=\frac{10}{(1-0.5z^{-1})(1-0.25z^{-1})}=\frac{20}{1-0.5z^{-1}}-\frac{10}{1-0.25z^{-1}}$$

收敛域为$|z|>0.5$，求其逆变换可得

$$x(n)=10(2\cdot0.5^n-0.25^n)u(n)$$

（2）由题可知$X(z)=\dfrac{10z^2}{(z-1)(z+1)}$，$|z|>1$，部分分式分解可得

$$X(z)=\frac{10}{(1-z^{-1})(1+z^{-1})}=\frac{5}{1-z^{-1}}+\frac{5}{1+z^{-1}}$$

收敛域为$|z|>1$，求其逆变换可得

$$x(n)=5[1+(-1)^n]u(n)$$

（3）由题可知$X(z)=\dfrac{1+z^{-1}}{1-2z^{-1}\cos\omega+z^{-2}}$，$|z|>1$，部分分式分解可得

$$X(z)=\frac{z(z+1)}{(z-e^{j\omega})(z-e^{-j\omega})}=\frac{1}{2j\sin\omega}\left[\frac{(1+e^{j\omega})z}{z-e^{j\omega}}-\frac{(1+e^{-j\omega})z}{z-e^{-j\omega}}\right]$$

收敛域为$|z|>1$，求其逆变换可得

利用欧拉公式展开后就可以因式分解。

$$x(n)=\frac{1}{2j\sin\omega}[(1+e^{j\omega})e^{jn\omega}-(1+e^{-j\omega})e^{-jn\omega}]u(n)$$

$$=\frac{1}{\sin\omega}\{\sin(n\omega)+\sin[(n+1)\omega]\}u(n)$$

郑君里 8.12 画出 $X(z)=\dfrac{-3z^{-1}}{2-5z^{-1}+2z^{-2}}$ 的零、极点分布图，在下列三种收敛域下，哪种情况对应左边序列、右边序列、双边序列？并求各对应序列。

（1）$|z|>2$；（2）$|z|<0.5$；（3）$0.5<|z|<2$。

解析 由题可知 $X(z)=\dfrac{-3z^{-1}}{2-5z^{-1}+2z^{-2}}$，部分分式分解可得

$$X(z)=\frac{-3z}{2z^2-5z+2}=\frac{-\frac{3}{2}z}{(z-2)\left(z-\frac{1}{2}\right)}=\frac{z}{z-\frac{1}{2}}-\frac{z}{z-2}$$

严格要求的话，零、极点的个数应该是相同的，但是很多学校都不考查无穷远处的零、极点。

则零点为 $z_1=0$，$z_2=\infty$，极点为 $p_1=2$，$p_2=\dfrac{1}{2}$。

（1）当 $|z|>2$ 时，信号为右边序列，求其逆变换可得 $x(n)=\left[\left(\dfrac{1}{2}\right)^n-2^n\right]u(n)$。

（2）当 $|z|<0.5$ 时，信号为左边序列，求其逆变换可得 $x(n)=\left[2^n-\left(\dfrac{1}{2}\right)^n\right]u(-n-1)$。

（3）当 $0.5<|z|<2$ 时，信号为双边序列，$\dfrac{z}{z-\frac{1}{2}}$ 为右边序列，$\dfrac{z}{z-2}$ 为左边序列，求其逆变换可得

右边序列的收敛域在最右边极点的圆外，左边序列的收敛域在最左边极点的圆内。

$$x(n)=\left(\frac{1}{2}\right)^n u(n)+2^n u(-n-1)$$

零、极点图如图所示。

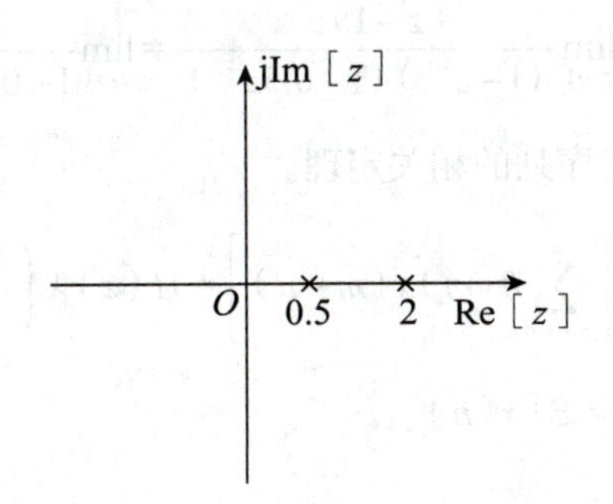

郑君里 8.13 已知因果序列的 z 变换 $X(z)$，求序列的初值 $x(0)$ 与终值 $x(\infty)$。

（1）$X(z)=\dfrac{1+z^{-1}+z^{-2}}{(1-z^{-1})(1-2z^{-1})}$；（2）$X(z)=\dfrac{1}{(1-0.5z^{-1})(1+0.5z^{-1})}$；

加果实在不记得初值和终值定理，可以利用逆变换求出时域表达式后代值求解。

（3）$X(z)=\dfrac{z^{-1}}{1-1.5z^{-1}+0.5z^{-2}}$。

解析 （1）由题可知$X(z)=\dfrac{1+z^{-1}+z^{-2}}{(1-z^{-1})(1-2z^{-1})}$，则$X(z)$的极点为$p_1=1$，$p_2=2$，故序列的终值不存在。序列的初值为

终值定理存在的条件是系统稳定，也就是收敛域包含单位圆。

$$x(0)=\lim_{z\to\infty}\frac{1+z^{-1}+z^{-2}}{(1-z^{-1})(1-2z^{-1})}=1$$

（2）由题可知$X(z)=\dfrac{1}{(1-0.5z^{-1})(1+0.5z^{-1})}$，则$X(z)$的极点为$p_{1,2}=\pm0.5$，故序列的终值存在。序列的初值为

$$x(0)=\lim_{z\to\infty}\frac{1}{(1-0.5z^{-1})(1+0.5z^{-1})}=1$$

终值为

$$x(\infty)=\lim_{z\to1}\frac{z-1}{(1-0.5z^{-1})(1+0.5z^{-1})}=0$$

（3）由题可知$X(z)=\dfrac{z^{-1}}{1-1.5z^{-1}+0.5z^{-2}}$，则$X(z)$的极点为$p_1=1$，$p_2=0.5$，故序列的终值存在。序列的初值为

极点在单位圆上，系统临界稳定。

$$x(0)=\lim_{z\to\infty}\frac{z^{-1}}{1-1.5z^{-1}+0.5z^{-2}}=0$$

终值为

$$x(\infty)=\lim_{z\to1}\frac{(z-1)z^{-1}}{(1-z^{-1})(1-0.5z^{-1})}=\lim_{z\to1}\frac{1}{1-0.5z^{-1}}=2$$

郑君里 8.16 【证明题】试证明实序列的相关定理。

$$\mathcal{Z}\left[\sum_{m=-\infty}^{\infty}h(m)x(m-n)\right]=H(z)X\left(\frac{1}{z}\right)$$

其中：$H(z)=\mathcal{Z}[h(n)]$，$X(z)=\mathcal{Z}[x(n)]$。

证明 根据z变换的定义可得

$$\mathcal{Z}\left[\sum_{m=-\infty}^{\infty}h(m)x(m-n)\right]=\sum_{n=-\infty}^{\infty}\sum_{m=-\infty}^{\infty}h(m)x(m-n)z^{-n}=\sum_{m=-\infty}^{\infty}\left[h(m)z^{-m}\sum_{k=-\infty}^{\infty}x(k)\left(\frac{1}{z}\right)^{-k}\right]$$

利用z变换的定义。

$$=\sum_{m=-\infty}^{\infty}h(m)z^{-m}X\left(\frac{1}{z}\right)=H(z)X\left(\frac{1}{z}\right)$$

将其拆成两个z变换的定义公式。

郑君里 8.23 因果系统的系统函数 $H(z)$ 如下所示，试说明这些系统是否稳定。

（1）$\dfrac{z+2}{8z^2-2z-3}$；（2）$\dfrac{8(1-z^{-1}-z^{-2})}{2+5z^{-1}+2z^{-2}}$；

（3）$\dfrac{2z-4}{2z^2+z-1}$；（4）$\dfrac{1+z^{-1}}{1-z^{-1}+z^{-2}}$。

因果系统的收敛域在最右边极点的右边。

离散系统函数的稳定性也能利用朱里准则。

二阶朱里准则：系统稳定，满足 $A(1)>0$，$A(-1)>0$，$a_2>|a_0|$。

解析 （1）由题可知 $H(z)=\dfrac{z+2}{(2z+1)(4z-3)}$，极点为 $p_1=-\dfrac{1}{2}$，$p_2=\dfrac{3}{4}$。极点在单位圆内，收敛域包含单位圆，则系统是稳定的。

（2）由题可知 $H(z)=\dfrac{8(z^2-z-1)}{(z+2)(2z+1)}$，极点为 $p_1=-2$，$p_2=-\dfrac{1}{2}$。$p_1=-2$ 不在单位圆内，收敛域不包含单位圆，则系统是不稳定的。

（3）由题可知 $H(z)=\dfrac{2z-4}{(z+1)(2z-1)}$，极点为 $p_1=-1$，$p_2=\dfrac{1}{2}$。$p_1=-1$ 在单位圆上，则系统是临界稳定的。

临界稳定是特殊的不稳定。

（4）由题可知 $H(z)=\dfrac{z(z+1)}{\left(z-\dfrac{1+\mathrm{j}\sqrt{3}}{2}\right)\left(z-\dfrac{1-\mathrm{j}\sqrt{3}}{2}\right)}$，极点为 $p_{1,2}=\dfrac{1\pm\mathrm{j}\sqrt{3}}{2}$。极点均在单位圆上，则系统是临界稳定的。

郑君里 8.24 已知一阶因果离散系统的差分方程为 $y(n)+3y(n-1)=x(n)$，试求：

（1）系统的单位样值响应 $h(n)$；

（2）若 $x(n)=(n+n^2)u(n)$，求响应 $y(n)$。

解析 由题可知，系统的差分方程为 $y(n)+3y(n-1)=x(n)$，两边同时求 z 变换可得

$$Y(z)+3z^{-1}[Y(z)+y(-1)z]=X(z)$$

系统初始状态为 0，则 $y(-1)=0$，代入可得

$$Y(z)=\frac{X(z)}{1+3z^{-1}}$$

（1）由题可知 $x(n)=\delta(n)\leftrightarrow X(z)=1$，代入 $Y(z)$ 可得

$$Y(z)=H(z)=\frac{1}{1+3z^{-1}}=\frac{z}{z+3}$$

求其逆变换可得

$$h(n)=\mathcal{Z}^{-1}[H(z)]=(-3)^n u(n)$$

（2）由题可知 $x(n)=(n+n^2)u(n)$，由于 $\frac{(n+2)(n+1)}{2}u(n)\leftrightarrow\frac{1}{(1-z^{-1})^3}$，将 $n+1\rightarrow n$，则

$$\frac{(n+2)(n+1)}{2}u(n)\rightarrow\frac{(n+1)n}{2}u(n-1)$$

回忆 z 变换的性质：$(n+1)u(n)\leftrightarrow\frac{1}{(1-z^{-1})^2}$，$\frac{(n+r-1)!}{n!(r-1)!}u(n)\leftrightarrow\frac{1}{(1-z^{-1})^r}$。

利用时移性质 $\frac{(n+1)n}{2}u(n-1)\leftrightarrow\frac{z^{-1}}{(1-z^{-1})^3}$，可以发现

$$\frac{(n+1)n}{2}u(n)=\frac{(n+1)n}{2}[u(n-1)+\delta(n)]=\frac{(n+1)n}{2}u(n-1)$$

利用冲激函数的筛选性质，发现这项为零。

因此 $X(z)=\frac{2z^{-1}}{(1-z^{-1})^3}$，代入 $Y(z)$ 可得

$$Y(z)=\frac{X(z)}{1+3z^{-1}}=\frac{2z^3}{(z+3)(z-1)^3}=-\frac{9}{32}\cdot\frac{z}{z+3}+\frac{1}{2}\cdot\frac{z}{(z-1)^3}+\frac{7}{8}\cdot\frac{z}{(z-1)^2}+\frac{9}{32}\cdot\frac{z}{z-1}$$

求其逆变换可得

$$y(n)=-\frac{9}{32}\cdot(-3)^n u(n)+\frac{1}{2}\cdot\frac{n(n-1)}{2!}u(n)+\frac{7}{8}nu(n)+\frac{9}{32}u(n)$$

$$=\frac{1}{32}[-9(-3)^n+8n^2+20n+9]u(n)$$

郑君里 8.25 写出如图所示离散系统的差分方程，并求系统函数 $H(z)$ 及单位样值响应 $h(n)$。

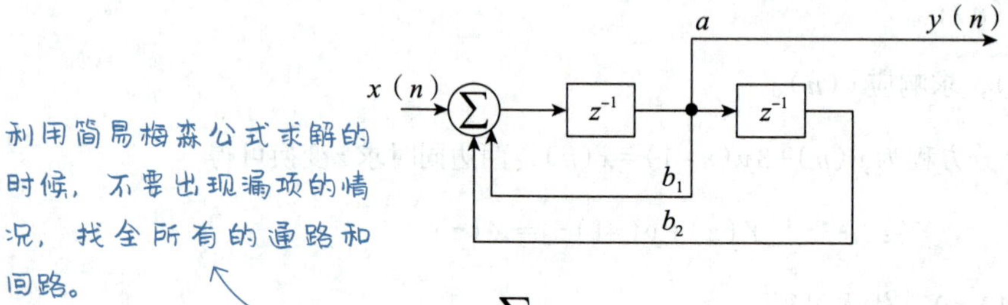

利用简易梅森公式求解的时候，不要出现漏项的情况，找全所有的通路和回路。

解析 利用简易梅森公式：$H(z)=\frac{\sum_i g_i}{1-\sum_i L_i}$，$g_1=az^{-1}$，$L_1=b_1z^{-1}$，$L_2=b_2z^{-2}$。由于环路和环路相互接触，环路和通路也相互接触，因此

$$H(z)=\frac{az^{-1}}{1-b_1z^{-1}-b_2z^{-2}}=\frac{Y(z)}{X(z)}$$

交叉相乘，求逆变换，得到差分方程为

$$y(n)-b_1y(n-1)-b_2y(n-2)=ax(n-1)$$

对差分方程两边同时求 z 变换可得

$$Y(z)-b_1z^{-1}Y(z)-b_2z^{-2}Y(z)=az^{-1}X(z)$$

根据系统函数定义可得

$$H(z)=\frac{Y(z)}{X(z)}=\frac{az^{-1}}{1-b_1z^{-1}-b_2z^{-2}}=\frac{az}{z^2-b_1z-b_2}$$

求其逆变换可得

$$h(n)=\mathcal{Z}^{-1}\left(\frac{az}{z^2-b_1z-b_2}\right)=\mathcal{Z}^{-1}\left[\frac{a}{p_1-p_2}\left(\frac{z}{z-p_1}-\frac{z}{z-p_2}\right)\right]$$

即
$$h(n)=\frac{a}{p_1-p_2}(p_1^n-p_2^n)u(n)$$

其中 $p_1=\frac{b_1+\sqrt{b_1^2+4b_2}}{2}$，$p_2=\frac{b_1-\sqrt{b_1^2+4b_2}}{2}$。→初中数学知识，求根公式。

郑君里 8.26 由下列差分方程画出离散系统的结构图，并求系统函数 $H(z)$ 及单位样值响应 $h(n)$。

（1）$3y(n)-6y(n-1)=x(n)$；

（2）$y(n)=x(n)-5x(n-1)+8x(n-3)$；

（3）$y(n)-\frac{1}{2}y(n-1)=x(n)$；

（4）$y(n)-3y(n-1)+3y(n-2)-y(n-3)=x(n)$；

（5）$y(n)-5y(n-1)+6y(n-2)=x(n)-3x(n-2)$。

解析 （1）由题可知差分方程为 $3y(n)-6y(n-1)=x(n)$，两边同时进行 z 变换可得

$$3Y(z)-6z^{-1}Y(z)=X(z)$$

→忽略初始状态的 z 变换。

则系统函数为 $H(z)=\frac{Y(z)}{X(z)}=\frac{1}{3-6z^{-1}}=\frac{1}{3}\cdot\frac{z}{z-2}$，求其逆变换可得

$$h(n)=\mathcal{Z}^{-1}[H(z)]=\frac{1}{3}\cdot 2^n u(n)$$

→考试中题目会给因果性，此题默认因果。

利用简易梅森公式，由于环路和环路相互接触，环路和通路也相互接触，因此

$$H(z)=\frac{\sum_i g_i}{1-\sum_i L_i}=\frac{1}{3}\cdot\frac{z}{z-2}，\quad g_1=\frac{1}{3}，\quad L_1=2z^{-1}$$

结构图如图（a）所示。

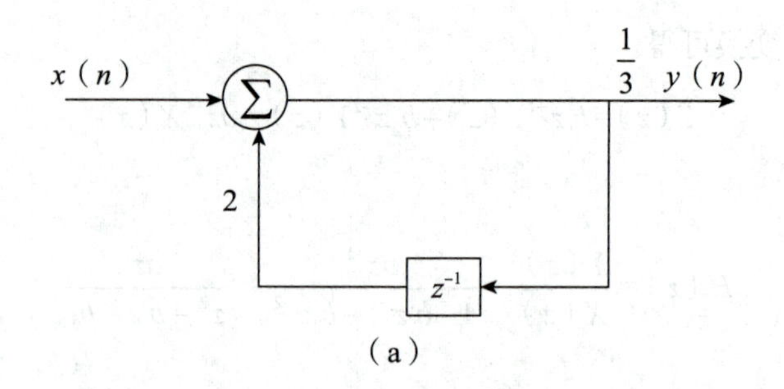

（a）

（2）由题可知差分方程为$y(n)=x(n)-5x(n-1)+8x(n-3)$，两边同时进行$z$变换可得

$$Y(z)=X(z)-5z^{-1}X(z)+8z^{-3}X(z)$$

则系统函数为$H(z)=\dfrac{Y(z)}{X(z)}=1-5z^{-1}+8z^{-3}$，求其逆变换可得

$$h(n)=\mathcal{Z}^{-1}[H(z)]=\delta(n)-5\delta(n-1)+8\delta(n-3)$$

冲激函数的时移性质。

利用简易梅森公式，没有环路只有通路，结构图如图（b）所示。

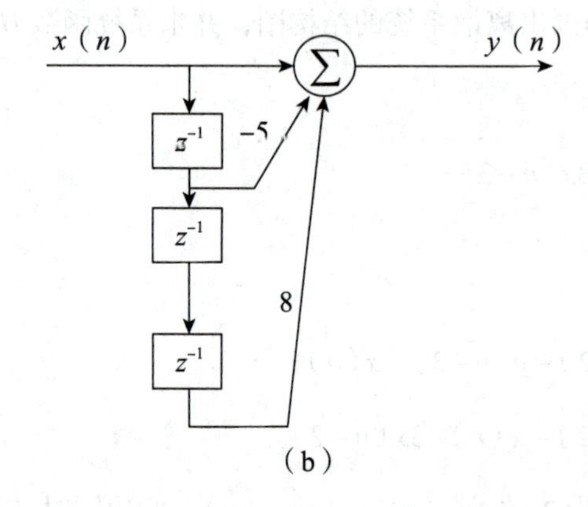

（b）

（3）由题可知差分方程为$y(n)-\dfrac{1}{2}y(n-1)=x(n)$，两边同时进行$z$变换可得

$$Y(z)-\frac{1}{2}z^{-1}Y(z)=X(z)$$

则系统函数为$H(z)=\dfrac{Y(z)}{X(z)}=\dfrac{1}{1-\dfrac{1}{2}z^{-1}}=\dfrac{z}{z-\dfrac{1}{2}}$，求其逆变换可得

$$h(n)=\mathcal{Z}^{-1}[H(z)]=\left(\frac{1}{2}\right)^{n}u(n)$$

利用简易梅森公式，由于环路和环路相互接触，环路和通路也相互接触，因此

$$H(z)=\frac{\sum_i g_i}{1-\sum_i L_i}=\frac{z}{z-\frac{1}{2}}，\ g_1=1，\ L_1=\frac{1}{2}z^{-1}$$

结构图如图（c）所示。

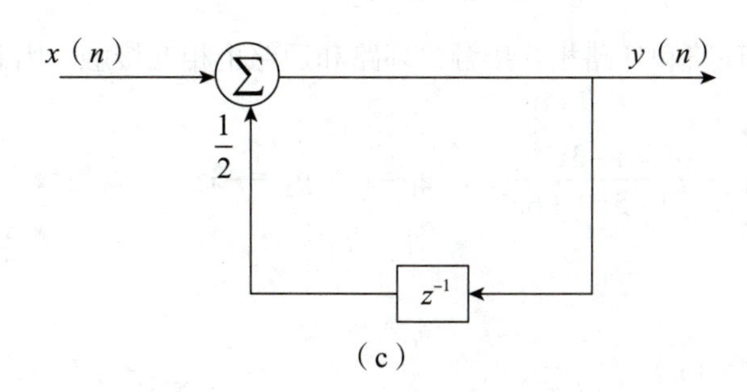

（c）

（4）由题可知差分方程为 $y(n)-3y(n-1)+3y(n-2)-y(n-3)=x(n)$，两边同时进行 z 变换可得

$$Y(z)-3z^{-1}Y(z)+3z^{-2}Y(z)-z^{-3}Y(z)=X(z)$$

则系统函数为 $H(z)=\dfrac{Y(z)}{X(z)}=\dfrac{1}{1-3z^{-1}+3z^{-2}-z^{-3}}=\dfrac{z^3}{(z-1)^3}$，求其逆变换可得

$$h(n)=\mathcal{Z}^{-1}[H(z)]=\frac{(n+1)(n+2)}{2}u(n)$$

必背常见变换对。

利用简易梅森公式，由于环路和环路相互接触，环路和通路也相互接触，因此

$$H(z)=\frac{\sum_i g_i}{1-\sum_i L_i}=\frac{z^3}{(z-1)^3}，\ g_1=1，\ L_1=3z^{-1}，\ L_2=-3z^{-2}，\ L_3=z^{-3}$$

结构图如图（d）所示。

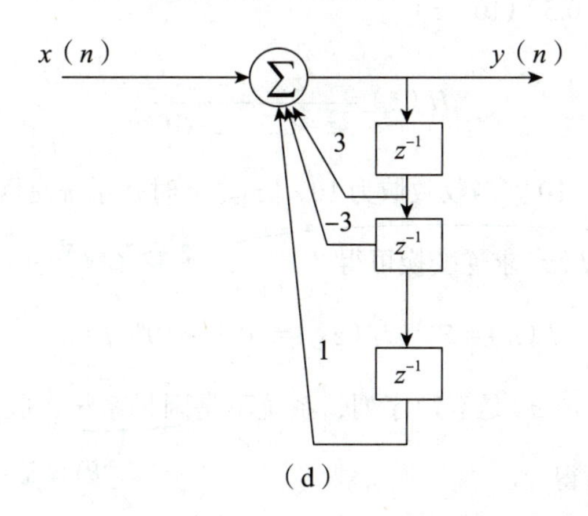

（d）

（5）由题可知差分方程为 $y(n)-5y(n-1)+6y(n-2)=x(n)-3x(n-2)$，两边同时进行 z 变换可得

$$Y(z)-5z^{-1}Y(z)+6z^{-2}Y(z)=X(z)-3z^{-2}X(z)$$

则系统函数为$H(z)=\dfrac{Y(z)}{X(z)}=\dfrac{1-3z^{-2}}{1-5z^{-1}+6z^{-2}}=\dfrac{z^2-5z+6+5z-9}{z^2-5z+6}=1+\dfrac{5z-9}{z^2-5z+6}$，求其逆变换可得 需要将假分式分解为真分式。

$$h(n)=\mathcal{Z}^{-1}[H(z)]=\mathcal{Z}^{-1}\left[1-\frac{1}{z-2}+\frac{6}{z-3}\right]=\delta(n)-2^{n-1}u(n-1)+6\cdot 3^{n-1}u(n-1)$$

利用简易梅森公式，由于环路和环路相互接触，环路和通路也相互接触，因此

$$H(z)=\frac{\sum_i g_i}{1-\sum_i L_i}=\frac{1-3z^{-2}}{1-5z^{-1}+6z^{-2}},\quad g_1=1,\quad g_2=-3z^{-2},\quad L_1=5z^{-1},\quad L_2=-6z^{-2}$$

结构图如图（e）所示。

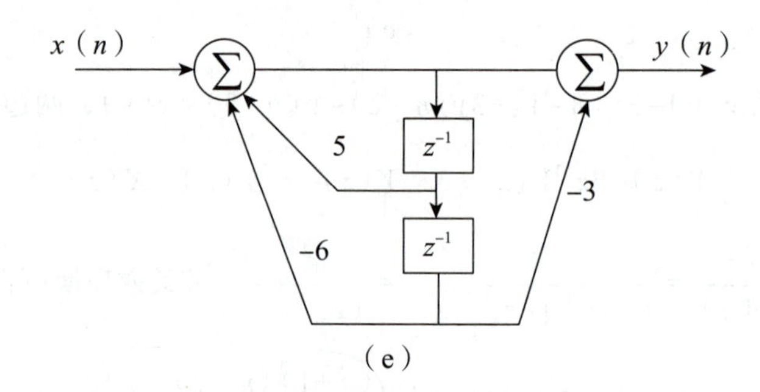

（e）

郑君里 8.27 求下列系统函数在$10<|z|\leqslant\infty$及$0.5<|z|<10$两种收敛域情况下系统的单位样值响应，并说明系统的稳定性与因果性。

$$H(z)=\frac{9.5z}{(z-0.5)(10-z)}$$

解析 由题可知$H(z)=\dfrac{9.5z}{(z-0.5)(10-z)}$，根据部分分式展开法可得

$$H(z)=\frac{z}{z-0.5}-\frac{z}{z-10}$$

则系统的极点为$p_1=0.5$，$p_2=10$。当收敛域为$10<|z|\leqslant\infty$时，系统是因果系统，收敛域不包括单位圆，则系统是不稳定的。对$H(z)$求逆变换可得 离散系统稳定，收敛域需要包含单位圆。

$$h(n)=\mathcal{Z}^{-1}[H(z)]=(0.5^n-10^n)u(n)$$

当收敛域为$0.5<|z|<10$时，$h(n)$是双边序列，系统不是因果系统，收敛域包括单位圆，则系统是稳定的。对$H(z)$求逆变换可得 因果系统需要收敛域包含无穷远点。

$$h(n)=\mathcal{Z}^{-1}[H(z)]=0.5^n u(n)+10^n u(-n-1)$$

郑君里 8.28 **【物理应用题】**在语音信号处理技术中，一种描述声道模型的系统函数具有如下形式。

$$H(z)=\frac{1}{1-\sum_{i=1}^{P}a_i z^{-i}}$$

若取 $P=8$，试画出此声道模型的结构图。

解析 由题可知 $P=8$，则 $H(z)=\frac{1}{1-\sum_{i=1}^{8}a_i z^{-i}}=\frac{1}{1-(a_1z^{-1}+a_2z^{-2}+\cdots+a_8z^{-8})}$。由简易梅森公式可知

$H(z)=\frac{\sum_i g_i}{1-\sum_i L_i}$，则结构图如图所示。

简易梅森公式要求所有环路相互接触，环路和通路相互接触。

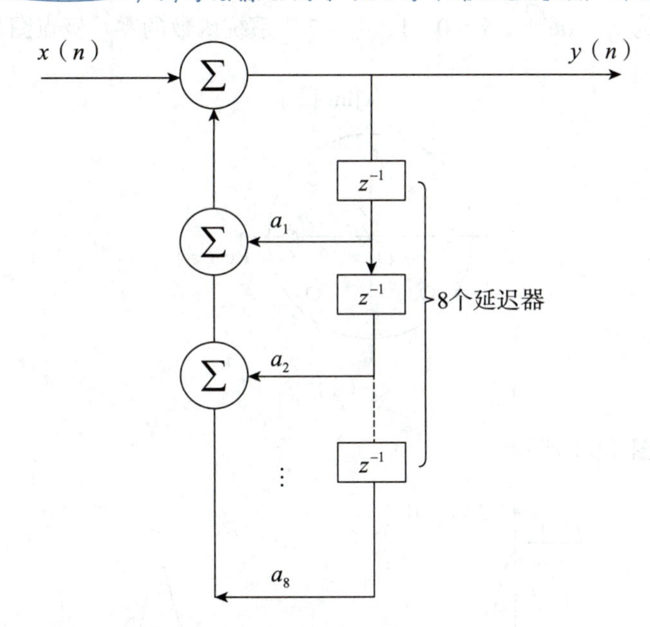

郑君里 8.34 已知横向数字滤波器的结构如图所示。试以 $M=8$ 为例：

（1）写出差分方程；

（2）求系统函数 $H(z)$；

（3）求单位样值响应 $h(n)$；

（4）画出 $H(z)$ 的零、极点图；

（5）粗略画出系统的幅频响应。

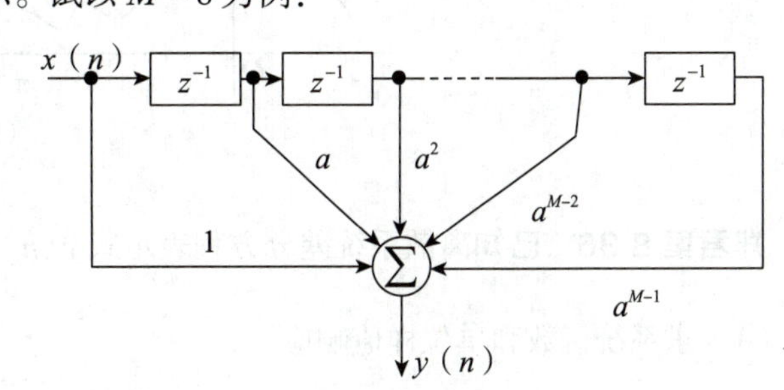

解析 （1）（2）由图可得系统差分方程为 $y(n)=\sum_{k=0}^{7}a^k x(n-k)$，对差分方程两边同时作 z 变换可得

$$Y(z)=\sum_{k=0}^{7}a^k z^{-k}X(z)$$

则系统函数为 $H(z)=\dfrac{Y(z)}{X(z)}=\sum_{k=0}^{7}a^k z^{-k}=\dfrac{1-a^8z^{-8}}{1-az^{-1}}$，交叉相乘后作逆变换得到差分方程

看作是等比序列求和。

$$y(n)-ay(n-1)=x(n)-a^8x(n-8)$$

（3）令 $x(n)=\delta(n)$，则单位样值响应为

$$h(n)=y(n)=\sum_{k=0}^{7}a^k\delta(n-k)=a^n[u(n)-u(n-8)]$$

（4）由（2）可知系统函数为 $H(z)=\dfrac{1-a^8z^{-8}}{1-az^{-1}}=\dfrac{z^8-a^8}{z^7(z-a)}$，则系统函数的极点为 $p_1=a$，$p_2=0$ 在原点处有七阶极点，零点为 $z_k=ae^{j\frac{k\pi}{4}}$，$k=0,1,\cdots,7$。系统函数的零、极点图如图（a）所示。

化简为正指数项，避免漏掉零、极点。

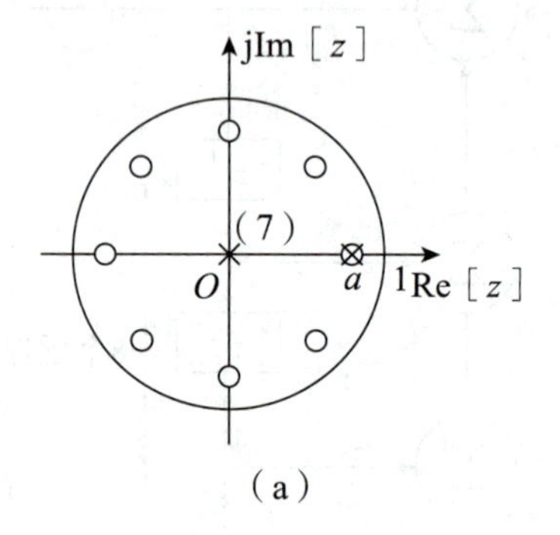

（a）

（5）系统的幅频响应如图（b）所示。

可以利用矢量作图法计算。

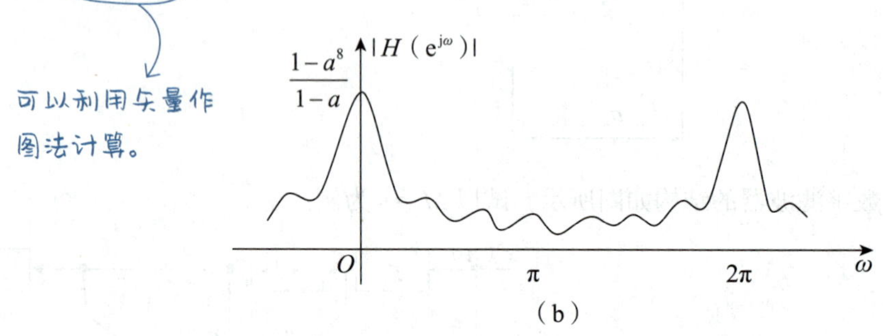

（b）

郑君里 8.36 已知离散系统差分方程表示式 $y(n)-\dfrac{1}{3}y(n-1)=x(n)$。

（1）求系统函数和单位样值响应；

（2）若系统的零状态响应为 $y(n)=3\left[\left(\dfrac{1}{2}\right)^n-\left(\dfrac{1}{3}\right)^n\right]u(n)$，求激励信号 $x(n)$；

（3）画系统函数的零、极点分布图；

（4）粗略画出幅频响应特性曲线；

（5）画系统的结构框图。

解析　（1）由题可知系统差分方程为 $y(n)-\frac{1}{3}y(n-1)=x(n)$，两边同时进行 z 变换可得系统函数为

$$H(z)=\frac{Y(z)}{X(z)}=\frac{1}{1-\frac{1}{3}z^{-1}}=\frac{z}{z-\frac{1}{3}}$$

求其逆变换可得单位样值响应为

$$h(n)=\mathcal{Z}^{-1}[H(z)]=\left(\frac{1}{3}\right)^{n}u(n)$$

（2）由题可知 $y(n)=3\left[\left(\frac{1}{2}\right)^{n}-\left(\frac{1}{3}\right)^{n}\right]u(n)$，求其 z 变换可得

系统因果，收敛域包含无穷远处。

$$Y(z)=\mathcal{Z}[y(n)]=\frac{3z}{z-\frac{1}{2}}-\frac{3z}{z-\frac{1}{3}}=\frac{\frac{1}{2}z}{\left(z-\frac{1}{2}\right)\left(z-\frac{1}{3}\right)},\ |z|>\frac{1}{2}$$

而由（1）可知系统函数为 $H(z)=\frac{z}{z-\frac{1}{3}}$，解得 $X(z)=\frac{Y(z)}{H(z)}=\frac{\frac{1}{2}}{z-\frac{1}{2}}$，$|z|>\frac{1}{2}$，求其逆变换可得

$$x(n)=\mathcal{Z}^{-1}[X(z)]=\mathcal{Z}^{-1}\left[\frac{z}{z-\frac{1}{2}}-1\right]=\left(\frac{1}{2}\right)^{n}u(n)-\delta(n)=\left(\frac{1}{2}\right)^{n}u(n-1)$$

（3）由（1）可知系统函数为 $H(z)=\frac{z}{z-\frac{1}{3}}$，则系统函数的极点为 $p=\frac{1}{3}$，零点为 $z=0$，零、极点图如图（a）所示。

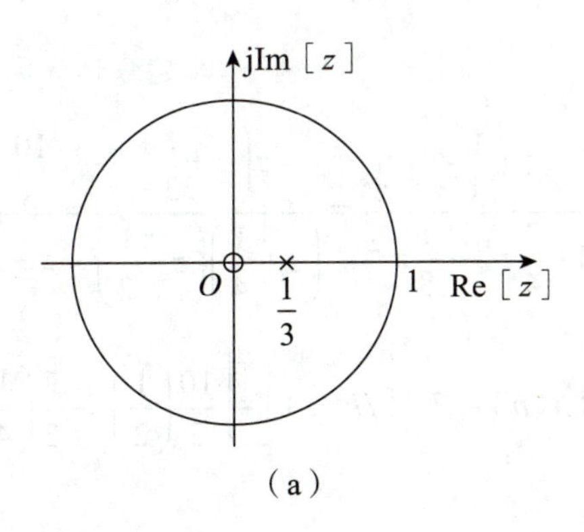

（a）

幅频响应特性是偶函数。

（4）幅频响应特性曲线如图（b）所示。

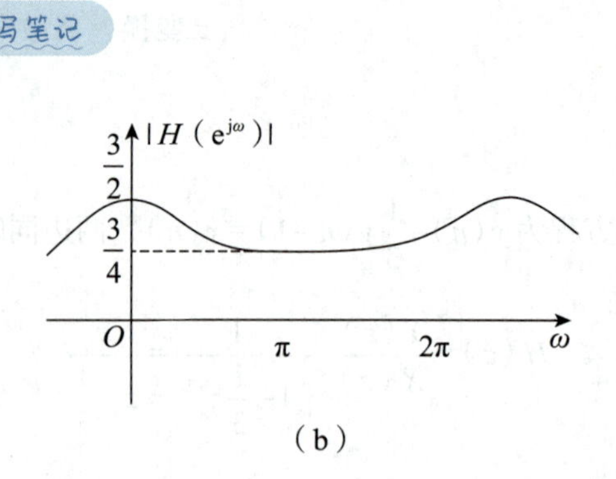

（b）

（5）利用简易梅森公式$H(z)=\dfrac{\sum\limits_i g_i}{1-\sum\limits_i L_i}=\dfrac{z}{z-\dfrac{1}{3}}$，$g_1=1$，$L_1=\dfrac{1}{3}z^{-1}$。由差分方程绘出结构框图，如图（c）所示。

→激励为 1 的通路增益。

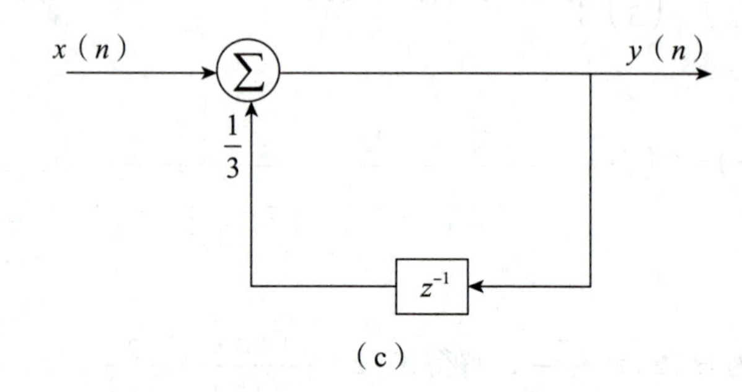

（c）

郑君里 8.37　已知离散系统差分方程表示式$y(n)-\dfrac{3}{4}y(n-1)+\dfrac{1}{8}y(n-2)=x(n)+\dfrac{1}{3}x(n-1)$。

（1）求系统函数和单位样值响应；

（2）画系统函数的零、极点分布图；

（3）粗略画出幅频响应特性曲线；

（4）画系统的结构框图。

解析　（1）由题可知系统差分方程为$y(n)-\dfrac{3}{4}y(n-1)+\dfrac{1}{8}y(n-2)=x(n)+\dfrac{1}{3}x(n-1)$，两边同时进行$z$变换，可得系统函数为

此题默认为因果信号。

$$H(z)=\frac{Y(z)}{X(z)}=\frac{1+\dfrac{1}{3}z^{-1}}{1-\dfrac{3}{4}z^{-1}+\dfrac{1}{8}z^{-2}}=\frac{z\left(z+\dfrac{1}{3}\right)}{\left(z-\dfrac{1}{4}\right)\left(z-\dfrac{1}{2}\right)}=\frac{\dfrac{10}{3}z}{z-\dfrac{1}{2}}-\frac{\dfrac{7}{3}z}{z-\dfrac{1}{4}},\ |z|>\frac{1}{2}$$

求其逆变换可得单位样值响应为$h(n)=\mathcal{Z}^{-1}[H(z)]=\left[\dfrac{10}{3}\left(\dfrac{1}{2}\right)^n-\dfrac{7}{3}\left(\dfrac{1}{4}\right)^n\right]u(n)$。

（2）由（1）可知系统函数为 $H(z)=\dfrac{\frac{10}{3}z}{z-\frac{1}{2}}-\dfrac{\frac{7}{3}z}{z-\frac{1}{4}}$，$|z|>\dfrac{1}{2}$，则系统函数零点为 $z_1=0$，$z_2=-\dfrac{1}{3}$，极点为 $p_1=\dfrac{1}{4}$，$p_2=\dfrac{1}{2}$，零、极点分布图如图（a）所示。

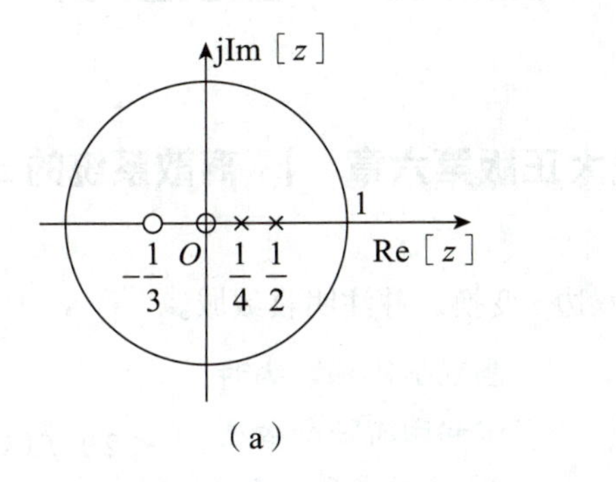

（a）

（3）系统因果，收敛域包含单位圆，系统的频率响应存在。

$$H(e^{j\omega})=\frac{1+\frac{1}{3}e^{-j\omega}}{1-\frac{3}{4}e^{-j\omega}+\frac{1}{8}e^{-j2\omega}}$$

因此当 $\omega=0$ 时，$H(e^{j0})=\dfrac{\frac{4}{3}}{\frac{3}{8}}=\dfrac{32}{9}$；当 $\omega=\pi$ 时，$H(e^{j\pi})=\dfrac{\frac{2}{3}}{\frac{15}{8}}=\dfrac{16}{45}$。幅频响应特性曲线如图（b）所示。

画出零、极点图后可以利用矢量作图法。

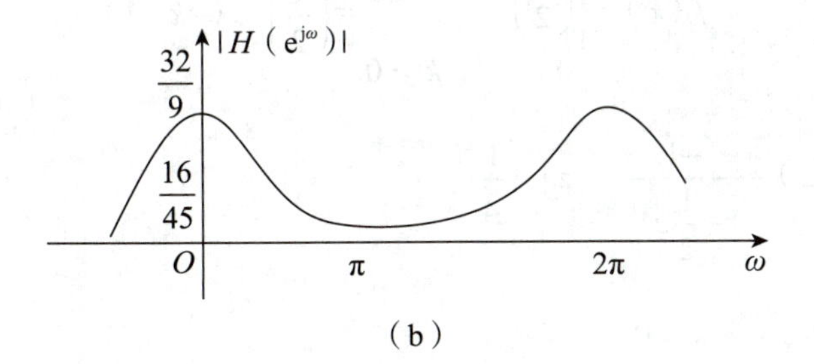

（b）

（4）利用简易梅森公式知

让所有环路接触，让所有通路和环路接触。

$$H(z)=\frac{\sum_i g_i}{1-\sum_i L_i}=\frac{1+\frac{1}{3}z^{-1}}{1-\frac{3}{4}z^{-1}+\frac{1}{8}z^{-2}},\quad g_1=1,\quad g_2=\frac{1}{3}z^{-1},\quad L_1=\frac{3}{4}z^{-1},\quad L_2=-\frac{1}{8}z^{-2}$$

绘出结构框图，如图（c）所示。

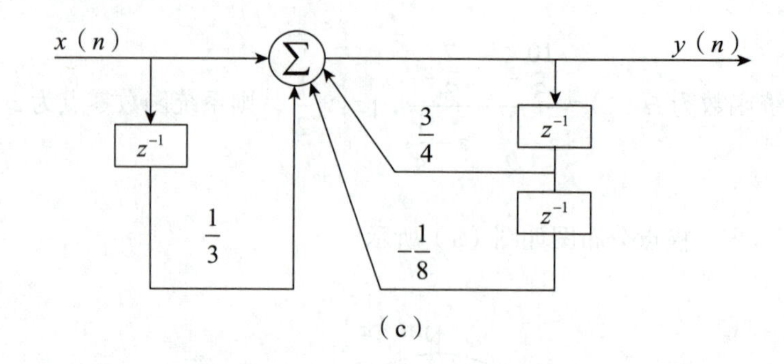

(c)

吴大正版第六章 | 离散系统的 z 域分析

吴大正 6.1 求下列序列的双边 z 变换，并注明收敛域。

(1) $f(k)=\begin{cases}\left(\frac{1}{2}\right)^k, & k<0\\ 0, & k\geqslant 0\end{cases}$；

遇到分段函数的时候利用阶跃函数截断，去掉分段函数。

(2) $f(k)=\begin{cases}2^k, & k<0\\ \left(\frac{1}{3}\right)^k, & k\geqslant 0\end{cases}$；

(3) $f(k)=\left(\frac{1}{2}\right)^{|k|}$，$k=0, \pm1, \cdots$；

(4) $f(k)=\begin{cases}0, & k<-4\\ \left(\frac{1}{2}\right)^k, & k\geqslant -4\end{cases}$。

解析 (1) 由题可知 $f(k)=\begin{cases}\left(\frac{1}{2}\right)^k, & k<0\\ 0, & k\geqslant 0\end{cases}$，整理信号得

$$f(k)=\begin{cases}\left(\frac{1}{2}\right)^k, & k<0\\ 0, & k\geqslant 0\end{cases}=\left(\frac{1}{2}\right)^k\varepsilon(-k-1)$$

根据常用 z 变换可得 $F(z)=\dfrac{-1}{1-\frac{1}{2}z^{-1}}$，$|z|<\dfrac{1}{2}$。

(2) 由题可知 $f(k)=\begin{cases}2^k, & k<0\\ \left(\frac{1}{3}\right)^k, & k\geqslant 0\end{cases}$，整理信号得

$$f(k)=\begin{cases}2^k, & k<0\\ \left(\frac{1}{3}\right)^k, & k\geqslant 0\end{cases}=2^k\varepsilon(-k-1)+\left(\frac{1}{3}\right)^k\varepsilon(k)$$

根据常用 z 变换可得

$$2^k\varepsilon(-k-1)\leftrightarrow\frac{-1}{1-2z^{-1}},\ |z|<2;\quad\left(\frac{1}{3}\right)^k\varepsilon(k)\leftrightarrow\frac{1}{1-\frac{1}{3}z^{-1}},\ |z|>\frac{1}{3}$$

因此$F(z)=\dfrac{-5z}{(z-2)(3z-1)}$，$\dfrac{1}{3}<|z|<2$。收敛域取两者的交集。

遇到绝对值，需要利用阶跃将绝对值去掉。

（3）由题可知$f(k)=\left(\dfrac{1}{2}\right)^{|k|}$，$k=0$，$\pm1$，…，整理信号得

$$f(k)=\left(\frac{1}{2}\right)^{|k|}=\left(\frac{1}{2}\right)^k\varepsilon(k)+2^k\varepsilon(-k-1),\ k=0,\ \pm1,\ \cdots$$

根据常用 z 变换可得

$$\left(\frac{1}{2}\right)^k\varepsilon(k)\leftrightarrow\frac{1}{1-\frac{1}{2}z^{-1}},\ |z|>\frac{1}{2};\quad 2^k\varepsilon(-k-1)\leftrightarrow\frac{-1}{1-2z^{-1}},\ |z|<2$$

因此$F(z)=\dfrac{-3z}{(z-2)(2z-1)}$，$\dfrac{1}{2}<|z|<2$。

（4）由题可知$f(k)=\begin{cases}0, & k<-4\\ \left(\dfrac{1}{2}\right)^k, & k\geqslant-4\end{cases}$，整理信号得

$$f(k)=\begin{cases}0, & k<-4\\ \left(\dfrac{1}{2}\right)^k, & k\geqslant-4\end{cases}=\left(\frac{1}{2}\right)^k\varepsilon(k+4)=\left(\frac{1}{2}\right)^{-4}\left(\frac{1}{2}\right)^{k+4}\varepsilon(k+4)$$

根据常用 z 变换可得

$$\left(\frac{1}{2}\right)^{-4}\left(\frac{1}{2}\right)^{k+4}\varepsilon(k+4)\leftrightarrow\frac{(2z)^4}{1-\frac{1}{2}z^{-1}},\ |z|>\frac{1}{2}$$

因此$F(z)=\dfrac{32z^5}{2z-1}$，$|z|>\dfrac{1}{2}$。

吴大正 6.2 求下列序列的 z 变换，并注明收敛域。

（1）$f(k)=\left(\dfrac{1}{3}\right)^k\varepsilon(k)$；

（2）$f(k)=\left(-\dfrac{1}{3}\right)^{-k}\varepsilon(k)$；

（3）$f(k)=\left[\left(\dfrac{1}{2}\right)^k+\left(\dfrac{1}{3}\right)^{-k}\right]\varepsilon(k)$；

（4）$f(k)=\cosh(2k)\varepsilon(k)$；

（5）$f(k)=\cos\left(\frac{k\pi}{4}\right)\varepsilon(k)$；（6）$f(k)=\sin\left(\frac{k\pi}{2}+\frac{\pi}{4}\right)\varepsilon(k)$。

解析 （1）由题可知$f(k)=\left(\frac{1}{3}\right)^k\varepsilon(k)$，根据常用$z$变换

$$a^k\varepsilon(k)\leftrightarrow\frac{1}{1-az^{-1}},\ |z|>a$$

常用z变换公式，一定记住。

得到$F(z)=\frac{1}{1-\frac{1}{3z}}=\frac{3z}{3z-1}$，$|z|>\frac{1}{3}$。

（2）由题可知$f(k)=\left(-\frac{1}{3}\right)^{-k}\varepsilon(k)$，整理信号得

$$f(k)=\left(-\frac{1}{3}\right)^{-k}\varepsilon(k)=(-3)^k\varepsilon(k)$$

根据常用z变换可得

$$(-3)^k\varepsilon(k)\leftrightarrow\frac{1}{1+3z^{-1}},\ |z|>3$$

因此$F(z)=\sum_{k=-\infty}^{\infty}f(k)z^{-k}=\frac{1}{1+\frac{3}{z}}=\frac{z}{z+3}$，$|z|>3$。

（3）由题可知$f(k)=\left[\left(\frac{1}{2}\right)^k+\left(\frac{1}{3}\right)^{-k}\right]\varepsilon(k)$，由常见$z$变换对可得

$$\left(\frac{1}{2}\right)^k\varepsilon(k)\leftrightarrow\frac{z}{z-\frac{1}{2}},\ |z|>\frac{1}{2};\quad \left(\frac{1}{3}\right)^{-k}\varepsilon(k)\leftrightarrow\frac{z}{z-3},\ |z|>3$$

则$F(z)=\frac{z}{z-\frac{1}{2}}+\frac{z}{z-3}=\frac{4z^2-7z}{(2z-1)(z-3)}$，$|z|>3$。

双曲余弦。

（4）由题可知$f(k)=\cosh(2k)\varepsilon(k)=\frac{1}{2}(e^{2k}+e^{-2k})\varepsilon(k)$，由常见$z$变换对可得

$$e^{2k}\varepsilon(k)\leftrightarrow\frac{z}{z-e^2},\ |z|>e^2;\quad e^{-2k}\varepsilon(k)\leftrightarrow\frac{z}{z-e^{-2}},\ |z|>e^{-2}$$

则$F(z)=\frac{1}{2}\left(\frac{z}{z-e^2}+\frac{z}{z-e^{-2}}\right)=\frac{z^2-z\cosh 2}{z^2-2z\cosh 2+1}$，$|z|>e^2$。

（5）由题可知 $f(k)=\cos\left(\frac{k\pi}{4}\right)\varepsilon(k)=\frac{1}{2}\left(\mathrm{e}^{\mathrm{j}\frac{\pi}{4}k}+\mathrm{e}^{-\mathrm{j}\frac{\pi}{4}k}\right)\varepsilon(k)$，

由常见 z 变换对可得

必背常用 z 变换：

$\cos(\omega_1 k)\varepsilon(k)\leftrightarrow\dfrac{1-\cos\omega_1 z^{-1}}{1-2\cos\omega_1 z^{-1}+z^{-2}}$，

$\sin(\omega_1 k)\varepsilon(k)\leftrightarrow\dfrac{\sin\omega_1 z^{-1}}{1-2\cos\omega_1 z^{-1}+z^{-2}}$。

$$\mathrm{e}^{\mathrm{j}\frac{\pi}{4}k}\varepsilon(k)\leftrightarrow\frac{z}{z-\mathrm{e}^{\mathrm{j}\frac{\pi}{4}}},\ |z|>1;\quad \mathrm{e}^{-\mathrm{j}\frac{\pi}{4}k}\varepsilon(k)\leftrightarrow\frac{z}{z-\mathrm{e}^{-\mathrm{j}\frac{\pi}{4}}},\ |z|>1$$

则
$$F(z)=\mathcal{Z}[f(k)]=\frac{1}{2}\left(\frac{z}{z-\mathrm{e}^{\mathrm{j}\frac{\pi}{4}}}+\frac{z}{z-\mathrm{e}^{-\mathrm{j}\frac{\pi}{4}}}\right)=\frac{z^2-z\cos\left(\frac{\pi}{4}\right)}{z^2-2z\cos\left(\frac{\pi}{4}\right)+1}=\frac{z^2-\frac{1}{\sqrt{2}}z}{z^2-\sqrt{2}z+1},\ |z|>1$$

（6）由题可知 $f(k)=\sin\left(\frac{k\pi}{2}+\frac{\pi}{4}\right)\varepsilon(k)=\frac{1}{2\mathrm{j}}\left[\mathrm{e}^{\mathrm{j}\left(\frac{k}{2}+\frac{\pi}{4}\right)}-\mathrm{e}^{-\mathrm{j}\left(\frac{k}{2}+\frac{\pi}{4}\right)}\right]\varepsilon(k)$，整理信号得

$$f(k)=\sin\left(\frac{k\pi}{2}+\frac{\pi}{4}\right)\varepsilon(k)=\sin\left(\frac{k\pi}{2}\right)\cos\left(\frac{\pi}{4}\right)\varepsilon(k)+\cos\left(\frac{k\pi}{2}\right)\sin\left(\frac{\pi}{4}\right)\varepsilon(k)$$

$$=\frac{\sqrt{2}}{2}\left[\sin\left(\frac{k\pi}{2}\right)\varepsilon(k)+\cos\left(\frac{k\pi}{2}\right)\varepsilon(k)\right]$$

由常见 z 变换对可得

$$\sin\left(\frac{k\pi}{2}\right)\varepsilon(k)\leftrightarrow\frac{\sin\left(\frac{\pi}{2}\right)z^{-1}}{1-2\cos\left(\frac{\pi}{2}\right)z^{-1}+z^{-2}}=\frac{z^{-1}}{1+z^{-2}},\ |z|>1$$

$$\cos\left(\frac{k\pi}{2}\right)\varepsilon(k)\leftrightarrow\frac{1-\cos\left(\frac{\pi}{2}\right)z^{-1}}{1-2\cos\left(\frac{\pi}{2}\right)z^{-1}+z^{-2}}=\frac{1}{1+z^{-2}},\ |z|>1$$

因此 $F(z)=\dfrac{\frac{1}{\sqrt{2}}(z^2+z)}{z^2+1}$，$|z|>1$。

吴大正 6.4 根据下列象函数及所标注的收敛域，求其所对应的原序列。

（1）$F(z)=1$，全 z 平面；

（2）$F(z)=z^3$，$|z|<\infty$；

（3）$F(z)=z^{-1}$，$|z|>0$；

（4）$F(z)=2z+1-z^{-2}$，$0<|z|<\infty$；

（5）$F(z)=\dfrac{1}{1-az^{-1}}$，$|z|>|a|$；

（6）$F(z)=\dfrac{1}{1-az^{-1}}$，$|z|<|a|$。

解析 （1）由题可知 $F(z)=1$，收敛域为全 z 平面，根据 z 变换定义

$$F(z)=\sum_{k=-\infty}^{\infty} f(k)z^{-k}$$

可得

$$f(k)=\begin{cases}1, & k=0\\ 0, & k\neq 0\end{cases}=\delta(k)$$

相当于时移。

（2）由题可知 $F(z)=z^3$，$|z|<\infty$，根据 z 变换定义可得

$$f(k)=\begin{cases}1, & k=-3\\ 0, & k\neq -3\end{cases}=\delta(k+3)$$

正指数相当于左移，负指数相当于右移。

（3）由题可知 $F(z)=z^{-1}$，$|z|>0$，根据 z 变换定义可得

$$f(k)=\begin{cases}1, & k=1\\ 0, & k\neq 1\end{cases}=\delta(k-1)$$

（4）由题可知 $F(z)=2z+1-z^{-2}$，$0<|z|<\infty$，根据 z 变换定义可得

$$f(k)=\begin{cases}2, & k=-1\\ 1, & k=0\\ -1, & k=2\\ 0, & \text{其他}\end{cases}=2\delta(k+1)+\delta(k)-\delta(k-2)$$

（5）由题可知 $F(z)=\dfrac{1}{1-az^{-1}}$，$|z|>|a|$，为因果序列，整理可得 $F(z)=\dfrac{z}{z-a}$，求其逆变换可得 $f(k)=a^k\varepsilon(k)$。

（6）由题可知 $F(z)=\dfrac{1}{1-az^{-1}}$，$|z|<|a|$，为非因果序列，整理可得 $F(z)=\dfrac{1}{1-az^{-1}}=\dfrac{z}{z-a}$，求其逆变换可得 $f(k)=-a^k\varepsilon(-k-1)$。

收敛域在圆内，是非因果信号。

吴大正 6.8 若因果序列的 z 变换 $F(z)$ 如下，能否应用终值定理？如果能，求出 $\lim\limits_{k\to\infty} f(k)$。

终值存在，收敛域包含单位圆，或者单位圆仅含一阶极点。

（1）$F(z)=\dfrac{z^2+1}{\left(z-\dfrac{1}{2}\right)\left(z+\dfrac{1}{3}\right)}$；

（2）$F(z)=\dfrac{z^2+z+1}{(z-1)\left(z+\dfrac{1}{2}\right)}$；

（3）$F(z)=\dfrac{z^2}{(z-1)(z-2)}$。

系统因果，收敛域在最外侧极点的圆外发散。

解析 （1）由题可知 $F(z)=\dfrac{z^2+1}{\left(z-\dfrac{1}{2}\right)\left(z+\dfrac{1}{3}\right)}$，则 $F(z)$ 极点为 $p_1=\dfrac{1}{2}$，$p_2=-\dfrac{1}{3}$，极点都落在单位圆内，

故能应用终值定理。

$$\lim_{k\to\infty}f(k)=\lim_{z\to1}(z-1)F(z)=\lim_{z\to1}(z-1)\frac{z^2+1}{\left(z-\frac{1}{2}\right)\left(z+\frac{1}{3}\right)}=0$$

（2）由题可知 $F(z)=\frac{z^2+z+1}{(z-1)\left(z+\frac{1}{2}\right)}$，则 $F(z)$ 极点为 $p_1=1$，$p_2=-\frac{1}{2}$，极点都落在单位圆内，故能应用终值定理。

$$\lim_{k\to\infty}f(k)=\lim_{z\to1}(z-1)\frac{z^2+z+1}{(z-1)\left(z+\frac{1}{2}\right)}=2$$

（3）由题可知 $F(z)=\frac{z^2}{(z-1)(z-2)}$，则 $F(z)$ 极点为 $p_1=1$，$p_2=2$，p_2 落在单位圆外，故不能应用终值定理。

收敛域不包含单位圆。

吴大正 6.10 求下列象函数的双边逆 z 变换。

（1）$F(z)=\frac{z^2}{\left(z-\frac{1}{2}\right)\left(z-\frac{1}{3}\right)}$，$|z|<\frac{1}{3}$；

（2）$F(z)=\frac{z^2}{\left(z-\frac{1}{2}\right)\left(z-\frac{1}{3}\right)}$，$|z|>\frac{1}{2}$；

（3）$F(z)=\frac{z^3}{\left(z-\frac{1}{2}\right)^2(z-1)}$，$|z|<\frac{1}{2}$；

（4）$F(z)=\frac{z^3}{\left(z-\frac{1}{2}\right)^2(z-1)}$，$\frac{1}{2}<|z|<1$。

解析 （1）由题可知 $F(z)=\frac{z^2}{\left(z-\frac{1}{2}\right)\left(z-\frac{1}{3}\right)}$，$|z|<\frac{1}{3}$，对 $\frac{F(z)}{z}$ 部分分式展开可得

$$\frac{F(z)}{z}=\frac{z}{\left(z-\frac{1}{2}\right)\left(z-\frac{1}{3}\right)}=\frac{3}{z-\frac{1}{2}}-\frac{2}{z-\frac{1}{3}}$$

部分分式展开法大家一定要掌握。

整理可得 $F(z)=\frac{3z}{z-\frac{1}{2}}-\frac{2z}{z-\frac{1}{3}}$，收敛域为 $|z|<\frac{1}{3}$，则 $f(k)$ 为反因果序列。求 $F(z)$ 逆变换可得

反因果信号 z 变换前面有一个负号。

$$f(k)=-3\left(\frac{1}{2}\right)^k\varepsilon(-k-1)+2\left(\frac{1}{3}\right)^k\varepsilon(-k-1)=\left[2\left(\frac{1}{3}\right)^k-3\left(\frac{1}{2}\right)^k\right]\varepsilon(-k-1)$$

（2）由题可知 $F(z)=\frac{z^2}{\left(z-\frac{1}{2}\right)\left(z-\frac{1}{3}\right)}$，$|z|>\frac{1}{2}$，对其部分分式展开可得

$$F(z)=\frac{3z}{z-\frac{1}{2}}-\frac{2z}{z-\frac{1}{3}}$$

收敛域为$|z|>\frac{1}{2}$，则$f(k)$为因果序列。求$F(z)$逆变换可得

$$f(k)=3\left(\frac{1}{2}\right)^k\varepsilon(k)-2\left(\frac{1}{3}\right)^k\varepsilon(k)=\left[3\left(\frac{1}{2}\right)^k-2\left(\frac{1}{3}\right)^k\right]\varepsilon(k)$$

（3）由题可知$F(z)=\frac{z^3}{\left(z-\frac{1}{2}\right)^2(z-1)}$，$|z|<\frac{1}{2}$，对$\frac{F(z)}{z}$部分分式展开可得

平方项的系数，利用"通分裂项不合并"求解。

$$\frac{F(z)}{z}=\frac{z^2}{\left(z-\frac{1}{2}\right)^2(z-1)}=\frac{4}{z-1}+\frac{-\frac{1}{2}}{\left(z-\frac{1}{2}\right)^2}+\frac{-3}{z-\frac{1}{2}}$$

整理可得

$$F(z)=\frac{4z}{z-1}-\frac{\frac{1}{2}z}{\left(z-\frac{1}{2}\right)^2}-\frac{3z}{z-\frac{1}{2}}$$

收敛域为$|z|<\frac{1}{2}$，则$f(k)$为反因果序列。求$F(z)$逆变换可得

$$f(k)=-4\varepsilon(-k-1)+\frac{1}{2}k\left(\frac{1}{2}\right)^{k-1}\varepsilon(-k-1)+3\left(\frac{1}{2}\right)^k\varepsilon(-k-1)=\left[(k+3)\left(\frac{1}{2}\right)^k-4\right]\varepsilon(-k-1)$$

（4）由题可知$F(z)=\frac{z^3}{\left(z-\frac{1}{2}\right)^2(z-1)}$，$\frac{1}{2}<|z|<1$，对其部分分式展开可得

$$F(z)=\frac{4z}{z-1}-\frac{\frac{1}{2}z}{\left(z-\frac{1}{2}\right)^2}-\frac{3z}{z-\frac{1}{2}}$$

收敛域为$\frac{1}{2}<|z|<1$，则$\frac{4z}{z-1}$为反因果序列，$\frac{\frac{1}{2}z}{\left(z-\frac{1}{2}\right)^2}$、$\frac{3z}{z-\frac{1}{2}}$为因果序列。求$F(z)$逆变换可得

$$f(k)=-4\varepsilon(-k-1)-\frac{1}{2}k\left(\frac{1}{2}\right)^{k-1}\varepsilon(k)-3\left(\frac{1}{2}\right)^{k}\varepsilon(k)=-4\varepsilon(-k-1)-(k+3)\left(\frac{1}{2}\right)^{k}\varepsilon(k)$$

吴大正 6.17 描述某 LTI 离散系统的差分方程为 $y(k)-y(k-1)-2y(k-2)=f(k)$，已知 $y(-1)=-1$，$y(-2)=\frac{1}{4}$，$f(k)=\varepsilon(k)$，求该系统的零输入响应 $y_{zi}(k)$，零状态响应 $y_{zs}(k)$ 及全响应 $y(k)$。

建议用时域求解零输入响应，用变换域求解零状态响应。

解析 根据差分方程求解出特征函数：

$$\lambda^2-\lambda-2=0\Rightarrow(\lambda-2)(\lambda+1)=0$$

解得特征根 $\lambda_1=2$，$\lambda_2=-1$。

根据特征根，设零输入响应为 $y_{zi}(k)=A(-1)^k+B\cdot 2^k$，代入初值并求解得

这里先不加阶跃，最后写答案的时候再加上阶跃。

$$y(-1)=-1,\ y(-2)=\frac{1}{4}\Rightarrow -A+\frac{B}{2}=-1,\ A+\frac{B}{4}=\frac{1}{4}\Rightarrow A=\frac{1}{2},\ B=-1$$

因此 $y_{zi}(k)=\left[\frac{1}{2}(-1)^k-2^k\right]\varepsilon(k)$。对差分方程两边同时求 z 变换得

$$Y(z)-z^{-1}Y(z)-2z^{-2}Y(z)=F(z)\Rightarrow H(z)=\frac{Y(z)}{F(z)}=\frac{1}{1-z^{-1}-2z^{-2}}$$

不带初值的 z 变换。

由时域卷积，频域乘积得

$$Y_{zs}(z)=\frac{z^2}{z^2-z-2}F(z)=\frac{z^2}{(z+1)(z-2)}\cdot\frac{z}{z-1}=\frac{1}{6}\left(\frac{-3z}{z-1}+\frac{z}{z+1}+\frac{8z}{z-2}\right)$$

对上式进行逆变换得

$$y_{zs}(k)=\left[-\frac{1}{2}+\frac{1}{6}(-1)^k+\frac{4}{3}\cdot 2^k\right]\varepsilon(k)$$

全响应等于零输入响应与零状态响应之和，即

$$y(k)=y_{zi}(k)+y_{zs}(k)=\left[-\frac{1}{2}+\frac{2}{3}(-1)^k+\frac{1}{3}\cdot 2^k\right]\varepsilon(k)$$

吴大正 6.23 如图所示系统。

（1）求该系统的单位序列响应 $h(k)$；

（2）若输入序列 $f(k)=\left(\frac{1}{2}\right)^k\varepsilon(k)$，求零状态响应 $y_{zs}(k)$。

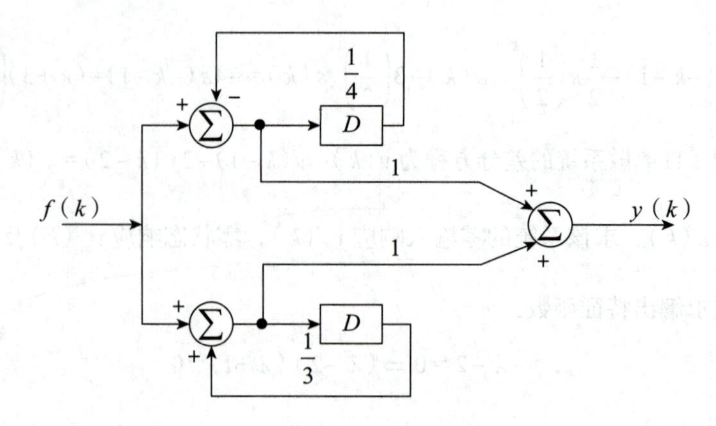

解析 （1）根据并联型框图，可以将系统函数写作两部分相加，即

$$H(z)=H_1(z)+H_2(z)$$

根据简易梅森公式可知 $H_1(z)=\dfrac{z}{z+\frac{1}{4}}$，$H_2(z)=\dfrac{z}{z-\frac{1}{3}}$。因此

$$H(z)=\frac{Y(z)}{F(z)}=\frac{z}{z+\frac{1}{4}}+\frac{z}{z-\frac{1}{3}}\leftrightarrow h(k)=\left[\left(-\frac{1}{4}\right)^k+\left(\frac{1}{3}\right)^k\right]\varepsilon(k)$$

此题默认系统是因果的，考研时题目会有说明。

（2）由题可知 $f(k)=\left(\frac{1}{2}\right)^k\varepsilon(k)$，求其 z 变换可得 $F(z)=\mathcal{Z}[f(k)]=\dfrac{z}{z-\frac{1}{2}}$。

则 $Y_{zs}(z)=H(z)F(z)=\left(\dfrac{z}{z+\frac{1}{4}}+\dfrac{z}{z-\frac{1}{3}}\right)\cdot\dfrac{z}{z-\frac{1}{2}}=\dfrac{\frac{11}{3}z}{z-\frac{1}{2}}-\dfrac{2z}{z-\frac{1}{3}}+\dfrac{\frac{1}{3}z}{z+\frac{1}{4}}$，求其逆变换可得

$$y_{zs}(k)=\left[\frac{11}{3}\left(\frac{1}{2}\right)^k-2\left(\frac{1}{3}\right)^k+\frac{1}{3}\left(-\frac{1}{4}\right)^k\right]\varepsilon(k)$$

吴大正 6.24 如图所示系统。

（1）求系统函数 $H(z)$；

（2）求单位序列响应 $h(k)$；

（3）列写该系统的输入输出差分方程。

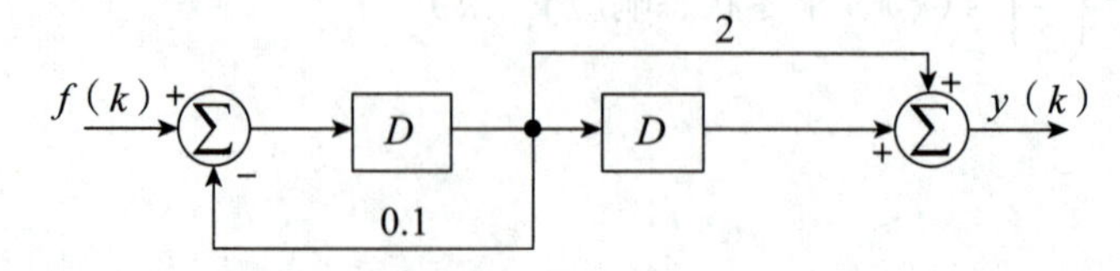

解析 （1）通过框图可知有两条通路，两条通路相互接触，利用简易梅森公式可得

$$H(z)=\frac{\sum_i g_i}{1-\sum_i L_i},\quad g_1=z^{-2},\quad g_2=2z^{-1},\quad L_1=-0.1z^{-1}$$

这个环路很容易错，大家要注意符号。

因此 $H(z)=\dfrac{z^{-2}+2z^{-1}}{1+0.1z^{-1}}$。

（2）由（1）可得系统函数为 $H(z)=\dfrac{Y(z)}{F(z)}=\dfrac{2z^{-1}+z^{-2}}{1+0.1z^{-1}}$，部分分式展开可得

$$H(z)=\frac{2z^{-1}}{1+0.1z^{-1}}+\frac{z^{-2}}{1+0.1z^{-1}}$$

求其逆变换可得 $h(k)=2(-0.1)^{k-1}\varepsilon(k-1)+(-0.1)^{k-2}\varepsilon(k-2)$。

（3）由（1）可得系统函数为 $H(z)=\dfrac{2z^{-1}+z^{-2}}{1+0.1z^{-1}}=\dfrac{Y(z)}{F(z)}$，交叉相乘，作逆变换，则差分方程为

$$y(k)+0.1y(k-1)=2f(k-1)+f(k-2)$$

这类型题目很常见，一定要利用线性时不变性质。

吴大正 6.29 已知某一阶 LTI 系统，当初始状态 $y(-1)=1$，输入 $f_1(k)=\varepsilon(k)$ 时，其全响应 $y_1(k)=2\varepsilon(k)$；当初始状态 $y(-1)=-1$，输入 $f_2(k)=0.5k\varepsilon(k)$ 时，其全响应 $y_2(k)=(k-1)\varepsilon(k)$。求输入 $f(k)=\left(\dfrac{1}{2}\right)^k\varepsilon(k)$ 时的零状态响应。

解析 当初始状态 $y(-1)=1$，输入 $f_1(k)=\varepsilon(k)$ 时，其全响应 $y_1(k)=2\varepsilon(k)$。当初始状态 $y(-1)=-1$，输入 $f_2(k)=0.5k\varepsilon(k)$ 时，其全响应 $y_2(k)=(k-1)\varepsilon(k)$。求 z 变换可得

两次的初始状态是相反数。

$$Y_1(z)=\frac{2z}{z-1},\quad Y_2(z)=\frac{z}{(z-1)^2}-\frac{z}{z-1}=\frac{z(2-z)}{(z-1)^2};\quad F_1(z)=\frac{z}{z-1},\quad F_2(z)=\frac{\frac{1}{2}z}{(z-1)^2}$$

又

$$y_1(k)=y_{zi1}(k)+f_1(k)*h(k),\quad y_2(k)=y_{zi2}(k)+f_2(k)*h(k)=-y_{zi1}(k)+f_2(k)*h(k)$$

整理可得

$$f_1(k)*h(k)+f_2(k)*h(k)=y_1(k)+y_2(k)$$

两边同时取 z 变换可得

时域卷积，z 域乘积。

$$F_1(z)H(z)+F_2(z)H(z)=Y_1(z)+Y_2(z)$$

则 $H(z)=\dfrac{Y_1(z)+Y_2(z)}{F_1(z)+F_2(z)}$，将 $Y_1(z)$、$Y_2(z)$、$F_1(z)$、$F_2(z)$ 代入可得

$$H(z)=\frac{z}{z-\frac{1}{2}}$$

由题可知$f(k)=\left(\frac{1}{2}\right)^k\varepsilon(k)\leftrightarrow F(z)=\frac{z}{z-\frac{1}{2}}$，则

$$Y_{zs3}(z)=F(z)H(z)=\frac{z^2}{\left(z-\frac{1}{2}\right)^2}=\frac{\frac{1}{2}z}{\left(z-\frac{1}{2}\right)^2}+\frac{z}{z-\frac{1}{2}}$$

求其逆变换可得$y_{zs3}(k)=\frac{1}{2}k\left(\frac{1}{2}\right)^{k-1}\varepsilon(k)+\left(\frac{1}{2}\right)^k\varepsilon(k)=(k+1)\left(\frac{1}{2}\right)^k\varepsilon(k)$。

吴大正 6.30 如图所示的复合系统由 3 个子系统组成，已知各子系统的单位序列响应或系统函数分别为$h_1(k)=\varepsilon(k)$，$H_2(z)=\frac{z}{z+1}$，$H_3(z)=\frac{1}{z}$，求输入$f(k)=\varepsilon(k)-\varepsilon(k-2)$时的零状态响应$y_{zs}(k)$。

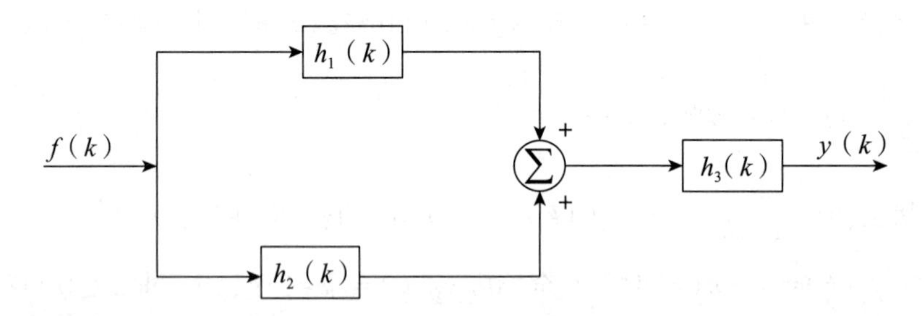

解析 根据系统框图可知$[f(k)*h_1(k)+f(k)*h_2(k)]*h_3(k)=y(k)$，同时对方程作$z$变换得

$$F(z)[H_1(z)+H_2(z)]H_3(z)=Y(z)$$

由题可知

$$h_1(k)=\varepsilon(k)\leftrightarrow H_1(z)=\frac{z}{z-1}$$

$$H_2(z)=\frac{z}{z+1},\quad H_3(z)=\frac{1}{z}$$

结合系统框图可得复合系统的系统函数为

$$H(z)=[H_1(z)+H_2(z)]H_3(z)=\left(\frac{z}{z-1}+\frac{z}{z+1}\right)\frac{1}{z}=\frac{2z}{(z-1)(z+1)}$$

对输入信号作z变换可得

$$f(k)=\varepsilon(k)-\varepsilon(k-2)\leftrightarrow F(z)=\frac{z-z^{-1}}{z-1}=\frac{z+1}{z}$$

这里也可以表示成两个冲激信号相加。

根据系统函数定义可得

$$Y_{zs}(z)=F(z)H(z)=\frac{z+1}{z}\cdot\frac{2z}{(z-1)(z+1)}=\frac{2z^{-1}\cdot z}{z-1}$$

看作是时移。

求逆变换可得系统零状态响应 $y_{zs}(k)=2\varepsilon(k-1)$。

吴大正 6.31 如图所示的复合系统由 3 个子系统组成，已知子系统 2 的单位序列响应 $h_2(k)=(-1)^k\varepsilon(k)$，子系统 3 的系统函数 $H_3(z)=\dfrac{z}{z+1}$，求输入 $f(k)=\varepsilon(k)$ 时，复合系统的零状态响应 $y_{zs}(k)=3(k+1)\varepsilon(k)$。求子系统 1 的单位序列响应 $h_1(k)$。

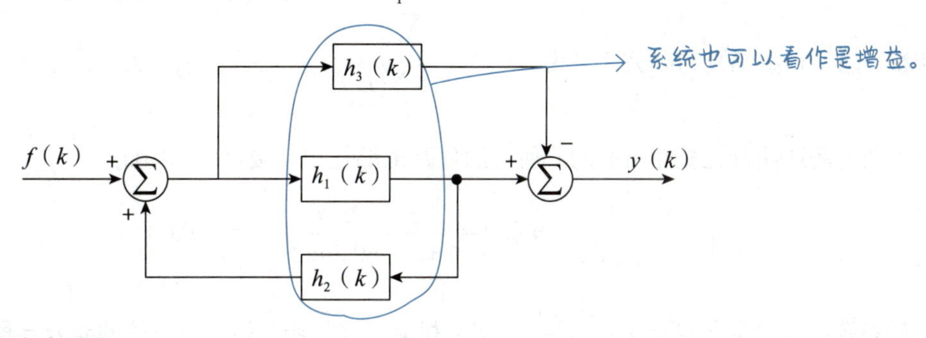

解析 根据简易梅森公式可得

$$H(z)=\frac{\sum_i g_i}{1-\sum_i L_i},\quad g_1=H_1(z),\quad g_2=-H_3(z),\quad L_1=H_1(z)H_2(z)$$

因此 $H(z)=\dfrac{H_1(z)-H_3(z)}{1-H_1(z)H_2(z)}$。

两种方法求解系统函数：
①利用激励、零状态响应以及系统函数三者的关系；
②利用系统框图或者简易梅森公式求解。

由题可知 $h_2(k)=(-1)^k\varepsilon(k)$，$H_3(z)=\dfrac{z}{z+1}$，$f(k)=\varepsilon(k)$，$y_{zs}(k)=3(k+1)\varepsilon(k)=f(k)*h(k)$。

求 z 变换可得

$$H_2(z)=\frac{z}{z+1},\quad F(z)=\frac{z}{z-1},\quad Y_{zs}(z)=\frac{3z^2}{(z-1)^2},\quad H(z)=\frac{3}{1-z^{-1}}$$

代入 $H(z)$ 可得 $H_1(z)=\dfrac{z}{z-\frac{1}{2}}$，求其逆变换可得子系统 1 的单位序列响应为

$$h_1(k)=\left(\frac{1}{2}\right)^k\varepsilon(k)$$

吴大正 6.46 如图所示为因果离散系统，$f(k)$为输入，$y(k)$为输出。

（1）列出该系统的输入输出差分方程；

（2）问该系统存在频率响应否？为什么？

频率响应存在的条件是系统稳定。

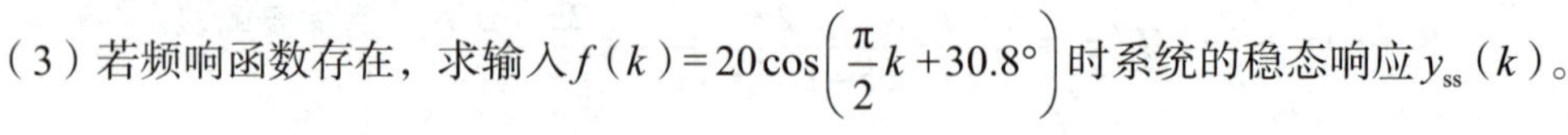

（3）若频响函数存在，求输入$f(k)=20\cos\left(\dfrac{\pi}{2}k+30.8°\right)$时系统的稳态响应$y_{ss}(k)$。

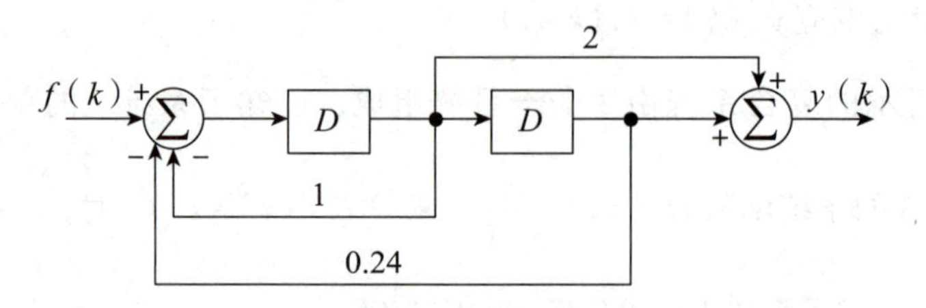

解析 （1）根据简易梅森公式可得$H(z)=\dfrac{\sum_i g_i}{1-\sum_i L_i}$，$g_1=z^{-2}$，$g_2=2z^{-1}$，$L_1=-z^{-1}$，$L_2=-0.24z^{-2}$。

由于所有的通路都是相互接触的，所有的环路也都是相互接触的，因此

$$H(z)=\frac{z^{-2}+2z^{-1}}{1+z^{-1}+0.24z^{-2}},\ |z|>0.6$$

根据系统函数的定义$H(z)=\dfrac{Y(z)}{F(z)}$，交叉相乘并求其逆变换，得系统的差分方程为

$$y(k)+y(k-1)+0.24y(k-2)=2f(k-1)+f(k-2)$$

（2）由（1）可知，$H(z)=\dfrac{z^{-2}+2z^{-1}}{1+z^{-1}+0.24z^{-2}}$，$|z|>0.6$，整理可得

$$H(z)=\frac{2z^{-1}+z^{-2}}{1+z^{-1}+0.24z^{-2}}=\frac{2z+1}{z^2+z+0.24}=\frac{2z+1}{(z+0.4)(z+0.6)}$$

则极点为$p_1=-0.4$，$p_2=-0.6$，都在单位圆内，而收敛域为$|z|>0.6$，所以系统存在频率响应，其频率响应为

收敛域包含单位圆，系统稳定。

$$H(e^{j\theta})=H(z)\big|_{z=e^{j\theta}}=\frac{2e^{j\theta}+1}{(e^{j\theta}+0.4)(e^{j\theta}+0.6)}=\frac{2e^{j\theta}+1}{e^{j2\theta}+e^{j\theta}+0.24}$$

（3）由题可知$f(k)=20\cos\left(\dfrac{\pi}{2}k+30.8°\right)$，则其频率响应为

输入激励k是全平面有值的，利用特征输入求解。

$$H\left(e^{j\frac{\pi}{2}}\right)=\frac{2j+1}{-1+j+0.24}=1.78e^{-j63.8°}$$

由特征输入响应法可得稳态响应为

$$y_{ss}(k)=1.78\times 20\cos\left(\frac{\pi}{2}k+30.8°-63.8°\right)=35.6\cos\left(\frac{\pi}{2}k-33°\right)$$

吴大正版第七章 | 系统函数（z 域分析部分）

吴大正 7.17 【**证明题**】设离散系统函数 $H(z)$ 在单位圆上收敛，其幅频响应函数为 $|H(e^{j\theta})|(\theta=\omega T_s)$，试证幅度平方函数 $|H(e^{j\theta})|^2=H(z)H(z^{-1})\big|_{z=e^{j\theta}}$。

证明 由题可知，离散系统函数 $H(z)$ 在单位圆上收敛，则系统的频率响应为

$$H(e^{j\theta})=H(z)\big|_{z=e^{j\theta}}$$

离散序列傅里叶变换存在时，等式成立。

则 $H^*(e^{j\theta})=H(e^{-j\theta})=H(z^{-1})\big|_{z=e^{j\theta}}$，故幅度的平方函数为

$$|H(e^{j\theta})|^2=H(e^{j\theta})H^*(e^{j\theta})=H(e^{j\theta})H(e^{-j\theta})=H(z)H(z^{-1})\big|_{z=e^{j\theta}}$$

得证。

吴大正 7.22 某离散因果系统的系统函数为 $H(z)=\dfrac{z^2+3z+2}{2z^2-(K-1)z+1}$，为使系统稳定，$K$ 应满足什么条件?

二阶离散系统判断稳定性：朱里准则。例：$H(z)=\dfrac{dz}{az^2+bz+c}$。令 $A(z)=az^2+bz+c$，若 $A(1)>0$，$A(-1)>0$，$a>|c|$（满足这三个条件），则系统稳定。

解析 由题可知系统函数为 $H(z)=\dfrac{z^2+3z+2}{2z^2-(K-1)z+1}$，整理可得

$$H(z)=\frac{z^2+3z+2}{2z^2-(K-1)z+1}=\frac{1}{2}\frac{z^2+3z+2}{z^2-\frac{1}{2}(K-1)z+\frac{1}{2}}$$

令 $A(z)=z^2-\frac{1}{2}(K-1)z+\frac{1}{2}$，根据朱里准则可知

$$A(1)=1-\frac{1}{2}(K-1)+\frac{1}{2}>0\Rightarrow K<4，\quad A(-1)=1+\frac{1}{2}(K-1)+\frac{1}{2}>0\Rightarrow K>-2$$

故为使系统稳定，K 应满足 $-2<K<4$。

吴大正 7.23 某离散因果系统的系统函数为 $H(z)=\dfrac{z^2-1}{z^2+0.5z+(K+1)}$，为使系统稳定，$K$ 应满足什么条件?

三个条件同时满足。

解析 由题可知系统函数为 $H(z)=\dfrac{z^2-1}{z^2+0.5z+(K+1)}$，令 $A(z)=z^2+0.5z+K+1$，根据朱里准则可知，系统稳定的条件为 $A(1)>0$，$A(-1)>0$，$|1+K|<1$，则 $0<1+0.5+K+1$，$0.5<1+K+1$，

$|K+1|<1 \Rightarrow -1.5<K<0$。

吴大正 7.26 已知某离散系统的差分方程为$y(k)+1.5y(k-1)-y(k-2)=f(k-1)$。

（1）若该系统为因果系统，求系统的单位序列响应$h(k)$；

（2）若该系统为稳定系统，求系统的单位序列响应$h(k)$，并计算输入$f(k)=(-0.5)^k\varepsilon(k)$时的零状态响应$y_{zs}(k)$。

稳定系统，收敛域包含单位圆。

解析 （1）由题可知，系统差分方程为$y(k)+1.5y(k-1)-y(k-2)=f(k-1)$，两边同时进行$z$变换可得

$$Y(z)+1.5z^{-1}Y(z)-z^{-2}Y(z)=z^{-1}F(z)$$

则系统函数为

$$H(z)=\frac{Y(z)}{F(z)}=\frac{z^{-1}}{1+\frac{3}{2}z^{-1}-z^{-2}}=\frac{z}{z^2+\frac{3}{2}z-1}=\frac{\frac{2}{5}z}{z-\frac{1}{2}}-\frac{\frac{2}{5}z}{z+2}$$

系统是因果系统，则系统函数的收敛域为$|z|>2$，求其逆变换可得

$$h(k)=\frac{2}{5}\left[\left(\frac{1}{2}\right)^k-(-2)^k\right]\varepsilon(k)$$

（2）由题知系统是稳定系统，则系统函数的收敛域为$\frac{1}{2}<|z|<2$，求其逆变换可得

$$h(k)=\frac{2}{5}\left(\frac{1}{2}\right)^k\varepsilon(k)+\frac{2}{5}(-2)^k\varepsilon(-k-1)$$

对于左边信号，收敛域在以信号极点为半径的圆内。
对于右边信号，收敛域在以信号极点为半径的圆外。

又$f(k)=\left(-\frac{1}{2}\right)^k\varepsilon(k)$，求$z$变换可得$F(z)=\frac{z}{z+\frac{1}{2}}$，$|z|>\frac{1}{2}$，则

$$Y_{zs}(z)=H(z)F(z)=\frac{z^2}{\left(z-\frac{1}{2}\right)\left(z+\frac{1}{2}\right)(z+2)}=\frac{1}{5}\cdot\frac{z}{z-\frac{1}{2}}+\frac{1}{3}\cdot\frac{z}{z+\frac{1}{2}}-\frac{8}{15}\cdot\frac{z}{z+2}$$

时域卷积，z域乘积。

求其逆变换可得

$$y_{zs}(k)=\left[\frac{1}{5}\left(\frac{1}{2}\right)^k+\frac{1}{3}\left(-\frac{1}{2}\right)^k\right]\varepsilon(k)+\frac{8}{15}(-2)^k\varepsilon(-k-1)$$

吴大正 7.31 画出如图所示系统的信号流图，求出其系统函数$H(z)$。

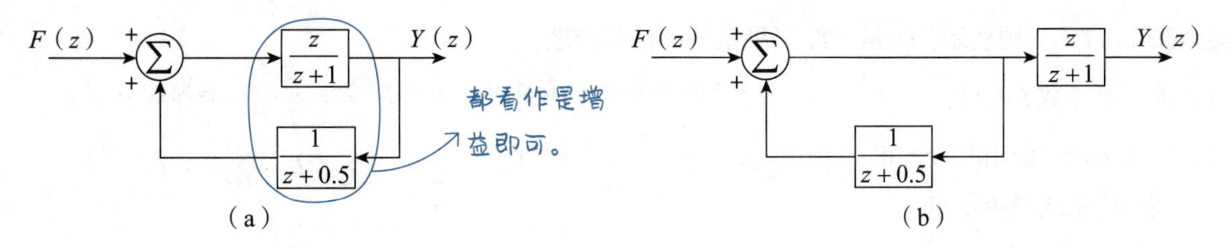

解析 ①题图（a）所示系统的信号流图如图（a）所示。

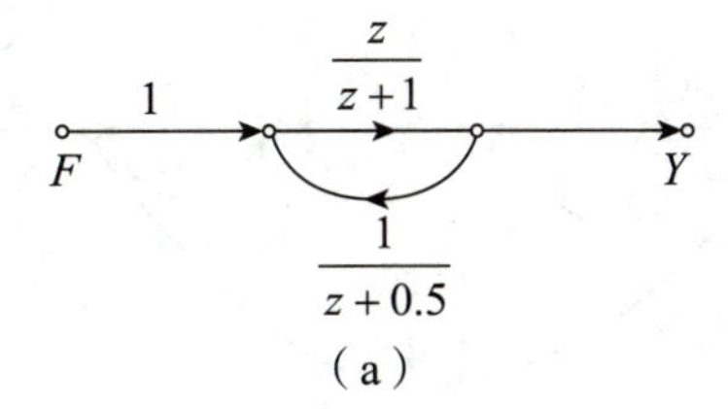

（a）

前向通路增益 $P_1=\dfrac{z}{z+1}$，余子式为 $\Delta_1=1$，回路增益 $L_1=\dfrac{z}{(z+1)\left(z+\dfrac{1}{2}\right)}$，可得系统特征多项式为

$\Delta=1-L_1=\dfrac{z^2+\dfrac{1}{2}z+\dfrac{1}{2}}{z^2+\dfrac{3}{2}z+\dfrac{1}{2}}$，根据梅森公式可得系统函数为

$$H(z)=\frac{P_1\Delta_1}{\Delta}=\frac{z^2+\frac{1}{2}z}{z^2+\frac{1}{2}z+\frac{1}{2}}$$

②题图（b）所示系统的信号流图如图（b）所示。

1　1　$\dfrac{z}{z+1}$　F　Y　$\dfrac{1}{z+0.5}$

（b）

前向通路增益 $P_1=\dfrac{z}{z+1}$，余子式为 $\Delta_1=1$，回路增益 $L_1=\dfrac{1}{z+\dfrac{1}{2}}$，可得系统特征多项式为 $\Delta=1-L_1=\dfrac{z-\dfrac{1}{2}}{z+\dfrac{1}{2}}$，

根据梅森公式可得系统函数为

$$H(z)=\frac{P_1\Delta_1}{\Delta}=\frac{z\left(z+\frac{1}{2}\right)}{\left(z-\frac{1}{2}\right)(z+1)}$$

吴大正 7.37 如图所示为离散 LTI 因果系统的信号流图。

（1）求系统函数 $H(z)$；

（2）列写出输入输出差分方程；

（3）判断该系统是否稳定。

这道题不能使用简易梅森公式，需要利用标准梅森公式：

$$H(z)=\frac{\sum P_i\Delta_i}{\Delta},\quad \Delta=1-\sum L_a+\sum L_bL_c-\sum L_dL_eL_f+\cdots$$

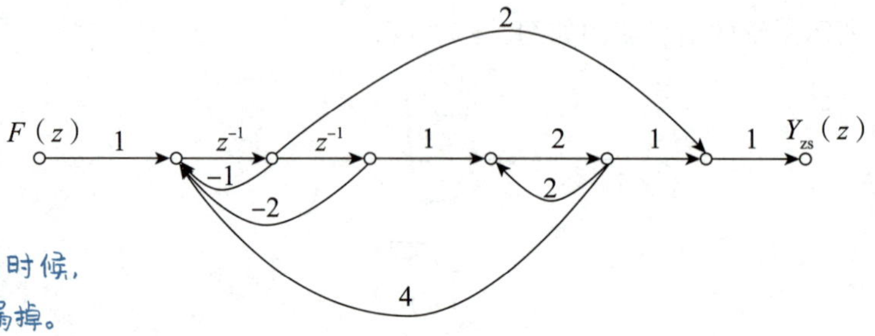

找环路和回路的时候，一定要注意不要漏掉。

解析 （1）由信号流图可知，四个回路增益分别为

$$L_1=-z^{-1},\ L_2=-2z^{-2},\ L_3=8z^{-2},\ L_4=4$$

两组两两不接触的回路分别为

$$L_1L_4=-4z^{-1},\ L_2L_4=-8z^{-2}$$

无三个及三个以上互不接触的回路，故特征多项式为

$$\Delta=1-L_1-L_2-L_3-L_4+L_1L_4+L_2L_4=1+z^{-1}+2z^{-2}-8z^{-2}-4-4z^{-1}-8z^{-2}=-3-3z^{-1}-14z^{-2}$$

两条前向通路，其增益分别为

$$P_1=2z^{-2},\ P_2=2z^{-1}$$

由信号流图可知，前向通路 P_1 与所有回路接触，前向通路 P_2 仅与回路 L_4 不接触，则 P_1、P_2 特征余子式分别为 $\Delta_1=1$，$\Delta_2=1-L_4=1-4=-3$。根据梅森公式可得

$$H(z)=\frac{P_1\Delta_1+P_2\Delta_2}{\Delta}=\frac{2z^{-2}-6z^{-1}}{-3-3z^{-1}-14z^{-2}}=\frac{6z-2}{3z^2+3z+14}$$

（2）由（1）可知系统函数为

$$H(z)=\frac{6z-2}{3z^2+3z+14}=\frac{6z^{-1}-2z^{-2}}{3+3z^{-1}+14z^{-2}}=\frac{Y(z)}{F(z)}$$

将上式交叉相乘，作逆变换，则系统的差分方程为

$$3y(k)+3y(k-1)+14y(k-2)=6f(k-1)-2f(k-2)$$

（3）令 $A(z)=3z^2+3z+14$，则 $A(1)=20>0$，$A(-1)=14>0$，$a_2<|a_0|$，不满足朱里准则，所以系统不稳定。

三个条件不满足任意一个，系统都不稳定。

奥本海姆版第十章 | z 变换

奥本海姆 10.9 已知 $a^n u[n] \overset{z}{\leftrightarrow} \dfrac{1}{1-az^{-1}}$，$|z|>|a|$，利用部分分式展开求 $X(z)=\dfrac{1-\frac{1}{3}z^{-1}}{(1-z^{-1})(1+2z^{-1})}$，$|z|>2$ 的逆变换。

考试的时候不会给出常用 z 变换，需要自己记住。

解析 由题可知 $X(z)=\dfrac{1-\frac{1}{3}z^{-1}}{(1-z^{-1})(1+2z^{-1})}$，收敛域为 $|z|>2$，则 $x[n]$ 为一右边序列，部分分式展开可得 $X(z)=\dfrac{A_1}{1-z^{-1}}+\dfrac{A_2}{1+2z^{-1}}$，其中

$$A_1=(1-z^{-1})X(z)\Big|_{z^{-1}=1}=\frac{2}{9}，\quad A_2=(1+2z^{-1})X(z)\Big|_{z^{-1}=-\frac{1}{2}}=\frac{7}{9}$$

代入 $X(z)$ 可得 $X(z)=\dfrac{\frac{2}{9}}{1-z^{-1}}+\dfrac{\frac{7}{9}}{1+2z^{-1}} \leftrightarrow x[n]=\left[\dfrac{2}{9}+\dfrac{7}{9}(-2)^n\right]u[n]$。

奥本海姆 10.21 求出下列每个序列的 z 变换，画出零、极点图，指出收敛域，并指出序列的傅里叶变换是否存在。

系统稳定，也就是收敛包含单位圆，那么傅里叶变换存在。

（1）$\delta[n+5]$；　（2）$\delta[n-5]$；　（3）$(-1)^n u[n]$；

（4）$\left(\dfrac{1}{2}\right)^{n+1}u[n+3]$；　（5）$\left(-\dfrac{1}{3}\right)^n u[-n-2]$；　（6）$\left(\dfrac{1}{4}\right)^n u[3-n]$；

（7）$2^n u[-n]+\left(\dfrac{1}{4}\right)^n u[n-1]$；　（8）$\left(\dfrac{1}{3}\right)^{n-2}u[n-2]$。

正指数就是左移。

解析 （1）由题可知 $\delta[n+5]$，根据 z 变换时移性质可得 $X(z)=z^5$，故 $X(z)$ 只有一个五阶的有限零点 $z=0$，$X(z)$ 的收敛域为 $0\leqslant|z|<\infty$，收敛域包含单位圆，则傅里叶变换存在。零、极点图和收敛域如图（a）所示。

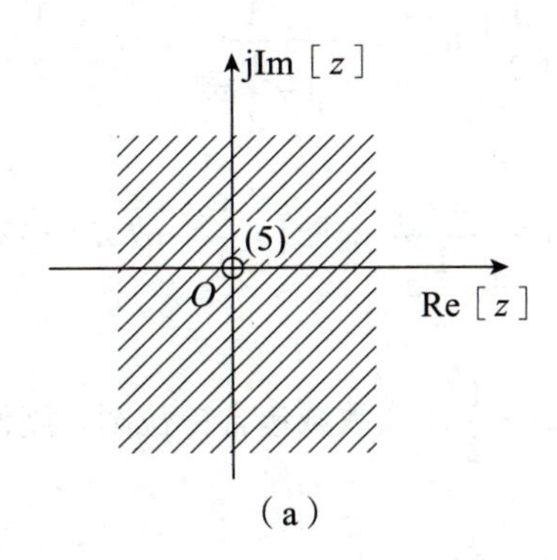

（a）

（2）由题可知 $\delta[n-5]$，根据 z 变换时移性质可得 $X(z)=z^{-5}$，故 $X(z)$ 只有一个五阶的有限极点 $p=0$，$X(z)$ 的收敛域为 $0<|z|\leqslant\infty$，收敛域包含单位圆，则傅里叶变换存在。零、极点图和收敛域如图（b）所示。

负指数就是右移。

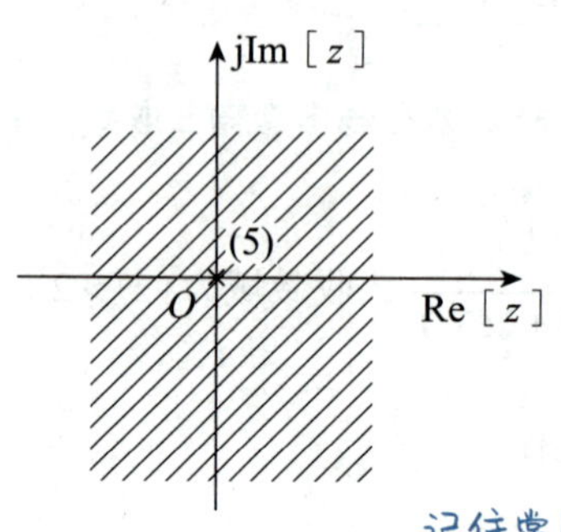

（b）

记住常用 z 变换对以及性质，直接秒杀。

（3）由题可知 $(-1)^n u[n]$，根据常用 z 变换：$X(z)=\dfrac{1}{1+z^{-1}}=\dfrac{z}{z+1}$，$|z|>1$，故 $X(z)$ 有一个一阶有限零点 $z=0$，一个一阶有限极点 $p=-1$，$X(z)$ 的收敛域为 $|z|>1$，收敛域不包含单位圆，则傅里叶变换不存在。零、极点图和收敛域如图（c）所示。

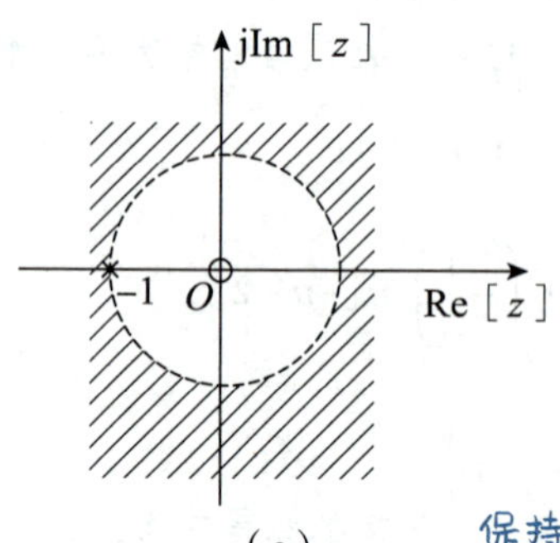

（c）

保持 n 的前后一致，再利用时移性质。

（4）由题可知 $\left(\dfrac{1}{2}\right)^{n+1}u[n+3]$，对信号整理得 $\left(\dfrac{1}{2}\right)^{n+1}u[n+3]=4\cdot\left(\dfrac{1}{2}\right)^{n+3}u[n+3]$，根据常用 z 变换

$$\left(\frac{1}{2}\right)^{n}u[n]\leftrightarrow\frac{1}{1-\frac{1}{2}z^{-1}},\ |z|>\frac{1}{2}$$

再根据 z 变换的时移性质可得 $X(z)=\dfrac{4z^{3}}{1-\frac{1}{2}z^{-1}}$，$|z|>\dfrac{1}{2}$。故 $X(z)$ 有一个四阶有限零点 $z=0$，一个一阶极点 $p=\dfrac{1}{2}$，$X(z)$ 的收敛域为 $|z|>\dfrac{1}{2}$，收敛域包含单位圆，则傅里叶变换存在。零、极点图和收

敛域如图（d）所示。

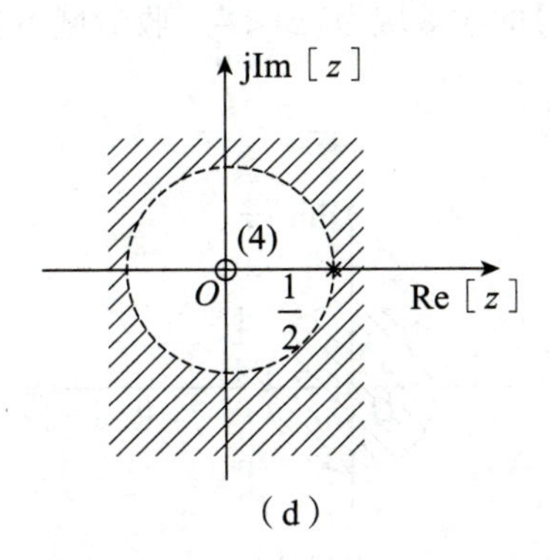

（d）

（5）由题可知 $\left(-\dfrac{1}{3}\right)^n u[-n-2]$，整理信号可得

离散序列中阶跃函数和冲激函数的关系。

$$\left(-\frac{1}{3}\right)^n u[-n-2]=\left(-\frac{1}{3}\right)^n\{u[-n-1]-\delta[n+1]\}=\left(-\frac{1}{3}\right)^n u[-n-1]+3\delta[n+1]$$

根据常用 z 变换可得 $\left(-\dfrac{1}{3}\right)^n u[-n-1]\leftrightarrow\dfrac{-1}{1+\dfrac{1}{3}z^{-1}}$，$|z|<\dfrac{1}{3}$，$3\delta[n+1]\leftrightarrow 3z$，因此

$$X(z)=\frac{9z^2}{1+3z},\ |z|<\frac{1}{3}$$

故 $X(z)$ 有一个二阶的有限零点 $z=0$，一个一阶有限极点 $p=-\dfrac{1}{3}$，$X(z)$ 的收敛域为 $|z|<\dfrac{1}{3}$，收敛域不包含单位圆，则傅里叶变换不存在。零、极点图和收敛域如图（e）所示。

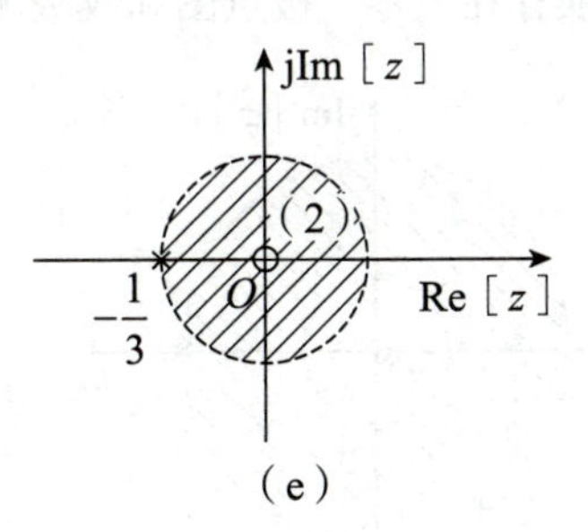

（e）

（6）由题可知 $\left(\dfrac{1}{4}\right)^n u[3-n]$，整理信号得

凑成反因果信号的时移。

$$\left(\frac{1}{4}\right)^n u[3-n]=\left(\frac{1}{4}\right)^n u[-(n-4)-1]=\left(\frac{1}{4}\right)^4\left(\frac{1}{4}\right)^{n-4} u[-(n-4)-1]$$

根据时移性质可得 $X(z)=\left(\dfrac{1}{4}\right)^4\dfrac{-1}{1-\dfrac{1}{4}z^{-1}}z^{-4}$，$|z|<\dfrac{1}{4}$，故 $X(z)$ 没有有限零点，有一个一阶极点

$p=\frac{1}{4}$和一个三阶极点$p=0$，$X(z)$的收敛域为$|z|<\frac{1}{4}$，收敛域不包含单位圆，则傅里叶变换不存在。零、极点图和收敛域如图（f）所示。

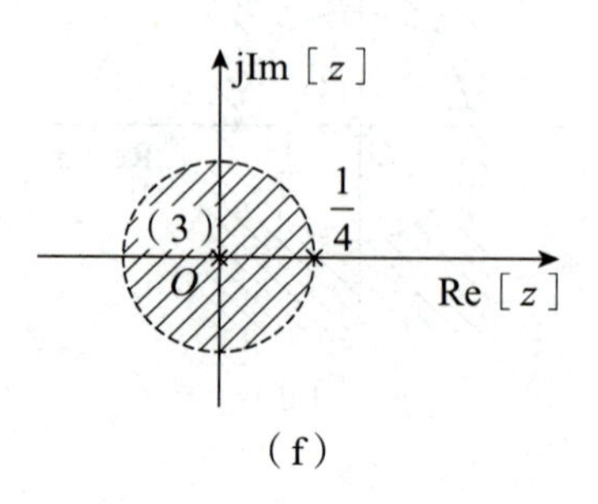

（f）

（7）由题可知$2^n u[-n]+\left(\frac{1}{4}\right)^n u[n-1]$，整理信号可得

这里还利用了冲激函数的筛选性质。

$$2^n u[-n]+\left(\frac{1}{4}\right)^n u[n-1]=2^n\{u[-n-1]+\delta[n]\}+\left(\frac{1}{4}\right)^n u[n-1]$$

根据常用z变换可得

$$X(z)=\frac{-1}{1-2z^{-1}}+1+\frac{\frac{1}{4}z^{-1}}{1-\frac{1}{4}z^{-1}}=\frac{-\frac{7z}{4}}{(z-2)\left(z-\frac{1}{4}\right)}，\frac{1}{4}<|z|<2$$

故$X(z)$有一个一阶有限零点$z=0$，两个一阶有限极点$p_1=2$和$p_2=\frac{1}{4}$，$X(z)$的收敛域为$\frac{1}{4}<|z|<2$，收敛域包含单位圆，则傅里叶变换存在。零、极点图和收敛域如图（g）所示。

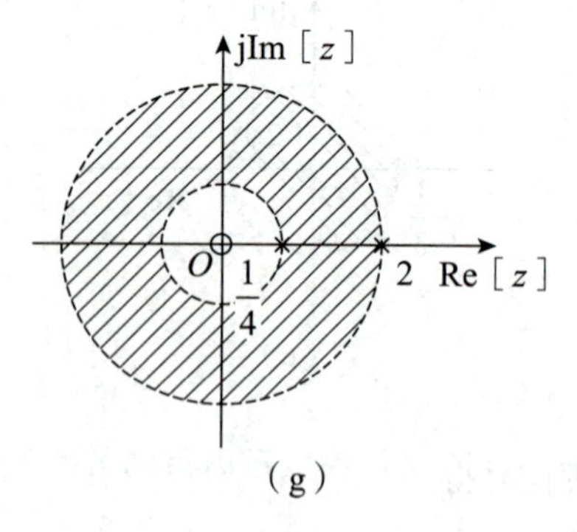

（g）

（8）由题可知$\left(\frac{1}{3}\right)^{n-2}u[n-2]$，根据常用$z$变换可得

$$\left(\frac{1}{3}\right)^n u[n]\leftrightarrow\frac{1}{1-\frac{1}{3}z^{-1}}，|z|>\frac{1}{3}$$

利用时移性质可得 $X(z)=\dfrac{z^{-2}}{1-\frac{1}{3}z^{-1}}=\dfrac{1}{z\left(z-\frac{1}{3}\right)}$，$|z|>\dfrac{1}{3}$，故 $X(z)$ 没有有限零点，有两个一阶极点 $p_1=0$ 和 $p_2=\dfrac{1}{3}$，$X(z)$ 的收敛域为 $|z|>\dfrac{1}{3}$，收敛域包含单位圆，则傅里叶变换存在。零、极点图和收敛域如图（h）所示。

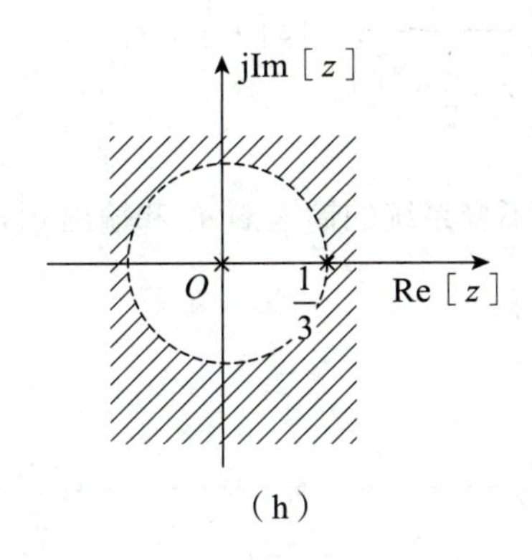

（h）

奥本海姆 10.31 关于 z 变换为 $X(z)$ 的一个离散时间信号 $x[n]$，给出下面 5 个事实：

考研常见题，里面推导的一些结论是需要大家记住的。

①$x[n]$ 是实序列且为右边序列。

②$X(z)$ 只有两个极点。

③$X(z)$ 在原点有二阶零点。

④$X(z)$ 有一个极点在 $p=\dfrac{1}{2}\mathrm{e}^{\mathrm{j}\pi/3}$。

⑤$X(1)=\dfrac{8}{3}$。

试求 $X(z)$ 并给出它的收敛域。

收敛域在圆外。

解析 由条件①可知，$x[n]$ 是实序列且为右边序列，故 $X(z)$ 的零、极点要么是实数，要么是成对的共轭复数，$X(z_0)=X^*(z_0^*)$。

由条件④可知，$X(z)$ 有一个极点在 $p=\dfrac{1}{2}\mathrm{e}^{\mathrm{j}\frac{\pi}{3}}$，则 $X(z)$ 必有另一个极点在 $p=\dfrac{1}{2}\mathrm{e}^{-\mathrm{j}\frac{\pi}{3}}$。

由条件②可知，$X(z)$ 只有两个极点，则 $X(z)$ 分母多项式的阶数不低于分子多项式的阶数。

由条件③可知，$X(z)$ 在原点有二阶零点，则可令

$$X(z)=\frac{kz^2}{\left(z-\frac{1}{2}\mathrm{e}^{\mathrm{j}\frac{\pi}{3}}\right)\left(z-\frac{1}{2}\mathrm{e}^{-\mathrm{j}\frac{\pi}{3}}\right)}$$

由条件⑤可知，$X(1)=\frac{8}{3}$，代入$X(z)$可得$\frac{k}{\left(1-\frac{1}{2}e^{j\frac{\pi}{3}}\right)\left(1-\frac{1}{2}e^{-j\frac{\pi}{3}}\right)}=\frac{8}{3}$。

极点为复数时，收敛域看极点的模值。

解得$k=2$，而由条件①可知，$x[n]$是右边序列，且极点的模为$\frac{1}{2}$，则其收敛域为$|z|>\frac{1}{2}$。将$k=2$代入$X(z)$可得$X(z)=\frac{2z^2}{\left(z-\frac{1}{2}e^{j\frac{\pi}{3}}\right)\left(z-\frac{1}{2}e^{-j\frac{\pi}{3}}\right)}$，$|z|>\frac{1}{2}$。

奥本海姆 10.37 一个因果线性时不变系统的输入$x[n]$和输出$y[n]$由图示的方框图表示。

（1）求$y[n]$和$x[n]$之间的差分方程；

（2）该系统是稳定的吗？

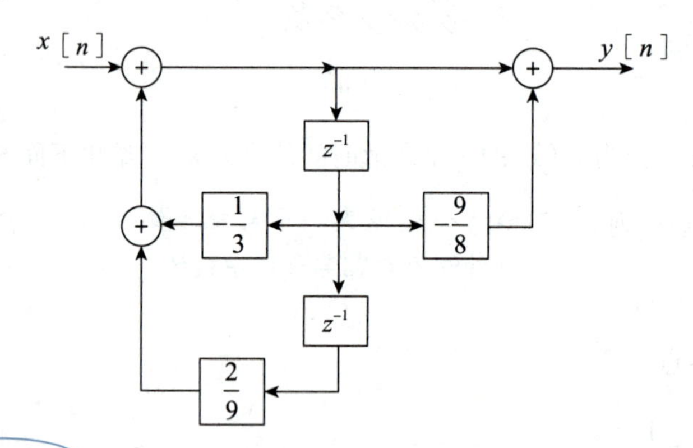

解析 （1）利用简易梅森公式可得

两个通路和两个环路，并且都相互接触。

$$H(z)=\frac{\sum_i g_i}{1-\sum_i L_i},\quad g_1=1,\quad g_2=-\frac{9}{8}z^{-1},\quad L_1=-\frac{1}{3}z^{-1},\quad L_2=\frac{2}{9}z^{-2}$$

得到系统函数$H(z)=\frac{1-\frac{9}{8}z^{-1}}{1+\frac{1}{3}z^{-1}-\frac{2}{9}z^{-2}}=\frac{Y(z)}{X(z)}$，交叉相乘，作逆变换可得

$$y[n]+\frac{1}{3}y[n-1]-\frac{2}{9}y[n-2]=x[n]-\frac{9}{8}x[n-1]$$

（2）由（1）可知$H(z)=\frac{Y(z)}{X(z)}=\frac{1-\frac{9}{8}z^{-1}}{1+\frac{1}{3}z^{-1}-\frac{2}{9}z^{-2}}=\frac{1-\frac{9}{8}z^{-1}}{\left(1+\frac{2}{3}z^{-1}\right)\left(1-\frac{1}{3}z^{-1}\right)}$，则系统函数极点为$p_1=-\frac{2}{3}$，$p_2=\frac{1}{3}$。由于系统为因果系统，则收敛域为$|z|>\frac{2}{3}$，收敛域包含单位圆，故系统是稳定的。

奥本海姆 10.43 【证明题】考虑一个偶序列 $x[n]$，即 $x[n]=x[-n]$，它的有理 z 变换为 $X(z)$。

（1）根据 z 变换的定义，证明 $X(z)=X\left(\frac{1}{z}\right)$。 用定义法证明。

（2）根据（1）中的结果，证明若 $X(z)$ 的一个极点（零点）出现在 $z=z_0$，那么在 $z=\frac{1}{z_0}$ 也一定有一个极点（零点）。 也就是证明偶函数的零、极点是成对出现的。

（3）对下列序列验证（2）的结果：

① $\delta[n+1]+\delta[n-1]$；　　② $\delta[n+1]-\frac{5}{2}\delta[n]+\delta[n-1]$。

证明　（1）令 $x_1[n]=x[-n]$ 的 z 变换为 $X_1(z)$，根据 z 变换的定义可得

$$X_1(z)=\sum_{n=-\infty}^{\infty}x[-n]z^{-n}\overset{\text{换元}}{=\!=}\sum_{n=-\infty}^{\infty}x[n]z^{n}=\sum_{n=-\infty}^{\infty}x[n]\left(\frac{1}{z}\right)^{-n}=X\left(\frac{1}{z}\right)$$

故当 $x[n]=x[-n]$ 时，有 $X(z)=X\left(\frac{1}{z}\right)$。

（2）令 $z=z_0$ 为极点，可得 $\frac{1}{X(z_0)}=0$，由（1）可知 $X(z)=X\left(\frac{1}{z}\right)\Rightarrow X(z_0)=X\left(\frac{1}{z_0}\right)$。

故 $\frac{1}{X(z_0)}=\frac{1}{X\left(\frac{1}{z_0}\right)}=0$，可得 $\frac{1}{z_0}$ 也为极点。

令 $z=z_0$ 为零点，可得 $X(z_0)=0$。由（1）可知，$X(z_0)=X\left(\frac{1}{z_0}\right)=0$，可得 $\frac{1}{z_0}$ 也是一个零点。

（3）①由题可知，$x[n]=\delta[n+1]+\delta[n-1]$，求 z 变换可得

$$X(z)=z+z^{-1}=\frac{1+z^2}{z},\ |z|>0$$

求零、极点时，将负次幂化为正次幂。

则零点为 $z_1=\mathrm{j}$ 和 $z_2=-\mathrm{j}$，极点为 $p_1=0$ 和 $p_2=\infty$，可得 $z_2=\frac{1}{z_1}$，$p_1=\frac{1}{p_2}$。得证。

②由题可知，$x[n]=\delta[n+1]-\frac{5}{2}\delta[n]+\delta[n-1]$，求 z 变换可得

$$X(z)=z-\frac{5}{2}+z^{-1}=\frac{1-\frac{5}{2}z+z^2}{z},\ |z|>0$$

则零点为$z_1=\dfrac{1}{2}$和$z_2=2$，极点为$p_1=0$和$p_2=\infty$，可得$z_2=\dfrac{1}{z_1}$，$p_1=\dfrac{1}{p_2}$。得证。

奥本海姆 10.46 一个序列$x[n]$是输入为$s[n]$时一个线性时不变系统的输出，该系统由下列差分方程描述：$x[n]=s[n]-e^{-8\alpha}s[n-8]$，其中$0<\alpha<1$。

（1）求系统函数$H_1(z)=\dfrac{X(z)}{S(z)}$，并画出零、极点图，指出收敛域。

（2）想用一个线性时不变系统从$x[n]$中恢复出$s[n]$，求系统函数$H_2(z)=\dfrac{Y(z)}{X(z)}$，以使得$y[n]=s[n]$。求$H_2(z)$的所有可能的收敛域，并对每一种收敛域回答该系统是否是因果的，或稳定的。

（3）求单位脉冲响应$h_2[n]$的所有可能选择，使得有$y[n]=h_2[n]*x[n]=s[n]$。

解析 （1）由题可知系统差分方程为$x[n]=s[n]-e^{-8\alpha}s[n-8]$，两边同时进行$z$变换，整理可得

$$H_1(z)=\frac{X(z)}{S(z)}=1-z^{-8}e^{-8\alpha}=\frac{z^8-e^{-8\alpha}}{z^8}$$

则八重极点为$p=0$。$z^8-e^{-8\alpha}=0\rightarrow z^8=e^{-8\alpha}e^{j2\pi k}$，8个零点围绕半径为$e^{-\alpha}$的圆分布。零、极点图如图所示，收敛域为$z\neq0$。

重要！要把相位考虑进去，才能找到所有的零点。

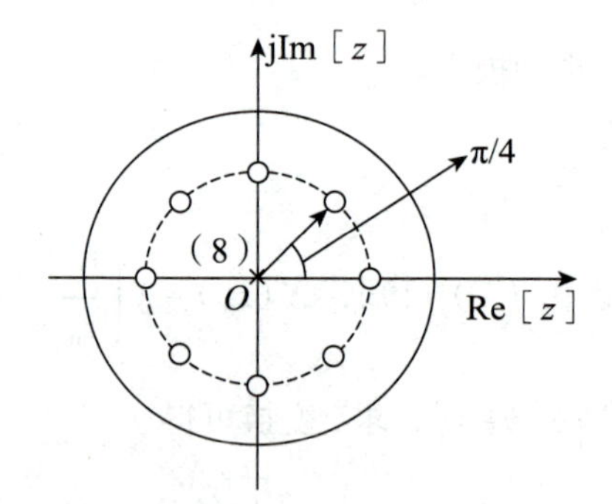

就是原系统的逆系统。

（2）由题可知$H_2(z)=\dfrac{Y(z)}{X(z)}$，整理可得$H_2(z)=\dfrac{Y(z)}{X(z)}=\dfrac{S(z)}{X(z)}=\dfrac{1}{H_1(z)}$。

由（1）可知$H_1(z)=\dfrac{z^8-e^{-8\alpha}}{z^8}$，代入可得$H_2(z)=\dfrac{z^8}{z^8-e^{-8\alpha}}$。

则$H_2(z)$有两种可能的收敛域$|z|<e^{-\alpha}$或$|z|>e^{-\alpha}$。

当$|z|<e^{-\alpha}$时，收敛域不包含单位圆，表明该系统是非因果的，不稳定的。

当$|z|>e^{-\alpha}$时，收敛域包含单位圆，表明该系统是因果的，稳定的。

（3）由（2）可知 $H_2(z)=\dfrac{z^8}{z^8-\mathrm{e}^{-8\alpha}}$。当收敛域为 $|z|>\mathrm{e}^{-\alpha}$ 时，系统稳定。

只有稳定的时候才能够还原。

令 $P(z)=\dfrac{1}{1-z^{-1}\mathrm{e}^{-8\alpha}}(|z|>\mathrm{e}^{-\alpha})$，求其逆变换可得 $p[n]=\mathrm{e}^{-8\alpha n}u[n]$，则 $H_2(z)=P(z^8)$。求 $H_2(z)$ 逆变换可得

这里有一个知识点：$h\left[\dfrac{n}{L}\right]\leftrightarrow H[z^L]$。

$$h_2[n]=\begin{cases}p\left[\dfrac{n}{8}\right]=\mathrm{e}^{-\alpha n}, & n=0,8,16,\cdots\\ 0, & 其他\end{cases}$$

奥本海姆 10.47 关于一个输入为 $x[n]$，输出为 $y[n]$ 的离散时间线性时不变系统，已知下列情况：

①若对全部 n，$x[n]=(-2)^n$，则对所有 n 有 $y[n]=0$。

特征输入。

②若对全部 n，$x[n]=\left(\dfrac{1}{2}\right)^n u[n]$，则对所有 n，$y[n]=\delta[n]+a\left(\dfrac{1}{4}\right)^n u[n]$，其中 a 为一常数。

正常的零状态响应求解。

（1）求常数 a 的值；

（2）若对于所有 n，有输入 $x[n]=1$，求响应 $y[n]$。

解析 （1）由条件①可知，若对全部 n，$x[n]=(-2)^n$，则对所有 n 有 $y[n]=0$，可得 $H(-2)=0$。

由条件②可知，$x[n]=\left(\dfrac{1}{2}\right)^n u[n]$，$y[n]=\delta[n]+a\left(\dfrac{1}{4}\right)^n u[n]$，求其 z 变换可得

$$X(z)=\frac{1}{1-\dfrac{z^{-1}}{2}},\ |z|>\frac{1}{2};\quad Y(z)=1+\frac{a}{1-\dfrac{1}{4}z^{-1}},\ |z|>\frac{1}{4}$$

根据系统函数定义可得 $H(z)=\dfrac{Y(z)}{X(z)}=\dfrac{\left(1+a-\dfrac{1}{4}z^{-1}\right)\left(1-\dfrac{1}{2}z^{-1}\right)}{1-\dfrac{1}{4}z^{-1}}$，$|z|>\dfrac{1}{4}$，而 $H(-2)=0$，代入解得 $a=-\dfrac{9}{8}$。

还有一个不容易看出来的：$\cos(\pi n)=(-1)^n$。

（2）由题可知 $x[n]=1=1^n$，根据特征输入响应法可得 $y[n]=H(1)=-\dfrac{1}{4}$。

奥本海姆 10.59 考虑如图所示的数字滤波器结构。

（1）求该因果滤波器的 $H(z)$，画出零、极点图，指出收敛域；

（2）k 为何值时该系统是稳定的；

（3）若 $k=1$ 且 $x[n]=\left(\dfrac{2}{3}\right)^n$（对全部 n），求 $y[n]$。

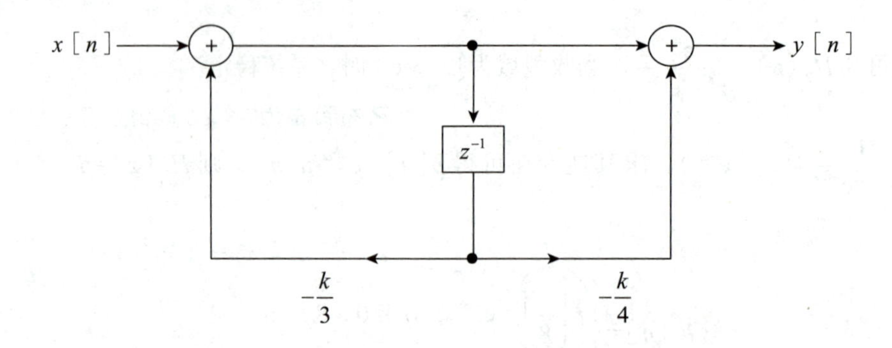

解析 （1）利用简易梅森公式可得 $H(z)=\dfrac{\sum_i g_i}{1-\sum_i L_i}$，$g_1=1$，$g_2=-\dfrac{k}{4}z^{-1}$，$L_1=-\dfrac{k}{3}z^{-1}$。

环路和环路以及通路都相互接触。

则系统函数为 $H(z)=\dfrac{Y(z)}{X(z)}=\dfrac{1-\dfrac{k}{4}z^{-1}}{1+\dfrac{k}{3}z^{-1}}$。

零点为 $z=\dfrac{k}{4}$，极点为 $p=-\dfrac{k}{3}$，由于没给出 k 的大小，因此画不出零、极点图。由题可知 $H(z)$ 是一个因果滤波器，则系统函数的收敛域为 $|z|>\dfrac{|k|}{3}$。

（2）由（1）可知 $H(z)=\dfrac{1-\dfrac{kz^{-1}}{4}}{1+\dfrac{kz^{-1}}{3}}$，要使系统稳定，则 $H(z)$ 的收敛域在单位圆内，故 $\dfrac{|k|}{3}<1\Rightarrow$ $|k|<3$。

输入为全平面，因此利用特征输入法求解。

（3）由题可知 $x[n]=\left(\dfrac{2}{3}\right)^n$，根据特征输入响应法可得 $y[n]=H\left(\dfrac{2}{3}\right)\left(\dfrac{2}{3}\right)^n=\dfrac{5}{12}\left(\dfrac{2}{3}\right)^n$。

第八章　系统的状态变量分析

1. 状态变量的确定

找状态变量是很关键的一步。

描述系统的四种方式：信号流图 / 结构框图、电路图、微分 / 差分方程、系统函数。

#	方式	找状态变量	状态变量的个数
1	信号流图 / 结构框图	积分器 / 延迟器的输出	积分器 / 延迟器的个数
2	电路图	电感的电流、电容的电压	独立储能元件的个数； 非独立回路中，储能元件的数量减 1
3	微分 / 差分方程	从微分方程左边输出选状态变量； 从最低阶到最高阶设状态变量	微分方程的阶数
4	系统函数	画出信号流图 / 结构框图	积分器 / 延迟器的个数

表中系统状态变量的个数 = 积分器的个数（连续）= 延迟器的个数（离散）= 微分方程的阶数 = 独立储能元件的个数。

2. 状态方程和输出方程的建立（状态方程和输出方程统称为动态方程）

#	连续	离散
状态方程、输出方程	$\dot{\boldsymbol{x}}(t)=\boldsymbol{Ax}(t)+\boldsymbol{Be}(t)$ $\boldsymbol{y}(t)=\boldsymbol{Cx}(t)+\boldsymbol{De}(t)$	$\boldsymbol{x}(k+1)=\boldsymbol{Ax}(k)+\boldsymbol{Be}(k)$ $\boldsymbol{y}(k)=\boldsymbol{Cx}(k)+\boldsymbol{De}(k)$

3. 状态方程的时域求解

#	连续	离散
状态方程的解	$\boldsymbol{x}(t)=\mathrm{e}^{\boldsymbol{A}t}\boldsymbol{B}u(t)*\boldsymbol{e}(t)+\mathrm{e}^{\boldsymbol{A}t}x(0_-)u(t)$	$\boldsymbol{x}(k)=\boldsymbol{A}^{k-1}\boldsymbol{B}u(k-1)*\boldsymbol{e}(k)+\boldsymbol{A}^{k}x(0)u(k)$
输出方程的解	$y(t)=[\boldsymbol{C}\mathrm{e}^{\boldsymbol{A}t}\boldsymbol{B}u(t)+\boldsymbol{D}\delta(t)]*$ $\boldsymbol{e}(t)+\boldsymbol{C}\mathrm{e}^{\boldsymbol{A}t}x(0_-)$	$y(k)=\boldsymbol{C}\boldsymbol{A}^{k}x(0)u(k)+[\boldsymbol{C}\boldsymbol{A}^{k-1}\boldsymbol{B}u(k-1)+$ $\boldsymbol{D}\delta(k)]*\boldsymbol{e}(k)$
零输入解	$y_{zi}(t)=\boldsymbol{C}\mathrm{e}^{\boldsymbol{A}t}x(0_-)u(t)$	$y_{zi}(k)=\boldsymbol{C}\boldsymbol{A}^{k}x(0)u(k)$
零状态解	$y_{zs}(t)=[\boldsymbol{C}\mathrm{e}^{\boldsymbol{A}t}\boldsymbol{B}u(t)+\boldsymbol{D}\delta(t)]*\boldsymbol{e}(t)$	$y_{zs}(k)=[\boldsymbol{C}\boldsymbol{A}^{k-1}\boldsymbol{B}u(k-1)+\boldsymbol{D}\delta(k)]*\boldsymbol{e}(k)$

4. 状态方程的变换域求解

（1）连续系统

零输入解：$r_{zi}(t)=\boldsymbol{C}\mathcal{L}^{-1}[(s\boldsymbol{I}-\boldsymbol{A})^{-1}\boldsymbol{\lambda}(0_-)]$。

零状态解：$r_{zs}(t)=\left\{\boldsymbol{C}\mathcal{L}^{-1}[(s\boldsymbol{I}-\boldsymbol{A})^{-1}\boldsymbol{B}]+\boldsymbol{D}\delta(t)\right\}*e(t)$。

转移函数：$H(s)=\boldsymbol{C}(s\boldsymbol{I}-\boldsymbol{A})^{-1}\boldsymbol{B}+\boldsymbol{D}$。

特征矩阵：$\boldsymbol{\Phi}(s)=(s\boldsymbol{I}-\boldsymbol{A})^{-1}=\dfrac{\mathrm{adj}(s\boldsymbol{I}-\boldsymbol{A})}{|s\boldsymbol{I}-\boldsymbol{A}|}$。

小马哥 Tips

本部分内容必考。adj 代表伴随矩阵，$|\cdot|$ 代表行列式的值，$\boldsymbol{I}$ 为单位矩阵。

$|s\boldsymbol{I}-\boldsymbol{A}|=0$，求出的是系统函数的极点，可以用来判断稳定性。

（2）离散系统

零输入解：$y_{zi}(n)=\mathcal{Z}^{-1}[\boldsymbol{C}(z\boldsymbol{I}-\boldsymbol{A})^{-1}z]\boldsymbol{\lambda}(0)$。

零状态解：$y_{zs}(n)=\mathcal{Z}^{-1}[\boldsymbol{C}(z\boldsymbol{I}-\boldsymbol{A})^{-1}\boldsymbol{B}+\boldsymbol{D}]*x(n)$。

转移函数：$H(z)=\boldsymbol{C}(z\boldsymbol{I}-\boldsymbol{A})^{-1}\boldsymbol{B}+\boldsymbol{D}$。

类比记忆，也就是将连续系统中转移函数的 s 变为 z。

5. 可控性和可观性判断

（1）可控性

可控性：根据输入控制状态变量。

定义一个矩阵，即“可控性判别矩阵”，简称“可控阵”，用 $\boldsymbol{M}$ 表示，即

$$\boldsymbol{M}=[\boldsymbol{B}\quad \boldsymbol{AB}\quad \boldsymbol{A}^2\boldsymbol{B}\quad \cdots\quad \boldsymbol{A}^{k-1}\boldsymbol{B}]$$

在给定系统状态方程时，只要 $\boldsymbol{M}$ 满秩，即 $\mathrm{rank}\,\boldsymbol{M}=k$（$k$ 为系统的阶数），系统即为完全可控系统。这是完全可控的充要条件。

（2）可观性

可观性：根据输出观测状态变量。

定义一个矩阵，即“可观性判别矩阵”，简称“可观阵”，用 $\boldsymbol{N}$ 表示，即

$$\boldsymbol{N}=\begin{bmatrix}\boldsymbol{C}\\ \boldsymbol{CA}\\ \vdots\\ \boldsymbol{CA}^{k-1}\end{bmatrix}$$

在给定系统的状态方程时，只要 $\boldsymbol{N}$ 满秩，即 rank $\boldsymbol{N}=k$（k 为系统的阶数），系统即为完全可观系统。这是完全可观的充要条件。

斩题型

题型 1 状态方程和输出方程列写

小马哥导引

这类题目是最常考的题型，只要找到状态变量即可。需记住通常选择连续域积分器和离散域延迟器的输出为状态变量。一般为大题的第一问，题目见例 1。

题型 2 状态方程的求解

小马哥导引

一般考查的是状态方程的变换域求解，这类题目不难，但是需要一定的线性代数知识。记住状态方程的求解公式，做题时套公式，用矩阵化简即可。

【例 1】 已知 LTI 因果系统如图所示，设置状态变量，列写系统的状态方程和输出方程，并求系统函数和系统的微分方程。（2023 年哈尔滨工程大学 5）

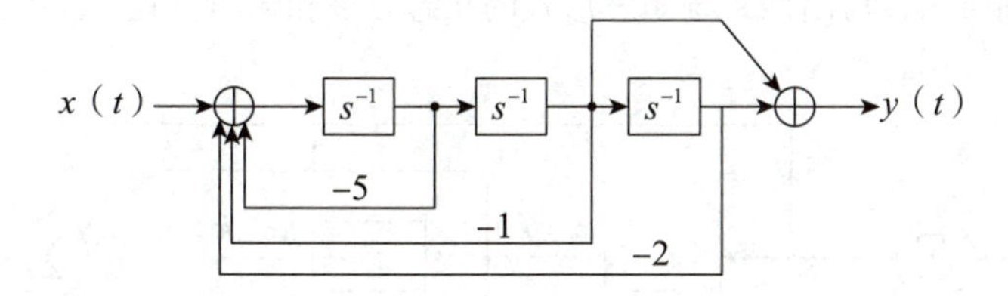

有系统框图的题目，最好借助梅森公式求解系统函数。

【分析】 由梅森公式得

$$H(s)=\frac{s^{-3}+s^{-2}}{1+5s^{-1}+s^{-2}+2s^{-3}}=\frac{s+1}{s^3+5s^2+s+2}=\frac{Y(s)}{X(s)}$$

交叉相乘求逆变换，可得微分方程为

$$y'''(t)+5y''(t)+y'(t)+2y(t)=x(t)+x'(t)$$

如图所示，设 $q_1(t)$、$q_2(t)$、$q_3(t)$ 为三个状态变量，

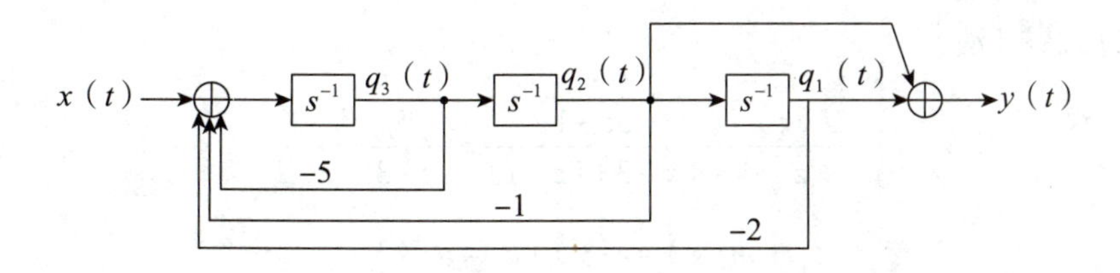

根据系统框图，可得

$$\begin{cases}\dot{q}_1(t)=q_2(t)\\ \dot{q}_2(t)=q_3(t)\\ \dot{q}_3(t)=-2q_1(t)-q_2(t)-5q_3(t)+x(t)\end{cases}$$

状态方程为

$$\begin{bmatrix}\dot{q}_1(t)\\ \dot{q}_2(t)\\ \dot{q}_3(t)\end{bmatrix}=\begin{bmatrix}0&1&0\\0&0&1\\-2&-1&-5\end{bmatrix}\begin{bmatrix}q_1(t)\\ q_2(t)\\ q_3(t)\end{bmatrix}+\begin{bmatrix}0\\0\\1\end{bmatrix}x(t)$$

输出方程为

$$y(t)=q_1(t)+q_2(t)=\begin{bmatrix}1&1&0\end{bmatrix}\begin{bmatrix}q_1(t)\\ q_2(t)\\ q_3(t)\end{bmatrix}$$

【例 2】 已知某线性时不变因果系统框图如图所示，试求：

（1）系统函数 $H(z)$；

（2）系统的单位序列响应 $h(k)$；

（3）系统的单位阶跃响应 $g(k)$；

（4）输入 $f(k)=2\cos(\pi k)$ 时的响应 $y(k)$；

（5）状态变量设置如图所示，写出该系统矩阵形式的状态方程和输出方程。（2023 年西安邮电大学 3.5）

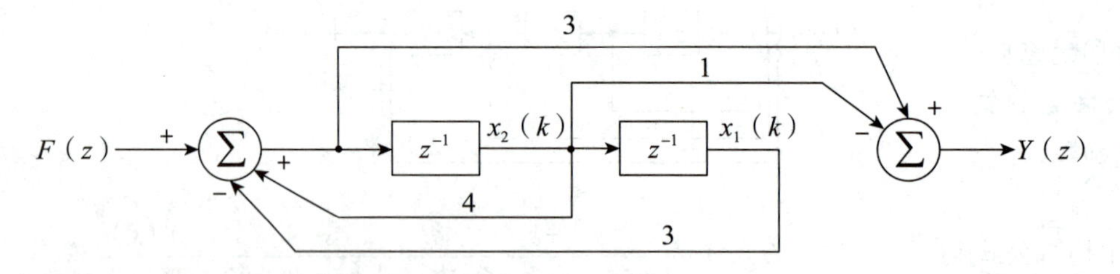

【分析】（1）根据系统框图结合简易的梅森公式，有

$$H(z)=\frac{3-z^{-1}}{1-4z^{-1}+3z^{-2}}=\frac{3z^2-z}{z^2-4z+3}=\frac{3z^2-z}{(z-3)(z-1)}$$

因果系统，$|z|>3$。

（2）利用部分分式展开法：

$$\frac{H(z)}{z}=\frac{3z-1}{(z-3)(z-1)}=\frac{4}{z-3}+\frac{-1}{z-1}$$

$$h(k)=4\cdot 3^k u(k)-u(k)$$

（3）时移卷积，频域相乘：

$$g(k)=h(k)*u(k)\leftrightarrow G(z)=H(z)\frac{z}{z-1}=\frac{z(3z^2-z)}{(z-3)(z-1)^2}$$

$$\frac{G(z)}{z}=\frac{3z^2-z}{(z-3)(z-1)^2}=\frac{6}{z-3}+\frac{-3}{z-1}+\frac{-1}{(z-1)^2}\leftrightarrow g(k)=(6\cdot 3^k-3-k)u(k)$$

（4）$f(k)=2\cos(\pi k)=2(-1)^k$，注意本题的收敛域不包含 –1 这个点，因此无输出。

（5）根据框图可知，

注意到这里输入激励 k 是在全平面上有值的，因此用特征输入法求解。

$$x_1(k+1)=x_2(k),\quad x_2(k+1)=f(k)+4x_2(k)-3x_1(k)$$

$$\begin{bmatrix}x_1(k+1)\\x_2(k+1)\end{bmatrix}=\begin{bmatrix}0&1\\-3&4\end{bmatrix}\begin{bmatrix}x_1(k)\\x_2(k)\end{bmatrix}+\begin{bmatrix}0\\1\end{bmatrix}f(k)$$

$$y(k)=3x_2(k+1)-x_1(k+1)=3f(k)+12x_2(k)-9x_1(k)-x_2(k)$$

$$=3f(k)+11x_2(k)-9x_1(k)=\begin{bmatrix}-9&11\end{bmatrix}\begin{bmatrix}x_1(k)\\x_2(k)\end{bmatrix}+3f(k)$$

郑君里版第十二章 | 系统的状态变量分析

郑君里 12.1 如图所示电路，输出量取 $r(t)=v_{C2}(t)$，状态变量取 C_1 和 C_2 上的电压 $\lambda_1(t)=v_{C1}(t)$ 和 $\lambda_2(t)=v_{C2}(t)$，且有 $C_1=C_2=1\,\mathrm{F}$，$R_0=R_1=R_2=1\,\Omega$。列写系统的状态方程和输出方程。

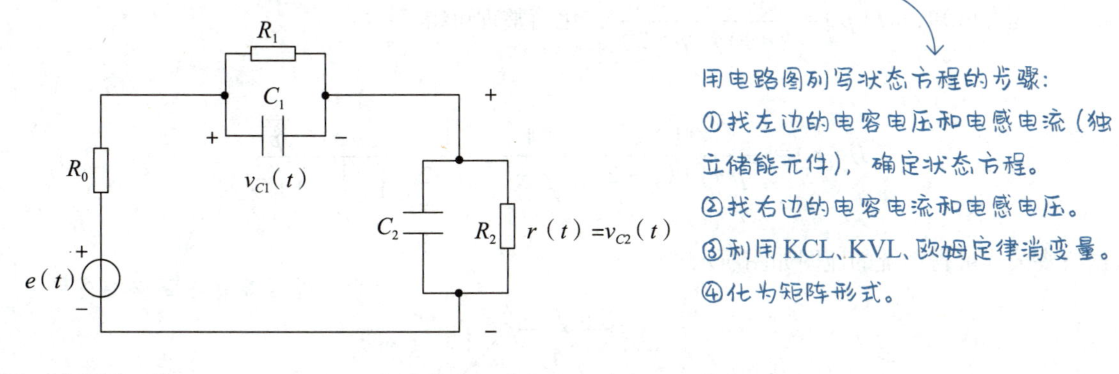

解析 由题意可知 $\lambda_1(t)=v_{C1}(t)$，$\lambda_2(t)=v_{C2}(t)$

设整个回路的电流为 I，经过电阻 R_1 的电流为 I_1，经过电阻 R_2 的电流为 I_2，根据 KCL 定律可得

$$\begin{cases} C_1\dot{\lambda}_1+I_1=I \\ C_2\dot{\lambda}_2+I_2=I \end{cases}$$

上面一个点表示导数。

由欧姆定律知，$I_1=\dfrac{\lambda_1}{R_1}$，$I_2=\dfrac{\lambda_2}{R_2}$，$I=\dfrac{e(t)-\lambda_1-\lambda_2}{R_0}$，因此

$$\begin{cases} C_1\dfrac{\mathrm{d}}{\mathrm{d}t}v_{C1}(t)+\dfrac{v_{C1}(t)}{R_1}=\dfrac{e(t)-v_{C1}(t)-v_{C2}(t)}{R_0} \\ C_2\dfrac{\mathrm{d}}{\mathrm{d}t}v_{C2}(t)+\dfrac{v_{C2}(t)}{R_2}=\dfrac{e(t)-v_{C1}(t)-v_{C2}(t)}{R_0} \end{cases}$$

串联电路的电流处处相等。

且 $C_1=C_2=1\,\mathrm{F}$，$R_0=R_1=R_2=1\,\Omega$，代入上式，得

$$\begin{cases} \dfrac{\mathrm{d}}{\mathrm{d}t}\lambda_1(t)=-2\lambda_1(t)-\lambda_2(t)+e(t) \\ \dfrac{\mathrm{d}}{\mathrm{d}t}\lambda_2(t)=-\lambda_1(t)-2\lambda_2(t)+e(t) \end{cases}$$

线性代数知识。

可得矩阵形式状态方程为

$$\begin{bmatrix} \dot{\lambda}_1(t) \\ \dot{\lambda}_2(t) \end{bmatrix}=\begin{bmatrix} -2 & -1 \\ -1 & -2 \end{bmatrix}\begin{bmatrix} \lambda_1(t) \\ \lambda_2(t) \end{bmatrix}+\begin{bmatrix} 1 \\ 1 \end{bmatrix}e(t)$$

由题意知 $r(t)=v_{C2}(t)=\lambda_2(t)$，故矩阵形式输出方程为 $r(t)=[0\quad 1]\begin{bmatrix} \lambda_1(t) \\ \lambda_2(t) \end{bmatrix}$。

郑君里 12.2 已知系统的传输算子表达式为 $H(p)=\dfrac{1}{(p+1)(p+2)}$，试建立一个二阶状态方程，使其 $\boldsymbol{A}$ 矩阵具有对角阵形式并画出系统的流图。

具有对角形式的矩阵 $\boldsymbol{A}$，说明系统流图是并联形式的。

解析 由题意可知，$H(p)=\dfrac{1}{(p+1)(p+2)}$，化简整理可得

$$H(p)=\frac{1}{(p+1)(p+2)}=\frac{1}{p+1}-\frac{1}{p+2}=\frac{\dfrac{1}{p}}{1+\dfrac{1}{p}}-\frac{\dfrac{1}{p}}{1+\dfrac{2}{p}}$$

注意，这里相当于回路增益是 $-\dfrac{2}{p}$。

根据梅森公式可得系统的流图如图所示。

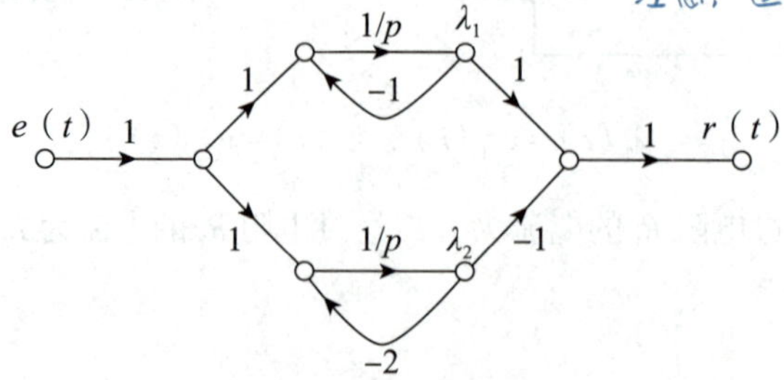

故状态方程和输出方程分别为

$$\begin{bmatrix}\dot{\lambda}_1(t)\\ \dot{\lambda}_2(t)\end{bmatrix}=\begin{bmatrix}-1 & 0\\ 0 & -2\end{bmatrix}\begin{bmatrix}\lambda_1(t)\\ \lambda_2(t)\end{bmatrix}+\begin{bmatrix}1\\ 1\end{bmatrix}e(t),\quad r(t)=\begin{bmatrix}1 & -1\end{bmatrix}\begin{bmatrix}\lambda_1(t)\\ \lambda_2(t)\end{bmatrix}$$

郑君里 12.4 给定系统流图如图所示，列写状态方程和输出方程。

首先利用积分器的输出找状态方程的状态变量，然后再求导数。

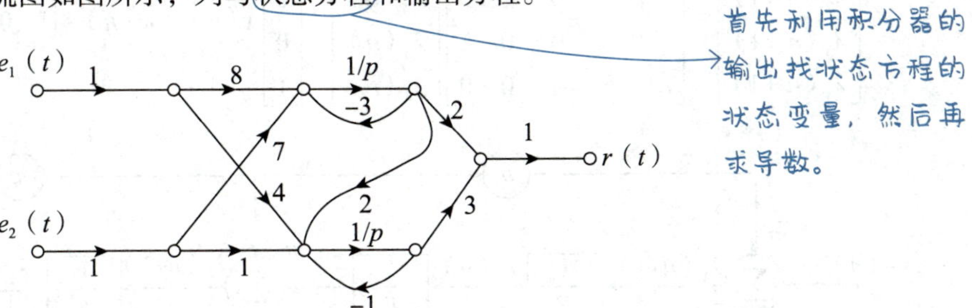

解析 由题图可知，取积分器的输出作为状态变量，可得

$$\dot{\lambda}_1(t)=-3\lambda_1(t)+8e_1(t)+7e_2(t)$$

$$\dot{\lambda}_2(t)=2\lambda_1(t)-\lambda_2(t)+4e_1(t)+e_2(t)$$

$$r(t)=2\lambda_1(t)+3\lambda_2(t)$$

整理可得状态方程和输出方程分别为

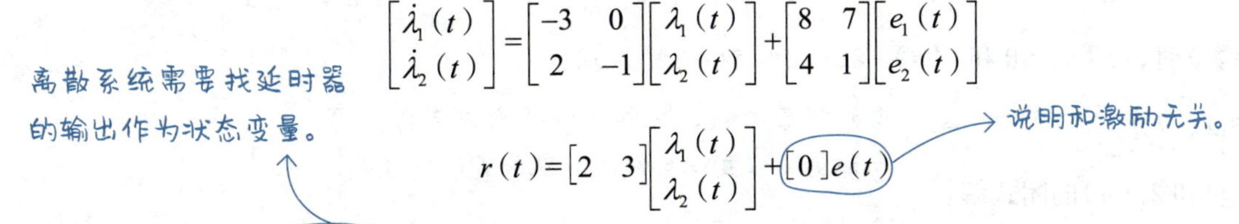

$$\begin{bmatrix}\dot{\lambda}_1(t)\\ \dot{\lambda}_2(t)\end{bmatrix}=\begin{bmatrix}-3 & 0\\ 2 & -1\end{bmatrix}\begin{bmatrix}\lambda_1(t)\\ \lambda_2(t)\end{bmatrix}+\begin{bmatrix}8 & 7\\ 4 & 1\end{bmatrix}\begin{bmatrix}e_1(t)\\ e_2(t)\end{bmatrix}$$

离散系统需要找延时器的输出作为状态变量。

$$r(t)=\begin{bmatrix}2 & 3\end{bmatrix}\begin{bmatrix}\lambda_1(t)\\ \lambda_2(t)\end{bmatrix}+\begin{bmatrix}0\end{bmatrix}e(t)$$

说明和激励无关。

郑君里 12.5 给定离散时间系统框图如图所示，列写状态方程和输出方程。

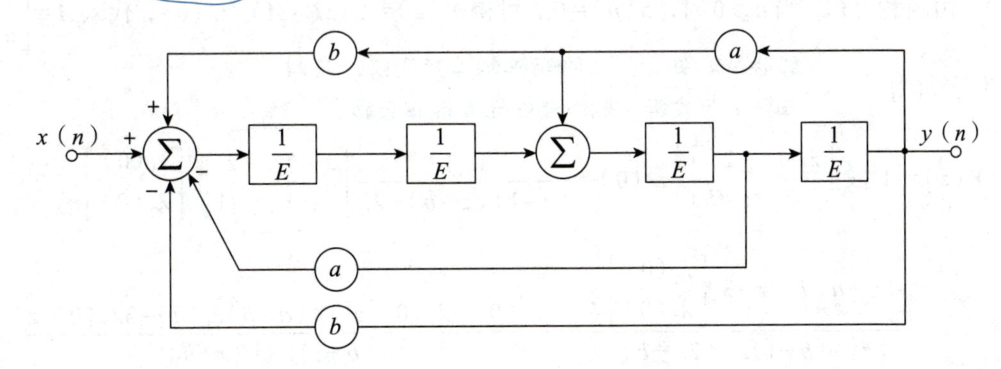

解析 如图所示，取每个延时器的输出作为状态变量 λ_1、λ_2、λ_3、λ_4，将变量写入系统，则

离散系统是延迟的关系，连续系统是求导和积分的关系。

右侧只能是状态变量和输入激励，不能含有延迟。

$$\lambda_1(n+1)=\lambda_2(n),\quad \lambda_2(n+1)=a\lambda_1(n)+\lambda_3(n)$$

$$\lambda_3(n+1)=\lambda_4(n),\quad \lambda_4(n+1)=(ab-b)\lambda_1(n)-a\lambda_2(n)+x(n)$$

$$y(n)=\lambda_1(n)$$

可得状态方程和输出方程分别为

$$\begin{bmatrix}\lambda_1(n+1)\\ \lambda_2(n+1)\\ \lambda_3(n+1)\\ \lambda_4(n+1)\end{bmatrix}=\begin{bmatrix}0&1&0&0\\ a&0&1&0\\ 0&0&0&1\\ ab-b&-a&0&0\end{bmatrix}\begin{bmatrix}\lambda_1(n)\\ \lambda_2(n)\\ \lambda_3(n)\\ \lambda_4(n)\end{bmatrix}+\begin{bmatrix}0\\0\\0\\1\end{bmatrix}x(n),\quad y(n)=\begin{bmatrix}1&0&0&0\end{bmatrix}\begin{bmatrix}\lambda_1(n)\\ \lambda_2(n)\\ \lambda_3(n)\\ \lambda_4(n)\end{bmatrix}$$

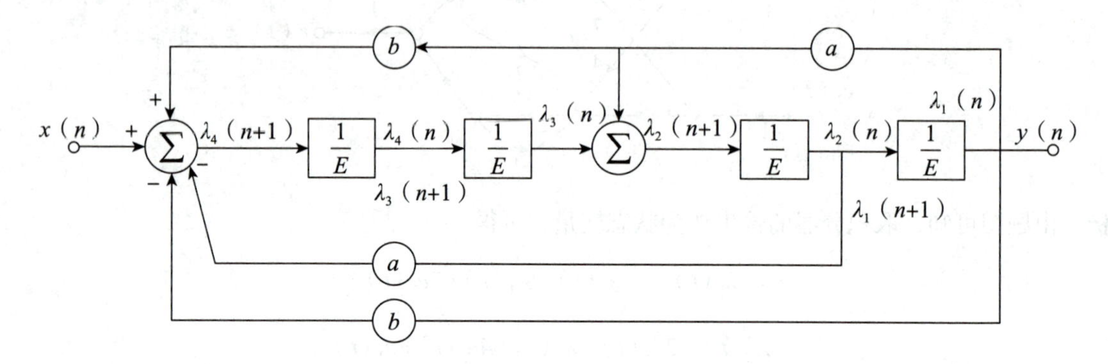

郑君里 12.13 已知一离散系统的状态方程和输出方程表示为

$$\begin{bmatrix}\lambda_1(n+1)\\ \lambda_2(n+1)\end{bmatrix}=\begin{bmatrix}1&-2\\ a&b\end{bmatrix}\begin{bmatrix}\lambda_1(n)\\ \lambda_2(n)\end{bmatrix}+\begin{bmatrix}1\\0\end{bmatrix}x(n),\quad y(n)=\begin{bmatrix}1&1\end{bmatrix}\begin{bmatrix}\lambda_1(n)\\ \lambda_2(n)\end{bmatrix}$$

给定当 $n\geqslant 0$ 时，$x(n)=0$ 和 $y(n)=8(-1)^n-5(-2)^n$，求：

（1）常数 a、b；

（2）$\lambda_1(n)$ 和 $\lambda_2(n)$ 的闭式解。

考查状态方程的求解。一般考试不考，因为都是背公式结合线性代数知识进行求解。

解析 （1）由题意可知，当 $n\geqslant 0$ 时，$x(n)=0$，可得 $\boldsymbol{Y}(z)=\boldsymbol{C}(z\boldsymbol{I}-\boldsymbol{A})^{-1}z\boldsymbol{\lambda}(0)$，代入 $\boldsymbol{A}=\begin{bmatrix}1&-2\\ a&b\end{bmatrix}$，$\boldsymbol{C}=[1\ \ 1]$，可得

线性代数知识。二阶矩阵的伴随矩阵：主对角线元素交换，副对角线元素取相反数。

$$\boldsymbol{Y}(z)=[1\ \ 1]\begin{bmatrix}z-1&2\\ -a&z-b\end{bmatrix}^{-1}z\boldsymbol{\lambda}(0)=\frac{[1\ \ 1]}{(z-1)(z-b)+2a}\begin{bmatrix}z-b&-2\\ a&z-1\end{bmatrix}z\begin{bmatrix}\lambda_1(0)\\ \lambda_2(0)\end{bmatrix}$$

$$=\frac{[z+a-b\quad z-3]\begin{bmatrix}\lambda_1(0)\\ \lambda_2(0)\end{bmatrix}z}{z^2-(b+1)z+(2a+b)}=\frac{[\lambda_1(0)+\lambda_2(0)]z^2+[(a-b)\lambda_1(0)-3\lambda_2(0)]z}{z^2-(b+1)z+(2a+b)}$$

由题意可知，$y(n)=8(-1)^n-5(-2)^n\leftrightarrow Y(z)=\dfrac{8z}{z+1}-\dfrac{5z}{z+2}=\dfrac{3z^2+11z}{z^2+3z+2}$，得

$$\begin{cases}\lambda_1(0)+\lambda_2(0)=3\\(a-b)\lambda_1(0)-3\lambda_2(0)=11\\-(b+1)=3\\2a+b=2\end{cases}\Rightarrow\begin{cases}a=3\\b=-4\\\lambda_1(0)=2\\\lambda_2(0)=1\end{cases}$$

（2）由（1）可知，$\boldsymbol{A}=\begin{bmatrix}1&-2\\3&-4\end{bmatrix}$，$\boldsymbol{\lambda}(0)=\begin{bmatrix}2\\1\end{bmatrix}$，则

$$\boldsymbol{\Lambda}(z)=(z\boldsymbol{I}-\boldsymbol{A})^{-1}z\boldsymbol{\lambda}(0)=z\begin{bmatrix}z-1&2\\-3&z+4\end{bmatrix}^{-1}\begin{bmatrix}2\\1\end{bmatrix}=\frac{z}{(z-1)(z+4)+6}\begin{bmatrix}z+4&-2\\3&z-1\end{bmatrix}\begin{bmatrix}2\\1\end{bmatrix}$$

公式：$z^{-1}[(z\boldsymbol{I}-\boldsymbol{A})^{-1}z\boldsymbol{\lambda}(0)]=\boldsymbol{\lambda}(n)$。

$$=\frac{1}{z^2+3z+2}\begin{bmatrix}2z^2+6z\\z^2+5z\end{bmatrix}=\begin{bmatrix}\frac{4z}{z+1}-\frac{2z}{z+2}\\\frac{4z}{z+1}-\frac{3z}{z+2}\end{bmatrix}$$

求其逆变换，可得

$$\boldsymbol{\lambda}(n)=\begin{bmatrix}\lambda_1(n)\\\lambda_2(n)\end{bmatrix}=\begin{bmatrix}4(-1)^n-2(-2)^n\\4(-1)^n-3(-2)^n\end{bmatrix}u(n)$$

郑君里 12.14 已知一离散系统的状态方程和输出方程表示为

$$\begin{cases}\lambda_1(n+1)=\lambda_1(n)-\lambda_2(n)\\\lambda_2(n+1)=-\lambda_1(n)-\lambda_2(n)\end{cases}，y(n)=\lambda_1(n)\lambda_2(n)+x(n)$$

（1）给定 $\lambda_1(0)=2$，$\lambda_2(0)=2$，求状态方程的零输入解。

零输入响应求解公式：$\begin{bmatrix}\lambda_1(z)\\\lambda_2(z)\end{bmatrix}=(z\boldsymbol{I}-\boldsymbol{A})^{-1}z\begin{bmatrix}\lambda_1(0_-)\\\lambda_2(0_-)\end{bmatrix}$。

（2）求系统的差分方程表示式。

（3）给定（1）的起始条件，且给定 $x(n)=2^n$，$n\geqslant 0$。求输出响应 $y(n)$，并求（2）中差分方程的特解。

解析 （1）由题意可知，系统的状态方程和输出方程分别为

$$\begin{cases}\lambda_1(n+1)=\lambda_1(n)-\lambda_2(n)\\\lambda_2(n+1)=-\lambda_1(n)-\lambda_2(n)\end{cases}，y(n)=\lambda_1(n)\lambda_2(n)+x(n)$$

则 $\boldsymbol{A}=\begin{bmatrix}1&-1\\-1&-1\end{bmatrix}$，$\boldsymbol{\lambda}(0)=\begin{bmatrix}2\\2\end{bmatrix}$，可得

$$\boldsymbol{\Lambda}(z)=(z\boldsymbol{I}-\boldsymbol{A})^{-1}z\boldsymbol{\lambda}(0)=z\begin{bmatrix}z-1&1\\1&z+1\end{bmatrix}^{-1}\begin{bmatrix}2\\2\end{bmatrix}=\frac{z}{(z-1)(z+1)-1}\begin{bmatrix}z+1&-1\\-1&z-1\end{bmatrix}\begin{bmatrix}2\\2\end{bmatrix}$$

$$=\begin{bmatrix}\frac{2z^2}{z^2-2}\\\frac{2z^2-4z}{z^2-2}\end{bmatrix}=\begin{bmatrix}\frac{z}{z-\sqrt{2}}+\frac{z}{z+\sqrt{2}}\\\frac{(1-\sqrt{2})z}{z-\sqrt{2}}+\frac{(1+\sqrt{2})z}{z+\sqrt{2}}\end{bmatrix}$$

部分分式展开法。

求其逆变换可得

$$\lambda(n)=\mathcal{Z}^{-1}[\Lambda(z)]=\begin{bmatrix}[1+(-1)^n](\sqrt{2})^n\\ [(1-\sqrt{2})+(-1)^n(1+\sqrt{2})](\sqrt{2})^n\end{bmatrix}u(n)$$

（2）将状态方程代入输出方程，可得

$$y(n)=\lambda_1(n)\lambda_2(n)+x(n)\Rightarrow y(n)-x(n)=\lambda_1(n)\lambda_2(n)$$

$$y(n+1)-x(n+1)=\lambda_1(n+1)\lambda_2(n+1)=[\lambda_1(n)-\lambda_2(n)][-\lambda_1(n)-\lambda_2(n)]=\lambda_2^2(n)-\lambda_1^2(n)$$

$$y(n+2)-x(n+2)=\lambda_2^2(n+1)-\lambda_1^2(n+1)=[\lambda_1(n+1)+\lambda_2(n+1)][\lambda_2(n+1)-\lambda_1(n+1)]$$

因此 利用状态方程进行迭代。

$$4\lambda_1(n)\lambda_2(n)=y(n+2)-x(n+2),\quad y(n+2)-x(n+2)=4[y(n)-x(n)]$$

则系统差分方程为 $y(n)-4y(n-2)=x(n)-4x(n-2)$。

（3）由于 $x(n)=2^n$，$n\geqslant 0$，则 $x(n)-4x(n-2)=2^n-4\cdot 2^{n-2}=0$，因此特解为零。

求特征函数可得，$y(n)-4y(n-2)=0\Rightarrow\lambda^2-4=0\Rightarrow\lambda_1=2$ 或 $\lambda_2=-2$。 因此求响应就是求齐次解。

设特征函数为 $y(n)=C_1 2^n+C_2(-2)^n$，将 $\lambda_1(0)=2$，$\lambda_2(0)=2$ 代入 $\begin{cases}\lambda_1(n+1)=\lambda_1(n)-\lambda_2(n)\\ \lambda_2(n+1)=-\lambda_1(n)-\lambda_2(n)\\ y(n)=\lambda_1(n)\lambda_2(n)+x(n)\end{cases}$，

求初值可得

$$y(0)=2\cdot 2+1=5,\quad \lambda_1(1)=2-2=0,\quad \lambda_2(1)=-2-2=-4,\quad y(1)=2$$

代入齐次方程得

$$C_1+C_2=5,\quad 2C_1-2C_2=2\Rightarrow C_1=3,\quad C_2=2$$

$$y(n)=3\cdot 2^n+2(-2)^n$$

郑君里 12.16 给定线性时不变系统的状态方程和输出方程 $\begin{cases}\dot{\boldsymbol{\lambda}}(t)=\boldsymbol{A\lambda}(t)+\boldsymbol{B}e(t)\\ \boldsymbol{r}(t)=\boldsymbol{C\lambda}(t)\end{cases}$，其中

$$\boldsymbol{A}=\begin{bmatrix}-2&2&-1\\0&-2&0\\1&-4&0\end{bmatrix},\ \boldsymbol{B}=\begin{bmatrix}0\\1\\1\end{bmatrix},\ \boldsymbol{C}=\begin{bmatrix}1&0&0\end{bmatrix}$$

（1）检查该系统的可控性和可观性；

（2）求系统的转移函数。

这两个性质考试中考得很少，可控性需要构造的 $\boldsymbol{M}$ 矩阵满秩，可观性需要构造的 $\boldsymbol{N}$ 矩阵满秩。

解析 （1）由题可知，系统的状态方程和输出方程为 $\begin{cases}\dot{\boldsymbol{\lambda}}(t)=\boldsymbol{A\lambda}(t)+\boldsymbol{B}e(t)\\ \boldsymbol{r}(t)=\boldsymbol{C\lambda}(t)\end{cases}$，其中

$$A=\begin{bmatrix}-2&2&-1\\0&-2&0\\1&-4&0\end{bmatrix},\ B=\begin{bmatrix}0\\1\\1\end{bmatrix},\ C=\begin{bmatrix}1&0&0\end{bmatrix}$$

系统的可控性判别矩阵为

是几阶的矩阵就有几列。

$$M=\begin{bmatrix}B & AB & A^2B\end{bmatrix}$$

$$=\left[\begin{bmatrix}0\\1\\1\end{bmatrix}\ \begin{bmatrix}-2&2&-1\\0&-2&0\\1&-4&0\end{bmatrix}\begin{bmatrix}0\\1\\1\end{bmatrix}\ \begin{bmatrix}-2&2&-1\\0&-2&0\\1&-4&0\end{bmatrix}^2\begin{bmatrix}0\\1\\1\end{bmatrix}\right]=\begin{bmatrix}0&1&-2\\1&-2&4\\1&-4&9\end{bmatrix}$$

rank $M=3$，满秩，故系统完全可控。

系统的可观性判别矩阵为

是几阶的矩阵就有几行。

$$N=\begin{bmatrix}C\\CA\\CA^2\end{bmatrix}=\begin{bmatrix}\begin{bmatrix}1&0&0\end{bmatrix}\\ \begin{bmatrix}1&0&0\end{bmatrix}\begin{bmatrix}-2&2&-1\\0&-2&0\\1&-4&0\end{bmatrix}\\ \begin{bmatrix}1&0&0\end{bmatrix}\begin{bmatrix}3&-4&2\\0&4&0\\-2&10&-1\end{bmatrix}\end{bmatrix}=\begin{bmatrix}1&0&0\\-2&2&-1\\3&-4&2\end{bmatrix}$$

rank $N\neq 3$，不满秩，故系统不完全可观。

（2）由题可知

转移函数的定义需要记住。

$$H(s)=C(sI-A)^{-1}B+D=\begin{bmatrix}1&0&0\end{bmatrix}\begin{bmatrix}s+2&-2&1\\0&s+2&0\\-1&4&s\end{bmatrix}^{-1}\begin{bmatrix}0\\1\\1\end{bmatrix}$$

$$=\frac{\begin{bmatrix}1&0&0\end{bmatrix}}{(s+2)(s+1)^2}\begin{bmatrix}\times&2s+4&-s-2\\\times&\times&\times\\\times&\times&\times\end{bmatrix}\begin{bmatrix}0\\1\\1\end{bmatrix}=\frac{1}{(s+1)^2}$$

由于系统不完全可观可控，则有零、极点相消，$H(s)$降阶为2。

吴大正版第八章 | 系统的状态变量分析

吴大正 8.2 描述某连续系统的微分方程为

有激励的导数，非简单型，需要预处理。

$$y^{(3)}(t)+5y^{(2)}(t)+y^{(1)}(t)+2y(t)=f^{(1)}(t)+2f(t)$$

写出该系统的状态方程和输出方程。

解析 法一：令 $p'''(t)+5p''(t)+p'(t)+2p(t)=f(t)$，根据线性关系 $y(t)=p'(t)+2p(t)$，设 $p''(t)=x_1$，$p'(t)=x_2$，$p(t)=x_3$，因此

$$\dot{x}_1(t)=f(t)-5x_1(t)-x_2(t)-2x_3(t),\ \dot{x}_2(t)=x_1(t),\ \dot{x}_3(t)=x_2(t)$$

写成矩阵形式
$$\begin{bmatrix}\dot{x}_1\\\dot{x}_2\\\dot{x}_3\end{bmatrix}=\begin{bmatrix}-5&-1&-2\\1&0&0\\0&1&0\end{bmatrix}\begin{bmatrix}x_1\\x_2\\x_3\end{bmatrix}+\begin{bmatrix}1\\0\\0\end{bmatrix}[f]$$

输出方程
$$y=x_2+2x_3$$

写成矩阵形式
$$[y]=[0\quad 1\quad 2]\begin{bmatrix}x_1\\x_2\\x_3\end{bmatrix}+[0][f]$$

法二：由题可知，系统的微分方程为 $y^{(3)}(t)+5y^{(2)}(t)+y^{(1)}(t)+2y(t)=f^{(1)}(t)+2f(t)$。

对上式求拉普拉斯变换可得，$s^3Y(s)+5s^2Y(s)+sY(s)+2Y(s)=sF(s)+2F(s)$。

故系统函数为
$$H(s)=\frac{Y(s)}{F(s)}=\frac{s+2}{s^3+5s^2+s+2}=\frac{s^{-2}+2s^{-3}}{1-(-5s^{-1}-s^{-2}-2s^{-3})}$$

利用梅森公式，可画出系统流图如图所示。

也可以用画出流图的方法，但是法一会更简单一点。

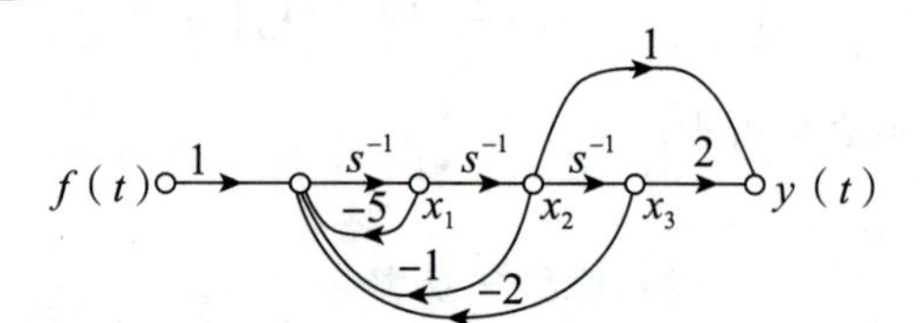

设积分器输出端信号为状态变量 x_1、x_2、x_3，则状态方程为 $\dot{x}_1=-5x_1-x_2-2x_3+f$，$\dot{x}_2=x_1$，$\dot{x}_3=x_2$。可得输出方程为 $y=x_2+2x_3$，则矩阵形式为

$$\begin{bmatrix}\dot{x}_1\\\dot{x}_2\\\dot{x}_3\end{bmatrix}=\begin{bmatrix}-5&-1&-2\\1&0&0\\0&1&0\end{bmatrix}\begin{bmatrix}x_1\\x_2\\x_3\end{bmatrix}+\begin{bmatrix}1\\0\\0\end{bmatrix}[f],\quad [y]=[0\quad 1\quad 2]\begin{bmatrix}x_1\\x_2\\x_3\end{bmatrix}+[0][f]$$

吴大正 8.7 如图所示连续系统的框图。

（1）写出以 x_1、x_2 为状态变量的状态方程和输出方程；

（2）为使该系统稳定，常数 a、b 应满足什么条件？

因果连续系统稳定，需要收敛域包含虚轴。

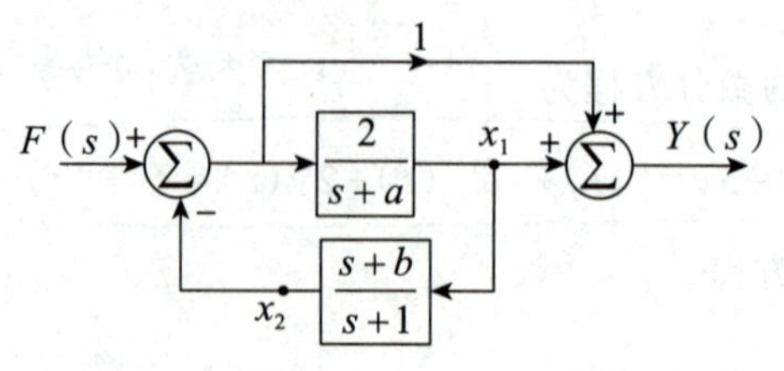

解析 （1）令加法器输出为$x_3(t)$，则$X_3(s)\cdot\dfrac{2}{s+a}=X_1(s)$，$X_1(s)\cdot\dfrac{s+b}{s+1}=X_2(s)$，整理得

$$2X_3(s)=sX_1(s)+aX_1(s)，\ sX_1(s)+bX_1(s)=sX_2(s)+X_2(s)$$

由于$X_3(s)=-X_2(s)+F(s)$，整理可得

$$\dot{x}_1(t)=-ax_1(t)-2x_2(t)+2f(t)$$

$$\dot{x}_2(t)=(b-a)x_1(t)-3x_2(t)+2f(t)$$

$$y(t)=x_3(t)+x_1(t)=x_1(t)-x_2(t)+f(t)$$

题目要求建立的是x_1、x_2的状态方程，因此后面还是需要代换。

写成矩阵形式为$\begin{bmatrix}\dot{x}_1(t)\\ \dot{x}_2(t)\end{bmatrix}=\begin{bmatrix}-a & -2\\ b-a & -3\end{bmatrix}\begin{bmatrix}x_1(t)\\ x_2(t)\end{bmatrix}+\begin{bmatrix}2\\ 2\end{bmatrix}f(t)$，$y(t)=[1\ \ -1]\begin{bmatrix}x_1(t)\\ x_2(t)\end{bmatrix}+f(t)$。

（2）由（1）可知，系统的矩阵为$\boldsymbol{A}=\begin{bmatrix}-a & -2\\ b-a & -3\end{bmatrix}$，特征方程为

$$|s\boldsymbol{I}-\boldsymbol{A}|=\begin{vmatrix}s+a & 2\\ a-b & s+3\end{vmatrix}=s^2+(a+3)s+a+2b=0$$

极点不好求，利用二阶简易罗斯准则判断。

根据罗斯准则可得$a+3>0$，$a+2b>0$，即$a>-3$，且$b>-\dfrac{a}{2}$。

吴大正 8.8 如图所示系统的信号流图，写出以x_1、x_2为状态变量的状态方程和输出方程。

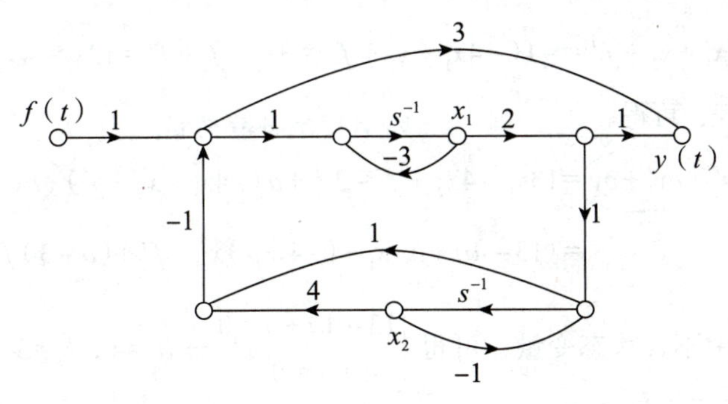

解析 设中间变量为p、q，如图所示。

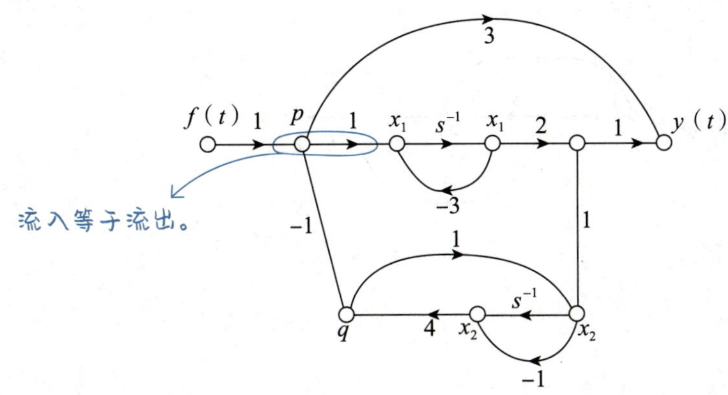

根据信号流图可得 $\dot{x}_1=-3x_1+p$，$p=f(t)-q$，$q=4x_2+\dot{x}_2$，则状态方程为

$$\dot{x}_1=-3x_1+f(t)-q=-5x_1-3x_2+f(t),\quad \dot{x}_2=2x_1-x_2$$

矩阵形式为 $$\begin{bmatrix}\dot{x}_1\\\dot{x}_2\end{bmatrix}=\begin{bmatrix}-5&-3\\2&-1\end{bmatrix}\begin{bmatrix}x_1\\x_2\end{bmatrix}+\begin{bmatrix}1\\0\end{bmatrix}[f]$$

观察加法器的输入输出时，需要注意符号和流向。

输出方程为 $$y=3p+2x_1=-6x_1-9x_2+3f+2x_1=-4x_1-9x_2+3f$$

则矩阵形式为 $$[y]=[-4\quad -9]\begin{bmatrix}x_1\\x_2\end{bmatrix}+[3][f]$$

吴大正 8.11 某连续系统的状态方程为 $\begin{bmatrix}\dot{x}_1\\\dot{x}_2\end{bmatrix}=\begin{bmatrix}-4&1\\-3&0\end{bmatrix}\begin{bmatrix}x_1\\x_2\end{bmatrix}+\begin{bmatrix}1\\1\end{bmatrix}f$，输出方程为 $y(t)=x_1$，试画出该系统的信号流图，并根据状态方程和输出方程求出该系统的微分方程。

解析 由题可知系统的状态方程为

$$\begin{bmatrix}\dot{x}_1\\\dot{x}_2\end{bmatrix}=\begin{bmatrix}-4&1\\-3&0\end{bmatrix}\begin{bmatrix}x_1\\x_2\end{bmatrix}+\begin{bmatrix}1\\1\end{bmatrix}f$$

还原成方程形式为 $\dot{x}_1=-4x_1+x_2+f$，$\dot{x}_2=-3x_1+f$。 因此有两个积分器。

输出方程为 $y(t)=x_1$，系统的信号流图如图所示，系统有两个状态变量，故为二阶系统。对输出方程求导，可得 $y'(t)=x_1'=-4x_1+x_2+f$。对 $y'(t)$ 再次求导，可得

$$y''(t)=-4x_1'+x_2'+f'=-4(-4x_1+x_2+f)-3x_1+f+f'=13x_1-4x_2+f'-3f$$

由上两式，结合输出方程，可得 二阶方程的标准形式。

$$y''+ay'+by=13x_1-4x_2+f'-3f+a(-4x_1+x_2+f)+bx_1$$
$$=(13-4a+b)x_1+(-4+a)x_2+f'+(a-3)f$$

因为该系统的微分方程中不含状态变量，可得 $\begin{cases}13-4a+b=0\\-4+a=0\end{cases}\Rightarrow a=4$，$b=3$，代入可得系统微分方程为 $y''(t)+4y'(t)+3y(t)=f'(t)+f(t)$。

加果题目没要求，可以直接通过信号流图求微分方程。

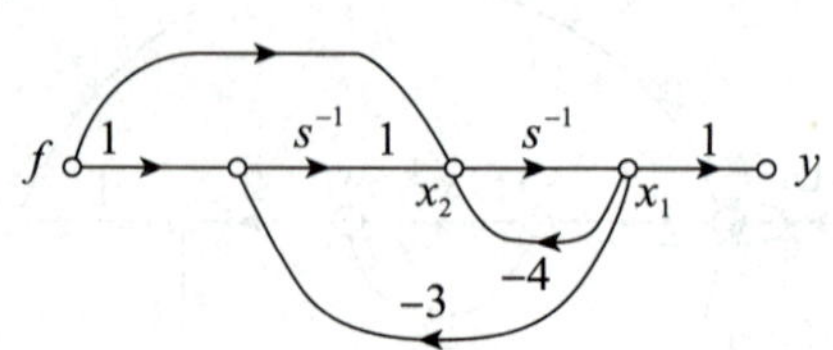